개정4판

식품화학

식품화학 개정 4판

2024년 2월 25일 개정 4판 5쇄 발행
2020년 2월 28일 개정 4판 1쇄 발행
2018년 2월 10일 개정 3판 5쇄 발행
2014년 3월 10일 개정 3판 1쇄 발행
2008년 1월 5일 개정 2판 발행
2004년 2월 10일 개정 1판 발행

감 수 윤석권 · 오훈일 · 이형주 · 문태화
저 자 노봉수 · 장판식 · 백형희 · 김석중 · 이광근
유상호 · 이재환 · 이기원 · 최승준 · 변상균

발행인 이 영 호
발행처 **수 학 사**
10881 경기도 파주시 회동길 56 기한재 1층
출판등록 1953년 7월 23일 제2020-000143호
전화번호 031) 946-4642(代) 팩스 031) 944-1457
http://www.soohaksa.co.kr
디자인 북큐브

정가 28,000원

ISBN 978-89-7140-730-1 93590

FOOD CHEMISTRY

개정4판

식품화학

수학사

개정4판을 내며

사회의 변화와 함께 식생활에서도 많은 변화가 있었다. 생명을 유지하기 위해 그리고 배를 채우기에 급급하던 식생활이, 급속한 경제 발전과 더불어 맛과 멋을 중요시하는 형태로 변화되었다. 또한 건강에 대한 관심이 높아지면서 식생활에도 생리활성 성분을 갖추고 있는 식품의 수요가 꾸준히 증가하고 있다. 이러한 식생활의 변화는 식품 공업과 관련된 산업의 발전을 가속화시켰고, 이를 뒷받침하기 위한 학문적 지식과 기술도 많이 축적되었다.

이 책에서는 그동안 저자들이 강단에서 강의한 '식품화학' 내용을 담아 식품에 대한 올바른 지식을 전달하고 식생활의 관심과 욕구의 변화에 부응하고자 하였으며, 전문대학과 대학교에서 식품화학을 배우는 대학생이나 대학원생의 교재 및 참고서로 이용할 수 있도록 하였다.

기본적으로는 식품의 주요 영양소인 물, 탄수화물, 지방질, 단백질, 비타민 및 무기질에 대해서 자세히 설명하였을 뿐만 아니라 식품의 관능적 성질을 좌우하는 색소, 맛, 풍미 성분 등도 다루었다. 그리고 이들 성분이 식품의 제조, 가공, 저장 및 조리 중에 일어나는 변화와 함께 가공이나 저장 중에 필요한 식품첨가물에 대하여 기술하였으며, 특히 최근에 부각되고 있는 생리활성 성분의 기능성에 대한 내용을 상세하게 정리하였다.

초판과 개정판을 거치면서 많은 분들의 사랑을 받았으나 좀 더 이해하기 쉽게 저술해 달라는 독자들의 요청이 있어서 이번 개정4판을 내면서는 새로운 집필진을 보강하여 그동안 부족했던 면을 수정 보완하려고 노력하였다. 아울러 그림이나 표를 컬러로 표현하였고, 각

장별로 팁의 형태로 새로운 내용을 보강하였으며 연습문제와 그 풀이를 제공하여 이해에 도움이 되도록 하였다.

식품학을 비롯하여 관련된 학문의 빠른 발전에 맞추어 최신의 지식을 다루려고 노력하였으나, 교재로서의 한정된 지면과 저자들의 제한된 시간과 지식으로 책 내용을 충분히 다루지 못한 것이 아닌가 하는 아쉬움도 있다. 저자들 나름대로는 심혈을 기울인 이 책이 앞으로도 '식품화학'을 공부하는 이들에게 조금이라도 도움이 되었으면 하는 마음이며, 계속하여 더 많은 독자들의 지도 편달을 바란다.

이번 개정판을 출간하는 데 끝까지 수고하여 주신 동덕여자대학교 윤석권 명예교수님, 세종대학교의 오훈일 명예교수님, 서울대학교 이형주 명예교수님, 서울대학교 문태화 명예교수님께 감사드리며, 이 책을 출판하는 데 많은 조언과 참고문헌의 수집에 도움을 아끼지 않고 애써 주신 수학사의 이영호 사장님과 수고해 주신 편집실 여러분께도 감사한 마음을 전한다.

저자 일동

차례

01 서론

02 수분

03 탄수화물

04 지방질

05 아미노산과 단백질

06 비타민과 무기질

07 효소

08 식품의 풍미

01 서론

1. 식품과 인간
2. 식품화학과 화학반응
3. 식품의 안정성

1. 식품과 인간

오늘날 인구는 기하급수적으로 증가하고 있는 반면 세계 곳곳에서는 기아로 사망하는 인구 숫자도 엄청나다. 이처럼 굶주림에 허덕이는 사람들은 당장의 배고픔을 면해야 한다는 생존 본능으로 식품의 종류나 맛 등은 개의치 않고 오직 '먹을 수 있는 것이면 된다'는 가장 기본적이고 원초적인 욕구에 지배되어 단순히 포만감을 주는 식품이면 된다고 여긴다.

식량이 부족했던 과거뿐 아니라 오늘날도 균등한 분배가 이루어지지 않아 지역적으로 식량 생산의 부족 현상이 끊이지 않아 심한 기아 현상을 초래하고, 나아가 기본 체력마저도 제대로 유지하기 힘든 계층도 형성되어 있다. 식량 부족 현상에 의해 인체가 필요한 영양소보다 섭취량이 못 미치는 현상이 계속되면 인체 내 시스템은 부족한 영양분을 최대로 흡수하고자 흡수가 가능한 성분이라면 선별할 기능조차 잊은 채 몸 안으로 끌어들이게 되었다. 따라서 식량 부족 시대에는 흡수량 조절이 문제된 적은 없다. 6·25 전쟁 시절부터 1960년대 초까지 우리의 부모 또는 그 윗세대 들은 이러한 경험을 하였다. 경제생활이 나아지고 먹을 것은 다소 부족하더라도 3대 영양소의 필요성을 깨닫게 되면서 몸에 좋은 것과 나쁜 것을 헤아리게 되고 영양 가치를 판단하기 시작하며 칼로리에 관심을 갖게 되었다. '왜 먹어야 하는가'를 인식하면서 영양 성분이 다양하게 많이 함유된 식품을 선호하게 되는 과정을 거치게 되었다. 그럼에도 사람은 영양분을 흡수하면서 영양의 질과 양을 정확히 조절하지 못하는 체질적인 단점을 가지고 있다.

이 시대의 식생활은 영양 기능(nutritional function)에 중점을 두고 있으며 부족할 수 있는 영양 성분을 찾고자 노력한다. 하지만 폭발적인 인구 증가는 식량 부족 현상을 심화시켰으며, 전 세계는 식량 증산에 집중적인 노력을 경주하게 되었다. 환경과 식량의 문제를 연관시킨 과학적 연구는 품종의 육성과 일부 기능의 도태라는 상반된 방향으로 진행되면서 식량 증산을 가능하게 하였으나 자연과 환경의 평형을 잃음으로써 불균형적 환경, 즉 환경 파괴를 낳게 되었다.

자연이란 배경을 잊어버린 채 이루어진 식량 증산 정책은 식품 소재의 풍요로움을 가져왔으며, 식량의 풍족함은 맛, 향기, 조직감 등 기호에 따라 식품을 선택하는 방식으로 그 선택 경향이 바뀌었다. 이로 인해 다양한 첨가물이 사용되고 새로운 기술과 방법이 동원된 신제품들이 쏟아져 나왔다. 소비자들은 다양한 색상, 독특한 향, 새로운 맛 등을 추구하게 되었고, 살기 위해서 먹기보다는 기호적 감각을 만족시키는 방향으로 식품을 선택하기에 이르렀다. 아마도 우리나라는 1980년대 전후가 이 시기에 해당되지 않을까 생각한다. 인체를 구성하는 성분은 많고 적음에 따라 화학적 작용과 반작용이 진행되기 때문에 인체의 진화가 자연의 조건에 순응하지 못할 때는 자연에 대한 적응력이 상실되고 체질이 변형되어 존속 가능성이 낮아진다. 인체와 자연 사이의 불협화음은 곧 인류의 멸종을 의미하게 된다.

생명 유지를 위한 영양소 섭취는 인류가 발생할 수 있었던 태초의 조건에 맞추어 이루어져야 하며, 식품의 성분과 양의 비율도 인체 구성에 알맞은 성분과 양이 흡수될 수 있는 조건을 갖추어야 한다. 식품의 성분과 비율에만 관심을 두어 섭취로 그치는 것이 아니라, 섭취한 성분 모두 흡수가 가능한 것이어야 한다는 전제 조건이 충족되어야 한다. 식품과 영양은 섭취와 흡수라는 새로운 관점에서 볼 때 정확한 지식만이 식품의 선택과 인류 건강에 도움이 된다. 정확하지 않거나 다소 선동적인 잘못된 상식과 지식은 여러 가지 부작용을 일으킨다. 성장기에 건강했던 몸이 장년기부터 위약해지는 것은 올바르지 못한 식품 선택에 기인하기도 하며, 성장기부터 발생하는 체질의 변형은 혼란스러워진 식생활 문화의 변천에 그 원인이 있다고 여겨진다.

최근 영양 성분만을 고려하여 음식을 섭취함으로써 면역 활성이 떨어져 암, 당뇨병, 심장 질환, 동맥경화와 같은 질환이 증가하고 있다. 이러한 문제들이 식품 성분이나 식생활 패턴과 관련이 있다는 사실을 인식하면서 식품 선택 시 건강 지향 및 안전성 지향을 중요시하는 방향으로 급속하게 변하였다. 요즈음은 자신의 체질, 체중, 체격 등에 적합한 영양을 스스로 취사선택하는 단계로 변화하는 추세이다. 건강이나 장수에 관한 관심이 높아지면서 식품의 선택도 영양 위주에서 건강 우선으로, 나아가 질병에 대한 예방이나 치료 효과가 있다고 예상되는 기능성 식품을 선호하는 경향을 보인다. 이처럼 식품에 대한 선호 양상

Tip

칼슘의 이용률

칼슘의 부족은 칼슘 제재를 섭취하면 해결될 것이라 생각하지만 관건은 흡수율이다. 칼슘의 흡수율은 출생 후 점차 증가하지만 30대부터 감소하기 시작한다. 여성의 경우 임신 기간에는 60% 이상까지 올라가지만 점차 감소하여 폐경기 이후에는 15%까지 내려가 아무리 칼슘 제재를 먹어도 흡수되기보다는 대부분 배설되고 만다. 남자도 나이가 듦에 따라 점차 감소하는데 여성보다는 좀 덜한 편이다. 물론 비타민 D의 섭취와 햇빛을 쬐어야 하는 문제와 더불어 운동 여부도 칼슘의 흡수율을 높이므로 젊어서부터 운동을 꾸준히 하는 것이 매우 중요하다.

은 시대에 따라 다양하게 변화하고 있다.

기능성 식품(functional foods)이 관심의 대상이 되고 있는데, 이는 영양, 맛 이외의 기능성을 목적으로 섭취하는 식품이다. 기존의 식품에 물리적, 생화학적, 생물공학적 기법 등을 사용하여 식품의 기능을 특정 목적에 맞게 제조한다. 즉 생리활성이나 면역 기능의 강화, 신체 방어계 조절에 의한 감염 방어, 제암, 알레르기(allergy) 감소 등, 호르몬계 조절에 의한 진정, 식욕 억제 등, 순환계 조절에 의한 조혈, 감압, 항혈전 등, 소화계 조절에 의한 항균, 항바이러스, 항독, 정장 등의 작용에 적합하도록 설계·제조된 식품이다. 최근에는 식품의 품질에 대한 개념도 새롭게 변화하고 있다.

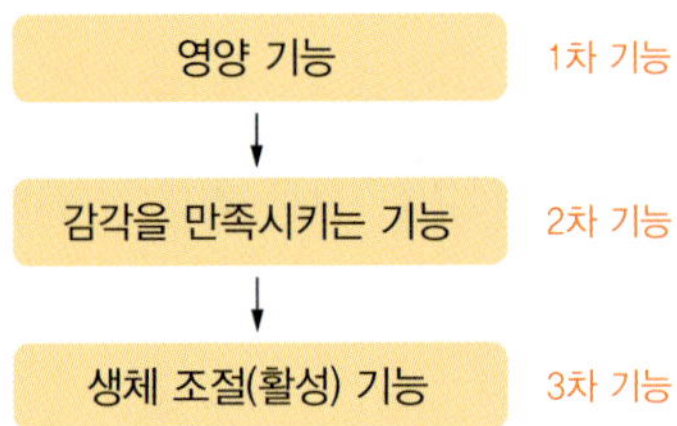

2. 식품화학과 화학반응

식품화학이란 식품의 원료를 가공, 조리하여 소비자에게 전달되는 모든 과정에서 외부 환경의 영향을 받아 일어나는 물리화학적 변화 현상을 연구하는 학문이며, 가열, 방사선 조사 처리, 기계적 힘에 의한 물리적 환경 외에도 미생물이나 효소 등과 같은 생물학적 요인에 의해 일어나는 현상을 화학적으로 탐구한다. 따라서 식품 원료 자체에 대한 성질뿐만 아니라 식품과 식품 간의 상호반응, 식품과 효소 간의 반응, 식품과 포장 재료 간의 반응 등에 대해서도 연구한다. 또 가공 처리 과정 중에 생성되는 독성 물질과 인체와의 관계를 생물학적 방법에 의해 안전성 유무를 관찰하기도 한다.

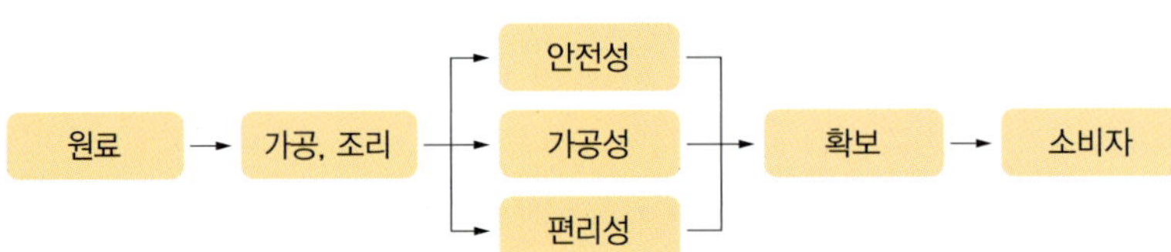

표 1-1에 나타낸 것과 같이 식품화학은 영양화학, 발효식품학, 독성학, 생화학, 유기화학, 포장학, 효소학, 식품미생물학, 식품공학 등 여러 분야의 학문이 어우러진 학문이므로 이들 학문을 복합적으로 이해해야 한다.

표 1-1 식품 중의 변화와 관련된 주요 분야

식품 중의 변화	식품의 변화와 관련된 주요 분야
식품 원료 자체의 성질	식품화학, 식품재료학, 식품물성학, 영양화학
식품 상호 간의 반응	식품화학, 유기화학, 생화학, 물리화학
식품과 효소 간의 반응	효소학, 생화학, 식품화학
식품과 미생물 간의 반응	식품미생물학, 발효공학, 발효식품학
가공 기계에 의한 식품 변화	식품가공학, 식품공학, 식품화학
식품과 포장 재료 간의 반응	식품포장학, 식품화학
독성 물질로부터의 안전성	독성학, 식품첨가물학, 위생학

식품의 소재가 되는 원재료를 수확하는 과정이나 이들의 수송·가공·저장 또는 조리 중에 일어나는 다양한 화학적 반응으로는 비효소적 갈변, 효소적 갈변, 지방질의 가수분해, 지방질 산화, 단백질 변성, 단백질 교차결합(cross linkage : 예를 들면 이황화 교환반응에 의한 복합체 형성, 밀가루 반죽 시 분자 간 이황화 결합에 의한 글루텐 생성, 우유의 열처리 시 또는 치즈 제조 시 κ-casein과 β-lactoglobulin의 복합체 형성), 올리고당을 비롯한 다당류의 가수분해, 탄수화물의 변화(호화, 호정화), 단백질의 가수분해, 다당류의 합성, 비타민 파괴, 향기 성분의 변화, 자연색소의 분해, 독성물질의 생성 등이 있다. 이 중에서 바람직하지 못한 반응으로는 효소적 갈변, 지방질 산화, 비타민 파괴, 색소 분해, 향기의 변화, 독성 물질(lysinoalanine, acrylamide, 트랜스지방, nitrosamine, benzopyrene 등)의 생성 등을 들 수 있으며, 목적에 따라 단백질 변성이 포함될 수도 있다.

이상에서 열거한 화학반응들은 단순히 해당 반응 한 가지만 일어나는 것이 아니라 반응이 진행되는 과정에 다른 화학반응물과 또 다른 반응이 복합적으로 일어날 수 있다. 복합적인 화학반응으로 식품 중의 단백질과 탄수화물, 지방질이 상호 작용에 의하여 품질이 변질되기도 한다. 지방질의 경우 여러 가지 요인에 의해 산패되는 과정에서 과산화물이 형성되고, 이것이 계속해서 분해되어 저급알코올 또는 aldehyde, ketone 등의 성분으로 분해

> Tip
>
> **식품 성분 간의 상호 작용**
>
> Casein에 존재하는 설프하이드릴기(-SH)와 lactoglobulin에 존재하는 이황화 결합(-S-S-)이 열처리 과정에서 이들 간에 이황화 교환반응이 일어나면 casein과 lactoglobulin이 결합하여 복합체를 이룰 수 있다. 이는 치즈 제조 과정 중 syneresis에 의해 유청 단백질이 제거되는 과정에서 유청 단백질인 lactoglobulin이 casein과 결합으로써 유청 단백질은 소량 제거되고 치즈의 생산성을 향상시키는 것이다. Lactoglobulin 외에 lactalbumin에서도 이러한 반응이 부분적으로 일어나기 때문에 식품 성분 간의 상호 작용으로 치즈 생산량을 증가시킬 수 있다.

된다. 이 과정의 중간 산물인 과산화물이 단백질을 산화시키거나 탄수화물의 carbonyl과의 반응 등에 의하여 새로운 물질을 형성하면서 품질을 저하시킨다. 뿐만 아니라 색소, 비타민, 향기 성분 등에도 작용하여 이취(off-flavor), 변색(off-color), 영양 손실, 조직감의 손실 등을 유발한다.

3. 식품의 안전성

식품과 관련된 여러 가지 안전사고에 대한 보도 내용을 보면 매우 다양하고 많은 것들이 문제화되고 있다. 기생충 알 김치, 타르 색소 검은깨, 콩이나 옥수수 제품에 GMO 품종의 혼입 여부, 감자 칩이나 감자튀김의 acrylamide 함유량, 팝콘 및 튀긴 음식의 트랜스지방, 영유아 식품의 사카자키균, 수입 수산물의 납·카드뮴 등의 중금속 오염, 해산물의 발암 물질(malachite green) 등, 수입 쇠고기의 광우병 발병 가능성, 고병원성 조류독감 사고, 단체 급식에서 norovirus 등 식중독 사건, 채소류의 잔류농약 및 중금속 오염, 수산물 및 축산 식품의 항생 물질 남용으로 내성 증가, 지방 함유 제품의 dioxin, 건강기능식품의 발기 부전제 유사 물질 함유, 방사능에 오염된 수산물 등이 있다. 이렇게 많은 각종 유해 물질로부터 안전한 식품을 먹어야겠다는 소비자들의 요구가 높아지면서 식품 안전에 관한 보다 많은 정보를 요구하게 되었다.

이와 같은 식품 안전사고를 유형별로 보면 식품 원료에 독성 물질이 오염된 것, 가공 처리 과정 중에 지나친 열을 가하여 생성된 것, 보관 및 유통 과정 중에 잘못된 관리로 미생물이 번식하여 유해 물질이나 유해균이 증식된 경우, 새롭게 만들어진 유해 물질 중 유해성을 잘 모르고 있었던 물질의 사용, 동식물에 의해 전달된 것, 사람들이 이윤을 목적으로 위해 여부를 알고도 인위적으로 첨가한 것 등으로 나눌 수 있다. 그런가 하면 잘못된 정보가 제공되었거나 선입관으로 그릇된 정보를 갖고 있는 경우도 있으며, 객관적이지 못한 정보를 소비자에게 무차별적으로 제공하여 불안 요소를 확대한 경우도 있다.

지금까지의 식품 안전사고를 통해 볼 때 식품 종사자, 식품 과학자, 행정 당국, 소비자 단체 들이 유기적 관계 속에서 서로 협동하여 해결하기보다는 서로에 대한 불신으로 사고를 여론화하여 해결하려는 모습으로 진행되어 왔다. 상호 불신과 정보 공유가 제대로 이루어지지 못한 탓이다. 식품 안전에 대해서는 누구도 이의를 제기할 수 없다. 안전하게 식품을 제공하고 소비하기 위해서는 상호 협력이 밑바탕이 되어야 하며 그러한 과정에서 식품 과학자들의 역할은 매우 중요하다. 과연 얼마만큼의 정확한 정보를 기반으로 하여 객관적으로 안전하다고 판단할 것이냐 하는 문제는 식품 과학자들의 몫이다. 과학적 분석이 용이하지 못하거나 유해 물질에 대한 기준치가 마련되어 있지 못한 경우에는 소비자에게 불안감을 안겨 줄 수 있다. 식품 위생을 책임지고 있는 관계 부처나 이에 관련된 연구를 수행하는 식품 과학자들이 이러한 문제에 대하여 확신을 갖고 해결하지 않으면 안 된다. 불확실한 사실에 대하여 믿음을 줄 수 있는 정보를 제공하고 이를 공유해야 하며, 이를 위한 체계적인 교육과 연구는 필수이다. 최근 활발한 국제 교류로 수입되는 식품의 양이 엄청나고 종류 또한 매우 다양할 뿐만 아니라 앞으로 그 양과 종류는 더 늘어날 것으로 예상된다. 더불어 새롭게 만들어지는 화학 물질들로부터 식품의 안전성 여부를 판단하는 일도 늘어날 것이다. 이러한 사항들에 대한 안전 기준을 정하고 아울러 위해 물질에 대한 올바른 정보를 제공함으로써 맡은 바 책임을 다하여야 한다. 이를 다루는 산업체나 행정기관의 담당자들은 물론 일반 소비자에게도 다양한 교육을 통해 올바른 정보를 제공하여 상호 불신의 벽을 허물어 나가야 한다. 이러한 노력을 충실히 수행해 나갈 때 식품 안전에 대한 확신이 소비자들에게 전달되고 식품 안전성 문제 또한 해결될 수 있다.

Tip

유해 물질 함유 발표 기사의 자세

독성 물질과 같은 유해 물질이 식품에서 발견되었다는 뉴스에서 중요한 것은 이러한 물질이 검출되었는지 검출되지 않았는지가 아니라 그 유해 물질의 농도가 인체에 해를 끼칠 정도인지 아닌지의 여부이다. 우리 주변에는 방사성 물질을 비롯하여 중금속, 잔류 농약 등 유해 물질이 매우 미량이기는 하지만 늘 존재하고 있으며 우리는 식품을 통해 이들을 섭취하기도 한다. 과연 이 유해 물질의 함유량이 인체에 치명적인 영향을 미치는지 여부를 확인하고 그에 관한 정보를 전달하는 것이 좀 더 중요하다.

단원 정리

사람은 음식을 먹어야 살 수가 있다. 탄수화물, 지방질, 단백질을 필두로 다양한 영양소를 섭취해야 생존할 수 있다. 따라서 초기의 인류는 살기 위해서 영양적 기능이 있는 음식을 선택하였다. 점차 시간이 흐르면서 살기 위해서 뿐만 아니라 좀 더 맛있게 먹고 보기에 좋은 것을 찾기 시작하였다. 한 마디로 감각을 만족시키는 재료나 음식을 선택하여 즐거움을 찾고자 하였다. 이것도 만족하고 나니 이제는 먹는 음식을 통해서 건강에 도움이 되는 이를테면 면역 기능을 강화한다거나 순환계 계통의 질병을 예방하는 생체 조절 기능이 활성화될 수 있는 음식을 선택하기에 이르렀다. 물론 아직도 세계 곳곳에는 기아에 허덕이는 사람들도 있지만, 음식을 제대로 선택할 수 있는 사람들은 이러한 방향으로 식품을 선택하기에 이르렀다.

식품은 여러 과정을 거쳐 가공되고 저장, 유통되면서 식품을 구성하고 있는 성분 간에 또는 식품 간에 반응이 일어날 수도 있으며, 이들 식품에 미생물이나 미생물이 만들어 낸 효소들의 작용에 의하여 여러 가지 변화가 일어날 수도 있다. 식품화학이라는 과목은 이러한 가공 공정이나 유통 및 저장 중에 일어날 수 있는 변화를 이해하는 학문이다.

우리가 선택하는 음식은 아무리 영양가가 높고 기능성이 뛰어나다고 해도 안전한 상태에서 제조, 유통되지 않으면 먹을 수가 없다. 과거에는 미생물에 대한 오염만을 염려하였으나 사회가 복잡해지면서 이제는 방사능, 잔류농약, 중금속, 반응에 의해 생성되는 유해 물질, GMO에 대한 두려움 등 챙기고 따져 봐야 할 부분이 다양해졌다. 이러한 부분들에 대한 전반적인 트렌드를 이해하고자 한다.

연습 문제

1 식품의 기능으로 보기에는 한계가 있다고 생각되는 기능은?

① 영양 기능 ② 감각 만족 기능
③ 생체 조절 기능 ④ 항암 기능

2 식품의 품질로 볼 수 없는 것은?

① 맛 ② 향기
③ 색깔 ④ 가격

3 식품을 가공 조리하면서 확보해야 하는 특성으로 비중이 가장 낮은 것은?

① 안전성 ② 가공성
③ 경제성 ④ 편리성

4 식품 가공 중 생성되는 lysinoalanine 같은 성분은 어떻게 만들어졌다고 볼 수 있는가?

① 식품과 포장 재료 간의 반응 ② 식품의 성분 간의 반응
③ 식품 원료 자체의 성질 ④ 식품과 미생물 간의 반응

5 다음 중 바람직하지 못한 변화라 할 수 있는 것은?

① 비타민의 파괴 ② 단백질의 가수분해
③ 탄수화물의 호화 ④ 호정화

6 다음 중 식품과학자가 관리하기에 가장 한계가 많다고 생각되는 것은?

① 도넛의 트랜스지방 관리
② 수산물의 방사능 오염 관리
③ 채소의 잔류농약 관리
④ 수산물 및 축산물의 항생 물질 남용으로 인한 내성 관리

7 식품을 먹고 식중독 사고가 발생하는 경우 그 원인으로 예상되는 가장 큰 가능성은?

*정답은 뒤에 있습니다.

02 수분

1. 수분의 역할
2. 물 분자의 구조
3. 물의 성질
4. 얼음의 성질
5. 자유수와 결합수
6. 수화
7. 수분활성도
8. 등온흡습곡선과 등온탈습곡선
9. 수분활성도와 효소반응
10. 수분활성도와 갈변반응
11. 수분과 냉동

1. 수분의 역할

사람은 수분을 매일 섭취함으로써 생명을 유지하고 활동할 수 있다. 수분은 그 자체가 식품으로서 이용될 뿐만 아니라 식품 내에서 물, 수증기, 얼음의 형태로 존재하여 여러 가지 특성을 지니며 중요한 역할을 한다. 또 식품의 주요 성분일 뿐 아니라 그 함량에 따라 맛, 외형, 식품 구조 및 미생물의 번식에 영향을 주는 인자이다. 특히 신선한 식품일수록 많은 수분이 함유되어 있으며, 이를 조절함으로써 저장성을 향상시킬 수도 있다. 수분은 식품으로서 다음과 같은 역할을 한다.

1) 화학반응에서 용매 또는 반응물

수분은 성분들 사이에서 또는 외부에서 들어오는 화학적 성분 간의 화학반응에서 용매 또는 운반체로 작용하거나, 때로는 직접 반응 성분으로 화학적 변화를 일으키기도 한다. 식품의 저장, 가공 중의 가수분해를 예로 들 수 있다. 물이 가해져 반응물로 작용하는 lipase의 가수분해반응 과정을 보면 알 수 있다.

$$\text{triolein} + 3\,H_2O \xrightarrow{\text{lipase}} 3\,\text{oleic acid} + \text{glycerol}$$

물 자체가 반응물로 작용하여 가수분해반응에 관여한다. 이외에도 소량의 수분이 산화를 촉매하는 미량 금속을 수화하기도 하며 과산화물과 수소결합을 한다. 방사선 조사 식품에서는 주요 자유기를 형성하여 방사선 조사 후 향미와 색깔에도 영향을 미친다.

2) 조직감의 변화 초래

식품을 구성하는 성분 중 수분이 식품으로부터 이탈되거나 또는 흡습되는 경우 조직감에 많은 변화를 가져와 원래의 조직감과는 달라진다. 실제로 자연적 건조나 탈수, 건조 공정에서 식품의 조직감, 밀도, 기타 물리적 구조의 변경(예를 들어 수축) 등을 가져와 품질의 변화를 일으킨다. 바삭바삭한 과자나 김의 경우는 수분의 침입을 막기 위해 흡습제의 하나인 Silica gel을 사용하여 수분의 흡습을 차단시켜 바삭바삭한 조직감을 유지하는 반면, 떡의 경우는 노화되어 수분이 빠져나오면 녹말과 수분 사이의 결합 형태가 녹말과 녹말 사이의 결합 형태로 바뀌면서 딱딱하게 변화되어 조직감에 영향을 미친다.

3) 미생물 성장에 중요한 수분

수분 함량은 그 식품에 부패를 일으키는 미생물이나 독성 성분을 형성하는 미생물들의 성장에 직접적인 영향을 주므로 매우 중요하다. 예를 들면 수분활성도에 따라 미생물의 성장 여부가 구별되기도 한다.

- 곰팡이가 살 수 있는 수분활성도 : 0.65 전후
- 효모가 번식·성장 가능한 수분활성도 : 0.88~1.00 정도
- 내염성 세균이 생존할 수 있는 수분활성도 : 0.80~0.85

4) 금전적 가치로서의 수분

많은 식품의 원료 중 하나인 곡류는 대량 저장해야 함은 물론 대량 생산 지역에서 대량 소비 지역으로 수송도 해야 한다. 이런 과정에서 중량의 변화는 일차적으로 금전적 가치를 변화시키므로 수분은 그 식품의 경제성에 큰 영향을 미친다.

소량의 수분 함량 차이라도 제품의 품질 수명을 연장하는 데 중대한 영향을 미치는 경우가 종종 있다. 예를 들면 15%의 수분 함량을 가진 밀가루는 10°C에서 저장할 때 불과 수개월의 품질 수명을 가지지만, 14.5%인 경우에는 4년으로 연장되고 13% 이하인 경우 6~7년으로 연장된다. 이처럼 수분 그 자체가 금전적 가치를 내재하고 있다.

5) 영양적 역할

생명체는 기본적으로 물 없이는 살아갈 수 없다. 수분은 우리 몸의 체온을 유지하는 데에 매우 중요한 역할을 하기 때문에 다른 생물체와 마찬가지로 인체 내 수분의 양을 일정량 유지해야 하며, 배설 또는 증발되어 체외로 배출되는 양만큼 물과 식품을 통해 보충하여 체내의 항상성(homeostasis)을 유지해야 한다. 일반 성인의 경우 하루에 2.5 L의 수분이 체외로 빠져나가므로 이를 음료수나 식품으로 섭취하거나 각종 식품이 체내에서 대사되는 과정에서 생성되는 것으로 보충해야 한다. 식품 중의 수분 함량은 곡류가 13~15%, 과일이나 채소류가 75~90%, 빵류가 30~40%, 육류가 60~80%, 어류가 70~90% 정도이다.

수용성 비타민이나 일부 단백질과 아미노산 등은 수분 함량에 따라 그 형태와 성질이 변화하므로 수분은 영양적으로도 매우 중요한 역할을 한다.

2. 물 분자의 구조

물은 수소 원자 2개와 산소 원자 1개가 공유결합을 하고 있으며, 산소 원자를 중심으로 2개의 수소 원자가 104.5°의 각도를 이루고 있다. 한 개의 산소 원자(δ^-)가 인접한 수소 원자(δ^+)를 전기적으로 끌어당기고 있는데 이것이 수소결합의 원동력이 된다.

물 분자는 환경에 따라 다양한 형태로 존재하는데 하이드록시기(-OH)나 하이드로늄 이온(H_3O^+) 등은 비이온화된 물 분자보다도 더 많은 수소결합을 이룬다. 이런 수소결합은 비록 비공유결합으로 결합에너지는 3~8 kcal/mol에 불과하나 그림 2.1에 나타낸 것과 같이 수많은 결합으로 무시할 수 없을 정도의 결합에너지를 갖고 있으며, 이를 모두 해리시키기 위해서는 많은 양의 에너지가 필요하다. 이러한 수소결합의 성질로 물의 비열, 녹는 온도, 끓는 온도, 표면장력, 상의 변화와 관련된 엔탈피값 등이 물 분자와 유사한 분자량을 갖는

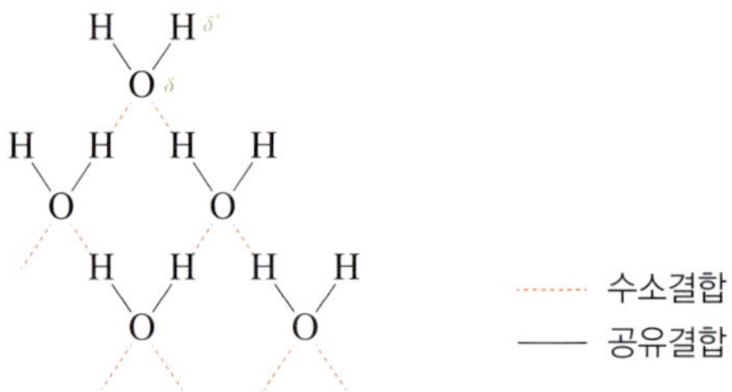

그림 2.1 얼음 결정에서 물 분자의 수소결합 형태

Tip

물의 각도

일반적으로 물 분자 내 산소와 수소 원자의 각도는 104.5도를 이룬다. 그러나 모든 물이 그런 것은 아니다. 러시아 과학자들에 의하면 땅속에 있는 광물에 의해 양자역학적으로 물의 산소와 수소 각도가 109도까지 달라진 물을 발견하였으며, 이 물은 평소 마실 수 있는 양보다도 훨씬 더 많이 흡수할 수 있을 뿐만 아니라 인체에 긍정적인 변화를 가져오는 사실을 확인하였다고 한다. 인체 내 위에서 물의 흡수는 제한적이지만 이 물은 위에서도 상당량 흡수된다고 한다. 소위 기적의 물이라 할 수 있다. 다만, 이 물을 다른 곳으로 옮겨 각도를 측정하면 일반적인 물과 같은 양상을 보이는데, 이는 지하에 존재하는 광물이 이러한 변화에 영향을 미치기 때문인 것으로 알려졌다.

표 2-1 물 분자와 유사한 분자량을 갖는 물질의 성질

화합물	분자량	끓는점(°C)	증발열(kcal/mol)
CH_4	16	−161	2.2
NH_3	17	−33	5.6
HF	20	+19	7.2
H_2O	18	+100	9.7

물질(CH_4, NH_3)들에 비하여 상대적으로 큰 값을 가지게 된다(표 2-1).

물이 얼었을 경우 물 분자 5개로 구성된 얼음 결정 구조가 물 분자 간에 서로 수소결합으로 이루어져 있는 형태는 그림 2.1과 같다. 이런 관계는 3차원의 구조에서도 마찬가지 형태를 취하고 있어 매우 많은 수소결합 상태를 이룬다.

3. 물의 성질

식품을 구성하는 성분 중에는 물에 잘 녹는 물질과 그렇지 못한 물질이 있는데 각종 염류, 당류, 산류 및 일부 단백질, 친수성 펩타이드 등은 쉽게 물에 녹는다. 이는 물 분자의 비대칭성에서 유래하는 전기적 성질에 의해 염류 같은 이온화합물들과 쌍극자-이온(dipole-ion) 결합이 이루어져 물에 잘 녹는다. 용매 중에 분산되어 있는 각 이온들도 해리시키는 데 에너지(해리에너지, F)가 필요하며 다음 식에 의해서 결정된다.

$$F = \frac{q_1 \cdot q_2}{D \cdot (r_1 + r_2)^2}$$

F : 해리에너지(dissociation energy) 또는 인력(attractive force)으로 표시
D : 용매의 유전상수(dielectric constant)

폼아마이드 : 110	물 : 78.5	아세토나이트릴 : 37.5	메탄올 : 32.6
에탄올 : 24.3	아세톤 : 20.7	벤젠 : 2.28	클로로폼 : 4.75
n-펜테인 : 1.84	사이클로헥산 : 2.01	사염화탄소 : 2.23	다이에틸에테르 : 5.02

$r_1 + r_2$: 반경이 r_1, r_2인 두 분자 간의 거리 q_1 , q_2 : 양전하, 음전하의 전하량

해리에너지는 이온으로 각각 분리하는 데 필요한 에너지이며, 이온화합물이 어떤 용매에 쉽게 녹는 정도는 해리에너지가 얼마나 작으냐에 따라 좌우된다. 일반적으로 비극성 용매

는 유전상수값이 작고 따라서 해리에너지가 큰 값으로 나타난다. 극성 화합물들은 유전상수값이 작은 벤젠, 클로로폼, 에테르와 같은 비극성 용매에서 잘 이온화되지 않으며 잘 녹지 않는다.

물의 구조는 비대칭성 때문에 극성을 띠며 유전상수가 매우 크다. 에탄올은 유전상수가 24.3으로 물보다 낮으며 비극성 용매이다. 앞의 식에 나타낸 바와 같이 두 물질 간의 인력(attractive force, *F*)은 두 전하 간 거리의 제곱, 유전상수에 반비례하며, 두 물질의 전하량의 곱에 비례한다. 즉 비극성 물질은 비극성 용매에 잘 용해되고, 극성 물질은 극성 용매에 잘 용해된다. 겉표면 소수성(surface hydrophobicity) 정도가 큰 단백질의 경우 물보다는 유전상수값이 작은 에탄올에서 잘 용해되며, 단백질의 겉표면 소수성 정도가 작은 경우, 즉 친수성 기가 겉표면에 상대적으로 많이 존재하는 단백질의 경우 유전상수가 작은 에탄올보다 유전상수값이 큰 물에서 오히려 높은 용해도를 보인다.

식품과 염이 함께 물에 혼합되어 있는 경우 물 분자는 식품 구성 성분의 소수성 부분과 결합하지 못하고 오히려 염과 만나 다음에 열거한 이온들을 수화시키며, 소수성의 식품 구성 성분들은 서로 자기들끼리 모여 소수성 결합에 의해 침전되므로 용해도가 낮아진다. 이 경우 염의 농도, 즉 이온 세기가 증가함에 따라 용해도가 낮아지는 염석(salting out) 현상을 보인다. 이러한 성향을 보이는 것에는 K^+, Rb^+, Cs^+, NH_4^+, Cl^-, Br^-, I^-, NO_3^-, BrO_3^-, IO_3^-, ClO_4^- 등이 있다.

식품 구성 성분들이 주위에 존재하는 성분의 이온 반발력에 의해 결합하지 못하는 경우도 발생하는데, 단백질이 이러한 성분들과 함께 존재하면 서로 반발력에 의해 밀어내게 되어 단백질 분자 사이의 인력이 감소되면서 용해도가 높아진다. 이와 같은 염용(salting-in) 성향을 보이는 것들에는 Li^+, Na^+, H_3O^+, Ca^{2+}, Ba^{2+}, Mg^{2+}, Al^{3+}, F^-, OH^- 등이 있다.

물의 물리화학적 성질은 표 2-2와 같다.

표 2-2 물의 물리화학적 성질

물리화학적 성질	해당 값
분자량	18.0153
녹는점(1기압 하에서)	0°C
끓는점(1기압 하에서)	100°C

(계속)

물리화학적 성질		해당 값
밀도	20° C에서	0.99821 g/cm³
	4° C에서	1.0 g/cm³
점도		0.001002 Pa·sec
공기에 대한 표면장력		0.07275 N/m
수증기압		2.3388 kPa
비열		4.1818 J/g·K
유전상수		78.5

4. 얼음의 성질

얼음은 결정이 모인 것이며 비중 0.9168(0°C, 1기압 하에서), 무색 투명하고 녹는점이 0.000°C로 압력이 1기압 상승할 때마다 녹는점은 0.0075°C만큼 내려간다. 0°C 부근에서 선팽창률은 0.00005, 굴절률은 1.31이다. 순수한 물을 얼려서 인공적으로 얼음을 만들어도 기포가 생긴다. 보통 얼음의 비중은 0.88~0.92인데 비중이 1인 물보다 낮은 값을 가지는 것은 얼음 결정이 빈틈 많은 구조를 가졌기 때문이다.

얼음 결정은 육방정계에 속하고, 물 분자는 무한히 많은 수소결합을 갖는 구조를 갖고 있다. 산소 원자를 중심으로 한 사면체 구조이며, 얼음이 녹을 때는 일부의 수소결합이 파괴되어 육각형 터널 구조가 없어지므로 액체인 물 쪽으로 물 분자가 채워진다. 따라서 물의 비중이 얼음보다 커진다. 얼음 상태(0°C)에서 -O-H···O 수소결합의 거리가 0.276 nm이나, 1.5°C에서는 0.290 nm, 83°C에서는 0.305 nm로 수소결합의 거리가 점차 벌어진다. 그만큼 얼음 상태에서는 조밀한 수소결합을 이룬다.

얼음이 물로 각기 다른 상태로 변하는 상전이가 일어나려면 반드시 잠열의 출입이 있어야 한다. 얼음 1 g이 물 1 g으로 변할 때는 약 80 cal의 잠열이 필요하다. 얼음이 녹으면서 시원해지는 것은 바로 얼음이 상전이에 필요한 잠열을 주변 공기로부터 빼앗아가기 때문이다. 물이 상전이를 일으킬 때 잠열이 필요한 이유는 원자와 분자 세계에서 일어나는 화학결합 때문이다. 물(H_2O)에서 산소 원자는 그보다 작은 2개의 수소 원자와 결합되어 있다. 물 분자는 V자 모양으로 수소 2개가 양끝에 위치하고, V자의 꼭짓점에 산소가 위치해 있다. 그런데 물 분자에서는 산소가 수소의 전자를 끌어당기는 힘이 강해 부분적으로 수소 원자 쪽은 양전기를 띠고 산소 원자 쪽은 음전기를 띤다. 이웃한 다른 물 분자에서도 이와 같은 현상이 일어나서 물 분자 각각의 수소와 산소가 서로 끌어당기게 된다. 바로 이러한 분자 간의 결합이 수소결합이다. 수소결합이 물 분자들을 서로 끌어당겨 모여 있을 수 있게 해주기 때문에 물은 쉽게 증발해 버리지 않고 액체로 남아 있을 수 있다. 만일 수소결합이 없다면 물 분자 하나하나는 뿔뿔이 흩어져 기체로 날아가고 지구상에는 물이 한 방울도 없을 것이다.

5. 자유수와 결합수

식품 중에 존재하는 물은 자유수(free water)와 결합수(bound water)의 두 가지 형태로 존재한다. 자유수는 식품의 구성 성분과 결합되어 있지 않고 모세관을 자유로이 유동하는 물이므로 탈수 작용이나 건조에 의해 쉽게 제거되며 0°C 이하에서 잘 어는 보통 형태의 물로, 식품 중에서 당류, 염류, 수용성 단백질들을 용해하는 용매로 작용한다. 전해질을 잘 녹이고 끓는점이 매우 높으며, 비열이 크고 비중은 4°C에서 최고의 값을 갖는다. 자유수는 결합수에 비해 표면장력과 점성이 크다.

결합수는 자유수와는 달리 식품 또는 체계 내에서 식품 성분들(탄수화물, 단백질 분자들)의 여러 극성 작용기 내지는 화합물들과 수소결합을 통해서 직간접으로 결합되어 성분의 일부분을 형성하거나 그 행동에 구속받는 물, 탄수화물이나 단백질 분자들과 결합하는 것이 특징이다. 결합수는 당류와 용질에 대하여 용매로서 작용하지 않는다. 결합수의 수증기압은 정상적인 물보다 낮으며, 대기 중에서 100°C 이상으로 가열해도 제거되지 않는다. 또한 0°C 이하의 낮은 온도에서도 얼지 않으며(학자에 따라 다른 주장을 하는데 -18°C 또는 -43°C 이하에서 어는 물이라 주장하기도 함) 보통의 물보다 밀도가 커서 동식물의 조직에 존재할 때 그 조직에 큰 압력을 가하여 압착해도 제거되지 않는 상태의 물이다. 또 식품에서는 미생물의 번식과 발아에 이용되지 못하는 성질이 있다.

자유수는 열역학적으로 운동이 자유롭고 용매로 작용하는 비결합 상태의 정상적인 물

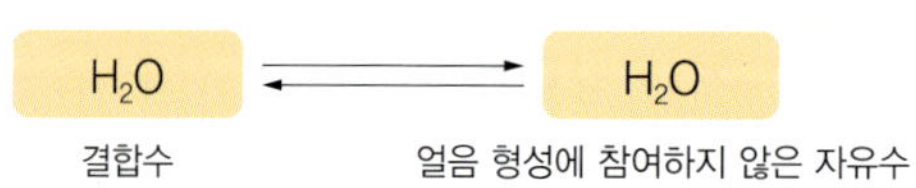

이다. 미생물이 이를 이용하여 쉽게 생육, 번식한다. 어떤 온도에서나 항상 한 식품 체계 내에서의 결합수의 양과 자유수의 양 사이에는 어떤 평형 상태가 있다.

자유수는 쉽게 건조·동결되므로 건조식품이나 냉동식품에서는 이를 제거한다. 식품 중에 유리 상태로 존재하기 때문에 미생물이 증식할 수 있으므로 식품의 부패 방지를 위해서는 자유수를 감소시켜야 한다.

결합수를 측정하는 방법으로는 DTA(Differntial Thermal Analysis, 시차열분석법), DSC(Differential Scanning Calorimetry, 시차주사열량분석법) 등이 있는데, 측정하고자 하는 시료 속 물의 액체상과 고체상 사이의 이동에 따른 융해열을 측정함으로써 얼은 물의 양과 얼지 않는 물의 양을 측정한다. 융해열의 절대값은 직접 추정하지 않고 기준 시료와 연구 대상이 되는 시료 속 물 분자들이 한 상(phase)에서 다른 상으로 이동할 때의 온도 변화 차이, 또는 열량 변화의 차이를 DTA나 DSC로 구함으로써 어떤 온도에서 얼지 않고 있는 물, 즉 결합수의 양이 얼마나 되는지를 측정한다. 다만 DTA에서는 온도 변화의 차로 융해열을 계산하는 반면, DSC는 융해열을 열량 변화의 차이로 직접 구할 수 있다는 점이 원리적으로 다르다.

6. 수화

식품 중의 당류나 탄수화물, 단백질 등은 해리되지 않는 물질이나 물 분자와 쉽게 수소결합을 할 수 있는 -OH, -CONH, $-COO^-$, $-NH_3^+$ 등의 친수성 기들을 많이 갖고 있으므로 물과 잘 혼합하는 성질이다. 식품을 구성하는 구조 중 친수성 기가 많이 노출되어 있는 부분 주위에 물 분자들이 수소결합 형태로 결합되어 있는 형태를 수화(hydration)라고 한다. 수화되는 정도는 여러 요인에 의해 좌우되는데 용질의 성질, 염의 종류, pH 및 온도에 영향을 받게 된다. 한편 물을 보수하는 능력이 높은 물질로는 펙틴젤, 검류 그리고 동식물의 세포 조직 등이 있다.

단백질을 구성하고 있는 성분에 따라 수화 정도는 다르게 나타난다(표 2-3). 단백질의 겉표면 주위가 친수성 부위인 경우에는 많은 물이 수화되는 반면에 소수성 부위에는 수화되는 정도가 미미하다. 예를 들어 단백질의 3차 구조의 변성으로 인하여 단백질 분자 구조의 내부 쪽에 존재하던 친수성 기가 상대적으로 외부 쪽으로 노출이 증가되었다고 하면 초기

표 2-3 단백질과 수화된 물의 양(-35°C에서도 얼지 않음)

단백질	수화수의 함량(g H_2O/g protein)
Gelatin	0.4~0.5
Lysozyme	0.36
α-Chymotrypsin	0.37
소의 혈청알부민(Serum albumin)	0.43
Ovoalbumin	0.31

수화수의 양(0.37 g H_2O/g protein)보다 큰 값(0.41 g H_2O/g protein)으로 증가된다. 이는 단백질 겉표면에 물 분자가 많이 결합하고 있지 못한 상태로서 소수성 잔기들이 외부를 덮고 있던 상태에서 단백질 변성에 의해 단백질 분자 구조의 변화로 친수성 기들이 내부로부터 겉표면으로 옮겨졌을 가능성이 높다고 볼 수 있다.

이처럼 소수성 잔기들이 식품의 표면에 덮여 있는 경우 친수성 기들이 많이 있는 경우에 비하여 수화 정도가 미미하다. 이때 물 분자와의 상호관계를 살펴보면 그림 2.2와 같이 식품의 구성 성분과 물 분자 간의 수소결합이 이루어지는 것이 아니라, 식품 구성 성분 주위에 존재하는 물 분자와 물 분자 간에 수소결합에 의하여 소수성 기를 마치 뒤덮고 있는 듯한 형태를 이룬다. 반면 친수성 기가 표면에 있는 경우 친수성 기와 수소결합에 의해 친수성 기 주변에는 많은 물 분자들로 덮이게 되는 것을 예상할 수 있다.

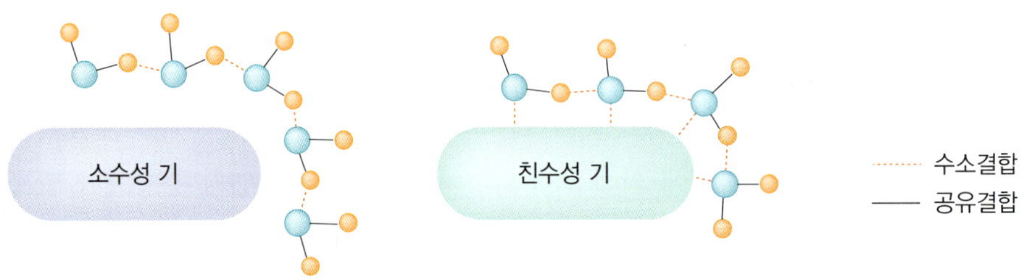

그림 2.2 친수성 기와 소수성 기 주변 물 분자의 수소결합 형태

만일 Val-Ile-Asp 같은 분자량이 적은 peptide가 수화가 된다면 N-과 C-말단기 부분, 펩타이드 결합, 아스파트산(aspartic acid)의 카복실기 등이 물 분자와 수소결합에 의하여

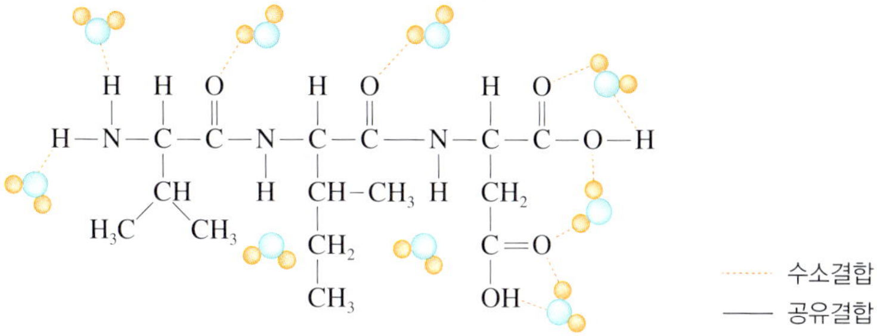

그림 2.3 Val–Ile–Asp 펩타이드 결합과 물 분자 간의 수소결합 가능성

수화를 이룬다. 반면 isoleucine과 같은 소수성 기의 경우 이 아미노산 분자와 수소결합이 이루어지지 않고 주위에서 물 분자 간의 수소결합이 형성된다(그림 2.3).

수소결합의 수는 고체 상태의 물에서 최대이며 액체 상태에서 상당한 정도가 유지된다. 그러나 온도가 점점 상승하면 수소결합의 수는 줄어들기 시작한다.

소수성 분자들이 물 분자와 결합하는 것은 엔트로피가 감소하는 방향이므로 열역학적으로 불안정(unfavorable)한 상태이다. 수용액의 경우에는 소수성 기(또는)들과 물( ) 사이의 계면에너지가 소수성 기들끼리의 접근에 의해서 감소된다. 이때 소수성 기

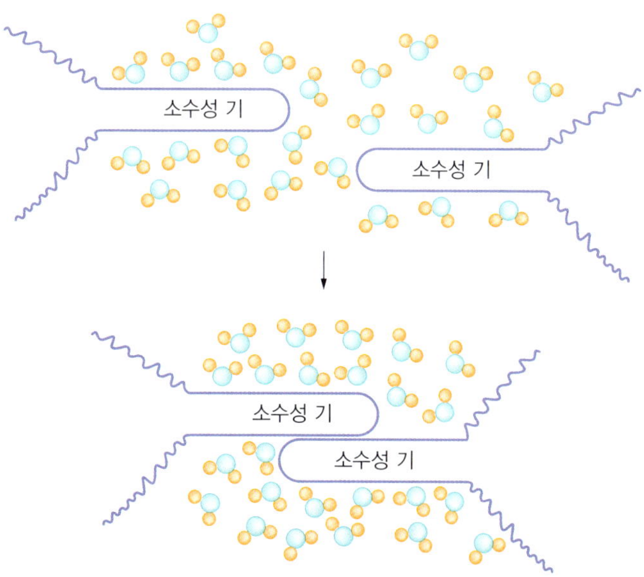

그림 2.4 소수성 결합의 형성

와 물 사이의 계면에너지가 감소되면서 안정화시키려는 힘이 바로 수용액에서의 소수성 결합(hydrophobic interaction)이다(그림 2.4). 소수성 결합이란 소수성 분자끼리 결합하여 소수성 기 주변에 있던 식품과 결합하지 않은 상태의 물 분자가 빠져나오는(syneresis) 것이다. 이러한 결합은 단백질 간의 결합에 밀려서 단백질의 3차 구조를 형성하는 데 매우 중요한 역할을 한다. 비록 비공유결합으로 결합에너지는 작지만 그 수가 매우 많아서 무시할 수 없는 정도의 힘(또는 에너지)을 가진다. Syneresis는 식품 내에 존재하는 소수성 기가 가공 공정을 거치면서 분자 구조의 형태가 원래 모습과는 다르게 변화하면서 외부로 표출되는 과정에서 소수성 결합을 하게 되고, 이 과정에서 소수성 결합 주변에 존재하던 물 분자가 빠져나오는 현상을 말한다. 또 호화된 녹말이 노화되면서 녹말과 녹말 사이에 수소결합을 형성하며 녹말 사이에 존재하던 물 분자들이 밖으로 빠져나오는 현상도 일종의 syneresis이다. 두부를 제조하는 과정에서 간수를 첨가하면 콩 단백질이 gel을 형성하는데 이때 물 분자는 단백질로부터 유리되어 밖으로 나오는 현상을 보인다.

치즈나 요구르트를 만드는 공정에서도 단백질의 침전이 주로 소수성 결합에 의하여 이루어지는데 물 분자들이 우유 단백질로부터 유리되면서 단백질은 gel을 형성하게 된다. 이때 물 분자들이 단백질 주변에 존재하다가 상호 간의 결합을 통해 밖으로 밀려나오는 현상도 일종의 syneresis 현상이다.

이런 현상은 보수성이 높은 물질을 첨가함으로써 조절 또는 방지할 수 있는데 검류를 사용하여 두부, 치즈, 토마토 즙의 안정화를 꾀하는 것이 한 예이다.

7. 수분활성도

식품의 수분 함량은 대기 중의 수분 함량, 즉 상대습도의 영향을 받으므로 대기 중의 상대습도까지 고려한 개념을 도입해야 하고, 단순히 주어진 특정 환경에서 얻은 수분 함량을 모든 환경에 적용하는 것은 바람직하지 못하다. 예를 들어 어떤 과자의 수분 함량이 5%라고 해도 사막으로 둘러싸인 곳에서는 이보다 훨씬 적게 나타나며 반대로 습한 지방에서는 이보다 높게 나타난다. 이처럼 주위 환경에 따라 변화하는 값보다는 주어진 환경 조건을 고려한 값을 적용하는 것이 바람직하다.

수분활성도(a_w)는 어떤 임의의 온도에서 순수한 물의 수증기압(P_0)에 대한 식품이 나타내는 수증기압(P)의 비로 정의된다. 미생물, 특히 부패 미생물들의 활동과 식품 속의 수분 함량과의 관계를 연구하다 보면 미생물들의 활동에 실제로 영향을 주는 식품의 수분량은 전체 수분 함량이 아니라 미생물이 실제 이용할 수 있는 수분량이다.

$$a_w = \frac{P}{P_0} = \frac{N_w}{(N_w + N_s)} = \frac{\text{평형상대습도}}{100}$$

a_w : 수분활성도 P : 식품 속의 수증기압 P_0 : 동일 온도에서의 순수한 물의 수증기압
N_W : 물의 몰수 N_S : 수용성 용질(solute)의 몰수

미생물의 성장이나 가수분해 등의 화학반응과 관계되는 수분은 전체 수분 함량이 아니라 실제 이용 가능한 수분이며, 수분활성도는 이용 가능한 수분의 양 정도를 나타낸다. 과일이나 채소류와 같은 수분이 많은 식품의 a_w는 0.97, 곡물과 같이 수분이 적은 건조식품은 a_w가 0.60~0.65 정도이다. 이외의 일반 식품들의 수분활성도는 표 2-4에 나타내었다. 수분활성도(a_w)가 클수록 미생물이 이용하기 쉽다. 미생물의 성장에 대한 최저한의 수분활성을 보면 보통 세균 0.91, 보통 효모 0.88, 보통 곰팡이 0.80, 내건성 곰팡이 0.65, 내삼투압성 효모 0.60이다.

예를 들어 20%의 수분(분자량 : 18)과 20%의 포도당(분자량 : 180)을 함유하고 있는 어떤

표 2-4 일반 식품의 수분 함량과 수분활성도

식품	수분 함량(%)	수분활성도(a_w)
과실	93~97	0.97
채소	90~93	0.97
주스류	90~93	0.97
달걀	72~78	0.97
육류	65~70	0.97
건조과일	18~22	0.72~0.8
꿀	15~18	0.76
젤리	18	0.64~0.69
국수	12	0.5
크래커	8~10	0.1

식품의 이론적 수분활성도는 $0.91 = (\frac{\frac{20}{18}}{\frac{20}{18} + \frac{20}{180}})$이다. 이때 주의해야 할 점은 용질의 경우 물에 녹을 수 있는 것만을 고려해야 한다. 이 예시의 경우 물과 포도당을 제외한 나머지 60%는 물에 잘 용해되지 않는 물질로 간주할 수 있다.

또 다른 예로 포도당(분자량 : 180) 10%, 비타민 C(분자량 : 176) 3%, 비타민 A(분자량 : 286.46) 1%, amylopectin(분자량 : 3,000,000) 20%, 나머지는 수분으로 구성되어 있다고 가정하면 우선 수분의 양은 66%이다. 물에 녹지 않는 비타민 A 성분은 고려하지 않고 amylopectin은 물에 잘 녹지 않지만 일부가 녹는다고 해도 이 항의 값은 거의 0에 가까우므로 무시할 수 있는 값이다. 물의 몰수($\frac{66}{18}$)와 수용성 용질의 몰수($\frac{10}{180}+\frac{3}{176}$)를 바탕으로 계산한 이론적인 수분활성도값은 $0.98 = (\frac{\frac{66}{18}}{\frac{66}{18} + \frac{10}{180} + \frac{3}{176}})$이다. 물 분자와 결합하여 식품의 구성 성분들이 수분을 활용하지 못하도록 하여 수분활성도를 낮추는 역할을 하는 물질을 수분조절제(humectant)라고 하는데 xylitol, erythritol, sorbitol, 설탕, glycerol, 올리고당 등이 있다. 수분활성도가 0.6~0.9인 중간수분식품(intermediate moisture food)을 제조할 때 수분활성도를 낮추기 위해 사용한다. 전통식품 중 약식을 만드는 과정에서 흑설탕을 첨가하여 저장성을 향상시키는데 여기서 흑설탕은 수분조절제 역할도 한다. 최근에는 올리고당이나 erythritol 또는 xylitol을 함유한 식품을 제조하여 수분활성도를 조절한다.

Tip

수분활성도를 이용한 우주식품

미국이 유인 우주선을 지구 밖으로 쏘아올리려 했을 때 가장 문제가 된 것은 우주인들이 먹을 식품을 어떻게 만들고 보관하느냐 하는 것이었다. 만일 우주인들이 오염된 식품을 먹고 탈이라도 나게 되면 많은 비용을 투자해 진행한 우주 사업이 하루아침에 무너질 수 있기 때문이었다. 초기에는 미생물의 성장과 증식에서 가장 중요한 요소인 수분을 완전 제거하였다. 수분을 완전 제거한 식품은 입천장에 달라붙을 뿐 아니라 텁텁하여 도저히 먹을 수가 없다. 고민 끝에 NASA와 MIT 대학은 우주식품 개발에 수분활성도 개념을 도입하였으며, 결국 미생물로부터는 안전하면서 일정한 수분이 있어 먹기에도 부담 없는 조건의 식품을 만들어 내는 데 성공하였다. 그것이 바로 중간수분식품(intermediate moisture food)으로, 수분활성도가 0.5~0.65 사이인 식품을 만들어 우주인에게 안전하게 식품을 제공할 수 있었다.

8. 등온흡습곡선과 등온탈습곡선

식품 중의 수분 함량은 상대습도에 따라 변화하는데, 상대습도와 평형에 도달할 때의 수분 함량을 평형 수분 함량이라 한다. 등온흡습곡선은 일정한 온도 조건에서 상대습도와 평형 수분 함량 사이의 관계를 표시한 곡선이며 식품 쪽으로 수분이 흡습된다. 건조 과정과 같이 식품에서 수분이 이탈(탈습)되는 경우의 곡선은 등온탈습곡선이라 한다. 이를 그래프로 나타내면 그림 2.5와 같다. 등온곡선의 경사와 굴곡점은 그 식품의 수분과 각 성분들과의 결합력(water binding capacity) 또는 자유수와 결합수의 상대적인 양과 비율, 성분들의 조직 구조 상태의 차이에 따라 다르다. 온도를 높이면 상대적으로 수분의 이탈 속도가 빨라져서 등온탈습곡선이 보다 아래쪽으로 내려가 S자 모양의 형태를 이룬다.

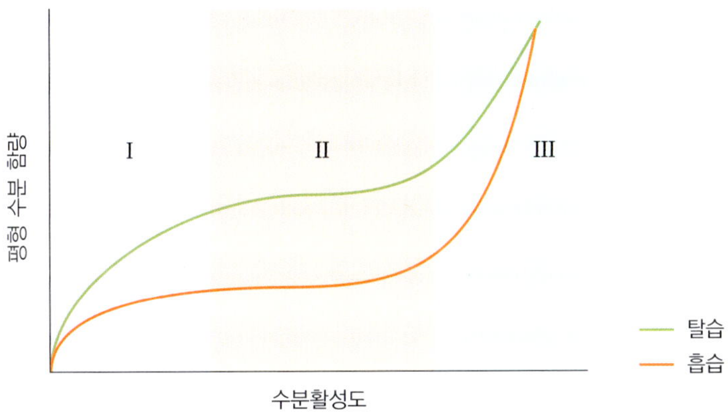

그림 2.5 **식품의 전형적인 등온흡(탈)습곡선**

식품이 탈습되거나 흡습하면 여러 가지 변화가 예상되는데 흡습 과정에서는 가수분해반응, 부피 팽창, 효소반응, 미생물 생육, 조직감 변화 등이 일어나고, 탈습 과정에서는 조직감이 달라지며 부피가 줄어들고 효소반응이나 미생물의 생육이 억제되며 유지 산패 등이 일어난다. 흡습과 탈습으로 인한 변화로 품질이 떨어지는 것을 막기 위해서는 적절한 수분활성도를 유지할 수 있도록 수분조절제를 첨가하여 조절한다. 또 수분이 포장재를 통과하는 것을 차단할 수 있는 재질로 포장하는 것도 중요하다. 수분이 어느 정도 함유되어 있으나 더 이상 탈습이 일어나지 않도록 방지하려는 경우 오히려 미생물의 번식이 원활할 수도 있는데, 이러한 경우 보존료 등의 첨가물을 사용할 수 있다.

등온흡(탈)습곡선은 상대습도의 정도에 따라 크게 3영역, 즉 단분자층 영역(I), 다분자층 영역(II), 모세관 응축 영역(III)으로 나뉜다.

1) 단분자층 영역(I)

단분자층 영역은 식품 속에 반응성이 큰 분자들이 강한 흡착(주로 이온결합)으로 물 분자들에 덮여 있는 영역이다. 이 영역에서 수분은 용매로서의 가치가 거의 없으며 물의 이동도 거의 없다. 물 분자층이 덮이지 않은 부분이 많을수록 햇빛이나 산소에 노출되어 지방 산패가 잘 일어난다. 이 영역에서는 수분활성도가 적을수록 지방 산패가 쉽다. 하지만 수분활성도가 증가할수록 a_w 0.4까지는 수분이 식품을 덮어 보호하므로 햇빛이나 산소를 차단하여 지방 산패가 감소한다(그림 2.9, C. 감자칩의 지방 산패 참조).

(1) BET point

물 분자가 균일하게 하나의 분자막을 형성하여 식품을 덮고 있는 영역으로 지방 산패가 가장 적게 일어난다. 식품마다 조금씩 차이가 있으나 대개 수분활성도가 0.3~0.4 정도에서 BET(Brunauer-Emmett-Teller) point를 형성한다.

BET point는 수분과 식품의 구성 성분 간에 이온결합으로 이루어져 있으며, 이론적으로는 물 한 분자로 완전하게 덮여 있는 상태이고 지방 산패가 최소로 일어나는 영역이다. BET point에서는 상대적으로 산패 정도가 최소화되는데, 이는 식품 표면의 물 분자가 라디칼 반응에 의하여 형성된 하이드로과산화물(ROOH)과 수소결합을 하여 복합체를 형성하여 하이드로과산화물의 분해를 억제시키거나 금속(산화촉진제)의 촉매 작용을 억제시키기 때문이다. 일반적으로 BET point를 포함하여 단분자층 영역이라 한다.

2) 다분자층 영역(II)

물 분자들이 식품의 친수성 기와 이온 결합을 하는 단분자층과는 달리 물 분자 간의 비공유결합인 수소결합에 의해 BET 단분자막 형성 수분 함량보다 많은 물 분자들로 여러 층에 걸쳐 덮여 있는 영역이다. 건조식품의 경우 가장 안정성이 높은 영역으로 최적의 수분 함량을 이 영역의 평형 수분 함량으로 유지하는 것이 바람직하다. 지방을 많이 함유한 식품에서는 지방 산패의 촉매 역할을 하는 금속 이온의 이동이 가능한 영역으로, 수분활성

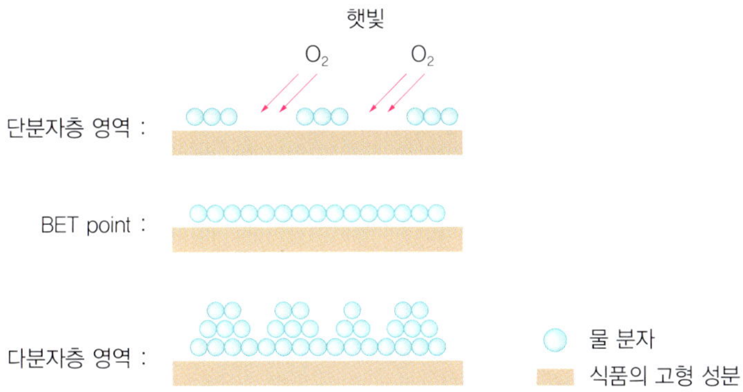

그림 2.6 세 영역에서 물 분자의 구성 분포 및 산소와 햇빛의 침투

도가 증가할수록 지방 산패는 활발히 일어난다. 식품에 따라 이 영역의 범위는 다르나 건조식품의 수분활성도는 건조과일(a_w 0.72~0.8), 살라미(0.82~0.85), 마멀레이드(0.82~0.9) 등으로 비교적 안정하다.

3) 모세관 응축 영역(III)

다분자층 영역의 수분 함량보다도 많은 수분 함량을 갖는 영역이며, 물 분자들이 주로 자유수로 작용하기 때문에 용매로 작용하여 화학반응이 쉽게 일어난다. 효소반응이 촉진되고 미생물들이 쉽게 이용할 수 있기 때문에 미생물의 증식이 쉽게 일어나는 영역으로 식품의 품질 저하가 가장 많이 일어난다. 대부분의 과채류가 이 영역에 속하기 때문에 변질될 가능성이 높다.

어떤 식품을 15%의 수분 함량(수분활성도 0.8)을 가지도록 건조시켜야 하는데 너무 건조시켜서 10%의 수분 함량을 가지게 되었다면(A→B) 수분을 다시 투입하여 재흡습시켜야 한다. 만일 탈습곡선과 흡습곡선이 일치한다면 수분 함량을 10%에서 15%로 올려 주면 된다. 하지만 대부분의 식품은 흡습과 탈습 곡선이 일치하지 않으므로 흡습곡선에 맞추어 수분을 투입해야 한다. 등온탈습곡선과 등온흡습곡선이 비례하는 것이 아니므로 수분활성도가 0.8인 지점을 흡습곡선에서 찾아서(E) 탈습곡선에서의 수분 함량보다 적게 투입해야 한다(C→E). 만일 10%에서 15%로 그냥 올려 준다면(C→D) 그림 2.7의 그래프에서 보듯이 수분활성도가 0.8 값보다 큰 값의 상태에서 흡습되고 만다. 그러므로 각 식품회사마다 제품별로 이와 같은 등온흡습(탈습)곡선을 확보하여 그래프를 보면서 적당한 수분활성도에

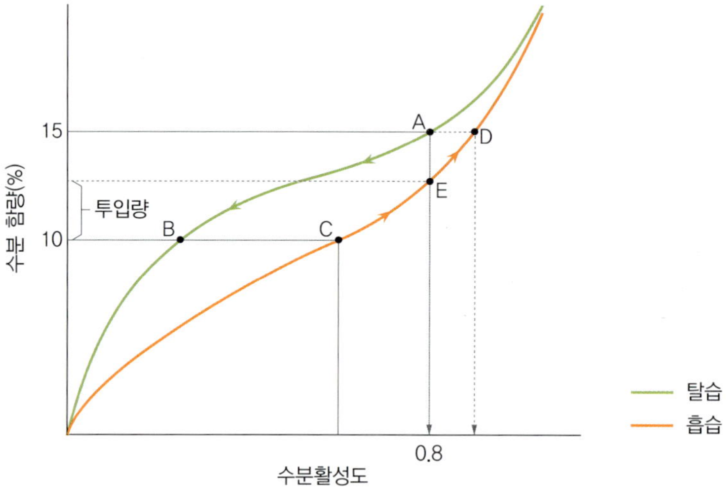

그림 2.7 **등온흡(탈)습곡선에서 수분 함량의 조절과 수분활성도의 변화**

서 재흡수를 유도하면 된다.

앞에서 설명한 바와 같이 식품의 등온흡습(탈습)곡선을 보면 서로 일치하지 않고 어떤 일정한 수분활성도에서 평형 수분 함량이 흡습 과정보다는 탈습 과정에서 높은 함량을 보인다. 이러한 차이를 히스테리시스(hysteresis)라고 하며, 그 이유는 학자 간에 의견 차이가 있다. 그중 잉크병(ink-bottle) 이론은 모세관들에 있던 수분이 탈습 시 식품으로부터 빠져나갔다가 다시 흡습하는 경우 주변의 상대습도가 더 크지 않는 한 전량이 다시 흡습되지 않는다고 한다. 개방기공학설(open-core)에 따르면 탈습 과정 중 조직을 형성하고 있던 분자 조직체가 수축되어 흡착 표면에 이용할 수 있는 흡착 장소의 수가 감소되어 수분의 가역적 흡수가 거의 불가능하다고 한다.

히스테리시스 현상은 식품의 구성 성분이나 함량이 다르고 식품의 종류마다 약간씩 차이가 있으며 온도 상승 시에는 흡습과 탈습 곡선 간의 히스테리시스 정도가 감소한다. 식품의 저장 기간이 길어지면 흡습 능력이 떨어지기 때문에 히스테리시스 정도가 커진다. 건조식품을 제조하거나 저장하는 경우 히스테리시스 현상이 품질에 미치는 정도가 크므로 이 점을 반드시 고려해야 한다.

대기 중에 습도가 낮은 경우에는 식품에서 수분이 증발하고, 반대로 습도가 높은 경우에는 흡습하게 된다. 따라서 자연건조로 수분을 제거할 때는 상대습도와 평형을 이루는 평형 수분 함량에 해당하는 수분이 존재한다.

어떤 식품의 BET point(m_1)를 구하기 위해 각기 다른 수증기압(P) 조건에서 이 식품에 흡착된 수분의 양이 다음과 같이 측정되었다.

압력(mmHg)	0.193	0.523	1.295	2.756	4.410	6.284	7.828
흡착량, m(cc)	8	17	25	30.6	33.8	36.1	38.0

단분자층을 형성하는 수분 함량(BET point, m_1)을 BET 관계식을 이용하여 구해 보면 다음과 같다. 이 관계식은 경험을 통하여 얻은 것이다.

$$\frac{a_w}{m(1-a_w)} = \frac{1}{m_1 c} + \frac{c-1}{m_1 c} \times a_w$$

m : 식품 100 g 중의 수분 g　　　c : 상수

이때 실온에서의 포화수증기압(P_0)은 76 mmHg이다. 이 관계를 그래프로 그려 보면 그림 2.8과 같다. 1차 반응식으로 계산하면 y절편은 0.000237이고 기울기는 0.02717이며 r_2=0.999이다. 대응하는 미지수를 연립방정식에 적용하여 BET point(m_1)=36.45 cc (또는 g)를 얻을 수 있다.

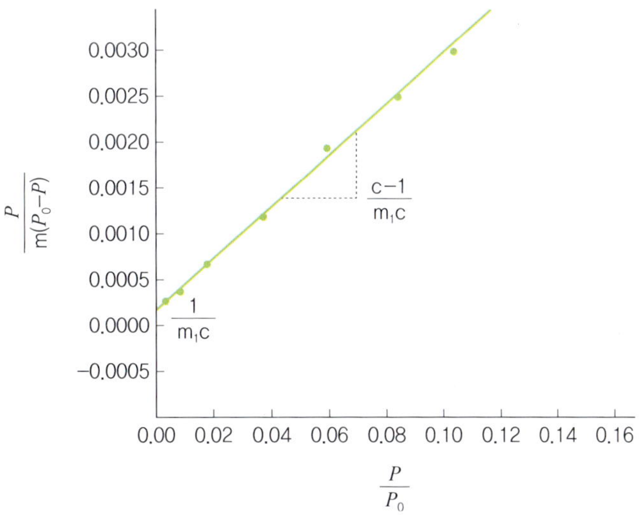

그림 2.8 **모델 식품의 BET 그래프**

9. 수분활성도와 효소반응

효소 활성에 영향을 미치는 인자 중의 하나로 수분활성도가 포함되어 있는데, 일반적으로 효소 작용은 수분활성도가 높을 때에 낮을 때보다 활발하다(그림 2.9, B).

특히 가수분해효소의 경우 용매로서 물 분자를 필요로 하기 때문에 최종 가수분해 정도는 수분활성도에 따라 달라진다. 대부분의 효소들은 수분활성도가 0.85 이하일 때 불활성화되는데 여기에는 amylase, polyphenol oxidase, peroxidase 등이 속한다. 이것은 수분활성도가 낮은 조건에서는 기질이 이동하는 것이 용이하지 않아 효소반응이 억제되기 때문이다. 그러나 lipase의 경우 -18°C에서도 지방 산패반응에 관여하는 것으로 미루어 보아 수분활성도가 매우 낮은 0.0~0.3 범위에서도 효소 활성은 일어나는 것으로 보인다.

10. 수분활성도와 갈변반응

비효소적 갈변반응의 하나인 마이야르(Maillard) 반응의 경우 수분활성도에 따라 갈변반응이 잘 일어나는 영역이 따로 있다(그림 2.9, D). 포도당과 lysine으로 구성된 모델 시스템을 각기 다른 수분활성도 조건에 놓고 반응 정도를 보았을 때 수분활성도 0.6~0.7에서 흡광도가 최대값을 보였으며, lysine의 손실이 최대로 일어났음을 토대로 갈변이 많이 일어났다는 것을 알 수 있다. 단분자층보다 낮은 수분활성도에서는 반응이 일어나기 어렵고 수분활성도 0.6~0.7 부근에서는 갈변반응이 최대에 도달하며, 0.7 이상에서는 감소되는 것으로 나타났는데 높은 수분활성도에서 마이야르 반응이 감소되는 이유는 상대적으로 희석되는 효과에 기인한다.

11. 수분과 냉동

물에 불용성인 용질이 존재할 때 얼려서 얼음을 만들려고 한다면, 용질이 얼음의 구조에 미치는 영향 때문에 냉동 속도에 따라 서로 다른 품질의 식품이 제조된다.

1) 급속냉동

급속냉동(fast freezing)은 빠른 속도로 온도를 급강하시킴으로써 세포 내외부에 작은 얼

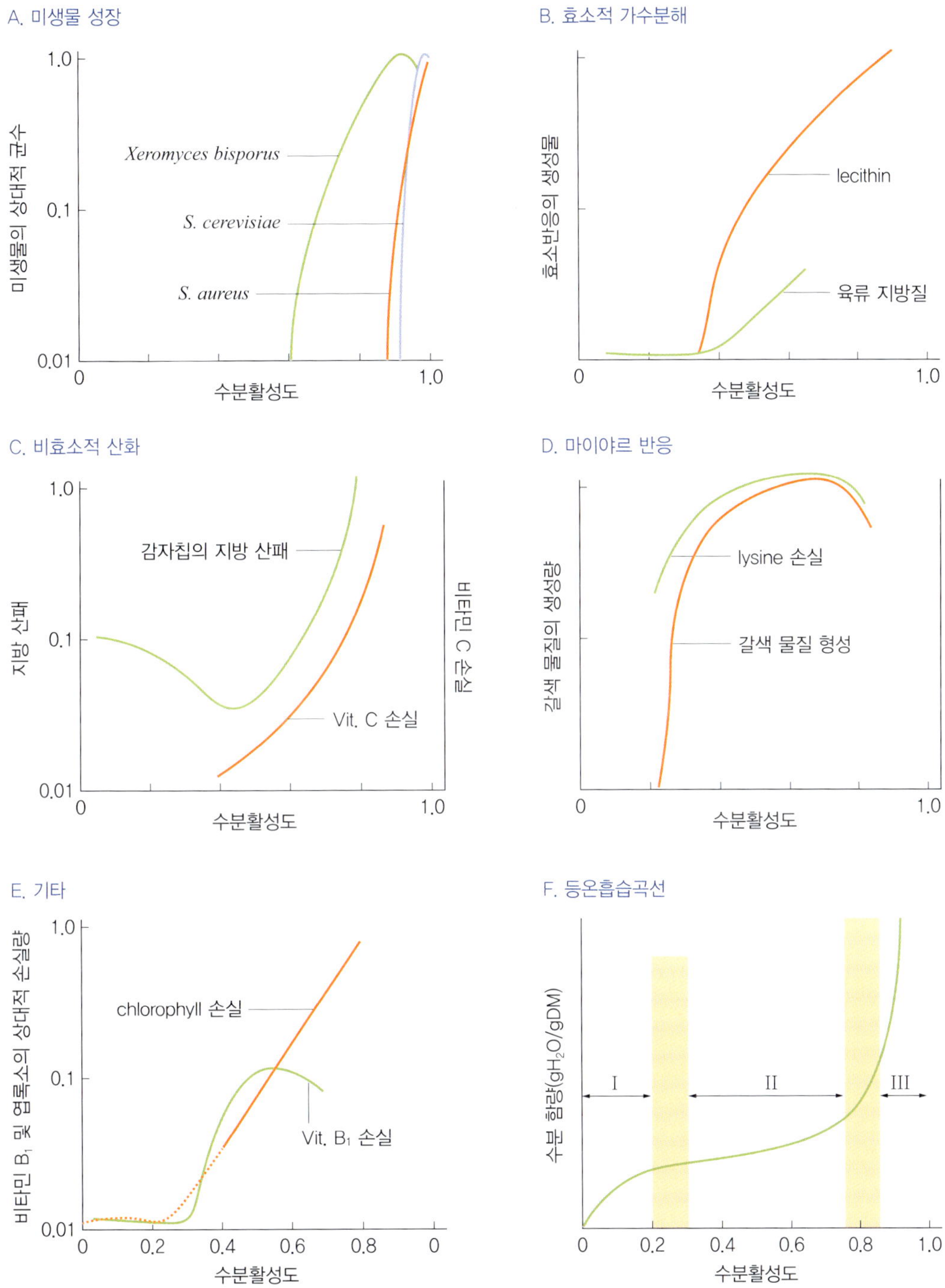

그림 2.9 식품에서 화학반응과 식품 안정성에 대한 수분활성도의 영향

음 결정을 만든다. 생성된 얼음의 핵이 미세하고 그 수가 많으며 균일하게 분포되어 있다. 결정 성장(crystal growth) 속도가 늦으며, 핵 주위의 조직에 압력을 가하는 정도나 스트레스를 가하는 정도가 미세하여 냉동 과정 중 부피 팽창이 적게 일어난다. 냉동된 식품을 다시 해동시키는 경우에도 조직 파괴가 미세하고 재수화될 때 원래의 조직감을 찾기 쉬워서 품질 변화가 적으며, 동결 속도가 빠를수록 품질이 좋아 상품성이 좋아진다. 아이스크림, 냉동 건조 커피, 각종 향신료, 수프에 첨가되는 채소류, 냉동 건조 두부 등을 제조하는 데 활용된다.

2) 완만냉동

완만냉동(slow freezing)은 천천히 동결되면서 용질이 얼음 결정 밖으로 밀려나서 핵을 중심으로 핵이 형성(nucleation)되기보다 결정의 성장이 많이(또는 빨리) 일어나서 얼음 결정의 크기는 커지고 그 수는 작아져 얼음이 얼음 이외의 다른 성분들에 압력이나 스트레스를 가하게 된다. 따라서 해동을 하는 경우 원래의 조직감을 찾기 어려울 뿐 아니라 단백질이 변성되어 조직감이 다르게 나타난다. 이런 경우 단단했던 조직이 연화되면서 주위 미생물이나 효소들이 작용하기 쉬워지고 품질이 쉽게 저하된다.

그림 2.10은 식품 내에서 얼음 결정이 형성되어 가는 모식도이다. 완만냉동의 경우  부분은 얼음 부분이고  부분은 세포를 나타낸 것으로 ①의 단계에서는 얼음의 형성이 보

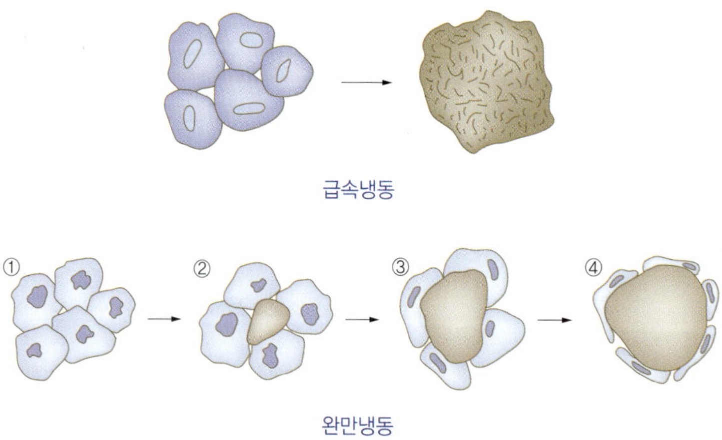

그림 2.10 식품 재료 조직 내 얼음 결정의 형성 모식도

이지 않으며, ②의 단계에서는 세포 사이의 물 분자가 얼기 시작하였음을 보여 준다. ③의 단계로 가면 얼음이 성장하여 그 크기가 당초보다 거대해져 주위의 세포에 대하여 압력을 강하게 작용한다. 점점 얼음의 성장이 지속되어 ④의 단계에 도달하면 세포는 초기의 형태를 잃어버리고 이후 녹는 과정에서 세포 조직이 파괴되기도 한다.

반면, 급속냉동에서는 냉동과 동시에 조그만 얼음 입자들이 성장 없이 바로 얼어 버린 상태로 세포 조직의 변화를 초래하지 않게 냉동이 된다.

Tip

명태의 급속냉동

반찬 재료로 쉽게 접하는 게맛살은 명태의 살과 녹말을 주성분으로 하여 만든다. 이때 사용하는 명태의 살은 그야말로 신선한 상태 그대로여야 한다. 그래서 베링해나 오호츠크 해역에서 명태를 잡으면 즉시 간단한 조치 후 영하 70도의 암모니아 농축수에 담가 급속냉동을 시킨다. 그 상태로 공장으로 옮겨 해빙시켜 게맛살 제조 공정에 사용한다. 만약 명태를 급속냉동이 아니라 완만냉동을 하면 해빙 과정에서 명태 조직이 망가져서 흐트러지기 때문에 녹말과의 접착력이 떨어져 좋은 품질의 게맛살을 만들 수 없다. 급속냉동을 한 후 해빙하면 명태살의 세포 조직 변화도 최소한만 변하기 때문에 급속냉동을 선택하는 것이 바람직하다.

단원 정리

수분은 식품에서 매우 중요한 성분 중의 하나이다. 생명을 유지하는 데 없어서는 안 되는 것이지만 역설적으로 미생물이 성장하는 조건도 수분 함량에 따라 달라질 수 있다. 식품 내에서는 물이 있으면 여러 가지 화학반응이 일어날 수가 있으며, 식품의 조직감(texture)이 말랑말랑한지 바삭바삭한지 아니면 그렇지 못한지가 수분에 의해 좌우된다.

이러한 수분의 가치를 이해하고 물의 성질에 따라 그 기능에 의해 자유수와 결합수로 나누어 볼 수 있다. 또 수분 함량보다는 외부 환경의 영향을 고려한 수분활성도의 개념으로 식품의 품질을 이해하는 편이 바람직하다. 이 수분활성도에 따라 식품 내의 여러 가지 화학반응들은 각기 다른 양상을 보이는데 이를 살펴봄으로써 식품의 품질을 관리하는 데 필요한 항목을 제대로 파악할 수가 있다. 수분을 제거하기 위한 건조 과정에서 각 식품마다 각기 다른 특성을 보이는 등온흡(탈)습곡선에 대한 이해도 중요하다. 세 영역으로 나뉜 이 곡선의 각 영역마다의 특성을 이해하면 식품의 구성 성분에 따라 어떻게 건조할 것인가를 잘 파악할 수 있다.

수분을 제거하는 건조 과정과는 달리 식품을 얼려서 미생물이 이용하지 못하게 하는 냉동의 경우, 식품을 구성하는 세포의 변화를 최소화하는 방안으로 급속냉동을 선택하는 것이 완만냉동을 선택하는 것보다 왜 바람직한지를 이해한다.

연습문제

1 다음 중 수분의 역할이 아닌 것은?

① 용매 역할 ② 화학반응에서 반응물
③ 미생물 성장에 필요한 요인 ④ 칼로리 제공

2 다음의 물질 중 증발열이 가장 높은 것은?

① 메탄 ② 물
③ 암모니아 ④ HF

3 다음 중 유전상수가 높은 용매에서 가장 잘 녹을 수 있는 것은?

① Glutamic acid ② Palmitic acid
③ Tryptophane ④ Triolein

4 자유수를 바르게 설명하지 못한 것은?

① 식품 중에 유리 상태로 존재한다. ② 건조 공정에서 쉽게 제거된다.
③ 0°C 이하에서 언다. ④ 미생물 번식에 이용되지 못한다.

5 수화될 때 물과의 친화력이 높은 반응기는?

① -SH ② -CONH-
③ $CH_3CH_2CH_2$- ④ Phenol기

6 BET point보다 수분이 적은 단분자층 영역 범위에서 지방 산화가 급격히 증가하는 이유가 아닌 것은?

① 이 영역에서는 햇빛을 받아 쉽게 감광제(photosensitizer)에 의한 반응이 일어나기 쉽기 때문에
② 모세관 응축이 일어나 산소가 활성기에 쉽게 운송되므로
③ 식품 중에 존재하는 미량금속의 촉매 작용을 차폐시키기에는 불충분한 수분 때문에
④ 식품 성분이 직접 공기 중의 산소와 반응할 기회가 많기 때문에

7 30% 소금물의 수분활성도는? (단, 소금의 분자량은 58)

8 치즈 제조 시 유청 단백질이 빠져나와 물 분자가 소수성 결합에 의해 소수성 주변으로부터 빠져나오는 현상은?

*정답은 뒤에 있습니다.

03
탄수화물

1. 탄수화물의 정의와 분류
2. 단당류
3. 올리고당류
4. 다당류

탄수화물은 동물, 식물 및 미생물에 다양한 형태로 존재하며, 여러 가지 중요한 기능을 수행하는 천연 물질이다. 녹색식물에서는 광합성에 의해 이산화탄소로부터 글루코스(glucose, 포도당)가 합성된다. 이 중 일부는 단백질, 지방질, lignin 등 다른 유기물로 변환되기도 하나, 대부분은 glucose 분자들의 중합체인 다당류, 즉 셀룰로스(cellulose)나 녹말 형태로 합성된다. Cellulose는 세포벽, 섬유질, 목질 구조를 이루는 주요 성분이며, 녹말은 저장 탄수화물로 생체 내에서 에너지원으로 쓰인다. 이들 다당류는 건물량으로 생물계의 약 3/4을 이루고 있으며, 우리가 섭취하는 열량의 거의 80%를 차지한다. 검류는 식물체, 해조류, 미생물 등에서 얻는 다양한 구조의 다당류로, 독특한 이화학적 성질과 기능성을 띠고 있어 가공식품에 널리 쓰인다. 동물체의 주요 당류는 glucose이며, 젖에는 락토스(lactose, 젖당)가 들어 있고, 저장 탄수화물은 글리코젠(glycogen)이다. 탄수화물은 이와 같이 다양한 구조와 중합도를 지닌 형태로 천연적인 구성 성분으로나 첨가된 식품 소재로서 식품 중에 존재한다. 또한 탄수화물은 화학적, 물리적 또는 생화학적 방법으로 분자의 크기, 형태, 용해도 등 이화학 및 기능 성질을 변화시켜 식품 소재로 사용된다.

1. 탄수화물의 정의와 분류

탄수화물은 당류 중 가장 먼저 정제된 glucose의 분자식을 $C_6(H_2O)_6$ 탄소의 수화물로 생각한 데서 유래한 용어이다. 이러한 형태의 분자식은 별로 쓸모가 없지만, 탄수화물(炭水化物)이라는 관용명은 계속 쓰고 있다. 탄수화물은 2개 이상의 하이드록시기(hydroxy group)를 가진 aldehyde와 ketone, 즉 polyhydroxyaldehyde, polyhydroxy-ketone 또는 가수분해에 의해 이와 같은 화합물을 만드는 물질로 정의할 수 있다.

일반적으로 탄수화물은 단당류(monosaccharides), 올리고당류(oligosaccharides)와 다당류(polysaccharides)로 분류한다. 당(saccharide)은 라틴어 saccharum에서 유래한 용어로 간단한 형태의 탄수화물이 지닌 단맛과 관련이 있으며, 이 세 가지 당류는 가수분해로 서로 연관되어 있다.

$$\text{다당류} \xrightarrow[H^+]{H_2O} \text{올리고당류} \xrightarrow[H^+]{H_2O} \text{단당류}$$

예를 들어 다당류인 녹말이 가수분해되면 이당류인 말토스(maltose, 엿당, 맥아당)를 거쳐 최종적으로 단당류인 glucose가 된다.

단당류는 glucose나 프럭토스(fructose, 과당)와 같이 더 간단한 화합물로 가수분해될 수 없는 탄수화물이다. 올리고당류는 2~10개 정도의 단당류 단위로 연결되어 있으며, 연결된 단당류 단위의 수에 따라 이당류, 삼당류, 사당류 등으로 부른다. 이때 연결된 단당류는 서로 같을 수도 있고 다를 수도 있다. 이를테면 maltose는 2개의 glucose 단위로 구성된 이당류이고, 수크로스(sucrose)는 2개의 다른 단당류, 즉 glucose와 fructose로 구성된 이당류이다.

2. 단당류

1) 단당류의 구조와 명명법

단당류는 탄소 수와 카보닐기의 종류에 따라서 분류한다. 카보닐기가 알데하이드기인 것을 알도스(aldose), 케톤기인 것을 케토스(ketose)라고 하는데, 탄소 수를 나타내는 어근에 각각 접미사 -ose와 -ulose를 붙여 명명한다. 따라서 탄소가 3, 4, 5, 6개인 aldose는 각각 triose, tetrose, pentose, hexose라고 부르며, ketose는 triulose, tetrulose, pentulose, hexulose라고 한다. 가장 간단한 단당류는 하이드록시기 2개, 카보닐기 1개와 이 기들이 각각 붙을 수 있는 3개의 탄소 원자를 가지는 화합물로 aldose인 글리세르알데하이드(glyceraldehyde, glycerose)와 ketose인 다이하이드록시아세톤(dihydroxyacetone)이다. Aldose에서는 aldehyde 탄소로부터 순서대로 탄소 번호를 붙이고, ketose에서는 카보닐기의 탄소가 C2가 된다.

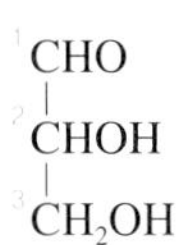
glyceraldehyde

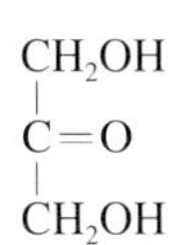
dihydroxyacetone

Glyceraldehyde는 C2 위치에 키랄(chiral) 탄소를 갖고 있다. chiral 탄소는 4개의 서로 다른 원자단이 붙어 있는 비대칭적 탄소 원자로서, 키랄 중심(chiral center)이라고도 한다. 각 키랄 탄소는 서로 포개 놓을 수 없는 거울상의 분자인 거울상 이성질체(enantiomer)를 하나씩 가진다. 따라서 키랄 탄소가 n개인 화합물은 2n개의 거울상 이성질체를 갖게 된다. 예를 들면 glyceraldehyde에는 키랄 탄소에 하이드록시기가 오른쪽에 있는 D-glyceraldehyde와 왼쪽에 있는 L-glyceraldehyde, 2개의 거울상 이성질체가 있다.

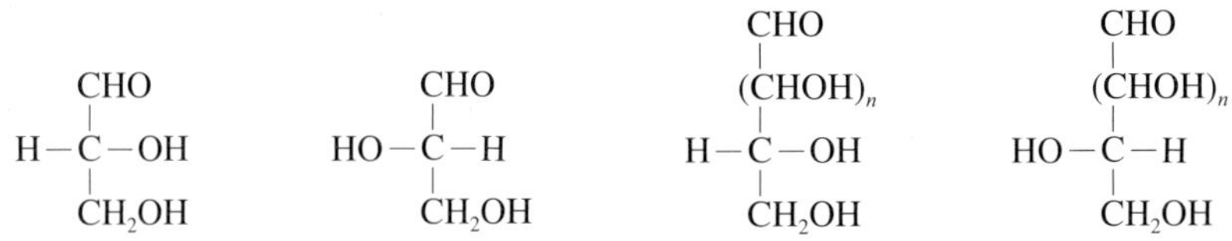

D-glyceraldehyde L-glyceraldehyde D-aldose L-aldose

이 밖의 다른 aldose와 ketose들은 glyceraldehyde와 dihydroxyacetone에 하이드록시기를 가진 새로운 키랄 탄소가 첨가된 유도체들로, 피셔(Fischer) 투영식에서 알데하이드기나 케톤기로부터 가장 멀리 있는 키랄 중심의 오른쪽에 하이드록시기가 있으면 D-단당류, 왼쪽에 있으면 L-단당류가 된다. 따라서 L-단당류는 D-단당류의 거울상 이성질체이다. D-계열의 aldose와 ketose의 구조와 명칭은 그림 3.1과 같다.

카보닐기의 C=O 결합에서는 산소 원자의 전기음성도(electronegativity)가 탄소 원자보다 매우 커서 전자들이 산소에 끌려 탄소는 부분적인 양전하를 갖게 되며, 많은 반응에서 친핵체(nucleophile)의 공격을 받는다. Aldehyde의 카보닐 탄소는 하이드록시기 산소 원자의 비공유 전자쌍의 공격을 받아 헤미아세탈(hemiacetal)을 형성한다.

과량의 알코올이 있을 경우, hemiacetal의 하이드록시기는 알코올의 하이드록시기와 반응하여 acetal과 물을 생성한다. Ketone의 카보닐기도 유사하게 반응하여 헤미케탈(hemiketal)과 케탈(ketal)을 생성한다.

단당류는 이러한 hemiacetal 형성 반응에서 요구되는 aldehyde와 alcohol 두 작용기를 한 분자 안에 모두 가지고 있으므로, 카보닐기는 반응 거리 안에 있는 하이드록시기와 반

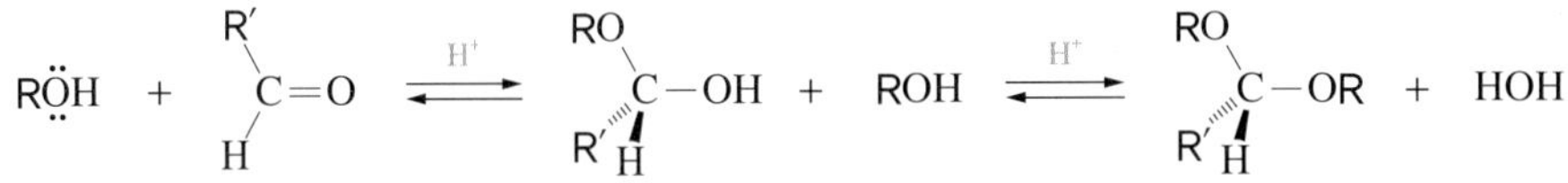

alcohol aldehyde hemiacetal acetal

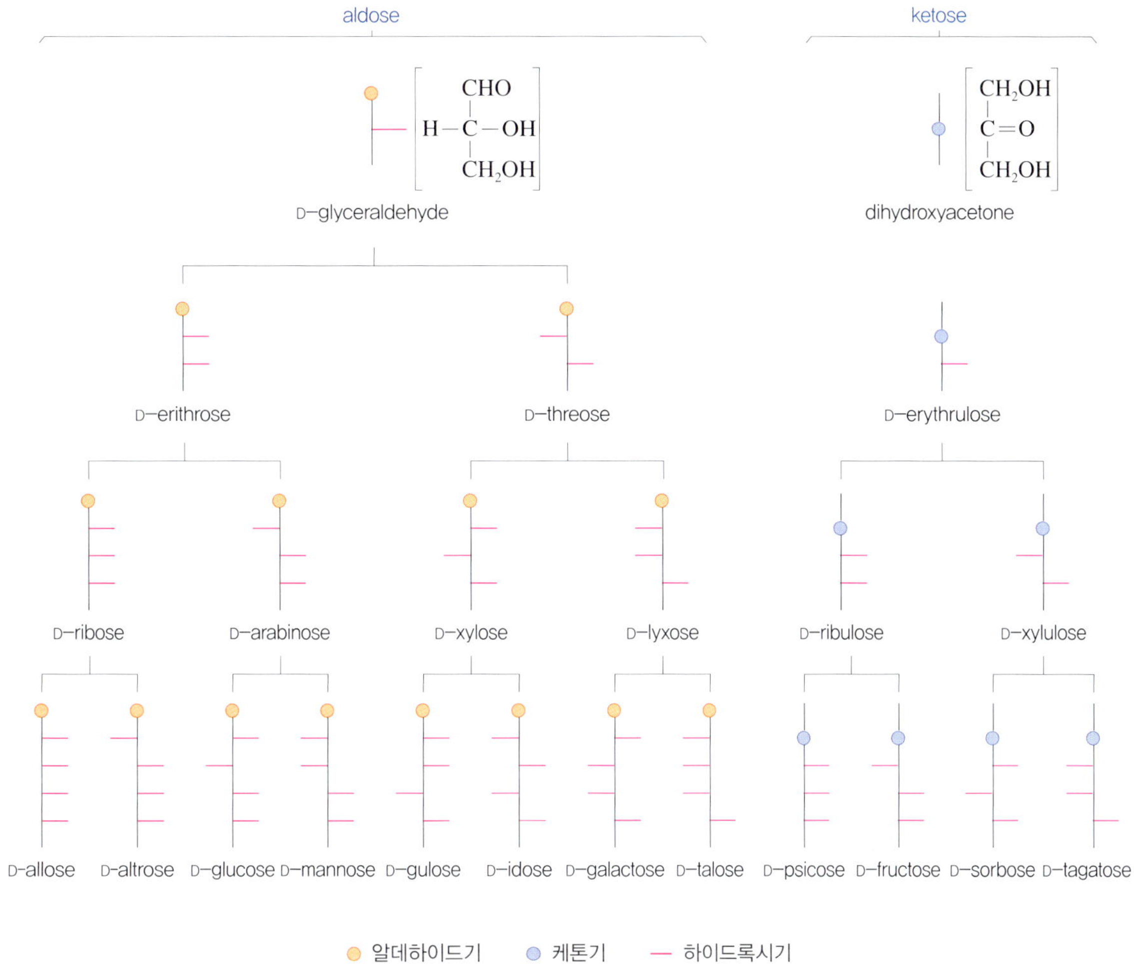

그림 3.1 **D-계열의 알도스와 케토스**

응하여 hemiacetal 구조를 형성한다. D-Glucose를 예로 들면 C5에 붙어 있는 하이드록시기의 산소 원자가 알데하이드 탄소 원자와 반응하여 6원자 고리형의 피라노스(pyranose)를 형성한다. 이 고리 구조에서 C1은 헤미아세탈 탄소로서 새로운 키랄 중심이 형성된 탄소로 아노머 탄소(anomeric carbon)라고 하며, 아노머 중심에서의 배열만이 다른 두 단당류를 아노머(anomer)라고 하는데 하이드록시기의 위치에 따라 α와 β로 나눈다.

D-계열의 단당류를 하워드(Haworth) 투영식으로 나타낼 때 하이드록시기가 고리 아래에 있으면 α-anomer, 위에 있으면 β-anomer라고 한다. D-Glucose의 경우, 각각 α-D-

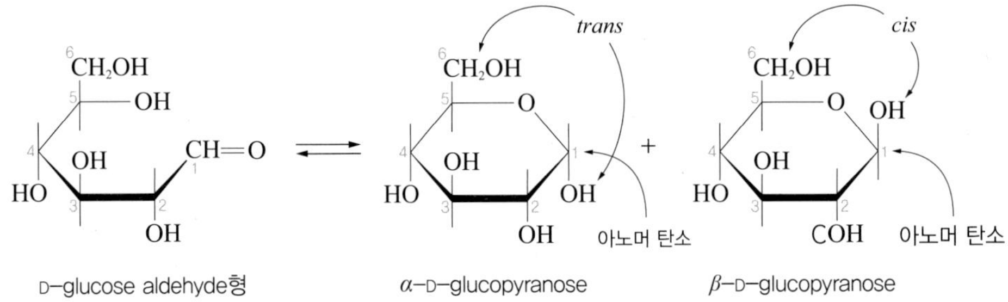

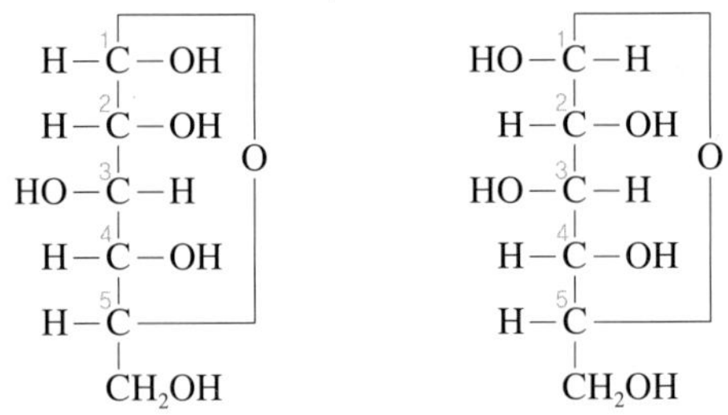

glucopyranose, β-D-glucopyranose로 부른다. 당류의 대부분은 6원자 고리 구조를 이루고 있으나 간혹 5원자 고리일 때도 있는데, 산소를 포함한 이 5원자 고리 hemiacetal을 푸라노스(furanose)라고 한다.

각 anomer는 녹는점, 고유 광회전도(specific optical rotation) 등 물리적 성질이 서로 다르다. 예를 들면 D-glucose를 methanol에서 결정화하면 α형이, 아세트산에서 결정화하면 β형이 얻어지는데 α형과 β형은 수용액 중에서 상호 변환된다. 순수한 α-D-glucopyranose는 고유 광회전도가 처음 +112.2°에서 점점 떨어져 평형값인 +52.7°로 되며, β-D-glucopyranose는 처음 +18.7°에서 점차 올라가 같은 평형값 +52.7°로 된다. 이와 같이 시간에 따라 고유 광회전도가 변화하는 현상을 변광회전(mutarotation)이라고 한다. 이때 평형값은 5가지 서로 다른 화합물의 광회전도를 나타낸다. 30°C 수용액에서 평형 혼합물은 그림 3.2에서와 같이 α-D-glucopyranose 37%, β-D-glucopyranose 62%, α-D-glucofuranose 0.5%, β-D-glucofuranose 0.5%, 열린 사슬 aldehyde 0.002%로 이루어져 있다. 변광회전은 모든 단당류에서 일어나며 몇 가지 단당류의 수용액 중 평형 혼합물의

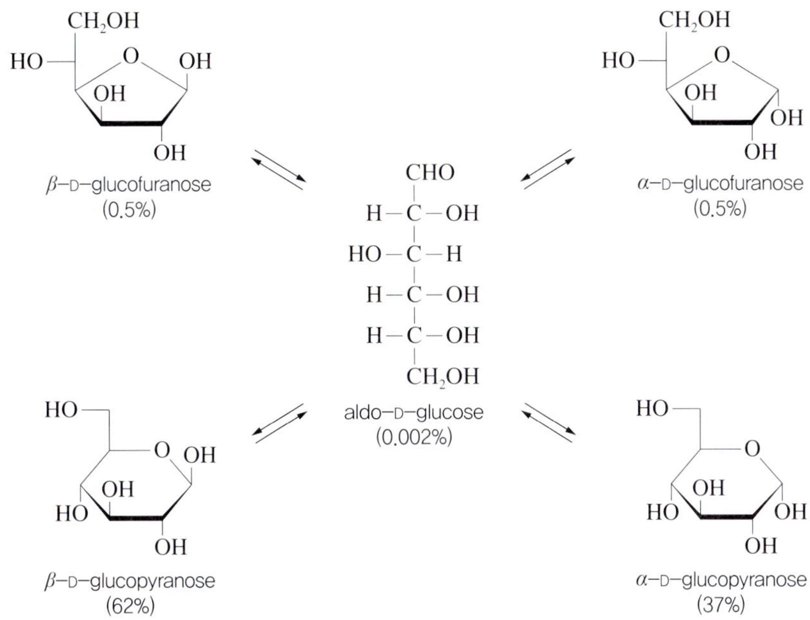

그림 3.2 D-글루코스의 수용액 중 혼합물의 평형 관계

표 3-1 주요 단당류의 수용액 중 평형 혼합물의 조성

단당류	온도(°C)	Pyranose		Furanose		열린 사슬 aldehyde(%)
		α (%)	β (%)	α (%)	β (%)	
D-Glucose	31	37.0	62.0	0.5	0.5	0.002
D-Mannose	44	65.5	34.5	0.6	0.3	0.005
D-Fructose	31	2.5	65.0	6.5	25.0	0.800
D-Galactose	31	30.0	64.0	2.5	3.5	0.020
D-Xylose	31	36.5	63.0	0.3	0.3	0.020
D-Ribose	31	21.5	58.5	6.5	13.5	0.050

비율은 표 3-1과 같다. α-D-Glucofuranose와 β-D-glucofuranose는 C4의 하이드록시기가 C1 알데하이드기와 hemiacetal을 형성한 것이다.

Pyranose에서 D-glucose와 D-mannose 같이 C2에서의 입체 배열만 다른 이성질체를 에피머(epimer)라고 한다. 또 C-C 결합의 회전이나 뒤틀림에 따라 H와 OH의 입체 배열이 달라지므로 aldose와 ketose의 pyranose형에는 chair형(C), boat형(B), twisted-boat형(또

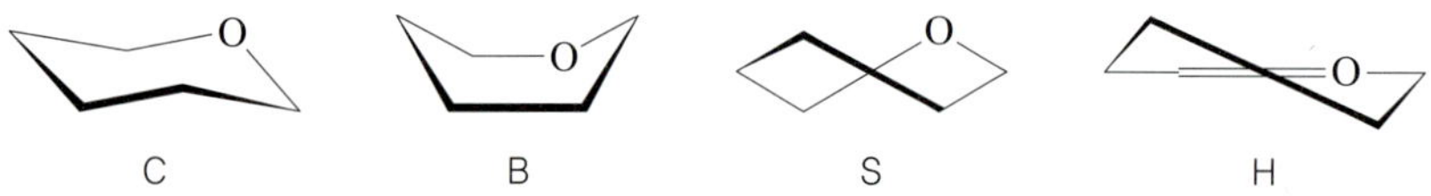

pyranose의 구조

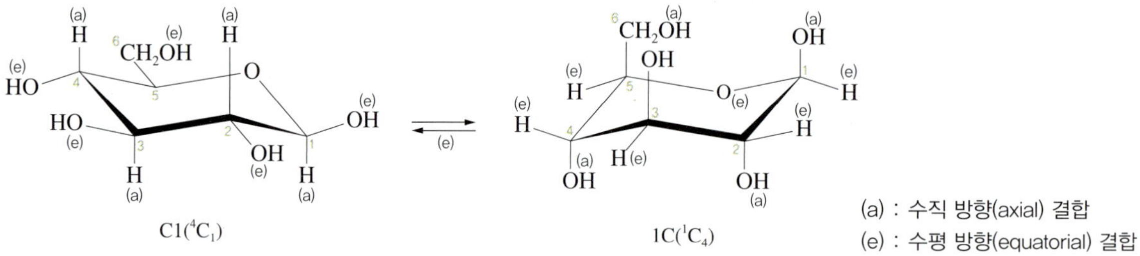

그림 3.3 β-D-글루코피라노스의 형태

는 skew형)(S) 및 half-chair형(H)이 있다. 보통은 열역학적으로 가장 안정한 C형으로 존재한다. β-D-Glucopyranose의 C형 구조에는 그림 3.3에 나타낸 바와 같이 C1($^4C_1$)과 1C($^1C_4$)의 2종류가 있다. 1C형에서는 부피가 큰 C2 OH와 C4 OH, 그리고 C1 OH와 C5 CH_2OH는 모두 수직 방향(a)으로 배열하고 있어 혼잡하고 1, 3-상호작용으로 형태 에너지 수준이 높아 열역학적으로 매우 불안정하다. 따라서 보통은 더 안정한 C1형으로 존재한다.

2) 단당류의 물리적 성질과 관능 특성

단당류는 대체로 물에 잘 녹고 ethanol에는 소량 용해되나 ether, chloroform 등의 유기 용매에는 용해되지 않는다. 또 단당류는 쓴맛을 띠는 β-D-mannose를 제외하고는 대부분 단맛을 나타내는데, 단맛의 특성은 단당류의 종류에 따라 다르다. 주요 단당류의 고유 광회전도와 단맛을 10% sucrose 용액과 비교한 상대 감미도는 표 3-2와 같다.

3) 단당류의 화학반응

단당류의 카보닐기와 하이드록시기에 의한 반응을 요약하면 표 3-3과 같다.

표 3-2 단당류의 고유 광회전도와 상대 감미도

단당류	$[\alpha]_D$	상대 감미도	단당류	$[\alpha]_D$	상대 감미도	단당류	$[\alpha]_D$	상대 감미도
			D-Fructose	-92	115			
L-Arabinose	+105	-	β-	-133.5	180	D-Mannose	+14.2	59
α-	+55.4	-	D-Galactose	+80.2	27	α-	+29.3	59
β-	+190.6	-	α-	+150.7		β-	-17	쓴맛
D-Xylose	+18.8	67	β-	+52.8		D-Rhamnose	-7.0	33
α-	+93.6	-	D-Glucose	+52.7	68	L-Sorbose	-43.4	-
D-Ribose	-23.7	-	α-	+112.2				
			β-	+18.7				

표 3-3 단당류 분자의 주요 반응

작용	기(group) 반응
카보닐기	1. 카복실기로 산화 2. 하이드록시기로 환원 3. 사이아노하이드린(cyanohydrin) 생성 및 기타 친핵체의 첨가
하이드록시기	1. 에스터 형성 2. 에테르 형성 3. 고리 아세탈 생성 4. 카보닐기로의 산화 5. 데옥시탄소 원자로 환원 6. 아미노기, 설프하이드릴기 및 할로젠기와의 치환
카보닐기 및 하이드록시기	1. 고리 헤미아세탈의 생성(피라노스 및 푸라노스 고리 생성) 2. 아세탈의 생성(글리코사이드 생성) 3. 알도스 ↔ 케토스 이성질화
아노머 하이드록시기	1. 할로젠화 당류 생성 2. 락톤으로의 산화

(1) 알데하이드기 및 아노머 하이드록시기의 산화

① 알돈산

Aldose는 주로 고리 구조의 hemiacetal로 존재하며, 소량이지만 일정한 양의 aldehyde형과 평형에 있다. Aldehyde기들은 브롬 수용액, Ag^+, Cu^{2+}와 같은 온화한 산화제에 의해 쉽게 산화되어 알돈산(aldonic acid)을 형성한다. Aldehyde의 산화는 pH 10~11의 알칼리 조건에서 이루어지며 Ag^+, Cu^{2+}, Fe^{3+}와 같은 금속 이온이 촉매로 작용한다. Aldose는 톨렌스(Tollens) 시약(Ag^+의 암모니아 용액), 펠링(Fehling) 시약(Cu^{2+}의 타타르산나트륨 용액), 베네딕트(Benedict) 시약(Cu^{2+}의 시트르산나트륨 용액) 등에 양성반응을 나타낸다. 이러한 시약들을 환원시키므로 aldose는 환원당(reducing sugar)이라고 한다.

② 락톤류

알돈산의 카복실기는 γ 위치에 있는 하이드록시기와 쉽게 분자 내 ester를 이루어 고리형의 lactone을 생성한다. 이때 6원자 고리 구조의 1,5-lactone보다는 더 안정한 5원자 고리 구조의 1,4-lactone이 주로 형성된다. Aldehyde형의 당류와 pyranose 및 furanose형의 고리 구조는 신속히 평형에 이르며, 또한 알돈산과 lactone 고리 구조가 평형에 있으므로 어떤 용액에서든지 당류가 산화되면 평형 상태에서 모두 동일한 혼합물을 얻게 된다.

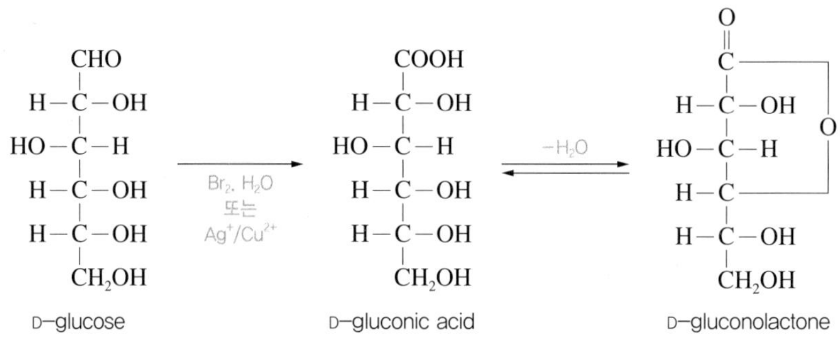

(2) 카보닐기의 환원

Aldehyde나 ketone은 카보닐기에 수소가 첨가되면 환원되어 알디톨류(alditols)를 생성한다. Alditol은 당알코올(sugar alcohol), glycitol, polyhydroxy alcohol, polyol 등으로도 부른다. 예를 들면 D-glucose는 백금이나 팔라듐 또는 라니 니켈과 같은 촉매 존재하에 수

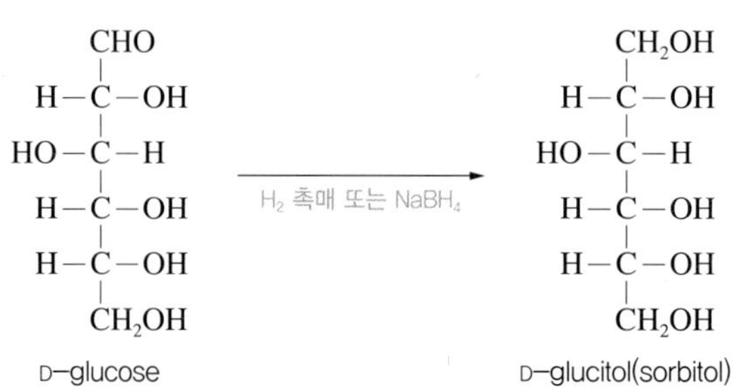

소를 첨가하거나 NaBH$_4$로 환원시키면 D-glucitol로 바뀐다. D-Glucitol, D-mannitol 등 중요한 당알코올의 특성은 뒤의 '3. 6) 단당류 및 올리고당류의 관련 물질'에서 설명한다.

(3) 비아노머 하이드록시기의 산화

당을 강산과 함께 가열하면 알데하이드기와 제1차 알코올기가 모두 산화되어 2개의 카복실기를 가진 알다르산(aldaric acid)을 형성한다. 즉, 30% 질산과 함께 D-glucose를 가열하면 글루카르산(glucaric acid, saccharic acid)이 형성되며, D-galactose를 가열하면 갈락타르산(galactaric acid)이 형성된다(그림 3.4). 갈락타르산은 보통 뮤스산(mucic acid)이라 부르며, 분자 구조에 대칭면을 보유한 메조(meso) 화합물로 편광을 회전시키지 않는다. 또한 물에 거의 용해되지 않아 그 생성량으로 식품 중의 galactose의 함량을 측정한다. D-Glucose의 6번 탄소에 있는 비아노머 하이드록시기가 산화되면 D-glucuronic acid가 된다.

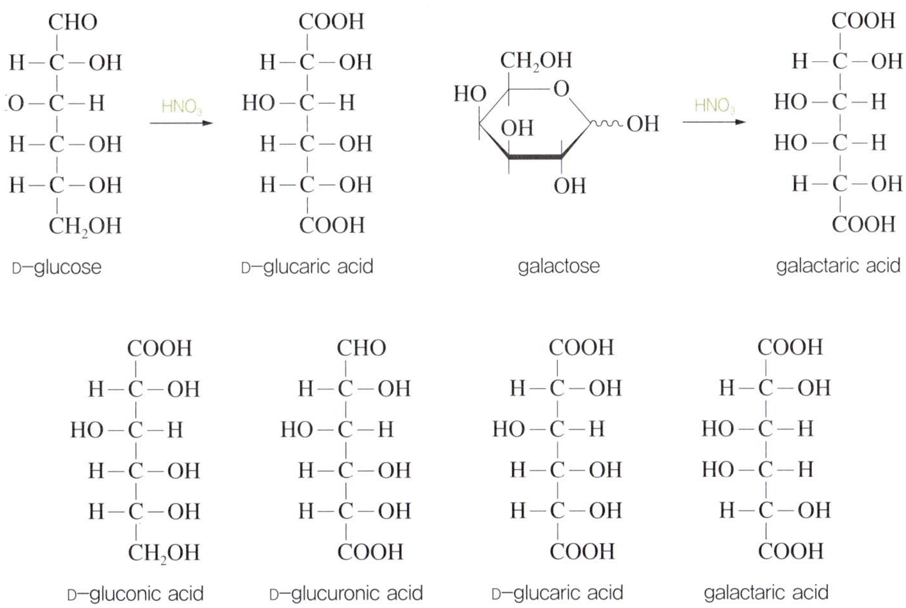

그림 3.4 일부 당과 산의 구조와 명칭

(4) 산에 의한 탈수

Aldose를 강산과 함께 가열하면 탈수되면서 고리 구조가 열려 furfural 유도체를 생성한다. 즉, pentose나 hexose 1몰에서 물 3몰이 제거되어 각각 furfural과 hydroxy-

표 3-4 당류와 강산 및 페놀류의 반응을 이용한 정성 및 정량 분석

분석법	산	페놀류	분석 탄수화물	구분	감도	색 및 측정 파장
Anthrone	황산	anthrone	대부분	정량	50 μg/mL	청록색 (600 nm)
Molisch	황산	α-naphtol	전부	정성	10 μg/mL	자주색
Phenol-sulfuric acid	황산	phenol	전부	정량	10 μg/mL	호박색 (470 nm)
Seliwanoff	염산	resorcinol	케토스	정성	20 μg/mL	적색 침전
Bial's	염산	orcinol	펜토스	정성/정량	20 μg/mL	청록색 (600 nm)
Dische	황산	carbazole	우론산	정성/정량	10 μg/mL	자주색 (535 nm)

methylfurfural(HMF)이 생성된다. Furfural과 phenol, α-naphtol, resorcinol, orcinol 등과의 발색반응은 당류의 정성 및 정량 분석에 이용된다(표 3-4).

(5) 알칼리에 의한 이성질화

Aldose나 ketose를 강알칼리 용액 중에 방치하면 엔올화되어 서서히 epimer를 형성

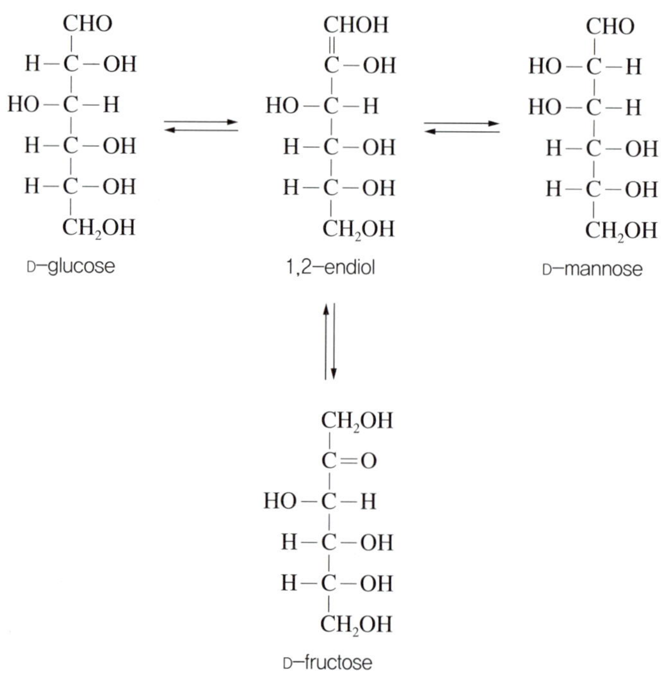

그림 3.5 D-Glucose의 알칼리에 의한 이성질화

한다(그림 3.5). 즉, pH 11~13, 20°C의 조건에서 D-glucose는 1,2-endiol을 형성하는데, 이 중의 일부는 D-glucose의 epimer인 D-mannose로 변환되고 다른 일부는 이성질체인 D-fructose로 변환된다. 이 반응을 Lobry de Bruyn-Alberda van Ekenstein 변환(transformation)이라고 한다.

(6) 캐러멜 반응

당을 녹는점 이상의 온도(190~200°C)로 가열하면 반응 조건에 따라 주로 분해가 일어나 냄새 성분을 생성하거나 중합에 의해 갈색 물질을 형성하는데 이를 캐러멜 반응(caramelization)이라고 한다(제10장 참조).

(7) 아미노 화합물과의 반응

환원당의 카보닐기는 단백질, peptide, 아미노산, amine 등의 아미노기와 반응하여 N-glycoside를 형성하며, 이 화합물은 이어서 여러 반응을 거쳐 휘발성 냄새 물질, 갈색 색소 등을 생성한다. 이 반응을 마이야르(Maillard) 반응이라고 한다(제10장 참조).

4) 단당류 및 그 관련 화합물의 식품 중 분포

식품 중에 존재하는 단당류와 그 주요 관련 화합물은 표 3-5와 같다.

표 3-5 식품 중에 존재하는 단당류와 관련 화합물

명칭		구조상의 특징 및 분포
Pentose	L-Arabinose	식물성 gum, hemicellulose, pectin, pentosan 등의 구성 단당류
	2-Deoxy-D-ribose	DNA의 구성 당
	D-Ribose	RNA의 구성 당
	D-Xylose	Xylan, hemicellulose 등의 구성 당으로 존재
Hexose	D-Fructose	D-Arabinohexulose, sucrose 및 inulin의 구성 당, 식물체와 벌꿀에 존재
	L-Fucose	6-Deoxy-L-galactose, 해조류 다당류 및 식물성 gum의 구성 당, 모유 중 올리고당류의 구성 당
	D- 및 L-Galactose	동물 및 식물체의 다당류와 lactose의 구성 당
	D-Glucose	단당류, 올리고당류, 다당류 및 글리코사이드로 자연계에 널리 존재
	D-Mannose	다당류의 구성 단위로 널리 존재

(계속)

명칭		구조상의 특징 및 분포
Hexose	L-Rhamnose	6-Deoxy-L-mannose, 식물성 gum 및 점질물, 주로 flavon계의 글리코사이드로 존재
	D-Psicose	D-Ribohexulose, 당밀의 비발효성 성분으로 존재
	D-Sorbose	L-Xylohexulose, 미생물의 작용에 의해 sorbitol로부터 생성, pectin의 구성 당
	D-Galacturonic acid	pectin, 식물성 점질물 다당류 등의 구성 성분
	D-Glucuronic acid	글리코사이드, 식물성 gum, hemicellulose의 구성 성분
	D-Mannuronic acid	알긴산, 미생물성 다당류의 구성 성분
	D-Glucosamine	2-Amino-2-deoxy-D-glucose, chitin, hyaluronic acid, 우유 올리고당류 등의 구성 성분

3. 올리고당류

1) 올리고당류의 분류와 구조

올리고당류는 2~10개의 pentose나 hexose의 단당류 단위가 글리코사이드 결합(glycosidic linkage)으로 연결되어 있으며, 구성 단당류 단위의 수에 따라 이당류, 삼당류, 사당류 등으로 나눈다. 식품 중에는 이당류가 가장 많고, 삼당류, 사당류 등은 적게 분포되어 있다. 올리고당류의 종류와 출처는 표 3-6과 같다.

글리코사이드 결합은 pyranose 또는 furanose의 hemiacetal 하이드록시기와 다른 단당류 단위의 하이드록시기 사이의 결합, 즉 아노머 탄소에 연결된 하이드록시기의 수소 원자가 다른 당으로 치환되어 있는 결합이다. 따라서 자유 알데하이드기를 갖고 있는 환원성 올리고당 분자는 하나의 환원성 말단과 하나 이상의 비환원성 말단을 갖는다. 직선 형태의 올리고당은 단 하나의 비환원성 말단을 갖고 있으나, 가지를 친 형태의 분지 올리고당은 둘 이상의 비환원성 말단을 갖고 있다.

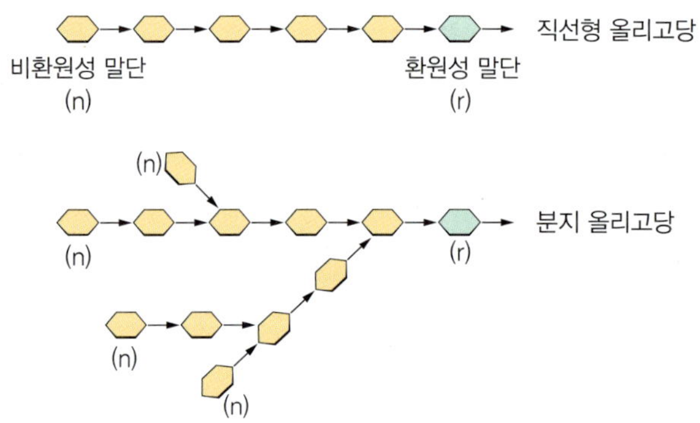

표 3-6 올리고당류의 종류와 구조 및 출처

명칭	구조	출처 및 특성
	이당류(Disaccharide)	
Cellobiose	β-D-Glcp-(1→4)-D-Glcp	cellulose의 구성 단위
Gentiobiose	β-D-Glcp-(1→6)-D-Glcp	수목의 삼출액, 글리코사이드(amygdalin), 쓴맛
Isomaltose	α-D-Glcp-(1→6)-D-Glcp	꿀, 물엿, 청주
Kojibiose	α-D-Glcp-(1→2)-D-Glcp	청주, 꿀
Lactose	β-D-Galp-(1→4)-α-D-Glcp	우유
Lactulose	β-D-Galp-(1→4)-D-Fruf	lactose의 변환 생성물
Laminaribiose	β-D-Glcp-(1→3)-β-D-Glcp	해조류, 소철 종자, β(1→3)-glucan
Maltose	α-D-Glcp-(1→4)-D-Glcp	사탕무, 꿀, 엿기름, 발아 중인 곡류
Maltulose	α-D-Glcp-(1→4)-D-Fruf	maltose의 변환 생성물, 꿀, 맥주
Melibiose	α-D-Galp-(1→6)-D-Glcp	카카오 콩, 식물체 수액
Neohesperidiose	α-D-Rhap-(1→2)-D-Glcp	글리코사이드(naringin, neohesperidin)
Neotrehalose	α-D-Glcp-(1→1)-β-D-Glcp	koji 추출물
Nigerose	α-D-Glcp-(1→3)-D-Glcp	꿀, 맥주, koji
Palatinose	α-D-Glcp-(1→6)-D-Fruf	미생물에 의한 sucrose의 변환 생성물
Rutinose	α-D-Rhap-(1→6)-D-Glcp	글리코사이드(hesperidine)
Sophorose	β-D-Glcp-(1→2)-D-Glcp	글리코사이드
Sucrose	β-D-Fruf-(2↔1)-α-D-Glcp	사탕수수, 사탕무, 식물체에 분포, 비환원성
Trehalose	α-D-Glcp-(1↔1)-α-D-Glcp	맥각, manna, 곰팡이 포자, 비환원성
	삼당류(Trisaccharide)	
Fucosidolactose	α-D-Fucp-(1→2)-β-D-Galp-(1→4)-D-Glcp	모유
Gentianose	β-D-Glcp-(1→6)-α-D-Glcp-(1↔2)-β-D-Fruf	용담 뿌리줄기
Isokestose(1-Kestose)	α-D-Glcp-(1→2)-β-D-Fruf-(1→2)-β-D-Fruf	sucrase에 의한 sucrose의 당전이 생성물
Kestose(6-Kestose)	α-D-Glcp-(1→2)-β-D-Fruf-(6→2)-β-D-Fruf	sucrose 당전이 생성물, 꿀
Maltotriose	α-D-Glcp-(1→4)-α-D-Glcp-(1→4)-D-Glcp	녹말의 분해물, 녹말 시럽
Manninotriose	α-D-Galp-(1→6)-α-D-Galp-(1→6)-D-Glcp	manna
Melezitose	α-D-Glcp-(1→3)-β-D-Fruf-(2→1)-α-D-Glcp	manna, nectar, 꿀, 수목 삼출액, 비환원성
Neokestose	β-D-Fruf-(2→6)-α-D-Glcp-(1↔2)-β-D-Fruf	sucrose 당전이 생성물

(계속)

명칭	구조	출처 및 특성
Panose	α-D-Glcp-(1→6)-α-α-Glcp-(1→4)-D-Glcp	아밀로펙틴의 분해산물, 꿀
Raffinose	α-D-Galp-(1→6)-α-D-Glcp-(1↔2)-β-D-Fruf	사탕수수, 사탕무, 면실, 콩, 비환원성
Umbelliferose	α-D-Galp-(1→2)-α-D-Glcp-(1↔2)-β-D-Fruf	미나리과 식물의 뿌리
사당류(Tetrasaccharide)		
Maltotetraose	α-D-Glcp-(1→4)-α-D-Glcp-(1→4)-α-D-Glcp-(1→4)-D-Glcp	녹말 시럽
Stachyose	α-D-Galp-(1→6)-α-D-Galp-(1→6)-α-D-Glcp-(1↔2)-β-D-Fruf	콩, 식물체에 널리 분포, 비환원성
Higher oligosaccharide		
Maltopentaose	[α-D-Glcp-(1→4)]4-D-Glcp	녹말 시럽
α-Schardinger-dextrin	Cyclomaltohexaose(α,1→4)	
β-Schardinger-dextrin	Cyclomaltoheptaose(α,1→4)	녹말 시럽으로부터 *Bacillus macerans*의 작용에 의한 생성물
γ-Schardinger-dextrin	Cyclomaltooctaose(α,1→4)	

당과 글리코사이드 결합을 하는 분자가 일반적으로 당이 아닌 경우를 글리코사이드(glycoside)라고 하며 이때 당이 아닌 분자를 아글리콘(aglycone)이라 한다. Glycoside는 구성 단당류 명칭의 어미 -e를 -ide로 바꾸어 명명한다. 이를테면 단당류가 glucose인 경우에는 glucoside, mannose인 경우에는 mannoside라고 한다. 자연계에는 anthocyanin, saponin을 비롯한 많은 물질이 glycoside로 존재한다.

올리고당의 계통명은 이당류의 비환원당인 경우(예 : sucrose, trehalose)는 glycosyl-glycoside로, 환원당인 경우는 glycosylglycose로 명명한다. 예를 들어 이당류 maltose를 관용적으로 오른쪽에 있는 당, 즉 α-D-glucopyranose의 유도체로 명명한다. 4번 탄소에 있는 산소 원자(O-4)에서 α-D-glucopyranose의 유도체를 형성하기 때문에 4-O-α-D-glucopyranosyl-D-glucopyranose가 된다.

2) 올리고당류의 이화학 및 관능 성질

올리고당류는 단당류와 마찬가지로 물에 잘 용해된다. 용해도는 anomer의 종류에 따라 다르기도 하다. 예를 들면 lactose의 경우 α-lactose와 β-lactose의 용해도는 0°C 물에서 각각 5.0 g/100 g, 45.1 g/100 g이다. 올리고당류 중 환원성 올리고당류는 단당류와 같은 화학반응을 한다. 그러나 비환원성 올리고당류(구성 당의 아노머 탄소에 연결된 하이드록시기 사이의 글리코사이드 결합으로 이루어진 올리고당류는 환원성 올리고당류)와는 달리 글리코사이드성 하이드록시기가 없으므로 환원성이 없고 그 자체로는 변광회전을 나타내지 않으며 alcohol 및 amine과 반응하지 않는다. 또 올리고당류는 산에 의해 쉽게 가수분해되나 알칼리에는 비교적 안정하다.

D-계열 올리고당류는 α-anomer의 고유 광회전도가 β-형보다 크므로 아래의 예와 같이 고유 광회전도는 β-glycoside가 절단되면 증가하고 α-glycoside가 절단되면 감소한다.

cellobiose(β) ⟶ 2 D-glucose　　maltose(α) ⟶ 2 D-glucose
고유 광회전도 = +34.6° 　+52.7°　　+130° 　+52.7°

lactose(β) ⟶ D-galactose + D-glucose
고유 광회전도 = +52.3° 　+80.2° 　+52.7°(평형값 +66.3°)

쓴맛을 지닌 gentiobiose를 제외한 거의 모든 올리고당류는 그 질과 강도 등 특성은 서로 다르나 단맛을 띤다. 감미도는 대개 올리고당류의 사슬이 길어질수록 줄어든다. 몇 가지 올리고당류의 상대 감미도는 표 3-7과 같다.

표 3-7 올리고당류의 고유 광회전도와 상대 감미도

올리고당류	$[\alpha]_D$	상대 감미도	올리고당류	$[\alpha]_D$	상대 감미도	올리고당류	$[\alpha]_D$	상대 감미도
Cellobiose	+34.6	-	Melibiose	+143	-	Panose	+154	-
β-	+14.2	-	β-	+123	-	Raffinose	+101	22
Gentiobiose	+10	-	Palatinose	+97.2	-	Maltotetraose	+166	-
Lactose	+53.6	39	Sucrose	+66.5	100	Stachyose	+146	-
β-	+34.2	-	Gentianose	+33.4	-	Maltopentaose	+178	-
Maltose	+130	46	Kestose	+28	-	α-Cyclodextrin	+151	-
α-	+173	-	Maltotriose	+160	-	β-Cyclodextrin	+162	-
β-	+112	-	Manninotriose	+167	-	γ-Cyclodextrin	+180	-
Maltulose	+64	-	Melezitose	+88.2	-			

3) 이당류

이당류(disaccharides)는 두 분자의 단당류 단위가 글리코사이드 결합으로 서로 연결되어 있으며, 단당류의 종류에 따라 여러 가지가 있다. 식품 성분으로서 중요한 것은 maltose, lactose, sucrose 등이다. 여러 가지 이당류의 구조는 그림 3.6과 같다.

(1) 말토스

말토스(maltose, 엿당, 맥아당)는 녹말을 부분적으로 가수분해할 때 얻을 수 있으며 pyranose형의 glucose 단위로 구성된다. 한 glucose 단위의 아노머 탄소가 다른 glucose 단위의 C4 하이드록시기에 연결되어 있는데, 첫째 아노머 탄소에서의 배열은 α이고, 둘째 단위는 hemiacetal로서 α 또는 β 배열을 이룬다. 이 hemiacetal 작용기는 열린 사슬 알데하이드형과 평형 상태에 있어서 maltose는 glucose의 아노머 탄소와 같이 환원성을 나타낸다. 수용액 중에서 maltose의 화학 평형은 $\alpha : \beta = 1 : 2$의 비로 존재하며 α-maltose monohydrate로 쉽게 결정화된다.

(2) 락토스

락토스(lactose, 젖당, 유당)는 동물의 젖에 주로 유리당으로 존재하며, 소량은 구성 단당류 단위의 수가 더 많은 다른 올리고당류의 성분으로 존재하기도 하나 식물계에는 존재하지 않는다. β-Galactose의 C1의 하이드록시기와 glucose의 C4의 하이드록시기가 축합된 구조이며, glucose가 α형인 것을 α-lactose, β형인 것을 β-lactose라 하는데 젖에는 대개 $\alpha : \beta = 2 : 3$의 비로 함유되어 있다.

Tip

요쿠르트와 젖당불내증

요구르트(「식품공전」에서는 발효유류로 분류)는 그 종류에 따라 서로 다른 유형의 우유(시유, 저지방우유, 무지방우유 등)를 사용하여 생산한다. 만일 원료로 우유 고형분을 첨가하지 않고 우유만을 사용하면, 발효에 이용하는 젖산균이 우유 중의 젖당을 젖산으로 전환시키므로 최종 제품 중의 젖당 양은 우유에 들어 있는 양보다 줄어든다. 그러나 제조 방법을 달리하여 texture를 조절하기 위해서 유고형분을 첨가한 후 발효시키거나, 원유에 들어 있는 고형분보다 많은 양의 무지유고형분(milk solids-non-fat, MSNF)을 물에 분산시켜 원료로 사용하는 경우에는, 제조 원료 중의 젖당 함량이 늘어나 발효 후에도 원유의 젖당 농도와 거의 같은 수준을 유지하게 된다. 이러한 요구르트를 섭취하면 일부 젖산균이 살아 있는 상태로 소장에 도달하여 젖당의 분해를 돕기 때문에 젖당불내증을 나타내는 사람도 같은 양의 젖당을 함유하고 있는 우유와는 달리 편하게 요구르트 제품을 섭취할 수 있다.

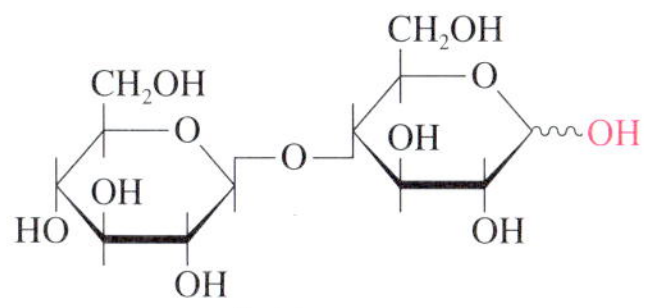

cellobiose
[4-O-β-D-glucopyranosyl-D-glucopyranoside]

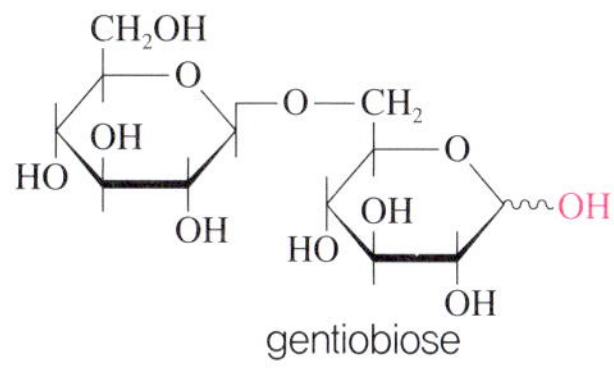

gentiobiose
[6-O-β-D-glucopyranosyl-D-glucopyranoside]

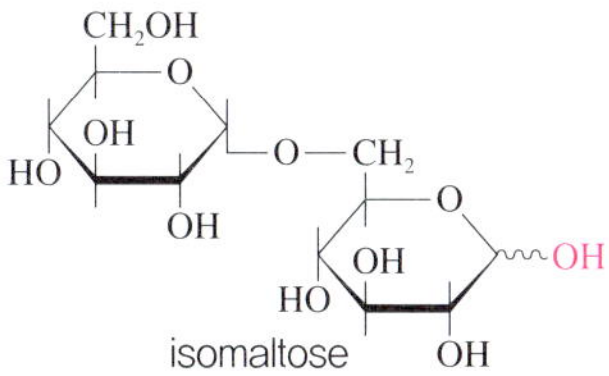

isomaltose
[6-O-α-D-glucopyranosyl-D-glucopyranoside]

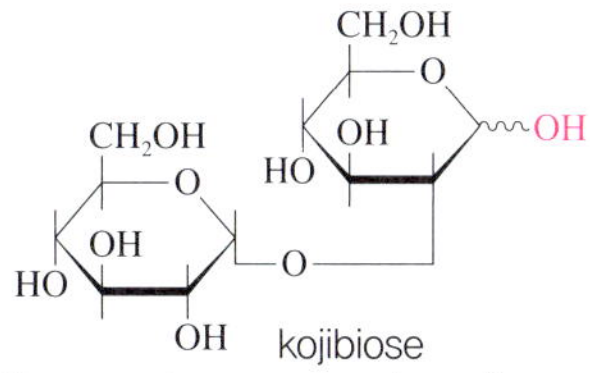

kojibiose
[2-O-α-D-glucopyranosyl-D-glucopyranoside]

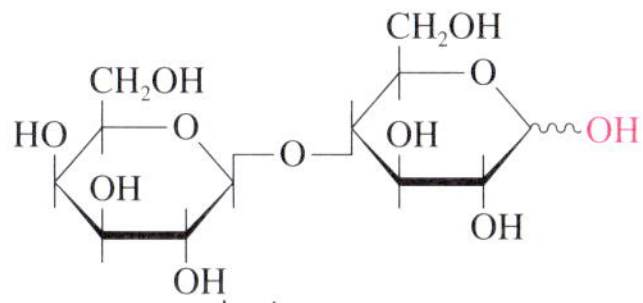

lactose
[4-O-β-D-galactopyranosyl-D-glucopyranoside]

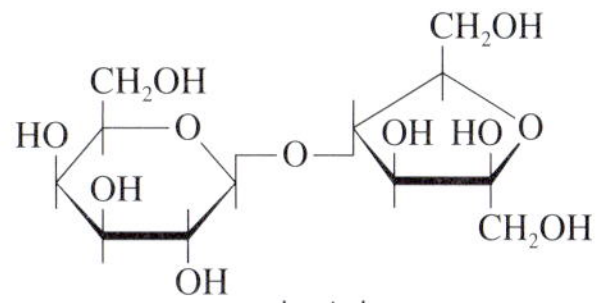

lactulose
[4-O-β-D-glucopyranosyl-D-fructofuranoside]

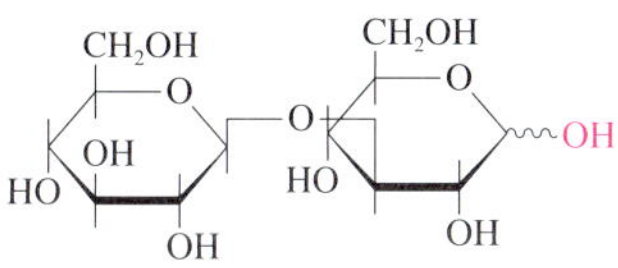

laminaribiose
[3-O-β-D-glucopyranosyl-D-glucopyranoside]

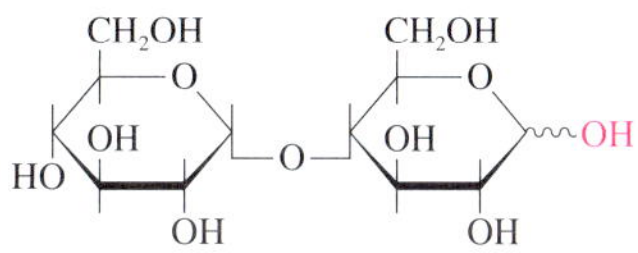

maltose
[4-O-α-D-glucopyranosyl-D-glucopyranoside]

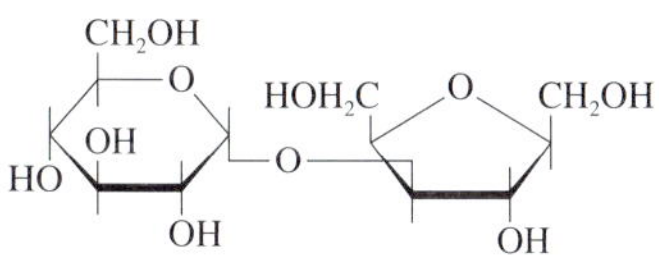

maltulose
[4-O-α-D-glucopyranosyl-D-fructofuranoside]

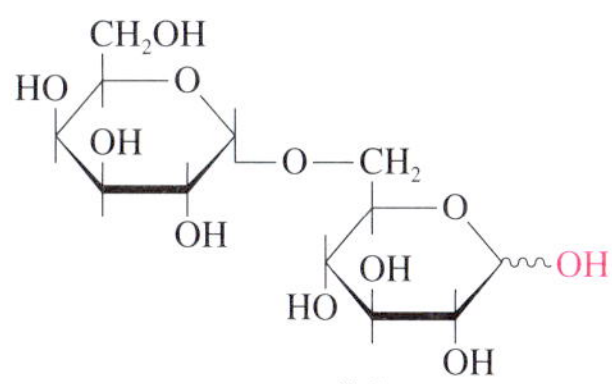

melibiose
[6-O-α-D-galactopyranosyl-D-glucopyranoside]

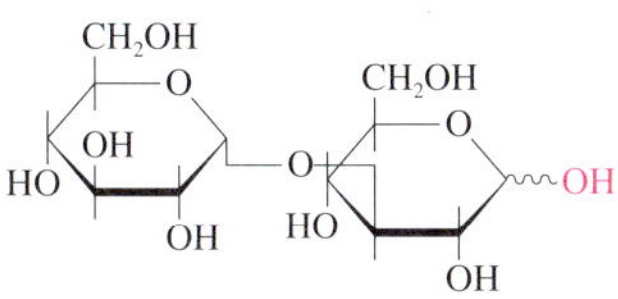

nigerose
[4-O-α-D-glucopyranosyl-D-fructofuranoside]

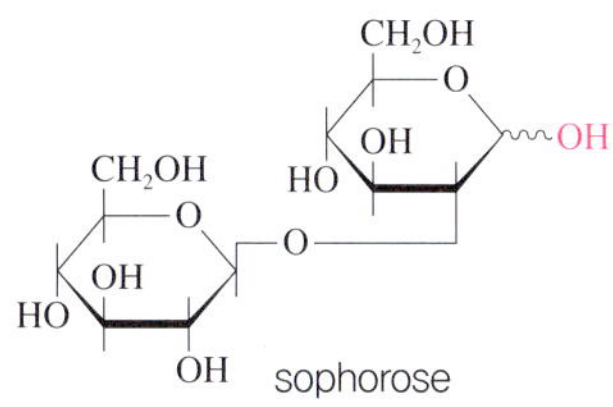

sophorose
[2-O-β-D-glucopyranosyl-D-glucopyranoside]

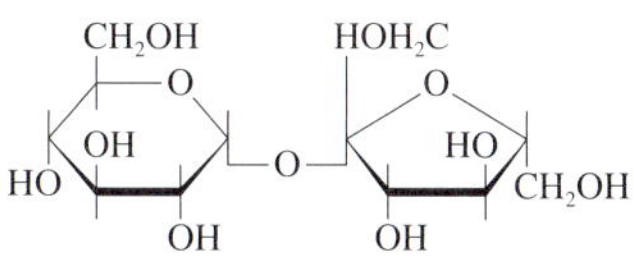

sucrose
[β-D-fructofuranosyl-α-D-glucopyranoside]

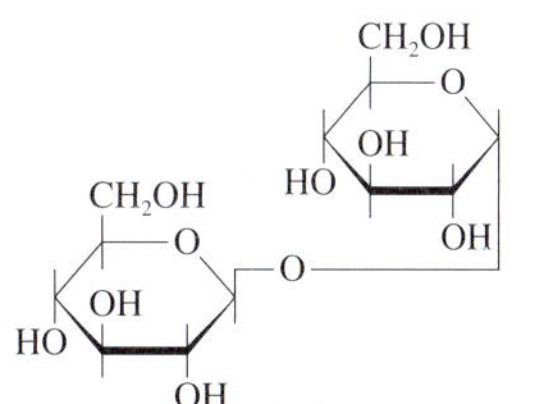

trehalose
[α-D-glucopyranosyl-α-D-glucopyranoside]

그림 3.6 이당류의 구조

또 환원당으로서 산성 용액 중에서는 D-galactose와 D-glucose로 가수분해되며, 수용액 중에서는 다른 환원당들과 마찬가지로 아노머형과 평형 상태로 존재한다. 인체 내에서는 소장에서 칼슘의 흡수를 촉진시키며, 대장의 젖산균 생육을 왕성하게 하여 다른 유해 미생물의 발육을 억제하는 효과를 나타낸다.

(3) 수크로스

수크로스(sucrose, 자당, 설탕)는 모든 광합성 식물에 존재하여 에너지원의 역할을 하며, 사탕수수와 사탕무에 14~20% 정도로 특히 많이 함유되어 있다. Sucrose는 구조상으로 그 구성 단당류 단위인 α-D-glucopyranose의 C1과 β-D-fructofuranose의 C2가 서로 연결되어 있는, 즉 환원성 말단(알데하이드기)과 환원성 말단(케톤기)이 서로 연결되어 있는 이른바 머리-머리(head-to-head) 방식으로 결합되어 있다는 점이 특징이다. 두 구성 당의 아노머 탄소가 모두 글리코사이드 결합을 형성하는 데 관여하고 있다는 점에서, 환원성 말단과 비환원성 말단 사이의 결합(head-to-tail)으로 이루어진 다른 올리고당류나 다당류와 다르다. 따라서 sucrose는 환원성 말단이 없어 펠링(Fehling) 용액이나 톨렌스(Tollens) 시약과 반응하지 않는 비환원당이다.

두 구성 당 사이의 글리코사이드 결합은 뒤틀린 구조를 하고 있는 fructofuranose 단위 때문에 에너지 수준이 높아 불안정하므로 매우 묽은 산 용액에서도 쉽게 가수분해된다. 또한 invertase도 두 구성 당 사이의 글리코사이드 결합을 가수분해한다. 이때 우회전성($[\alpha]_D = +66.5$)인 sucrose는 같은 양의 D-glucose와 D-fructose의 혼합물을 형성하며 광회전도가 변하여 -20이 된다. 이것은 D-glucose anomer(α와 β)의 평형 혼합물은 광회전도가 +52.5이며, D-fructose anomer의 평형 혼합물의 광회전도는 -92°로 전체적으로 좌회전성을 나타내게 되기 때문이다. 이와 같이 광회전도가 변하므로 sucrose의 가수분해를 전화(inversion)라고 하고, 같은 양의 glucose와 fructose의 혼합물을 전화당(invert sugar)이라 한다. 꿀벌을 비롯한 곤충들은 invertase를 갖고 있어 전화당을 생성한다. 따라서 꿀은 대부분이 D-glucose, D-fructose 및 sucrose의 혼합물이다.

4) 삼당류 이상의 올리고당

비록 적은 양이기는 하지만 일정한 식물체에서 발견되거나 또는 특정한 미생물 효소에 의하여 생성되는 삼당류 이상의 올리고당류로 동물과 인체의 생리에 미치는 효과 면에서 주요한 것들을 정리하면 다음과 같다(그림 3.7).

라피노스(raffinose)는 sucrose에 galactose 1분자가 α-1,6 결합으로 연결된 구조를 갖고 있어서 환원성을 나타내지 않는다. 약한 단맛을 띠며 효모에 의해 가수분해되어 melibiose와 fructose로 된다. 목화씨, 콩, 사탕무 등에 존재하며, *Eucalyptus manna*는 거의 전부가 raffinose로 이루어져 있다.

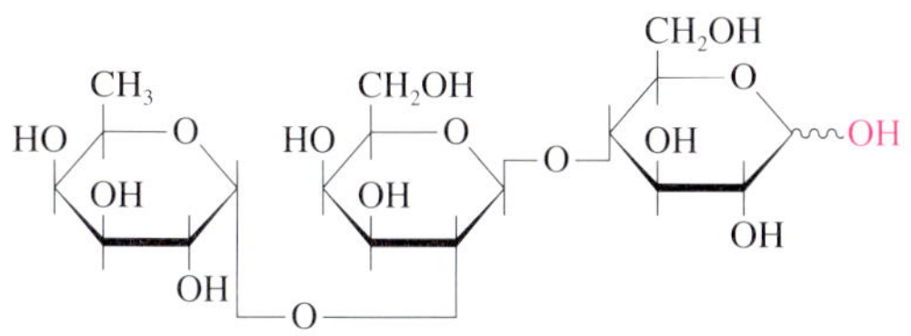

fucosidolactose
[α–D–fucopyranosyl–(1→2)–*O*–β–α–glucopyranosyl –(1→4)–D–glucopyranoside]

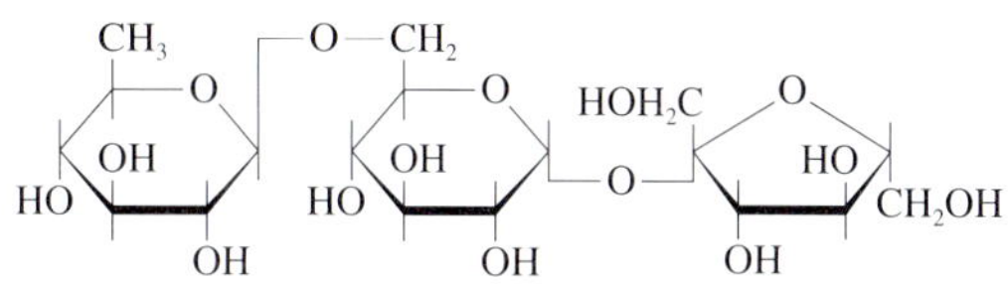

gentianose
[β–D–glucopyranosyl–(1→6)–*O*–α–D–glucopyranosyl –(1↔2)–β–D–fructofuranoside]

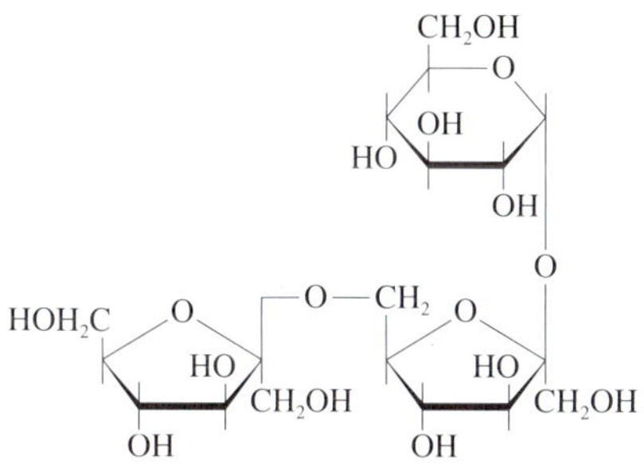

kestose(6–kestose)
[α–D–glucopyranosyl–(1→2)–*O*–β–D–fructopyranosyl –(6→2)–β–D–fructofuanoside]

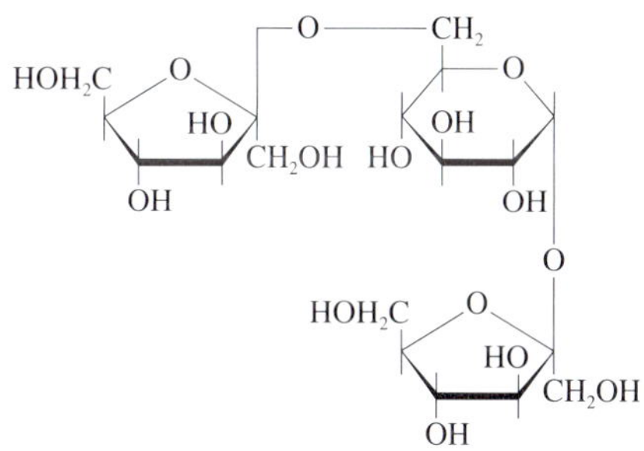

neokestose
[β–D–fructopyranosyl(2→6)–*O*–α–D–glucopyranosyl –(1↔2)–β–D–fructofuanoside]

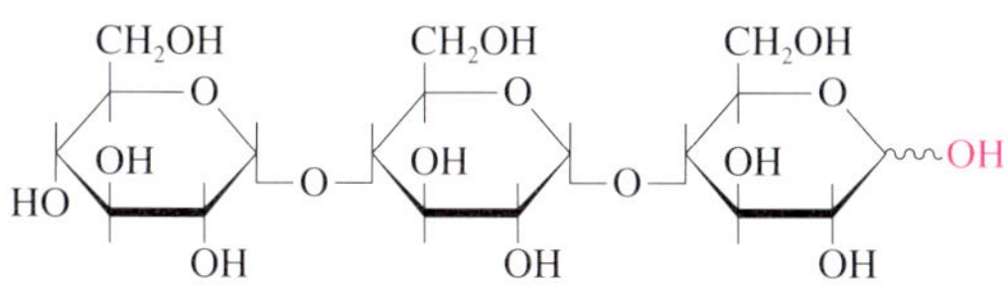

maltotriose
[α–D–glucopyranosyl–(1→4)–*O*–α–D–glucopyranosyl –(1→4)–D–glucopyranoside]

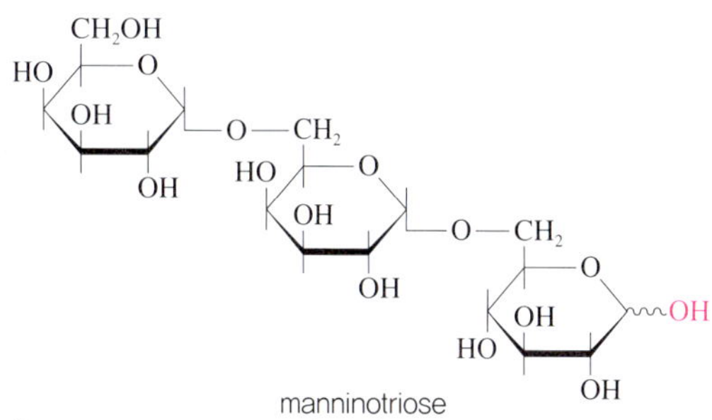

manninotriose
[α–D–galactopyranosyl–(1→6)–*O*–α–D–galactopyranosyl –(1→6)–D–galactopyranoside]

그림 3.7 **삼당류 이상 올리고당류의 구조 (계속)**

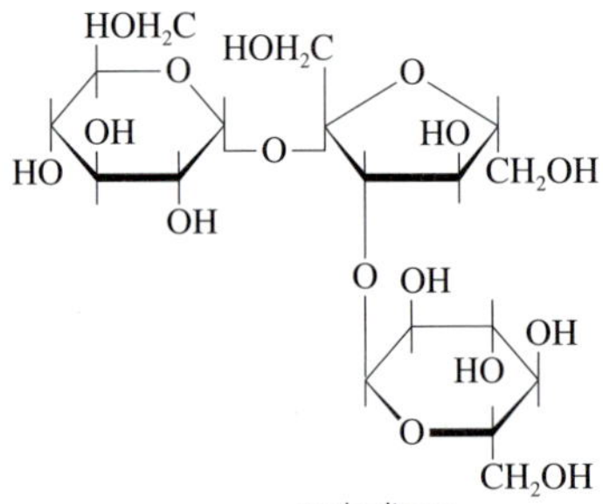

melezitose
[α–D–glucoopyranosyl–(1→3)–*O*–β–D–fructofuranosyl
–(2→1)–β–D–glucopyranoside]

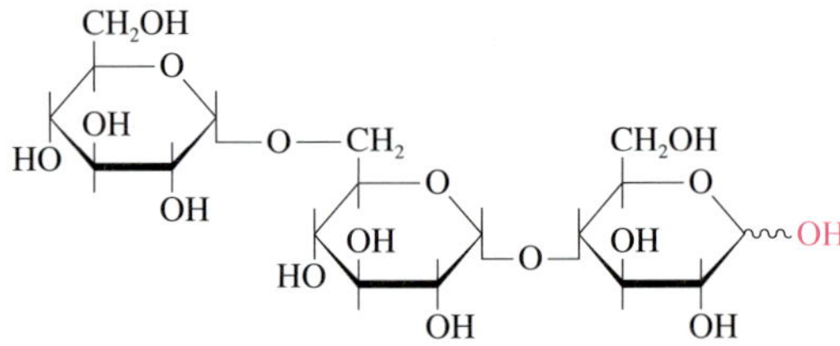

panose
α–D–glucoopyranosyl–(1→6)–*O*–α–D–glucoopyranosyl
–(1→4)–D–glucopyranoside]

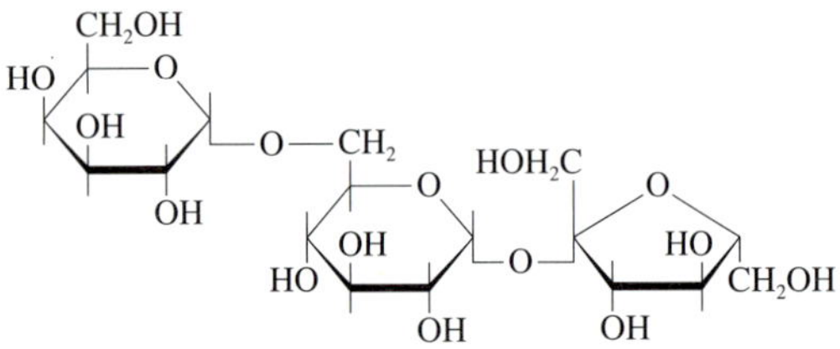

raffinose
[α–D–galactopyranosyl–(1→6)–α–D–glucopyranosyl
–(1↔2)–β–D–fructofuranoside]

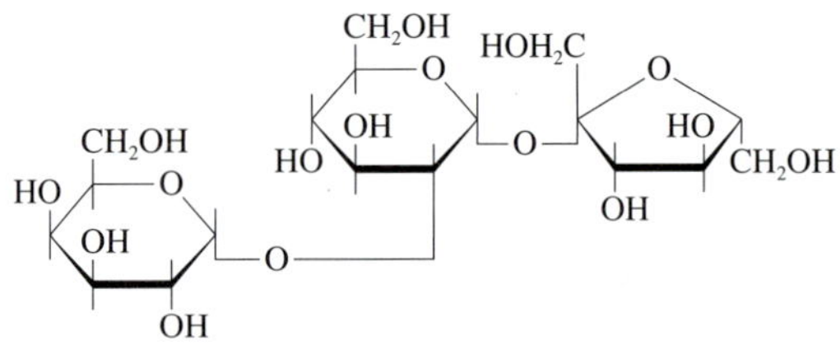

umbelliferose
[α–D–galactopyranosyl–(1→2)–*O*–α–D–glucopyranosyl
–(1↔2)–β–D–fructofuranoside]

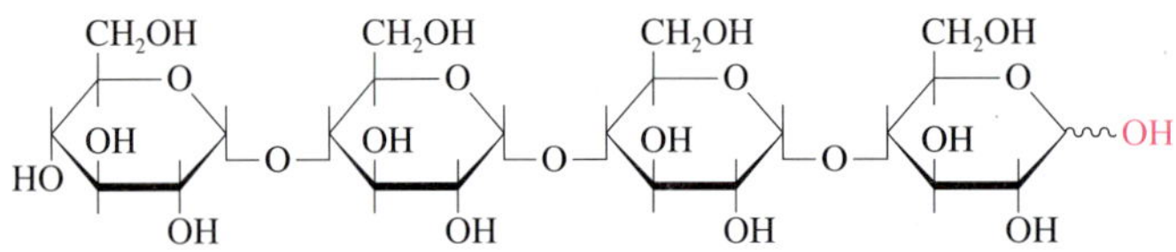

maltotetraose
[α–D–glucopyranosyl–(1→4)–*O*–α–D–glucopyranosyl–(1→4)–*O*–α–D–glucopyranosyl–(1→4)–D–glucopyranoside]

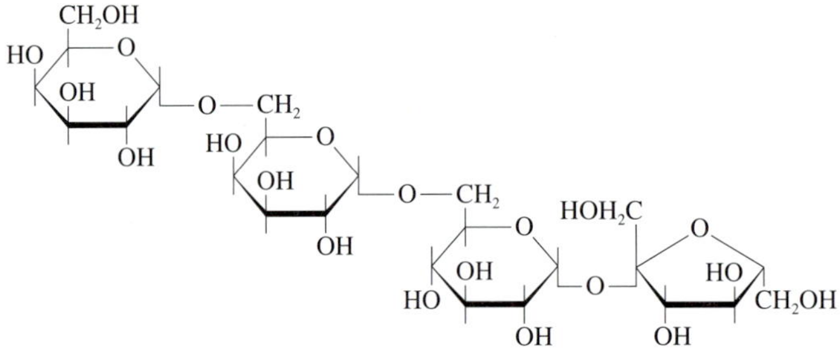

stachyose
[α–D–galactopyranosyl–(1→6)–*O*–α–D–galactopyranosyl–(1→6)–*O*–α–D–glucopyranosyl–(1↔2)–β–D–fructofuranoside]

그림 3.7 **삼당류 이상 올리고당류의 구조**

스타키오스(stachyose)는 raffinose의 galactose C6에 galactose 1분자가 α-1,6 결합으로 연결된 구조를 갖고 있으며 비환원성이다. 목화씨, 콩, 사탕무 등에 함유되어 있다.

말토올리고당(maltooligosaccharide)은 glucose 2~6 단위가 α-1,4 결합으로 연결된 올리고당으로, 분자의 크기에 따라 용해도, 흡습성, 점도 등이 다르다. 산업적으로는 옥수수 녹말을 α-amylase, β-amylase 및 pullulanase로 처리하여 가수분해하고 크로마토그래피로 분리하여 말토올리고당 혼합물로 제조한다.

아이소말토올리고당(isomaltooligosaccharide)은 α-1,6 결합이 하나 이상 존재하는 말토올리고당으로 isomaltose, isomaltotriose, panose, 분지 maltotetraose, 분지 maltopentaose 등으로 이루어져 있다. 올리고당류를 β-amylase로 처리하여 maltose로 전환시킨 후 글루코스전이효소(transglucosidase)로 α-1,6 결합을 형성시켜서 분지 올리고당(branched oligosaccharide)을 얻는다.

Lactose를 β-galactosidase로 처리하면, 갈락토스전이반응(transgalactosylation)에 의해 갈락토올리고당 Gal-(Gal)n-Glc(n=1~4)가 생성되는데 주 생성물은 삼당류이다.

사이클로덱스트린(cyclodextrin, cyclomaltodextrin)은 6~10개의 D-glucose가 α-1,4 결합으로 연결되어 고리 구조를 이루고 있다. D-Glucose의 수에 따라 각각 α-, β-, γ-, δ-, ε-cyclodextrin이라고 한다. 또 초기 연구자의 이름을 따서 샤딩거덱스트린(Schardinger dextrin)이라고도 한다. 녹말을 cyclomaltodextrin glucanotransferase로 처리하면 분자 내 글리코실기전이반응(intramolecular transglycosylation)에 의해 생성된다. 원뿔을 절단한 형태

표 3-8 Cyclodextrin의 특성

구 분	α-CD	β-CD	γ-CD	δ-CD	ε-CD
글루코스의 수	6	7	8	9	10
분자량	972	1134	1296	1458	1620
깊이(Å)	7.8	7.8	7.8	7.8	7.8
윗지름(Å)	13.7	15.3	16.9	18.5	19.6
동공 지름(Å)	5.7	7.8	9.5	11.0	12.1
고유 광회전도 $[\alpha]_D$	+150.5	+162.5	+177.4	+191	+197
용해도(g/100 mL H_2O, 20℃)	10.1	1.60	23.2	2.7	-
I_2/I^- 색	청색	갈색	황색	무색	무색

의 견고한 구조를 갖고 있으며, 깊이는 7.8Å이고, 바깥지름과 안지름은 구성 D-glucose 단위의 수에 따라 다르다. Cyclodextrin의 기본적인 성질을 요약하면 표 3-8과 같다.

원뿔의 바깥쪽은 하이드록시기가 바깥쪽을 향하고 있어 친수성을 띠는 반면, 원뿔 안쪽은 glucose 고리의 산소 원자와 대부분의 탄소 원자 및 수소 원자가 위치하고 있어 전자 밀도가 높고 소수성을 띤다. 따라서 cyclodextrin의 비극성 동공에 전부 또는 일부가 들어맞는 크기를 지닌 유기화합물이나 무기화합물과 결합하여 내포복합체(inclusion complex)를 형성한다. 이러한 특성을 이용하여 cyclodextrin은 빛이나 산소에 예민한 물질을 보호하는 데 사용되고, 향미 성분, 냄새 성분, 비타민과 같은 식품 성분뿐만 아니라 약품, 살충제, 제초제 등의 방출, 안정화 등에도 쓰인다. 또한 바람직하지 않은 이취를 가리거나 제거하는 데도 사용되며, 용해도가 낮은 화합물의 용해도를 증가시키는 데 이용되기도 한다.

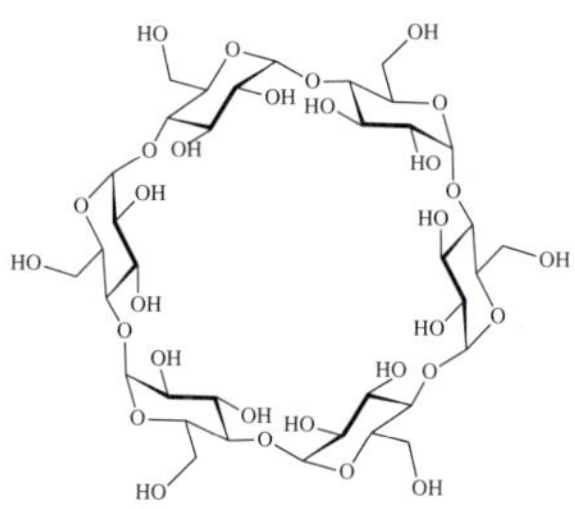

cyclomaltohexaose
(α-cyclodextrin)

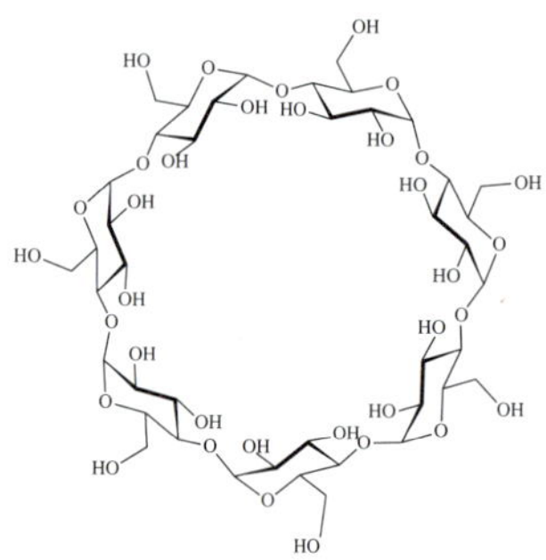

cyclomaltoheptaose
(β-cyclodextrin)

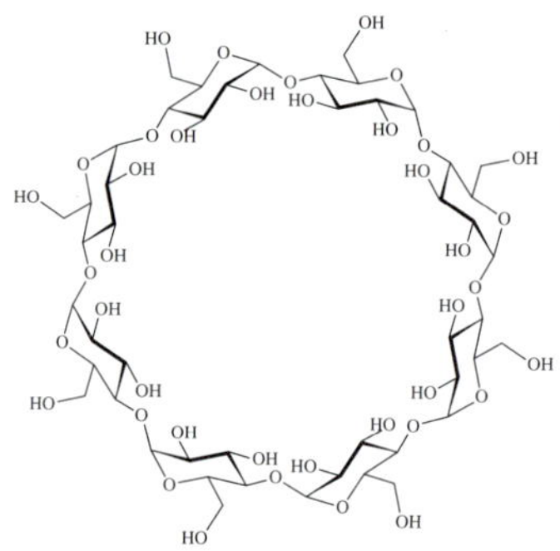

cyclomaltooctaose
(γ-cyclodextrin)

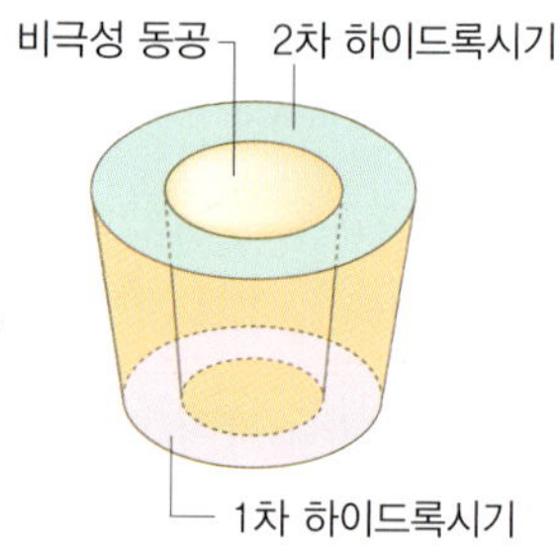

5) 수크로스와 관련된 올리고당류

아이소말툴로스(isomaltulose, palatinose)는 6-O-α-D-glucopyranosyl-D-fructofuranoside로, α-D-glucopyranosyl-transferase를 사용하여 제조한다. 이 효소를 sucrose 용액에 작용시키면 sucrose의 D-glucopyranose 단위가 D-fructofuranose 단위의 O2에서 O6 위치로 옮겨져 isomaltulose가 생성된다. Isomaltulose는 sucrose에 비해 산에 대한 안정성이 훨씬 크고 용해도는 낮으며 점성은 거의 같다. 또 흡습성은 거의 없으나 환원성이 있어 마이야르 반응을 일으킨다. 감미도는 sucrose의 1/2 정도이며 충치를 유발하지 않는다.

류크로스(leucrose)는 환원성을 갖는 이당류로 5-O-α-D-glucopyranosyl-D-fructopyranoside이다. Leucrose는 sucrose 용액에 전이효소로 처리하여 얻을 수 있으며 단맛은

sucrose의 1/2 정도를 나타낸다.

전이효소인 β-fructofuranosidase를 sucrose 농축액에 작용시키면 하나의 sucrose 분자에서 D-fructofuranose 단위가 다른 sucrose 분자 내 fructose의 β-(2→1)결합으로 전이된다. 이와 같이 형성된 삼당류가 isokestose(1-kestose, GF_2)이며, 같은 방식으로 D-fructofuranose 단위가 하나씩 순차적으로 추가 연결되면 nystose(GF_3), fructofuranosyl-nystose(GF_4)가 각각 생성된다. 이들의 혼합물이 프럭토올리고당(fructooligosaccharide)이며, 상품명인 Neosugar라고도 부른다. Neosugar는 감미도가 sucrose의 약 30%이며 충치를 유발하지 않고, 아울러 섭취 후에 칼로리를 생성하지도 않는다. 환원성이 없어 마이야르 반응을 일으키지 않으며, 중성 pH 영역에서 안정하여 140°C까지 가열하여도 분해되

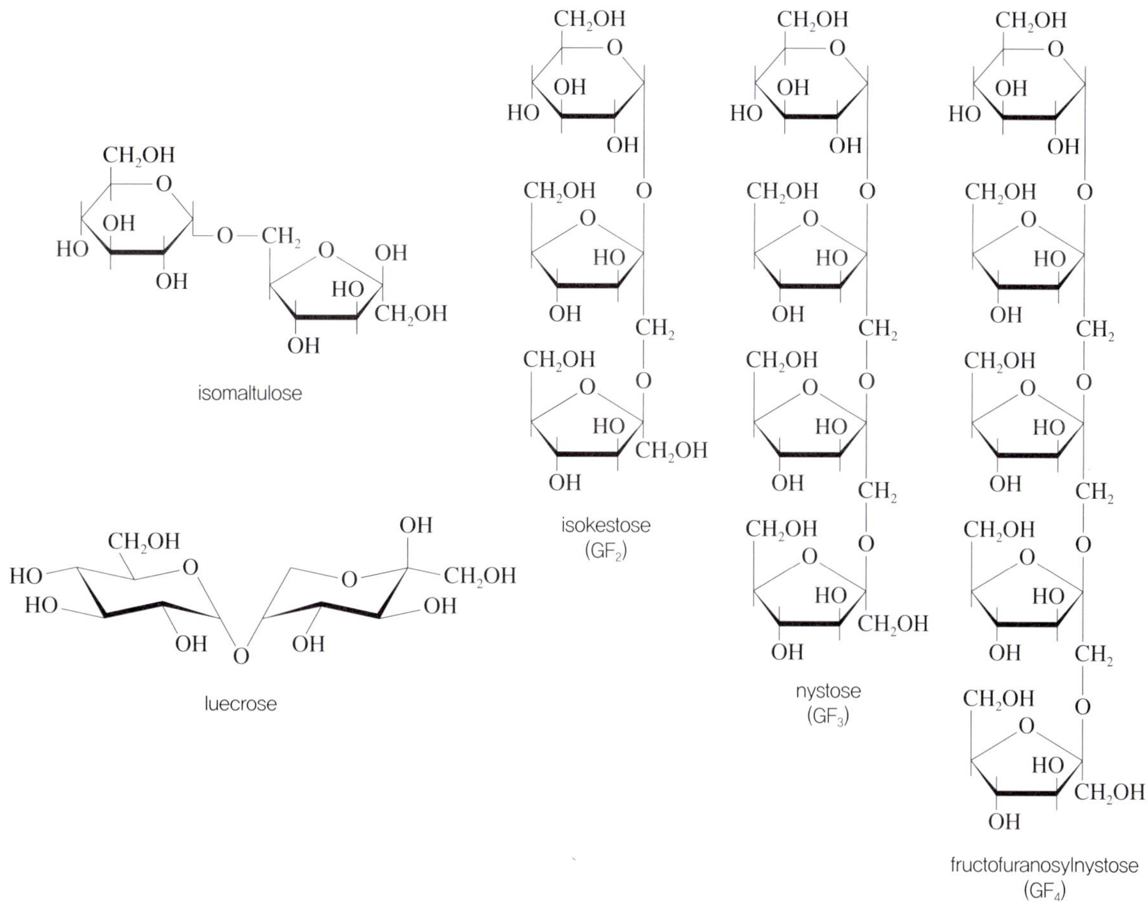

그림 3.8 수크로스와 관련된 올리고당류의 구조

지 않는다.

수크로스를 원료로 제조가 가능한 올리고당의 구조는 그림 3.8과 같다.

6) 단당류 및 올리고당류의 관련 물질

자연계에는 단당류나 올리고당류가 산화, 환원 등의 화학반응으로 형성한 유도체들과 당류 이외의 다른 물질과 결합한 배당체가 존재한다. 이러한 물질들 중에는 섭취된 다음 인체에서 특정한 생리적 기능을 나타내는 것들이 많다.

(1) 당알코올

식품에 이용되는 주요 당알코올의 구조는 그림 3.9와 같다. 당알코올은 단당류나 올리고당류의 카보닐기가 환원된 형태의 화합물로, 마이야르 반응을 하지 않고 열과 pH의 변화에 비교적 안정하다. Erythritol, xylitol, glucitol (sorbitol), mannitol 등은 주로 과일이나 채소에 들어 있으며, 산업적으로는 화학적 합성법이나 미생물을 이용한 발효법으로 생산한다. 한편 maltitol, lactitol, isomalt는 자연계에 존재하지 않으며 효소적, 화학적 방법으로 각각 maltose, lactose, isomaltulose로 제조한다.

Isomalt는 이당류 isomltulose(palatinose)의 당알코올로 α-D-glucopyranosyl-α-(1→6)-sorbitol과 α-D-glucopyranosyl-α-(1→6)-mannitol의 동량 혼합물인데, 먼저 sucrose를 효소적 당전이반응으로 isomaltulose로 변환시킨 다음 수소화시켜 제조한다. 당알코올은 모두 sucrose보다는 약하나 단맛을 띠는데, 감미도는 xylitol이 가장 커서 sucrose와 비슷하며 lactitol이 가장 작다. 결정 상태의 당알코올은 용해열 값이 음수이므로 청량감을 준다. 청량감은 xylitol이 가장 강하며 maltitol은 없다. 또 당알코올은 플라크(plaque) 형성 세균인 *Streptococcus mutans*가 젖산을 생성하거나 불용성 glucan을 형성하는 데 이용하지 못하므로 충치를 유발하지 않는다.

식품 중에 존재하거나 식품 소재로 이용되는 주요 당알코올의 이화학적 특성은 표 3-9와 같다.

(2) 데옥시당

데옥시당(deoxy sugars)은 당류의 하이드록시기가 수소 원자로 치환된 것이다. 이 치환반

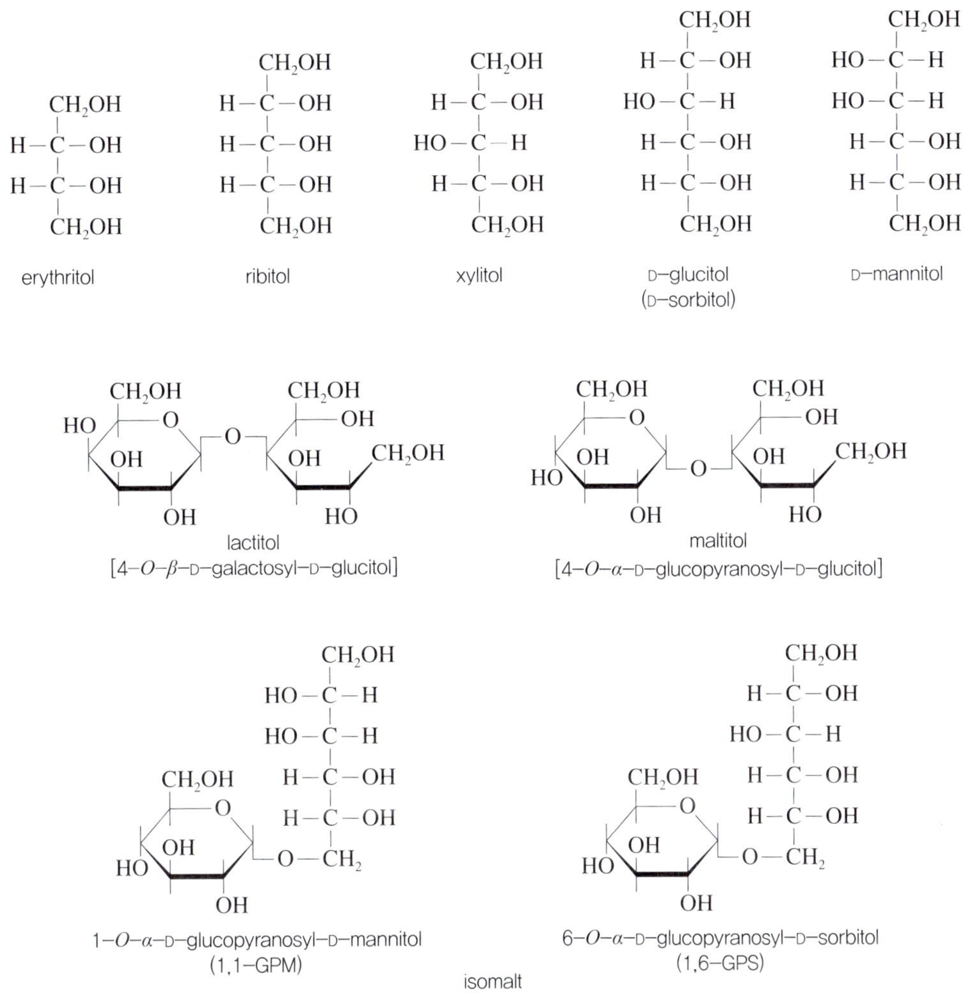

그림 3.9 당알코올의 구조

표 3-9 당알코올의 성질

당알코올	감미도 (sucrose=1)	가루의 청량감	안정성		점도	흡습성	용해도 (g/100 g H_2O, 25° C)	칼로리값 (cal/g)	출처 또는 제조법
			온도(° C)	pH 범위					
Erythritol	0.7~0.8	강함	<160	2~12	매우 낮음	매우 작음	37	0.2	멜론, 청주, 장류, 포도주
Xylitol	1.0	매우 강함	<160	2~10	매우 낮음	큼	64	2.4	딸기, 자두, 버섯
Sorbitol	0.6~0.7	강함	<160	2~10	낮음	큼	70	2.6	버찌, 배
Mannitol	0.5	강함	<160	2~10	낮음	작음	20	1.6	만나, 올리브, 해조류
Maltitol	0.75~0.8	없음	<160	2~10	높음	보통	60	2.1	maltose의 수소화
Isomalt	0.45	없음	<160	2~10	높음	매우 작음	25	2.0	isomaltulose의 수소화
Lactitol	0.3~0.4	약함	<160	2~10	매우 낮음	작음	57	2.0	lactose의 수소화

응은 이론적으로는 당류의 어떤 하이드록시기에서나 일어날 수 있으나, 자연계에서 발견되는 데옥시당의 종류는 매우 적다. 주요 데옥시당의 구조는 그림 3.10과 같다.

Pentose인 2-deoxy-D-ribose는 D-ribose의 C2 위치에서 치환이 일어난 것으로, 데옥시리보핵산(deoxyribonucleic acid, DNA)의 구성 성분으로 동식물체에 광범위하게 존재한다. Hexose에서는 C6 위치의 하이드록시기가 수소로 치환된다. 6-Deoxy-D-glucose인 D-quinovose는 digitalin 등 글리코사이드의 구성 성분으로서 식물체에 존재한다. 6-Deoxy-D-mannose는 D-rhamnose라고도 하며, 그 이성질체인 L-rhamnose는 많은 식물체에 글리코사이드로 존재한다. 옻나무류에는 독성이 있는 글리코사이드 quabain의 구성 성분으로 함유되어 있다. 해조류, tragacanth gum 등에 함유된 다당류의 구성 성분인 L-fucose는 6-deoxy-L-galactose이다. D형 및 L형의 rhamnose와 fucose는 당단백질의 탄수화물 구성 성분으로 존재하기도 한다.

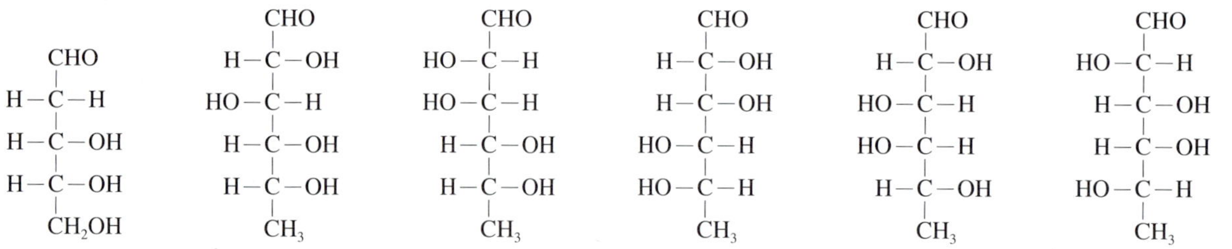

2-deoxy-D-ribose | 6-deoxy-D-glucose (D-quinovose) | 6-deoxy-D-mannose (D-rhamnose) | 6-deoxy-L-mannose (L-rhamnose) | 6-deoxy-D-galactose (D-fucose) | 6-deoxy-L-galactose (L-fucose)

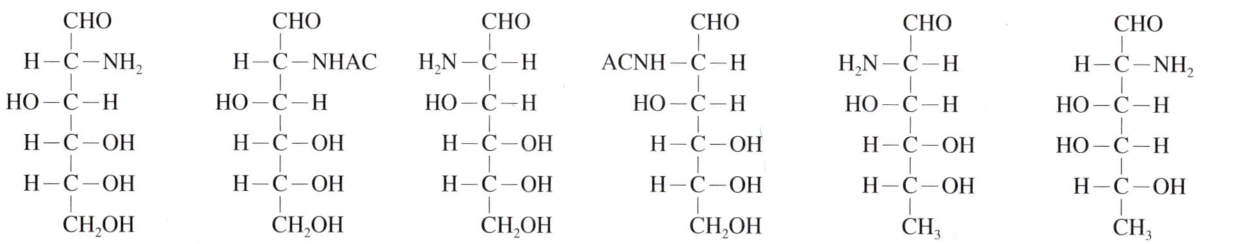

2-amino-2-deoxy-D-glucose (D-glucosamine) | N-acetyl-2-amino-2-deoxy-D-glucose (N-acetyl-D-glucosamine) | 2-amino-2-deoxy-D-mannose (D-mannosamine) | N-acetyl-2-amino-2-deoxy-D-mannose (N-acetyl-D-mannosamine) | 2-amino-2-deoxy-D-rhamnose (D-rhamnosamine) | 2-amino-2-deoxy-D-fucose (D-fucosamine)

그림 3.10 데옥시당 및 아미노당의 구조

(3) 아미노당

아미노당(amino sugars)은 주로 단당류의 C2 하이드록시기가 아미노기로 치환된 것으로, 자연계에서 흔히 발견되며 2-amino-2-deoxy-D-glucose (D-glucosamine), N-acetyl-2-amino-2-deoxy-D-glucose, 2-amino-2-deoxy-D-galactose (D-galactosamine) 등이 있다. 이들 아미노당은 당단백질의 구성 성분으로 존재한다(그림 3.10).

4. 다당류

1) 다당류의 구조와 분류

다당류는 올리고당류와 같이 다수의 단당류 단위가 아세탈 결합으로 연결되어 있는 중합체이다. 이 아세탈 결합, 즉 글리코사이드 결합에서 헤미아세탈 하이드록시기는 α- 또는 β-형으로 인접한 단당류 단위의 C1, C2, C3, C4 또는 C6 중 하나의 알코올기에 연결되어 있으며, 사슬은 직선 또는 가지 친 형태를 취한다. 식품에 함유되어 있거나 식품계에서 사용되는 주요 다당류를 구조상 특징에 따라 구분하면 표 3-10과 같다.

또 다당류는 한 가지의 단당류만으로 이루어진 호모 다당류(homopolysaccharide, homoglycans)와 두 가지 이상의 다른 단당류 단위로 이루어진 헤테로 다당류(heteropolysaccharide, heteroglycan)로 분류하기도 한다. 호모 다당류의 대표적 예로는 녹말과 cellulose가 있으며, 헤테로 다당류의 예로는 algin, 로커스트콩검(locust bean gum)과 같은 검류가 있다. 출처에 따라 식물성 다당류와 동물성 다당류로 나누기도 한다.

다당류 분자를 이루는 단당류 단위의 수를 중합도(degree of polymerization, DP)라 하는데, 그 값은 다당류의 종류에 따라 다르나 대개 100~100,000이며 그 분자량은 16,000~16,000,000 정도이다. 각각의 다당류는 다양한 중합도의 분자들을 함유하고 있어(polydisperse) 분자량은 하나의 특정 값이 아니라 어떤 범위에 걸친 값으로 나타난다. 대부분의 식물체 다당류는 그 구성 단위인 단당류의 결합 방식이나 구성 단당류의 비율이 분자마다 다르다(polymolecular). 대부분의 검류는 이 두 가지 특성을 모두 나타낸다.

표 3-10 식품 중 주요 다당류의 구조적 특징에 따른 분류와 그 예

<table>
<tr><th colspan="3">1. 형태에 의한 분류</th></tr>
<tr><td>직선형 다당류</td><td colspan="2">algin, amylose, carrageenan, cellulose, furcellaran, gellan, galactomannan(guar gum, locust bean gum), inulin, 펙트산(pectic acid), pectin</td></tr>
<tr><td rowspan="2">분지형 다당류</td><td>직선형 주사슬에 짧은 곁가지를 친 구조</td><td>arabinan, arabinogalactan, galactomannan, konjac mannan, protopectin, xanthan gum, xylan, xyloglucan</td></tr>
<tr><td>여러 가지에서 곁가지들이 뻗은 구조</td><td>amylopectin, arabinoxylan, gum arabic, gum ghatti, gum karaya, gum tragacanth(tragacanthin), okra gum</td></tr>
<tr><th colspan="3">2. 구성 단위체에 의한 분류</th></tr>
<tr><td>호모 다당류
(Homoglycans)</td><td colspan="2">amylopectin, amylose, arabinan, cellulose</td></tr>
<tr><td>2단위 헤테로 다당류
(Diheteroglycans)</td><td colspan="2">algin, arabinogalactan, carrageenan, furcellaran, galactomannan, glucomannan, inulin, konjac mannan, pectic acid, pectin, xylan</td></tr>
<tr><td>3단위 헤테로 다당류
(Triheteroglycans)</td><td colspan="2">arabinoxylan, gellan, gum karaya, xanthan</td></tr>
<tr><td>4단위 헤테로 다당류
(Tetraheteroglycans)</td><td colspan="2">gum arabic, okra gum, xyloglucan</td></tr>
<tr><td>5단위 헤테로 다당류
(Pentaheteroglycans)</td><td colspan="2">gum ghatti, gum tragacanth(tragacanthin), protopectin</td></tr>
<tr><th colspan="3">3. 전하에 의한 분류</th></tr>
<tr><td>중성 다당류</td><td colspan="2">amylopectin, amylose, arabinan, arabinogalactan, cellulose, galactomannan, glucomannan, inulin, konjac mannan, xyloglucan</td></tr>
<tr><td>산성 다당류</td><td colspan="2">algin, arabinoxylan, carrageenan, furcellaran, gellan, gum arabic, gum ghatti</td></tr>
</table>

2) 다당류의 이화학 기능 성질

(1) 흡수성

다당류는 식품에 함유된 수분의 운동성을 변화시키고 조절하며, 반대로 수분도 다당류의 물리적 특성과 기능 성질에 큰 영향을 미친다. 대부분의 다당류를 구성하는 당은 평균 3개의 하이드록시기를 갖고 있다. 각 하이드록시기는 물 분자와 수소결합을 형성할 수 있으며, 고리 구조를 이루는 산소와 글리코사이드 결합에 관여하는 산소도 물 분자와 수소결합을 할 수 있다. 이러한 당 단위로 구성된 다당류는 물 분자와 친화력이 커서 쉽게 수화된다. 일상적인 습도 조건에서 다당류 분자의 평형 수분 함량은 8~12%이고, 수분이 많

은 조건이나 액상계에서는 물 분자를 흡착하여 팽윤하며 분산되거나 용해된다. 수분 함량이 많은 상태의 다당류를 건조하면 서서히 물 분자를 잃으면서 다당류 분자의 하이드록시기와 물 분자 사이의 수소결합이 다른 다당류 분자의 하이드록시기의 수소결합으로 바뀌어 강한 분자 간 결합을 형성하며 강도가 큰 입자를 이룬다. 이러한 분자 간 회합은 입자에 많은 물을 다시 첨가해도 쉽게 절단되지 않기 때문에 다당류 소재를 제조하거나 취급할 때 유의하여야 한다.

(2) 용해성

주로 직선 구조를 갖는 호모 다당류는 가지가 많은 구조를 갖는 종류를 제외하고는 대부분 나선형으로 존재한다. Cellulose와 같은 직선형의 호모 다당류는 균일하고 편평한 리본 구조를 갖고 있어 쉽게 수소결합을 하고 결정성 물질을 형성한다. 그 밖에 mannan, chitin 등도 생물체 내에서 매우 규칙적인 형태로 존재하며 불용성이다. 결정성 물질은 직선형의 동질적인 사슬들이 촘촘히 모인 결정성 영역과 그렇지 않은 비결정 영역으로 이루어져 있다. 이 결정성 영역은 이들 다당류에 강도, 불용성, 효소 저항성을 부여한다.

이들을 제외한 대부분의 다당류는 분자 사슬들 사이에 상호작용이 일어나더라도 그 결정성이 아주 크지 않기 때문에 비결정 영역부터 쉽게 수화되며 물에 용해된다. 직선형의 헤테로 다당류나 가지 구조의 분지 다당류는 촘촘히 모일 수 있는 사슬 부분이 분자 간 수소결합을 형성할 수 있을 만큼 길지 않아 결정성 마이셀(micelle)을 형성하지 못한다. 따라서 이러한 다당류는 일정한 용해성을 보이는데 사슬의 불규칙성이 커질수록 그 용해도가 증가한다.

Tip

당류의 흡습성

모든 당류는 다수의 하이드록시기를 가지고 있어 물 분자들과 수소결합을 형성하므로 주위로부터 수증기 형태로 물 분자를 흡착하여 친수성, 흡습성, 수용성을 나타낸다. 그러나 당류의 종류에 따라 하이드록시기의 수와 배열 등 화학 구조가 다르므로 흡습성의 정도는 다르게 나타낸다. 예를 들면 흡습성이 가장 큰 D-fructose는 평형상대습도가 60%인 조건에서 9일 동안 0.63%의 물을 흡수하나 D-glucose는 0.07%의 물만 흡수한다. 당이 결정을 이룰 때 당 분자들은 서로 수소결합을 형성하므로 물 분자와 수소결합을 할 수 있는 하이드록시기가 없기 때문에 비결정 당류(amorphous sugars)는 결정 당류(crystalline sugars)보다 더 많은 물을 더 빨리 흡수한다. 그 결과 포도당 시럽(glucose syrup), 고과당 시럽(high-fructose syrup), 전화당 시럽(invert sugar syrup) 등은 결정 당류보다 식품의 수분 보유력을 증가시키는 우수한 수분조절제(humectant)이다. 당류의 습윤성은 식품의 texture 조절, 수분활성도의 감소로 말미암은 미생물의 생육 저해나 지연을 통한 품질 연장 등의 효과를 나타내므로 과자류와 같은 식품에서 중요한 요소이다.

(3) 용액의 성질

일반적으로 중합체의 점도는 분자의 크기와 형태 및 용매 중에서 취하는 구조에 따라 결정된다. 용액에서 분자들은 충돌과 열에너지 때문에 최소 에너지 상태에서 진동하므로, 다당류 분자 사슬의 형태는 글리코사이드 결합 주위에서의 진동에 따라 결정된다. 각 글리코사이드 결합에서의 내부 자유도가 클수록 사슬의 부분들이 취할 수 있는 구조가 많아져 사슬이 특정한 형태를 취할 가능성이 작아진다. 이와 같이 분자의 유연성이 큰 경우에는 용액 중에서 불규칙적인 코일 형태로 존재하게 되나, 대부분의 다당류는 다소 견고한 사슬 형태이다.

직선형의 다당류 분자는 용액 중에서 회전하며 많은 공간을 차지하므로 서로 충돌하고 에너지를 소비하며 마찰하여 점성을 나타낸다. 다당류의 점도는 주로 그 분자량과 사슬의 형태, 즉 글리코사이드 결합의 위치와 anomer의 종류에 의해 결정된다. 예를 들면 cellulose는 글리코사이드 결합이 수평-수평 방식이어서 β-D-glucopyranose 단위가 1→4 결합으로 연결될 때 고리 구조의 산소 원자가 이웃 분자의 C3 위치의 하이드록시기와 수소결합하는 배열을 취하게 된다. 이 수소결합은 β-D-glucopyranose 단위가 인접 단위와 연결되는 글리코사이드 결합에서 자유롭게 회전하는 것을 막아 사슬을 견고하게 한다. 하나의 cellulose 분자는 편평한 리본 구조를 갖고 있으므로 인접한 cellulose 사슬들이 배열하여 규칙적인 결정성 영역을 형성한다(그림 3.11).

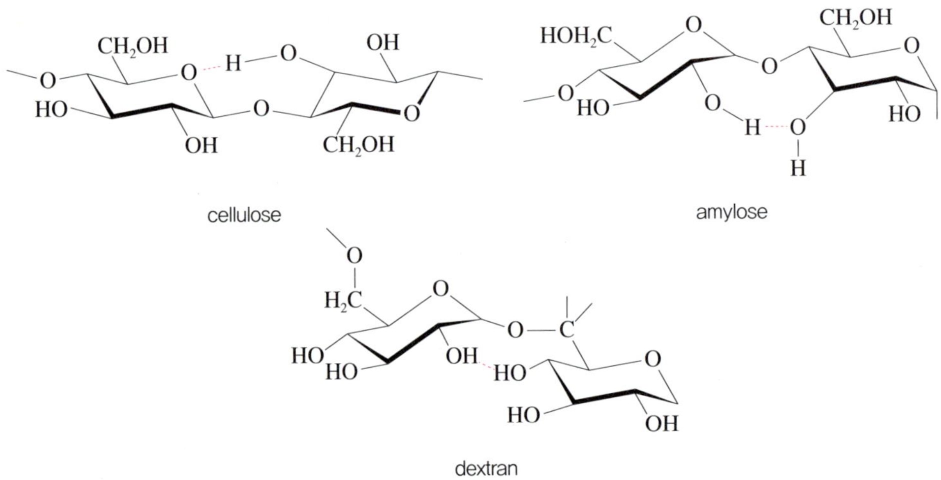

그림 3.11 다당류의 구성 단위 사이의 상호작용 예

반면에 α-D-glucopyranose 단위가 1→4 결합으로 연결되어 있는 amylose 사슬은 글루코사이드 결합이 수직-수평 방식이어서 분자들이 리본형보다는 코일형 구조를 취한다. 이 구조에서는 C2 위치의 하이드록시기가 이웃 분자의 C3 위치의 하이드록시기와 수소결합을 함으로써 안정하게 된다. 그리고 1→6 결합으로 연결되어 있는 dextran에서는 구성 단위 간의 거리가 길어서 인접 분자 간에 수소결합이 형성되지 않아 분자의 유연성이 크고 코일형 구조를 가진다.

Amylopectin과 같이 가지에서 또 다른 가지가 뻗어 나가 마치 덤불과 같은 구조를 갖는 다당류는 분자량이 동일한 직선형 다당류에 비해 차지하는 공간이 훨씬 적다(그림 3.12). 따라서 분자들 간의 충돌 빈도가 적으며 같은 농도에서 같은 분자량의 직선형 다당류보다 훨씬 낮은 점도를 나타낸다. 이러한 다당류 용액은 매우 안정하여 쉽게 노화되거나 침전되지 않는다. Guar gum이나 로커스트콩검과 같이 단당류 한 단위로 된 짧은 가지가 많은 구조를 갖는 다당류는 사슬들 간의 회합이 억제되어 용해도가 비교적 크다.

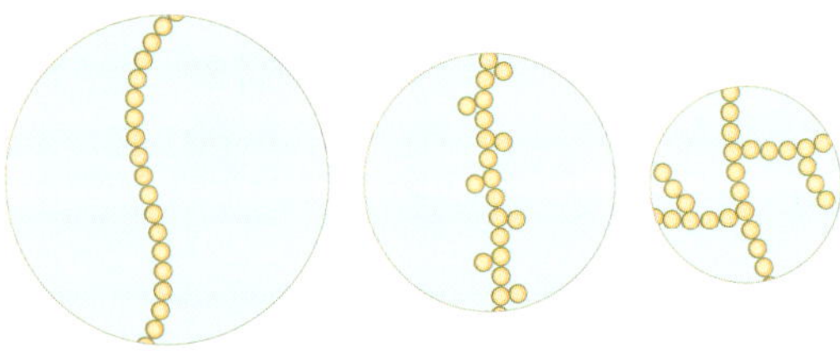

그림 3.12 **다당류의 형태에 따른 유효 부피**

카복실기의 이온화 또는 황산기에 의해 음전하만을 띠는 직선형 다당류 사슬은 전하 간의 반발력으로 인해 펼쳐진 형태를 취하며 용액의 점도가 높다.

(4) 분자 간 회합 및 젤 형성

직선형 다당류는 가열하거나 염기와 같은 가용화 제제를 사용하여 물에 녹이면 불안정한 분산액을 형성하였다가 곧 침전하거나 gel을 형성한다. 다당류 분자의 긴 사슬들이 브라운 운동을 하면서 서로 충돌하는 동안 두 사슬 사이에는 적은 부분의 구성 당 단위에 걸쳐 분자 간 결합이 형성되며, 다른 사슬들이 이 결합 부분에 충돌하면서 규칙적인 결정성 부분이 늘어난다. 직선형 분자들이 계속 이 부분에 결합하여 테 모양의 마이셀(fringed micelle)을 형성하게 되고 그 크기가 커지면 중력에 의해 침전한다.

일반적으로 직선형 중성 호모 다당류는 회합하여 부분적인 결정을 형성하는 경향이 있다. 그러나 guar gum이나 로커스트콩검과 같이 직선형 주사슬이 단당류 하나로 된 짧은 가지를 갖는 경우에는 회합이 잘 되지 않고 안정한 용액을 형성하게 된다. 직선형 사슬이 전하를 띤 기를 갖고 있는 경우에도 반발력에 의해 사슬 간 접근이 억제된다. 예를 들면 carrageenan은 주사슬을 따라 황산기를 갖고 있는데, 이 황산기는 넓은 pH 범위에서 이온화되어 있어 carrageenan은 낮은 pH에서도 침전하지 않는다.

Gel은 다당류 사슬들 사이에서 구성 당 단위 간의 결합이 충분히 긴 범위에 걸쳐 일어나서 안정한 접합 영역(junction zone)을 형성하고, 여기에 인접한 사슬들이 계속 결합하여 규칙적으로 배열함으로써 입체적인 그물 구조를 형성한 것으로 methyl cellulose, 녹말 등이 해당한다. 접합 영역에 다당류 사슬이 많이 중첩될수록 분자 간 결합이 커지고 gel의 강

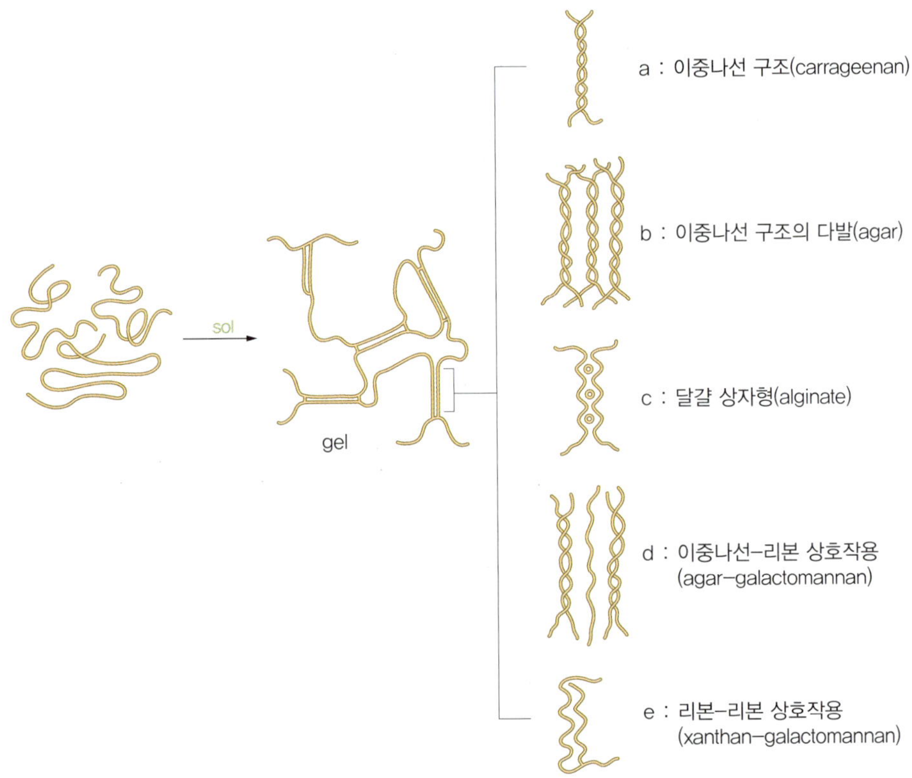

그림 3.13 **다당류 젤에서 회합의 종류**

도가 증가된다. 접합 영역이 길수록 더 치밀한 그물 구조를 형성한다. 그물 구조가 치밀해지면서 gel 구조 내부에 포함되었던 수분이 gel 표면으로 빠져나오는 syneresis가 일어나기도 한다. 로커스트콩검과 carrageenan의 혼합물, 로커스트콩검과 xanthan의 혼합물 등도 가지 구조가 없는 부분이 서로 배열하여 접합 영역을 이루는데, 이 접합 영역의 수가 충분히 많아질 경우 gel을 형성한다.

Gel 구조는 음전하를 띤 다당류 사슬들의 직선 부분에 양이온을 사용하여 가교결합시킬 경우에도 형성된다. 이를테면 저메톡실펙틴과 같은 폴리우론산 분자의 경우 칼슘 이온 등 2가 양이온이나 다가 양이온을 통해 사슬들이 결합되어 gel을 형성하며, alginate, carrageenan도 같은 방식으로 gel을 형성한다.

가지 구조가 많은 gum arabic이나 amylopectin과 같은 경우에는 사슬들이 얽혀 gel을 형성하기도 한다.

표 3-11 다당류의 가열에 의한 gel 형성

열 가역성 gel	gel 형성 조건	열 비가역성 gel	gel 형성 조건
Agar	냉각		
Carrageenan(κ-, ι-)	K^+, Ca^{2+} 등 양이온 존재하에 냉각	Algin	Ca^{2+} 등 다가 양이온 존재
LM pectin	pH 3~4.5에서 Ca^{2+} 등 양이온 존재	HM pectin	당류 > 65%, pH < 3.5
Gellan	저이온 강도에서 전해질 존재하에 냉각	Gellan	고이온 강도에서 전해질 존재하에 냉각
Methylcellulose	가열		
Hydroxypropyl-methyl-cellulose	가열		
Xanthan-locust bean gum 혼합물, xanthan-konjac gum 혼합물	냉각	Konjac gum Curdlan	알칼리 존재하에 가열 가열(> 80°C)

3) 녹말

녹말(starch)은 cellulose 및 murein(N-acetyl-D-glucosamine 단위와 N-acetyl-D-muramic acid가 β-1,4 글리코사이드 결합으로 연결된 반복 단위로 이루어진 박테리아 세포벽의 구성 성분)과 함께 자연계에 대량으로 존재하는 유기화합물이다. 곡류, 서류 등의 식물체에 많이 들어 있는 저장 다당류로 인간이 섭취하는 열량의 70~80%를 공급하며, 독특한 화학적·물리적 성질과 영양성으로 다당류 중 가장 중요하다. 식물체 세포 내 소기관인 색소체(plastid) 구조가 녹말체(amyloplast)로 분화되어 녹말을 입자상으로 합성하며 저장한다.

(1) 녹말 입자의 특성

① 형태상 특징

녹말 입자의 형태는 식물의 종류에 따라 매우 달라서 그림 3.14와 같이 광학현미경으로도 구분할 수 있으며, 주사전자현미경(scanning electron microscope)을 이용하면 형태와 크기 등의 차이를 더 뚜렷이 식별할 수 있다. 입자의 크기도 식물 종류에 따라 다르다. 곡류의 녹말 입자는 소형이고 크기의 분포 범위가 좁으며(지름 2~40 μm), 보리, 밀 등은 이봉분포를 보인다. 반면 덩이줄기류의 녹말 입자는 대형이고 분포 범위가 넓다(지름 5~100 μm).

녹말 입자는 비중이 물보다 크고(1.55~1.65) 물에 녹지 않으며, 상온의 물에서는 약간 수화되어 현탁액을 형성한다. 따라서 녹말가루를 물에 넣고 저어 주면 녹말 입자가 쉽게 침전한다.

② 조성

녹말 입자는 대부분 두 종류의 중합체, 곧 직선형의 아밀로스(amylose)와 가지를 친 형태의 아밀로펙틴(amylopectin)으로 구성되어 있다.

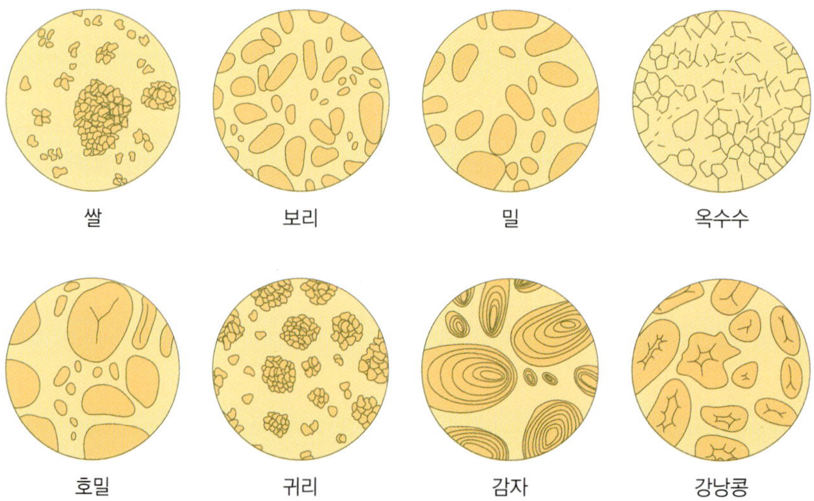

그림 3.14 **녹말 입자의 형태**

표 3-12 녹말 입자의 크기와 형태

종류	크기(μm)	형태	종류	크기(μm)	형태
쌀	3~8	다면체형	수수	10~30(A입자)	불규칙형, 구형
찹쌀	2~10	다면체형		4~5(B입자)	
보리	15~32(A입자)	원반형	호밀	12~40	구형, 원반형
	2~5(B입자)	구형	귀리	2~15	다면체형
밀	15~35(A입자)	원반형	감자	5~100	달걀형
	2~10(B입자)	구형	고구마	5~25	다면체형, 달걀형
옥수수	2~30	구형, 다면체형	타피오카	5~35	구형, 원반형
찰옥수수	2~30	구형, 다면체형	강낭콩	10~45	달걀형
조	2~15	다면체형	녹색완두	10~45	원반형

아밀로스

Amylose는 α-D-glucopyranose 단위가 1→4 결합을 되풀이하여 사슬 모양을 이루고 있는 중합체이다(그림 3.15). Amylose 분자를 이루는 D-glucose 단위의 수는 대

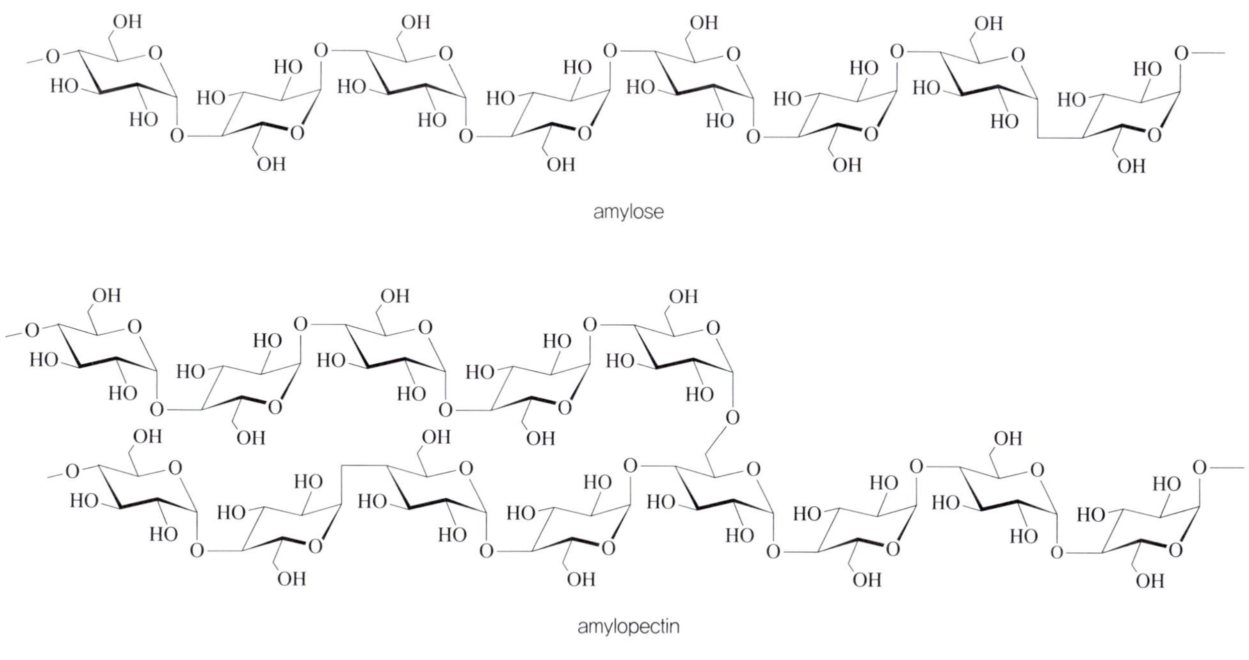

그림 3.15 아밀로스와 아밀로펙틴의 구조

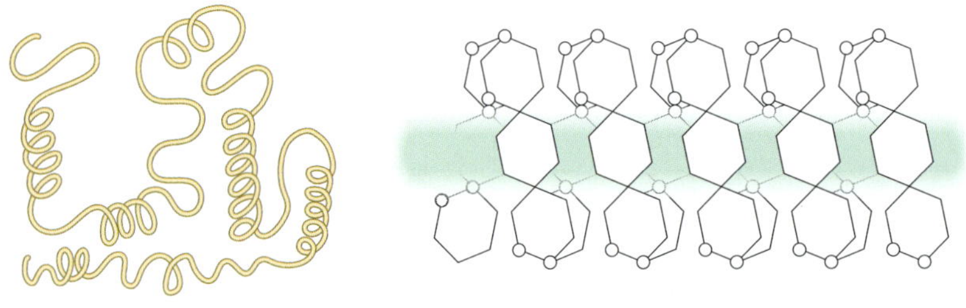

그림 3.16 **수용액 중 아밀로스 및 아밀로스-아이오딘 복합체의 모식도**

략 250~5,000개이며 평균 분자량은 약 10^6이다. α-D-glucopyranose 단위의 1→4 결합은 수직→수평(axial→equatorial) 위치에서 일어나므로 amylose 사슬은 glucose가 6분자마다 한 번씩 감아 오른쪽으로 도는 나사 모양의 구조이다. 이러한 나선 구조로 인해 amylose 필름이나 섬유는 cellulose 필름이나 섬유보다 탄성이 큰 특성을 보인다. 나선 구조의 내부에는 주로 수소 원자가 위치하고 있어 소수성을 띠며, 하이드록시기는 외부에 자리 잡고 있다. 따라서 amylose 사슬은 나선 구조 내부의 공간에 들어맞는 소수성 부위를 갖고 있는 다른 화합물들과 내포복합체를 형성할 수 있다. 뜨거운 녹말 분산액에 1-butanol, nitropropane 등 극성 탄화수소를 넣고 휘저어 섞어 냉각시키면 소수성 내부에서 amylose와 복합체를 형성하여 결정이 생긴다. Iodine은 I_5^- 형태로 amylose 내부의 소수성 부위에 결합하여 긴 사슬 형태의 poly (I_5^-)를 형성한다(그림 3.16). 이 복합체는 짙은 청색을 띠며 645 nm에서 최대 흡광도를 나타낸다. 이 반응을 이용하여 복합체를 정량함으로써 녹말 분자 중의 amylose 함량을 측정할 수 있다. 반면에 amylopectin은 가지를 이루는 사슬이 짧아 긴 사슬 형태의 poly (I_5^-)를 형성하지 못하므로 iodine과 반응하면 적자색을 나타낸다.

Amylose는 수용액 중에서 무작위 코일(random coil) 구조를 가지는데, 이 구조에는 단일 나선(single helix) 구조를 한 부분들도 존재한다. 이 단일 나선 구조는 한 바퀴가 6~8개의 glucose 단위로 이루어져 있다.

녹말에 들어 있는 amylose의 양은 일정 조건에서 녹말, amylose, amylopectin을 각각 iodine과 반응시켜 680 nm에서 흡광도를 측정하여 얻은 청색값(blue value, BV) 또는 전류 적정이나 전위차 적정으로 측정한 아이오딘 친화력(iodine affinity, IA)을 이용하여 다음식으로 산출할 수 있다.

$$\text{아밀로스 함량(\%)} = \frac{BV_{녹말} - BV_{아밀로펙틴}}{BV_{아밀로스} - BV_{아밀로펙틴}} \times 100$$

$$= \frac{IA_{녹말} - IA_{아밀로펙틴}}{IA_{아밀로스} - IA_{아밀로펙틴}} \times 100$$

순수한 amylose는 100 g당 약 20 g의 iodine을 흡착하고, amylopectin은 100 g당 1.2 g 미만의 iodine과 반응하므로, 위의 식을 간단하게 정리하여 겉보기 아밀로스 함량(apparent amylose content)을 구할 수 있다.

$$\text{겉보기 아밀로스 함량(\%)} = \frac{IA_{녹말}}{20} \times 100$$

Amylose의 함량은 표 3-13에서 보듯이 녹말의 종류에 따라 다르다. 대부분의 녹말은 25% 정도의 amylose를 함유하나 찹쌀, 찰옥수수 등의 녹말에는 amylose가 거의 들어 있지 않다. 한편 2종의 고아밀로스옥수수(high-amylose corn) 녹말에는 각각 약 50%와 70%의 amylose가 들어 있다.

표 3-13 녹말의 아밀로스 함량

(단위 : %)

녹말의 종류	amylose 함량	녹말의 종류	amylose 함량	녹말의 종류	amylose 함량
쌀	14~32	옥수수	28	귀리	27
찹쌀	1	찰옥수수	0~1	감자	23
보리	22~29	수수	21~34	고구마	20
밀	26~31	호밀	28	카사바	17

아밀로펙틴

Amylopectin은 α-D-glucopyranose 단위가 1→4 결합으로 연결되어 있는 사슬의 여러 군데에서 α-1,6 결합으로 연결된 가지를 친 형태이며(그림 3.15 참조), α-1,6 결합으로 연결된 부위는 5% 정도를 차지한다. 따라서 α-1,6 결합 사이의 D-glucopyranose 수는 평균 20개이다. 또 α-1,6 결합으로 연결된 짧은 사슬의 곁가지에는 평균 15~30개의 D-glucopyranose가 존재한다. 전체적으로 amylopectin 분자는 1만~10만 개의 D-glucose 단위로 이루어져 있으며, 분자량은 10^7~7×10^8으로 매우 크다. Amylopectin 분자의 미세 구조로는 클러스터 모형(cluster model)이 널리 받아들여지고 있는데, 이 모형에서 A 사슬은 환원성 말단이 가지를 이루는 B 사슬에 α-1,6 결합으로 연결되어 있을 뿐 다른 사슬은 전혀 연결되어 있지 않다. B 사슬에는 α-1,6 결합에 의해 하나 이상의 다른 사슬이 연결되어 있는데, 클러스터 하나를 이루는 짧은 사슬인 B1 사슬과 각각 두 송이, 세 송이에 걸쳐 있어 클러스터들을 연결하는 B2 사슬, B3 사슬 등이 있다. 그리고 C 사슬은 유일한 환원성 말단을 갖고 있는 사슬이다(그림 3.17).

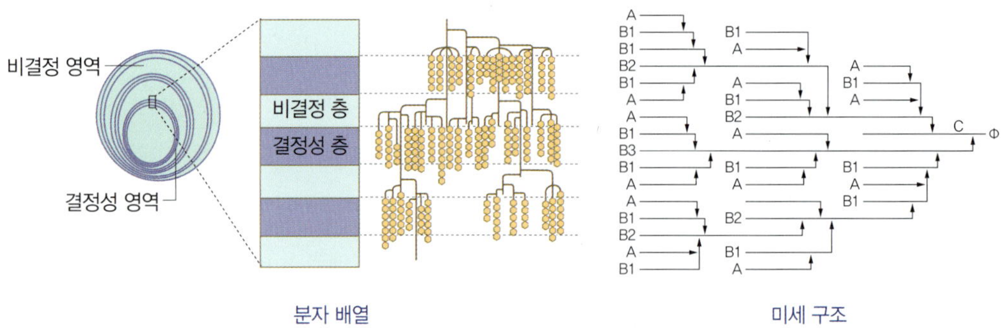

그림 3.17 녹말 입자 중 아밀로펙틴 분자의 배열과 그 미세 구조

Amylopectin의 다발 모양의 가지들은 이중 나선(double helix) 구조로 이루어져 있으며 작은 결정성 영역을 형성한다.

기타 성분

녹말 입자에는 녹말뿐만 아니라 적은 양이기는 하나 회분, 지방질, 단백질 등이 함유되어 있다. 회분 중 인은 감자 녹말에 0.06~0.1% 들어 있는데 주로 인산 에스터로 존재하며, Ca^{2+}, Mg^{2+}, Na^+, K^+ 등의 이온은 ester의 인산기와 결합하여 염 형태로 존재한다. 한편 곡류 녹말에는 인산 에스터기가 전혀 없거나 훨씬 적은 양이 함유되어 있다. 곡류의 녹말 입자에 들어 있는 지방질은 주로 유리지방산과 리소인지방질(lysophospholipid)의 형태로 존재하며, 이들의 비율은 녹말 종류에 따라 다르다. 지방질 함량은 amylose 함량에 따라 달라 찰옥수수에는 약 0.2% 들어 있으며, 보통의 곡류 녹말에는 0.6~1.2% 정도 함유되어 있다. 지방질의 함량은 식물체에 따라서도 달라 대개 서류와 콩류 녹말에는 곡류 녹말보다 적게 들어 있다. 유리지방산이나 monoacylglycerol, diacylglycerol 등은 지방산 사슬이

amylose의 단일 나선 구조 내부에 결합하여 amylose와 복합체를 형성한다. 그 결과 녹말의 호화 점도가 낮아지고 더 불투명한 gel이 만들어진다.

③ 결정성

녹말 분자는 색소체 안에서 생성되면서 서로 결합하여 치밀하고 규칙적이며 일부 결정성을 띤 구조를 이룬다. 규칙적인 분자로 이루어진 부분은 생장점(hilum)에서 방사상으로 계속 자란다. 따라서 완성된 입자는 분자들이 방사상으로 배열되어 있고 녹말 분자들이 규칙적인 배열을 한 결정성 영역과, 구성 녹말 분자들이 아무 규칙성 없이 존재하는 비결정 영역이 교대로 층으로 나타난다(그림 3.17 참조). 한 개의 녹말 입자는 30% 정도의 결정성 영역과 약 70%의 비결정 영역으로 구성되어 있다. 결정성 영역은 주로 amylopectin의 A사슬과 B사슬 중 바깥 사슬들로 이루어져 있으며, 비결정 영역은 대부분의 amylose와 amylopectin의 일부 사슬들로 이루어져 있다. 그리고 amylose 분자들은 amylopectin 분자들 사이에 위치한다. 이러한 부분적인 결정성으로 인해 녹말 입자는 편광현미경으로 관찰하면 복굴절(birefringence)로 인한 십자 모양의 무늬(Maltese cross)가 보이는데 십자 무늬의 중앙은 생장점과 일치한다.

결정성 물질, 또는 일부 영역이 결정성 구조를 갖고 있는 결정질 물질에 X선을 조사하면, 조사된 X선은 규칙적으로 배열된 원자나 분자 들 중의 결정 격자에 산란되어 동심원 모양의 X선 회절 도형이 관찰된다. 녹말 입자의 내부에는 주로 amylopectin 사슬들로 이루어진 결정성 영역이 존재하므로, 녹말 입자는 그림 3.18과 같이 비교적 뚜렷한 X선 회절을 나

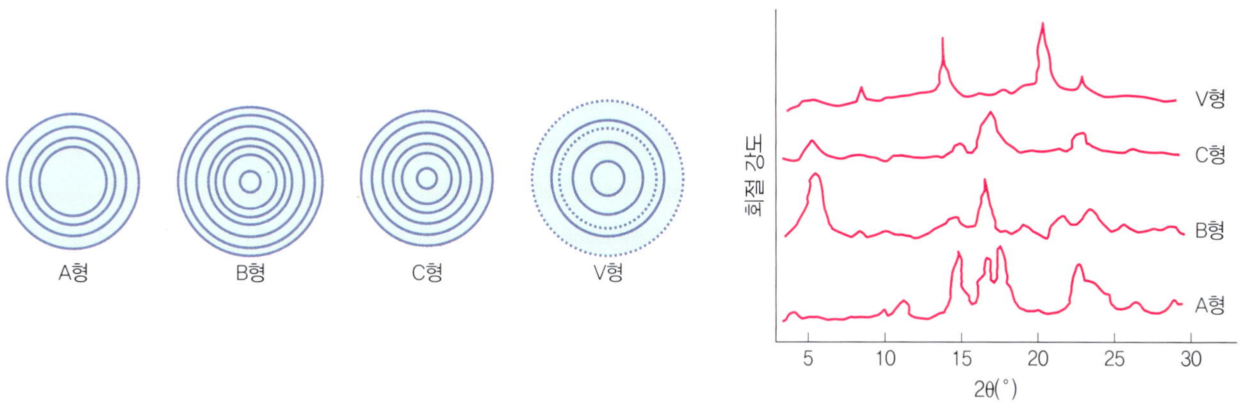

그림 3.18 녹말의 X선 회절도

타낸다. 쌀, 밀, 옥수수를 비롯한 대부분의 곡류 녹말과 고구마의 일부 품종, 타피오카 등의 X선 회절도는 A형이며, 감자, 나리, 칸나, 튤립 등 근경류와 밤, 바나나 및 amylose 함량이 많은 고아밀로스옥수수(amylomaize) 등 일부 곡류의 녹말은 B형의 X선 회절도를 보인다. C형은 A형과 B형의 혼합형으로 녹두, 완두 등 대부분의 콩류와 일부 고구마에서 관찰된다. 한편, 호화된 녹말은 규칙적인 분자 배열이 붕괴되어 종류에 관계없이 모두 V형을 나타내는데, 이 형에서는 결정성 영역을 나타내는 뚜렷한 동심원이 관찰되지 않아 다른 형과 뚜렷이 구별된다.

(2) 녹말의 호화

녹말에 물을 넣고 가열하면 온도가 올라가면서 녹말의 현탁액은 점도가 높고 투명한, 또는 젖빛의 콜로이드 용액을 형성하며, 농도가 높거나 냉각되었을 때에는 반고체의 gel이 된다. 이와 같이 녹말 입자의 물리적 성질이 변화하는 현상을 호화(gelatinization)라고 하는데, 이러한 변화는 녹말 분자의 규칙성이 붕괴되는 데 기인한다.

① 호화 과정

온전한 녹말 입자는 부분적으로 결정성을 띠고 있으며, 녹말 분자의 하이드록시기 사이에 수소결합이 형성되어 있어 찬물에는 녹지 않으나 가역적으로 물을 흡수한다. 즉, 녹말 입자는 소량의 물을 흡수하여 약간 팽윤하였다가 건조하면 원래의 크기로 되돌아간다. 이때 흡수되는 수분의 양은 옥수수 녹말의 경우 약 10%이고, 찰옥수수는 25% 정도이다. 팽윤 정도는 대개 입자의 지름이 클수록 커져서 감자 녹말 입자는 2배가량 팽윤된다. 또 물의 온도가 올라가면 흡수되는 물의 양도 늘어난다. 이러한 과정은 호화 개시 온도에 이를 때까지는 가역적이나, 그 이상의 온도에서는 비가역적이다. 팽윤된 감자 녹말 입자 1 g의 부피는 거의 200 mL에 이른다.

호화가 일어나면서 녹말 분자의 규칙성이 붕괴되는데, 이러한 규칙성의 붕괴는 녹말 입자의 비가역적 팽윤, 복굴절의 소실, 결정성의 소실 등으로 나타난다. 호화 과정 중 물의 온도가 올라가면서 녹말 입자 속의 amylose와 amylopectin의 운동성이 커져 이들 사이의 수소결합 등 상호작용이 끊어지고, 물 분자가 수소결합에 의해 녹말 분자와 결합하면서 amylose가 녹말 입자 밖으로 침출(leaching)되어 나온다. 이 현상은 amylose 분자가 비결정 영역에 존재하며, amylopectin 분자에 비해 크기가 작고 직선형이어서 호화 온도에 이르기 전이라도 일부는 녹말 입자로부터 확산되어 나오기 때문에 일어난다.

많은 양의 물이 존재하는 조건에서 녹말 입자를 계속 가열하면 입자는 더 팽윤되며 주로 amylose 성분들이 입자 밖으로 나오게 된다. 이 단계에서 전단력이 가해지면 입자가 파괴되어 녹말 페이스트(paste)가 형성된다. 녹말 페이스트는 amylose와 amylopectin으로 이루어진 연속상(분자상 분산계)과 녹말 입자의 잔유물로 된 불연속상으로 구성된 점성을 띤 물질이다. 이러한 녹말 페이스트가 냉각되면 점탄성을 띤 반고체의 gel이 형성된다.

② 호화에 영향을 미치는 요인

녹말은 호화되면서 amylose와 amylopectin 사이의 수소결합 등 상호작용이 파괴되므로, 이에 영향을 미치는 인자들은 녹말의 호화에도 영향을 미친다.

① 녹말의 종류 : 감자, 고구마와 같은 서류의 녹말은 옥수수, 밀, 쌀 등 곡류 녹말보다 호화가 쉽게 일어난다. 이러한 차이는 녹말 입자를 구성하는 성분의 화학 구조가 서로 다른 데 기인한다.

② pH : 알칼리성 pH에서는 녹말 입자의 팽윤과 호화가 촉진된다. 녹말 현탁액에 적당량의 NaOH를 가하면 가열하지 않아도 녹말이 호화된다.

③ 온도 : 녹말의 호화는 온도가 높을수록 빨리 일어난다.

④ 수분 : 수분 함량이 적으면 호화가 지연되고 수분 함량이 많을 때보다 더 높은 온도에서 호화가 일어난다. 빵을 구울 때 230°C 정도의 고온을 사용하는 것은 밀가루의 수분 함량이 적기 때문이다.

⑤ 팽윤제 : 녹말 입자의 팽윤을 촉진시키는 물질을 팽윤제(swelling agent)라고 하는데, 녹말 현탁액에 팽윤제를 첨가하면 호화 온도가 낮아진다. 보통 음이온이 팽윤제로서의 작용이 크며, 그 순서는 $OH^- > CNS^- > I^- > Br^- > Cl^-$이다. 그러나 황산염은 호화를 억제시킨다.

(3) 녹말의 노화

호화된 녹말을 방치해 두면 점점 굳어져서 원래의 결정성을 띤 상태로 되돌아가는데, 이 현상을 노화(retrogradation)라고 한다. 노화는 불규칙적인 배열을 하고 있던 녹말 분자들이 접합 영역을 형성하면서, 시간이 지남에 따라 부분적으로 규칙성을 띤 구조로 되돌아가기 때문에 일어난다. 노화에는 녹말 분자를 이루는 amylose와 amylopectin이 모두 관여하는데 amylose가 amylopectin보다 훨씬 빨리 노화된다. 이와 같이 노화된 녹말은 B형의 X선 회절도를 나타낸다(그림 3.18 참조). 그리고 일단 노화된 녹말은 가열해도 다시 용해되지 않는다. 즉, 노화는 호화의 반대 현상으로 용해된 녹말 분자의 재결정화이다. 밥, 떡, 빵이 굳어지고 신선도가 떨어지는 현상(staling, 노화), soup나 sauce의 점도 저하 및 침전 등 녹말질 식품의 품질 저하는 녹말의 노화에 기인한다.

① 노화의 과정

호화된 녹말에서는 녹말 분자들이 많은 물 분자에 수화되어 서로 떨어져 있으나, 실온에 이르면 가까이 있는 다른 분자와 수소결합을 하게 된다. 이 수소결합은 두 녹말 분자가 물 분자를 사이에 두고 형성하기도 하며, 부근에 있는 녹말 분자의 하이드록시기와 직접 형성하기도 한다. 이렇게 분자의 회합점이 있으면 접합 영역이 형성되고 궁극적으로 그물 구조를 이룬다.

② 노화에 영향을 미치는 인자

녹말의 노화 속도는 다음과 같은 여러 가지 인자의 영향을 받는다.

① 녹말의 종류 : 노화 속도는 녹말 종류에 따라 다르다. 일반적으로 옥수수, 밀 등 곡류 녹말은 노화되기 쉽고 감자, 고구마, 타피오카 등 서류의 녹말은 느리게 노화되며, amylopectin만으로 이루어진 찰옥수수, 찹쌀 등의 녹말이 가장 느리게 노화된다. 즉, 녹말의 종류에 따른 노화 속도의 차이는 amylose와 amylopectin의 비율, amylose 및 amylopectin 분자 구조 등이 다른 데 기인한다. Amylopectin은 가지가 많아 바깥쪽의 가지들이 일차적으로 회합하여 노화되는데, 직선상의 분자 구조를 가진 amylose보다 시간이 오래 걸린다.

② 온도 : 노화는 저장 온도의 영향을 크게 받는다. 즉, 노화 속도는 온도가 높아지면 느려져 32~40°C에서는 상당히 억제되고, 특히 60°C 이상에서는 거의 일어나지 않는다. 또 유리전이온도(glass transition temperature, Tg≒-5°C)보다 높은 냉장 온도에서 가장 잘 일어나며, 유리전이온도 이하의 냉동 온도에서는 잘 일어나지 않는다. 이는 온도가 내려감에 따라 물 분자 사이의 수소결합이 더 안정화되어 녹말 분자의 자유로운 이동이 억제되기 때문이다. 밥이나 빵을 냉장고에 보관하지 않는 것은 냉동시키거나 상온에 두는 것보다 노화가 빨리 일어나기 때문이다.

③ 수분 함량 : 노화는 수분 함량이 30~60%일 때 잘 일어나며, 특히 수분 함량이 40~50%(녹말 농도 50~60%)일 때 가장 잘 일어난다. 이보다 수분이 많거나 적으면 잘 일어나지 않는다. 이는 수분이 지나치게 많을 때에는 녹말 분자가 회합하기 어렵고, 반대로 수분이 적은 상태에서는 녹말 분자가 그대로 고정되어 노화되기 어렵기 때문이다.

④ pH : 노화는 녹말 분자들이 수소결합으로 회합하여 이루어지므로 pH의 영향을 받는다. OH^- 이온은 녹말의 수화를 촉진하여 노화를 억제하므로 알칼리성에서는 노화가 잘 일어나지 않지만 황산, 염산 등의 강산은 묽은 농도에서도 노화를 촉진한다. 약산은 노화에 그다지 영향을 미치지 않고, 중성 pH 범위에서는 노화 속도가 영향을 받지 않는다.

⑤ 공존 물질 : 노화 속도는 무기 및 유기 이온, 계면활성제 등 녹말과 공존하는 물질의 종류와 농도에 따라서도 달라진다. 노화 억제 작용은 음이온의 경우 $CNS^- > PO_4^{3-} > CO_3^{2-} > I^- > NO_3^- > Br^- > Cl^- > CH_3COO^- > F^- > SO_4^{2-}$, 양이온은 $Ba^{2+} > Sr^{2+} > Ca^{2+} > K^+ > Na^+ > Li^+$의 순으로 크다. 계면활성이 있는 대부분의 극성 지방질은 녹말 분자의 침전이나 결정성 영역의 형성을 저해함으로써 녹말의 노화를 억제한다. 따라서 glyceryl monopalmitate, glyceryl monomyristate, glyceryl monostearate 등 monoacylglycerol과 그 유도체 및 sodum stearoyl 2-lactylate과 같은 화합물은 반죽에 첨가되어 빵, 과자류 등의 유통기한(shelf life)을 늘리는 데 이용된다.

③ 노화의 억제 방법

노화는 일반적으로 가공식품의 품질이나 영양에 좋지 않은 영향을 미치기 때문에 바람직한 현상은 아니다. 따라서 노화를 억제하기 위하여 여러 가지 방법이 활용되는데, 그중에 중요한 몇 가지를 소개한다.

① 수분 함량의 조절 : 노화가 잘 일어나는 수분 함량(30~60%)보다 많거나 적게 수분 함량을 조절한다. 녹말 함유 식품에서 수분 함량이 60%보다 많은 경우에는 저장성이 떨어지므로 실제로는 수분 함량을 30% 이하로 낮추는 방법이 주로 이용된다. 특히 호화된 녹말의 수분 함량이 15% 이하가 되면 노화가 효과적으로 억제되며, 10% 이하에서는 거의 일어나지 않는다.

② 냉동 : 녹말의 노화는 유리전이온도 이하의 냉동 온도에서는 잘 일어나지 않는다. 이는 온도가 내려가면 물 분자 사이의 수소결합이 더 안정화되어 녹말 분자의 자유로운

이동이 억제되기 때문이다.

③ 용질 첨가 : 설탕과 같은 용질은 가소성 억제 효과(anti-plasticizing effect)를 나타냄으로써 녹말 gel의 노화에 영향을 미친다. 첨가된 용질은 유리전이온도를 높임으로써 비결정 영역에서 녹말 사슬의 운동성을 감소시켜 노화를 억제한다.

④ 유화제 사용 : Monoacylglycerol, diacylglycerol, fatty acid lactylate, 수크로스지방산에스터(sucrose fatty acid ester) 등의 유화제는 녹말 콜로이드 용액의 안정성을 증가시키고 결정성 영역의 형성을 억제함으로써 녹말의 노화를 억제한다. 이러한 유화제는 빵류나 과자류의 노화를 방지하는 데 효과가 크다.

④ 노화 현상의 이용

녹말의 amylose는 식품의 가공 공정 중 일부가 노화되어, 인체에서 분비되는 소화효소의 작용을 받지 않고 대장에서 장내 세균에 의해 발효되는 저항녹말(난소화성 녹말, resistant starch, RS)을 형성한다. 이들은 직선형의 짧은 α-glucan으로 되어 있으며 결정성 구조를 가진다. 조리, 굽기, 고온 가압 처리 등과 같이 비교적 수분 함량이 많고 온도가 높은 조건에서 이루어지는 공정을 거쳐 제조한 식품, 이를테면 빵, 시리얼, 익힌 후 냉각한 감자 등에 주로 형성된다(RS3, 제3형 저항녹말). 그 밖에 고아밀로스옥수수 녹말, 감자 녹말, 바나나 녹말과 같은 천연 생녹말에서 결정 구조의 입자 형태로 존재한다(RS2). 부분 도정된 곡류, 파스타, 종자, 콩류 등에서와 같이 물리적으로 amylase가 접근 불가능한 상태로도 세포 구조 내에 존재한다(RS1).

저항녹말은 배설량의 증가, 짧은사슬지방산과 같은 유용한 대사산물의 생성, 혈중 콜레스테롤 농도의 저하, 대장암 예방, 혈당 강하 등 식이섬유가 갖는 생리적 기능성을 나타낸다. 식이섬유에 비해 낮은 보수력, 높은 백색도, 무취, 신전성 등 독특한 물리화학적 성질을 지니고 있어 빵, 과자류, 스낵 식품 등에 특징적인 조직감을 부여하므로, 그 자체 또는 다른 식이섬유 소재와 혼합하여 저열량 기능성 식품 소재로 사용된다.

(4) 녹말의 덱스트린화

녹말에 물을 더하지 않은 상태로 160°C 이상의 높은 온도에서 가열하면 글루코사이드 결합의 일부가 절단되어 덱스트린(dextrin)을 형성한다. 따라서 α-glucan 사슬의 길이가 짧아지고 물에 잘 풀리며 효소 작용을 받기 쉽게 된다. 볶거나 팽화시킨 곡물에 존재하며,

반응 조건을 달리하여 다양한 사슬 길이의 덱스트린을 만들어 식품, 제지 등 여러 분야에서 이용한다. 또한 α-glucan 사슬의 길이를 더욱 짧게 한 여러 가지 maltodextrin이 널리 사용되고 있다.

(5) 변성녹말

변성녹말(modified starch)은 화학적 및 물리적 방법으로 천연 녹말을 처리하여 그 성질을 개량하거나 용도에 맞는 특정한 기능적 성질을 갖도록 제조한 녹말 유도체이다. 녹말 사슬의 가교결합이나 그 외 방법에 의한 유도체의 제조, 부분적인 산 가수분해에 의한 중합도의 감소, 호화 등의 방법을 단독 또는 조합하여 이용한다. 이때 많이 쓰이는 화학반응은 다음과 같다.

① 에스터 반응 : 무수아세트산(acetic anhydride), 무수석신산(succinic anhydride), 무수아세트산과 무수아디프산의 혼합물, 1-octenylsuccinic anhydride, 염화포스포릴(phosphoryl chloride, $POCl_3$), 삼메타인산나트륨〔sodium trimetaphosphate, $(NaPO_3)_3$〕, 삼인산나트륨(sodium tripolyphosphate, $Na_5P_3O_{10}$), 인산이수소나트륨(NaH_2PO_4) 등과 30~45% 녹말 현탁액의 반응(pH 8~12)

② 에테르 반응 : Ethylene oxide, propylene oxide와 녹말 현탁액의 반응

③ 부분 가수분해 : 염산, 황산을 이용한 비결정 영역의 부분적인 가수분해

④ 표백 : 과산화수소, peracetic acid(CH_3COOOH), 과망간산칼륨 등의 산화제에 의한 녹말 중 carotenoid 색소의 탈색

⑤ 산화 : 차아염소산나트륨(sodium hypochlorite)과 녹말 현탁액의 반응

대부분의 녹말 유도체는 소수의 하이드록시기만이 반응하도록 하여 제조된다. 예를 들어 에스터나 에테르기는 그 치환도가 대개 0.002~0.2의 매우 낮은 값이 되도록 첨가한다. 이와 같이 만든 녹말 유도체의 겉모양은 천연 녹말 입자와 거의 같지만, 그 성질은 비록 치환도가 낮더라도 매우 달라진다. 또 하이드록시프로필기 등 첨가된 기들은 녹말 사슬들의 분자 간 회합 및 접합 영역 형성 능력을 저해하여 녹말 젤을 안정하게 한다. 가공식품에 많이 쓰이는 변성녹말의 종류와 그 특성을 표 3-14에 나타내었다.

표 3-14 주요 변성녹말의 종류와 특성

종류	변성 방법 및 원리	주요 특성 및 용도
1. 전환 녹말(Converted starches)		
• 호화 녹말(Pregelatinized starch)	• 녹말 슬러리의 신속 가열에 이은 건조	• 냉수 팽윤성, 냉수 용해성 및 분산성 푸딩 등 건조 mix, 빵류, salad dressing
• 압출 녹말(Extruded starch)	• 185°C 이상에서 압출성형	• 분산성 및 용해성 향상, 점도 저하
• 산처리 녹말(Thin-boiling starch)	• 염산, 황산을 이용한 부분 가수분해	• 열수 용해성, 점도 저하, 노화 지연, 유동성 호료, 보호막
• 덱스트린(Dextrin)	• 가열(수분 함량<15%, 산 촉매, 100~200°C)에 의한 분해	• 흰색~노란색 가루, 투명 또는 혼탁한 고점도 용액 형성, 부착제, 지방 대체제
• 산화 녹말(Oxidized starch)	• 호화 온도 범위보다 낮은 온도에서 NaOCl 용액으로 가수분해 및 산화	• 점도 저하, 크림성, 노화되거나 불투명 gel을 형성하지 않음, salad dressing 및 mayonnaise의 저점도 충전제
2. 안정화 녹말(Stabilized starches)		
1) 녹말 에스터(Starch esters)		
• 인산 녹말(Starch monophosphate ester)	• alkaline orthophosphate나 tripolyphosphate로 건열 처리(120~175°C, 0.5~6시간)	• R-OPO$_3$H$^-$, paste의 점도 및 투명도 증가, 냉동-해동 안정성 증가, 호화 온도 저하
• 아세트산 녹말(Starch acetate)	• acetic anhydride와의 에스터 반응	• R-OCOCH$_3$, 호화 온도 저하, paste의 투명도 증가, 노화 및 냉동-해동 안정성 증가
• 옥테닐석신산 녹말(Starch 1-octenylsuccinate)	• 1-octenylsuccinic anhydride와의 에스터 반응	• 분산성 증가, emulsion 형성 및 안정성 증대, 지방질의 부분 대체제
2) 녹말 에테르(Starch ethers)		
• 하이드록시프로필 녹말(Hydroxy propyl starch)	• 녹말 현탁액을 propylene oxide로 처리(pH 11~13, 50°C)	• R-OCH$_2$CHCH$_3$OH, 호화 온도 저하, paste의 투명도 및 안정성 증대, 노화되지 않음, 냉동-해동 안정성 증가, 냉장 및 통조림 식품의 호료
• 카복시메틸 녹말(Carboxymethyl starch)	• 알칼리 용액에서 monochloroacetic acid와의 반응	• R-OCH$_2$COO$^-$, 냉수 및 에탄올에서 즉각 팽윤, emulsion 안정화제, 호료, gel 형성제
3. 가교결합 녹말(Cross-linked starches)	• 알칼리성 녹말 현탁액을 염화포스포릴, 삼메타인산나트륨 등 다른 두 분자의 하이드록시기와 반응하는 시약으로 처리하여(20~50°C) 녹말 사슬을 서로 연결시킴	• 호화 온도 상승, 팽윤력 감소, 녹말 입자의 강화, 점도 증가, 내산성 증가

4) 셀룰로스

(1) 구조와 성질

셀룰로스(cellulose)는 고등식물 세포벽의 주성분으로 자연계에 가장 많이 존재하는 탄수화물이다. 출처에 따라 서로 다르나 1,000~14,000개의 β-D-glucopyranose 단위가 1→4 글루코사이드 결합으로 반복하여 연결된 분자량이 큰 직선형의 중합체이다. 직선형의 분자 구조와 cellobiose를 기본 구성 단위로 하는 특징이 있어 넓은 범위에 걸쳐 회합하여 결정성의 섬유상 다발을 형성한다. 이 결정성 영역은 천연 cellulose의 약 60%를 차지하

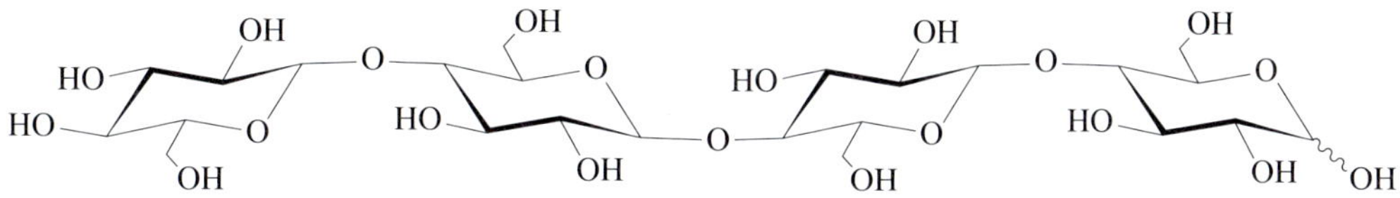

셀룰로스 구조

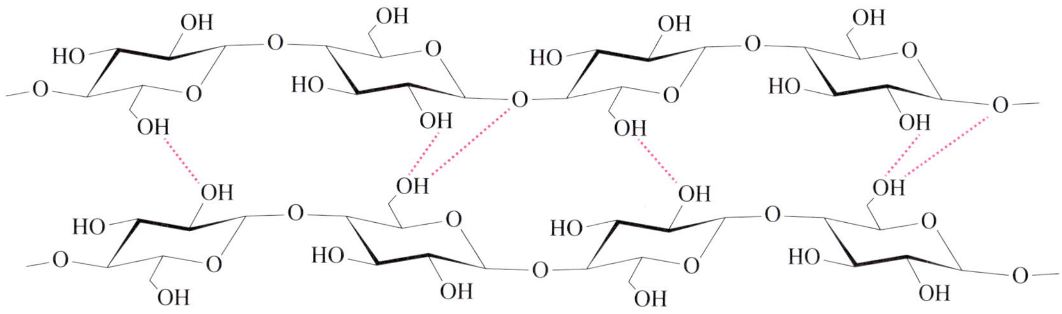

분자 간 수소결합

그림 3.19 **셀룰로스의 구조와 분자 간 수소결합**

며, 이 영역에 존재하는 cellulose 분자 사슬들은 다수의 수소결합과 소수성 상호작용으로 연결되어 안정된 구조를 이룬다. 비결정 영역은 결정성 영역 사이사이에 위치하고 있으며, cellulose 분자들이 불규칙하게 배열하여 gel 상태로 존재한다. 따라서 cellulose는 분자 간 결합을 파괴하는 용매를 제외한 대부분의 용매에 녹지 않는다. 즉 냉수 및 열수, 묽은 산, 묽은 알칼리 용액에 불용성이다.

Cellulose는 용해도에 따라 세 가지로 나누는데 18% 알칼리 용액에 녹지 않는 부분을 α-cellulose라고 하며, 18% 알칼리 용액에는 용해되나 용액을 중화하면 침전되는 부분을 β-cellulose라고 한다. 그리고 18% 알칼리 용액을 중화한 다음에도 용해된 상태로 남아 있는 획분을 γ-cellulose라고 한다.

(2) 이용

① 분말 셀룰로스

Cellulose는 과일, 채소, 곡물가루 등 많은 식품 원료의 세포벽 구성 성분이므로 식품용 분말 셀룰로스는 그 순도가 높지 않아도 되며, 목재 펄프를 규격에 맞게 정제, 탈색하여 제조한다. 이 소재는 빵, 과자 등에 무칼로리 증량제로 식이섬유 함량을 증가시키고 제품의 수분과 신선도를 오래 유지하도록 하는 데 쓰이며, 냉동 제품의 냉동 및 해동 과정 중 조직감을 유지하는 데 사용되기도 한다.

② 미세결정 셀룰로스

미세결정 셀룰로스(microcrystalline cellulose, MCC)는 α-cellulose 펄프를 가수분해한 다음 미세한 셀룰로스 결정을 분리하여 만든다. 정제 목재 펄프를 산으로 처리하면 hydronium ion이 밀도가 낮은 비결정 영역으로 침투해 들어가 cellulose 사슬을 가수분해하여 cellulose의 미세결정들이 유리된다. 유리된 결정들은 사슬들의 운동성이 증가함에 따라 크기가 커져서 펄프 원료에서보다 더 큰 상태로 된다.

식품 소재로는 분말형 MCC와 콜로이드형 MCC 두 가지가 사용된다. 분말형은 분무 건조하여 제조한 다공성의 응집물(20~90 μm)이며, 콜로이드형은 산 가수분해 후 기계적 에너지를 가하여 미세섬유를 찢어 만든 응집물(지름 0.2 μm 미만)이다. MCC는 물에 용해되거나 팽윤되지 않는데 전단력을 크게 가하면 입자가 충분히 팽윤된 상태로 변화하며, 미세결정의 콜로이드 분산액을 이루어 유동성과 안정성을 띤다. 열과 산에 상당히 안정하며, 물-기름 및 물-공기 계면에 모여 계면막을 강화하는 성질이 있어서 거품 및 emulsion의 안정화, pectin 및 녹말 gel의 열 안정성 증대, 유지의 대체 등에 이용된다.

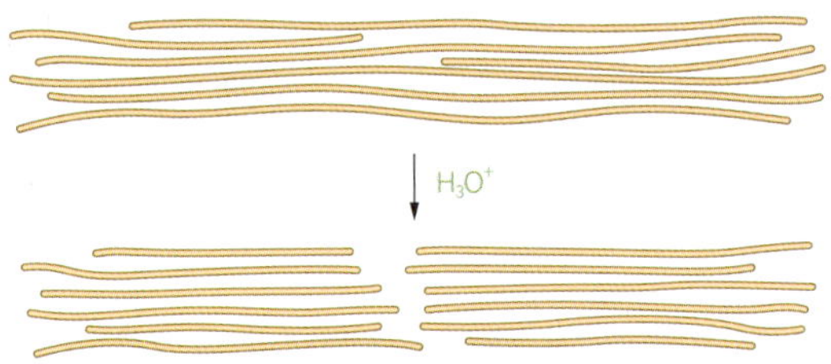

그림 3.20 **셀룰로스의 부분 가수분해**

③ 셀룰로스 유도체

불용성인 cellulose를 cellulose ether 등으로 유도체화하여 수소결합을 파괴함으로써 수용성으로 변환시켜 식품계에서 다양하게 활용할 수 있다.

Carboxymethylcellulose(CMC)

CMC는 주로 나트륨염 형태로 이용된다. 정제 목재 펄프를 18% NaOH 용액으로 처리하여 alkalicellulose를 만들고, 알콕시기와 alkyl halide의 윌리엄슨 에테르 합성반응을 이용하여 클로로아세트산나트륨($ClCH_2COONa$)과 반응시켜서 제조한다. 시판 CMC의 카복시메틸기에 의한 치환도(degree of substitution, DS : 당 단위당 치환된 하이드록시기의 수)는 1.5 미만으로 보통은 0.4~0.8 정도인데, 식품 소재용으로는 0.7인 것이 가장 많이 쓰인다. 치환기가 얼마나 균일하게 분포되어 있느냐에 따라 cellulose 사슬의 용액에서의 거동이 결정된다. 만일 치환기가 균일하게 분포되어 있지 않으면 치환되지 않은 부분이 다른 CMC 분자의 치환되어 있지 않은 부분과 접합 영역을 형성하여 thixotropy를 나타내게 된다. 균일한 유도체가 형성된 경우에는 다른 CMC 분자에 결합할 부분이 없어 부드럽고 안정한 용액을 형성한다.

시판 제품의 평균 분자량은 90,000~700,000이며, 용액의 점도는 평균 분자량에 따라 달라진다. CMC는 음전하를 띤 길고 견고한 분자들이므로 용액 중에서 사슬 부분들 간의 정전기적 반발력으로 뻗은 형태를 취하며, 점도가 매우 높고 안정한 용액을 형성한다. 그러나 pH가 4 미만인 경우에는 카복실기의 이온화가 억제되므로 전하의 일부를 잃게 되어 분자 간 회합이 일어나고 점도가 증가하게 된다. pH 3에서는 전하가 많이 제거되어 불용화가 일어나며, 용액을 가열하면 가수분해되면서 점도가 낮아진다.

$$\text{Cellulose}-(OH)_x(O-CH_2CO_2^-Na^+)_y$$

$$\Big\downarrow H_3O^+$$

$$\text{Cellulose}-(OH)_x(O-CH_2CO_2^-Na^+)_{y\text{-}z}(O-CH_2CO_2H)_z$$

CMC는 단백질 분산액을 등전점 부근에서 안정화시킨다. Casein은 pH 3~6 범위에서 불용화되는데, CMC는 casein과 안정한 복합체를 형성하므로 유제품에서 casein이 침전되지 않도록 하는 데 이용된다.

Methylcellulose 및 hydroxypropylmethylcellulose

Alkalicellulose를 염화메틸(methyl chloride)과 반응시키면 일부 하이드록시기의 양성자(proton)가 메틸기로 치환되어 methylcellulose(MC)를 형성한다. 그리고 alkalicellulose를 propylene oxide 및 염화메틸과 반응시키면 hydroxypropylmethylcellulose(HPMC)가 생성된다.

MC와 HPMC는 치환기가 사슬로부터 뻗어나와 분자 간 회합을 억제하므로 찬물에 용해되는 성질을 가진다. 또한 cellulase에 의해 가수분해가 잘되지 않기 때문에 미생물에 어느 정도 저항성이 있다. 시판 MC의 methyl ether 치환도는 1.1~2.2이며, hydroxylpropyl기의 몰치환도(당 단위당 치환된 평균 몰 수)는 0.02~0.3으로 낮은 편이므로 polypropylene oxide 사슬이 많이 형성될 가능성은 매우 적다.

Cellulose 분자 사슬을 따라 퍼져 있는 소수의 에테르기는 사슬의 회합을 방지함으로써 용해도를 증가시키나, 물과의 친화력이 큰 하이드록시기를 극성이 작은 에테르기로 치환함으로써 사슬의 수화를 감소시켜 겨우 물에 녹아 있는 상태를 유지하게 한다. 따라서 용액을 가열하면 cellulose 분자를 용해하던 물 분자가 충분한 운동에너지를 갖게 되므로 사슬로부터 해리되어 cellulose 분자 간 회합이 일어나고 gel이 형성된다. 이 gel은 온도를 낮추면 다시 수화되고 용해되므로 가열에 의한 gel 형성 현상은 가역적이다. MC의 용도 중 많은 부분은 이 성질에 바탕을 두고 있다. 이를테면 튀김 식품에서는 가열에 의해 튀김 옷 중에 gel 구조를 형성하여 부착성을 증가시키고 유지 흡수의 장애물로 작용하며 수분을 보존하게 하므로 지방의 흡수량을 감소시킨다. 또한 향미를 짙게 하고 윤활성을 갖게 하는 등 지방과 유사한 성질을 부여하므로 가공식품의 지방 함량을 낮추는 데 사용할 수 있다. 빵, 과자류에서는 수분을 유지하여 질감을 부드럽게 하며, 저장 수명을 연장시키고 굽기 공정 중 기체 유지력을 크게 한다. HPMC는 주로 거품상 식품에 사용되는데 약 0.5% 농도에서 거품을 안정시키고, 계면활성을 갖고 있어 상 분리를 방지하며, 온도가 내려가면서 용해도가 증가하므로 냉동-해동에 대한 안정성을 증대시킨다.

5) 프럭탄

프럭탄(Fructan)은 이눌린(inulin)이라고도 하며 그림 3.21에 나타낸 것과 같이, β-D-fructofuranose 단위가 1→2 결합으로 연결된 중합체이다. *Inula helenium*에서 처음 분리되어 inulin이라 불리게 되었으며, 돼지감자(Jerusalem artichoke)와 같은 쌍떡잎 식물에 많이 들어 있다.

감미료로 중요한 fructose의 공급원으로 당뇨병 환자용 특수 식품에 사용되고 있다. 분자량은 50,000 정도이나 더 작은 값(~3,400)도 알려져 있고 다분산성을 나타낸다.

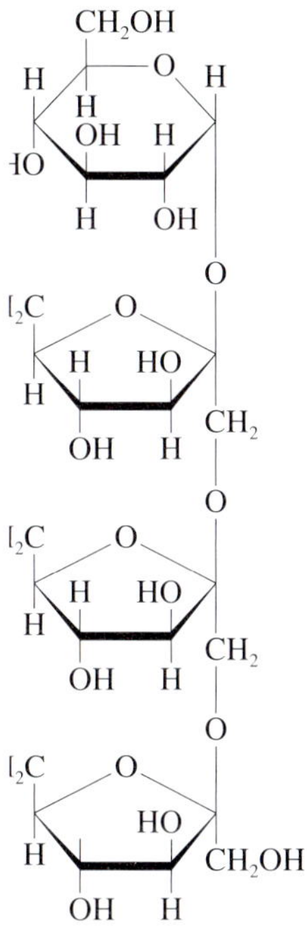

그림 3.21 프럭탄의 부분 구조

6) 베타-글루칸

자연계에 존재하는 glucose 중합체 중 cellulose가 β-1,4 결합으로 이루어진 데 비하여, β-glucan은 β-D-glucopyranose 단위의 β-1,4 결합에 β-1,3 결합이 섞여 있는 직선형의 사슬 구조를 갖고 있다. 이러한 결합 양식의 차이 때문에 두 중합체의 성질은 상당히 다르다. Cellulose가 불용성이고 전단력 및 인장력에 대한 저항성이 큰 것과는 달리 β-glucan은 수용성이며 전단력 및 인장력에 대한 저항성이 약하다. 즉, β-1,4 결합에 β-1,3 결합이 섞임으로써 강도가 큰 cellulose와는 달리 점액질 물질이 되고, 물 분자와의 친화성이 커져 쉽게 수화되어 점도가 높은 용액을 형성한다. 이 두 중합체는 glucose 분자들이 β-결합으로 연결되어 있어 인체 내 소화효소에 분해되지 않는다는 공통점이 있다. 그러나 β-glucan은 대장에서 장내 세균에 의해 β-1,3 결합이 가수분해되어 발효가 진행되는 데 비해 cellulose는 거의 변화 없이 통과한다.

β-glucan은 주로 곡류의 겨층에 함유되어 있는데 특히 귀리(2.5~6.6%)와 보리(2.0~9.0%, 주로 3~6%)에 많이 들어 있으며, 쌀(0.6%), 밀(0.5~1.5%), 옥수수(0.1%), 수수(1%) 등에는 비

교적 적게 들어 있다. 귀리에 함유된 β-glucan은 β-D-glucopyranose 단위의 약 70%가 1→4 결합으로 연결되어 있으며, 나머지 30% 정도는 1→3 결합으로 연결되어 있다. 그 배열은 다음과 같이 보통 1→4 결합이 2~3번 연속되고 1→3 결합이 한 번 이루어지는 방식으로 되어 있다.

$$\rightarrow 3)\text{-}\beta\text{Glc}p\text{-}(1\rightarrow 4)\text{-}\beta\text{Glc}p\text{-}(1\rightarrow 4)\text{-}\beta\text{-Glc}p\text{-}(1\rightarrow$$

이러한 (1→4, 1→3)-β-glucan을 혼합 결합 β-glucan이라고도 한다. β-Glucan은 귀리와 보리의 겨를 원료로 하여 65~100°C에서 물로 추출한 후 건조한다. 탄산나트륨 용액을 사용하여 알칼리성 pH(pH 10)에서 추출하면 추출 온도를 낮출 수 있다.

영양 생리적으로 β-glucan은 수용성 식이섬유의 특성을 나타낸다. 즉, 장관 내용물의 점도를 높여 glucose의 흡수를 저해함으로써 혈당치를 낮추고 insulin 반응을 저하시킨다. 혈중 콜레스테롤 농도를 낮추는 효과도 있다.

7) 글리코젠

글리코젠(glycogen)은 동물의 저장 탄수화물로 고등동물에서는 주로 간과 근육에 소량(0.6~1.0%) 들어 있으며 효모, 곰팡이와 같은 미생물에도 들어 있다. Amylopectin보다 가지가 더 많고 사슬의 길이는 짧으며 분자량이 훨씬 더 커서 1×10^6~4×10^6 정도이다. 아이오딘 반응은 적갈색을 나타내며, 산이나 효소로 처리하면 dextrin, maltose를 거쳐 glucose까지 가수분해된다.

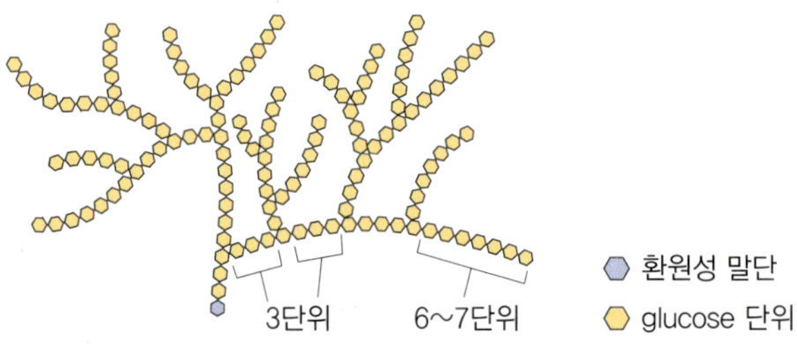

그림 3.22 글리코젠의 모형도

8) 키틴

키틴(chitin)은 게, 새우 등의 갑각류 및 곤충의 껍데기에 많이 들어 있는데, *N*-acetyl-D-glucosamine이 β-1,4 결합으로 연결된 직선형의 중합체이다. 물에는 녹지 않으나 산, 알칼리에 용해된다. 키틴 및 그 유도체의 생리 기능성은 '제12장 식품의 기능성'에서 다루기로 한다.

9) 헤미셀룰로스

헤미셀룰로스(hemicellulose)는 식물체 세포벽의 구성 성분으로 보통 세포벽의 20~30%를 차지한다. Hemicellulose는 화학 구조상 cellulose와는 연관이 없는 다당류이다. 모든 식물체, 특히 과실 및 채소의 수용성 식이섬유와 불용성 식이섬유의 구성 성분으로 중요하며, 과실과 채소의 씹힘성, 바삭거림 등 독특한 조직감을 나타내는 물질이다.

Hemicellulose의 대부분은 긴 다당류 사슬로, 서로 다른 종류의 하나 또는 여러 개의 당 단위로 이루어진 가지가 빈번히 뻗어나가는 구조로 되어 있다. 작물에 함유된 hemicellulose는 1→4 결합으로 연결된 β-D-xylopyranose 단위로 이루어진 사슬이 공통적인 기본 구조이다. 이들은 매우 적은 수의 짧은 가지만을 가지는 직선형 분자이거나, 중앙 구조에 짧은 곁가지들이 많이 뻗어 있는 형태를 취하고 있다. 짧은 곁가지들은 대개 L-arabinofuranose, D-galactopyranose, D-glucopyranose, 4-*O*-methyl-D-glucopyranose 등으로 이루어져 있으며, 때로는 L-rhamnopyranose, L-galactopyranose, L-arabinopyranose, L-galactopyranose, L-fucopyranose 등과 여러 가지 메틸화된 당류가 존재하기도 한다. 또한 부분적으로 아세틸화된 중합체로 존재하기도 하는데 아세틸기 함량이 12%에 이르는 경우도 있다.

Hemicellulose는 쌀, 밀, 옥수수, 보리, 귀리 등 곡류 종자의 종피에 많이 들어 있다. 조리 과정 중 일부 수용성 hemicellulose는 용해되어 소실되며, 남아 있는 불용성 hemicellulose는 그 식품의 물리적 성질에 영향을 미친다. 그 밖에 사탕무, 감자, 토마토 등의 껍질이 hemicellulose 소재를 만드는 데 이용될 수 있다.

10) 펙틴질

펙틴질(pectic substances)은 육상 식물의 세포벽과 세포 사이의 층에 존재하며, 세포와 세포를 결착시켜 주는 물질로 cellulose, hemicellulose와 함께 식물 조직의 주요 구성 성분이다.

(1) 종류 및 구조

펙틴질은 protopectin, 펙트산(pectic acid), 펙틴산(pectinic acid), pectin 등을 포함한다.

Protopectin은 pectin의 모체가 되는 물질로 식물의 유연 조직에 주로 존재하는데, 분자량은 정확히 알려져 있지 않으며 물에 녹지 않는다. 식물이 성숙하면서 protopectinase에 의해 가수분해되어 수용성 펙틴으로 변화한다.

펙트산은 카복실기에 메틸 에스터기가 전혀 존재하지 않거나 미량으로 존재하는 galacturonoglycan이다. 카복실기가 전부 염의 형태로 되어 있거나 일부만 염의 형태로 되어 있는 것도 있으며, 일부 자유 카복실기를 갖고 있는 산성염 또는 그 혼합물로 존재할 수도 있다. 펙트산의 염을 pectate라고 한다.

펙틴산은 카복실기에 메틸 에스터기가 존재하는 galacturonoglycan이며, 펙트산과 같이 산성염이나 중성염 또는 그 혼합물로 존재한다. 펙틴산의 염을 pectinate라고 한다.

Pectin은 일반적으로는 분자 내의 카복실기 일부가 methyl ester나 산의 형태, 또는 나트륨염, 칼륨염이나 암모늄염의 형태로 되어 있는 수용성의 galacturonoglycan으로 gel을 형성할 수 있는 물질을 나타내는 명칭으로 사용된다. Pectin은 methanol과 ester를 형성한 카복실기(-$COOCH_3$)의 백분율, 즉 에스터화도(degree of esterification, DE)에 따라 DE > 50%인 고메톡실(high methoxyl, HM) pectin과 DE < 50인 저메톡실(low methoxyl, LM) pectin으로 나눈다. 나머지 카복실기는 유리산 형태(-COOH)나 염 형태(-COO^-Na^+)로 존재한다. 또 amide 형태로 존재하는 카복실기의 비율을 백분율로 아마이드화도(degree of amidation, DA)로 나타낸다. 이 DE와 DA값은 pectin의 용해도, gel 형성 능력과 gel 형성 조건 및 gel의 성질 등에 크게 영향을 미친다.

Pectin을 methanol에 녹인 ammonia로 처리하면, 메틸 에스터기의 15~25%가 carbox-amide기로 전환되어 아마이드화 LM 펙틴을 형성한다.

아세틸 에스터기는 때때로 O-2나 O-3 위치에 연결되는데, 특히 사탕수수와 해바라기씨

pectin에 많이 들어 있다.

Pectin은 α-D-galacturonic acid 단위가 1→4 결합으로 연결된 직선형 사슬로 α-D-galacturonan이다(그림 3.23). L-rhamnose와 같은 중성당이 포함되어 있기도 한데 감귤류 펙틴, 사과 펙틴, 해바라기씨 펙틴 등에는 α-L-rhamnopyranose 단위가 주사슬에 상당히 일정한 간격으로 위치하고 있다. 일부 pectin에서는 가지가 많은 arabinogalactan 사슬이나 D-xylose 단위로 구성된 짧은 사슬이 rhamnogalacturonoglycan 주사슬에 공유결합으로 연결되어 있다. 주사슬에 끼어 있는 α-L-rhamnopyranose 단위는 pectin 분자가 불규칙적인 구조를 갖게 하여 접합 영역의 크기를 제한함으로써 gel 형성에 영향을 미친다. 곁사슬도 사슬 간의 회합을 제한한다. Pectin의 분자량은 출처에 따라 다르나 200,000~300,000 정도이다.

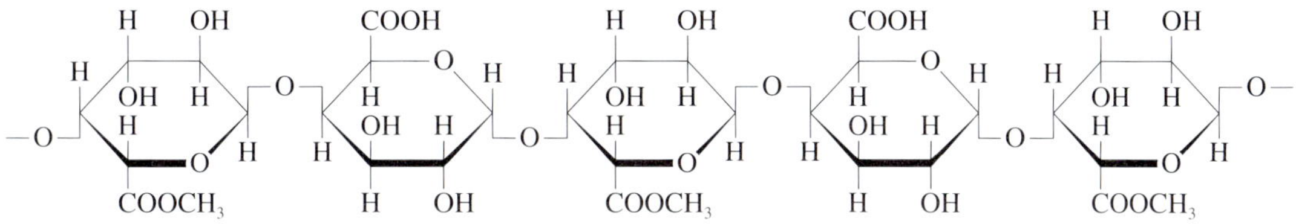

그림 3.23 펙틴의 기본 구조

Sodium pectate, calcium pectate, 펙트산, 펙틴산은 고체 상태에서 오른쪽으로 회전하는 나선 구조(right-handed helix)로 존재한다. 아마이드화 펙틴의 구조는 그림 3.24와 같다.

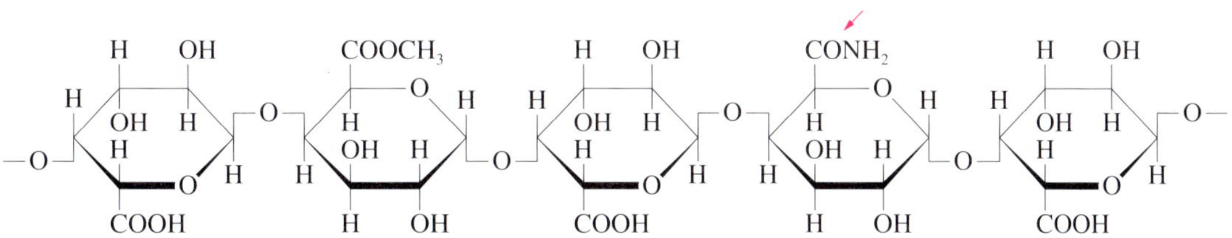

그림 3.24 아마이드화 펙틴의 구조

(2) 젤 형성

HM 펙틴 용액은 적당한 양의 당류와 산이 존재하면 gel을 형성한다. 펙틴 용액의 pH가 낮아지면(pH 3.2~3.5) 수화되어 있던 카복실기의 하전량이 작아지고 수화 정도가 감소된다. 그 결과 pectin 분자들 간에 회합이 일어나 접합점을 이루며 전체적으로 그물 구조를 형성하여 그 안에 일부 물 분자가 갇혀 있는 형태를 취하게 된다. 높은 농도(55~65%)로 첨가한 당류는 물 분자에 대해 pectin 분자와 경쟁하여 물 분자와 pectin 분자 사이의 수소결합을 절단함으로써 탈수와 접합점 형성을 촉진한다.

LM pectin은 가교결합을 형성할 수 있는 Ca^{2+}과 같은 2가 양이온이 존재할 때에만 gel을 형성한다. Ca^{2+}의 농도가 높을수록 gel 형성 온도가 높아지며 gel의 강도도 증가한다. LM pectin은 gel을 형성하는 데 당류가 필요하지 않으므로 저당도 잼류를 제조하는 데 이용된다.

아마이드화 LM pectin은 carboxamide기가 있어 LM pectin보다 Ca^{2+}과 더 쉽게 반응하므로 gel 형성에 필요한 Ca^{2+}의 농도가 낮다. LM pectin과 아마이드화 LM pectin의 gel은 일정한 온도 이상으로 가열하면 녹았다가 식으면 다시 gel을 형성하는 열가역성 gel이다.

11) 펜토산

펜토산(pentosan)은 저장 탄수화물의 하나로 호밀(~7%), 보리(~6%), 콩가루(7%), 밀가루(~2%) 등에 많이 들어 있다. 호밀에 들어 있는 pentosan의 15~25%는 수용성으로 보수력이 커서(15 g 물/ g 펜토산) 점도가 매우 높은 용액을 형성한다. 따라서 빵 반죽의 수분 분포에 영향을 미치며, 발효 중 생성된 기포를 안정화시키므로 수용성 펜토산은 반죽의 수율, 안정도, 빵의 부피 등 호밀 빵의 품질 특성을 결정짓는 데 중요하다. 수용성 pentosan 사슬은 주로 직선형의 arabinoxylan과 가지를 많이 뻗은 형태의 arabinogalactan으로 이루어져 있다.

Arabinoxylan 사슬은 β-D-xylopyranose 단위가 1→4 결합으로 연결되어 있으며, C3 및 C2의 하이드록시기는 글리코사이드 결합으로 L-arabinofuranose에 연결되어 있다. 또 arabinoxylan은 치환체로 페룰산(ferulic acid) 같은 페놀산을 함유하기도 한다(그림 3.25). Arabinogalactan의 기본 골격은 β-1,3 및 β-1,6 결합으로 연결된 galactopyranose 단위로 되어 있으며, 여기에 arabinofuranose 잔기가 글리코사이드 결합으로 연결되어 있다.

불용성 pentosan은 물속에서 팽윤하는 성질을 나타내므로, 호밀 빵의 씹힘성과 속살의 다즙성을 증가시킨다. 또 밀의 글루텐 형성에도 관여하므로 밀의 제빵 적성을 결정짓는 데에 중요한 역할을 한다. 수용성 및 불용성 pentosan은 녹말의 유효 수분을 흡수하여 그

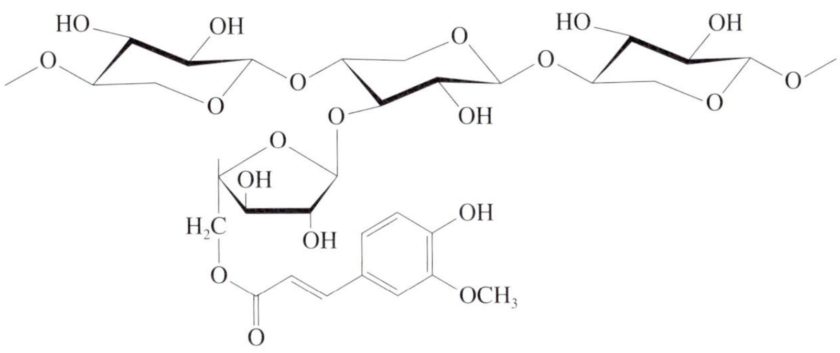

그림 3.25 곡류 중 펜토산의 일부 구조

함량을 조절함으로써 녹말의 노화를 지연시킨다.

12) 식이섬유

식이섬유(dietary fiber)는 식물 세포의 구성 성분 중 인체 내의 소화효소로 가수분해되지 않고 남는 성분을 가리키는 영양 생리학적 용어이다. 세포벽을 이루는 주요 성분인 cellulose, hemicellulose, pectin 등의 탄수화물과 lignin이 해당된다. 천연 검류나 합성한 polydextrose 등 녹말에서 유래하지 않은 다당류(비녹말형 다당류), 천연적으로 녹말 입자에 존재하거나 가공 중에 형성된 저항녹말도 이 범주에 포함시킨다. 식이섬유는 그림 3.26과 같이 나눌 수 있으며, 그 종류와 주요 구성 성분은 표 3-15와 같다.

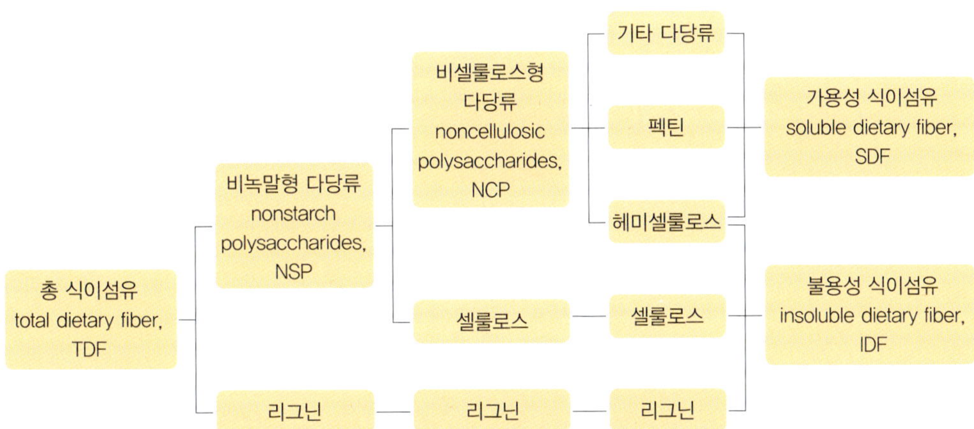

그림 3.26 식물체 유래 식이섬유 분류체계도

표 3-15 식이섬유의 분류와 주요 구성 성분

형태	기원	식이섬유 성분	주요 구성 단위
동식물 조직 중 식이섬유	식물 조직	Cellulose	D-glucose
		Hemicellulose	Lc-arabinose, D-xylose, D-glucose, D-galactose, D-mannose, D-glucuronic acid
		펙틴질	D-galacturonic acid, L-rhamnose, D-galactose, D-xylose
		Lignin	propylphenol(비당류): coniferyl alcohol, p-coumaryl alcohol 등
	동물 조직	Chitin	N-acetyl-D-glucosamine
		Hyaluronic acid	D-glucuronic acid, N-acetyl-D-glucosamine
		Chondroitin sulfate 등	D-glucuronic acid, N-acetyl-D-galactosamine
분리한 식이섬유 및 그 유도체	과실류	Pectin	D-galacturonic acid, L-rhamnose, D-galactose,D-xylose
	근경류	Konjac mannan	D-glucose : D-mannose (1:1.6)
	해조류	Agar	D-galactose, D-galacturonic acid, L-arabinose, 3,6-anhydro-L-galactose
		Algin	L-guluronic acid : D-mannuronic acid (7:13)
		Carrageenan	D-galactose : 3,6-anhydro-D-galactose : sulfate (6:5:7)
	종자류	Guar gum	D-galactose : D-mannose (3:6)
		Locust bean gum	D-galactose : D-mannose (2:8)
		Tamarind gum	D-galactose : D-glucose : D-xylose (17:50:33)
	삼출물	Gum arabic	L-arabinose, D-galactose, D-glucuronic acid, L-rhamnose
		Gum tragacanth	D-galactose, D-galacturonic acid, D-xylan
		Gum karaya	D-galactose, D-galacturonic acid, D-glucuronic acid, L-rhamnose
		Gum ghatti	L-arabinose, D-galactose, D-mannose, D-xylose, D-glucuronic acid
	미생물	Xanthan gum	D-glucose, D-glucuronic acid, D-mannose
		Curdlan	D-glucose
		Gellan	D-glucose, D-glucuronic acid, L-rhamnose
분리한 식이섬유 및 그 유도체	다당류 유도체	Carboxymethyl cellulose(CMC)	D-carboxymethylglucose
		Polydextrose	D-glucose
	목재	Microcrystalline cellulose	D-glucose

13) 검류

일부 육상 식물, 해조류 및 미생물로부터 얻는 수용성 다당류들은 낮은 농도(0.25~0.5%)에서 점도를 증가시키거나 gel을 형성하는 성질이 있으며, 검류(gums) 또는 친수 콜로이드(hydrocolloid)라고 부른다. 검류는 가공식품에서 접착제, 결합제, 결정화 억제제, 청정제, 유화제, 거품 안정제, 젤화제, 안정제, 호료 등으로 이용된다.

(1) 아라비아검

아라비아검(gum arabic)은 아프리카, 인도, 호주, 중앙 아메리카의 열대 및 아열대 지역에 분포하는 아카시아나무의 상처에서 얻는 삼출물로 아카시아검이라고도 한다. 4,000여 년 전부터 사용되어 온 가장 대표적인 천연 검이다. 중성 또는 약산성(pH 4.5~5.0)의 염으로 존재하며 Ca^{2+}, Mg^{2+}, K^+ 등의 양이온을 함유한다. 중량평균 분자량은 580,000, 중합도는 3,600으로 다분산성을 나타낸다. 질소 성분을 거의 함유하고 있지 않은 다당류 사슬 획분이 약 70%를 차지하며, 2% 정도의 단백질이 hydroxyproline과 serine을 통해 다당류 사슬에 공유결합되어 있는 분자량이 큰 획분이 나머지를 구성한다. 다당류 사슬은 가지가 많은 arabinogalactan으로 β-D-galactopyranose가 1→3 결합으로 연결되어 있는 주사슬에 역시 β-D-galactopyranose의 1→3 결합으로 이루어진 곁사슬이 2~4개 1→6 결합으로 연결되어 있다. 주사슬과 곁사슬에는 α-L-arabinofuranose, α-L-rhamnopyranose, β-D-glucuronopyranose, 4-*O*-methyl-β-D-glucuronopyranose 단위가 연결되어 있다.

아라비아검은 다른 천연 친수 콜로이드보다 훨씬 쉽게 물에 용해되는데, 대부분의 검류는 점도가 높아서 5% 이상의 농도로는 잘 용해되지 않으나 아라비아검은 최고 55%까지 용해된다. 분자의 형태는 구형으로 직선형의 검류보다 점도가 낮고, 40% 이하의 농도에서는 뉴턴 유체의 성질을 나타낸다. pH 6에서 점도가 가장 높고, 카복실기의 이온화가 억제되는 pH 3 이하의 조건에서 가장 낮다.

감귤류 emulsion의 안정제와 유화제로 우수하며, 당류 및 얼음의 결정화를 억제하는 특성이 있어 건조 수프 믹스, 과실 주스, 아이스크림 등에 사용된다.

(2) 트라가칸트검

트라가칸트검(gum tragacanth)은 이란, 시리아, 터키 등지에 분포하는 관목의 삼출물로 D-galactose, D-galacturonic acid, L-fucose, D-xylose, L-arabinose를 함유하고 있는

복잡한 구조의 다당류이다. 이 gum은 수용성의 tragacanthin과 불용성의 tragacanthic acid 부분으로 되어 있다. Tragacanthin은 가지가 많은 중성의 arabinogalactan으로 그 분자량은 약 800,000이다. Tragacanthic acid는 기본 구성 단위의 카복실기 대부분이 methanol로 에스터화되어 있고 분자량은 840,000 정도이다.

이 gum은 물속에서 쉽게 수화되고 팽윤하는데 2% 이하의 낮은 농도에서는 점성이 큰 분산액을 이루고, 그 이상의 농도에서는 paste와 같은 gel을 형성한다. 다른 친수 콜로이드와는 달리 산성 용액 중에서 꽤 안정한데, 이는 산에 매우 안정한 galactose가 골격을 이루고 산에 약한 L-arabinofuranose 등은 곁사슬이나 가지에 위치하기 때문이다. 표면 활성이 크며 대부분의 다른 검류와 반응하지 않아 함께 사용할 수 있다.

트라가칸트검은 샐러드 드레싱과 소스의 유화제 및 안정제, 아이스크림의 안정제, 냉동 디저트의 호료 및 안정제 등으로 쓰인다.

(3) 카라야검

카라야검(gum karaya)은 인도의 건조한 고원 지대에 분포하는 *Sterculia urens*의 삼출물이다. 일부 아세틸화된 가지가 있는 다당류로 분자량은 약 9,500,000이고, 약 37%의 우론산과 8%의 아세틸기를 함유하고 있다. 중심 사슬은 D-galactose, L-rhamnose, D-galacturonic acid 단위로 구성되어 있고, 곁사슬은 D-glucuronic acid를 함유하고 있다.

치환된 아세틸기로 인하여 물속에서 팽윤하는 성질이 있으며, 물을 매우 빨리 흡수하여 낮은 농도에서도 점성이 큰 colloid 분산액을 형성한다. 카라야검은 소스, 드레싱, 낙농 제품, 냉동 디저트 등의 안정제로 주로 사용된다.

(4) 가티검

가티검(gum ghatti)은 인도의 건조 삼림 지대에 분포하는 *Anogeissus latifolia*의 비결정의 투명한 삼출물로 Indian gum이라고도 한다. 헤테로 당산의 칼슘염 및 마그네슘염의 혼합물로 L-arabinose, D-galactose, D-mannose, D-xylose, D-glucuronic acid로 구성되어 있다.

가티검은 약 5% 이상의 농도에서는 점도가 높은 분산액을 형성하며, 주로 물속기름 에멀션(oil-in-water emulsion)의 안정제로 쓰인다.

(5) 구아검

Guar gum은 인도 동북부 및 파키스탄의 자생 콩과 식물인 *Cyamopsis tetragonolobus*의 배젖에 들어 있는 다당류로 guaran이라고도 한다. Guaran의 구조는 galactomannan으로, 1→4 결합으로 연결된 β-D-mannopyranose가 주사슬을 이루고, α-D-galactose 단위 1개가 1→6 결합으로 구성 단위에 연결되어 있다. Galactose, mannose의 비율은 약 1 : 2로 galactose 치환도가 커서 결정성을 약화시킨다. 그 결과 guaran은 물 분자가 쉽게 침투하여 냉수에서도 신속히 수화되며, 긴 사슬 형태로 존재하므로 부피가 커서 용액의 점도도 매우 높다. 중성 분자이므로 대부분의 다른 식품 성분들과 같이 사용할 수 있는데 녹말, cellulose, κ-carrageenan, xanthan 등과는 상호작용한다. Xanthan gum 등 다른 수용성 다당류와는 점도의 상승 효과를 나타낸다. Guar gum과 cellulose의 분자 간 상호작용은 지방 대체제를 만드는 데 이용된다. 또한 호료, 안정제, 얼음 결정 성장 억제제로 낙농제품, 빵류, 소스, 아이스크림 등에 사용된다.

(6) 로커스트콩검

로커스트콩검(locust bean gum)은 중동 지방 및 지중해 연안에서 자라는 *Ceratonia siliqua*의 배젖을 분쇄한 것으로 guar gum과 같이 galactomannan이 주요 성분이다. Guaran보다 곁사슬의 수가 적고 구조가 불규칙한데 약 80개의 D-mannopyranose 단위로 이루어진 부분과 하나의 α-D-galactopyranose가 1→6 결합으로 각 구성 단위에 연결되어 있는 50개 정도의 D-mannopyranose로 된 부분이 반복되는 직선형의 중합체이다.

Galactomannan의 구조가 guar gum과는 서로 다르기 때문에 물리적 성질도 상당히 다르다. α-D-galactopyranose가 결합되어 있지 않은 부분은 접합 영역을 형성할 수 있어 로커스트콩검 용액은 thixotropy를 나타낸다. 또한 cellulose 유도체와 서로 작용하여 접합 영역을 형성하며 점도의 상승 효과를 나타낸다. 나선 구조를 가지는 xanthan 및 carrageenan과 상호작용하여 견고한 gel을 이루며(그림 3.27), guar gum과 같이 중성 분자이므로 대부분의 다른 식품 성분들과 함께 사용할 수 있다. α-D-galactopyranose가 결합되어 있지 않은 β-(1→4)-mannan 부분들은 서로 함께 배열하게 되므로 로커스트콩검은 실온에서 물에 매우 적은 양이 용해되며, 약 85°C로 가열하여야만 완전히 용해된다. 이 용액은 단독으로는 gel을 잘 형성하지 못하지만 agar, κ-carrageenan, xanthan 등과 혼합

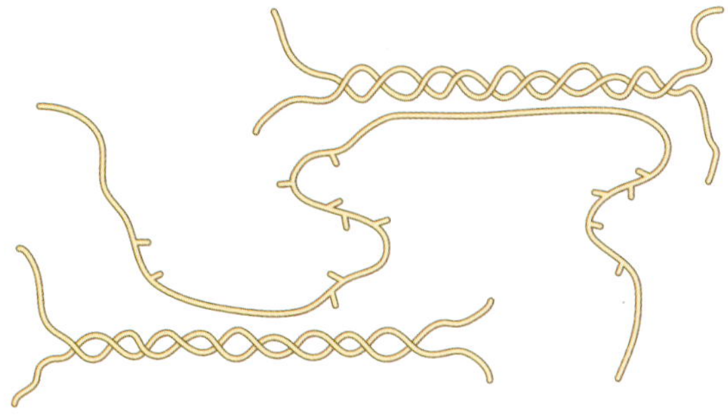

그림 3.27 로커스트콩검과 카라기난 또는 잔탄의 상호작용의 모형도

하면 쉽게 gel을 형성한다. 이러한 혼합 다당류 gel은 한 가지 다당류만으로 이루어진 gel과는 성질이 다른데, 예를 들면 로커스트콩검은 κ-carrageenan 분자들 사이의 접합 영역을 비교적 상호작용이 약한 로커스트콩검-κ-carrageenan의 접합 영역으로 대체함으로써 κ-carrageenan gel의 부서짐성을 감소시키고 탄성을 증가시키며 syneresis를 감소시킨다. 단독으로는 gel을 형성하지 않는 다당류인 xanthan과 로커스트콩검 혼합물의 뜨거운 용액을 냉각시키면 두 다당류 분자들 사이에 접합 영역이 형성되면서 gel을 형성하게 된다.

로커스트콩검은 대개 0.05~0.25% 수준에서 CMC, carrageenan, xanthan, guar gum 등과 혼합하여 낙농 제품 및 냉동 디저트 제품에 사용된다. 크림 치즈와 같은 연질 치즈 제품에서는 응고를 촉진하고, 수율을 높이며 curd가 쉽게 분리되도록 할 뿐 아니라 제품의 탄성을 증가시키고 syneresis를 감소시킨다. 아이스크림에서는 열 충격 저항성, 녹음성(meltdown), 조직감, 씹힘성 등을 부여한다.

(7) 타라검

타라검(tara gum)은 페루 등에서 서식하는 콩과 식물 *Cesalpinia spinosum*의 배젖에서 얻는 galactomannan이다. 주사슬은 1→4 결합으로 연결된 β-D-mannopyranose 단위로 구성되어 있으며, 매 3단위마다 α-D-galactopyranose가 1→6 결합으로 연결되어 짧은 곁사슬을 이루고 있다. Tara gum의 성질은 로커스트콩검의 galactose 함량이 많은 획분과 매우 비슷하여 냉수에 잘 용해되지만 가열하여야만 완전히 용해되며, xanthan과 상호작용하여 gel을 형성한다. 점도는 guar gum과 로커스트콩검보다 높으며, 보수성이 크고 계면활성이 있다.

(8) 곤약검

Konjac gum은 중국, 일본 등지에서 예전부터 사용해 온 *Amorphophallus konjac*의 땅속줄기를 건조하여 분쇄한 konjac 가루의 주성분으로, β-D-mannopyranose와 β-D-glucopyranose가 1→4 결합으로 연결되어 있으며, 8% 정도의 곁사슬이 1→6 결합으로 존재하는 분자량 2×10^5~2×10^6의 glucomannan이다. 아세틸기가 당 잔기 9~19개 당 하나의 비율로 불규칙적으로 존재하는데, alkali로 처리하여 이 아세틸기를 제거하면 끓는 물에서도 안정한 탄성이 있는 gel을 형성한다. Konjac 가루는 실온에서 서서히 수화되므로 다른 gum들과는 달리 물에 쉽게 분산되며 점성을 나타낸다. Konjac gum은 κ-carrageenan과 상승작용을 하여 탄성이 있는 열가역성 gel을 형성하며, xanthan과도 상호작용하여 gel을 형성한다. 또 녹말과 상승 효과를 나타내어 점도를 증가시킨다.

(9) 알긴

Algin은 직선형의 polyglycuronic acid인 알긴산(alginic acid)의 염(alginate)으로 Na, Ca, Mg 염의 혼합물이며, 시판되는 alginate는 주로 수용성인 알긴산나트륨(sodium alginate)이다. Alginate는 다시마, 미역 등 갈조류에 건물량으로 18~40% 함유되어 있다.

알긴산은 β-D-mannopyranosyluronic acid와 α-L-gulopyranosyluronic acid로 이루어져 있는데, D-mannuronopyranose 단위만이 존재하는 M 구획, L-guluronopyranose 단위만이 존재하는 G 구획과 두 단위가 혼합하여 배열되어 있는 MG 구획으로 구분된다. 각 구성 단위는 1→4 결합으로 연결되어 있는데 D-mannuronopyranose 단위는 C1($^4C_1$) 구조를 취하고, L-guluronopyranose 단위는 1C($^1C_4$) 구조를 취하고 있어 각 구획의 사슬 배열이 매우 다르다. 예를 들어 G 구획의 비율이 큰 알긴산은 강도가 큰 gel을 형성하나 *Azotobacter vinelandii*가 생산하는 알긴산은 80% 이상의 구성 당 단위가 교대로 반복되는 구조를 갖고 있으며 gel을 잘 형성하지 못한다.

알긴산나트륨 용액에 Ca^{2+}, Sr^{2+}, Ba^{2+} 등 2가 양이온을 첨가하면 서로 평행한 두 G 구획 부위 사이에 존재하는 2개의 카복실기와 2개의 하이드록시기로 이루어진 빈 공간을 채워 마치 달걀 상자와 같은 형태를 취하게 된다. 따라서 Ca^{2+} 이온은 G 구획에서 가교결합으로 alginate 분자들을 연결하여 전체적으로 그물 구조의 gel을 형성하게 한다(그림 3.28).

Alginate 분자는 약산인 카복실산의 염이므로 pH가 낮아짐에 따라 카복실기의 이온화

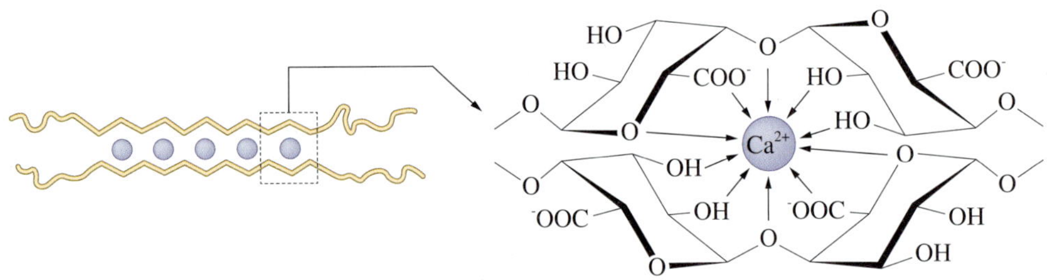

그림 3.28 알긴과 칼슘 이온의 상호작용

정도가 감소하며 pH 3 이하에서는 이온화가 억제된다. 그 결과 alginate 분자는 음전하를 잃고 긴 중성 분자의 특성을 갖게 되며, 사슬들 사이에 접합 영역이 형성된다. 분자들 사이의 회합이 증가할수록 용액의 점도는 커지며, pH가 충분히 낮은 조건에서는 회합이 매우 증가하여 알긴산이 침전하게 된다.

알긴산은 식품계에서 점도 조절과 gel 형성에 많이 이용되는데 점도는 주로 분자 크기에 따라 결정되며, gel 형성 능력은 G 구획 및 M 구획의 조성 비율과 배열에 따라 달라진다.

(10) 아가

아가(agar)는 아가로스(agarose, agaran)와 아가로펙틴(agaropectin)의 두 가지 다당류로 구성된 수용성의 복합 다당류이다. Agarose는 중성 다당류로 D-galactopyranose와 3,6-anhydro-L-galactopyranose가 교대로 β-1,3 결합과 α-1,4 결합으로 연결된 구조를 갖는다. 이 이당류 단위인 agarobiose는 agar의 공통 기본 구조이며, agaropectin은 매우 적은 양의 *O*-sulfate기를 갖고 있고, 약 20%의 D-galactopyranose 단위는 2-*O*-methyl기를 갖고 있다.

Agar는 찬물에는 용해되지 않으나 뜨거운 물에는 용해되는데 0.1%(w/v) 수준의 매우 낮은 농도에서도 gel을 형성하며 gel의 강도는 agar 농도에 따라 결정된다. Agar 용액은 열가역성 gel을 형성하는데 85~90°C에서는 융해되고 30~40°C에서는 고체화되어 gel을 형성한다. Gel 형성 온도는 해조류 종류에 따라 다르며, 메톡실기의 함량에 비례한다. Gel의 녹는 온도는 agar의 농도와 분자량에 따라 결정된다. 또한 agar는 물속에서 팽윤하여 점도를 상당히 증가시킨다.

식품계에서 agar는 주로 gel 형성, 점도 증가 등에 사용되며, 특히 비교적 높은 온도로 가열되는 식품에서 유화제 및 안정제로 이용된다.

(11) 카라기난

Carrageenan은 *Chondrus crispus*, *Eucheuma cottonii*, *Eucheuma spinosum*, *Gigartina* 속 등 Rhodophyceae과의 홍조류 세포벽에 세포 간 충전 물질로 30~80% 들어 있으며, 황산기가 당류 단위에 결합되어 있는 몇 가지 galactan의 혼합물이다. 구성 단위인 D-galactopyranose가 번갈아 (1→3)-α-D-글리코사이드 결합과 (1→4)-β-D-글리코사이드 결합으로 연결되어 있으며, 대부분의 당에 1~2개의 황산기가 C2나 C6의 하이드록시기에 결합되어 있다.

Carrageenan을 구성하는 직선형의 D-galactan은 주로 κ-, ι- 및 λ-carrageenan이다. κ-carrageenan과 ι-carrageenan은 β-1,4 D-galactopyranose와 α-1,3 3,6-anhydro-D-galactopyranose가 번갈아 연결되어 있는 공통 구조를 갖고 있는데, *O*-sulfate기의 수와 위치가 서로 다르다. 즉 κ-carrageenan에는 β-D-galactopyranose 단위의 C4 위치에 황산기가 존재하며, ι-carrageenan에는 β-D-galactopyranose 단위의 C4 위치와 3,6-anhydro-D-galactopyranose의 C2 위치에 각각 한 개씩의 황산기가 존재한다.

D-Galactopyranose 단위는 C1($_4C^1$) 구조를, 3,6-anhydro-D-galactopyranose 단위는 1C(4C1) 구조를 취하고 있어 모든 글리코사이드 결합이 수평 위치로 존재하며 다당류 사슬의 유동성이 매우 크다. 따라서 이 carrageenan 사슬은 규칙적인 나선형의 2차 구조를 가지며, 3차 구조는 평행한 이중 나선 구조로 존재한다. 음전하를 띤 황산기는 이중 나선의 바깥쪽을 향하며, K^+ 이온 등 양이온이 첨가되면 이중 나선 사이의 상호작용이 커져서 gel을 형성하게 된다.

λ-Carrageenan의 구조는 κ-carrageenan 및 ι-carrageenan과 비슷하나 황산기가 D-galactopyranose 단위의 C2 위치에 결합되어 있으며, 3,6-anhydro-D-galactopyranose 대신에 2,6-di-*O*-sulfato-α-D-galactopyranose가 존재하여 음전하의 양이 가장 많다. 반복 단위인 이당류를 이루는 D-galactopyranose는 모두 C1($_4C^1$) 구조를 취하고 있다.

Carrageenan은 물에 용해되어 점도가 높은 용액을 형성하는데, 황산기가 매우 강한 산성에서도 이온화되어 있어 점도는 넓은 범위의 pH에 걸쳐 꽤 안정하다. 또 뜨거운 용액에

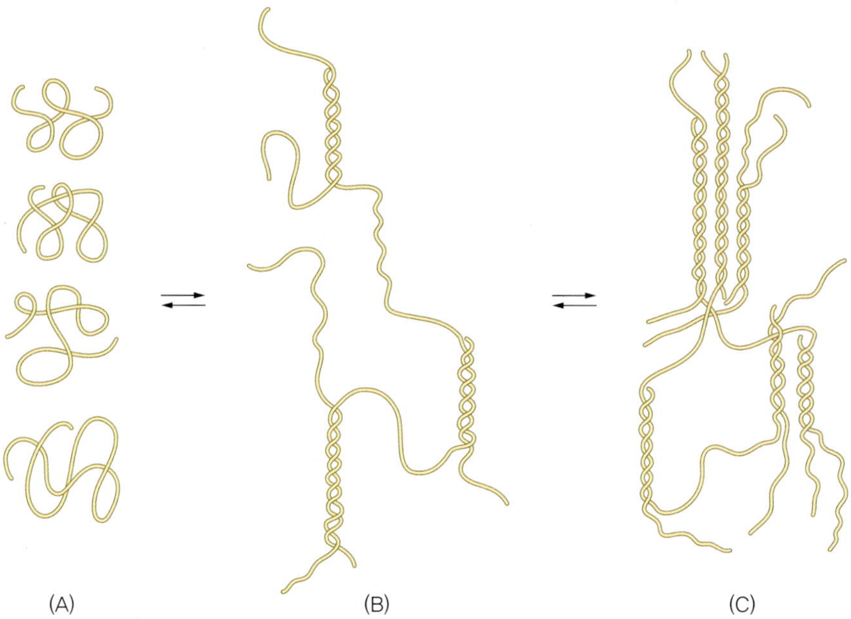

그림 3.29 **카라기난의 젤 형성 메커니즘**

서 coil 형태로 존재하는데[그림 3.29 (A)], 용액이 냉각됨에 따라 비연속적인 이중 나선 구조를 이루며[그림 3.29 (B)], K^+ 이온이나 Ca^{2+} 이온이 첨가되면 이중 나선 부위 사이의 회합이 증가하여 열가역성 gel을 형성하게 된다[그림 3.29 (C)]. Gel은 0.5%의 낮은 농도에서도 형성된다. κ-Carrageenan은 K^+ 이온을 첨가하면 견고한 gel을 형성하고, ι-carrageenan은 Ca^{2+} 이온에 의해 탄성이 있는 gel을 형성한다. ι-Carrageenan의 gel은 냉동-해동 안정성이 크고, 녹말과 상승작용을 나타내며, κ-carrageenan보다 친수성이 크고 접합 영역을 덜 형성하므로 syneresis가 없다. 한편 λ-carrageenan은 나트륨염의 형태로 물에 쉽게 용해되나 가열 후 냉각해도 gel을 형성하지 않는다. Carrageenan은 주로 호료, 젤제, emulsion 및 아이스크림의 안정제로 사용된다.

(12) 푸르셀라란

Furcellaran은 Danish agar라고도 하며, 홍조류인 *Furcellaria fastigiata*에서 추출한 다당류이다. D-galactose(46~53%), 3,6-anhydro-D-galactose(30~33%) 및 이들의 황산 에스터(16~20%)로 구성되어 있어 κ-carrageenan과 구조가 유사하나 κ-carrageenan

이 당 잔기 2개마다 하나의 황산기를 갖는 데 비해 furcellaran은 당 잔기 2~3개마다 하나의 황산기를 갖는 점이 다르다. 황산 에스터로는 D-galactose-2-sulfate, -4-sulfate, -6-sulfate 및 3,6-anhydro-D-galactose-2-sulfate 등이 있다. Furcellaran은 κ-carrageenan과 유사하게 열가역성 gel을 형성하며, 주로 pectin의 대용 물질로 잼, 젤리 등에 사용된다.

(13) 잔탄검

Xanthan gum은 *Xanthomonas campestris*가 생성하는 미생물 다당류로 기본 구조가 되는 주사슬은 cellulose와 같이 β-D-glucopyranose 단위로 이루어져 있으며, O3 위치에 3당류인 β-D-mannopyranosyl-(1→4)-β-D-glucopyranosyl-(1→2)-6-O-acetyl-β-D-mannopyranose가 연결되어 곁사슬을 이루고 있다. 말단 β-D-mannopyranose 단위의 반 정도에는 피루브산이 4,6-cyclic acetal로서 연결되어 있다. 곁사슬이 주사슬에 가깝게 배열되어 있어 분자 구조가 견고하므로 열, 산 및 알칼리에 대한 안정성이 매우 크다. 분자량은 2×10^6 정도이나 분자의 응집에 의해 더 큰 형태로 존재하기도 한다. 피루브산 함량이 많은 종류가 점도와 열 안정성이 크다.

Xanthan 분자는 구조의 견고성으로 용액 중에서 펼쳐진 형태를 취한다. 따라서 넓은 pH 및 온도 범위에 걸쳐서 용액의 점도가 높고 의가소성이 매우 크다. 특히 0~100°C의 범위에서 용액의 점도가 거의 변하지 않는 것이 다른 검류와의 차이점이다. 전단력이 낮은 조건에서도 점도가 감소하지 않고 높게 유지된다. 한편 xanthan은 galactomannan, 즉 guar gum 및 로커스트콩검과 상승 작용을 나타내어 용액의 점도를 증가시킨다. 특히 xanthan의 단일 나선 구조 부분은 로커스트콩검 사슬의 D-mannopyranose만으로 이루어진 부분과 상호작용하여 열가역성 gel을 형성한다(그림 3.27 참조). Xanthan gum은 온도 변화에 따라 점도가 변하지 않고 쉽게 부을 수 있는 성질이 필요한 샐러드 드레싱, 초콜릿 시럽 등에 호료, 안정제로 쓰인다.

(14) 커들란

Curdlan은 D-glucopyranose가 β-1,3 결합으로 연결된 직선형의 중합체로, 분자량은 44,000~77,000 정도이다. pH가 알칼리성으로 높아지면 점차 규칙적인 구조가 붕괴되어 불규칙적인 코일 구조를 취한다. 시판 제품은 무미, 무취의 백색 분말로 물을 가하면 팽윤하며, 약 2% 농도의 현탁액을 가열하면 80°C 이상의 온도에서 흐리고 불투명한 비가역적 gel을 형성한다. Gel은 pH 1~11.5의 넓은 범위에서 형성되고, 냉각·가열·냉동에 의한 영향을 받지 않으며, 견고하고 부스러지기 쉬운 agar gel과 부드럽고 탄력이 있는 gelatin gel의 중간 성질을 갖는다. Gel의 강도는 pH의 영향을 받지 않으며, 당을 첨가하면 증가한다. Curdlan은 식품계에서 보수력, 결합성, 점탄성, 안정성 등을 증가시키고 드립 손실(drip loss)과 녹말의 노화를 억제하는 성질이 있어 국수, 어묵, 소시지, 햄버거, 아이스크림 등에 사용된다.

(15) 젤란

Gellan은 *Sphingomonas elodea*가 생성하여 분비하는 직선형의 음이온성 헤테로 다당류이다. 분자량은 약 500,000이며, 1,3-β-D-glucose, 1,4-β-D-glucuronic acid, 1,4-β-D-glucose 및 1,4-α-L-rhamnose의 4당류 반복 단위로 구성되어 있다. 반복 단위당 약 1.5개의 acyl 치환기를 갖고 있는데, 이 치환기들은 첫째 glucose의 C2에 연결된 L-glyceric ester 및 같은 glucose 잔기의 C6에 연결된 acetic ester로서 사슬들 사이의 회합을 억제한다. 따라서 gellan gum은 탈에스터화 정도에 따라 연하고 탄성이 있는 gel부터 굳고 부스러지기 쉬운 gel에 이르기까지 다양한 조직감의 gel을 형성하게 된다. 또 글루쿠론산(glucuronic acid) 잔기가 있어 칼륨염, 나트륨염, 칼슘염, 마그네슘염 등의 혼합 염으로 존재한다. 그러므로 젤화는 양이온의 종류와 농도의 영향을 받는데, 특히 2가 양이온의 영향이 크다.

이 gum은 냉수에 녹아 점성이 큰 용액을 형성하는데 온도가 올라가면 25~50°C 범위에서 점도가 급격히 떨어지는 현상을 보인다. 이러한 점도의 변화는 가역적 현상으로 온도가 높아지면서 비교적 규칙적인 이중 나선 구조에서 불규칙적인 코일 형태로 그 구조가 변하는 데 기인한다. Gellan은 저당도 잼 및 젤리, 요구르트, 두부, 음료 등에 호료, 젤화제, 안정제, 유화제로 쓰인다.

14) 글리코사미노글리칸

Glycosaminoglycan (GAG)은 점액 다당류(mucopolysaccharide)라고도 하며, 우론산과 2-acetamido-2-deoxy sugar가 C3과 C4 위치에서 주로 β형으로 결합된 이당류 반복 단

표 3-16 주요 글리코사미노글리칸의 종류와 특징

종류	구성 당류	특징
Hyaluronic acid	*N*-acetyl-D-glucosamine, D-glucuronic acid	500~50,000개의 단당류 잔기로 구성, 포유류의 결합 조직, 윤활액, 눈의 유리체액 등에 널리 분포
Chondroitin sulfate	*N*-acetyl-D-galactosamine	C4 또는 C6의 하이드록시기에 황산기 D-glucuronic acid가 결합, 연골의 주성분, 각막, 대동맥, 피부 등에 분포
Dermatan sulfate	*N*-acetyl-*β*-D-galactosamine sulfate, L-iduronic acid	주로 피부에 존재
Heparin sulfate	*N*-sulfato-D-glucosamine, D-iduronic acid	혈액 응고 방지

위로 이루어져 있다. 이 다당류는 단백질 골격에 공유결합하여 동물체 조직에서 세포 밖 기질(extracellular matrix)의 주성분인 proteoglycan을 형성하나 식품으로서의 중요성은 그리 크지 않다. 주요 glycosaminoglycan의 종류와 특징은 표 3-16에 나타내었다.

15) 폴리덱스트로스

Polydextrose는 glucose, sorbitol, 시트르산 또는 인산을 89 : 10 : 0.1~1의 비율로 반응시

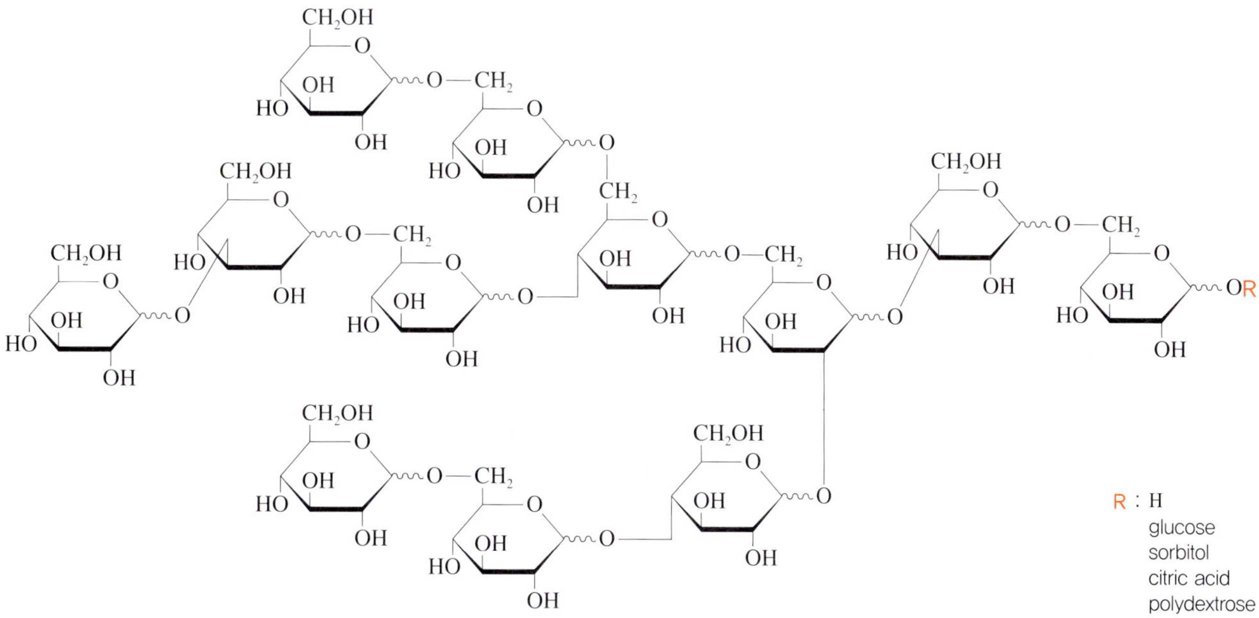

그림 3.30 폴리덱스트로스의 구조

켜 합성한 glucose의 중합체이다. Glucose 분자들은 주로 α- 및 β-1,6 글루코사이드 결합과 그 밖에 1,2, 1,3, 1,4 결합으로 불규칙하게 연결되어 있으며, 가지가 많이 뻗은 복잡한 구조를 갖는다(그림 3.30). 평균 분자량은 2,000~2,500이며, 평균 중합도는 12~15인데, 불용성 물질을 형성하지 않도록 분자량을 22,000 이하로 조절하여 만든다. 시판 제품은 중합체 함량 90% 이상, pH(10%, w/v 수용액) 2.5~6.5, 용해도(물, 25°C) 80%이다. 점성이 sucrose보다 조금 크고 단맛을 띠지 않으며 충치를 유발하지 않는다. 인체의 위장관계에서 잘 흡수되지 않고 장내 미생물에 의해서도 거의 분해되지 않아 전체적으로 25% 정도만 대사되며 그 칼로리는 4.18 kJ(1 kcal)g^{-1}에 불과하다. 따라서 저열량 식품 소재로 sucrose나 유지를 부분적으로 대체하는 데 이용된다.

단원 정리

탄수화물은 인간이 태어나 맨 처음 먹는 젖에서부터 일상으로 섭취하는 다양한 동물, 식물, 미생물 유래의 천연 식품과 수많은 가공식품에까지 고루 들어 있는 화합물이다. 포도당은 녹색식물에서 광합성에 의해 합성되는 대표적인 단당류로 대부분 녹말이나 cellulose 등과 같은 중합체를 합성하는 데 쓰인다. Cellulose는 지구상에 가장 많이 존재하는 유기화합물로 녹색식물, 해조류 등의 세포벽의 주요 구성 성분이며, 녹말은 식물체의 주요 저장 탄수화물로 섭취 후 생체 내에서 주로 에너지원으로 사용된다. 친수 콜로이드라고도 하는 검류는 glucose뿐만 아니라 arabinose, rhamnose, galactose, xylose 등과 같은 단당류로 이루어진 다당류이며 식물체, 해조류, 미생물 등에서 주로 발견된다. 검류는 구성 단당류의 종류와 그들의 결합 형태의 상이함 때문에 다양한 구조를 가지며, 그 구조에 따라 특유의 물리화학 및 기능적 성질을 나타내므로 식품 소재로서 가공식품을 제조하는 데 이용 가치가 증가하고 있다. 동물체의 저장 탄수화물은 glucose 분자들의 중합체인 glycogen이다. 탄수화물은 천연의 구성 성분으로서나 식품 소재로서 다양한 구조와 중합도를 가진 형태로 식품에 들어 있다. 탄수화물은 식물체, 동물체 및 해조류에서 단순 분리 정제하여 식품 소재로 사용하지만, 몇몇 탄수화물은 물리적, 화학적 또는 생화학적 수식을 통해 그들 고유의 가공 적성을 변화시킨 후 사용되기도 한다. 이 장에서는 탄수화물의 분류, 단당류, 올리고당류, 다당류의 화학적 및 물리적 특성과 기능 성질을 알아보기로 한다.

연습문제

1 단당류의 화학반응 특성을 바르게 설명하지 못한 것은?
① Aldose와 ketose는 둘 다 환원 과정을 통해 aldonic acid를 생성한다.
② Aldose는 Fehling 또는 Tollens 시약과 반응한다.
③ 포도당을 상온에서 강알칼리 용액 중에 장시간 노출시키면 일부 과당이 생성된다.
④ Aldopentose는 강산 용액 내에서 가열하면 furfural 구조를 생성한다.

2 녹말의 호화 및 노화 과정에 미치는 영향 인자에 대한 설명으로 올바르지 못한 것은?
① KOH 용액 내에서 수용액 상에 비해 녹말 입자의 호화 속도는 증가한다.
② 수용액 중 분산된 아밀로스는 아밀로펙틴에 비해 노화 속도가 현저히 빠르다.
③ 설탕 등 당류의 첨가를 통해 녹말질 식품의 노화 과정을 가속시킬 수 있다.
④ 녹말 분산액 가열 중 녹말량 대비 수분 함량이 높을수록 호화 속도는 증가한다.

3 다양한 식품용 다당체들의 젤(gel) 형성 조건을 잘못 설명한 것은?
① Alginate 용액은 Ca^{2+}의 존재하에 gel을 형성한다.
② λ-carrageenan은 Ca^{2+}의 존재하에 gel을 형성한다.
③ Low-methoxyl pectin은 Ca^{2+}의 존재하에 gel을 형성한다.
④ Agar는 가열 후 냉각을 통해 gel을 형성한다.

4 폴리덱스트로스(polydextrose)의 제조 방법과 화학 구조에 대해 올바르게 설명한 것은?
① 폴리덱스트로스는 galactose, sorbitol, 시트르산의 혼합물을 반응시켜 합성한 중합체이다.
② 분자량이 수백만에서 수천만에 이르는 불용성 거대 분자이다.
③ 설탕에 비해 단맛이 현저히 높다.
④ 가지가 많은 복잡한 구조를 갖고 있으며 소화효소에 의해 잘 분해되지 않는다.

5 식품 가공을 위해 활용되는 베타-사이클로덱스트린에 관련해 올바르지 않은 설명은?
① 7개의 포도당이 환상형으로 결합되어 있는 비환원성 당이다.
② 환상 구조의 내부 공동(cavity)은 소수성 환경을 나타낸다.
③ CGTase(cyclodextrin glucanotransferase) 효소반응을 통해 생산한다.
④ 수용성이 높은 화합물의 포접을 통한 회수를 위해 사용된다.

6 환원당에는 어떤 당들이 있는가?

*정답은 뒤에 있습니다.

MEMO

04 지방질

1. 지방질의 분류
2. 지방산
3. 중성지방질
4. 복합지방질
5. 기타 지방질
6. 식용유지의 이화학적 성질
7. 식용유지의 산패
8. 가공 중 지방질의 변화
9. 식용유지가 향기에 미치는 영향
10. 지방질 대체품

지방질(lipids)은 탄수화물, 단백질과 함께 식품 중 가장 중요한 성분 중의 하나이다. 지방질은 생물체에 함유되어 있으면서 물에는 거의 녹지 않으나 유기 용매인 diethyl ether, 석유에테르, chloroform, acetone, benzene, 이황화탄소, 사염화탄소 등에는 잘 녹는 소수성이 강한 물질로 화학적이거나 구조적인 일정한 특성이 없다. 비수용성 성질은 지방질을 탄수화물과 단백질로부터 분리하는 데 이용된다. 일부 지방질은 소수성 부분과 친수성 부분이 함께 있는 양친매성 분자 구조를 가지며 계면 활성(surface activity)이 높다.

지방질의 중요한 생화학적 기능은 대사 에너지의 저장 및 운반 물질, 세포막 구성 성분, 생물의 주요 기관의 보호, 세포 표면에서 인식 작용을 하는 필수 성분으로 작용하고 있다. 지방산의 글리세롤 에스터가 전체 동물 및 식물 지방질의 99%를 차지하며 영어권에서는 전통적으로 fats and oils(지방과 유), 즉 유지라고 부르는데, 이 정의는 상온에서 고체이거나 액체 상태에 따라 구분하는 것으로 실제로는 구분의 중요성이 없으며 때로 '지(脂, fats)'와 '유(油, oil)'를 혼용하는 경우도 있다.

1. 지방질의 분류

지방질은 화학적인 면에서 일정한 특성이 없는 다양한 여러 종류 물질의 총칭이므로 그 분류법도 다양하다.

1) 구조에 의한 분류(Bloor에 의한 분류)

(1) 단순지방질

단순지방질(simple lipid)은 여러 가지 지방산과 각종 alcohol 사이에 ester 결합을 하는 지방질

- 아실글리세롤(acylglycerol) : 여러 가지 지방산과 3가 alcohol인 glycerol의 에스터
- 납(wax) : 고급지방산과 1가 고급알코올의 에스터
- 스테롤에스터(sterol ester) : sterol과 지방산의 에스터
- 세라마이드(ceramide) : 스핑고신(sphingosine) 및 이의 동족체와 지방산의 에스터

(2) 복합지방질

복합지방질(complex lipid)은 지방산과 알코올류 및 다른 종류의 화합물이 결합된 지방질

- 인지방질(phospholipid) : 지방산, 알코올류, 인산, 질소화합물이 결합한 것
- 당지방질(glycolipid) : 지방산, 알코올류, 인산, 당(주로 galactose)이 결합한 것
- 황지방질(sulfolipid) : 지방산, 알코올류, 황산이 결합한 것

(3) 유도지방질

유도지방질(derived lipid)은 단순지방질 및 복합지방질이 가수분해된 것으로 물에는 녹지 않고 유기 용매에 녹는 아래와 같은 화합물

- 지방산(fatty acid) : 천연의 지방산으로 탄소 수 12 이하인 것은 탄소 수가 적을수록 물에 잘 용해된다.
- 고급알코올류(long chain alcohol) : 납류의 1가 고급알코올, 스테롤류, 비타민 A인 레티놀
- 각종 탄화수소(hydrocarbon) : 지방족 탄화수소, 카로테노이드(carotenoid), 스쿠알렌(squalene) 등
- 지용성 비타민(fat-soluble vitamin) : 비타민 A, 비타민 D, 비타민 E, 비타민 K

2) 다른 방법에 의한 분류

분류 방법	분류
1. 비누화	① 비누화 지방질(saponifiable lipid) : 모노-(mono-), 다이-(di-), 트라이아실글리세롤(triacylglycerol)류, 인지방질, 당지방질, 납 등 ② 비비누화 지방질(unsaponifiable lipid) : 스테롤(sterol)류, 카로테노이드, 터펜(terpene)류, 지용성 비타민 등
2. 극성	① 비극성 지방질(nonpolar lipid) : 지방산(> 12개 이상의 탄소), 트라이아실글리세롤류, 스테롤에스터(sterol ester)류, 납 등 ② 극성 지방질(polar lipid) : 인지방질, 당지방질
3. 지방산 구조	① 우유 지방질(milk fat) : 젖류에서 온 지방질. C_4~C_{12}의 저급지방산이 많음 ② 라우르산 계열 지방질(lauric acid fat) : 코코넛, 팜 등에서 온 지방질. 라우르산이 많음 ③ 식물성 버터(vegetable butter) : 열대성 나무의 열매 지방질로 포화지방산이 불포화지방산보다 많음 ④ 올레-리놀레산 계열 지방질(oleic-linoleic acid oil) : 올레산과 리놀레산이 많은 식물성 지방질. 면실유, 옥수수유, 해바라기유, 올리브유, 참기름 등 ⑤ 리놀렌산 계열 지방질(linolenic acid oil) : 리놀렌산이 많은 콩기름, 유채유, 아마인유, 들기름 등 ⑥ 동물성 지방질(animal fat) : 가축 및 육상 동물의 저장 지방질. C_{16}~C_{18}의 포화지방산이 많음 ⑦ 해양동물유(marine oil) : 이중결합을 6개까지 가진 ω-3 고급지방산이 많음
4. 급원	① 식물성 지방질(plant oil) ② 동물성 지방질(animal fat)
5. 가시성	① 가시 지방질(visible lipid) : 돼지고기, 비계, 버터 등 ② 비가시 지방질(invisible lipid) : 쌀, 보리, 옥수수 등에 함유된 지방질

2. 지방산

지방산(fatty acid)은 에스터 결합을 가진 지방질이 가수분해될 때 만들어지며 지방족 말단에 카복실기(carboxyl)를 가진 산으로 RCOOH로 약식 표시한다. 자연계에는 대부분의 탄소 수가 짝수이고 가지가 없는 직쇄로서 이중결합의 수가 0~3개가 대부분이다.

1) 지방산의 분류

지방산의 분류는 이중결합의 유무에 따라 포화지방산(saturated fatty acid)과 불포화지방산(unsaturated fatty acid)으로 나누고, 불포화지방산은 이중결합의 수에 따라 단일(1가) 불포화지방산(monounsaturated fatty acid), 2가 불포화지방산(diunsaturated fatty acid), 3~4가 불포화지방산으로 나누며 2가 이상의 불포화지방산을 고도(다가) 불포화지방산(poly-unsaturated fatty acid)이라고 한다. 또 탄소 수에 따라 C_4 이하인 것을 저급지방산(짧은사슬지방산, short chain fatty acid, SCFA), C_6~C_{12}인 것을 중급지방산(중간사슬지방산, medium chain fatty acid, MCFA), C_{14} 이상인 것을 고급지방산(긴사슬지방산, long chain fatty acid, LCFA)이라고 하며, 특히 C_{14}, C_{16}, C_{18}의 직쇄 포화 및 불포화지방산 계통이 천연에 많이 존재한다.

2) 지방산의 명명

(1) 일반 명칭(관용 명칭)

뷰티르산(butyric), 올레산(oleic), 스테아르산(stearic)과 같이 오래전부터 쓰여온 이름을 말한다.

(2) 계통명

- 포화지방산 : IUPAC의 탄화수소 명칭에서 어미 'e'를 빼고 -oic acid를 붙인다.

  예 butane : butanoic acid

  octadecane : octadecanoic acid

- 단일 불포화지방산 : 탄화수소 명칭의 'ane'를 빼고 -enoic acid를 붙인다.

  예 tetradecane : tetradecenoic acid

- 고도 불포화지방산 : 탄화수소 명칭의 'ane'를 빼고 그 대신 이중결합의 수(di, tri)와 -enoic acid를 붙인다.

  예 octadecane : octadecadienoic acid

  linolenic acid : octadecatrienoic acid(때로는 지방질 명칭 앞에 이중결합 위치를 표시한다. 9,12,15-octadecatrienoic acid)

(3) 숫자 표기법

탄소의 숫자 뒤에 콜론(:)을 쓰고 이중결합의 수를 쓴다. 이중결합의 위치를 표시할 때는 이중결합의 수 뒤에 괄호를 하고 숫자를 쓰는데 2개 이상일 때는 콤마(,)로 연결한다.

예 palmitic acid → 16 : 0

linoleic acid → 18 : 2(9, 12)

때로는 18 : 2(9, 12)를 18 : 2($\triangle^{9,12}$)로 표시할 때도 있다. 이중결합이 *trans*형일 경우는 이중결합 위치 숫자 다음에 t를 붙여 18 : 2(9t, 12)와 같이 표시한다.

3) 자연계의 주요 지방산

(1) 포화지방산

자연계에 많이 존재하는 포화지방산은 표 4-1과 같으며 저급 및 중급 지방산($< C_{14}$)은 우유, 코코넛, 팜 열매 지방의 구성 성분이며, 이들의 유리 형태나 저급알코올과의 에스터는 방향 성분으로 이들의 역치는 1~10 ppm이다. 고급지방산은 향기가 없다.

(2) 불포화지방산

자연계의 이중결합 수는 1~3개가 대부분이고 6개 가진 것도 있다. 이중결합의 기하이성질체는 열역학적으로 유리한 *trans*형이 아니고 거의 *cis*형으로 되어 있으며, 주요 불포화지방산은 표 4-2와 같다.

불포화지방산 중 이중결합을 1개 가진 것을 올레산 계열(혹은 **ω**9계열; **ω**-탄소인 $-CH_3$기로부터 이중결합까지 탄소 수를 세어), 2개 가진 것을 리놀레산 계열(**ω**6계열), 3개 가진 것을 리놀렌산 계열(**ω**3계열)이라고 분류한다. 이중결합이 2개 이상일 경우 자연계의 지방산은 열역학적으로는 안정한 공액(형) 이중결합(-CH=CH-CH=CH-, conjugated double bond)이 아

표 4-1 주요 포화지방산

일반명	C의 수	계통명	구조	녹는점(°C)	소재
Butyric acid	4	Butanoic acid	$CH_3(CH_2)_2COOH$	−8.0	우유
Caproic acid	6	Hexanoic acid	$CH_3(CH_2)_4COOH$	−4.0	우유, 야자유
Caprylic acid	8	Octanoic acid	$CH_3(CH_2)_6COOH$	16.0	우유, 야자유
Capric acid	10	Decanoic acid	$CH_3(CH_2)_8COOH$	31.3	우유, 야자유
Lauric acid	12	Dodecanoic acid	$CH_3(CH_2)_{10}COOH$	43.5	야자유, 팜핵유
Myristic acid	14	Tetradecanoic acid	$CH_3(CH_2)_{12}COOH$	54.4	야자유, 팜핵유, 동식물유지
Palmitic acid	16	Hexadecanoic acid	$CH_3(CH_2)_{14}COOH$	62.9	동식물유지 일반, 특히 팜유
Stearic acid	18	Octadecanoic acid	$CH_3(CH_2)_{16}COOH$	69.6	동식물유지 일반, 특히 쇠기름
Arachidic acid	20	Eicosanoic acid	$CH_3(CH_2)_{18}COOH$	75.4	동식물유지 소량, 땅콩
Behenic acid	22	Docosanoic acid	$CH_3(CH_2)_{20}COOH$	80.0	땅콩
Lignoceric acid	24	Tetracosanoic acid	$CH_3(CH_2)_{22}COOH$	84.2	땅콩, 뇌당지방질
Cerotic acid	26	Hexacosanoic acid	$CH_3(CH_2)_{24}COOH$	87.7	밀랍
Montanic acid	28	Octacosanoic acid	$CH_3(CH_2)_{26}COOH$	90.9	밀랍
Melissic acid	30	Triacontanoic acid	$CH_3(CH_2)_{28}COOH$	93.6	밀랍

표 4-2 주요 불포화지방산

일반명	계통명	구조	녹는점 (℃)	숫자 표기법	소재
Myristoleic acid	9-Tetradecenoic acid	$CH_3(CH_2)_3CH=CH(CH_2)_7COOH$	−4.0	14:1	어유, 고래기름
Palmitoleic acid	9-Hexadecenoic acid	$CH_3(CH_2)_5CH=CH(CH_2)_7COOH$	0.5	16:1	어유, 고래기름
Oleic acid	9-Octadecenoic acid	$CH_3(CH_2)_7CH=CH(CH_2)_7COOH$	13.4	18:1	일반 동식물유지
Linoleic acid	9,12-Octadecadienoic acid	$CH_3(CH_2)_4(CH=CHCH_2)_2(CH_2)_6COOH$	−5.0	18:2	일반 동식물유지
α-Linolenic acid	9,12,15-Octadecatrienoic acid	$CH_3CH_2(CH=CHCH_2)_3(CH_2)_6COOH$	−11.0	18:3	일반 동식물유지
γ-Linolenic acid	6,9,12-Octadecatrienoic acid	$CH_3(CH_2)_4(CH=CHCH_2)_3(CH_2)_2COOH$	−	18:3	달맞이꽃 종자유
Arachidonic acid	5,8,11,14-Eicosatetraenoic acid	$CH_3(CH_2)_4(CH=CHCH_2)_4(CH_2)_2COOH$	−49.5	20:4	인지방질, 간유
Eicosapentaenoic acid	5,8,11,14,17-Eicosapentaenoic acid	$CH_3CH_2(CH=CHCH_2)_5(CH_2)_2COOH$	−54.0	20:5	어유
Erucic acid	13-Docosenoic acid	$CH_3(CH_2)_7CH=CH(CH_2)_{11}COOH$	34.7	22:1	유채유
Nervonic acid	15-Tetracosaenoic acid	$CH_3(CH_2)_7CH=CH(CH_2)_{13}COOH$	41.0	24:1	인지방질
Docosahexaenoic acid	4,7,10,13,16,19-Docosahexaenoic acid	$CH_3CH_2(CH=CHCH_2)_6(CH_2)COOH$	−	22:6	어유

니라 비공액(형) 이중결합, 즉 단리된 이중결합(isolated double bond)인 1,4-pentadiene(-CH=CH-CH_2-CH=CH-)형으로 되어 있다.

(3) 특수지방산

분석 기술의 발달로 앞에 열거한 지방산 외에 미량으로 존재하는 여러 가지 지방산이 밝혀졌다. 천연에 존재하는 *cis*형 이중결합이 쇼트닝, 마가린 제조, 에스터 교환 등 식용유지 가공 중에 변화된 *trans* 지방산, 탄소 수가 홀수인 홀수지방산, 직쇄상이 아닌 측쇄를 가진

표 4-3 특수지방산

일반명	분자 구조의 특징	녹는점 (℃)	소재
Elaidic acid	*trans* 지방산 $CH_3(CH_2)_7$(H)C=C(H)$(CH_2)_7COOH$	–	쇼트닝, 마가린
Isovaleric acid	측쇄지방산이면서 홀수지방산 $CH_3-CH(CH_3)-CH_2-COOH$	−37.6	hop, 돌고래
Tuberculostearic acid	측쇄지방산이면서 홀수지방산 $CH_3(CH_2)_7-CH(CH_3)-(CH_2)_8-COOH$	11	결핵균
Margaric acid	홀수지방산 $CH_3(CH_2)_{15}(COOH)$	61.3	쇠기름, 양의 비계
Ricinoleic acid	하이드록시지방산 $CH_3(CH_2)_5CHOHCH=CH(CH_2)_7COOH$	5.5	피마자
Hydnocarpic acid	환상지방산 (CH=CH, CH_2-CH_2 고리)$CH(CH_2)_{11}COOH$	60	대풍자유
Chaulmoogric acid	환상지방산 (CH=CH, CH_2-CH_2 고리)$CH(CH_2)_{10}COOH$	68.5	대풍자유
Vernolic acid	epoxy 지방산 $CH_3(CH_2)_4CHCHCH_2CH=CH(CH_2)_7COOH$ (CHCH 사이 O 결합)	–	*Vernonia anthelmintica* 의 종자유
Tariric acid	삼중결합 지방산 $CH_3(CH_2)_{10}C\equiv C(CH_2)_3COOH$	50	*Picramnia tariri* 종자

지방산, 환상지방산, -OH기를 가진 지방산, 에폭시기(epoxy group)를 가진 지방산, 삼중결합을 가진 지방산들이 있으며, 이들 구조의 특징 및 소재는 표 4-3과 같다.

4) 주요 식용유지의 지방산 조성

각종 식용유지를 구성하는 지방산의 종류는 보통 4~5종류에서 수십 종류까지 있으며 그 조성도 매우 다양하다. 예를 들어 올리브유에서 올레산 한 종류가 70%를 차지하는가 하면 어느 지방산은 극미량인 경우도 있으나, 주요 지방산은 올레산, 팔미트산, 스테아르산, 리놀레산이며 그 다음으로 많은 것은 리놀렌산, 미리스트산(myristic acid)이다. 버터는 뷰

표 4-4 주요 동식물 식용유지의 지방산 조성

유지 종류	지방산																								
	4:0	6:0	8:0	10:0	12:0	14:0	14:1	16:0	16:1	17:0	17:1	18:0	18:1	18:2	18:3	20:0	20:1	20:2	20:4	20:5	22:0	22:1	22:2	22:6	24:0
콩기름						0.1		11.0	0.1			4.0	23.4	53.2	7.8	0.3					0.1				
들기름								6.5	0.1			2.0	17.8	15.3	58.3										
땅콩기름						0.1		11.6	0.2	0.1		3.1	46.5	31.4		1.5	1.4	0.1			3.0				1.0
면실유						0.9		24.7	0.7	0.1		2.3	17.6	53.3	0.3	0.1									
미강유			0.1	0.1	0.4	0.5		16.4	0.3			2.1	43.8	34.0	1.1	0.5	0.4				0.2				0.1
옥수수유								12.2	0.1			2.2	27.5	57.0	0.9	0.1									
올리브유								13.7	1.2			2.5	71.1	10.0	0.6	0.9									
유채유								3.9	0.2			1.9	64.1	18.7	0.2	0.6	1.0	0.6			0.2	1.0	0.3		1.0
참기름								9.9	0.3			5.2	41.2	43.2	0.2										
코코넛유		0.5	8.0	6.4	48.5	17.6		8.4				2.5	6.5	1.5		0.1									
팜유					0.3	1.1		45.1	0.1			4.7	38.8	9.4	0.3	0.2									
팜핵유		0.3	3.9	4.0	49.6	16.0		8.0				2.4	13.7	2.0		0.1									
해바라기유					0.5	0.2		6.8	0.1			4.7	18.6	68.2	0.5	0.4									
닭기름					0.2	1.3	0.2	23.2	6.5	0.3	0.1	6.4	41.6	18.9	1.3										
돼지기름				0.1	0.1	1.5		24.8	3.1	0.5	0.3	12.3	45.1	9.9	0.1	0.2	1.3	0.1	0.4						
버터	3.8	23	1.1	2.0	3.1	11.7	0.8	26.2	1.9	0.7	0.2	2.5	28.2	2.9	0.5		0.2		0.1						
쇠기름				0.1	0.1	3.3	0.2	25.5	3.4	1.5	0.7	21.6	38.7	2.2	0.6	0.1			0.4		0.1				

티르산을 3% 이상 함유한 것이 특징이고, 제과산업에 많이 이용되는 코코넛유는 C_6~C_{14}의 저급 및 중급 지방산을 함유하고 있으며, 라면 튀김에 많이 사용하는 팜유는 팔미트산 함량이 많은 것이 특징이다. 주요 식용유지의 지방산 조성은 표 4-4와 같다.

5) 지방산의 물리적 성질

(1) 카복실기

카복실기(-COOH)끼리의 수소결합(38 kJ)으로 이합체가 되어 안정화하려는 경향이 크다. 탄소 수 C_{10} 이하 지방산의 카복실기는 양성자를 방출하고 해리하면서 공명 현상으로 안정화한다. 이때의 pK_a는 4.75~4.95 정도이다. 그러나 탄소의 수가 증가하면 물에 용해되지 않으므로 pK_a도 측정할 수 없다.

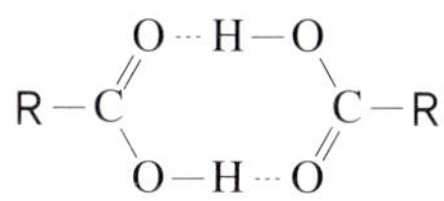

이합체

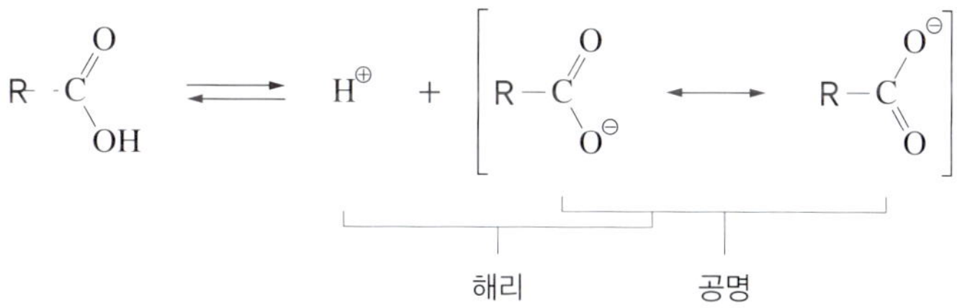

(2) 분자 형태 및 녹는점

포화지방산의 C-C결합은 직선상이며 양끝에서 당긴 형태로 직쇄 모양이지만 *cis*형 이중결

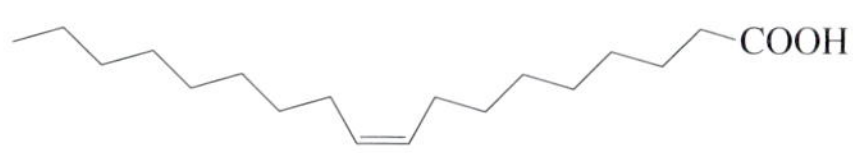

cis 지방산

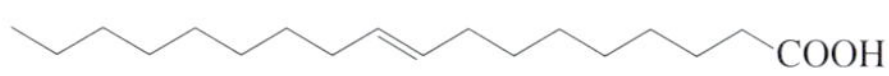

trans 지방산

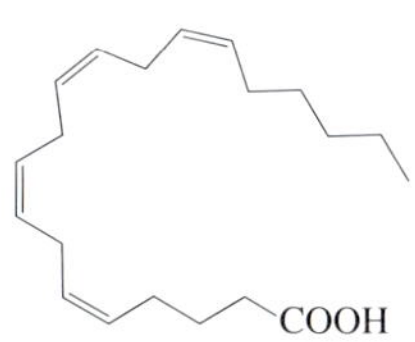

아라키돈산

합이 있을 때는 직선상에서 약 40° 구부러진 형태를 취하므로 이중결합이 4개 있는 아라키돈산은 약 165°가 구부러진다. 그러나 *trans*형은 포화지방산과 같이 직쇄 형태를 취한다.

녹는점은 탄소의 수가 증가할수록 높아지며 이중결합이 있을 때는 이중결합의 수가 많을수록 감소한다. *Trans*형일 때는 *cis*형일 때보다 녹는점이 높다.

(3) 요소 첨가 생성물

요소는 결정화될 때 직경 0.8~1.2 nm의 원통형 공간이 만들어지며, 이 공간은 긴 사슬 탄화수소가 들어갈 수 있어 내포화합물(요소 첨가 화합물)을 만든다. 지방산과의 내포화합물 안정성은 탄화수소보다 작아지며 이중결합이 많을수록 안정성은 작아지고 직쇄지방산이 가지를 갖거나 -OH기 치환 또는 산화되면 요소 첨가 생성물(urea adduct)을 만들지 못하므로 측쇄지방산 및 산화된 지방산의 분리 및 농축에 이용할 수 있다.

(4) 용해도

뷰티르산은 물에 완전 용해되지만 탄소 수가 증가할수록 물의 용해도가 낮아져서 고급 지방산은 물에 용해되지 않고 물 표면에 얇은 막을 만드는데, 이때 카복실기는 물 쪽으로 향하고 탄화수소는 공기 쪽으로 향한다. 유기 용매에 대한 온도별 용해도는 각 지방산에 따라 차이가 있으므로 지방산 혼합물에서 일정한 지방산을 분리할 때 이용할 수 있다.

(5) 자외선 흡수

1,4-pentadiene 형태로 된 고도 불포화지방산은 190 nm에서 자외선을 흡수하나 비공액 이중결합이 공액 이중결합으로 변하면 자외선 흡수 파장이 변화한다. 지방산이 산패되면 공액 이중결합으로 변화하므로 지방산의 산패 측정에 이용된다.

6) 화학적 성질

(1) 카복실기의 메틸화

지방산을 가스크로마토그래피(gas chromatography, GC)로 분리하기 위해서는 카복실기를 메틸에스터화하여 극성을 없애야 한다. 메틸에스터화하는 방법으로는 여러 가지가 있지만 sodium methoxide(CH_3ONa)나 삼플루오린화붕소(BF_3)의 촉매하에 methanol과의 에스터화 반응이 가장 많이 이용되고 있다.

(2) 불포화지방산의 반응

불포화지방산은 halogen 시약을 처리하면 이중결합 부분에서 부가반응이 일어나며, 이 반응을 이용하여 아이오딘값을 측정하면 지방산의 이중결합 수를 알 수 있다. 수소 원자는 Ni 등 적절한 촉매 조건하에서 이중결합 부분에 첨가될 수 있어 이 반응을 이용하여 불포화지방산을 포화지방산으로 만들 수 있다. 이러한 반응이 일어날 때 이중결합이 2개 이상 있을 경우 1,4-pentadiene 형태의 이중결합이 공액형으로 변화하고 *cis*형이 *trans*형으로 변화한다.

3. 중성지방질

아실글리세롤(acylglycerol)은 glycerol에 지방산이 하나, ester가 둘 또는 셋인 결합체이다. 이들을 각각 모노아실글리세롤(monoacylglycerol), 다이아실글리세롤(diacylglycerol), 트라이아실글리세롤(triacylglycerol)-옛 명칭은 각각 monoglyceride, diglyceride, triglyceride-이라고 하나, triacylglycerol만을 중성지방질(neutral lipid)이라고 하며 이것이 동식물 지방질의 대부분을 차지한다. Triacylglycerol 내의 지방산이 모두 같은 종류인 것을 단순 중성지방질, 지방산 종류가 2가지 이상일 때는 혼합 중성지방질이라고 한다.

1) 명명법

단순 중성지방질의 명명법은 간단하여 팔미트산(palmitic acid)이 모두 에스터화되었다면 tripalmitoylglycerol, glycerol tripalmitate, tripalmitin 또는 PPP라고 표기할 수 있다.

Glycerol은 그 자신이 완전한 대칭 분자이지만 1,3번 위치 어느 하나에 지방산이 결합하거나 1,3번 위치에 결합한 지방산이 다를 경우 glycerol 분자의 2번 탄소는 비대칭 탄소가 된다. Glycerol 유도체의 입체 구조를 명시하기 위하여 몇 가지 방법이 사용되고 있다. 일반적으로 glycerol 양끝의 -OH기 위치는 α 위치, 중간의 위치는 β 위치로 표시하고 양끝의 -OH기 하나가 α 위치로 결정이 되면 다른 쪽은 α' 위치로 명명한다.

또 다른 방법 중 하나는 Hirschmann이 제안한 방법으로 입체이성질체 번호법(stereospecific numbering, stereochemical numbering, *sn*)이 이용되고 있다. 이때 glycerol의 탄소 원자번호는 위로부터 1, 2, 3으로 부여한다.

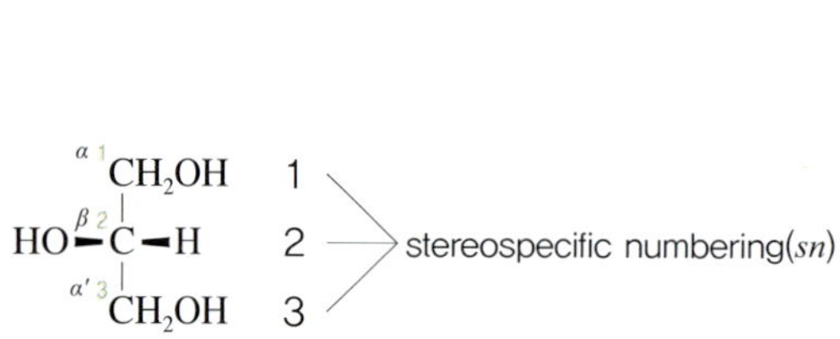

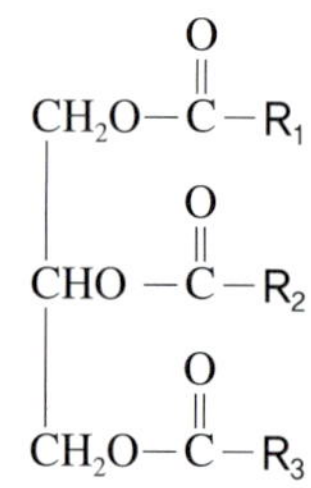

triacylglycerol

만약 1번 위치에 스테아르산, 2번 위치에 올레산, 3번 위치에 미리스트산이 에스터화되면 l-stearoyl-2-oleoyl-3-myristoyl-*sn*-glycerol, *sn*-glycerol-l-stearate-2-oleate-3-myristate, sn-StOM, *sn*-18:0-18:1-14:0으로 표기한다.

중성지방질 분자 내의 지방산 위치 분포를 약자로 나타낼 때는 접두어가 이용된다.

- *sn* : Glycerol에 바로 붙여 사용하면 *sn*-l, *sn*-2, *sn*-3 위치가 표기된 지방산의 순서대로 에스터화되어 있음을 나타낸다.
- rac : 두 광학이성질체의 라세미 혼합물을 말한다. 즉, 2번 위치에 가운데 표기된 지방산이 있고 일정한 지방산이 1,3번 위치에 똑같이 나누어져 부착되어 있음을 나타낸다.

  예 rac-StOM은 *sn*-StOM과 *sn*-MOSt의 동량 혼합물
- β : 1,3번 위치에 부착된 지방산 양을 정확히 알 수 없음을 의미한다.

  예 β-StOM은 *sn*-StOM과 *sn*-M0St의 임의 비율의 혼합물

접두어가 표기되지 않고 StOM이라고 한다면 *sn*-StOM, *sn*-MOSt, sn-OStM, *sn*-StMO, *sn*-OMSt의 임의 비율의 혼합물을 나타낸다.

2) 지방산의 분포이론

(1) 중성지방질의 이성질체 수

중성지방질(triacylglycerol)을 구성하는 지방산의 종류에 따라 다양한 종류의 중성지방질이 존재할 수 있다. 예를 들어 2가지의 지방산 올레산(O)과 팔미트산(P)이 glycerol에 부착하여 만들 수 있는 중성지방질의 종류는 다음과 같다.

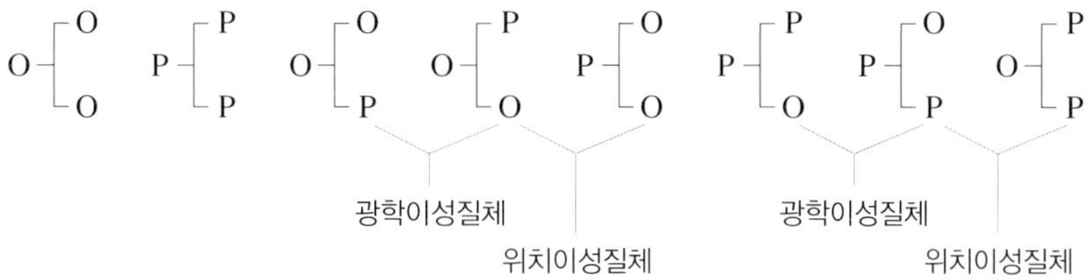

총 8가지가 있을 수 있으며 광학이성질체가 같다고 하면 6가지, 위치이성질체까지 같다면 4가지의 이성질체가 존재할 수 있다.

일반적으로 n개의 지방산으로 구성되어 있을 때 총 중성지방질의 수(N)

$$N = n^3$$

광학이성질체가 같다고 할 때의 중성지방질의 수(N_1)

$$N_1 = \frac{1}{2}(n^2 + n^3)$$

위치이성질체까지 같다고 할 때의 중성지방질의 수(N_0)는 다음과 같다.

$$N_0 = \frac{1}{6}n(n+1)(n+2)$$

(2) 지방산의 분포이론

① 균일 분포설

지방질을 구성하고 있는 지방산이 여러 가지 중성지방질에 되도록 균일하게 널리 분포한다는 이론이다. 한 가지 지방산의 전체 지방산에 대한 비율이 (1/3), 즉 33.3몰% 이하일 때는 한 중성지방질에 한 번 이상 존재하지 않고 또 그 비율이 (2/3), 즉 66.6몰% 이하일 때는 두 번 이상 존재하지 않으며 66.6몰% 이상일 때만 단순 중성지방질이 존재한다는 것이다. 그러나 실제로는 (1/3) 이하 존재하더라도 그 지방산으로 된 단순 중성지방질이 존재하므로 이 균일 분포설(even distribution, widest distribution)은 극히 일부 지방질에만 적용할 수 있는 것으로 알려져 있다.

② 무작위 분포설

무작위 분포설(random distribution)은 지방산이 중성지방질 분자 내 및 모든 중성지방질 분자 중에 완전히 무작위로 존재한다는 이론이다. 모든 glycerol 내의 세 위치에 분포하는 지방산 조성은 같으며 전체 지방질의 지방산 조성과 같다. 이 이론에 따라 주어진 지방산으로 구성된 중성지방질의 지방산 비율은 다음의 식으로 계산할 수 있다.

$$\%sn\text{-XYZ}=(\text{전체 지방질의 X몰\%})\times(\text{전체 지방질의 Y몰\%})\times(\text{전체 지방질의 Z몰\%})\times\frac{1}{10{,}000}$$

X, Y, Z는 glycerol 1, 2, 3 위치의 지방산 성분이다. 어떤 지방질이 팔미트산(P)이 8%, 스테아르산(S)이 2%, 올레산(O)이 30%, 리놀레산(L)이 60%(몰%)로 각각 구성되어 있다면 중성지방질의 종류는 64가지가 예상되며($n=4$, $n^3=64$), 몇 가지 중성지방질의 몰비는 다음과 같다.

$$\%sn\text{-PPP}=8\times8\times8\times\frac{1}{10{,}000}=0.0512$$

$$\%sn\text{-OLL}=30\times60\times60\times\frac{1}{10{,}000}=10.8$$

$$\%sn\text{-SOL}=2\times30\times60\times\frac{1}{10{,}000}=0.36$$

대부분의 지방질은 무작위 분포설을 따르지 않는다. 이 이론에 의하여 포화지방산으로 구성된 중성지방질의 비율은 실제 분석한 비율보다 더 많이 존재하는 것으로 밝혀졌으며, *sn*-2 위치의 자연계 지방산 조성은 *sn*-1 및 *sn*-3 위치의 지방산 조성과 항상 다른 것이 알려져 있다. 그러나 ester 교환에 의하여 제조된 중성지방질의 지방산 분포를 예측하는 데는 유용하다.

이 두 가지 이론 외에 1,3-무작위-2-무작위설과 1-무작위-2-무작위-3-무작위설이 있다. 전자는 실제 지방산 분포를 조사한 결과 *sn*-2 위치의 지방산 조성이, *sn*-1과 *sn*-3 위치의 조성이 다른 것에 기초한 것으로 지방산의 급원(pool)이 *sn*-2 위치와 *sn*-1,3 위치가 다르게 무작위 분포되었다는 것이다. 이 이론에 따른 1,3-무작위-2-무작위설에 의한 중성지방질의 지방산 분포 계산은 다음과 같다.

$$\%sn\text{-XYZ}=(sn\text{-1, 3의 X몰\%})\times(sn\text{-2의 Y몰\%})\times(sn\text{-1, 3의 Z몰\%})\times\frac{1}{10{,}000}$$

1-무작위-2-무작위-3-무작위설은 지방산 급원이 세 위치마다 다르며 다음과 같이 계산한다.

$$\%sn\text{-}XYZ = (sn\text{-}1\text{의 X몰\%}) \times (sn\text{-}2\text{의 Y몰\%}) \times (sn\text{-}3\text{의 Z몰\%\%}) \times \frac{1}{10{,}000}$$

몇 가지 천연 지방질을 구성하는 중성지방질의 위치별 지방산 분포는 표 4-5와 같다.

표 4-5 주요 천연 지방질을 구성하는 중성지방질의 위치별 지방산 분포

유지 급원	위치	지방산(%)										
		4:0	6:0	8:0	10:0	12:0	14:0	16:0	18:0	18:1	18:2	18:3
우유	1	5	3	1	3	3	11	36	15	21	1	
	2	3	5	2	6	6	20	33	6	14	3	
	3	43	11	2	4	3	7	10	4	15	0.5	
코코넛	1		1	4	4	39	29	16	3	4	0	
	2		0.3	2	5	78	8	1	0.5	3	2	
	3		3	32	13	38	8	1	0.5	3	2	
옥수수	1							18	3	28	50	
	2							2	–	27	70	
	3							14	31	52	1	
콩	1							14	6	23	48	9
	2							1	–	22	70	7
	3							13	6	28	45	8
올리브	1							13	3	72	10	0.6
	2							1	–	83	14	0.8
	3							17	4	74	5	1
쇠기름	1						4	41	17	20	4	1
	2						9	17	9	41	5	1
	3						1	22	24	37	5	1
돼지비계	1							1	10	30	51	6
	2							4	72	2	13	3
	3							–	–	7	73	18

4. 복합지방질

1) 인지방질

지방질에 인이 포함된 것으로 alcohol인 glycerol과 sphingosine의 기본 골격에 따라 각각 글리세로인지방질(glycerophospholipid)과 스핑고인지방질(sphingophospholipid)로 나눌 수 있지만, 인지방질(phospholipid)은 주로 글리세로인지방질(phosphoglyceride)

이다. 글리세로인지방질은 포스파티드산(phosphatidic acid)의 에스터이다. 접두어 'phospho'는 통상 phosphodiester 결합이 있을 때 사용한다. 포스파티드산은 *sn*-glycerol-3-phosphate의 1번과 2번 위치에 지방산이 에스터 결합한 것이고, 글리세로인지방질은 포스파티드산의 인산에 주로 질소화합물이 phosphodiester 결합한 것이다.

글리세로인지방질의 기본 구조는 아래와 같으며 대표적인 종류는 표 4-6에 나타내었다.

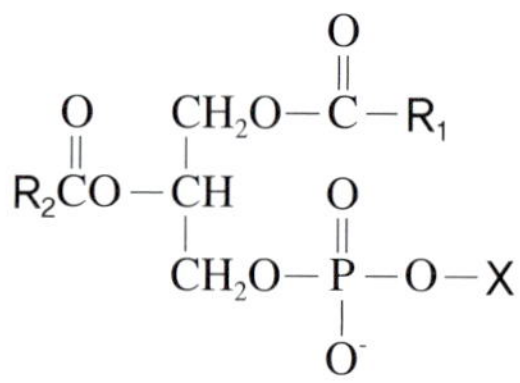

X : H
질소 함유 알코올
polyhydroxy 화합물 등

glycerophospholipid의 기본 구조

표 4-6 주요 인지방질의 구조

인지방질의 명칭	X의 구조식	X의 명칭
Phosphatidylcholine	$-CH_2CH_2N^+(CH_3)_3$	choline
Phosphatidylethanolamine	$-CH_2CH_2N^+H_3$	ethanolamine
Phosphatidylserine	$-CH_2-CH(COO^-)-N^+H_3$	serine
Phosphatidylglycerol	$-CH_2-CH(OH)CH_2OH$	glycerol
Phosphatidylinositol	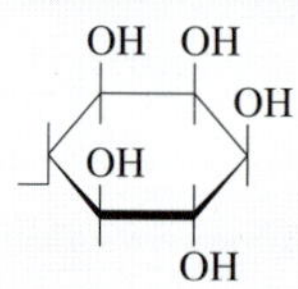	inositol
Diphosphatidylglycerol	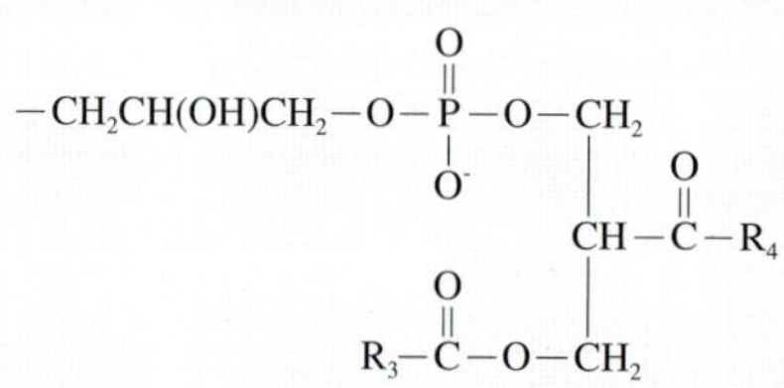	phosphatidylglycerol

글리세로인지방질은 생체막의 주요 구성 성분이므로 모든 동식물성 식품에 존재하며, 정제하지 않은 각종 식용유 특히 조콩기름에 많고 옥수수유, 면실유, 땅콩기름에도 상당량

함유되어 있다. 인지방질은 극성 성질을 가진 인산 부분과 비극성인 두 지방산의 탄화수소 때문에 양친매성 물질이다. 대표적 인지방질은 레시틴(lecithin)으로 콩기름 정제 시 부산물로 얻어지며 마가린, 초콜릿, 아이스크림 등 가공식품에 주로 이용된다.

2) 당지방질

당지방질(glycolipid)은 지방질에 당이 포함된 것으로 glycoglycerolipid와 glycosphingolipid가 있다.

Glycoglycerolipid는 1,2-diacylglycerol의 3번 위치에 당이 하나 또는 둘, 때로는 셋 또는 넷이 결합한 것이다. 당은 식물 지방질에서 galactose가 가장 많다. 대표적인 glycoglycerolipid는 monogalactosyldiacylglycerol (MGDG, 1,2-diacyl-3-β-D-galactopyranosyl-sn-glycerol)과 digalactosyldiacylglycerol (DGDG)이다. 식물 지방질에는 6-O-acyl-MGDG와 6-O-acyl-DGDG가 드물게 존재한다.

황지방질(sulfolipid)도 글리세로당지방질(glyceroglycolipid)에 속하는데 당의 6번 탄소에 황산이 결합한 것을 sulfoquinovosyl diacylglycerol이라고 하며 황산 때문에 친수성이 강하다. 당지방질도 인지방질과 마찬가지로 생체막의 주요 성분이며, 당지방질은 아세톤에 녹으므로 인지방질로부터 분리할 수 있다.

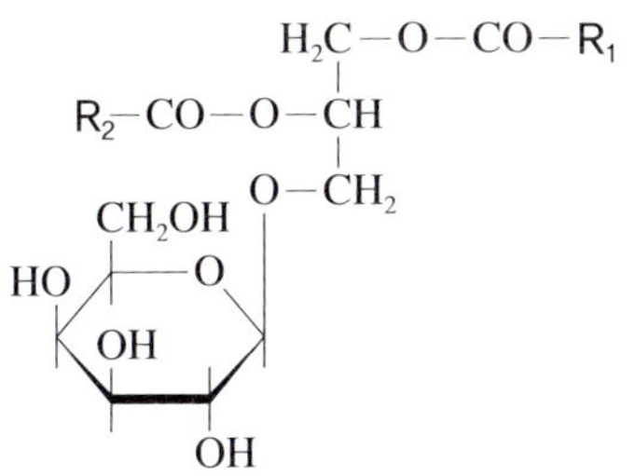

MGDG

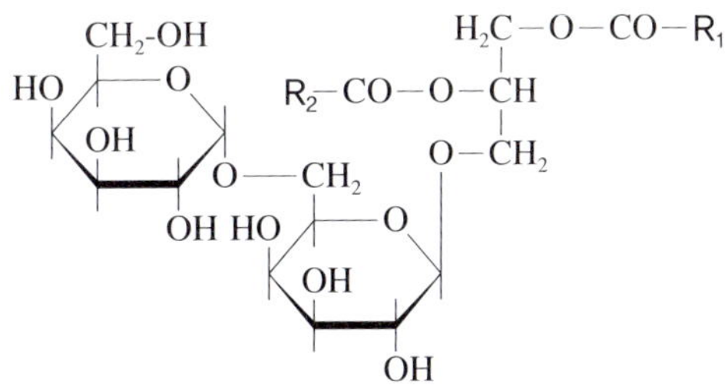

DGDG

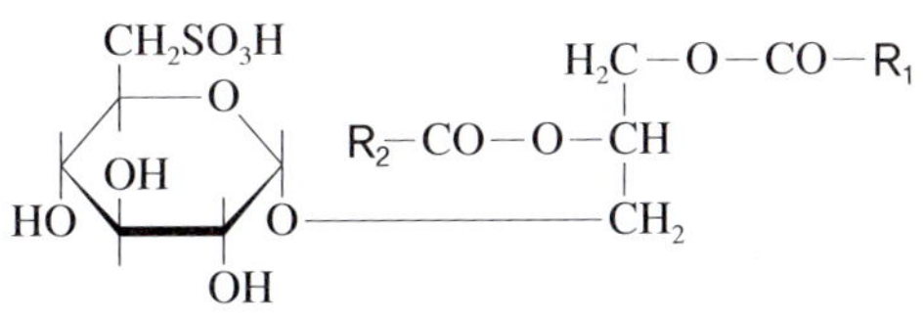

sulfoquinovosyl diacylglycerol

3) 스핑고지방질

스핑고지방질(sphingolipid)은 생체 세포막의 중요한 구성 성분이며, glycerol 대신 긴사슬을 가진 불포화 아미노알코올인 sphingosine (1,3-dihydroxy-2-amino-*trans*-4-octadecene)과 포화 아미노알코올인 dihydrosphingosine 및 식물의 긴사슬 포화 아미노알코올인 phytosphingosine의 유도체이다.

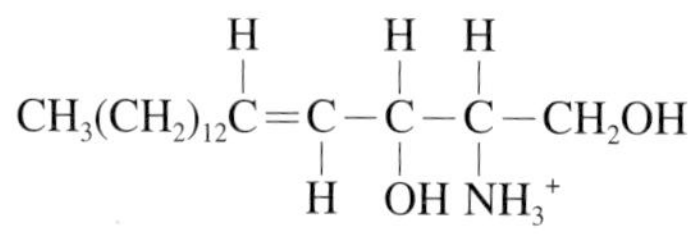

sphingosine

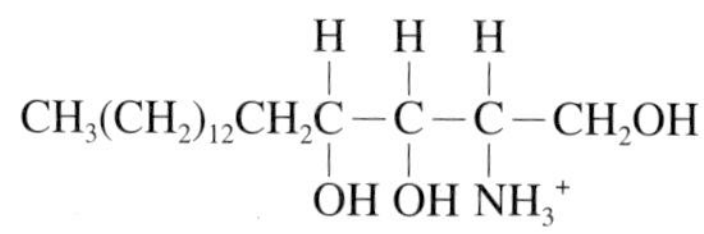

phytosphingosine

지방산이 sphingosine의 아미노기와 아마이드 결합한 것을 ceramide라고 한다. Ceramide의 1번 탄소 -OH기에 인산이 결합하여 스핑고인지방질(sphingophospholipid)이 되거나 단당류, 이당류 또는 소당류와 결합하여 glycosphingolipid가 된다.

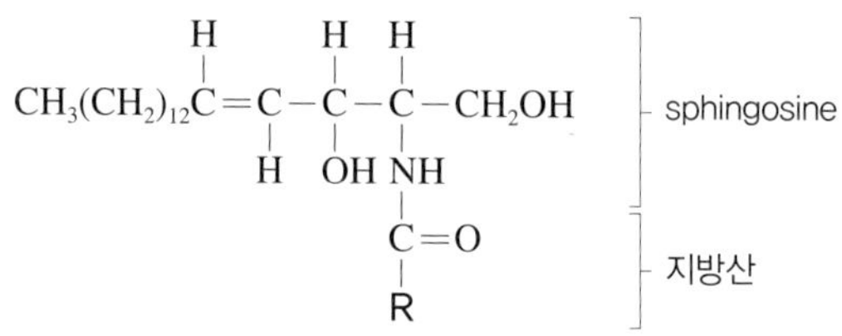

ceramide

스핑고인지방질 중 대표적인 것은 sphingomyelin이며 ceramide에 인산과 choline이 결합한 것으로 신경수초(myelin)에 많다.

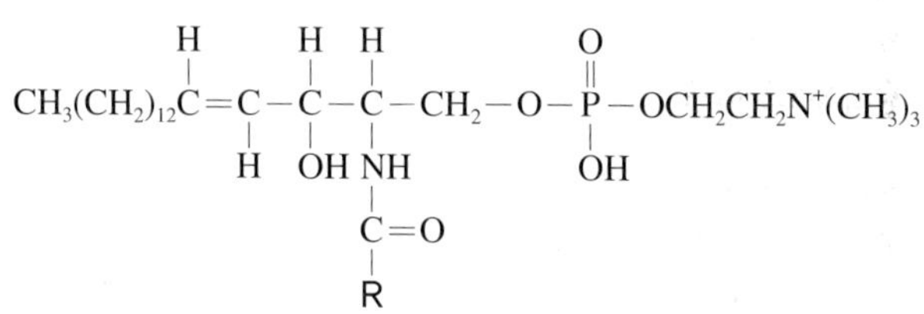

sphingomyelin

Glycosphingolipid에는 cerebroside가 있으며 이는 ceramide에 당이 하나 결합한 mono-glycosylceramide이고 당은 갈락토스인 경우가 가장 많다. 복잡한 당이 결합한 것 중의 하나는 ganglioside이며 신경절 세포(ganglion cell)에 많이 존재한다.

5. 기타 지방질

1) 왁스

왁스(wax, 납)은 단순지방질에 속하며 고급지방산(C_{14}~C_{36})과 고급알코올(C_{16}~C_{30})의 ester로 동식물체에 미량 존재하며 동식물체 내부를 보호한다. 식물에서는 과실이나 식물의 잎 표면에 얇게 분포되어 있어 충해나 미생물의 침입, 수분 증발을 막는다.

동물 왁스는 밀랍과 경랍이 대표적이다. 밀랍은 벌집 성분으로 주로 melissyl alcohol (triacontanol, $C_{30}H_{61}OH$)과 팔미트산의 ester이나, 경랍은 향유고래 머리 부분에 고래 전체의 (1/3)에 해당하는 양이 축적되어 있으며, 주성분은 cetyl alcohol ($C_{16}H_{33}OH$)과 팔미트산의 ester이다. 이외에 조류는 왁스를 분비하는 선(gland)이 있어 깃털에 물이 묻지 않는다.

2) 스테롤

Steroid는 다음과 같은 steroid핵(cyclopentanoperhydrophenanthrene)을 기본 구조로 하는 유도체이며, sterol은 3번 탄소 위치에 -OH기를 가지고, 17번 탄소 위치에 8~10개의 탄소 측쇄를 가지고 있는 화합물의 총칭이다.

스테롤류는 출처에 따라서 동물성 스테롤(zoosterol), 식물성 스테롤(phytosterol), 미생물 스테롤(mycosterol)로 나눈다. 동물성 스테롤류 중 대표적인 것은 cholesterol로 비비누화 물질이며 방향족 알코올에 속한다. 고등동물의 모든 세포, 뇌조직, 신경 조직, 담즙에 존재

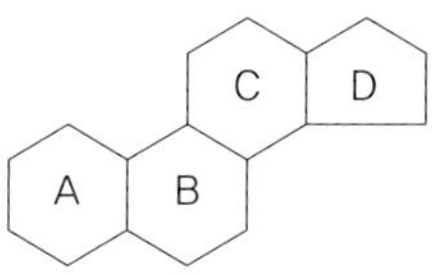

steroid핵

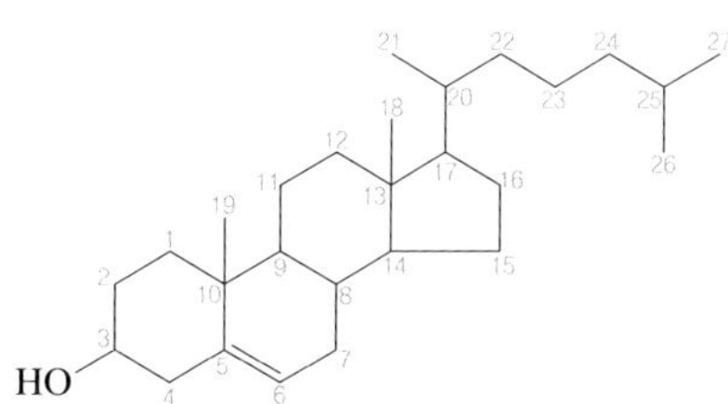

cholesterol

하고 혈액과 지방 조직 중에는 유리 콜레스테롤 및 고급지방산과 ester 형태인 cholesteryl ester로 존재한다. 특히 혈액 중의 cholesterol은 지방단백질 중에 존재하며 약 (1/3)은 유리 형태로, (2/3)는 ester 형태로 존재한다.

인체 내의 cholesterol 중 일부는 인체에서 생합성이 되고, 일부는 동물성 식품으로 섭취한다. 인체 내에서 cholesterol 평형에 이상이 생겨 과도하게 많을 때는 혈관벽에 축적되기 때문에 동맥경화증, 심장병을 비롯한 순환기 계통의 장애가 유발되므로 식품을 통한 cholesterol 섭취를 조절하여야 된다. Cholesterol은 동물 체내에 필요한 여러 가지 steroid와 steroid hormone류, 비타민 D의 전구물질이 된다.

식물성 스테롤 중 중요한 것은 β-sitosterol, campesterol, stigmasterol 등이 있으며, 구조는 cholesterol과 흡사하다. 미생물 sterol 중 중요한 것은 ergosterol로 효모, 곰팡이, 버섯 등에 있으며 자외선을 쪼이면 비타민 D_2가 된다.

3) 탄화수소

유기 용매에 의해 지방질과 함께 추출되어 나오는 탄화수소는 지방족 계열 탄화수소, squalene, 지용성 비타민(A, D, E, K)과 지용성 색소〔엽록소(chlorophyll), 카로테노이드〕 등이 있으며, 이런 고급 탄화수소(예 : pentacosane, C25H52)는 밀랍이나 식물성 왁스에서 발견된다.

Squalene은 상어의 간유, 어유, 식물유에서 발견되는 비비누화 물질로 6개의 isoprene 단위가 연결된 C_{30}의 고도 불포화탄화수소이다. Squalene은 cholesterol과 같은 steroid 화합물의 전구물질이다.

지방질이 색을 띠는 것은 지용성 색소인 엽록소와 carotenoid 때문이며 carotenoid는 불포화탄화수소이다.

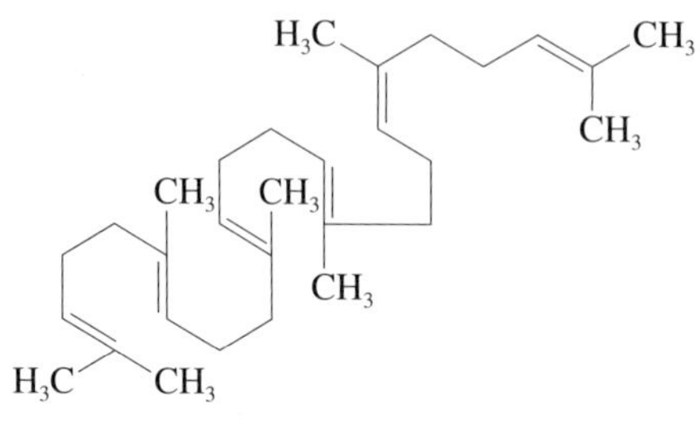

squalene

6. 식용유지의 이화학적 성질

1) 물리적 성질

(1) 동질 다형 현상

동질 다형 현상(polymorphism)이란 화학적 조성은 같으나 2개 이상의 결정 구조를 가지고 있어 녹는점, X-선 공간점유, 비체적(specific volume)이 다르고 융해시키면 동일한 액체 상태를 갖는 현상을 말한다. 결정형은 화합물의 순도, 온도, 냉각속도, 결정핵의 유무, 용매에 따라 다르다. 결정형의 안정도에 따라 한 결정형에서 다른 결정형으로 융해 없이 전환될 수 있다. 이때 한 가지 결정형이 안정되고 다른 결정형이 상대적으로 불안정하여 안정된 형태로 전환되면 두 결정 형태는 단변 결정형(monotropic)이라 하고, 두 가지 결정 형태가 온도에 따라 어느 방향으로든지 전환할 수 있는 것을 호변 결정형(enantiotropic)이라 하는데 전환될 때의 온도를 전이온도라고 한다. 천연지방질이나 지방산은 동질 다형 현상을 보이며 거의 단변형이고 지방산의 유도체는 호변형이다.

탄화수소인 경우에는 7가지의 결정형을 가지나 지방산이나 유지방질은 일반적으로 3가지 결정형을 가진다. 액체 유지를 급냉시키면 비결정형인 γ형이 되고, γ형을 융해하면 온도와 냉각속도에 따라 3가지 결정형인 α, β', β형으로 된다. Tristearin의 경우 α형은 밀도와 녹는점이 가장 낮으며, β'형은 밀도와 녹는점이 중간 정도이고, β형은 밀도와 녹는점이 가장 높다. 단순지방질에서는 $\alpha \rightarrow \beta' \rightarrow \beta$형의 순서대로 안정도가 높아지고, 혼합지방질의 경우는 β형이 β'형보다 낮을 때가 있으며, 중성지방질의 구조에 따라 β형과 β'형은 또 여러 가지 변형된 형태가 있는 경우도 있다.

X선 회절 연구로 지방질의 단면 구조를 보면 그림 4.1과 같다. 긴사슬 화합물의 횡단면은

Tip

지방 블루밍(fat blooming)

초콜릿 표면이 회색으로 변하거나 표면에 흰색 반점이 생기는 현상. 초콜릿에 들어 있는 코코아버터가 녹아 다른 성분과 분리된 뒤 다시 굳을 때에 생기는 물리적 현상이다. 심하면 식감(texture)이 푸석푸석해진다. 초콜릿의 결정핵 형성 공정인 숙성 과정(tempering)의 불충분, 냉각 방법의 잘못, 저장 온도의 변화, 코코아버터와 성질이 다른 지방질이 함유되었을 때 일어난다. 오염물질이나 곰팡이 등에 의해서 생성된 것이 아닌 지방질 성분의 구조 결정이 서로 달라서 나타나는 동질 다형 현상(polymorphism)에 의한 산물이다.

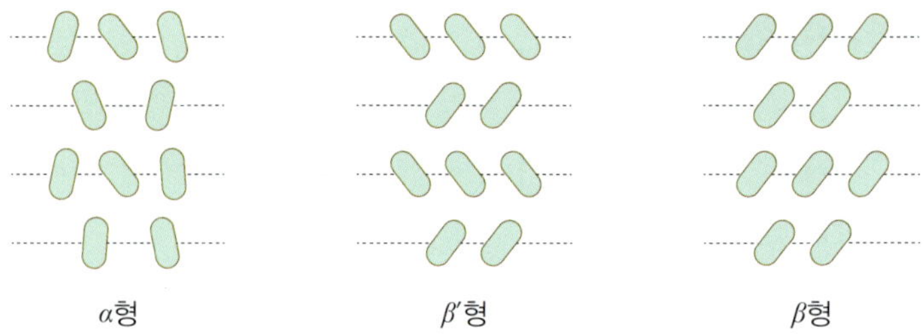

그림 4.1 긴사슬지방질의 α, β′, β형의 횡단면 모형도

사슬 축에서 α형은 방향이 무작위적이고 결정이 6방정계(hexagonal)이며, β′형은 축에 따라 방향이 반대이고 결정이 사방정계(orthorhombic)이며 β형은 같은 방향이고 결정이 삼사결정계(triclinic)이다. α형은 판상 결정으로 그 크기가 약 5 μm이며, β′형은 침상결정으로 약 1 μm이고 β형은 결정 형태가 커서 크기가 20~45 μm이다.

콩기름, 땅콩기름, 옥수수유, 올리브유, 코코넛유, 코코아버터, 돼지기름(lard)은 β형으로 결정화되려는 경향이 있고, 면실유, 팜유, 유채유, 유지방, 쇠기름, 변형라드는 β′형으로 결정화되려는 경향을 보인다. 쇼트닝, 마가린, 빵 제품은 β′형이 바람직한데 이는 β′형이 크기가 작은 공기방울을 많이 삽입하도록 도와줌으로써 보다 좋은 가소성과 크림성을 부여하기 때문이다. 그러나 때로는 β′형이 β형으로 전환되려는 경향이 있다. β형으로 전환되면 지방질이 과립형 내지는 거친 구조로 변하기 때문에 때로는 유화제를 사용하여 전이를 억제하기도 한다.

(2) 점도

지방질의 점도는 고급지방산으로 구성된 중성지방질일수록 지방산의 분자 간 친화력 때문에 점도가 높아지고, 탄소 길이가 같을 때는 불포화도가 높을수록 점도가 낮아진다. 불포화지방산에 수소 첨가된 경화유는 점도가 높아진다. 지방산과 지방산 에스터 및 유지는 절대온도가 증가할수록 점도의 대수값이 직선적 감소 경향을 보인다. 점도의 측정은 지방질의 산화 및 중합 정도를 예측하는 데 유용하다.

(3) 표면 및 계면 장력

지방질의 표면 및 계면 장력은 일반적으로 20~40 dyne/cm 범위이며, 사슬 길이가 증가할수록 증가하고 온도가 증가할수록 감소한다. 중성지방질에 monoacylglycerol을 첨가하면 계면장력은 급격히 감소하므로 쇼트닝의 품질 개선에 이용하고 있다.

(4) 비중

지방질의 비중(specific gravity)은 15°C에서 0.914~0.964이고, 비중은 비누화값(SV)과 아이오딘값(IV)이 긴밀한 관계가 있으며 아래와 같은 식으로 표시할 수 있다.

$$\text{비중} = 0.8475 + 0.00030\ SV + 0.00014\ IV$$

65~250°C의 범위에서 밀도는 0.64 g/L/°C씩 감소하고 고체 지방은 액상일 때보다 높다.

(5) 녹는점

지방질은 구성지방산의 종류에 따라 녹는점(melting point, 융점)이 달라진다. 저급지방산과 불포화지방산 함량이 많은 지방질일수록 녹는점은 낮다. 불포화지방산 함량이 많은 식물성 지방질은 상온에서 액체이고, 포화지방산 함량이 많은 동물성 지방질은 상온에서 고체이며 식물성 지방질보다 녹는점이 높다. 버터는 포화지방산이 많지만 저급지방산이어서 다른 동물성 지방질보다 녹는점이 낮아서 녹기 쉽다.

지방질은 다른 유기화합물과는 달리 녹는점이 예민하지 않으며 녹기 시작하는 온도와 완전히 녹는 온도 사이의 범위가 10°C 정도 차이가 난다. 이와 같은 현상은 어느 지방질이나 대부분 5가지 이상의 지방산으로 된 다양한 중성지방질의 혼합물이므로 지방산 구성에 따라 중성지방질의 녹는점이 다른 데 원인이 있다. 또 다른 이유는 지방질이 3가지 이상의 다양한 결정 형태를 갖는 동질 다형 현상이 유발되기 때문이다. 따라서 다른 유기화합물과는 달리 녹는점으로 지방질을 식별할 수는 없다.

(6) 발연점, 인화점, 연소점

지방질을 점차 강하게 가열하면 지방질 표면에서 옅은 푸른 연기가 발생하는데 이때의 온도를 발연점(smoke point)이라 하고, 발생한 연기가 공기와 섞여서 순간적으로 발화하는 온도를 인화점(flash point)이라 하며, 연속적인 연소를 지속하는 온도를 연소점(fire point)이라고 한다.

지방질을 가열할 때 발생하는 연기는 특히 튀김 식품에 좋지 않은 냄새나 맛을 유발하므로 튀김은 가급적 발연점, 인화점, 연소점이 높은 지방질을 선택하는 것이 바람직하다. 지방질의 발연점, 인화점, 연소점은 여러 가지 요인에 영향을 받는데, 가장 중요한 요인 중의 하나는 유리지방산 함량으로 유리지방산 함량이 많을수록 발연점은 낮아진다. 정제가 안 된 지방질일수록 유리지방산 함량과 불순물의 함량이 증가하므로 발연점이 낮아진다(표 4-7).

표 4-7 유리지방산의 함량 및 정제 정도에 따른 각종 지방질의 발연점, 인화점, 연소점 변화

구분		발연점(℃)	인화점(℃)	연소점(℃)
쇼트닝의 유리지방산 함량(%)	0.04	218	327	366
	0.10	199	313	363
	1.00	160	307	360
콩기름	조제	210	317	354
	정제	256	326	356
옥수수기름	조제	178	294	346
	정제	227	326	359
아마인유	조제	163	287	353
	정제	170	309	360

사용하는 튀김유의 용기 표면적이 넓을수록 발연점은 낮아지고, 튀김유에 혼입된 미세입자가 많으면 이 입자 때문에 거품이 쉽게 생겨 발연점이 낮아진다. 튀김유의 사용 횟수가 많으면 열분해로 인한 유리지방산의 함량이 많아지고 미세입자가 혼입되는 효과가 있으므로 발연점, 인화점, 연소점이 낮아진다.

(7) 고체 지방 지수

실온 부근에서 가소성을 가진 식용유지는 고체 지방과 액체 유지로 함께 존재하는 경우가 많다. 어떤 온도에서의 액체 부분과 고체 부분의 비율은 지방질의 물리적 성질에 매우 중요하다. 지방질은 융해에 의해서 팽창하고 액체에서 고체로 전환 시 수축한다. 따라서 비체적의 변화(팽창, dilation)를 온도에 대하여 그래프로 그리면 열량 곡선의 변화와 유사하다. 즉, 융해에 의한 팽창은 비열과 거의 일치한다. 지방질은 모두 액상이나 고체상일 때 온도에 따른 팽창계수는 서서히 증가하나 고체상에서 액상으로 변화할 때는 급격히 변화한다.

팽창의 측정은 25 g의 지방질을 팽창계에 넣고 온도에 따른 팽창 변화로 쉽게 측정할 수

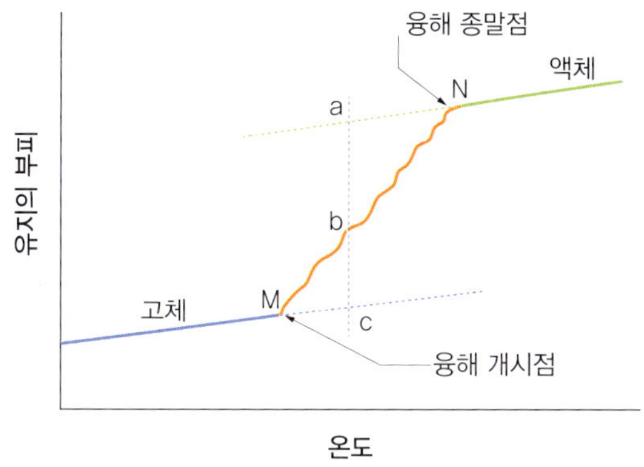

그림 4.2 지방질의 온도 부피 곡선(dilatometric melting curve)

있으며, 이러한 팽창법은 지방질의 융해 행방을 측정하는 데 널리 이용되고 있다. 고체 지방질의 전형적인 팽창과 열량 곡선의 변화를 그림 4.2에 나타내었다. M점은 융해 개시점이며 이 점 이하는 완전한 고체 상태이고, N점은 융해 종말점으로 이 점 이상 부분은 완전한 액체 상태이다. MN곡선은 고체가 점점 융해하는 과정을 나타내는데 만약 지방질이 좁은 온도 범위에서 융해하면 MN곡선은 급격히 변화한다. 융해 개시점과 융해 종말점의 온도 범위가 크면 그 지방질은 넓은 범위의 가소성을 가진다고 볼 수 있다.

고체 부분에서의 변화 곡선과 액체 부분에서의 변화 곡선을 연장하여 Y축과 나란한 ac 직선을 그리면 일정한 온도에서의 고체 부분과 액체 부분을 계산할 수 있다. 그림 4.2에서 (ab/ac)는 고체 부분이며 (bc/ac)는 액체 부분이므로 고체 부분과 액체 부분의 비(ab/bc)를 고체 지방 지수(solid fat index, SFI)라고 하며, 식품의 기능적 특성과 밀접한 관련이 있다.

이는 버터, 마가린, 쇼트닝 등 반고체 지방질의 물리적 성질을 결정하는 데 매우 중요하게 이용된다. 예를 들면 마가린에서는 10°C에서 8~14로 SFI를 조정하고 온도가 높으면 더 낮춘다. SFI 측정의 팽창법은 비교적 정확하고 정밀하지만 50 이하에서만 측정이 가능하다. 최근에는 분석 비용이 저렴하고 측정시간이 빠르며 감도가 높은 핵자기 공명법(nuclear magnetic resonance, NMR)이 고체 지방 지수 측정법으로 매우 유용하게 이용되고 있다.

(8) 굴절률

굴절률(refractive index, RI)은 중성지방질에서 분자량이나 불포화도가 증가할수록 높아진다. 즉, 지방산의 탄화수소 길이가 증가하거나 이중결합 수가 많아지면 증가한다. 이중결합은 공액 이중결합이 증가하면 굴절률이 증가한다. 단순지방질의 굴절률은 이것을 구성하는 지방산보다 상당히 높고, monoacylglycerol과 diacylglycerol이 섞이면 구성지방산이 같을 경우 중성지방질의 굴절률보다 높다.

굴절률은 측정하기가 용이하고 신속하며 시료량이 적게 소요되기 때문에 지방질의 동정, 순도 또는 경화나 이성질화 반응에서의 반응 진행 정도를 측정하는 데 유용하다. 굴절률은 지방질에서 대체로 1°C 증가함에 따라 0.0004 증가하므로 일반적으로 액체 지방질은 25°C, 고체 지방질은 65°C에서 측정한다.

2) 화학적 성질

(1) 중요한 화학적 지수

각종 지방질의 특성을 나타내는 화학적 지수 중에서 중요한 요소로는 비누화값, 아이오딘값, 산값, 라이헤르트-마이슬값, 폴렌스키값, 키슈너값, 로단값, 헥사브롬화물값, 아세틸값, 헤너값 등이 있다.

① 비누화값

비누화값(saponification value, SV, 검화가)이란 지방질 1 g을 비누화하는 데 필요한 수산화칼륨(KOH)의 mg 수를 말하며, 이것은 비누화 반응에서 지방산 알칼리염(비누)을 만드는 데 소요되는 KOH의 양이다. Triacylglycerol 1몰을 완전히 비누화하는 데는 3몰의 KOH가 필요하다. 즉, KOH는 56,100 mg × 3 = 168,300 mg이 필요하다. 그러므로 지방질 1 g을 비누화하는 데 필요한 KOH의 mg 수인 비누화값은 다음과 같이 계산할 수 있다.

$$\text{비누화값} = \frac{168{,}300}{\text{지방질의 평균 분자량}}$$

이론적으로 계산한 몇 가지 단순지방질의 비누화값은 표 4-8에 나타냈으며, 고급지방산이 많을수록 비누화값은 작아지고 저급지방산일수록 커져 비누화값은 지방산의 분자량에 반비례한다.

② 아이오딘값

불포화지방산으로 구성된 지방질은 니켈(Ni) 등의 촉매하에 이중결합이 개열되어 수소

표 4-8 여러 가지 지방산으로 된 중성지방질의 비누화값

지방산명		탄소 수	이중결합 수	분자량		비누화값
일반명	계통명			지방산	중성지방질	
Butyric	Butanoic	4	0	88.10	302.4	556.6
Lauric	Dodecanoic	12	0	200.31	639.0	263.4
Myristic	Tetradecanoic	14	0	228.36	723.1	232.8
Myristoleic	Tetradecenoic	14	1	226.34	717.1	234.7
Palmitic	Hexadecanoic	16	0	256.42	807.3	208.3
Palmitoleic	Hexadecenoic	16	1	254.39	801.2	210.1
Stearic	Octadecanoic	18	0	284.47	891.5	188.8
Oleic	Octadecenoic	18	1	282.44	885.4	190.1
Linoleic	Octadecadienoic	18	2	280.43	879.3	191.4
Linolenic	Octadecatrienoic	18	3	278.41	873.3	192.7
Arachidic	Eicosanoic	20	0	312.52	975.6	172.5
Arachidonic	Eicosatetraenoic	20	4	304.45	951.4	176.9
Behenic	Eicosapentaenoic Docosanoic Docosahexaenoic	20 22 22	5 0 6	302.43 340.57 328.47	945.3 1,059.8 1,023.5	178.1 158.8 164.4

나 할로젠 원소가 쉽게 첨가반응을 일으킨다. Halogen 원소 중 iodine이 첨가되는 반응을 고려하는 아이오딘값(iodine value, IV, 요오드가, 옥도가)은 지방질 100 g 중에 첨가되는 iodine의 g 수를 말한다. 이중결합이 많을수록 아이오딘값은 커진다. Triolein의 경우 아이오딘값은 3×아이오딘 분자량/triolein의 분자량×100 = 3×(127×2/885.4)×100 = 86.1이다. 주요 지방산과 이 지방산으로 구성된 중성지방질 및 주요 지방질의 아이오딘값을 표 4-9와 표 4-10에 나타내었다.

아이오딘값으로 지방질을 분류할 수도 있는데 아이오딘값이 100 이하인 경우를 불건성유(nondrying oil), 100~130인 경우를 반건성유(semidrying oil), 130 이상인 경우를 건성유(drying oil)라고 한다.

③ 산값

지방질 1 g 중에 존재하는 유리지방산을 중화하는 데 필요한 KOH의 mg 수를 산값(acid

표 4-9 주요 불포화지방산과 이를 함유하는 중성지방질의 아이오딘값

지방산	탄소 수	이중결합 수	아이오딘값	
			지방산	중성지방질
Myristoleic	14	1	112.1	106.20
Palmitoleic	16	1	99.8	95.04
Oleic	18	1	81.8	86.06
Erucic	22	1	75.0	72.27
Linoleic	18	2	181.0	173.21
Linolenic	18	3	273.5	261.61
Arachidonic	20	4	333.5	320.17
Eicosapentaenoic	20	5	419.0	402.79
Docosahexaenoic	22	6	463.7	446.42

표 4-10 주요 지방질의 아이오딘값

유지의 종류	아이오딘값	유지의 종류	아이오딘값
코코넛유	6~10	유채유	94~105
버터	20~28	참기름	103~107
쇠기름	35~42	면실유	103~111
팜유	49~59	옥수수기름	111~128
돼지기름	62~79	콩기름	122~134
올리브유	79~88	해바라기씨기름	129~136
땅콩기름	88~98	아마인유	175~202

value, AV)이라고 한다. 산값은 지방질의 특성을 나타내는 화학적 지수일 뿐만 아니라 식용유지의 정제 정도를 나타낸다. 신선한 식용유지는 유리지방산을 약간 함유하고 있으며, 착유나 추출 중에 지방질의 분해로 발생하지만 정제 과정 중에 대부분 제거된다. 유리지방산은 식용유지를 가공·조리·저장 또는 정제가 불충분할 때 함량이 높아지므로 산값은 식용유지의 품질 또는 내력을 나타내는 척도가 된다. 식용유지의 산값이 높으면 변질되었음을 나타내므로 「식품공전」에서는 각종 식용유지의 유리지방산 함량을 규제하고 있다. 여러 가지 식용유지 추출 시 산값과 식품 규격상의 산값을 표 4-11에 나타내었다.

표 4-11 각종 유지의 정제 전 산값 및 식품 규격상의 산값

유지의 종류	산값	식품 규격	유지의 종류	산값	식품 규격
쇠기름	0.25~0.5	0.3 이하	올리브유	10.3~1.0	0.6 이하
돼지기름	0.5~0.8	0.3 이하	땅콩기름	0.7~0.9	0.5 이하
버터	0.5~35.4	–	유채유	0.4~1.0	0.2 이하
콩기름	0.2~1.8	0.2 이하	참기름	4.0~12.0	4.0 이하
팜유	9~11	0.2 이하	해바라기씨기름	9.0~13.0	0.2 이하
옥수수기름	1.4~2.1	0.6 이하	들기름	8.0~13.0	5.0 이하
면실유	0.6~0.9	0.2 이하	코코야자기름	2.5~10.0	0.2 이하

식용유지의 산값은 유리지방산이 그 지방질을 구성하는 제일 많은 지방산으로 구성되어 있다는 가정하에 그 유리지방산 함량으로 표시하는 경우가 있다. 예를 들면 코코야자기름은 라우르산, 팜유는 팔미트산 함량으로 표시할 수 있다. 일반적으로 식용유지 중 가장 많은 지방산은 올레산이므로 유리지방산을 올레산 함량으로 표시하는 경우가 제일 많다. KOH 1몰은 올레산 1몰과 정량적으로 반응하므로 올레산으로 표시된 유리지방산 함량은 산값×올레산 분자량/KOH 분자량의(mg)×100, 즉 산값×282/56,000×100이 되고 산값×0.5는 올레산으로 표시된 유리지방산 함량 %가 된다.

④ 라이헤르트-마이슬값, 폴렌스키값 및 키슈넛값

지방질 5 g을 알칼리로 비누화하고 산성에서 증류하여 얻은 수용성 휘발성 지방산(water soluble volatile fatty acid)을 중화하는 데 필요로 하는 0.1 N-KOH의 mL 수를 라이헤르트-마이슬값(Reichert-Meissl value)이라고 하며, 비수용성 휘발성 지방산(water insoluble volatile fatty acid)을 중화하는 데 필요로 하는 0.1 N-KOH의 mL 수를 폴렌스키값(Polenske value)이라 한다. 즉, Reichert-Meissl값은 물에 잘 녹는 뷰티르산(C_4)과 카프로산(C_6)의 함량을 결정하는 것이고, Polenske값은 물에 녹지 않는 카프릴산(C_8), 카프르산(C_{10}), 라우르산(C_{12}) 및 미리스트산(C_{14}) 함량을 결정하는 것이다.

Reichert-Meissl값은 버터의 위조 검정에 이용된다. 버터의 Reichert-Meissl값은 젖소의 영양, 젖의 분비 주기, 계절 등에 따라 다소 변하지만 보통 23~34로 다른 식용유지보다 높은 데 비해 마가린은 0.55~5.5이므로 쉽게 버터와 마가린을 구별할 수 있다. 한편,

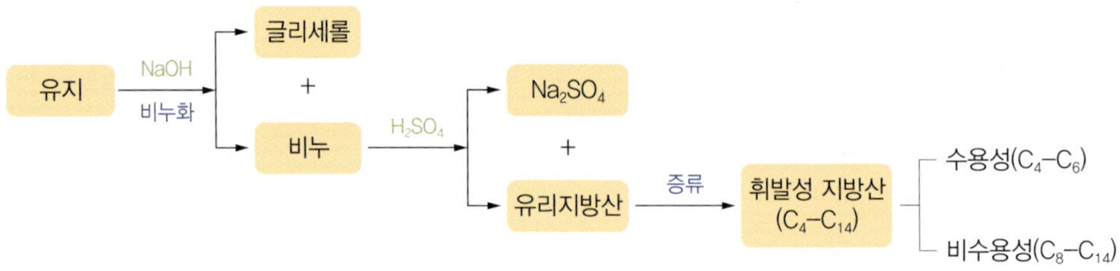

Polenske값은 버터가 1.5~3.5이고 팜유는 16.8~18.2로, 팜유가 버터보다 수용성 휘발성 지방산은 적고 비수용성인 휘발성 지방산이 많으므로 팜유 검사에 이용된다. 지방질 내의 뷰티르산 함량을 나타내는 키슈너값(Kirschner value)은 Reichert-Meissl값을 측정하면서 얻은 휘발성 지방산값을 이용한다. 수용성 지방산 중에서 특히 뷰티르산의 Ag염은 수용성이지만 다른 수용성 휘발성 지방산들의 Ag염이 불용성인 특성을 이용하여 뷰티르산의 함량을 측정한다.

지방질의 Kirschner값은 0.1~0.2 수준이지만 우유 지방의 경우 19~26, 코코넛유는 1.9, 팜유는 약 1.0 정도이다. 우유 지방은 뷰티르산이 많으므로 Reichert-Meissl값과 Kirschner값이 높아 버터나 우유 지방의 위조 검정에 이용한다.

⑤ 기타 지수

로단값(Rhodan value)은 유지 100 g에 부가하는 Rhodan, 즉 thiocyanogen [$(SCN)_2$]의 양을 아이오딘 당량 g 수로 표시한 것이다. $(SCN)_2$와 첨가반응을 일으키는 이중결합은 매우 선택적이며 아이노딘값과는 다르다. 올레산의 경우 iodine이나 thiocyanogen이 동일하게 1몰의 첨가반응을 일으켜 아이오딘값과 Rhodan값은 같으나, 리놀레산은 iodine 2몰이 첨가되는 데 비해 thiocyanogen은 1몰만 첨가되고 리놀렌산은 iodine 3몰이 첨가되는 데 비해 thiocyanogen은 2몰만 첨가된다. 따라서 올레산과 리놀레산의 혼합물의 아이오딘값과 Rhodan값으로 두 지방산의 함량을 추정할 수 있다.

헥사브롬화합물값(Hexabromide value)은 지방질을 비누화한 후 얻은 지방산 100 g에 브롬(Br_2)을 부가반응시켜 이때 부가 생성물 중 에테르류(ethyl ether)에 녹지 않는 부분의 무게를 g 수로 나타낸 것이다. 에테르에 녹지 않는 첨가물의 무게는 hexabromostearic acid와 같은 hexabromofatty acid에 기인한 것이다. 헥사브롬화합물값은 지방질 내의 리놀렌산 함량에 비례하므로 리놀렌산 함량이 많고 그 함량이 비교적 일정한 아마인유나 콩기름

Tip

지방질의 아세틸값(acetyl value)

지방질을 무수아세트산으로 반응시켜 아세틸화된 지방질 1 g을 다시 가수분해할 때 생성되는 아세트산을 중화하는 데 필요한 수산화칼륨(KOH)의 mg 수이다. 무수아세트산과 반응하는 지방질은 구성 지방산 중 하이드록시기(-OH)가 있는 경우만 아세틸화하므로 아세틸값은 유리 하이드록시기의 함량을 표시하는 척도이다. 피마자유(castor oil)은 리시놀레산(ricinoleic acid)을 많이 함유하고 있어 아세틸값이 146~150 수준으로 매우 높지만 대부분의 신선한 지방질은 그 값이 매우 낮아 0에 가깝다.

의 감정 또는 순도 결정에 이용된다.

아세틸값(acetyl value)은 지방질을 무수아세트산으로 반응시켜 아세틸화된 1 g을 가수분해할 때 얻어지는 아세트산(acetic acid)을 중화하는 데 필요한 KOH의 mg 수인데, 무수아세트산과 반응하는 지방질은 지방산 중 하이드록시기(-OH)가 있는 경우만 아세틸화되므로 아세틸값은 하이드록시기를 가진 지방산의 함량을 표시하는 척도가 된다. 피마자 기름에는 리시놀레산(ricinoleic acid)을 많이 함유하고 있어 아세틸값이 146~150 수준으로 매우 높지만 다른 지방질에서는 일반적으로 그 값이 매우 낮다.

헤너값(Hener value)은 지방질 속에 존재하는 물에 녹지 않는 지방산의 함량을 전체 지방질의 양에 대한 비율(%)로 표시한 값으로, 지방질을 비누화한 후 형성되는 비누를 무기산으로 분해할 때 물에서 분리되는 지방산의 함량을 표시한 것이다. 일반적인 지방질의 Hener값은 95 정도이고, 유지방은 87~90, 코코넛유는 82~90으로 낮지만 쇠기름은 95~97, 돼지기름은 97 정도로 높다.

7. 식용유지의 산패

산패(rancidity)라는 말은 라틴어의 악취, 썩은 냄새라는 뜻의 rancidus에서 유래된 말이다. 지방질을 많이 함유하는 식품은 저장·가공·조리 과정에서 화학적 또는 미생물학적인 여러 가지 작용으로 비정상적이고 불쾌한 맛과 냄새가 생성되어 품질이 저하되는데 이런 현상을 식품학에서 산패라고 한다. 산패는 지방질 성분이 산소의 흡수로 산화되는 경우(자동산화 및 가열산화)와 물, 산, 알칼리 및 효소에 의해 유리지방산이 생성되어 불쾌한 냄새와 맛을 생성하는 경우, 바람직하지 않은 냄새를 흡수하여 변화되는 경우(변향, flavor reversion) 등이 있는데 이 중 자동산화에 의한 산패가 가장 많다.

지방질 산패는 산화적 산패(oxidative rancidity)와 비산화적 산패(non-oxidative rancidity)로 크게 나뉜다. 산화적 산패는 생화학적 산패(biological rancidity)와 비생화학적 산패(non-biological rancidity)로 나뉘는데, 생화학적 산패는 주로 lipoxygenase에 의한 불포화지방산의 산화를 가리키며 헴 화합물이나 엽록소(chlorophyll) 등의 산화 촉진제에 의한 지방질의 산화도 포함된다. 비생화학적 산패는 생화적 물질과 관계없이 자동산화에 기인하는 것이다. 비산화적 산패는 가수분해에 의한 산패(hydrolytic rancidity)와 케톤에 의한 산패(ketonic rancidity)로 나뉘는데, 후자의 전형은 *Penicillium glaucum*과 같은 미생물의 작용으로 홀수 탄소의 methyl ketone이 생성되어 불쾌한 냄새 발생의 원인이 되는 것이다.

1) 가수분해에 의한 산패

지방질은 물과 접촉하는 동안 약한 산 또는 알칼리, 열처리에 의해서 화학적 가수분해가 일어날 수 있지만 대부분은 동식물 조직 및 미생물 내에 존재하는 가수분해효소에 의한다. 가수분해에 의한 산패는 수분 함량이 많고 저급지방산 함량이 많은 낙농 제품에서 특히 문제가 된다. 3~4%의 지방질과 87~88%의 수분을 함유하는 우유는 전형적인 O/W형 유화액이며 우유 중의 지방은 물과 접촉하는 계면의 면적이 넓기 때문에 가수분해에 의한 지방질의 변질이 발생하기 쉽다. 또한 우유나 버터, 치즈와 같은 유제품의 지방질은 저급지방산을 많이 함유하고 있는 것에서 지방질이 가수분해되면 탄소 사슬이 짧은 휘발성 유리지방산이 생성되므로 독특한 불쾌취를 내게 된다. 이는 저급지방산의 향기 역치가 뷰티르산은 0.5~10 ppm, C_6~C_{12}의 지방산은 3~10 ppm 정도로 낮기 때문이다.

쌀겨기름, 팜유, 올리브유 등의 식물성 지방질은 착유할 때 식물 조직으로부터 혼입되는 lipase의 활성이 매우 강하므로, 식물성 원유(crude oil) 중의 lipase에 의한 지방질 가수분해 산패를 특히 조심해야 한다. 동물성 지방질도 동물이 죽은 후 lipase의 활성이 강하므로 동물성 지방질 원유 내의 유리지방산 함량이 많아져 용출 시(rendering) 용출 온도를 lipase의 불활성 온도까지 높여야 한다. 대부분의 어류는 냉동으로 장시간 저장하는 동안 phospholipase A_2 효소에 의해 인지방질의 가수분해가 일어나 품질 저하의 원인이 된다.

튀김 과정 중에는 튀김유의 온도가 높고 식품에서 수분이 유입되어 지방질의 열 가수분해로 유리지방산 함량이 높아져 발연점을 낮추는 등 식용유지의 품질이 낮아지고 튀김 식품의 질도 나빠진다. 유리지방산이 함유된 지방질은 중성지방질보다 산화되기 쉽다.

2) 자동산화

지방질을 저장하면 공기 중의 산소를 흡수하여 지방질마다 속도의 차이는 있지만 어느 단계에 이르면 반드시 산화가 일어난다. 이러한 산화는 상온 이하의 낮은 온도 및 낮은 농도의 산소 조건에서도 자연 발생적으로 일어나고 자유라디칼(free radical)이 계속 관여하여 연쇄적으로 진행되기 때문에 자동산화(autoxidation)라고 한다. 일반적으로 지방질이 산소를 흡수하는 속도는 자동산화가 일어나는 초기에는 아주 낮으나 어느 기간이 지난 후에는 매우 급격하게 증가된다(그림 4.3). 산소 흡수속도가 매우 낮은 어느 일정 기간을 유도기간(induction period)이라고 하는데, 지방질의 종류에 따라 유도기간은 다르다. 일정한 유도기간이 지나면 산소의 흡수속도가 매우 빠르고 산화 생성물인 과산화물(hydroperoxide)의 함량이 크게 증가한다.

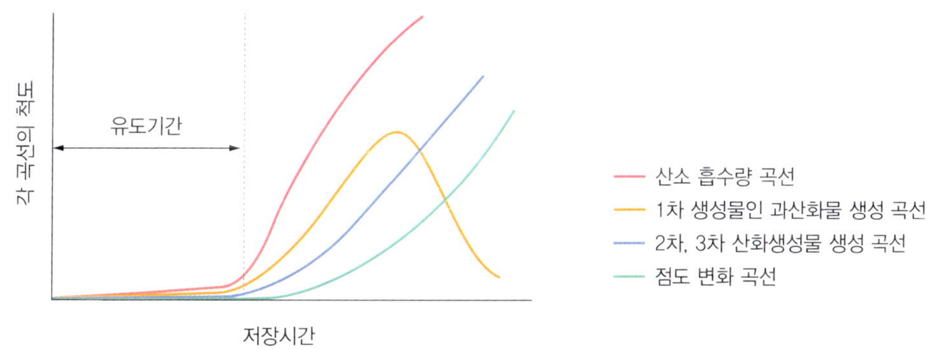

그림 4.3 지방질의 여러 가지 자동산화 과정을 나타내는 곡선

일반적으로 산소 흡수속도는 지방질의 불포화도에 의해 가장 큰 영향을 받는데 불포화도가 클수록 그 산화속도는 빨라지고 유도기간은 짧아진다(그림 4.3). 지방질 함유 식품이 산패취라는 이취를 발생하는 등 식품 변질의 주요 원인이 되는 자동산화는 식품산업계의 큰 관심을 끌고 있다. 지방질의 산화반응은 영양적 가치를 감소시킬 뿐만 아니라 어떤 산화 생성물은 독성도 갖는다. 이러한 산화반응은 치즈 숙성이나 튀김 식품에서는 제한적으로 지방질 산화를 유발하기도 한다. 이와 같은 이유로 지방질 산화물의 동정, 생성 조건, 생성 메커니즘에 대한 연구가 많이 이루어지고 있다. 산화반응은 매우 복잡하여 올레산, 리놀레산, 리놀렌산 같은 보다 단순한 모델계가 연구에 이용되고 있다. 이 방법은 매우 유

용한 정보를 제공하지만 복잡한 식품 유지계에 적용시키는 데에는 신중해야 한다.

(1) 자동산화의 메커니즘

자동산화는 전형적인 자유라디칼 반응 메커니즘에 의하여 진행된다. 이 반응은 개시단계(initiation), 전파단계(propagation), 종결단계(termination)로 나뉜다.

① 개시단계

개시단계에서는 가열에너지, 기계적에너지, 광에너지, 화학에너지, 금속 촉매제 등의 개시제(initiator)에 의해서 활성화되며, 분자 내에 공유결합을 이루고 있는 전자쌍이 두 갈래로 나뉘어져 수소가 떨어짐으로써(abstract) 자유라디칼이 생성되는 단계이다. 최근에는 엽록소, myoglobin 같은 감광제(photosensitizer)에 의해서 생성되는 일중항산소가 산화반응의 개시단계를 일으키는 것도 밝혀졌다.

RH + Initiator → Initiator H + R• (자유라디칼의 생성) … 일반적 개시단계

RH + $^1O_2$(일중항산소) → ROOH(hydroperoxide의 생성) … 일중항산소에 의한 개시단계

② 전파단계

개시단계에서 생성된 자유라디칼은 공기 중의 산소와 결합하여 다음 반응과 같이 과산화 라디칼(peroxy radical)이 되고, 이것은 또 다른 지방질로부터 수소를 떼어 내어 과산화물(ROOH)과 자유라디칼을 생성한다. 이러한 자기촉매적(autocatalytic) 반응은 연속적 또는 연쇄적으로 진행된다.

과산화물로부터 자유라디칼이 쉽게 생성될 수 있으므로 과산화물이 생성되는 즉시 산

$$R\cdot + O_2 \longrightarrow ROO\cdot$$

$$ROO\cdot + RH \longrightarrow ROOH + R\cdot$$

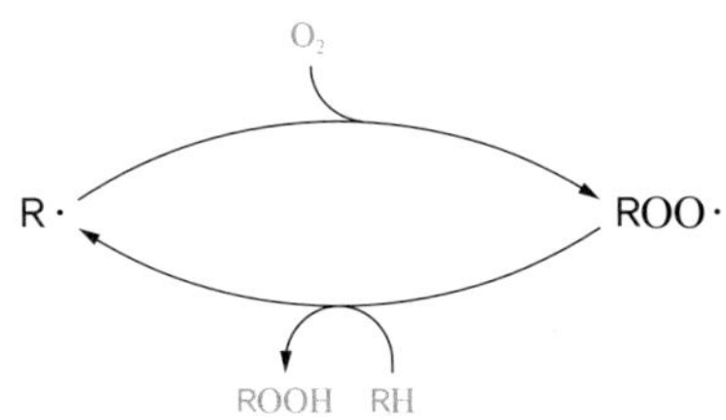

화반응은 기하급수적으로 연속 진행된다. 산화반응 초기에는 과산화물의 생성속도가 분해속도보다 빠르므로 그 양은 일정 수준까지는 증가하게 된다.

③ 종결단계

이상에서 활성이 매우 큰 각종 라디칼에 의해서 수소를 떼어 내기 쉬운 지방질이 거의 소진되면 라디칼끼리 결합하여 산소의 양에 따라 중합 화합물이 생성된다. 이렇게 형성된 새로운 중합 생성물은 지방질의 이화학적 성질에 영향을 끼친다.

$$R\cdot + R\cdot \longrightarrow R-R$$ (산소의 양이 적을 때)

$$ROO\cdot + ROO\cdot \longrightarrow ROOR + O_2$$ (산소의 양이 많을 때)

$$RO\cdot + RO\cdot \longrightarrow ROOR$$ (산소의 양이 많을 때)

(2) 과산화물의 생성과 분해

① 과산화물의 생성

자동산화 과정 중 과산화물이 생성되려면 지방산 분자로부터 수소 원자가 이탈하여 유리된 자유라디칼이 형성되어야만 한다. 지방산 내 탄소 사슬로부터 수소가 이탈되는 데 필요한 에너지, 즉 여러 가지 올레핀(olefin) 화합물에서 수소의 해리에너지는 표 4-12와 같으며 이중결합 사이의 메틸렌기로부터 수소를 떼어 내는 데 가장 적은 에너지가 소요되고, 다음은 이중결합 바로 옆 탄소의 수소이다. 그러므로 탄소 수가 같으면서 이중결합 수가 다른 18:1, 18:2, 18:3 지방산의 상대 산화속도는 빠르게 증가한다.

표 4-12 올레핀 화합물 및 과산화물로부터 밑줄 친 수소를 떼어 내는 데 필요한 해리에너지

화합물	ΔE (kcal/mol)
$\underline{H}-CH=CH_2$	103
$\underline{H}-CH_2-CH_2-CH_3$	100
$CH_3-CH(\underline{H})-CH=CH-CH_2-$	77
$-CH=CH-CH(\underline{H})-CH=CH-$	65
$HOO-R$	90

일반적으로 이중결합 바로 이웃 탄소(α-탄소)의 수소 원자 떼기반응(abstraction reaction)으로 생성된 자유라디칼은 다음과 같이 공명에 의해 안정화되려는 경향이 있다.

공명 현상 때문에 이중결합의 위치 변동이 일어나 천연 지방질에는 거의 없는 공액 이중결합(conjugated diene) 형태의 과산화물 이성질체가 생성되고, 이중결합의 *cis*형이 *trans*형으로 변화되기도 한다.

예를 들면 methyl oleate의 경우 8, 11번 탄소의 수소가 떨어지고 이들은 각각 allylic radical이 된 후 공명혼성체(resonance hybrid)를 이루어 안정화된다. 즉, 아래 그림의 반응과 같이 공명화한 후 산소를 흡수하여 4가지의 8, 9, 10 및 11-hydroperoxide를 형성한다. 이때 이중결합의 *cis*형이 *trans*형으로 이성질화될 수 있으므로 모두 8종류의 과산화물 이성질체가 형성된다.

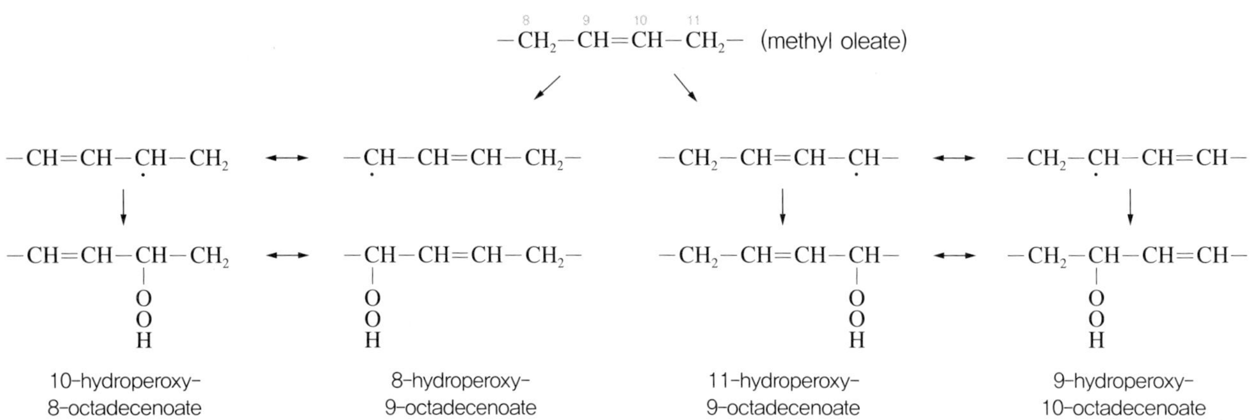

최근 연구에 의하면 8 및 11-hydroperoxide는 *cis* 및 *trans*형이 거의 같은 함량으로 각각 27% 정도 생성되며, 9 및 10-hydroperoxide는 각각 23% 정도 생성되는데 이는 거의 전부가 *trans*형임이 밝혀졌다. 즉, 자연계에 존재하는 지방산의 이중결합은 대부분 *cis*형인데 지방질이 산화되면 *trans*형으로 이성질화된다.

Methyl linoleate로부터 과산화물이 생성되는 과정은 다음 그림과 같은데, 리놀레산은 올레산보다 3~50배 정도 더 빨리 산화된다. 이는 이중결합 사이에 위치한 탄소 11번째의 메틸렌기가 반응성이 더 크기 때문이다.

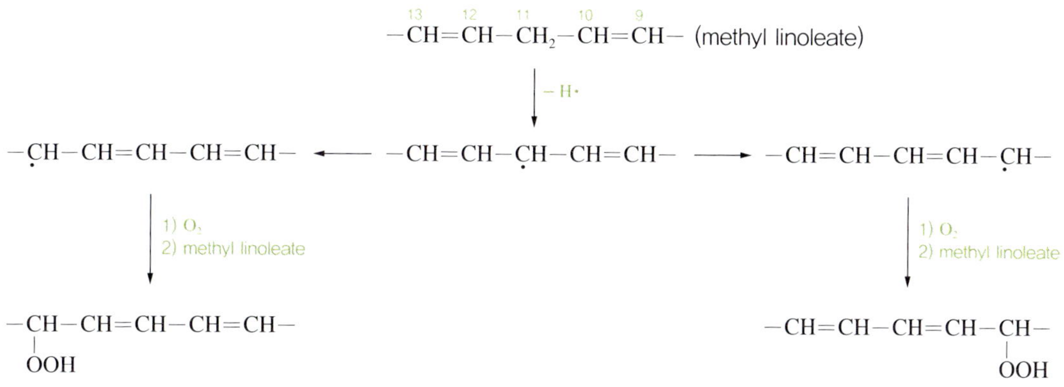

13-hydroperoxy-9,11-octadecadienoate

9-hydroperoxy-10,12-octadecadienoate

따라서 9 및 13-hydroperoxyoctadecadienoate가 생성되며(11-hydroperoxy 이성질체는 이론적으로는 생성될 수 있지만 실제로는 존재하지 않음이 규명됨), 생성물은 각각 *cis* 및 *trans*형을 갖기 때문에 모두 8개의 과산화물 이성질체가 형성된다. 특히 과도하게 산화된 경우에는 *trans*, *trans*형의 생성량이 많다. 또한 methyl linoleate 내의 이중결합은 비공액 이중결합(non-conjugated double bond)을 하고 있으며, 산화 생성물인 과산화물 내의 이중결합은 공액 이중결합(conjugated double bond)으로 변환되므로 자동산화된 지방질 중에는 공액 이중결합을 가진 화합물이 많아진다.

② 과산화물의 분해

과산화물은 생성되면 바로 분해가 시작된다. 자동산화의 초기에는 생성량이 분해량보다 많지만 후기에는 이와 반대로 된다. 과산화물은 우선 균일분해(homolytic cleavage)로 alkoxy radical로 분해된다.

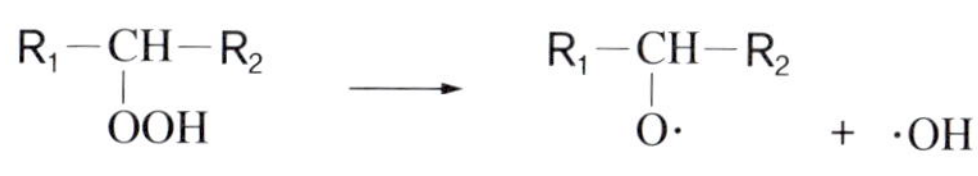

alkoxy radical

Alkoxy radical은 지방질 또는 다른 radical과 반응하여 케톤 화합물, 알코올 화합물 등을 만든다.

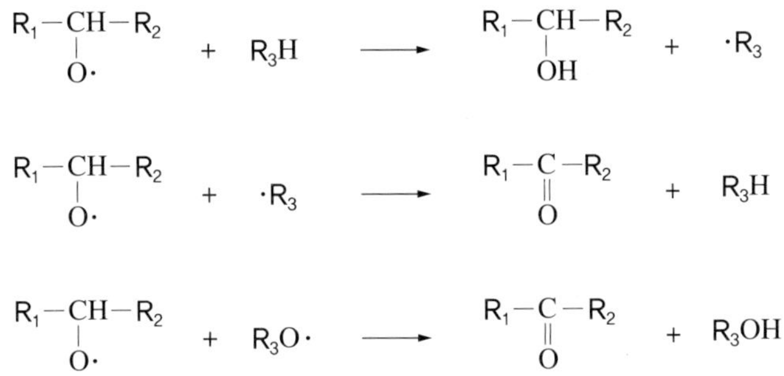

Alkoxy radical은 radical 바로 양옆 C-C 결합이 절단(scission)되어 aldehyde 등 많은 화합물을 만든다.

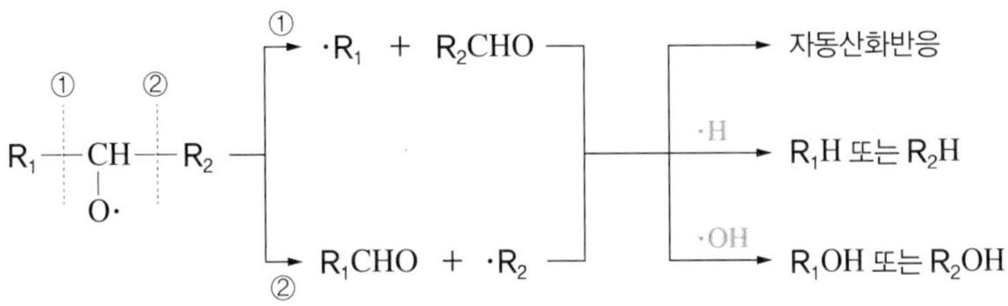

이와 같은 반응으로 많은 종류의 분자량이 작은 aldehyde, 지방산, alcohol 화합물, 탄화수소 등이 생성된다. 특히 aldehyde는 산패취의 중요 성분이 된다.

균일분해와는 대조적으로 과산화물과 이중결합 사이에서 아래와 같은 비균일분해(heterolytic cleavage)도 일어난다. 이와 같은 개열에 의한 카보닐 화합물이 때로는 균일분

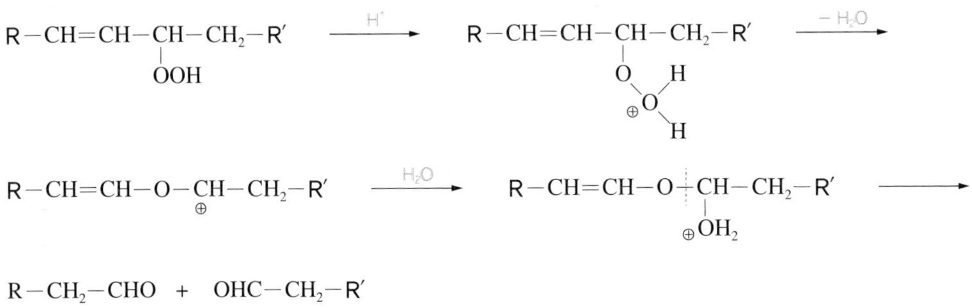

해보다 많다고 보고되었다.

리놀레산이나 리놀렌산으로부터 유도된 과산화물은 과산화물 고리 과산화물을 만들고 과산화물 고리 사이의 -C-C- 개열과 hydroperoxide기 탄소에서 열분해가 쉽게 일어나 많은 종류의 화합물이 생성된다. 과산화물은 이와 같은 반응으로 malonaldehyde나 epoxy 화합물을 만들 수도 있다.

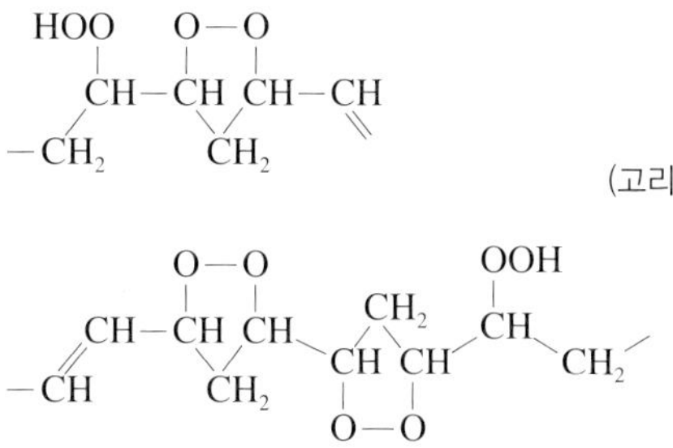

(고리 과산화물)

(malonaldehyde)

(epoxy 화합물)

또한 저분자 카보닐 화합물에 이중결합이 있는 경우에는 다시 이와 같은 방법으로 더 작은 분자량의 많은 화합물이 생성된다.

이상과 같은 자동산화반응과 과산화물의 분해를 그림 4.4와 같이 간단히 요약할 수 있다.

3) 일중항산소에 의한 산화

불포화지방산의 산화 주경로는 자유라디칼에 의한 자가촉매반응인 연쇄반응이다. 지방산(RH)의 이중결합에 보통 산소(삼중항산소, $^3O_2$)가 직접 잘 결합하지 않으므로 연쇄반응을 시작하는 데 필요한 최초의 자유라디칼 생성에 관한 것은 설명하기 쉽지 않다. 지방산의 -C=C- 결합과 과산화물은 일중항 상태이기 때문에 삼중항산소와 결합하기 어렵다. 그러므로 광산화반응에 의해서 생성된 일중항산소는 자유라디칼을 생성시키지 않고 개시반응을 일으키는 것으로 설명하고 있다.

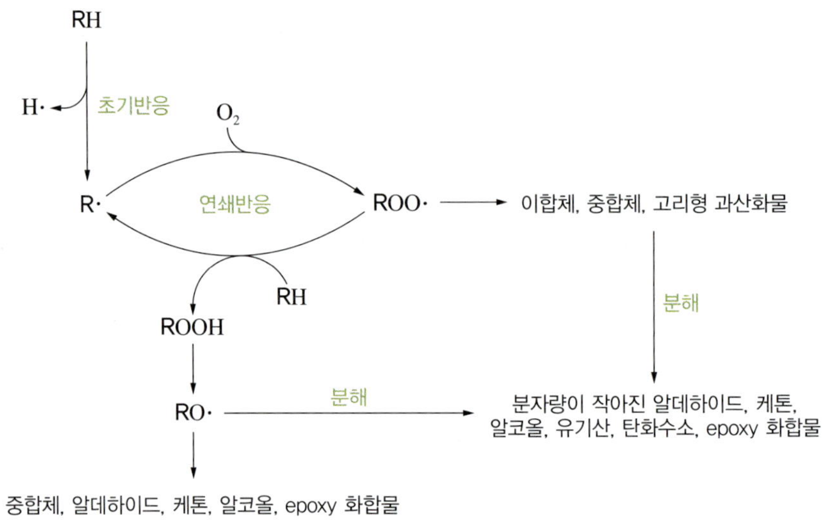

그림 4.4 자동산화반응과 과산화물의 분해

삼중항산소(triplet oxygen)는 반결합 2p 궤도에서 두 전자의 회전은 같으나 궤도가 다르다. 그러므로 반발하는 정전기적 힘이 약하다. 일중항산소(singlet oxygen, $^1O_2$)는 두 전자의 회전이 반대이므로 정전기적 반발력으로 들뜬상태가 된다. 일중항산소는 두 가지 다른 에너지 상태로 존재하는데 $^1\triangle$은 바닥상태보다 22 kcal가 높고 $^1\Sigma$은 37 kcal가 높다.

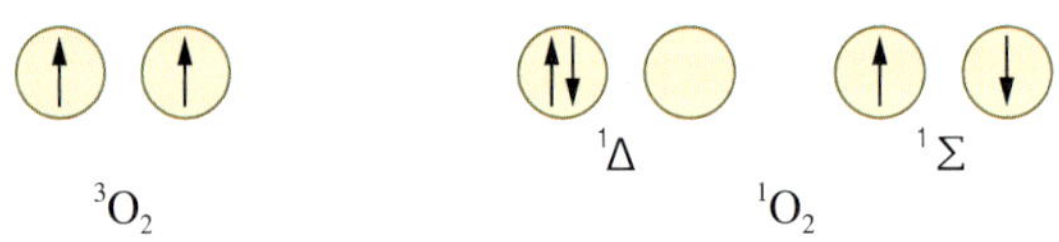

식품 중에 존재하는 천연 색소가 감광제(sen*)로 작용하여 다음과 같이 일중항산소가 생성된다.

$$\text{sen} \xrightarrow{h\nu} \text{sen}^* \text{ (들뜬상태)}$$

$$\text{sen} + {}^3O_2 \longrightarrow {}^1O_2 + \text{sen}$$

일중항산소를 생성하는 감광제로 천연 색소는 엽록소, pheophytin, hematoporphyrin, hemoglobin, myogobin 등이고 합성색소는 erythrosine 등이 있다. β-Carotene은 효율

적인 일중항산소 소거제이다. 천연 산화방지제인 tocopherol과 합성 산화방지제인 BHA와 BHT도 이러한 작용이 있다.

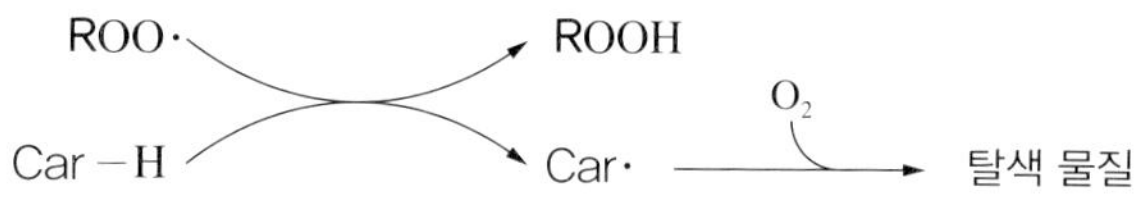

전자 밀도가 높은 -C=C- 결합은 삼중항산소보다 친전자성인 일중항산소와 1,500배나 빨리 반응한다. 일중항산소는 자동산화에 의해 생성된 과산화물과는 다르게 이중결합 양쪽 탄소와 결합하고 이중결합은 *trans*형으로 바뀐다. 따라서 올레산으로부터는 9 및 10-hydroperoxide〔9-OOH(Δ10), 10-OOH(Δ8)〕가, 리놀레산으로부터는 9,10,12,13-hydroperoxide〔9-OOH(Δ10,12), 10-OOH(Δ8,12), 12-OOH(Δ9,13), 13-OOH(Δ9,11)〕가, 리놀렌산으로부터는 9,10,12,13,15,16-hydroperoxide〔9-OOH(Δ10, 12,15), 10-OOH(Δ8,12,15), 12-OOH(Δ9, 13,15), 13-OOH(Δ9,11,15), 15-OOH(Δ9,12,16), 16-OOH(Δ9,12,14)〕가 생성된다.

4) 효소에 의한 산화

지방산의 산화를 촉진하는 효소는 lipoxygenase와 lipohydroperoxidase (hydroperoxide lyase)의 2종류가 있다. 2종류의 효소는 콩, 곡류, 가지, 감자, 완두 등 식물성 식품에 광범위하게 분포하고 있으며, lipoxygenase는 불포화지방산이 산화되어 과산화물이 되는 반응을 촉매하고 lipohydroperoxidase는 과산화물의 분해를 촉매하는 효소이다. 식물의 종류에 따라 이들 효소의 성질은 다소 차이가 있으나 일반적으로 최적 pH는 중성 부근이다. Lipoxygenase의 최적 온도는 상온 부근이지만 lipohydroperoxidase는 어느 정도 가열하지 않으면 불활성화되지 않을 정도로 열에 강한 편이다. Lipoxygenase의 기질이 되는 지방산은 *cis*, *cis*-1,4-pentadiene이 있는 다가 불포화지방산, 즉 리놀레산, 리놀렌산, 아라키돈산이며 올레산은 기질이 될 수 없다.

이 반응에 의한 생성물은 공액 이중결합인 *cis*, *trans*-pentadienyl hydroperoxide이고 *trans*형은 과산화물에 바로 이웃해 있다. 자동산화와 달리 효소반응이므로 기질의 특이성, 생성물의 특이성, 반응의 pH 등은 일반적인 효소 촉매반응 특성을 가진다. 지방질에서 수소 원자의 이탈은 1,4-pentadiene 이중결합 사이의 메틸렌기가 11번 위치에 있을 때 가장 쉽게 일어나며, 효소 성질에 따라 두 가지 종류로 나눌 수 있다(때로는 상호전환이 가능한 것도 있음).

I형 lipoxygenase는 적정 pH가 9.0 부근이며 기질 특이성과 생성물 특이성이 강하다. 이 형에 속하는 효소는 9-hydroperoxide나 13-hydroperoxide만을 만든다. 아마씨, 콩, 땅콩, 가지에 있는 효소는 13-hydroperoxide를 만들고, 옥수수, 토마토, 감자에 있는 것은 9-hydroperoxide만을 만든다. II형 lipoxygenase는 적정 pH가 6.5 정도 되며 에스터화한 지방질에도 활성이 있고 9 및 13-hydroperoxide를 거의 같은 양을 만드는 등 특이성이 적어 자동산화와 유사하다. II형은 공산화(cooxidation) 반응을 일으켜 carotene이나 엽록소를 탈색시킬 수 있다.

Lipoxygenase는 활성 부위에 철 원자를 가지고 있는 금속 단백질이며, 과산화물에 의하여 활성화되는데 이때 철 원자는 2가 상태에서 3가 상태로 변화된다. 산화의 메커니즘은 그림 4.5와 같이 나타낼 수 있다.

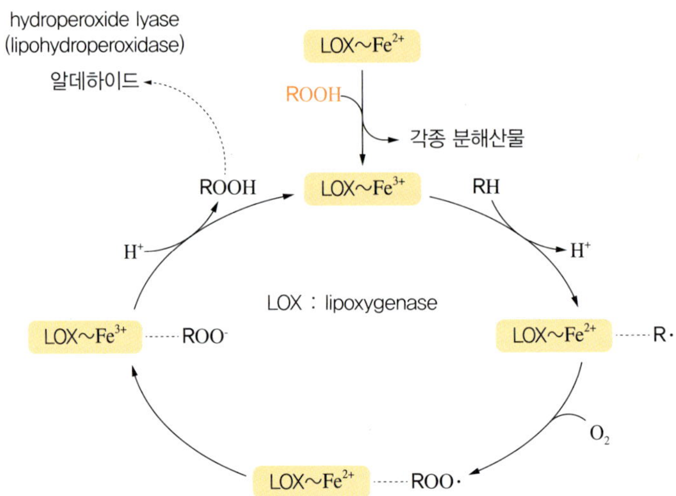

그림 4.5 Lipoxygenase에 의한 지방산화 발생 메커니즘

또한 과일과 채소에는 lipohydroperoxidase가 있어 과산화물을 분해하여 6C, 9C aldehyde를 만든다. 오이의 독특한 냄새는 2,6-nonadienal에 의한 것인데 이것은 lipoxygenase 효소에 의해서 만들어진다.

5) 변향에 의한 산패

일부 지방질은 자동산화에 의한 산패가 일어나기 훨씬 전에 풋내나 비린내와 같은 이취를 발생하는 경우가 있다. 예를 들면 풀 냄새와 콩 비린내를 가진 콩기름 원유(crude oil)를 탈취 등의 정제 과정을 거쳐 냄새를 제거한 후 잠시 저장하는 동안 다시 풀 냄새와 콩 비린내가 나는 경우가 있다. 이를 냄새의 발생 또는 변화가 정제하기 이전의 지방질이 가졌던 냄새로 복귀한다는 뜻에서 변향(flavor reversion)이라고 한다. 변향은 일반적인 산화적 산패를 일으키는 데 필요한 산소량의 (1/50) 이하에서도 일어날 수 있다는 점에서 자동산화에 의한 산패와는 구별된다.

변향과 자동산화에 의한 산패의 메커니즘은 명확하게 구별하기가 어렵다. 변향도 지방질의 자동산화 과정에 야기되는 것으로 알려져 있으나, 옥수수기름, 아마인유 등과 같이 리놀렌산을 많이 함유하고 있는 일부 지방질에서 변향이 더 잘 일어난다는 점에서 변향의 메커니즘은 자동산화에 의한 산패 메커니즘과는 다를 것으로 추측하고 있다. 또한 변향은 리놀렌산 존재하에 촉진되며, 이 반응의 10-hydroperoxide는 리놀레산의 자동산

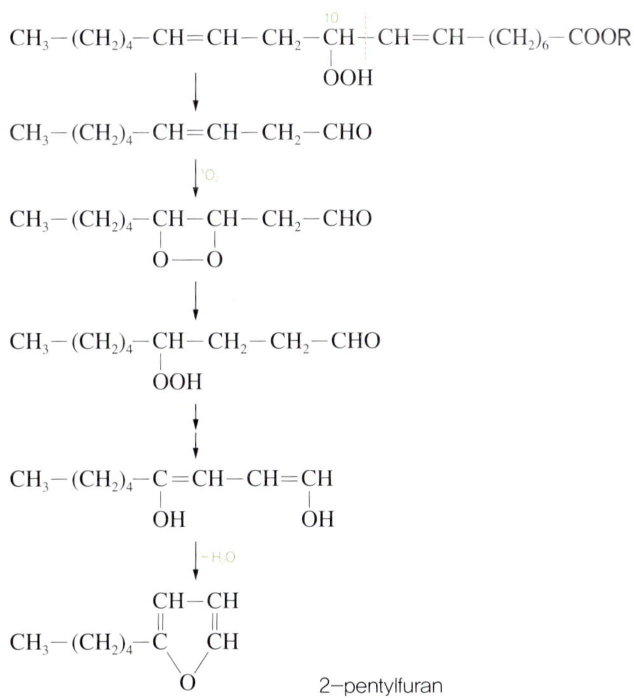

그림 4.6 지방산화에 의한 변향 성분인 2-pentylfuran의 발생 메커니즘

화 과정에서는 쉽게 만들어지지 않는다. 이것은 일중항산소 존재하에서 생성되는 과산화물이며 향기가 자동 산패와는 구별되기 때문에 일반적인 산패와 다르다. 최근에 변향된 콩기름에서 2-n-pentylfuran 외에 *cis*- 및 *trans*-2-(1-pentenyl)furan, heptanal, hexanal, ethylvinylketone 등이 검출되었으며, furan 화합물 생성에 대한 메커니즘은 그림 4.6과 같이 밝혀져 있다.

6) 가열에 의한 산화

가열 산화는 공기 존재하에서 지방질을 고온으로 가열할 때 일어나는 산화 과정이다. 식용유지의 가열 산화가 가장 명백하게 발생되는 과정은 140~200°C의 튀김 과정(deep fat frying)이다. 고온에서 식용유지를 가열하면 수많은 반응과 복잡한 변화가 일어난다. 이러한 반응과 변화는 식용유지의 향미, 외관, 영양가 및 독성의 관점에서 볼 때 매우 중요하다. 식용유지를 튀김온도 범위로 가열하였을 때 일어나는 중요한 반응들을 그림 4.7에 나타내었다.

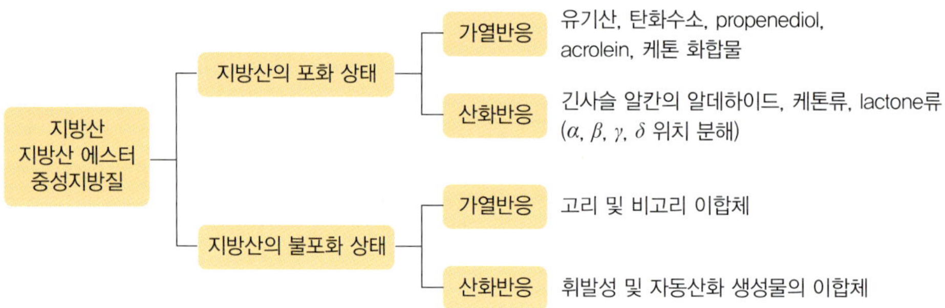

그림 4.7 **포화 및 불포화 지방산의 가열 산화반응**

가열 산화는 위에서와 같이 지방산의 이중결합과 산소의 조건에 따라 다르다. 포화지방산으로 된 지방질이 산소가 없을 때는 다음과 같이 6원자 고리화합물이 형성되고, 이어서 유리지방산과 propanediol diester가 생성되는 반응을 비롯하여 많은 반응이 일어난다.

지방질을 구성하는 지방산의 탄소 수가 C_n이라면 제일 많은 생성물은 C_{n-1} alkane이며 C_n의 지방산, C_{2n-1}의 ketone, propanediol diester, diacyldiglycerol, acrolein, CO, CO_2 등이 생성된다.

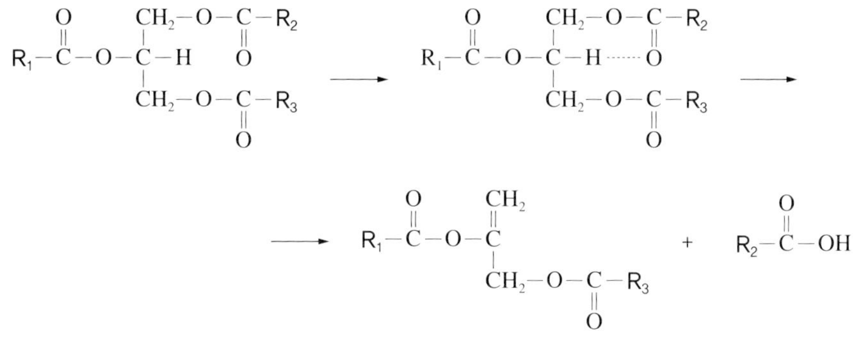

propanediol diester

포화지방산으로 된 지방질이 산소가 있을 때의 주요 생성물은 2-alkanones, *n*-alkanals, lactone, *n*-alkane 및 1-alkenes 등이며 생성량은 산소가 없을 때보다 훨씬 많다. 이러한 화합물의 주요 생성 메커니즘은 지방산의 α, β, γ 위치에서 산화되어 mono-hydroperoxide가 생성되고 다시 α, β, γ 위치에서 C-C 결합의 개열이 일어나 많은 화합물이 생성된다. 예를 들어 지방산의 β위치에서 산화가 되고 α, β, γ 위치에서 개열되면 각각, C_{n-1} methylketone, C_{n-2} alkanal, C_{n-3} alkane이 생성된다.

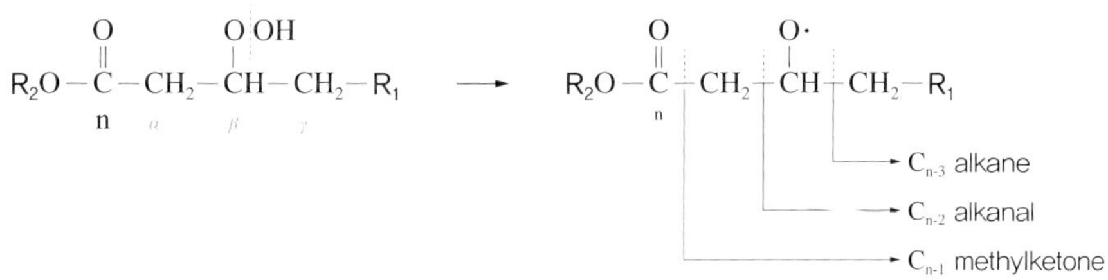

이와 같이 생성된 화합물은 다시 산화되어 분자량이 작은 지방산이 만들어지고 다시 이 지방산은 분해되어 작은 분자량의 탄화수소, aldehyde, ketone, lactone 화합물이 된다.

불포화지방산이 함유된 지방질은 산소가 없는 가열반응에서 이합체 화합물이 가장 많이 생성되지만 저분자의 분해 물질도 만들어진다. 이합체 화합물의 생성은 첫째로 높은 온도에서 자동산화가 가속화되고 자동산화의 종결반응에 의한 monoene과 diene의 비고리형 이합체이다. 두 번째는 산화 과정 중에 생성된 공액 이중결합과 monoene 지방산이 딜스-알더반응(Diels-Alder reaction)에 의해 생성되는 이합체이다. 이 반응은 계속 삼합체 이상의 중합체나 포화 상태의 단일고리형과 두 고리 형태의 화합물 등 복잡한 형태의 화합

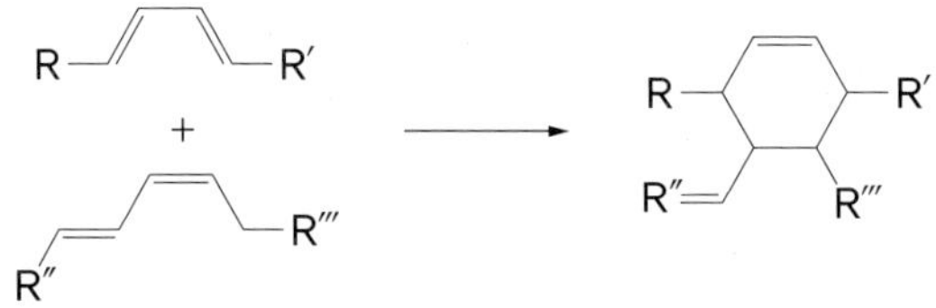

Diels-Alder 반응

물을 만든다.

불포화지방산의 산화적 가열반응은 특히 분해반응이 매우 빨리 진행된다. 고열과 상온에서의 산화반응은 약간의 차이는 인정되지만 중요한 반응경로는 거의 일치한다. 그러므로 높은 온도에서 생성된 주요 화합물은 상온에서의 생성화합물과 거의 일치하나 고온에서는 과산화물의 분해와 2차 산화가 매우 빠르다. 앞에서 언급한 산소가 없는 가열반응에서 생성된 중합체는 산소가 있는 상태에서 에테르와 과산화 결합(ether, peroxide bridge)은 물론 과산화물, 하이드록시기, 에폭시기, 카복실기를 가진 중합체를 많이 생성한다.

7) 튀김의 화학

음식을 튀길 때 식용유지의 튀김온도는 180°C 부근이고 튀김 시간은 식품에 따라 다르며 공기에 부분적으로 노출된다. 그러므로 튀김 과정 중에 지방질과 식품은 많은 물리적·화학적 변화가 일어나 5~40%의 지방질을 흡수하여 식품의 열량에 큰 변화를 준다. 튀김유는 가열에 의한 산화에서 언급한 바와 같이 식품에서 계속적인 수분의 유입 및 가수분해반응에 의해 유리지방산이 생성되는 동시에 많은 종류의 휘발성 물질(aldehyde, 케톤류, 탄화수소류, 락톤류, 알코올류, 에스터류) 등이 생성되는데, 이 물질의 양은 식품과 지방질의 형태 및 가열 조건에 따라 다르다. 그러나 휘발성 물질의 생성과 휘발로 인한 손실은 평형을 이루어 일정하게 된다. 또한 지방산과 중성지방질의 중합체가 생성된다.

이러한 반응으로 지방질은 유리지방산 함량, 점도, 검은 색조, 표면장력이 증가하게 되며 아이오딘값은 감소하고 굴절률의 변화가 크며 발포 현상이 증가하게 된다. 튀김 중 식품에서 물이 뜨거운 지방질에 방출되어 수증기로 증발할 때 휘발성 산화 분해물도 같이 제거된다. 방출된 수분은 식용유지를 교반하는 효과가 있으며 가수분해를 촉진한다. 식품 내에는 식품과 지방질의 상호작용으로 황화합물이나 pyrazin 유도체와 같은 휘발성 물질도 생성된다. 튀김 과정에서 식품은 지방질을 흡수하므로 식용유지를 계속 보충하여야 하며, 식품 자체 내의 지방질이 튀김유지로 방출되어 튀김유지와는 산화 안정성이나 기타 물리적·화학적 성질이 다른 식용유지가 된다. 적절한 튀김 조건하에서는 식품의 기호성이 증가하나 적절하지 못한 경우에는 튀김식품의 기호성과 영양적 가치가 감소하게 되며, 이러한 이화학적·감각적 특성의 변화는 튀김유지와 식품의 조성, 튀김온도, 튀김시간, 지방질의 산화에 관련된 금속의 오염 여부, 튀김기계의 형태 등이 영향을 미친다.

8) 유지의 산화속도에 영향을 미치는 인자

식품은 지방질의 물리적·화학적 성질과 산화에 대한 감수성이 현저히 다른 다양한 지방산을 함유할 뿐만 아니라 비지방질 성분은 지방질과 같이 산화되거나 상호작용이 있어 지방질의 산화는 매우 복잡하게 진행된다. 그러므로 산화동력학(kinetics of lipid oxidation)을 정확하게 예측할 수가 없으나 다음과 같은 주요 인자들이 지방질의 산화에 영향을 준다.

(1) 지방산 조성과 함량

이중결합의 수, 위치, 기하이성질체 등이 산화속도에 영향을 미친다. 이중결합의 수가 많을수록 산화가 촉진된다. 포화지방산의 자동산화속도는 극히 낮아 불포화지방산의 산패취가 검출된 뒤에도 산화되지 않고 그대로 남는다. 그러나 고온에서는 앞에서 언급한 바와 같이 포화지방산도 쉽게 산화가 진행된다. *Cis*형 지방산은 *trans*형보다, 1,4-pentadiene은 비공액 이중결합이 공액 이중결합보다 쉽게 산화된다.

유리지방산은 중성지방질보다 쉽게 산화되지만 소량의 유리지방산은 산화 안정성에 큰 영향을 미치지 않는다. 유리지방산이 비교적 많이 있을 때는 장비나 용기로부터 금속을 용출시켜 지방질 산화를 촉진시키는 경향이 있다.

(2) 산소의 농도

산소가 충분하면 산화속도는 산소 농도와 무관하다. 그러나 산소 농도가 낮은 수준에서는 산화속도가 산소 농도에 비례한다. 산소 농도가 속도에 미치는 영향은 온도, 표면적과 같은 다른 요인에 의해 영향을 받는다.

(3) 온도

온도가 올라감에 따라 산화속도는 증가한다. 온도는 산화속도와 산소분압의 관계에 영향을 준다. 온도가 높으면 산소는 지방질이나 물에 덜 용해되므로 산소분압의 변화는 산화속도에 영향을 덜 미친다.

(4) 수분

산화속도는 수분활성도와 밀접한 관련이 있다. 수분 함량이 아주 낮은(수분활성도가 0.1 이하) 건조식품은 산화가 매우 빨리 진행된다. 수분활성도가 0.3까지 증가되면 산화는 감소하며, 이 수분활성도에서 산화속도는 제일 낮다. 이와 같이 낮은 수분 함량에서 산화 억제 효과는 금속 촉매의 활성을 감소시키고 자유라디칼 제거 효과가 있으며, 지방질에 산소의 유입을 방해한다. 수분활성도가 0.55~0.85 범위에서 산화속도는 다시 증가하는데, 이는 금속 등의 촉매와 산소의 이동을 증가시키기 때문이다.

지방질이 자동산화될 때 수분 함량은 증가하며 이 수분은 주로 공기로부터 유입된다. 공기 중 수분이 유지로 유입되기 위해서는 유지 내에서 이들 수분을 안정화시켜 줄 수 있는 물질이 존재해야 하며 이 역할은 다양한 양친매성(amphiphilicity) 물질이 담당한다. 즉 산화가 진행될수록 발생하는 양친매성 산화 생성물은 수분을 안정화시켜 수분 함량 증가에 일조한다. 지방질 내에서 수분이 양친매성 물질과 함께 존재하는 미세 구조 표면이 지방산화가 발생하는 주요 위치로 알려져 있다.

(5) 금속

2가지 이상의 전하를 가지면서 쉽게 산화와 환원이 되는 전이금속, 즉 코발트, 구리, 철, 망간, 니켈 등은 효과적인 산화 촉매제인데 0.1 ppm 정도의 낮은 농도에서도 다음과 같이 과산화물 분해 촉진, 자유라디칼 및 일중항산소의 생성 등으로 유도기간을 단축시키고 산화를 촉진시킨다. 따라서 금속이 전하를 증가 혹은 감소시키면서 과산화물의 분해를 가속화하여 alkoxy radical이나 과산화 라디칼을 생성한다.

$$M^{n+} + ROOH \longrightarrow M^{(n+1)+} + OH^- + RO\cdot$$

$$M^{n+} + ROOH \longrightarrow M^{(n-1)+} + H^+ + ROO\cdot$$

금속은 지방질과 반응하여 자유라디칼을 만든다.

$$M^{n+} + RH \longrightarrow M^{(n-1)+} + H^+ + R\cdot$$

또한 분자 상태의 산소를 활성화하여 일중항산소나 초과산화 음이온(O_2^-, $HO_2\bullet$)을 만들고 이들은 자동산화의 전파반응이 일어나도록 한다.

$$M^{n+} + O_2 \longrightarrow M^{(n+1)+} + O_2^- \text{ (또는 } O_2^- + H^+ \longrightarrow HO_2\cdot)$$

$$O_2^- + e^- \longrightarrow {}^1O_2$$

식용유지는 미량의 중금속을 함유하는데 이들 금속은 유리형이나 결합형으로 존재하며, 식물이 자라는 토양, 또는 가공이나 저장 등에 사용된 용기에서 유래된다.

(6) 생화학 물질

감광제로 작용하는 hemoglobin, pheophytin, 엽록소, cytochrome 등과 lipoxygenase 등의 효소는 지방질이나 지방질 함유 식품의 산화를 촉진한다. 그러나 천연 산화방지제인 tocopherol이나 flavonoid 등은 산화를 억제한다.

(7) 광선

가시광선, 자외선, γ-선은 효과적인 산화 촉진제이며 파장이 짧을수록 에너지가 강하므로 산화 작용도 강하다. 광선은 지방질의 유도기간을 단축시키고 과산화물의 생성과 분해를 촉진시킨다.

(8) 산화방지제

산화 촉진제와는 반대로 지방질의 산화를 억제하는 물질을 산화방지제(antioxidant) 또는 항산화제라고 한다. 산화방지제는 별도 항목을 정해 설명하기로 한다.

(9) 물리적 현상에 의한 지방 산화 효과

지방 산화에 대한 물리적 현상의 효과는 지방 산화 장소와 관련이 있다. 지방 산화는 불포화지방과 산소가 만나는 유지와 공기 사이(oil-air interface)의 계면에서 발생하는 것으로 이해되고 있었으나 1990년대부터 지방 산화의 발생 장소가 유지와 공기보다는 유지와 물

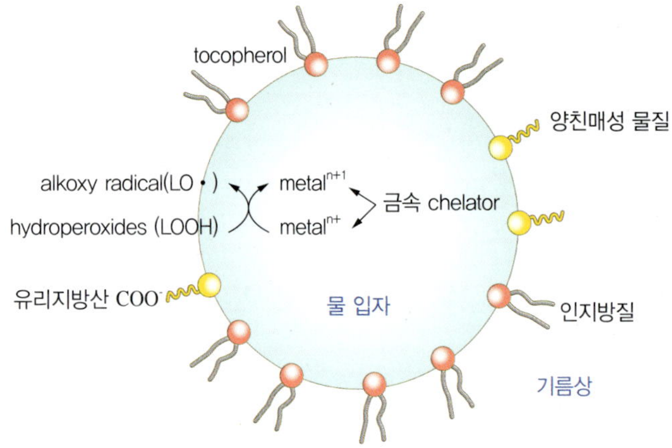

(oil-water interface)의 계면에서 발생한다고 보고되었다. 유지에는 중성지방질 이외에 수분, 인지방질, 중성지방질의 가수분해 산물인 monoacylglycerol, diacylglycerol, glycerol, 유리지방산, 그리고 산화를 촉진하는 구리나 철 이온, 산화방지제 기능을 갖는 페놀성 물질 및 tocopherol, 그리고 산화 생성물인 lipid hydroperoxides 및 중합체 형태의 물질 등이다. 산소를 함유하고 있는 물질은 극성을 띠게 되며 탄소 수가 많은 경우 비극성도 갖게 되어 한 분자가 동시에 극성과 비극성을 갖는 양친매성을 띠게 된다. 이들은 수분 곁에 존재하면서 회합 콜로이드(association colloid)를 형성하며 유지 내에 분포하게 되고, 이들이 지방의 주요한 산화 발생 장소로서의 역할을 수행한다.

물속기름에멀션((oil-in-water emulsion, O/W emulsion)에서는 유지와 이를 둘러싼 유화제에 의해 유적이 서로 분리되어 물에 분산되어 존재하는 회합 콜로이드 현상이 발생한다. 이들 회합 콜로이드에서 지방 산화가 발생하며 효율적인 산화방지제가 되기 위해서는 산화방지제가 회합 콜로이드 근처에 접근할 수 있어야 한다. 이러한 이론은 페놀성 물질에 지용성 탄화수소를 인위적으로 첨가해서 제조된 여러 phenolipids를 활용한 일련의 연구에서 증명되고 있다. 지용성 정도가 너무 낮거나 높은 경우보다는 중간 정도에서 산화방지제의 효율이 가장 높다는 것이 O/W형 에멀션계에서 보고되었다. 또한 같은 산화방지제라고 해도 유지계에서 농도에 따라 산화 방지 효율이 달라지며 이는 산화방지제가 회합 콜로이드에 따라 효율이 달라질 수 있음을 의미한다.

다음 그림에서 왼쪽 그래프는 산화방지제의 알킬 길이, 즉 비극성도의 증가에 따른 산화방지능의 변화를 유화계에서 보고한 것이고, 오른쪽 그래프는 산화방지제 농도에 따라 유

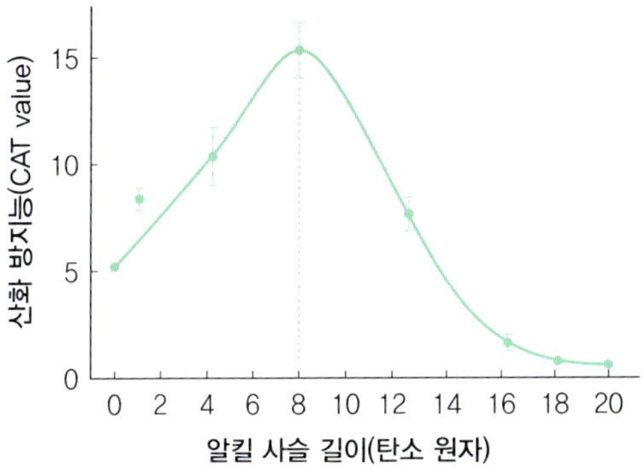

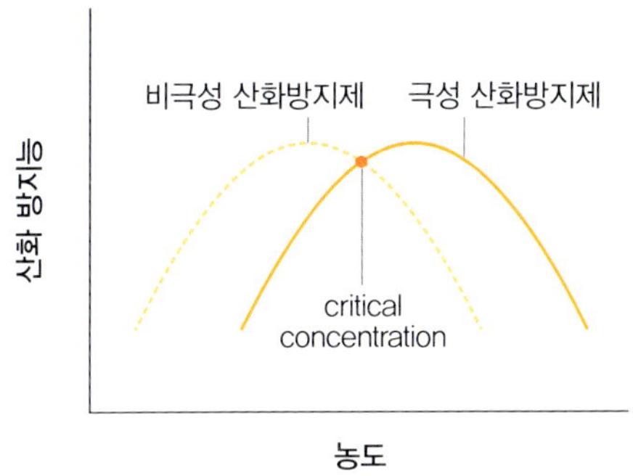

지계에서 산화방지능이 다름을 보고한 것이다. 알킬 길이가 중간 정도인 8~12개인 산화방지제가 0이나 20개인 산화방지제보다 더 효율적인 산화방지능을 보였다. 이는 적정한 양친매성이 더 효율적인 산화방지능을 나타낼 수 있음을 의미한다.

9) 산화방지제

산화방지제는 산화의 개시를 지연시키거나 산화속도를 늦추기 때문에 유도기간을 연장시킨다. 그러나 완전히 산화를 억제할 수는 없다. 항산화성을 가진 천연 및 합성 산화방지제는 많으나 식품에 이용할 수 있는 것은 안정성이 인정된 극히 일부로 대부분 단일 또는 polyphenol 화합물이다.

(1) 작용 메커니즘

자동산화의 개시단계에서 자유라디칼의 생성을 저해하거나 자유라디칼의 전파를 막으면 자동산화반응을 지연시킬 수 있다. 자유라디칼의 생성은 과산화물의 분해 억제, 금속 착염제, 일중항산소 소거제 등의 사용에 의해서 막을 수 있다. 미량의 과산화물이나 금속은 제거하기가 어려우므로 자유라디칼 수용체의 사용에 초점을 두고 있다.

전파단계 $ROO\cdot + RH \longrightarrow ROOH + R\cdot$

산화방지제 반응 $ROO\cdot + AH \longrightarrow ROOH + A\cdot$

산화방지제(AH)는 위의 반응처럼 수소 공여체이거나 자유라디칼의 수용체이며 자유라디칼 수용체는 자유라디칼(R•)보다는 과산화 라디칼(ROO•)과 반응을 더 잘한다.

전파단계의 반응과 산화방지제 반응은 경쟁관계에 있으며 두 반응의 활성화 에너지는 R-H와 A-H의 해리에너지가 작을수록 감소한다. 그러므로 산화방지제(AH)의 효율은 A-H 결합력이 작을수록 증가한다. 또 생성된 산화방지제의 자유라디칼(A•)은 새로운 자유라디칼을 만들지 않아야 한다. 이러한 측면에서 phenol성 산화방지제는 항산화성의 좋은 조건을 가지고 있다. 이들은 수소 또는 전자 공여체이며, 라디칼 중간체는 공명 현상으로 비교적 안정화되기 때문이다. 예를 들면 hydroquinone은 과산화 라디칼과 반응하여 안정한 semiquinone 공명 혼성체를 만든다.

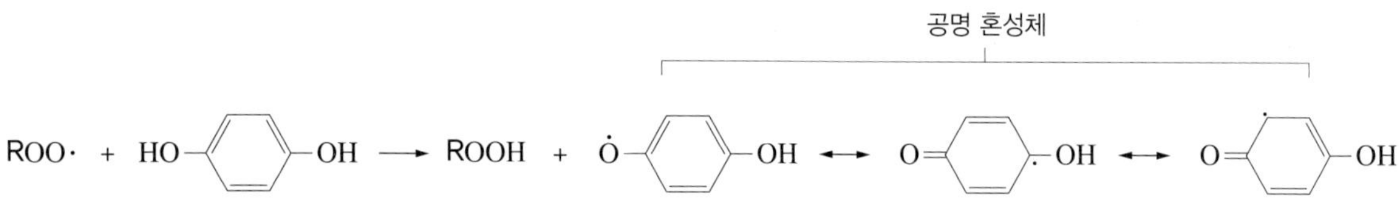

Semiquinone 라디칼은 서로 반응하여 이합체를 만들거나 두 분자가 상호작용하여 한 분자는 다시 원래 상태의 산화방지제가 되고 다른 하나는 quinone 화합물이 된다.

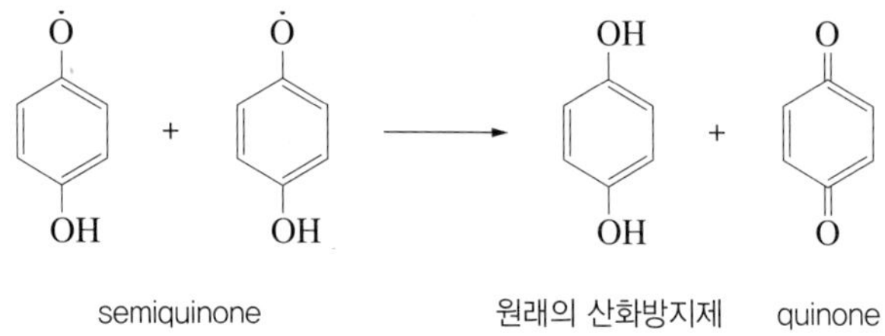

Semiquinone 라디칼은 과산화 라디칼과도 반응한다. 그러므로 산화방지제 1분자는 자유라디칼 2분자를 제거할 수 있다.

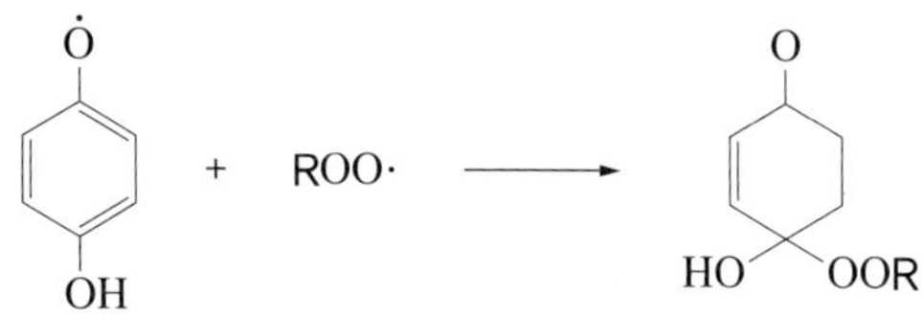

(2) 상승작용

산화방지제를 혼합하면 각각의 항산화력을 합한 것보다 더 높은 활성을 보이는 상승작용(synergism)이 일어난다. 상승작용은 두 종류가 있는데 하나는 혼성 자유라디칼 수용체 작용이고, 다른 하나는 금속 킬레이트제로서의 작용이다. 예를 들면 아스코브산은 전자 공여체, 금속 킬레이트제, 산소제거제로 항산화 작용을 하며 갈변 물질의 생성 작용을 한다.

혼성 자유라디칼 수용체 작용은 산화방지제를 AH, 상승제를 BH로 표시하면 그 작용은 다음과 같다.

$$ROO\cdot + AH \longrightarrow ROOH + A\cdot$$

$$A\cdot + BH \longrightarrow B\cdot + AH$$

자유라디칼 수용체는 1차 산화방지제를 재생시키는 효과가 있다. 예를 들면 페놀성 산화방지제와 아스코브산을 혼합하면 아스코브산은 상승제(synergist)로 작용한다.

금속 킬레이트제 작용은 지방산의 염으로 존재하는 미량 금속을 일부 불활성화시킨다. 시트르산, 인산, 중합인산염, 아스코브산 등이 대표적인 금속 킬레이트제이며, 이들의 존재로 산화방지제의 항산화성이 증가하면 금속 킬레이트제는 상승제로 작용한다.

(3) 천연 산화방지제

천연 산화방지제는 생물체가 자기 자신 내에 있는 지방질의 산화를 막기 위하여 존재한다. 천연 산화방지제는 동물성 지방질에는 매우 적고 식물성 지방질에 더 많은데 이는 불포화도가 높은 식물성 지방질이 포화도가 높은 동물성 지방질보다 산화 안정성이 높은 이유이기도 하다. 식물에서 채유한 원유(crude oil)가 정제유보다도 산화 안정성이 높은 것은 원유에는 정제 과정 중 제거되지 않은 천연 산화방지제가 함유되어 있기 때문이다.

① 토코페롤

Tocopherol은 비타민 E로 영양적으로도 중요하며, 자연계에 널리 분포되어 있는 식물성 지방질의 주요 산화방지제이다. 동물성 지방질에도 소량 함유되어 있으나, 이는 동물이 섭취하는 식물성 성분에서 유래한다. Tocopherol에는 8가지 동족체(homologs)가 있으며 이 중 α-, β-, γ-, δ-tocopherol이 많다. 산화방지제로서 tocopherol 농도는 비교적 낮은데, 이는 식물성 지방질에 존재하는 tocopherol의 농도와 거의 같다. 농도가 높을 때는 오히려 산화 촉진제로 작용할 때도 있다.

일반적으로 산화방지제의 활성은 비타민 E의 활성이 높은 것보다 비타민 E의 활성이 낮은 것이 더 높으므로 tocopherol 동족체 내에서는 $\delta > \gamma > \beta > \alpha$의 순이다.

$$ROO\cdot + TH_2 \longrightarrow ROOH + TH\cdot$$ (토코페롤의 라디칼 제거 작용)

토코페롤

생물계에서는 아스코브산이 *α*-tocopherol 라디칼을 재생시킬 수 있다. Tocopherol은 때로 산화 촉진제 작용을 한다. 지속적인 지방질의 산화로 산화방지제로 작용하는 tocopherol이 전부 없어지면 지방질의 과산화물이 축적된다. 과산화물의 축적은 산화방지 작용의 역반응을 일으킨다.

$$ROOH + TH\cdot \longrightarrow ROO\cdot + TH_2$$

전파단계의 라디칼로 작용

Tocopherol의 농도가 높으면 다음과 같은 반응에 의해 산화 촉진제로 작용한다.

$$ROO\cdot + TH_2 \longrightarrow RO\cdot + TH\cdot + H_2O$$

전파단계의 라디칼로 작용

Tocopherol은 동족체의 종류와 산화 조건에 따라 다른 항산화 활성과 tocopherol 안정성을 보인다. *α*-, *β*-, *γ*-, *δ*-tocopherol은 메틸(CH_3)기가 크로마놀 고리에 각각 3, 2, 2, 1개 붙어 있다. *α*-, *γ*-, *δ*-tocopherol의 결합 분해 엔탈피(bond dissociation enthalpy)는 각각 75.8, 78.2, 79.8 kcal/mol이고 전자 산화 퍼텐셜은 각각 270, 350, 405 mV이다. 이는 *α*-tocopherol이 다른 동족체에 비해 화학적으로 반응성이 더 높고 안정성은 떨어짐을 나타내므로, 동족체가 함께 있을 경우 *α*-tocopherol이 가장 먼저 사라지게 된다. 그러나 연

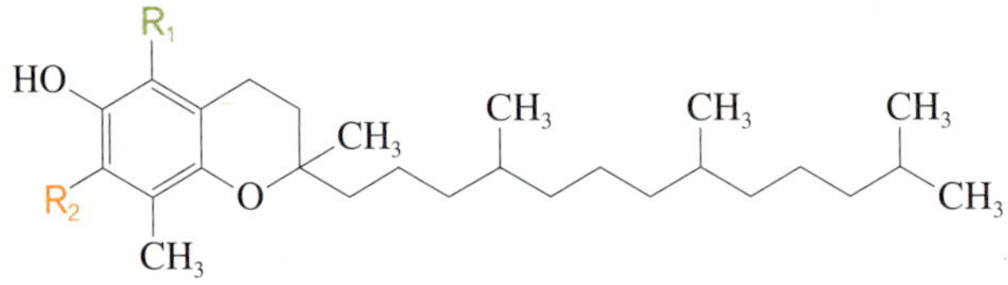

tocopherol	R_1	R_2
α-	CH_3	CH_3
β-	CH_3	H
γ-	H	CH_3
δ-	H	H

구 조건에 따라 다른 결과가 보고되기는 하는데 일부 연구에서 γ-tocopherol의 안정성이 더 낮게 나오기도 하다.

α-Tocopherol은 다른 tocopherol 동족체와는 달리 금속 이온을 환원시켜 산화를 촉진하는 데 일조한다.

② 세사몰

참기름에 있는 세사몰(sesamol)은 천연 산화방지제로 페놀성 화합물이다. 참기름이 다른 지방질에 비해 산화 안정성이 높은 것은 이 산화방지제 때문이다. 이 화합물은 참기름에 미량 존재하나 경화 등의 가공에 의해 sesamolin으로부터 생성되고, 돼지기름에서는 BHA나 BHT보다도 더 효과적인 것으로 밝혀졌다.

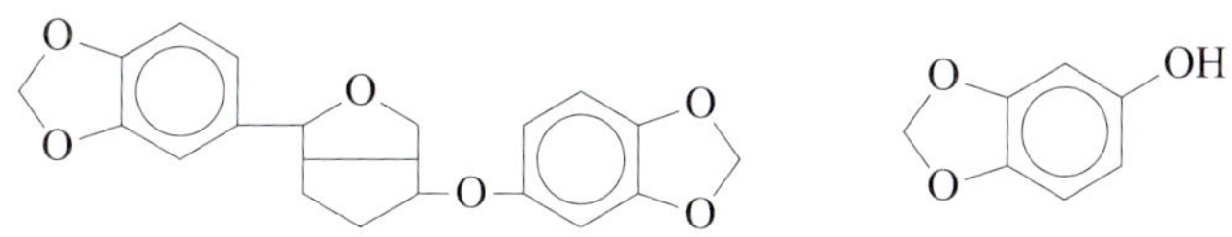

sesamolin sesamol

③ 고시폴

고시폴(Gossypol)은 목화씨에 있으므로 조면실유에 상당량 존재한다. 산화방지제로서의 활성은 강하지만 독성이 있으므로 면실유 정제 시 반드시 제거하여야 한다.

④ 과이어크검

열대지방 나무에서 얻는 수지성 물질이다. 항산화성은 이 수지 내에 있는 guaiacol, 과이어레트산(guaiaretic acid) 등 페놀 물질 때문이며 식물성 지방질보다 동물성 지방질에 더 효과적이다. Gum guaiac은 적갈색이며 지방질에는 극미량이 용해하고 때로는 이취를 낸다.

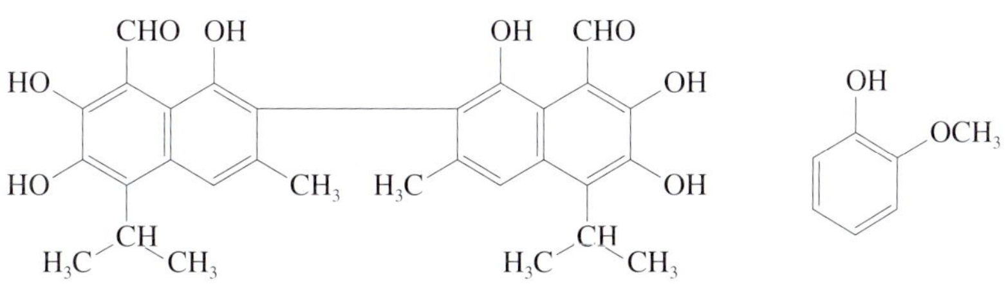

gossypol guaiacol

⑤ 콩 중의 산화방지 성분

모두 isoflavone 계통의 페놀성 화합물이다. 이들은 isoflavone 구조의 7번 고리에 glucose가 결합한 배당체로 주로 존재한다. 날콩의 경우 배당체의 형태로 주로 존재하며 발아할 경우에는 비배당체 형태가 증가한다. 산화방지능은 비배당체가 배당체보다 높다. Genistein (5,7,4′-trihydroxyisoflavone)과 daidzein (7,4′-dihydroxy-isoflavone)이 flavonoid의 90%를 차지한다. Glycitein (7,4′-dihydroxy-6-methoxyiso-flavone)과 이의 배당체는 날콩이나 건조한 콩에만 있다.

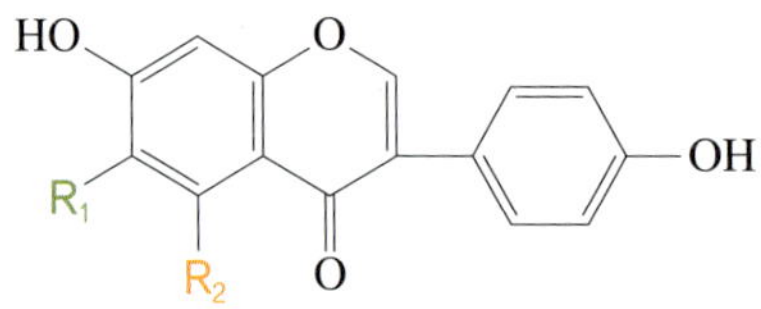

genistein : R_1 = H, R_2 = OH
daidzein : R_1 = H, R_2 = H
glycitein: R_1 = OCH_3, R_2 = H, 7-O-글루코사이드

인도네시아 고유의 콩 발효식품인 템페(tempeh)는 제조 과정에서 6,7,4′-isoflavone 성분이 생성되는데 이는 강력한 산화방지 작용을 한다.

⑥ 향신료와 허브

오랜 옛날부터 지방질 함유 식품을 보존하기 위하여 향신료를 이용해 왔고, 1950년 이후 국내외의 집중적인 연구로 로즈메리(rosemary), 실비아(sylvia), 세이지(sage) 등에는 항산화력이 매우 높은 성분이 있으며, 이외에도 계피, 생강, 고추, 마늘, 후추 등에도 존재함이 알려져 있다.

Rosmary에는 rosmanol, carnosol, rosmariquinone 등의 항산화 성분이 검출되었다.

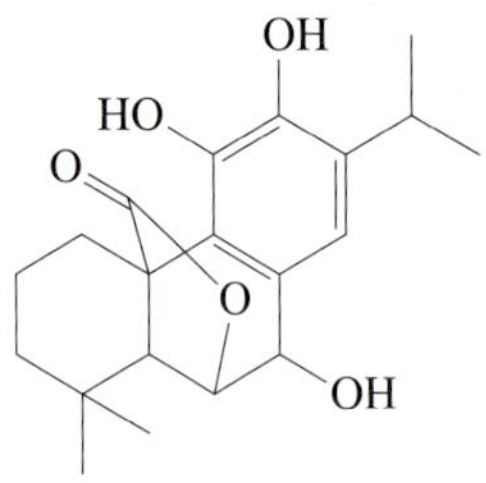

rosmanol

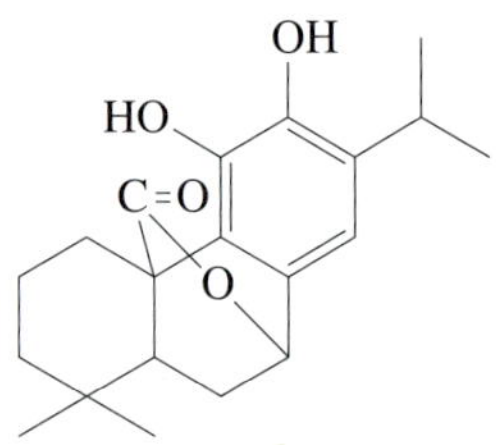

carnosol

자연계에 널리 존재하는 수용성 색소 성분인 flavonoid 계통인 quercetin, myricetin 등도 항산화력이 높은 것으로 밝혀졌는데, 이들의 공통적인 분자 구조는 다음과 같다.

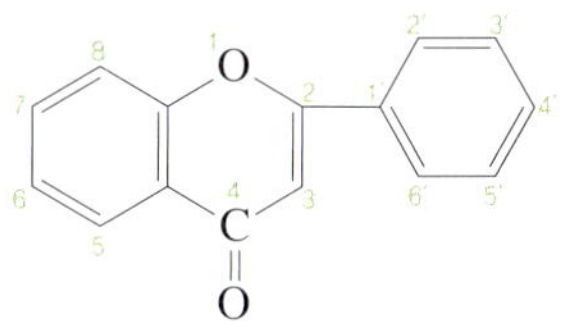

⑦ 갈변반응 생성물

마이야르 반응(Maillard reaction)이나 캐러멜화 반응에서 생성된 활성이 강한 reductone 류들은 항산화성이 있다. 마이야르 반응 생성물은 색이 진할수록 항산화성이 높으며, 항산화 생성물들은 이들의 원료인 카보닐 화합물과 아미노 화합물의 종류에 따라 다르다.

(4) 합성 산화방지제

합성 산화방지제는 구조에 따라 페놀계 산화방지제, 아민계 산화방지제 등 여러 가지로 분류할 수 있다. 실제로 이용하고 있는 것은 페놀계 산화방지제들이다.

합성 산화방지제로는 BHT (butylated hydroxy toluene), BHA (butylated hydroxy anisole), TBHQ (tertiary butylhydroquinone), propyl gallate, erythorbic acid와 sodium erythorbate, ascorbyl palmitate, EDTA염 (calcium disodium ethylenediamine tetra-acetate/disodium ethylenediamine tetraacetate) 등이 있으며, 이들에 대한 자세한 내용은 '제14장 식품첨가물'에서 설명하기로 한다.

(5) 산화방지제 효율에 미치는 물리적 영향

산화방지제의 효율은 lipid hydroperoxide 형성 시 불포화지방질 대신 수소를 공여할 수 있는지 여부로 판단하게 된다. 특히 지방질과 얼마나 근접해 있는가가 중요한 산화방지 효율의 지표가 된다. 산화방지제의 탄소와 수소 간 결합 분해 엔탈피나 이온화된 형태의 일전자 환원퍼텐셜(one electron reduction potential)과 같은 화학적 성질은 산화방지제로서의 가능성을 결정하는 지표가 될 수 있지만, 실제 산화방지제의 효율은 지방 산화가 발생하는 위치에 얼마나 가까이 있는가 하는 물리적 측면도 고려해야 한다.

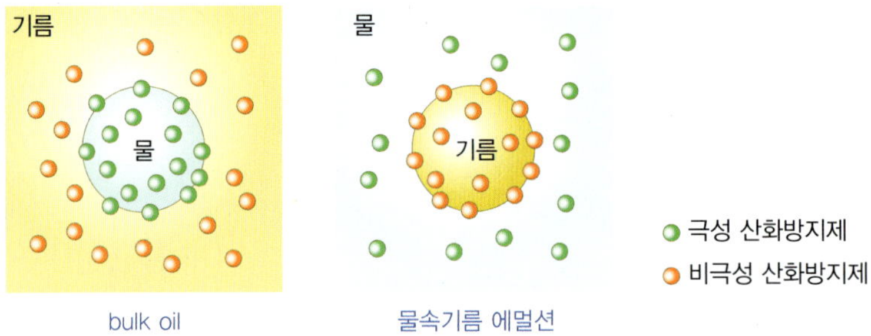

이와 같은 학문의 흐름을 대변하는 이론이 바로 산화방지제 극성 파라독스(anti-oxidant polar paradox)이다. 수분이 적은 유지에서는 극성 산화방지제인 아스코브산, 트롤록스(trolox)가 비극성 산화방지제인 ascorbyl palmitate, tocopherol보다 더 효율적으로 지방산화를 억제하며, 수분이 많은 환경인 O/W형 에멀션계에서는 반대의 경향이 보고되어 있다. 이를 설명하는 초기 이론은 바로 산화방지제의 농도 개념이다. O/W형 에멀션계에서는 유지가 적게 분산되어 있지만 비극성 산화방지제는 극성 산화방지제에 비해 동일 농도라도 유지에 더 높은 농도로 집중되어 있으며, 반대로 유지계에서는 300~800 ppm 정도 들어 있는 수분에 극성 산화방지제가 더 집중되어 존재한다.

(6) 산화방지제 간의 상호작용

지방의 불포화도와 tocopherol과 같은 지용성 산화방지제 동족체의 종류 및 농도에 관련성이 관찰되고 있다. α-Tocopherol의 경우 반응성이 높지만 일정 농도 이상에서는 오히려 산화를 촉진하는 것으로 보고되고 있다. 금속 이온 역시 특정 농도까지는 산화를 촉진

> Tip
>
> **산화방지제 극성 파라독스(antioxidant polar paradox)**
>
> 비극성 지방질이 대부분인 기름속물에멀션(water in oil emulsion, W/O emulsion)의 경우 극성이 높은 산화방지제가 비극성 산화방지제보다 지방질 산화속도를 억제하는 데 더 효율적이며, 반대로 물이 많은 물속기름에멀션(oil in water emulsion, O/W emulsion)에서는 지용성 산화방지제가 수용성보다 산화방지 효과가 더 우수하다는 현상이다. 구체적으로 설명하면 W/O형 에멀션계에서 수용성 산화방지제는 마이셀(micelle) 입자 내부와 표면에 집중 분포하게 되면서 산화 발생 위치에 가까워져 지방질 산화방지제로서 높은 활성을 나타낼 수 있다. 반면에 지방질 속에 골고루 분포해 있는 지용성 산화방지제는 micelle 입자 표면과의 접촉 가능성이 떨어져서 산화방지 효율이 낮아진다. O/W형 에멀션계에서는 수용성 산화방지제가 물속에 분포되어 있어 micelle 입자와 접촉 가능성이 낮아지는 반면에 지용성 산화방지제는 입자 내부에 높은 농도로 존재하게 되어 효율적으로 산화를 크게 억제할 수 있다.

하지만 그 이상에서는 오히려 산화가 억제된다. 수분 함량에 따라 tocopherol, 아스코브산의 산화방지 효율이 달라지며 순증가 또는 순감소가 아닌 특정 수분 함량에서 더 효율적인 산화방지 패턴을 보인다. 수분이 많으면 오히려 금속 이온의 활성을 억제하게 되어 산화속도의 감소를 유도할 수 있다. 유지계에서 수분의 함량, 양친매성 물질의 양, 금속 이온의 함량, 산화방지제 함량 모두 최적의 농도가 필요하다. 불포화도에 의해 계산되는 산화속도와는 다른 산화속도가 관찰되며, 산화단계에 따라서도 불포화도에 의한 요인과 양친매성 물질에 의한 영향의 중요성이 달라지는 듯하다. 180°C 고온에서 올레산이 많은 시료의 경우 초기에는 산화속도가 느리지만 원래 보유하고 있던 유리지방산에 의한 산값에 의해 후반기에는 오히려 산화속도가 증가하여 불포화지방의 함량이 높은 시료보다 빠르다.

10) 지방질의 산패 측정 방법

지방질의 산패에는 여러 가지 화학적·물리적 반응이 관여하므로 산패 정도를 측정하는 방법도 매우 다양하다. 산패 측정은 1차적으로 지방질에 흡수된 산소나 산화물의 양을 측정하거나 2차적으로 과산화물의 분해 산물을 측정하는 방법이 있다. 이 분해 산물은 종류가 매우 다양하고 분해 생성물의 생성반응들이 여러 가지 변수에 의해 영향을 받으므로 한 종류의 분해 산물만을 측정하는 것은 오류를 범할 수 있다. 그러므로 목적에 따라 여러 가지 측정 방법을 이용해야 함은 물론이고 적절한 해석이 뒤따라야 한다.

(1) 과산화물값

과산화물(peroxide value, POV)은 자동산화의 주요 개시 산물이다. 과산화물값은 지방질 1 kg 중에 함유된 과산화물의 당량 수로 표시한다. 과산화물의 측정에는 산화된 지방질과 아이오딘화칼륨(KI)을 반응시켜 생성된 I_2를 $Na_2S_2O_3$로 측정하는 아이오딘 적정법과 2가 철을 3가 철로 산화시킬 때 색의 변화를 측정하는 thiocyan법이 많이 이용되고 있다.

$$ROOH + 2KI \longrightarrow ROH + I_2 + K_2O$$
$$ROOH + Fe^{2+} \longrightarrow ROH + OH^- + Fe^{3+}$$

산화 과정 중에 과산화물값은 최고값에 도달한 후 감소한다(그림 4.3 참조). 따라서 산패가 오래된 지방질은 과산화물값이 낮게 측정된다. 정확도도 실험 과정의 방법과 온도에 따라 영향을 받는다. 산소의 흡수 함량이나 생성된 과산화물의 양은 지방질의 조성(포화지방산은 산패될 때 더 적은 양의 산소 흡수), 산화방지제, 미량금속, 산화 조건에 따라 다를 수 있다. 과산화물값은 산화 초기에 생성되는 과산화물을 측정함으로써 지방질의 유도기간을 측정하는 데 주로 이용한다.

(2) TBA값

TBA값(thiobarbituric acid value) 측정법은 지방질 산화를 평가하는 데 가장 널리 사용하는 방법 중의 하나이다. 이 방법은 싸이오바비투르산(thiobarbituric acid, TBA) 2분자가 불포화지방질의 산화 생성물인 malonaldehyde 1분자와 축합하여 붉은 색소(530 nm)를 생성하는 데 근거를 두고 있다. 그러나 alkanal, alkenal 등은 TBA와 노란 색소(450 nm)를 생성하고 dienal은 붉은 색소(530 nm)를 생성하므로 450 nm 및 530 nm에서의 흡광도를 모두 측정하는 것이 바람직하다. TBA값은 과산화물값보다 재현성이 낮은 경우가 많으나 산화가 진행됨에 따라 과산화물값과는 달리 TBA값은 계속 증가한다. TBA값은 한 종류 지방질로 된 시료를 여러 가지 산화단계에서 비교할 때 가장 유용하며, 산화 시의 향미값과도 가장 잘 일치하여 많이 이용되고 있다.

(3) 총 카보닐 화합물 측정

지방질 식품이 산패하면 과산화물을 거쳐 많은 종류의 carbonyl 화합물을 생성한다. 총 carbonyl 화합물을 측정하는 방법은 aldehyde와 ketone 화합물이 2,4-dinitrophenylhydrazine과 작용하여 붉은 색소의 2,4-dinitrophenylhydrazone을 생성하는 것을 이용하여 이 색을 비색정량한다. Carbonyl 화합물 중에는 비휘발성인 고분자 화합물이 비교적 많다. 저분자량의 carbonyl 화합물은 휘발성이 강하므로 지방질의 향기와 직접적인 관계가 있다. 저분자량의 carbonyl 화합물을 증류하고 회수한 후 적절한 시약으로 반응시키거나 크로마토그래피 방법으로 정량할 수 있다. Headspace 분석법에 의한 hexanal의 정량법도 많이 이용되고 있다.

(4) 아니시딘값

아세트산 존재하에 *p*-anisidine은 aldehyde와 반응하여 황색 색소(350 nm)를 생성한다. Aldehyde가 이중결합을 가지면 350 nm에서의 흡광도가 증가하므로 아니시딘값(anisidine value)은 주로 2-alkenal 양의 추정치가 된다. Totox값 또는 산화값(oxidation value, OV)은 과산화물값과 과산화물의 분해산물인 anisidine값을 이용하여 다음과 같이 계산하며, 지방질의 산화 정도를 평가하는 값으로 자주 이용된다.

$$\text{Totox값(또는 산화값)} = 2 \times \text{과산화물값(POV)} + \text{anisidine값}$$

(5) 크라이스 시험

크라이스 시험(Kreis test)은 산업적으로 지방질의 산화를 평가하는 데 이용하는 가장 오래된 방법으로, 산화 생성물 중의 carbonyl 화합물이 phloroglucinol(Kreis 시약)과 반응하여 적색으로 정색되는 것을 측정한다. 이 방법은 산화 생성물이 없는 신선한 지방질도 Kreis 시약과 반응하여 정색되는 경우가 있고, 실험자에 따라 다른 결과가 나오기 때문에 주로 정성시험에만 이용한다.

(6) 자외선 분광광도법

지방질이 산화되면 1,4-pentadiene 형태의 이중결합이 공액 이중결합으로 변화한다.

공액 이중결합은 234 nm에서, 공액 triene은 268 nm에서 높은 흡광도를 나타낸다. 이 흡광 정도는 산화 초기단계를 제외하고는 산화 정도와 잘 일치하지 않는 단점이 있다.

(7) 옥시레인 시험

옥시레인(oxirane) 시험 방법은 epoxide 함량을 추정하는 것으로, oxirane기에 수소할로겐 화합물의 첨가반응에 기초한 것이며 이 반응은 감수성이 낮고 특이성이 없다. 수소할로겐 화합물은 β-불포화 카보닐 화합물이나 공액 이중결합 화합물과도 반응한다. Epoxide기와 피크르산(picric acid)과의 반응을 기초로 한 비색법은 수소할로겐 화합물의 첨가방법보다 감수성이 높고 단점도 적은 편이다.

(8) 아이오딘값

아이오딘값(iodine value, IV, 요오드가)에 대해서는 앞에서 이미 설명하였다. 자동산화 과정 중에 이중결합이 산화에 의해서 감소하는 경향이 있으므로 때로는 아이오딘값의 변화로 산화 정도를 추정할 수 있다.

(9) 형광법

지방질 산화 과정 중에 생성된 carbonyl 화합물이 유리 아미노기를 가진 성분과의 상호 작용으로 형광 물질이 생성될 수 있다. 이 형광법은 비교적 감수성이 높은 편이므로 생체 조직의 산화 정도를 추정할 때 유용하다.

(10) 크로마토그래피법

여러 가지 크로마토그래피(chromatography) 기술, 즉 얇은 막 크로마토그래피(thin layer chromatography, TLC), 고성능 액체 크로마토그래피(high performance liquid chromatography, HPLC), 가스크로마토그래피(gas chromatography, GC) 방법 등이 지방질의 산화 정도를 측정하는 데 이용된다. 이 방법은 자동산화 중에 생성된 전형적인 산화 생성물인 pentane, hexanal과 같은 휘발성 물질 또는 극성 중합체 등의 특이 성분을 분리하고 정량한다. 최근 이 방법이 많이 이용되고 있다.

(11) 감각평가

식품의 산패취 최종 시험은 감각평가이다. 앞에서 언급한 여러 가지 산패 측정법은 감각평가 방법과 상관관계를 조사하여 방법의 적절성을 판단한다. 감각평가는 잘 훈련된 검사원(panel)이 규정된 방법에 의해 진행된다.

(12) 샤알오븐 테스트

샤알오븐 테스트(Schaal oven test)는 오븐(oven) 시험이라고도 하며, 시료를 65°C에 저장하면서 산패가 검출될 때까지 정기적으로 감각평가나 과산화물값을 측정하여 유도기간을 측정하는 방법이다. 이 방법은 빵, 케이크, 비스킷 등과 같이 시료를 파괴하지 않고는 지방질 추출이 어렵거나 감각평가 외에는 산패를 측정하기 곤란할 때 사용하는 방법이다.

(13) 활성산소법

활성산소법(active oxygen method, AOM법)은 산패의 신속 측정법으로 지방질 시료를 97°C의 물 중탕에서 2.33 mL/sec 속도로 일정하게 공기를 불어넣어 산패를 촉진시키고, 일정한 시간 간격으로 지방질의 과산화물값을 측정하여 산패 유도기간을 측정하는 방법이다.

(14) 랜시매트법

랜시매트법(Rancimat method)은 산패의 신속 측정법으로, 지방질 시료를 100°C 이상의 온도로 유지하고 AOM법과 같이 공기를 주입하면서 산화 생성물의 생성을 전기전도도로 측정하여 산패 유도기간을 측정한다.

(15) 요소 첨가 생성물

요소를 결정화시키면 결정 내에 직경 0.8~1.2 nm의 긴 공극이 생성되고 이 공극에 긴 사슬지방산이나 탄화수소가 내포된 화합물을 형성한다. 지방산 내포화합물의 안정성은 지방산의 기하학적 구조와 관계가 있어 직쇄 구조에서 벗어날수록 첨가 생성물(adduct)이 적다. 탄소 수가 같으면 *cis*형의 이중결합이 많을수록 약해지므로 스테아르산(18:0) > 올레산(18:1) > 리놀레산(18:2)의 순으로 안정성이 낮아진다. 분지지방산(branched fatty acid)이나 중합지방산, 산화지방산 등은 내포화합물을 만들지 못하므로 이런 지방산의 분리에 이용된다.

(16) 석유 에테르 불용물

지방질 산화물과 중합체는 석유 에테르에 잘 녹지 않는다. 튀김용 식용유지의 석유 에테르 불용물(petroleum ether insolubles)이 0.7% 이상이고 발연점이 170°C 이상이거나 또는 석유 에테르 불용물이 1.0% 이상인 경우 발연점에 관계없이 튀김용 식용유지로 사용할 수 없다. 이 방법은 독일에서 개발되었는데 시간이 오래 걸리고 정확하지 않다는 단점 때문에 널리 이용되지 않는다.

(17) DPPH법을 활용한 유지의 산화 생성물 및 산화방지제 함량 비교

2,2,-Diphenyl-1-picryl hydrazyl(DPPH)은 그림 4.8과 같이 분자 내에 한 개의 라디칼을 가지고 있다.

DPPH를 methanol 용액과 isooctane 용액에 녹인 후 유지와 반응시킬 경우 DPPH methanol 용액은 산화방지제 함량과 밀접한 관련이 있으나 isooctane 용액에 녹아 있는 DPPH는 산화방지제와 산화 생성물 둘 다와 반응하게 된다. 따라서 이들 2가지 용매의 반응성을 비교해 보면 유지에 산화 생성물이 많은지 산화방지제가 많은지를 측정할 수 있다.

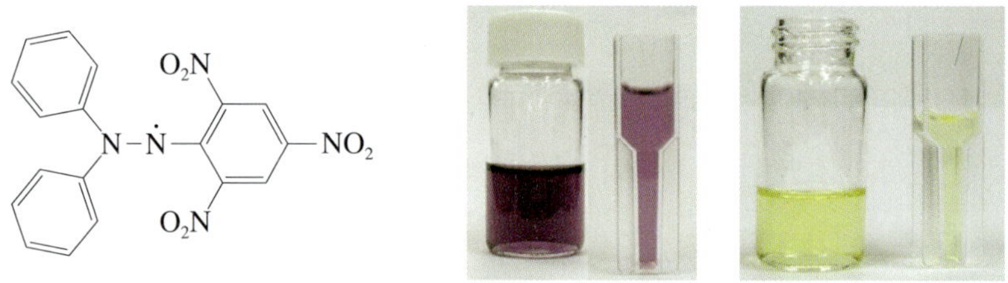

그림 4.8 DPPH의 구조(왼쪽)와 DPPH 용액과 라디칼 소거제와의 반응(오른쪽)

라디칼 상태의 DPPH 용액은 보라색을 띠는데, 수소나 전자 공여체에 의해 라디칼이 소거되면 보라색이 사라지고 레몬껍질색(lemon yellow)을 나타낸다. DPPH와 반응성이 클수록 우수한 산화방지능을 갖는다고 판단한다.

8. 가공 중 지방질의 변화

1) 가수분해

지방질은 lipase 효소 또는 무기 촉매에 의한 알칼리 조건(알코올성 KOH, ethanolic KOH) 하에서 가수분해될 수 있다. 이때 생산되는 지방산은 *n*-hexane, chloroform 등의 비극성 유기 용매를 사용하여 얻을 수 있다. 또 다른 분해산물인 glycerol은 수분층으로 녹아 나와 쉽게 분리된다.

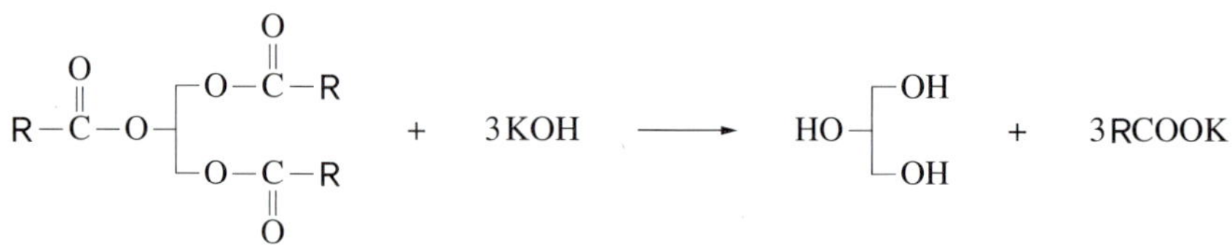

무기염 촉매하에서 생산되는 지방산은 비누(알칼리염)를 형성하는데 이때 Na^+ 및 K^+ 등을 무기염의 주 형태로 이용하며 다른 종류의 무기 금속들은 grease 등의 각종 윤활유 제조를 위한 건성유 중합반응의 촉매로 주로 사용한다. 이러한 과정은 지방질 시료를 분석할 때 흔히 이용하며, 산업 현장에서는 반응속도를 증가시키기 위하여 고온과 고압(250°C, 700 psi, 2~3시간)의 조건에서 알칼리 촉매(ZnO, MgO, 혹은 CaO)나 산성 촉매(방향족 설폰산, 100°C, 24~48시간)를 이용한다.

2) 에스터 교환

천연 지방질 내에 존재하는 중성지방질의 지방산은 glycerol 분자의 특이한 위치에 집중적으로 분포되어 있다. 지방질의 물리적 성질은 구성지방산뿐만 아니라 glycerol 분자의 지방산 분포 위치에 따라 영향을 받는다. 한편, 천연 지방질에서 어떤 지방산의 특이한 분포는 산업적 이용에 제한 조건이 되기 때문에 이 지방질의 이용률을 높이기 위한 수단으로 에스터 교환(interesterification) 반응을 이용한다. 이 반응의 결과 지방산이 중성지방질 분자 중에 무작위로 분포함에 따라 지방질의 물리적 성질이 변하게 된다.

에스터 교환은 중성지방질 분자와 알코올과의 반응, 중성지방질 분자와 지방산과의 반응, 중성지방질 분자 간의 에스터 교환반응(ester interchange)이 있으며, 이 에스터 교환반응은 중성지방질의 분자 내 지방산 교환반응(intramolecular ester interchange)과 중성지방질의 분자 간 지방산 교환반응(intermolecular ester interchange 또는 interesterification)으로 나눌 수 있다. 산업적인 지방질 가공, 특히 돼지기름의 물리적 성질 개선에는 sodium methoxide ($NaOCH_3$) 촉매하에 중성지방질 분자 간의 에스터 교환반응이 가장 많이 이용된다.

만약 2가지 지방산으로 된 중성지방질에 에스터 교환반응을 일으키면 총 중성지방질의 종류는 $n^3 = 2^3 = 8$가지가 있을 수 있으며, 이들 8가지 종류의 비율은 두 지방산의 비율과 확률의 법칙에 따라 결정된다.

무작위 분포가 항상 바람직한 것은 아니다. 지방질을 녹는점 아래에서 에스터 교환반응을 시키면 포화지방산으로 된 중성지방질은 결정화되므로 반응에서 제외되기 때문에 액체 상태의 반응계에 변화가 생기는데 이를 지향성 에스터 교환(directed interesteri-fication)이라고 한다. 이 반응이 계속되면 대부분의 지방질 내 포화지방산이 결정화된다. 이렇게 결정화된 지방질은 경화나 고체 지방을 섞지 않고 쇼트닝을 만들 수 있다. 이 지향성 에스터 교환반응은 낮은 온도 조건에서 진행되며 지방질이 결정화되는 데 시간이 필요하기에 반응속도가 느리다.

에스터 교환은 쇼트닝 제조 시 많이 이용한다. 돼지기름은 2번 위치에 팔미트산이 있으면서 포화지방산을 2개 갖는 중성지방질로 점조도나 제빵 적성 등의 특성이 좋지 않으나 에스터 교환반응을 통해 가소성 범위 등이 개선되어 좋은 특성을 가진 쇼트닝이 된다. 팔미트산이 특히 많은 팜유는 지향성 에스터 교환으로 혼탁점(cloud point)이 비교적 낮은 샐러드기름을 얻을 수 있다.

3) 경화

지방질을 구성하는 불포화지방산의 이중결합에는 수소나 halogen이 쉽게 첨가될 수 있다. Ni 촉매하에서 지방질에 수소를 첨가하면 불포화지방산은 녹는점이 높은 포화지방산으로 되며 액체 유지는 고체 지방으로 변한다. 즉, 액체 유지에 수소를 첨가하는 반응을 경화(hydrogenation, hardening)라 하며, 이때 생성된 고체 지방을 경화유(hydrogenated oil, hardened oil)라고 한다. 경화유는 마가린, 쇼트닝 및 비누 원료로 이용한다.

경화에 의해 지방질의 산화 안정성이 향상되고, 경화의 정도를 조절하여 적절한 물성을 가진 지방질을 생산할 수 있다. 수소 첨가가 완전하지 못할 경우 천연에 존재하는 *cis*형의 불포화지방산이 일부 *trans*형으로 존재할 수 있으며, 따라서 부분 경화유 중에는 *trans*형으로 전환된 불포화지방산이 잔류할 수 있다.

4) 트랜스지방산의 생성

식용유지의 품질은 산화 안정성, 기능성, 영양적 가치로 평가할 수 있다. 산화 안정성과 기능성을 향상시키기 위하여 액체 상태의 불포화지방질은 경화 과정을 거쳐 포화지방질로 만들거나 에스터 교환을 통하여 중성지방질의 지방산 조성을 변화시킨다. 이러한 지방질로 마가린이나 쇼트닝을 제조하여 사용하면 쉽게 흐르지 않아 사용하기 편하고 값도 저렴하다. 또한 음식이 바삭바삭하고 맛과 기호도가 향상되어 이들 사용이 대중화되어 있다.

불포화지방산 이중결합의 기하이성질체는 자연계에서 거의 *cis*형으로 되어 있는데 불포화지방질이 경화, 에스터 교환이나 산패 또는 장기간 가열 처리 시에는 *cis*형이 열역학적으로 안정한 *trans*형으로 변화되어 소위 트랜스지방산이 생성된다. 최근의 트랜스지방산에 대한 영양학적 연구 결과는, 사람에게 나쁜 저밀도 지방질단백질(low density lipoprotein, LDL)은 증가시키고 좋은 고밀도 지방질단백질(high density lipoprotein, HDL)은 감소시켜 혈관을 좁게 하여 동맥경화를 유발하고 심장 질환(심장병, 심근경색, 협심증)의 발병률을 높인다고 한다. 트랜스지방산은 포화지방산과 구조가 유사하여 체내에 흡수되어 세포막에 들어오면 세포막이 굳어지고 신진대사를 떨어뜨리며 세포 기능이 저하되어 노화를 촉진시키는 것으로 알려졌다. 신진대사가 느리므로 체내에서 연소가 잘 안 되어 체중을 증가시켜 특히 복부 비만을 유발하며, 간암, 위암, 대장암, 유방암, 당뇨병과도 연관되어 있다. 특히 여성은 하루 칼로리 섭취량 가운데 탄수화물 대신 트랜스지방의 비중이 2% 증가할 때마다 불임 위험이 73%나 높아지는 것으로 보고되어 있다.

9. 식용유지가 향기에 미치는 영향

지방질은 가공, 저장 또는 조리 중에 많은 반응이 진행되면서 여러 가지 종류의 중간 생성물이나 최종 분해산물이 나온다. 이 화합물은 식품의 향기에 큰 영향을 준다. 특이한 경우로 과일이나 채소에서 지방질 분해산물은 좋은 향기를 부여하지만, 대부분의 경우에는 불쾌한 향기가 발생해 식품 저장이나 가공 시 문제가 된다. 지방질의 가수분해로 저급지방산이 방출되면 불쾌한 냄새를 부여하는데 이러한 예는 우유나 유제품에서 쉽게 찾아볼 수 있다. 지방질의 산화에 의한 향기 생성물은 제품마다 다를 뿐 아니라 때로는 같은 식품이라도 다를 경우가 있다. 지방질 산화의 기본 메커니즘과 많은 단일 화합물의 향기 특성이 밝혀졌으나 각 단일 화합물이나 각 단일 화합물의 조합에 의한 산패취와 연관성에 대한 연구는 아직 완전히 밝혀지지 않았다. 이는 분해산물이 수천 종 이상이고 휘발성이며, 향기를 가질 수 있는 물질의 농도가 각기 다르고 분해산물 간 또는 비지방질 식품 성분 간의 상호 관련성 등 많은 요인이 존재하기 때문이다. 분석기기의 감도나 분리 능력이 계속 개선되더라도 향기 물질 상호 간의 관계를 밝히는 것은 복잡하여 더 오랜 시간이 걸릴 것이다.

경화시킨 콩기름이나 어유에서는 특이한 경화취가 발생한다. 이는 경화 중에 생성된 isolinoleate나 이중결합이 *trans*화한 지방에서 6-*cis* nonenal, 6-*trans* nonenal, 2-*trans*-6-*trans* octadecadienal 등의 aldehyde 화합물 이외에 여러 가지의 ketone, alcohol, lactone 화합물에 의해 야기되는 것으로 밝혀졌다. 또 식용유지의 물리적 성질은 입안 촉감이나 향기 물질의 휘발성과 역치에 영향을 준다. 식용유지가 산화할 때 불포화지방에 따라 발생하는 휘발 성분의 종류가 달라진다. 올레산의 경우 nonanal 및 octanal이 주로 발생하고, 리놀레산은 hexanal, 2,4-decadienal, 2-heptenal 등이 발생하며 리놀렌산의 경우 propanal이 주로 발생한다. 특히 propanal, hexanal, nonanal은 리놀렌산, 리놀레산, 올레산 함량이 높은 유지의 산화 지표로 활용된다.

10. 지방질 대체품

지방질은 식이의 필수 성분이지만 단백질이나 탄수화물에 비해 2배 이상의 고에너지원이다. 우리나라에서도 식생활이 서구화되면서 지방질의 과다 섭취는 고지혈증, 동맥경화증, 심장병 등 심혈관계 질환과 대장암, 유방암 등의 발생 증가 원인이 되고 있다. 따라서 지방질이 많은 고기보다는 살코기, 저지방 유제품, 생선류와 지방질이 적은 튀김 식품, 빵, 비스킷, 크래커 등을 권장하고 있다. 저지방질 제품은 맛과 향기 면에서 고지방질 제품과 다르지 않아야 시장성이 있다. 지방질이 일부 또는 완전히 제거되면 식품의 특성이 변화하기 때문에 과거 20여 년간 지방질 대체품(fat replacer)에 대한 연구가 활발히 진행되어 왔다.

밀, 옥수수, 타피오카 등을 산 또는 효소로 가수분해한 변형녹말이나 덱스트린류는 물에 녹여도 끈적거리지 않고 지방질과 비슷한 맛을 가지며 식용유지와 매우 비슷한 성질이 있으므로 드레싱, 아이스크림, 마요네즈에 이용하면 지방질 함량을 반 정도 줄일 수 있다. Hemicellulose, cellulose, 알긴산(alginic acid), xanthan gum 등 친수성 검류를 이용하면 유화 상태가 안정되고 유화물의 점도 등을 증가시켜 식용유지의 사용량을 줄일 수 있다. 이와 같은 탄수화물의 지방질 대체품이 상품화된 것으로는 Avicel, Oatrim 등이 있다.

단백질 역시 증점제, 젤화 성질이 있으므로 탄수화물처럼 지방질의 일부를 대체할 수 있다. 특히 gelatin은 가역성 젤화 성질이 있어 마가린 제조 시 경도를 높일 수 있다.

식용유지를 대체하는 탄수화물과 단백질은 수분이 많은 식품에는 쓰일 수 있으나 프라이, 튀김, 볶음과 같이 100°C 이상 가열하는 식품에는 사용할 수 없다. 그러므로 식용유지와 특성은 비슷하나 소화흡수가 잘되지 않는 합성 중성지방질을 만들려는 시도가 최근 활발히 연구되고 있다. 이러한 중성지방질은 경화나 지향성 에스터 교환반응, 에스터 교환반응으로 합성한다. 이 중성지방질 중 자연계의 고급지방산(긴사슬지방산) 하나를 C_6~C_{12}의 중급지방산으로 대체하면 1 g당 약 8.3 kcal의 에너지가 나와 약 10%의 에너지 섭취 감소 효과가 있다.

중성지방질에 C_2~C_5의 저급지방산을 C_{14}~C_{24}의 고급지방산과 같이 도입시키면 저급지방산은 에너지가 낮고, 고급지방산은 glycerol의 위치에 따라 흡수가 안 되어 에너지가 보통 지방질의 반 정도가 된다. 이 중의 하나가 Salatrim (short and long chain acyl triglyceride molecule)이며 미국에서 'GRAS'로 사용이 허가되었다. 사람이 섭취했을 때

Salatrim

Salatrim의 지방산 조성에 따라 에너지는 4.7~5.1 kcal/g이며 고급지방산과 저급지방산의 비율을 조절함으로써 굽기와 튀김에 적합한 물리적 성질과 녹는점을 갖게 할 수 있다. 이와 유사하게 합성된 Caprenin(상품명)은 중급지방산(C_6~C_{10})과 베헨산(behenic acid, C_{22})으로 되어 있다. 중급지방산은 코코넛유나 팜유에서 얻고 베헨산은 어유의 DHA와 유채씨기름의 에루스산(erucic acid)을 경화하여 얻을 수 있다. 에너지는 약 5 kcal/g 정도이며 미국에서 'GRAS'로 사용이 허가되었다.

지방질의 glycerol 대신 트라이카복실산, 다가 당알코올, 설탕 등에 지방산이나 또는 가지를 갖는 지방산을 에스터 결합시킨 제품들이 계속 연구·합성되고 있다. 이들은 물리적 특성이 식용유지와 비슷하여 굽는 요리나 프라이에 이용할 수 있으며 지방질을 분해하는 lipase에 의해 가수분해되지 않을 뿐만 아니라 가수분해되더라도 흡수가 잘 안 되어 열량이 낮아진다.

설탕 폴리에스터(sucrose polyester)는 설탕의 -OH기에 지방산(C_{12}~C_{20}) 6~8분자를 에스터 결합시킨 것으로 상품명은 Olestra이다. 설탕 폴리에스터는 1983년 미국에서 유화제로 처음 사용이 인정되었으며, 1996년 FDA에서 짠맛 스낵과 크래커에 식품첨가물로 사용이 허가되었다. Olestra는 지방산의 탄소 길이와 불포화도 조절이 가능하여 다양한 식품에 이용할 수 있다. 또한 친유성, 비소화성, 비흡수성이며 물리화학적 성질이 보통 지방질과 유사하다. 식용유지를 대체할 수 있는 Olestra는 설탕의 OH기에 지방산의 종류를 다양하게

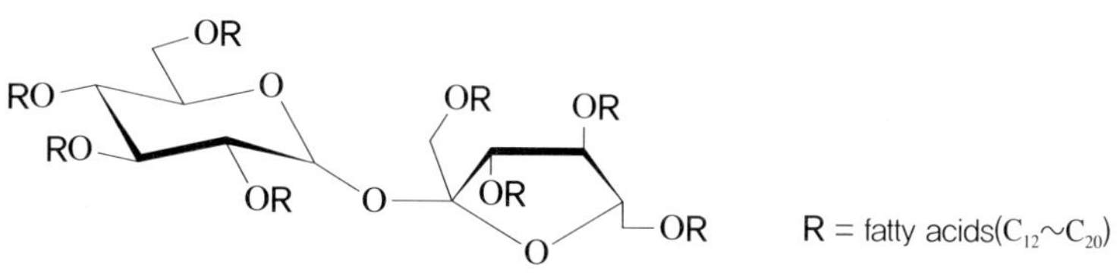

Olestra

에스터 결합시킴으로써 친수친유성 비율(hydrophile-lipophile balance, HLB)이 다양한 유화제로 이용한다. 구운 식품이나 튀김 식품, 유제품, 튀김유, 마가린 및 쇼트닝 등의 지방질 30~40%까지 대체할 수 있으며, 식품의 향미, 조직, 색, 입안 촉감, 포만도, 저장기간 등에 영향을 주지 않는다. 다량 섭취 시 설사를 유발할 수 있다는 것은 단점이다.

Glucose, sorbitol, 시트르산 또는 인산을 반응시켜 합성한 polydextrose도 식용유지를 부분적으로 대체하는 효과가 있다.

단원 정리

지방질은 탄수화물, 단백질과 함께 식품 중 가장 중요한 성분 중의 하나이며, 자연계에 존재하면서 물에는 거의 녹지 않으나 비극성 유기 용매인 diethyl ether, 석유 에테르, chloroform, acetone, benzene, 이황화탄소, 사염화탄소 등에는 잘 녹는 소수성이 강한 물질로 화학적/구조적으로 일정한 규칙성은 없다. 이러한 비수용성 성질은 탄수화물과 단백질로부터 분리하는 데 이용되고, 일부 지방질은 소수성 부분과 친수성 부분이 함께 있는 양친매성 분자 구조를 가지며 계면활성이 높다. 동물 및 식물에 존재하는 지방질의 99%는 지방산의 glycerol ester로 탄수화물이나 단백질보다 높은 열량(중성지방질 1 g 당 9 kcal), 필수지방산, 지용성 비타민 공급원으로서의 영양적 가치를 지닌다. 또한 지용성 색소나 유화제로도 작용하며, 식품의 특징적인 조직감, 식감, 맛, 풍미와도 관련이 있다. 지방질은 구조 복합성, 비누화, 극성, 구성지방산, 급원 등에 따라 분류하며, 여기에서는 동질 다형 현상, 고체 지방 지수, 굴절률 등 각종 물리적 성질과 비누화값, 아이오딘값, 산값, 라이헤르트-마이슬값 등 주요 화학적 지수에 대하여도 설명하였다. 여러 가지 지방질 중 약 99%를 차지하는 중성지방질의 산패는 가수분해, 자동산화, 일중항산소, 효소, 변향, 가열 등에 기인하며, 지방산의 조성 및 함량, 산소 농도, 온도, 수분, 금속, 생화학 물질, 광선 등이 영향을 끼친다. 또한 지방질 산화 방지를 위한 산화방지제에 대해서도 언급하고, 산패도를 측정하는 방법론도 다루었다. 마지막으로 지방질을 가수분해, 에스터 교환, 수소 첨가 등에 의해 변화 개질시키는 가공 공정에 대한 설명을 하였으며, 최근 대두되고 있는 Avicel, Salatrim, Caprenin, Olestra 등 식품 소재로서의 지방질 대체품에 대해서도 공부한다.

연습문제

1 다음 중 비누화가 되지 않는 지방질은?

① 중성지방질 ② 콜레스테롤

③ 인지방질 ④ 왁스

2 지방질을 가열할 때 점도가 높아지게 하는 반응은?

① 유화반응 ② 가수분해반응

③ 에스터 교환반응 ④ 중합반응

3 다음 중 지방질의 자동산화 중 생성되는 물질이 아닌 것은?

① 헤모시아닌 ② 과산화물

③ 저급 알코올 ④ 케톤

4 유지의 구조를 설명한 사항 중 옳은 것은?

① 글리세롤과 지방산의 에스터 결합 ② 포도당과 글리세롤의 결합

③ 글리세롤과 알코올의 결합 ④ 글리세롤과 아세톤의 결합

5 유지 품질의 지표가 되는 것은?

① 글리세라이드의 양 ② 유리지방산

③ 휘발성 수용성 지방 ④ 필수지방산

6 유지의 산패가 일어나는 시기가 아닌 것은?

① 유도기간이 길어지는 시기 ② Malonaldehyde가 급속히 생성되기 전

③ 과산화물 생성속도가 급증하는 시기 ④ 카보닐 화합물의 생성속도가 급증하는 시기

⑤ 산소 흡수 속도가 급증하는 시기

*정답은 뒤에 있습니다.

7 다음 중 지방 산패를 억제시켜주는 데 있어 이 물질 자체적으로는 항산화 효과를 갖고 있지 않으나 산화방지제와 함께 첨가되면 상승 효과를 가져올 수 있는 상승제(synergist)가 아닌 것은?

① Citric acid ② Phytic acid

③ Glutamic acid ④ Phosphoric acid

8 유지를 가열할 때 일어나는 현상 중 바르게 설명되지 않은 것은?

① 비공액 다이엔이 공액 다이엔으로 바뀐다.

② 효소적 갈변이 일어난다.

③ 아크롤레인의 함량이 증가한다.

④ 점도가 높아진다.

9 분자량이 100인 지방질의 비누화값(saponification value)이 150이라면, 분자량이 200인 지방질의 비누화값은?

10 아밀로스는 α-헬리칼 구조를 갖고 있어서 가운데 구멍과 같은 cavity 속으로 모노글리세라이드의 지방질이 결합할 수 있다. 모노글리세라이드와 함께 아밀로스를 첨가하여 이들이 아밀로스-모노글리세라이드 결합체를 형성하였는지 유무를 어떻게 확인할 수 있을까?

05
아미노산과 단백질

1. 아미노산

2. 단백질

3. 식품 단백질

4. 단백질의 기능적 특성

단백질의 어원은 그리스어 'proteios(제1이라는 뜻, of the first rank)'에서 유래한 것으로 생명을 유지하는 데 가장 중요한 물질이라는 뜻이다. 단백질은 질소를 함유한 고분자화합물로 생물체를 구성하는 소재로서 중요할 뿐만 아니라 효소, 호르몬, 항체, 저장 단백질, 보호 단백질로 세포나 생물체의 생명 현상을 유지하는 데 중요한 역할을 한다.

단백질은 일반적으로 탄소 50~52%, 수소 6~7%, 산소 20~23%, 질소 12~19% 및 유황 0.2~3.0%로 구성되어 있다. 다른 거대 분자인 탄수화물, 지방질과 달리 분자 내에 약 16%의 질소를 함유하고 있어서 식품의 질소량을 측정하여 100/16=6.25를 곱하면 조단백질(crude protein)의 양을 계산할 수 있다. 여기서 6.25는 단백질의 질소계수(nitrogen coefficient 또는 N-factor)이다. 식품 중의 질소화합물이 단백질만 있는 것이 아니라 식품에 따라 상당한 유리아미노산, amide, purine 염기류 및 크레아틴류 등 비단백질질소(nonprotein nitrogen)를 함유하고 있으므로 식품 중의 질소량에 질소계수를 곱하여 산출한 단백질을 조단백질이라고 한다.

단백질은 20개의 서로 다른 아미노산이 peptide 결합을 하여 이루어진 것으로, 아미노산의 종류와 수, 배열 순서에 따라 다른 단백질이 생성된다. 여기에서는 단백질을 구성하는 아미노산의 종류, 성질 등과 단백질의 구조와 종류, 성질, 변성, 식품 가공 중 단백질의 변화 및 식품 단백질 등에 대하여 설명하고자 한다.

1. 아미노산

아미노산(amino acids)은 단백질을 구성하는 요소(building block)이며 천연의 단백질을 구성하는 아미노산은 20여 종이 있다. 이외에 흔하지 않은 아미노산이 천연에 존재하는데 이들은 생물학적 기능을 가지고 있다. 아미노산은 한 분자 내에 한 개 또는 그 이상의 아미노기(amino group, $-NH_2$)와 한 개 또는 그 이상의 카복실기(carboxyl group, -COOH)를

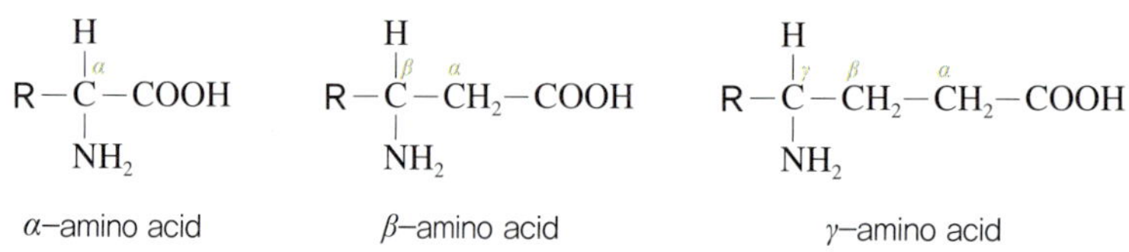

그림 5.1 α, β, γ-아미노산의 구조

가지는 화합물로, 카복실기가 결합되어 있는 탄소 위치를 기점으로 하여 아미노기가 결합하는 탄소의 위치에 따라 α-, β-, γ-아미노산이라 부른다(그림 5.1). 자연계에 존재하는 단백질은 대부분 α-amino acid로 구성되어 있다.

1) 아미노산의 구조

아미노산은 proline과 hydroxyproline을 제외하고는 모두 α위치의 탄소에 아미노기를 가진 카복실산이다. 측쇄인 R이 수소인 glycine을 제외하고는 모든 아미노산이 α-탄소에 4개의 각각 다른 원자나 기(R, NH_2, COOH, H)가 결합되어 있는 비대칭 탄소 원자(asymmetric carbon atom)로 되어 있으므로 L-형과 D-형의 두 입체이성질체가 생긴다(그림 5.2). 당의 경우와 같이 glyceraldehyde를 기준으로 하여 D-형과 L-형을 결정하며, 각종 식품에 함유되어 있는 유리아미노산(free amino acid)이나 일반적인 단백질을 구성하는 아미노산은 α-L-amino acid이다. D-형 아미노산은 일부 항생 물질이나 미생물 세포벽의 구성 성분으로 발견되고 있다.

2) 아미노산의 종류와 분류

(1) 단백질을 구성하는 아미노산

단백질을 구성하는 아미노산은 약 20여 종에 이르며, 이들은 물과 작용하는 능력에 따

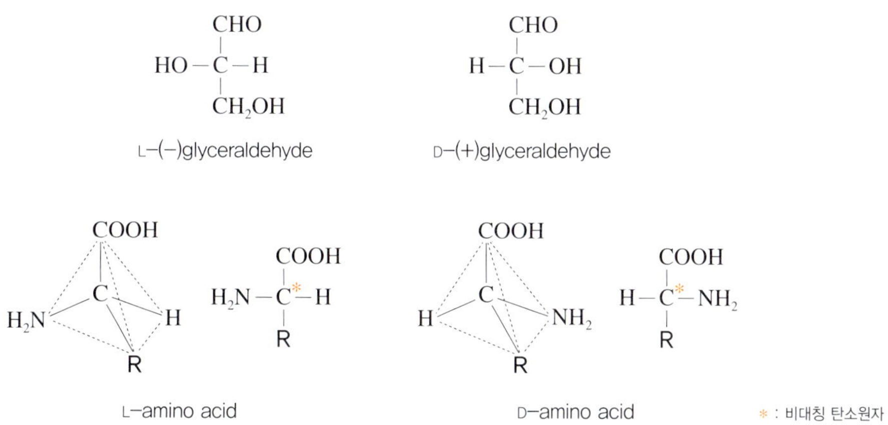

그림 5.2 아미노산의 입체이성질체

라 ① 비극성(nonpolar)-중성, ② 극성(polar)-중성, ③ 산성, ④ 염기성 아미노산으로 표 5-1과 같이 분류된다. 중성의 비극성(소수성) 아미노산들은 탄화수소로 된 측쇄(R)를 가지고 있으며 전하는 가지고 있지 않다. 물과 잘 반응하지 않기 때문에 비극성 아미노산은 단백질의 3차 구조를 유지하는 데 중요한 역할을 하며, 이들의 탄화수소 측쇄에는 방향

표 5-1 단백질을 구성하는 아미노산의 종류와 구조

분류	아미노산	약어	생리적 PH 조건	pI
① 비극성과 중성 아미노산	Glycine	Gly, G	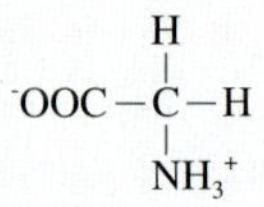	6.0
	Alanine	Ala, A	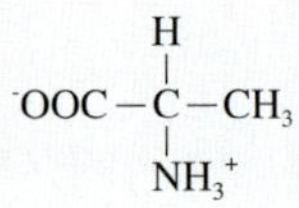	6.0
	Valine	Val, V	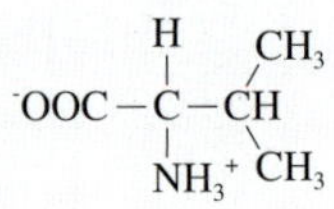	6.0
	Leucine	Leu, L	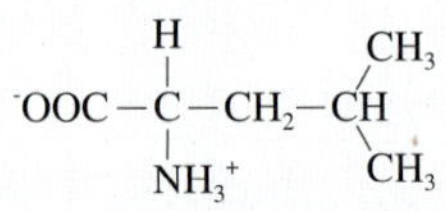	6.0
	Isoleucine	Ile, I	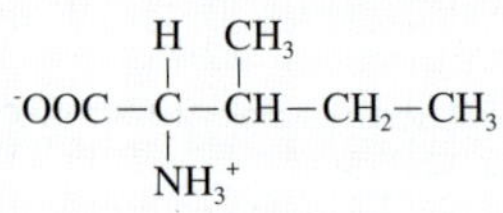	6.1
	Proline	Pro, P	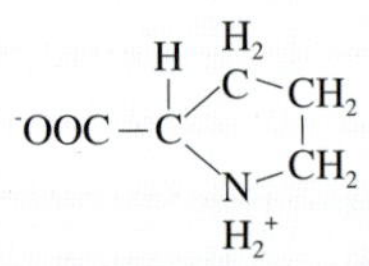	6.3
	Cysteine	Cys, C	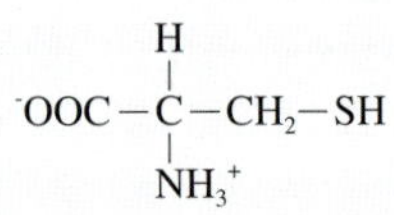	5.0
	Methionine	Met, M	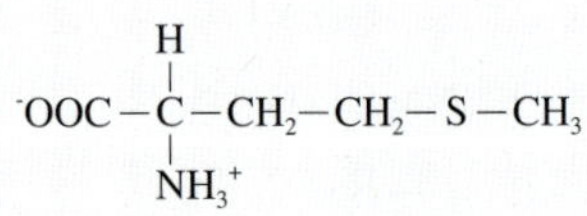	5.8
	Phenylalanine	Phe, F	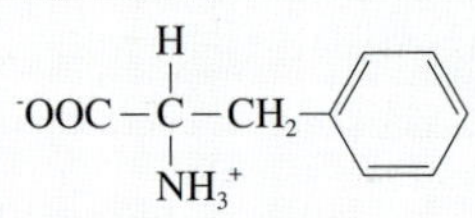	5.5

(계속)

분류	아미노산	약어	생리적 PH 조건	pI
① 비극성과 중성 아미노산	Tryptophan	Trp, W	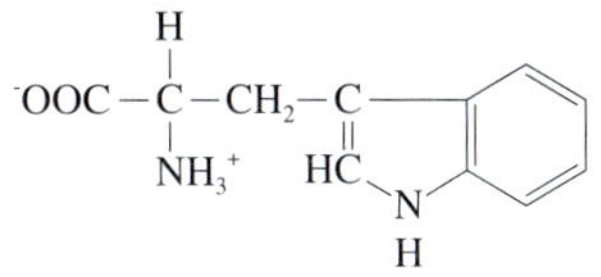	5.9
② 극성과 중성 아미노산	Serine	Ser, S	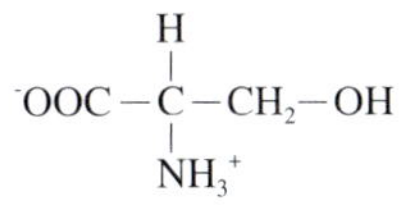	5.7
	Threonine	Thr, T	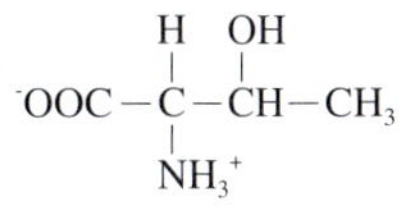	6.5
	Tyrosine	Tyr, Y	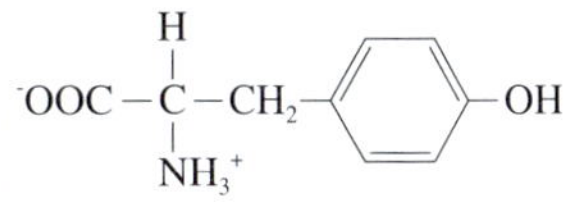	5.7
	Asparagine	Asn, N	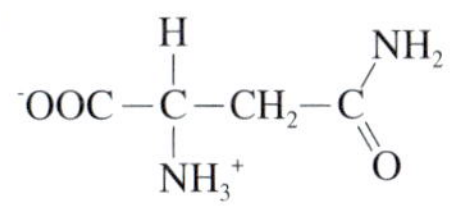	5.4
	Glutamine	Gln, Q	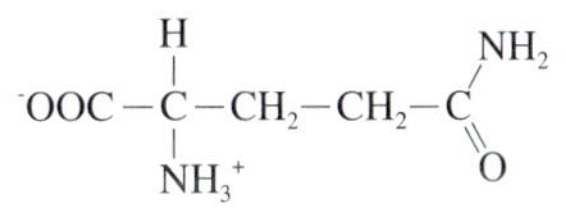	5.7
③ 산성 아미노산	Aspartic acid	Asp, D	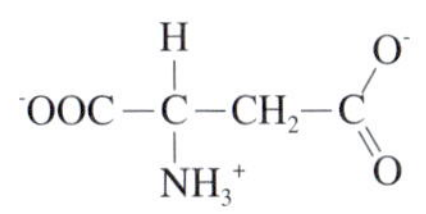	3.0
	Glutamic acid	Glu, E	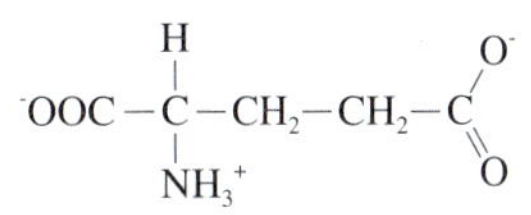	3.2
④ 염기성 아미노산	Lysine	Lys, K	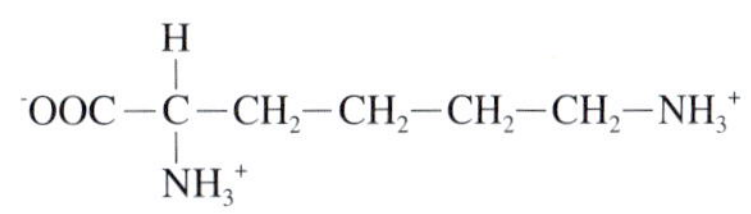	9.8
	Arginine	Arg, R	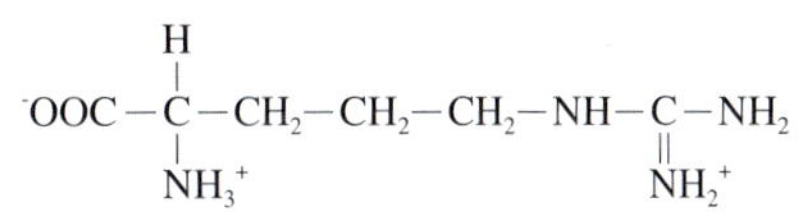	10.8
	Histidine	His, H	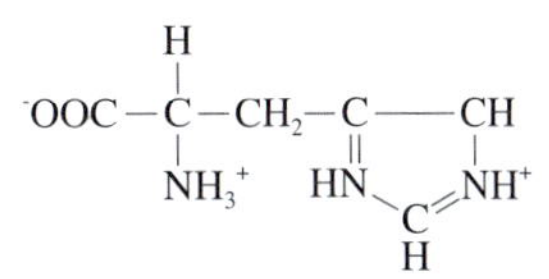	7.6

족이나 지방족의 두 타입이 있다. 중성의 극성 아미노산은 수소결합을 할 수 있는 작용기(functional group)를 가지고 있기 때문에 물과 잘 반응하므로 친수성을 나타낸다. 산성 아미노산은 카복실기를 포함하는 측쇄를 갖고 있고, 염기성 아미노산은 아미노기를 비롯하여 다른 염기성 기(예 : guanidyl 또는 imidazole 기)를 포함하는 측쇄를 가지고 있다.

이외에도 측쇄 구조 내에 포함된 원자나 원자단의 특징에 따라 유황 원자를 가지는 함황아미노산, 하이드록시기(-OH)를 가지는 하이드록시아미노산, 이미노기(=NH)를 가지는 이미노산(imino acid) 등의 군으로 분류되기도 한다.

단백질을 구성하는 여러 종류의 아미노산 중에서 valine, leucine, isoleucine, threonine, lysine, methionine, phenylalanine, tryptophan의 8개 아미노산은 성인의 경우 인체의 단백질 형성에 필요하나 합성이 되지 않아 반드시 식품으로 섭취해야 하므로 이를 필수아미노산(essential amino acid)이라 한다.

(2) 단백질을 구성하지 않는 아미노산

아미노산 중에는 단백질의 구성 요소는 아니지만, 유리 상태 또는 비타민 등 특수한 화합물의 구성 성분으로 존재하는 것이 20여 종 있다. 이들 중 식품과 관계 깊은 것을 표 5-2에 나타내었다.

3) 아미노산의 성질

(1) 용해성

아미노산은 일반적으로 물과 같은 극성 용매와 묽은 산이나 알칼리에는 잘 녹으나 ether, chloroform, acetone 등과 같은 비극성 유기 용매에는 전혀 녹지 않는다. 반면 Tyr과 Cys은 물에 녹기 어렵고(표 5-3), 대부분의 아미노산은 alcohol에 녹지 않으나 Pro과 Hpro은 alcohol에 잘 녹는다.

(2) 양쪽성 전해질

아미노산은 한 분자 내에 알칼리로 작용하는 아미노기($-NH_2$)와 산으로 작용하는 카복실기(-COOH)를 동시에 갖고 있는 양쪽성 물질(amphoteric substance)이다. 아미노산 구조 내의 이 작용기들은 용액 중에서 음이온($-COO^-$)과 양이온($-NH_3^+$)의 전하를 동시에 갖게 되

표 5-2 단백질을 구성하지 않는 아미노산의 화학 구조 및 생체 내 역할

일반명	화학 구조	생체 내 역할
β-Alanine	$H_2N-CH_2-CH_2-COOH$	• 자연계에 존재하는 유일한 β-amino acid • pantothenic acid, coenzyme A의 구성 성분 • 근육 속에 유리 상태 또는 dipeptide로 존재
Citrulline	$H_2N-\overset{O}{\overset{\Vert}{C}}-(CH_2)_3-\underset{NH_2}{\underset{\vert}{CH}}-COOH$	• 수박의 과즙에 존재 • arginine의 가수분해에 의해 생성 • 요소회로에서 요소 생성에 관여
Ornithine	$H_2N-(CH_2)_3-\underset{NH_2}{\underset{\vert}{CH}}-COOH$	• 동식물조직에 존재 • 요소회로에서 요소 생성에 관여
Dihydroxyphenyl alanine (DOPA)	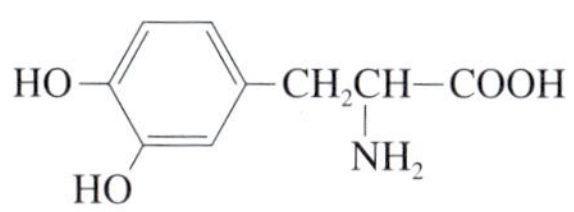	• tyrosine 산화로 생성된 melanin 색소의 전구물질
γ-Aminobutyric acid (GABA)	$CH_2(NH_2)CH_2CH_2COOH$	• 감자 및 사과에서 발견 • 뇌 속에 존재 • 혈압 강하 작용
Alliin	$CH_2=CH-CH_2-\overset{O}{\overset{\Vert}{S}}-CH_2-\underset{NH_2}{\underset{\vert}{CH}}-COOH$	• 마늘에 존재 • 마늘 냄새 allicin의 전구물질
Taurine	$H_2N-CH_2-CH_2-SO_3H$	• 오징어, 문어, 담즙에 존재 • 말린 오징어의 표면이 하얗게 되는 주된 원인으로 작용
Theanine, γ-N-glutamylethylamide	$COOH-\underset{NH_2}{\underset{\vert}{CH}}-CH_2CH_2-\underset{NHC_2H_5}{\underset{\vert}{C}}=O$	• 녹차를 포함한 다류의 감칠맛 성분

표 5-3 아미노산의 물에 대한 용해도(25°C)

아미노산	용해도(g/100 g)	아미노산	용해도(g/100 g)
Alanine	16.65	Leucine	2.43
Arginine	85.56	Lysine	73.90
Asparagine	2.85	Methionine	5.62
Aspartic acid	0.50	Phenylalanine	2.97
Cysteine	-	Proline	160.00
Glutamine	0.72 (37°C)	Serine	4.22
Glutamic acid	0.86	Threonine	1.32
Glycine	24.99	Tryptophan	1.14
Histidine	4.19	Tyrosine	0.04
Isoleucine	4.12	Valine	8.85

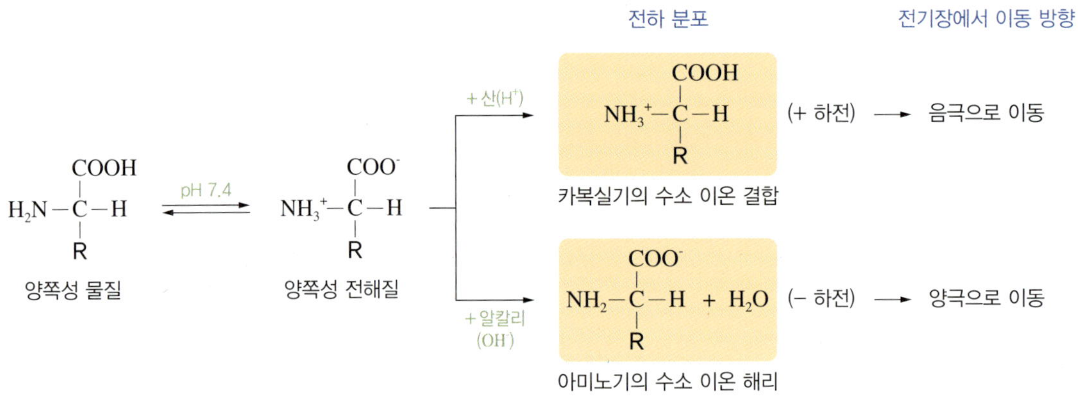

그림 5.3 **양쪽성 전해질로서의 아미노산**

어 양쪽성 이온(zwitterion)의 상태로 존재하므로 양쪽성 전해질(ampholyte)이라고도 한다(그림 5.3). 따라서 중성 아미노산 수용액을 전기이동(electrophoresis) 장치에 넣고 전류를 통하면 pH가 저하되면서 카복실기가 수소 이온을 받아들여 아미노산 분자는 +로 하전되어 음극으로 이동하고, pH 상승에 따라 아미노기의 탈수소 이온화가 진행되어 −로 하전되어 양극으로 이동한다.

아미노산 종류에 따라 특정 pH에서 양전하량과 음전하량의 크기가 서로 상쇄되어 전하가 0이 되는데, 이때 전기장 내에서 어느 전극 방향으로도 이동하지 않는 현상이 발생한다. 이때의 pH를 등전점(isoelectric point, pI)이라고 한다. 아미노산들의 등전점은 화학 구조와 해리상수가 다른 작용기들의 차이로 서로 다르나 일반적으로 중성 아미노산의 등전점은 pH 5~7 부근의 약산성에, 산성 아미노산은 pH 3 근처의 산성 쪽에, 염기성 아미노산은 pH 8~11 범위의 알칼리성 쪽에 있다(표 5-1 참조). 일반적으로 등전점에서 아미노산은 불안정하여 침전되기 쉬우며 용해도, 점도, 삼투압은 최소가 되고 흡착성과 기포성은 최대가 된다.

(3) 광학적 성질

아미노산 구조에서 언급하였듯이 glycine을 제외한 모든 기본 아미노산은 비대칭 탄소를 알파 탄소(α-C) 위치에 갖게 되어 최소한 2개 이상의 광학이성질체(optical isomer)가 존재한다. 단백질을 구성하는 아미노산은 거의 모두 L-형이고, D-형은 일부 세균이 생산하는 항생 물질이나 미생물의 세포벽 구성 성분으로 발견되고 있다.

(4) 자외선 흡수성

단백질을 구성하는 아미노산 중 방향족 아미노산인 Tyr, Trp, Phe은 자외선을 흡수하며, 이들의 최대 흡수파장(λmax)은 각각 274.5, 278, 260 nm이다(그림 5.4). 대부분 단백질은 이들 방향족 아미노산 잔기들을 갖고 있어서 분광광도계(spectrophotometer)를 이용하여 280 nm 파장에서 흡광도를 측정하면 수용액 중의 단백질 함량을 알아낼 수 있다.

Cystine은 이황화물(–S–S–)의 존재로 238 nm에서 자외선을 약하게 흡수하며, 모든 아미노산은 210 nm 근처에서 자외선을 흡수한다. 그리고 아미노산 중 tryptophan, tyrosine, phenylalanine만이 형광성을 나타내며, 이 중 Trp은 단백질에 결합된 상태로 348 nm에서 최대 형광을 나타낸다.

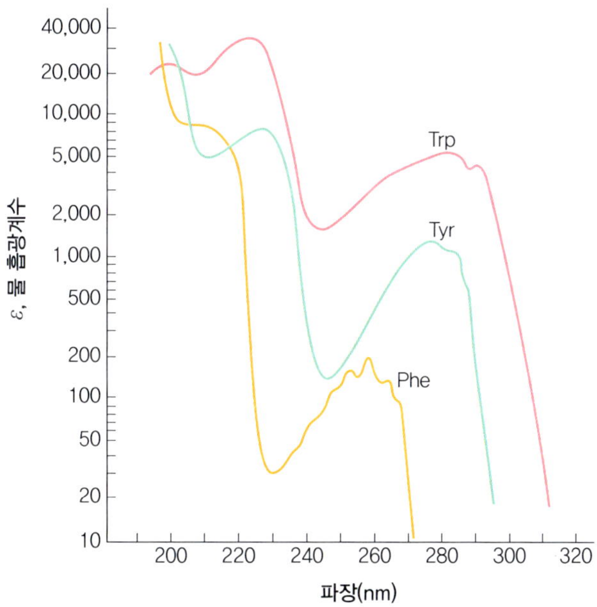

그림 5.4 **방향족 아미노산의 자외선 흡수 스펙트럼(pH 6.0)**

(5) 맛

일반적으로 단백질은 단맛을 갖고 있는 thaumatin 등을 제외하고는 맛을 갖고 있지 않으나, 그 분해 생성물인 아미노산은 각각 특유의 맛을 가지고 있어 식품의 맛과 밀접한 관계가 있다. 특히 글루탐산(glutamic acid)은 맛이 좋아 그 나트륨염(monosodium glutamate, MSG)은 조미료로 널리 사용되고 있다.

각종 아미노산의 맛을 시험한 결과는 표 5-4에 나타내었다. 아미노산 중에서 L-Cys, DL-homo-Cys 등은 거의 맛이 없으며, L-Leu, L-Ile, L-Phe, L-Trp 등 소수성(hydrophobic) 아미노산은 쓴맛을 갖고 있고 glycine, L-Ala, DL-Ser, L-hydroxy-Pro, L-Lys 등은 단맛을 가진다.

표 5-4 각종 아미노산의 맛

아미노산	맛	아미노산	맛
Glycine	상쾌한 단맛	L-Lysine	온화한 단맛
L-Alanine	강한 단맛	L-Glutamic acid	감칠맛
L-Proline	달고 신맛	D-Glutamic acid	맛이 없음
DL-Serine	상쾌한 단맛	L-Methionine	약한 쓴맛
DL-Valine	단맛	L-Histidine	약한 쓴맛
DL-Threonine	약한 단맛	L-Phenylalanine	약한 쓴맛
L-Hydroxyproline	약한 단맛	L-Arginine	약한 쓴맛
L-Leucine	약한 쓴맛	L-Tyrosine	맛이 없음
L-Isoleucine	쓴맛	DL-Tryptophan	약한 단맛
L-Asparagine	약한 신맛	L-Cystine	맛이 없음
L-Aspartic acid	약한 신맛	DL-Homocystine	맛이 없음

(6) 아미노산의 화학적 반응

아미노산 구조가 관여할 수 있는 화학반응은 매우 다양하나, 여기서는 식품화학적 측면에서 중요하게 다루어야 할 대표적인 화학반응들을 제시하고자 한다.

Tip

아미노산, 펩타이드 맛의 활용

아미노산뿐만 아니라 dipeptide, tripeptide 중에는 짠맛을 가진 것들이 있어서 이를 신장 질환을 앓는 사람 또는 고혈압 환자 들의 식이 조절에 활용한다. 나트륨(Na)의 섭취를 최소화하면서 음식에 짠맛을 부여할 수 있는 특징을 이용하는 방법이다. 같은 맥락으로 단맛을 가지는 peptide는 당뇨 환자의 식이에 활용할 수 있다.

① 카복실기 제거 반응

아미노산은 수산화바륨[$Ba(OH)_2$]과 함께 가열하면 카복실기가 제거되어 amine이 생성된다.

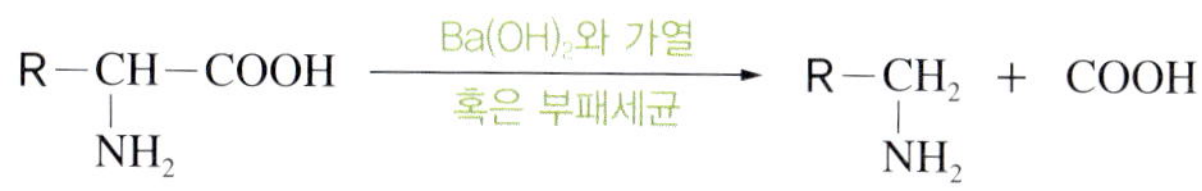

이 반응은 미생물, 특히 부패세균에 의해서도 진행될 수 있으며, histidine의 카복실기가 제거되어 형성된 histamine은 동물 체내에서 알레르기 반응에 관여하는 것으로 알려져 있다.

② 아질산과의 반응

아미노산의 아미노기는 아질산(HNO_2)과 반응하여 질소 가스를 발생한다.

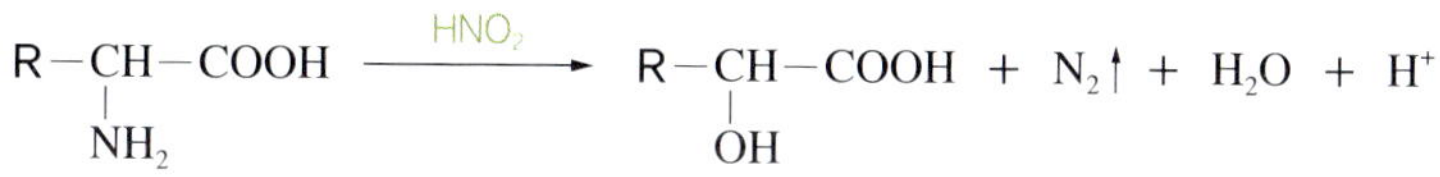

이 반응은 아미노산, peptide, 단백질 중의 α-amino기의 정량분석에 이용되는 반슬라이크법(Van Slyke method)의 원리이다. Pro과 hydroxy-Pro에서는 일어나지 않고 일반적으로 아미노기에서 일어난다.

③ 알데하이드와의 반응

아미노산의 α-amino기는 aldehyde와 축합하여 시프 염기(Schiff base)를 만드는데, 이 반응은 비효소적 갈변반응인 마이야르 반응의 첫 번째 단계이다.

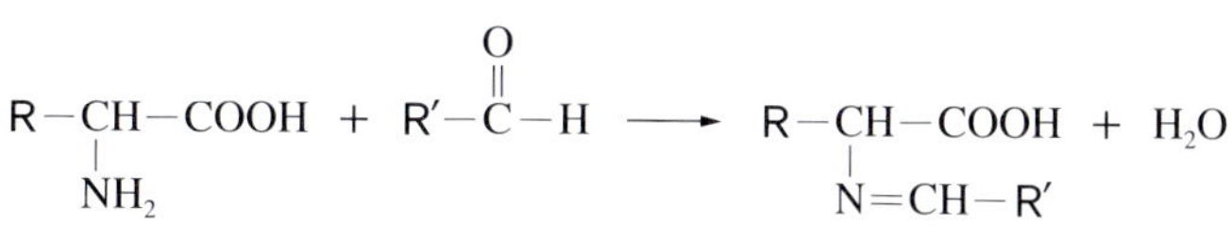

④ 닌하이드린과의 반응

아미노산은 산화제인 ninhydrin과 반응하여 ammonia, 이산화탄소, adehyde를 생성한다. 이때 생성된 ammonia는 산화형 및 환원형 ninhydrin과 반응하여 570 nm에서 흡광

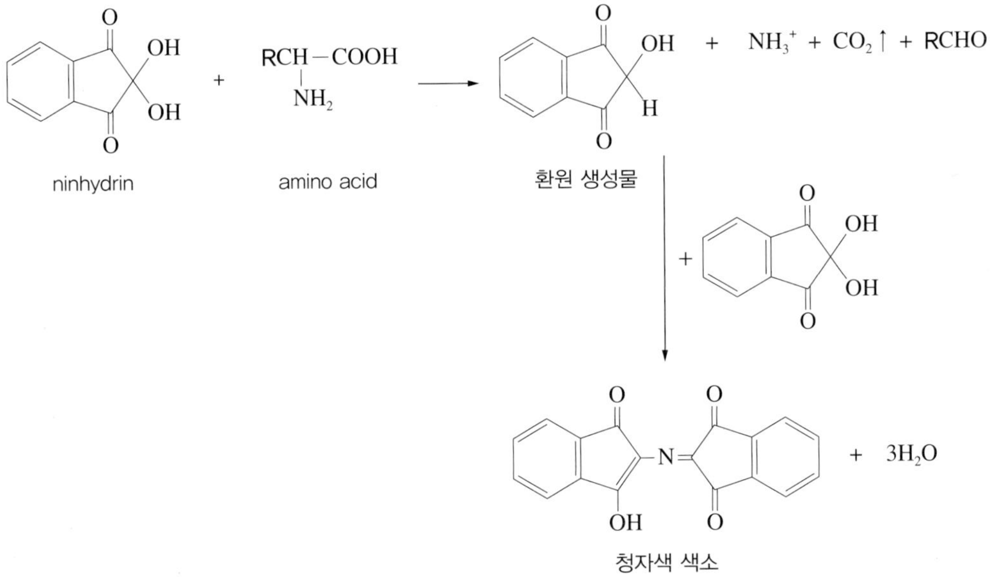

도를 갖는 청자색의 중합화합물을 만든다.

이 반응은 아미노산의 정성, 정량 분석에 널리 이용된다. 그러나 Pro과 hydroxy-Pro은 440 nm에서 최대 흡수를 갖는 황색 화합물을 생성하고, Asn과 Gln은 갈색을 나타낸다.

⑤ 2,4-다이니트로플루오로벤젠과의 반응

아미노산의 아미노기는 2,4-dinitrofluorobenzene (DNFB)과 반응하여 황색의 DNP-아미노산(dinitrophenyl-amino acid)을 생성한다. DNFB는 polypeptide 사슬의 N-말단 아미노기와도 반응하므로, Sanger의 DNP법이라 하여 단백질의 아미노산 서열 분석을 위한 N-말단 아미노산 분석에 이용된다.

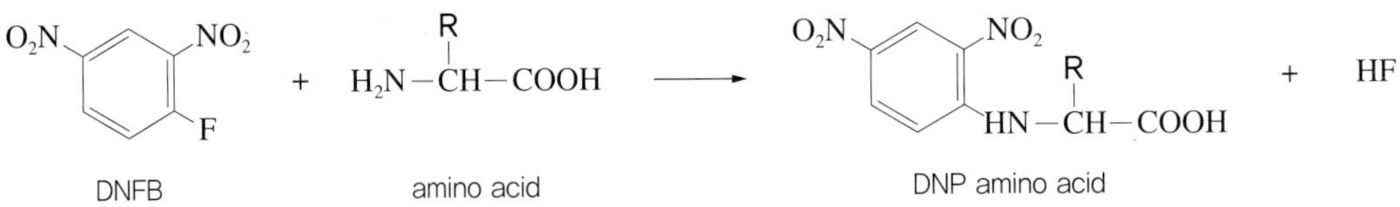

2. 단백질

단백질은 수백 개 이상의 아미노산 잔기가 peptide 결합으로 이루어진 고분자화합물로, 전통적으로 다양한 용매에 대한 용해도(solubility)에 따라 분류하였다. 그러나 단백질 분자의 화학 구조, 입체 구조, 아미노산 및 비단백질 조성 등에 대한 정보가 제공됨에 따라 단백질의 조성과 이화학적 성질의 차이뿐만 아니라 구조상의 특징 및 출처 등에 따라 분류하고 있다.

1) 단백질의 분류

(1) 이화학적 성질에 의한 분류

단백질은 그 화학적 조성 및 이화학적 성질에 따라 단순단백질(simple protein), 복합단백질(conjugated protein) 및 유도단백질(derived protein)의 3가지로 크게 분류한다.

① 단순단백질

아미노산만으로 구성된 단백질이며 다양한 용매 조건에 대한 용해도 차이에 따라 다음과 같이 나눈다.

- Albumin : 물, 묽은 염류 용액, 묽은 산 및 묽은 알칼리에 대한 용해도가 높으며 가열에 의해 쉽게 응고된다. 각종 아미노산을 소량이라도 거의 대부분 함유하고 있으며 glycine 함량이 매우 낮고 분자량도 비교적 작다. 동식물 세포의 원형질에 함유되어 있는 대부분의 단백질이 여기에 속하며, 식품에서는 ovalbumin(달걀흰자위), lactalbumin(젖), serum albumin(혈청), leucosin(맥류), legumelin(콩) 등이 대표적인 예이다.
- Globulin : 물에는 거의 녹지 않는 반면 묽은 염류 용액, 묽은 산 및 묽은 알칼리에 대한 용해도가 높으며 일반적으로 가열에 의해 응고된다. Globulin은 다양한 종류의 아미노산을 함유하고 있으나 albumin과는 달리 상대적으로 Gly 함량이 높고 동식물계에 많이 분포되어 있다. Serum globulin(혈청), lactoglobulin(젖), myosin(근육), glycinin(콩), vicilin(콩류) 등이 여기에 속한다.
- Glutelin : 물, 묽은 염류 용액에는 녹지 않고 묽은 산, 묽은 알칼리에 잘 녹으며 가열에 의하여 응고되지 않는다. 곡류의 종자 단백질과 화본과 식물의 배젖 중에 많으며 Glu

를 많이 함유하고 있다. oryzenin(쌀), glutenin(밀) 등이 대표적이다.

- Prolamin : 용해 특성은 glutelin과 비슷하나 glutelin이 알코올에 녹지 않는 데 비하여 prolamin은 70~80%의 알코올에 녹는 특징이 있다. 글루텔린류와 같이 이들 단백질 역시 곡류의 종자에 많이 함유되어 있으며 Glu와 Pro을 다량 함유한다. Zein(옥수수), gliadin(밀), hordein(보리) 등이 이에 속한다.
- Albuminoid : 경단백질(scleroprotein)이라고도 한다. 물, 묽은 염류 용액, 묽은 산, 묽은 알칼리에 녹지 않고 효소의 가수분해에 저항력이 있으며 구조나 결합 기능을 하는 섬유상 단백질이다. Collagen(근육, 연골, 피부 등 결체 조직), keratin(손톱, 머리털, 뿔), elastin(혈관, 인대) 등이 여기에 속한다.
- Histone : 물, 묽은 염류 용액, 묽은 산에 용해도가 높으나 알칼리에는 잘 녹지 않으며 가열에 의해 응고되지 않는다. Arg, Lys을 많이 함유한 염기성 단백질로 동물의 체세포나 정자의 핵에 DNA나 단백질과 공존하며, 적혈구 중의 globin, 흉선 중의 thymus histone 등이 알려져 있는 동물성 단백질이다.
- Protamine : 용해 특성은 histone과 비슷하나 알칼리에 침전되지 않는 것이 다르다. Arg, Lys, His을 다량 함유한 염기성 단백질로 어류의 정자핵 중에 DNA와 결합하여 존재한다. Salmin(연어의 이리), clupein(청어의 이리), scombrin(고등어의 이리), sturin(상어의 이리) 등 동물성 식품에서만 발견된다.

② 복합단백질

아미노산으로 구성된 단순단백질에 핵산, 당질, 지방질, 색소, 금속 및 P 등의 비단백성 물질이 결합한 단백질이다. 이 중 비단백성 물질을 보결분자단(prosthetic group)이라 한다. 복합단백질은 보결분자단의 종류에 따라 다음과 같이 나눈다.

- 인단백질(phosphoprotein) : 단순단백질과 인산이 결합한 것으로 식물성 식품에는 존재하지 않고 동물성 식품에서 많이 발견된다. 우유의 casein, 달걀노른자위의 vitellin 등이 대표적이다.
- 지방질단백질(lipoprotein) : 지방질과 단백질이 결합한 것으로 지방질 부분은 lecithin과 cephalin 등의 인지방질로 이루어진 것이 많다. 유화력을 가지고 있으며 거의 모든 동식물 세포에 들어 있다. Lipovitellenin(달걀노른자위) 등이 대표적이다.
- 핵단백질(nucleoprotein) : 단순단백질에 핵산(DNA, RNA)이 결합한 단백질로 단백질 부

분은 염기성의 histone 또는 protamine이다.

- 당단백질(glycoprotein) : 단백질에 당질이 결합한 것으로 독특한 점성이 있어 점액단백질(mucoprotein)이라고도 한다. 동식물 세포와 조직의 보호 작용을 하며 조직 및 장내의 윤활 작용을 한다. 당단백질 중 아세트산에 의해 침전되는 것을 mucin, 침전되지 않는 것을 mucoid라 한다. Ovomucoid(달걀흰자위), ovomucin (달걀흰자위), mucin(타액, 점막 분비물) 등이 여기에 속한다.
- 색소단백질(chromoprotein) : 단순단백질과 색소가 결합된 것으로 색소 성분은 엽록소(chlorophyll), carotenoid, heme, flavin 등이다. 이들은 생체 내에서 중요한 생리 작용을 나타내며 식품의 색과 밀접한 관계가 있다. Hemoglobin(혈액), myoglobin(근육), 클로로필 단백질(chlorophyll protein; 녹색 잎), 아스타잔탄 단백질(astaxanthin protein; 갑각류의 껍질), 플라빈 단백질(flavoprotein) 등이 여기에 속한다.
- 금속단백질(metalloprotein) : 금속(Fe, Cu, Zn 등)과 단백질이 결합한 것으로, 철단백질로는 ferritin(간), 구리 단백질로는 hemocyanin(연체동물의 혈액), 폴리페놀 산화효소(polyphenol oxidase), 아스코브산 산화효소(ascorbate oxidase) 등이 있고, 아연 단백질로는 insulin(이자)이 있다.

③ 유도단백질

천연단백질이 화학적 또는 효소적 방법에 의해 변형된 것으로, 변형 정도에 따라 1차 유도단백질과 2차 유도단백질로 구분한다. 1차 유도단백질은 물리적 또는 화학적으로 약간의 변화를 받은 것으로 분자 골격의 대부분은 그대로이나 성질이 전과 다르므로 변성단백질(denatured protein)이라고도 한다. Rennet으로 응고시킨 casein과 수화된 collagen을 가열하여 얻는 gelatin 등이 대표적 예이다. 2차 유도단백질은 변화가 심한 것으로 proteose, peptone, peptide 등이 있다.

(2) 구조와 형태에 따른 분류

단백질은 구조와 형태에 따라 섬유상 단백질(fibrous protein)과 구상 단백질(globular protein)로 분류한다.

① 섬유상 단백질

섬유상 단백질은 긴 섬유상의 polypeptide 사슬이 수소결합 또는 이황화 결합(disulfide

bond, -S-S-)에 의해 일정한 방향으로 규칙적인 배열을 하여 섬유 모양의 구조를 갖는 단백질로 보통의 용매에 녹지 않는다. 섬유상 단백질에는 collagen, elastin, keratin 등이 있다.

② 구상 단백질

아미노산 측쇄의 여러 가지 결합에 의해서 polypeptide 사슬이 구부러지고 겹쳐져서 전체적으로 둥근 모양을 가지는 구상의 단백질로 비교적 물에 잘 용해된다. Albumin, globulin, hemoglobin, insulin, 효소 단백질 등이 구상 단백질에 속한다.

(3) 급원에 따른 분류

단백질은 그 급원에 따라 식물성 단백질(plant protein)과 동물성 단백질(animal protein)로 나뉘고, 이들은 다시 다음과 같이 세부적으로 분류된다.

- 식물성 단백질
  - 곡류 단백질(cereal protein)
  - 콩류 단백질(legume protein)
- 동물성 단백질
  - 육류 단백질(meat protein)
  - 난류 단백질(egg protein)
  - 우유 단백질(milk protein)
  - 어류 단백질(fish protein)

2) 단백질의 구조

단백질은 20여 종의 아미노산이 peptide 결합들로 이루어진 polypeptide 사슬이 안정적 입체 구조와 함께 생리적 기능성을 갖춘 물질이다. Peptide 결합은 첫 번째 아미노산의 α-카복실기(-COOH)와 다음 아미노산의 α-아미노기(-NH_2)가 축합을 통해 1분자의 물이 제거되어 형성된 amide 결합(-CO-NH-)을 의미한다(그림 5.5).

여기서 R_1, R_2, R_3, ……는 각 아미노산 고유의 측쇄를 나타내며, peptide 결합의 반복적 구조(-CHR-CO-NH-)를 주사슬이라 한다. 주사슬의 한쪽 끝에는 -NH_2가 유리되어 아미노기 말단(N-말단)이라 하고, 다른 쪽 끝은 -COOH가 유리되어 카복실기 말단(C-말단)이라

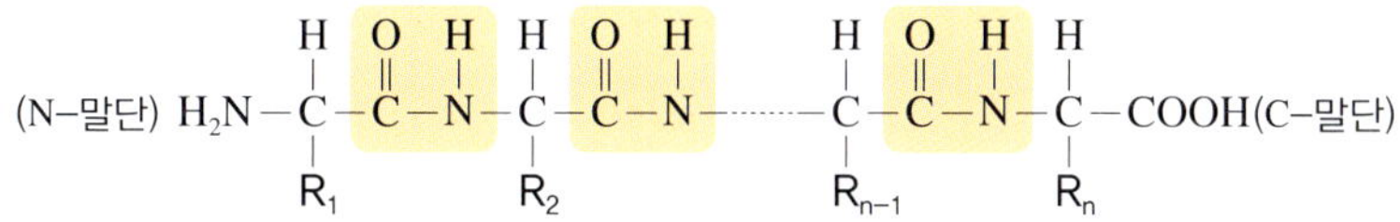

그림 5.5 아미노산의 펩타이드 결합 양식

한다. 2개의 아미노산이 peptide 결합을 이룬 생성물을 dipeptide, 3개의 아미노산으로 이루어진 것을 tripeptide, 여러 분자의 아미노산으로 된 것을 polypeptide라고 한다.

단백질과 같은 거대분자의 구조는 1, 2, 3, 4차 구조로 나눌 수 있다. 1차 구조(primary structure)는 polypeptide 중의 아미노산 배열순서를 말한다. 일차원적인 단백질 사슬 길이와 아미노산 결합순서는 단백질의 이화학적, 구조적, 생물학적 성질 및 기능을 결정한다. 아미노산 배열순서는 2차, 3차 구조의 형성 코드로 작용하고, 궁극적으로는 단백질의 생물학적 기능을 결정한다. 대부분의 단백질은 100~500개의 아미노산으로 구성되어 있다. 예를 들어 그림 5.6은 유청 단백질인 α-lactalbumin의 1차 구조를 나타내는 것으로, N-말단은 글루탐산이고 C-말단은 leucine으로 123개의 아미노산으로 구성되어 있으며 4개의 이황화결합을 하고 있다.

2차 구조(secondary structure)로는 측쇄 상호 간의 작용에 의해 생긴 α-helix, β-sheet,

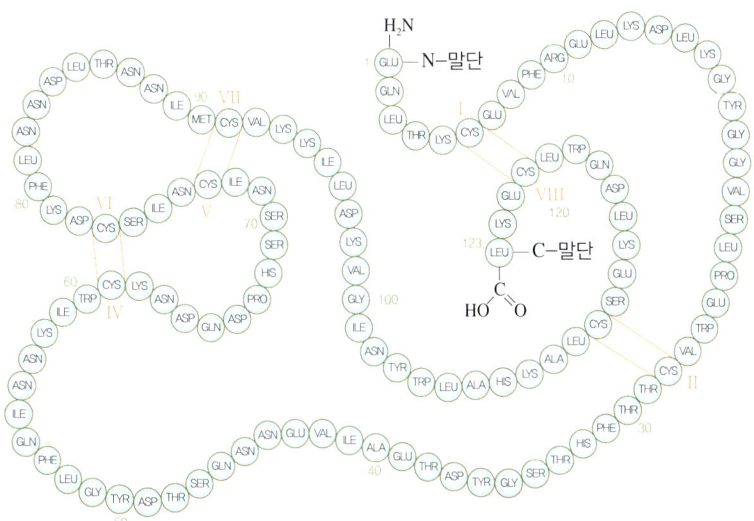

그림 5.6 유청 단백질인 α-락트알부민의 1차 구조

β-turn 구조 및 불규칙 코일(random coil) 등이 있다. α-Helix는 주사슬 1번째 peptide 결합의 카보닐기(C=O)와 4번째 peptide 결합의 이미노기(N-H)가 수소결합을 하여 주사슬이 오른쪽 나선 모양으로 감는 구조이다. 나선 구조의 최대 안정을 위해서는 나선 진행 방향의 축을 중심으로 한 번 회전하는 데 아미노산 잔기의 수는 3.6개, 상승 높이는 5.4Å이 소요된다(그림 5.7).

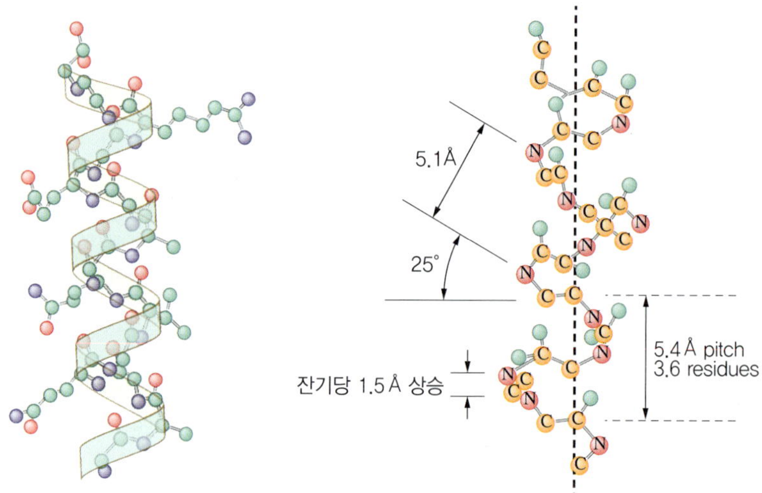

그림 5.7 단백질의 2차 구조 중 α-나선 구조

병풍 구조(pleated sheet structure)는 그림 5.8과 같이 분자 간 수소결합에 의해 입체적으로 주름을 잡으며 늘어진 구조로 β-구조라고도 한다. 인접한 polypeptide 사슬의 N-말단 → C-말단이 같은 방향으로 배열되었을 때는 평행(parallel) β-구조라 하고, 서로 반대 방향인 경우에는 역평행(antiparallel) β-구조라고 한다. β-Strand 간의 주사슬 연결은 역평행 β-구조의 경우 hairpin 연결에 의해서, 평행 β-구조의 경우는 crossover 연결에 의해서 이루어진다(그림 5.9).

β-Sheet 형성에서 polypeptide 사슬 방향의 180° 역전은 2개의 아미노산 잔기의 거리에서 이루어지는데, 이러한 사슬의 역전을 β-turn, β-fold 또는 β-band라 한다. β-Turn은 보통 4개의 아미노산 잔기를 그 자체에 되접어 꺾어서 형성되고 수소결합에 의해 안정화된다. 대부분 β-turn의 아미노산 배열순서는 첫 번째 위치에 Asn, Cys, Asp이 있고, 두 번

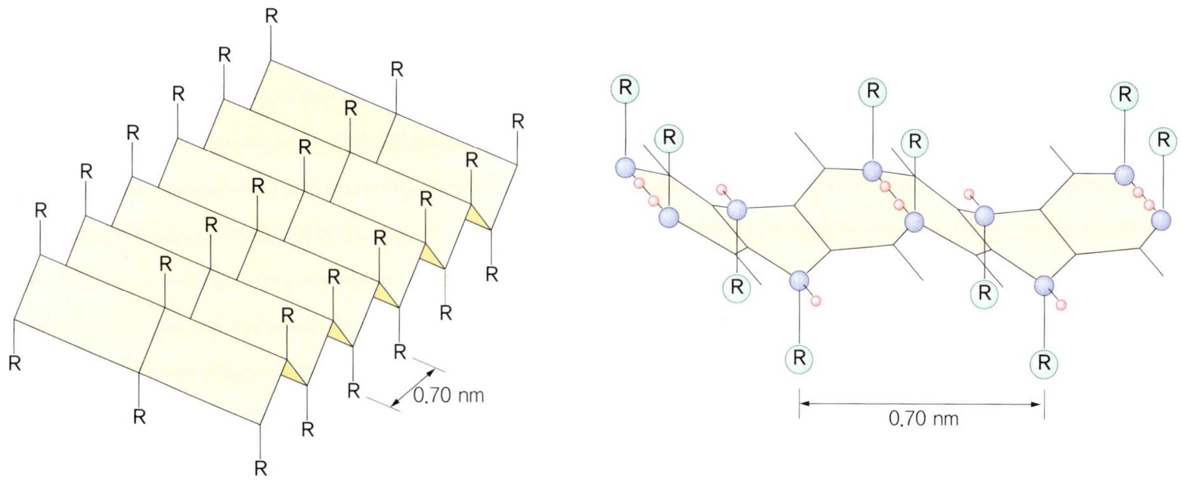

그림 5.8 단백질의 2차 구조 중 β-구조

hairpin 연결 crossover 연결

그림 5.9 β-Strands의 연결

째 위치에는 Asn, Asp, Gly가, 세 번째 위치에는 Asn, Asp, Gly가, 네 번째 위치에는 Trp, Gly, Tyr이 있다. Proline은 β-turn의 두 번째 위치에 있는 경향이 매우 강하다. 대부분의 β-turn은 극성 아미노산의 존재와 관련되므로 단백질 표면에서 일어난다.

각 아미노산이 α-helix, β-sheet, β-turn에서 일어나는 빈도는 각각 다르다. α-Helix 형성은 Glu, Met 및 Leu에서 잘 일어나고, β-sheet 형성은 Val, Ile, Phe에서 잘 일어난다. 한편 Pro, Gly, Asp, Asn, Ser은 β-turn을 잘 형성하게 한다.

단백질은 각 2차 구조의 함량에 따라서 주로 α-helix만 가지는 α protein(예 : met-myoglobin), 주로 β-sheet를 함유한 β protein(예 : concanavalin A), 두 가지 형태의 2차 구조를 가지는 $\alpha+\beta$ protein(예 : lysozyme)과 α-helix와 β-turn이 대체로 교대해서 일어나

표 5-5 몇몇 단백질의 2차 구조 함량

(단위 : %)

단백질	α-helix	β-sheet	β-turn	불규칙 코일
Metmyoglobin	87.6	0	6.5	5.9
Bovine serum albumin	67.0	0	0	33.0
Concanavalin A	2.5	63.3	22.0	12.2
β-Lactoglobulin	6.8	51.2	10.5	31.5
Trypsin	8.4	55.8	24.1	15.7
α-Lactalbumin	26.0	14.0	0	60.0
Lysozyme	45.7	19.4	22.5	12.4
Papain	27.8	29.2	24.5	18.5
Carboxypeptidase A	39.7	30.3	20.5	9.5

는 *α/β* protein(예 : carboxypeptidase A)으로 나눌 수 있다(표 5-5).

β-Turn은 *α*-helix와 *β*-strand 이외에 약 20%의 비율로 모든 구상 단백질에서 공통 구조요소로 흔히 발견되기 때문에 2차 구조의 다른 형태로 생각되고 있다.

불규칙 코일은 주사슬이 특정한 수소결합을 만들지 않고 불규칙한 구조를 나타내는 상태를 말한다. 이것은 polypeptide 사슬이 흐트러진 실처럼 복잡하게 구부러지고 휘어져 있다.

3차 구조(tertiary structure)는 긴 polypeptide 사슬이 그림 5.10과 같이 수소결합, S-S결

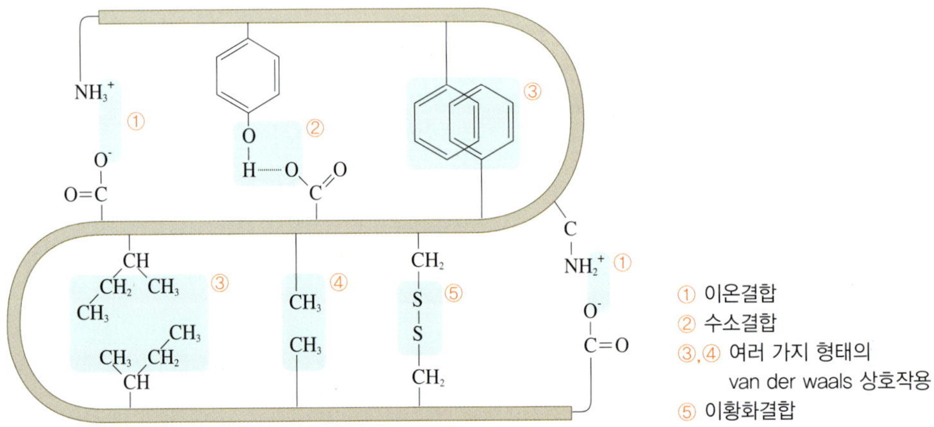

그림 5.10 단백질의 side chain 사이의 결합

합, 이온 결합, 소수성 결합 등에 의하여 휘어지고 구부러져서 구상 및 섬유상의 복잡한 공간배열을 이룬 것을 말한다. 그림 5.11은 β-lactoglobulin의 3차 구조를 나타낸 것이다.

4차 구조(quarternary structure)는 3차 구조의 단백질이 다시 회합(association)에 의하여 뭉쳐서 하나의 생리 기능을 가지는 단백질의 집합체이다(그림 5.12). 회합의 기초가 되는 하나의 단백질을 소단위(subunit) 또는 단위체(monomer)라고 하며, 이들 기본단위 단독으로는 불활성을 나타내지만 이들이 회합하면 생리 기능을 나타낸다.

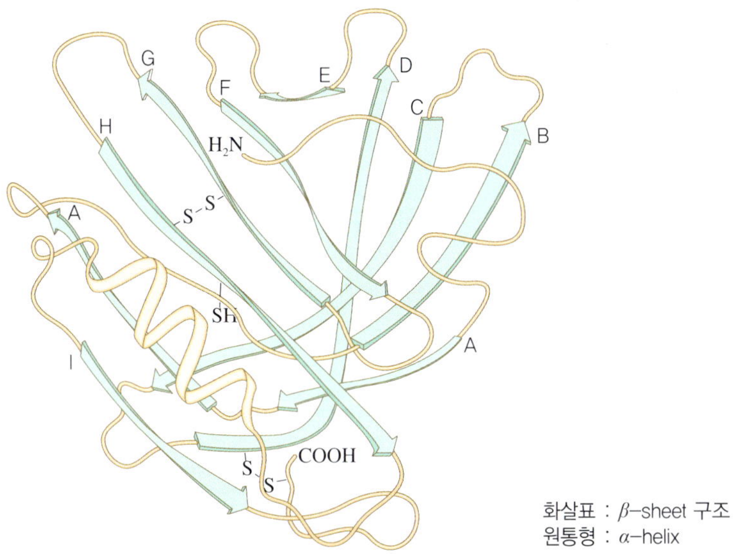

그림 5.11 β-락토글로불린의 3차 구조

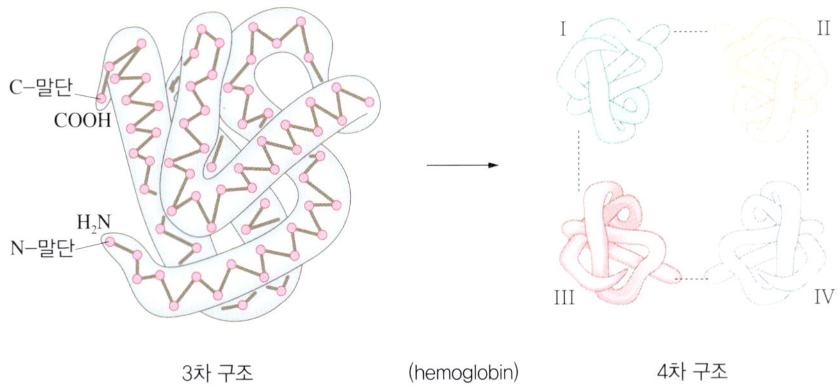

그림 5.12 단백질의 4차 구조

3) 단백질의 성질

(1) 분자량

단백질은 고분자화합물로 그 분자량이 수만~수백만에 이르러 셀로판 등의 반투막을 통과하지 못하며, 물에 녹으면 colloid 용액을 형성한다. 단백질은 그 구조가 복잡하고 정제하기가 어려워 정확한 분자량을 알 수 없다. 단백질의 분자량은 삼투압, 광산란법, 점도, 확산, 초원심 분리에 의한 침강법 등에 의하여 추정해 왔으나, 최근에는 크기 배제 크로마토그래피(size exclusion chromatography), 도데실황산나트륨 폴리아크릴아마이드 젤 전기이동법(sodium dodecyl sulfate polyacrylamide gel electrophoresis, SDS-PAGE) 등이 일반적으로 분자량 측정에 이용되고 있다. 분자의 크기는 대체로 60~70 μm 정도이며, 그 형태에 따라 섬유상과 구상 단백질이 있다.

(2) 용해성

단백질이 용매에 녹으면 식염이나 설탕이 물에 녹아 진정 용액을 만드는 것과는 달리 용매 중에 분산되어 점조한 colloid 용액이 된다. 단백질은 분자 중에 물과 결합할 수 있는 $-COOH$, $-NH_2$, $-OH$, $-NH$, $-COO^-$, $-NH_3^+$ 등의 친수성 기를 가지고 있어, 이들이 물과 수소결합을 하여 수화(hydration)됨으로써 용해된다. 단백질에 결합되는 물의 양은 단백질의 농도, 다른 이온들의 물에 대한 경쟁 및 용액의 pH 등에 따라 결정된다. 중성 또는 등

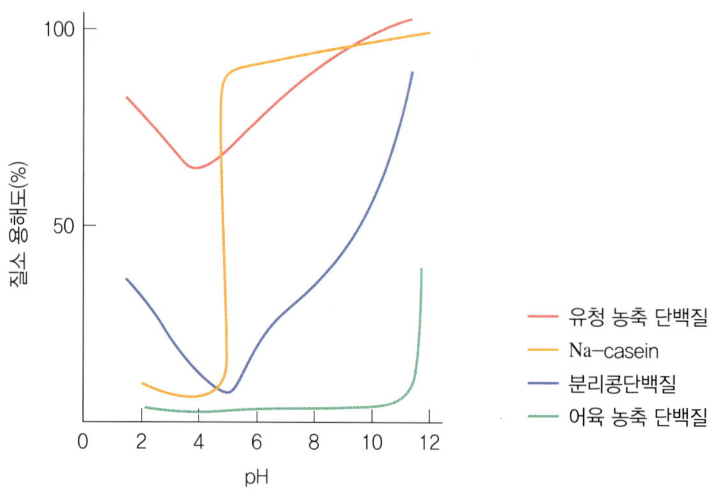

그림 5.13 0.2 M NaCl에서 pH에 따른 단백질의 용해도

전 pH에서의 단백질 용해도는 단백질 원료의 준비와 가공의 각 단계에서 흔히 측정하는 첫 번째 기능 성질이다. pH, 이온력 또는 열처리에 따른 질소 용해도(NSI) 시험이 가장 흔히 사용된다(그림 5.13).

대부분의 단백질은 묽은 중성 염류 용액에 잘 녹는데 이 현상을 염용(salting in) 효과라고 한다. 이것은 중성염의 해리로 생성된 이온이 단백질 분자의 이온화된 작용기와 작용함으로써 단백질 분자 사이의 인력을 감소시키기 때문이다. 그러나 중성 염류의 농도가 높을 때는 염과 단백질이 물에 대하여 경쟁하기 때문에 단백질은 침전, 염석(salting out)된다. 일반적으로 사용되는 중성염은 황산암모늄이며, 이는 용해도가 높고 단백질 변성을 최소화시킬 수 있다. 이와 같은 염석 현상은 단백질 정제 방법의 하나로 이용된다.

(3) 등전점

단백질은 아미노산처럼 H^+ 및 OH^-의 적당한 농도에서 그 분자 속의 양과 음의 하전이 완전히 중화되어 전기적으로 중성이 될 수 있는데, 이때의 pH를 그 단백질의 등전점(pI)이라고 한다. 등전점에서는 단백질의 용해도가 가장 적어 쉽게 침전되기 때문에 단백질의 분리 및 정제에 자주 이용된다. 분리콩단백질(soy protein isolate)의 경우 두유를 pH 4.5로 맞춰 침전시켜 제조한다. 또한 단백질은 등전점에서 점도, 삼투압, 팽윤 등은 최소가 되고 흡착성, 기포력, 탁도, 침전 등은 최대가 된다. 대부분 식품 단백질의 등전점은 pH 4~6 범위이다(표 5-6).

표 5-6 각종 식품 단백질의 등전점

단백질	소재	등전점	단백질	소재	등전점
Egg albumin	달걀	4.5~4.7	Myosin	육류	5.4
Lactalbumin	우유	5.1	Glutenin	밀	5.2~5.4
Lactoglobulin	우유	4.5~5.5	Gliadin	밀	6.5
Casein	우유	4.6	Zein	옥수수	5.8
Myogen	육류	6.3	Glycinin	콩	4~5

(4) 전기이동

단백질은 등전점보다 낮은 pH 용액에서는 +로 하전되고, 등전점보다 높은 pH 용액에서는 –로 하전된다. 따라서 단백질 용액에 전장을 걸어 주면 음으로 하전된 단백질은 양극으로, 양으로 하전된 단백질은 각각 음극으로 이동하며 등전점에서는 하전이 0이 되어 이동하지 않는데 이러한 현상을 전기이동(electrophoresis)이라고 한다. 그 이동의 정도는 전하의 대소, 분자의 크기, 모양 및 수화 등과 관계가 있다. 이를 이용하여 단백질의 분리, 정제와 순도의 검정 등을 할 수 있다.

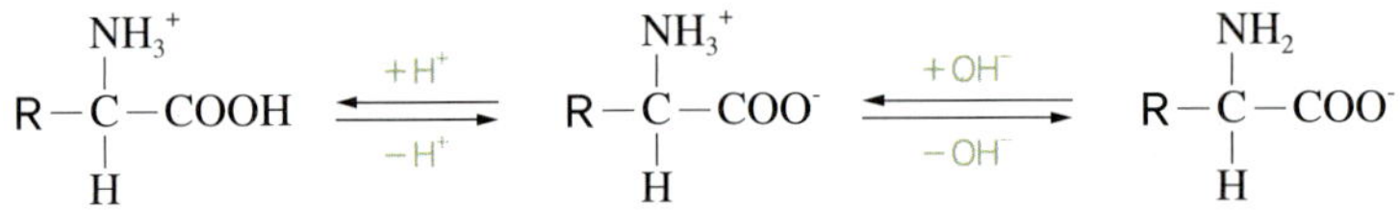

(5) 단백질의 침전성

단백질은 음이온과 양이온을 가진 양쪽성 화합물이므로 트라이클로로아세트산(trichloroacetic acid), 피크르산(picric acid), 설포살리실산(sulfosalicylic acid), 타닌산(tannic acid) 등의 유기 침전제나 Hg^{2+}, Cd^{2+}, Pb^{2+} 등의 중금속 염류, alcohol, acetone 등의 유기용매에 의해 불용성 염을 형성하여 침전한다. 이러한 반응은 식품 성분에서 비단백질 질소화합물과 혼재하는 단백질의 분리정제에 이용된다.

4) 단백질의 변성

천연단백질이 물리적·화학적 작용을 받으면 공유결합이 파괴되지 않고 분자 내 구조의 변형을 가져오는데 이를 변성(denaturation)이라고 한다. 변성은 열, pH, 염류, 표면 효과 등 다양한 요인에 의해 일어난다. 단백질이 변성되면 생물학적 활성이 떨어지고 단백질의 기능적 특성, 특히 용해도에 변화가 생긴다. 즉, 단백질의 변성은 peptide 결합이 분해되는 1차 구조의 변화가 아니라 수소결합이나 소수성 결합 등을 하고 있는 단백질의 2차, 3차 구조가 파괴되어 천연단백질이 가지고 있는 원래의 성질이 변화하는 것을 말한다.

단백질의 변화 중 가장 중요한 것이 변성이며, 단백질 식품의 가공, 저장, 조리 과정 중에 변성이 많이 일어나므로 이에 대한 지식은 식품화학에서 매우 중요하다.

(1) 가열에 의한 변성

식품 단백질의 가열에 의한 변성은 식품의 조리와 가공에서 일어나는 가장 일반적인 변성이다. 가용성 단백질을 가열하면 변성되어 응고하게 되며, 이와 반대로 불용성 단백질을 가열하면 변성되어 가용성으로 되는 수가 있다. 즉, 육류를 장시간 가열하면 결합 조직 중의 collagen이 변성되어 가용성인 gelatin이 생성된다. 고기 중에 함유되어 있는 collagen과 elastin 같은 스트로마 단백질(stroma protein)의 양은 동물의 종류에 따라 다른데 가축에 그 함량이 가장 많고 닭고기, 어육의 순이다. 따라서 어육은 생선 상태로도 치아로 끊을 수 있어 생으로 식용할 수 있으나, 쇠고기나 돼지고기는 가열하여야만 식용할 수 있다. 육류 단백질은 57~75°C에서 변성되어 texture, 보수력, 수축 등에 큰 영향을 미친다.

우유 단백질은 육류나 달걀 단백질에 비하여 어느 정도 안정하며 140°C 정도로 가열하여야만 응고한다.

(2) 동결, 건조에 의한 변성

어육의 건조에 의한 변성은 가열에 의한 변성과는 상당히 다르다. 어육은 건조시키면 근육섬유를 형성하는 직쇄상의 polypeptide 사슬 사이의 수분이 제거되고, 인접한 polypeptide 사슬이 서로 접근하여 재결합함으로써 견고한 구조로 변한다. 건조한 어육은 염석, 응집 등에 의해 단백질의 변성이 일어나 물에 침지시켜 수분을 흡수시켜도 흡수성이 나쁘고 생육처럼 되지 않는다.

어육의 동결에 의한 변성은 분산매인 물이 동결함으로써 단백질 입자가 상호 접근하여 결합되고, 또 액체의 빙결로 잔존액 중에 용존하는 염류나 산의 농도가 높아지므로 단백질 분자가 서로 결합하여 염석되어 변성이 일어난다.

이와 같은 변성은 어육에서는 -1~-5°C, 쇠고기에서는 -1.5~-3°C에서 가장 현저하게 일어나며, -20°C에서는 변성이 최소가 된다. 변성이 최대가 될 때를 최대얼음결정생성대라고 한다. 식품에서는 얼음 결정을 최소화하고, 변성 시간을 최소로 줄이기 위해서는 최대얼음결정생성대를 되도록 빨리 통과시키는 급속동결이 필요하다. 급속동결과 초감압(1~0.01 mmHg)하에서 건조시키는 동결건조(freeze drying)는 수분이 급격히 제거되고 근육섬유가 이동하지 않으므로 거의 원상태로 건조되어 조직에 미세한 공간이 많이 생기지만 해동 시 원상태로 돌아가는 성질이 있다.

동결식품을 해동시키면 변성된 단백질이 재배열된다. 그러나 물과의 친화성이 저하되어 단백질이 원래 상태와 같이 물에 분산되기 어려워 식품의 보수성은 저하되고, 수분은 drip

> **Tip**
> **명태로 황태 만드는 과정**
> 명태를 얼려 바람에 말리면서 눈으로 덮였다가 햇살에 녹아 수분이 스며들어 재흡수가 일어나고, 다시 냉동과 건조 과정을 반복하는 작업을 통하여 황태를 만들어 낸다. 이 과정에서 명태의 급속냉동이 바람직하기 때문에 산속의 찬 공기를 이용할 뿐 아니라 눈이 많이 내리는 곳을 선택함으로써 명태에 눈이 쌓였다가 녹아 명태에 스며들어 다시 얼고 이것을 바람에 다시 건조시키는 등의 변화를 거치면서 맛있는 황태가 만들어진다. 따라서 지형적으로 이러한 특징을 갖춘 대관령이나 진부령 등에 황태 덕장을 설치했을 때 품질 좋은 황태 제조가 가능하다.

이 되어 유출된다. 따라서 동결식품을 해동시킬 때에는 일반적으로 10°C 부근의 공기 중에서 완만하게 해동시키는 것이 좋다. 이렇게 하면 표면 부분이나 내부가 비교적 균일하게 녹아 부분적인 변질이 일어나지 않고, 동결에 의하여 문란해진 세포 조직이 재배열하기 위한 시간적 여유가 생기기 때문에 drip을 줄일 수 있다.

(3) 산에 의한 변성

단백질 용액에 산 또는 알칼리를 가하면 단백질이 가지고 있는 고유의 전하가 변하여 변성, 응고하게 된다. 산에 의한 단백질의 응고는 식품의 가공·조리에도 이용되는데, 생선회에 식초를 조금 뿌리면 단백질이 응고되어 생선의 육질이 단단해진다. 또한 우유에 젖산균이 생육하면 젖산에 의하여 pH가 저하되어 우유 단백질인 casein이 등전점(pH 4.6)에 이르러 변성되어 침전된다. 요구르트, 치즈 등의 제조는 이 원리를 이용한 것이다.

신선한 달걀의 흰자위는 pH 6.0~7.7이나 저장 중에 이산화탄소를 소실하여 10일쯤 지나면 pH 9.0~9.7로 된다. 이와 같이 오래된 달걀은 기포성이 좋아져서 거품이 잘 일어나므로 거품을 만들 목적으로는 오래된 달걀을 선택하는 것이 좋다. 달걀 albumin의 등전점은 4.8인데 이보다 약간 산성 쪽에서 거품이 잘 일어나므로 달걀에 시트르산(citric acid), 아세트산(acetic acid), 타타르산(tartaric acid) 등을 가하여 pH를 저하시키면 거품이 잘 생성된다.

(4) 염류에 의한 변성

식품 중의 albumin, globulin은 염류에 의하여 변성 또는 응고되는 경우가 있다. 콩의 glycinin은 가열만으로 응고되지 않으나 $CaCl_2$, $MgCl_2$를 넣으면 Ca^{2+} 및 Mg^{2+}(2가 양이온)에 의하여 응고된다. 두부 제조는 이 원리를 이용한 것이다. 어육은 염장(0.8~1.5 M NaCl)에 의해 어육 단백질 중의 actomyosin이 actin과 myosin으로 해리되어 myosin이 응집되어 변성한다.

5) 식품 가공 중 단백질의 이화학적·영양학적 변화

(1) 아미노카보닐 반응에 의한 단백질 구조의 변화

단백질이 aminocarbonyl 반응을 하면 아미노기가 수식되어 단백질 표면의 전하에 변화가 생겨 등전점이 산성 쪽으로 이동하므로 전기이동의 이동도에도 변화가 생긴다. 따라서 양(+)과 음(-)의 전하가 균형을 이루어 안정되어 있던 단백질 입체 구조의 안정화 요인이 파괴되어 단백질이 변성된다.

그러나 ovalbumin-glucose계의 초기 반응단계에서는 단백질이 크게 변성하지 않고 부분적인 변성만 일어나며, 이들 단백질끼리 응집해서 큰 중합체를 형성한다. 이 중합체의 입자량이 커지는 만큼 변성도 진행된다. 중기 이후의 반응에서는 가용성 중합체가 더욱 더 중합하여 불용성이 되는 등 물성 변화도 커진다.

(2) 라세미화

일반적으로 식품 단백질은 L-아미노산으로 구성되어 있다. L-아미노산 잔기는 알칼리를 처리하면 OH-에 의해 α탄소로부터 전자를 추출하여 carbanion을 생성한다. 이 시스템에 산을 가해서 중화시키면, H^+가 carbanion을 위와 아래에서 동일한 확률로 공격해서 같은 양의 L-아미노산과 D-아미노산을 생성한다(그림 5.14).

아미노산 잔기의 라세미화 속도는 측쇄의 전자를 잡아당기는 힘에 영향을 받으며 Asp,

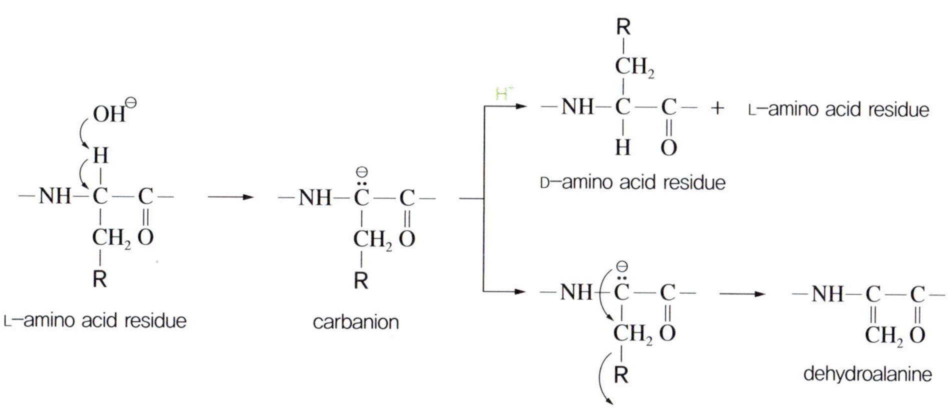

그림 5.14 아미노산의 라세미화 및 데하이드로알라닌의 생성

Ser, Cys, Glu, Phe, Asn, Thr은 다른 아미노산 잔기보다 훨씬 빠른 속도로 라세미화한다. 구조 내 아미노산 잔기의 라세미화 속도는 유리아미노산보다 10배 빠르다. 단백질을 구성하는 아미노산이 라세미화되면 단백질의 소화성이 저하되어서 영양적 가치가 떨어진다. 일반적으로 D-아미노산은 장 점막에서 흡수가 잘 되지 않으며, 흡수된다고 하더라도 단백질 생합성에 이용되지 못한다. D-Proline 같은 D-아미노산은 닭에서 신경독성을 일으키는 것으로 알려져 있다.

라세미화 이외에 알칼리 pH하에서 생성된 carbanion은 β-제거반응(elimination reaction)을 통하여 dehydroalanine을 생성한다(그림 5.14 참조).

(3) 단백질 가교의 형성

반응성이 매우 강한 dehydroalanine은 lysine의 ε-아미노기, cysteine의 싸이올기 및 ornithine(arginine의 구아니딘기를 가수분해해서 생성된 것)의 δ-아미노기 및 histidine 잔기와 같은 친핵성 기와 반응하여 lysinoalanine, lanthionine, ornithinoalanine 및 histi-

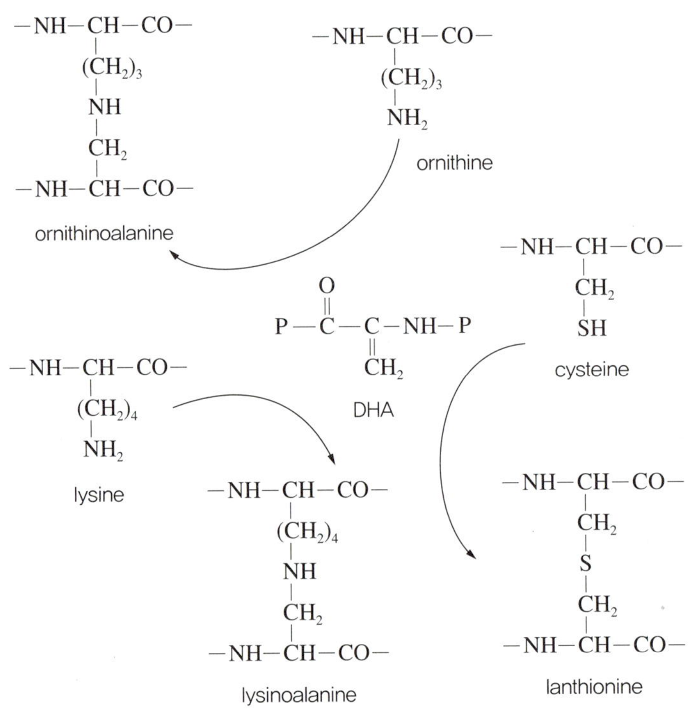

그림 5.15 Dehydroalanine (DHA)과 lysine, cysteine, ornithine과의 반응에 의한 lysinoalanine (LAL), lanthionine 및 ornithinoalanine의 생성

dinylalanine 가교를 생성한다(그림 5.15). 이것은 dehydroalanine의 이중결합이 친핵적 부가반응을 하기 쉽기 때문에 일어난다. 이 중 lysinoalanine이 알칼리 처리한 단백질에서 흔히 발견되는 가장 중요한 가교인데, 이는 쉽게 접근할 수 있는 lysine 잔기가 많기 때문이다. 이와 같은 가교결합에 의해 단백질은 소화성과 생물가가 저하되고, lysine 등 필수아미노산의 효능이 없어져 영양 가치가 감소한다. 한편 lysinoalanine을 함유하고 있는 알칼리 처리 콩 단백질을 쥐에게 투여했을 때, 신장 장애가 일어난다고 알려져 있다. 여러 가지 상업용 식품의 lysinoalanine 함량을 표 5-7에 나타내었다.

표 5-7 가공식품 중 라이시노알라닌(LAL) 함량

식품	LAL(μg/g 단백질)	식품	LAL(μg/g 단백질)
옥수수칩	390	농축 탈지우유	520
Tortilla	200	건조 달걀흰자위 고형물	160~1820
Taco shell	170	Calcium caseinate	370~1000
농축우유	590~860	Hydrolyzed vegetable protein	40~500
UHT 우유	160~370	분리콩단백	0~370
HTST 우유	260~1030	효모 추출액	120
분무건조 우유분말	0		

Lysinoalanine의 형성 정도는 pH와 온도에 의존적이며, pH가 높을수록 lysino-alanine의 형성이 많아진다. 우유에서와 같이 식품을 고온 처리하면 중성 pH에서도 상당한 양의 lysinoalanine이 생성된다. 단백질에서 lysinoalanine의 생성을 방지 또는 최소화시키기 위해서는 cysteine, ammonia 또는 아황산염과 같은 저분자 친핵화합물을 첨가하면 효과적이다.

(4) 산화제가 단백질에 미치는 영향

식품의 가공·저장 중 살균, 표백, 독성의 제거 및 물성 개량 등을 목적으로 산화 처리를 하는 경우가 있다. 과산화수소나 과산화벤조일(benzoyl peroxide)은 우유에서 살균제로 사용되고, 밀가루나 분리콩단백 및 어육 단백 농축물에서는 탈색제로, oilseed meal에서는 독성 제거제로 사용된다. 이때 단백질 중 산화되기 쉬운 아미노산 잔기는 methionine이나 cysteine이 있으며, 이외에 cystine과 tryptophan이 있다. Methionine은

methionine sulfoxide로, cysteine과 cystine은 시스테인산(cysteic acid)으로, tryptophan은 N-formylkynurenine 등으로 산화되어 영양가가 감소한다. -SH기는 -S-S-결합으로 산화된다.

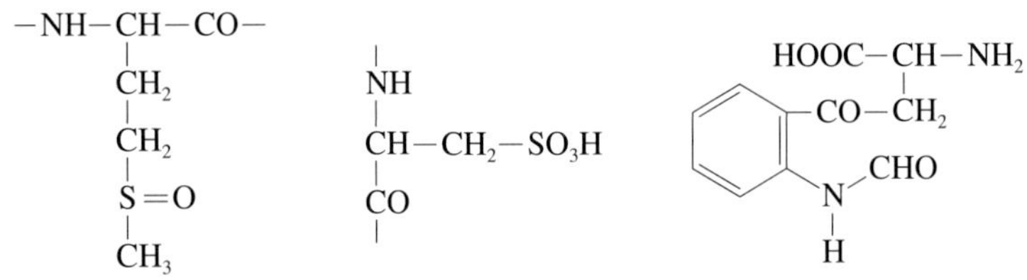

methionine sulfoxide　　cysteic acid　　N-formylkynurenine

한편 지방의 산화 생성물과 단백질과의 반응도 중요하다. 지방질의 불포화지방산은 자유라디칼 및 hydroperoxide로 산화된다. 이 지방질 자유라디칼은 단백질(PH)과 반응하고 단백질을 중합시킨다.

$$\mathrm{ROO\cdot + PH \longrightarrow \cdot ROOP + H^{+}}$$

$$\mathrm{\cdot ROOP + O_2 \longrightarrow \cdot OOROOP}$$

$$\mathrm{\cdot OOROOP + PH \longrightarrow POOROOP}\text{(2합체) 등}$$

지방질 자유라디칼과 단백질이 반응하면 단백질 자유라디칼(P•)이 생성된다. 이 P•를 통해서도 단백질은 중합한다.

$$\mathrm{RO\cdot + PH \longrightarrow ROH + P\cdot}$$

$$\mathrm{ROO\cdot + PH \longrightarrow ROOH + P\cdot}$$

$$\mathrm{P\cdot + P \longrightarrow P{-}P\cdot}\text{(2합체)}$$

$$\mathrm{P{-}P\cdot + P \longrightarrow P{-}P{-}P\cdot}\text{(3합체) 등}$$

일반적인 식품에서 실제로 산화 단백질 중합체 중의 지방질 함량을 측정한 결과, 상기 양자의 중합화 기구가 같은 비율로 단백질 중합에 관여하는 것으로 밝혀졌다.

어육(fish meal) 등의 산화와 품질과의 관계를 검사한 결과, 지방질의 산화가 크면 그만큼 단백질도 중합해서 열화도 크다고 한다. 또한 hydroperoxide와 단백질이 과도하게 반응하면 급성 독성을 일으킬 수도 있다.

(5) 가열 처리가 단백질에 미치는 영향

단백질 용액을 가열 처리하면 단백질 변성이 일어나고, 젤화 내지는 응고할 수 있다. 이 현상을 이용해서 많은 가공식품이 제조되고 있다. 여기에서는 단백질이 가열 처리에 의해서 받는 화학적 반응의 영향에 대해 기술한다.

① 함황아미노산 잔기의 반응

단백질 용액을 가열 처리했을 경우 생성되는 가열향은 특히 함황아미노산 잔기의 분해를 통해 일어난다. 즉 cystine, Cys, Met은 맨 먼저 휘발성 유황화합물인 H_2S를 생성하며, 이들 화합물은 가열에 의한 불쾌한 냄새의 요인도 된다.

Cys 및 cystine 잔기가 관여하는 연속적인 -S-S-결합 생성반응은 단백질의 응집이나 젤화의 원인이 된다. -S-S-결합의 주된 생성 기구는 SH-SS 교환과 SH의 산화반응에 기인하는데, 전자는 중성 및 알칼리 영역에서 SH기가 mercaptide ion (RS-)으로 반응한다. 따라서 반응속도는 mercaptide 농도에 의존하므로 pH의 영향을 받기 쉽다.

$$\mathrm{RSH} + \mathrm{R'{-}S{-}S{-}R''} \longrightarrow \mathrm{R'{-}S{-}S{-}R} + \mathrm{R''SH}$$

또는

$$\mathrm{R''{-}S{-}S{-}R} + \mathrm{R'SH}$$

그림 5.16 **이황화 교환반응**

② 아이소펩타이드의 생성반응

일반적인 식품 단백질에서는 아미노 결합을 통한 polypeptide 사슬 간의 가교결합은 일어나지 않는다. 그러나 건조 공정 등 과잉의 열처리를 받은 탄수화물 함량이 적은 단백질 식품에서는 ε-N-(-glutamyl)lysyl과 ε-N-(-aspartyl)lysyl 가교와 같은 isopeptide가 생성되는 경우가 있다. 이 생성 기구는 그림 5.17에 나타냈듯이 Glu 또는 Asp의 유리 카복실기와 lysine의 탈수축합반응, Gln 또는 Asn의 카보닐기가 ε-아미노기와 반응하여 탈암모니아를 거쳐 amide 결합에 해당되는 isopeptide 결합이 형성된다.

Isopeptide는 장내에서 효소에 의해 분해가 잘 일어나지 않으므로 이러한 가교는 단백질의 소화율과 lysine의 생체 이용률을 저하시킨다.

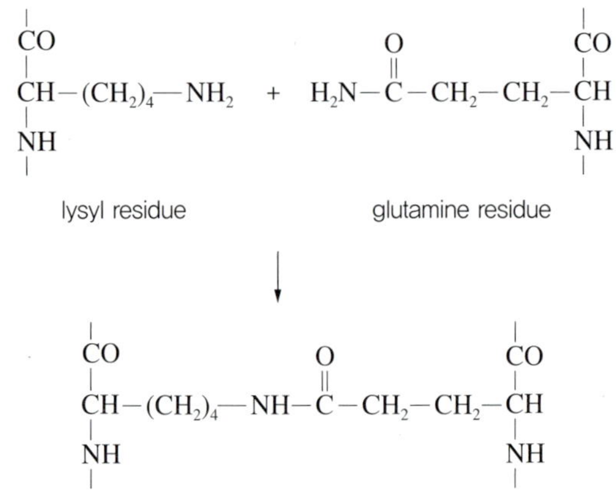

그림 5.17 Glutamine 혹은 asparagine과 lysine의 ε-아미노기 간 반응에 의한 isopeptide의 생성

③ 기타 반응

단백질을 가열하면 아미노산 잔기의 라세미화가 일어난다. Casein, lysozyme, poly-L-아미노산을 180~300°C에서 20분간 분말 상태로 가열하면 Asn, Gln, Ala, Lys 잔기가 거의 라세미화되고, Pro 이외의 다른 아미노산 잔기도 어느 정도 라세미화된다. 앞서 설명한 알칼리 처리 이외에도 라세미화가 일어나는 것에 주의해야 한다.

한편 lysinoalanine은 알칼리 처리하지 않은 식품에서도 발견되는데 이는 lysinoalanine이 식품의 일반적인 조리, 가공 조건하에서의 가열에 의해서도 생성된다는 것을 나타낸다. 예를 들어 달걀흰자를 끓이면 3분에서 140 ppm, 10분에서 270 ppm, 30분에서 370 ppm의 lysinoalanine이 생성된다.

3. 식품 단백질

1) 식물성 단백질

식물성 식품의 단백질은 그 식품의 중요한 구성 성분으로 곡류, 콩류에는 상당한 양이 함유되어 있는 반면 채소류나 과실류에는 함량이 매우 적다. 따라서 식물성 단백질은 곡류 단백질과 콩류 단백질로 분류된다.

곡류 단백질은 일반적으로 lysine 함량이 적고, 콩류에는 cysteine과 methionine 등 함황아미노산이 부족하며, 땅콩 단백질은 lysine, tryptophan, methionine 및 threonine이 부족하다. 따라서 동물성 단백질의 섭취가 부족한 사람은 식물성 단백질의 영양가를 보완하기 위하여 이들을 잘 혼합하여 섭취하는 것이 중요하다.

(1) 곡류 단백질

① 쌀 단백질

현미에는 7~11%의 단백질이 함유되어 있는데, 특히 쌀겨와 배아 주변에 많고 쌀 중심부에는 적게 들어 있다. 도정에 의해 비교적 단백질 함량이 높은 미강이 제거되므로 백미의 단백질 함량은 6~10% 정도로 다소 감소한다. 쌀의 단백질은 globulin 9.6~10.8%, albumin 3.8~8.8%, prolamin 2.6~3.3%, glutelin 66.1~78.0%로 구성되어 있다. 이 중 가장 많이 함유된 단백질은 glutelin이며 이것의 주요 단백질은 oryzenin이다.

쌀의 저장단백질은 주로 glutelin이고, 다른 곡류의 저장단백질은 prolamin이다. Glutelin은 lysine과 tryptophan이 부족하지만 prolamin보다 더 균형 잡힌 아미노산 프로필을 갖고 있어서 쌀의 단백질 함량은 다소 낮지만 다른 곡류 단백질에 비하여 단백질의 품질은 더 좋다.

② 밀 단백질

밀은 10~18%의 단백질을 함유하고 있으며 빵을 만들 수 있는 특성을 지닌 단백질을 갖고 있는 것이 특이하다. 밀 단백질은 용해도에 따라 그림 5.18에 나타낸 것과 같이 구분된다. 이 중 중요한 것은 glutelin에 속하는 glutenin과 prolamin에 속하는 gliadin으로 전체 단백질량의 50% 이상을 차지한다. Glutenin은 밀가루 반죽에 탄성을 주고 gliadin은 반죽에 연성을 주는 작용을 한다. 두 단백질에 물을 첨가하고 반죽을 하면 소위 gluten을 형성한다. Gluten은 탄성체로 밀가루 속의 녹말 입자를 연결하여 빵의 골격 구조를 이루고, 반죽 중에 갇힌 가스 기포의 발산을 방지한다. 따라서 밀가루의 gluten 함량과 gluten의 glutenin과 gliadin의 비율은 밀가루로 만든 빵, 케이크, 국수, 과자류 등의 품질에 큰 영향을 준다.

Gluten 단백질은 Gln 함량이 높으나 필수아미노산인 Lys, Met 및 Trp의 함량이 적다. Gluten 단백질이 물에 녹지 않은 것은 아미노산 조성과 관련된 Glu와 Asp이 amide로 존재하여 수소결합을 하기 때문에 소수성 측쇄 함량이 높아진 데 기인한다. 밀가루 gluten 중 S-S결합은 polypeptide 사슬의 가교결합에 중요한 역할을 한다. 비글루텐 단백질인

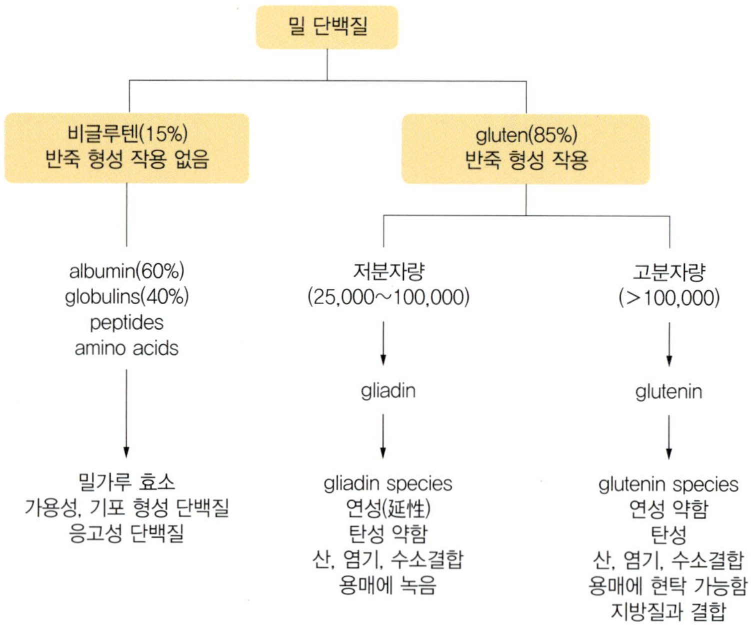

그림 5.18 **밀가루 단백질의 주요 분획**

albumin과 globulin은 전체 단백질의 13~35%를 차지하며 이들은 당단백질, 핵단백질 및 각종 효소를 포함하고 있다.

(2) 콩 단백질

콩에는 35~40%의 단백질이 함유되어 있는데, 질소화합물의 약 90%가 물에 녹는다. 이 수용성 단백질 중 84%는 globulin이고 albumin은 약 5%, proteose는 약 4%, 비단백태 질소화합물이 6% 정도이다.

콩 중 단백질은 단백질체(protein body) 또는 직경 2~20 μm의 호분립(aleurone grain)에 함유되어 있다. 콩 단백질은 Met와 Trp을 제외한 모든 필수아미노산의 좋은 급원이기 때문에 밭의 쇠고기라 불린다. Lys의 함량이 높기 때문에 곡류 단백질의 강화에 적합하다.

콩 단백질은 일반적으로 초원심분리에 의해 분획된다. 수용성 단백질은 침전 특성에 따라 2S, 7S, 11S 및 15S의 4분획으로 구분하며, 이들의 비율은 표 5-8에 나타내었다.

11S 분획은 주로 11S globulin으로 구성되어 있으며 glycinin이라 부르는 콩의 주요 단백질이다. 콩에 함유된 일부 albumin은 단백질 분해효소인 trypsin의 작용을 억제하는

표 5-8 초원심분리에 의한 콩 단백질의 분획

단백질 분획	함량 비율(%)	성분	분자량
2S	22	Trypsin 저해제	8,000
			21,500
		Cytochrome C	12,000
		2.3S Globulin	18,200
		2.8S Globulin	32,000
		Allantoinase	50,000
7S	37	β-Amylase	61,700
		Hemagglutinins	110,000
		Lipoxygenases	108,000
		7S Globulins	186,000~210,000
11S	31	11S Globulin	350,000
15S	11	-	600,000

trypsin 저해 물질(trypsin inhibitor)로 작용하여 단백질의 소화 흡수를 어렵게 한다.

콩에는 2가지 trypsin 저해 물질이 알려져 있는데, 쿠니츠 트립신 억제제(Kunitz trypsin inhibitor, M.W. 21,500)는 181개의 아미노산으로 구성되어 있으며 2개의 이황화물 가교를 함유하고 있다. 또 다른 하나는 보우먼-버트 단백질 가수분해효소 억제제(Bowman-Birk proteinase inhibitor)로 분자량이 8,000이고 71개의 아미노산으로 구성되어 있으며 7개의 이황화물 가교를 가지고 있다. 이 억제제는 trypsin과 chymotrypsin을 동시에 독립적으로 저해한다. 이들 trypsin 저해 물질은 가열과 같은 가공 처리를 할 경우 대부분 불활성화되므로 큰 문제가 되지 않는다.

콩의 물 추출물로부터 단백질을 산 침전시킨 후 남은 용액 중의 단백질을 콩 유청단백질(soybean whey protein)이라고 한다. 이 용액은 수용성 탄수화물, 비단백 질소, 염류, 비타민류 및 phytates 외에 미지수의 albumin과 globulin을 함유하고 있다. 콩 유청단백질은 분리콩단백질의 제조 시 공해 문제를 일으킨다.

2) 동물성 단백질

(1) 육류 단백질

근육단백질은 약 70%의 구조단백질(structural protein) 또는 섬유단백질(fibrillar protein)과 약 30%의 수용성 단백질로 구성되어 있다. 섬유단백질은 약 32~38%의 myosin, 13~17%의 actin, 7%의 tropomyosin과 6%의 스트로마 단백질을 함유하고 있다. 육류 및 어육 단백질은 고도의 규칙적인 배열을 보이는데, 이것이 제품의 특이성을 나타낸다.

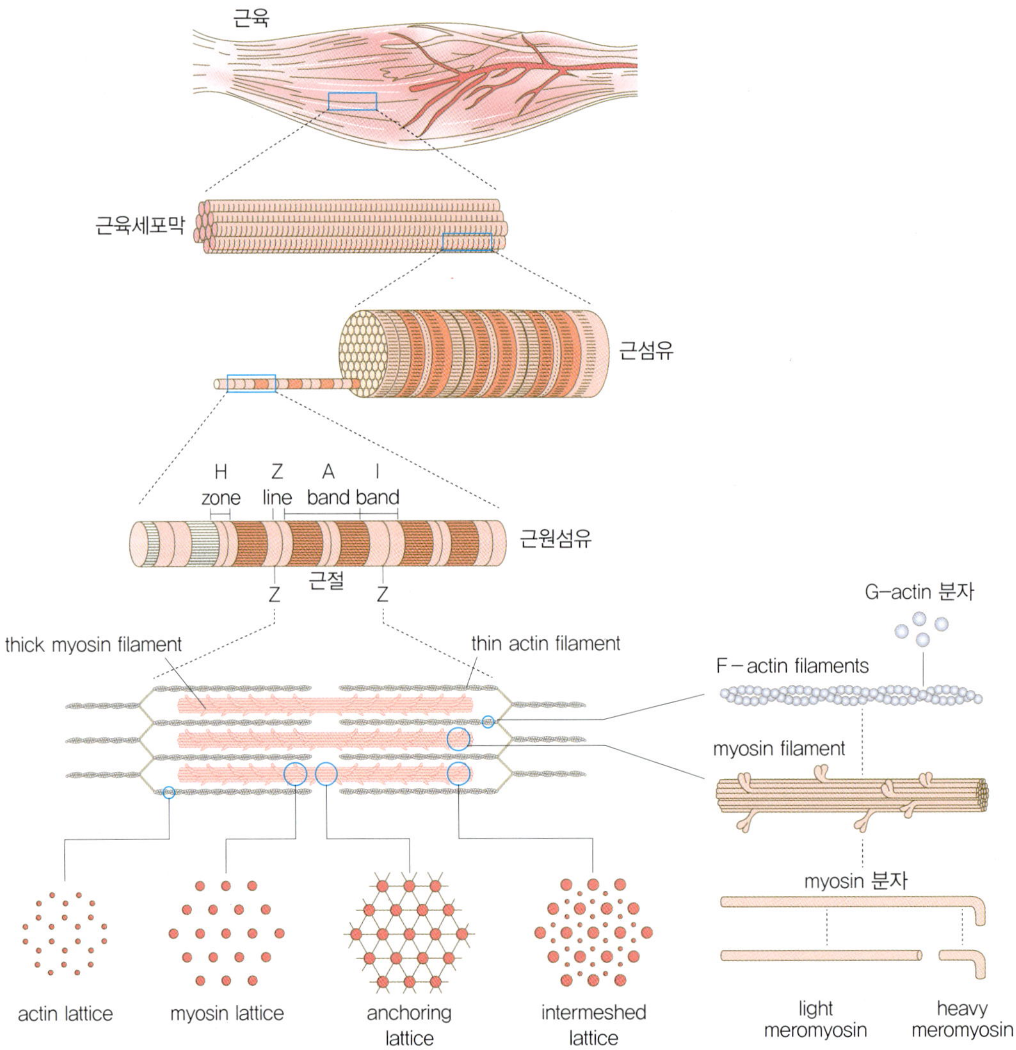

그림 5.19 골격근의 구조

근육 조직은 결합 조직(connective tissue)과 근육섬유 조직(muscle fiber tissue)으로 구성되며, 결합 조직의 함량이 많을수록 육질이 질겨지고 소화율은 나빠질 뿐만 아니라 품질이 떨어진다.

근육은 직경이 0.01~0.1 nm, 길이가 수 cm인 섬유(fiber)로 되어 있고, 섬유는 근육세포막(sarcolemma)으로 덮여 다발을 이루며, 그 속에 지방과 결합 조직을 함유하고 있다(그림 5.19).

섬유는 횡문(横文)의 근원섬유(cross-straited myofibrils)에 의해 횡문이 나타나고, 근원섬유는 근장(sarcoplasm)이라고 하는 세포질 중에 들어 있다. 섬유의 주변에는 핵이 들어 있고 각종 근섬유 구성분의 배열은 그림 5.19에 나타낸 바와 같다. 근섬유는 이외에 mitochondria, ribosomes, lysozomes 및 glycogen 입자 등을 함유하고 있다.

섬유가 근육의 대부분을 차지하고 있지만 세포의 공간이 12~18%나 된다. 육류는 약한 염용액(이온 강도 ≤ 0.1)으로 쉽게 추출되는 형태의 가용성 단백질, 수축성 단백질 및 결합 조직의 스트로마 단백질의 3가지 형태 단백질을 함유하고 있다.

① 결체 조직의 단백질

결체 조직을 구성하고 있는 주요 단백질은 collagen과 elastin이다.

- Collagen : 결체 조직에 여러 형태로 존재하며, 결합 조직의 양과 특성은 유연도나 질김 등 육류 품질에 크게 영향을 끼친다. Collagen은 Gly-Pro-Hypro-Gly와 같은 특이한 아미노산 배열을 하고 3중 helix를 이루며, Gly이 전체 아미노산 함량의 약 1/3, Pro과 Hypro이 약 1/4 정도를 차지한다. Collagen은 조직, 피부, 골격, 치아 및 힘줄 등을 구성한다.

  Collagen 섬유의 구조 단위는 길이 28,000 nm, 직경 150 nm의 tropocollagen으로 이들은 엇갈린 배열을 하고 그 길이의 1/4은 중복되어 섬유를 이루며, 이 섬유가 쌓여 결합 조직을 형성한다(그림 5.20).

  Collagen은 이들 특수한 아미노산 조성 때문에 사슬 간 교차결합이 거의 없고, 산이나 알칼리에 쉽게 팽윤된다. Collagen 섬유를 수용액에서 60~70°C로 가열하면 원래의 길이가 1/3 또는 1/4로 수축되고, 80°C로 가열하면 포유류의 불용성 collagen은 가용성 단백질인 gelatin으로 변한다.
- Elastin : 분자 구조는 coil 모양으로 불규칙하게 서로 엉킨 구조를 가지며 고무와 같이 탄력성이 있다. Elastin은 collagen과 함께 주로 인대 조직(ligament tissue), 동맥 혈

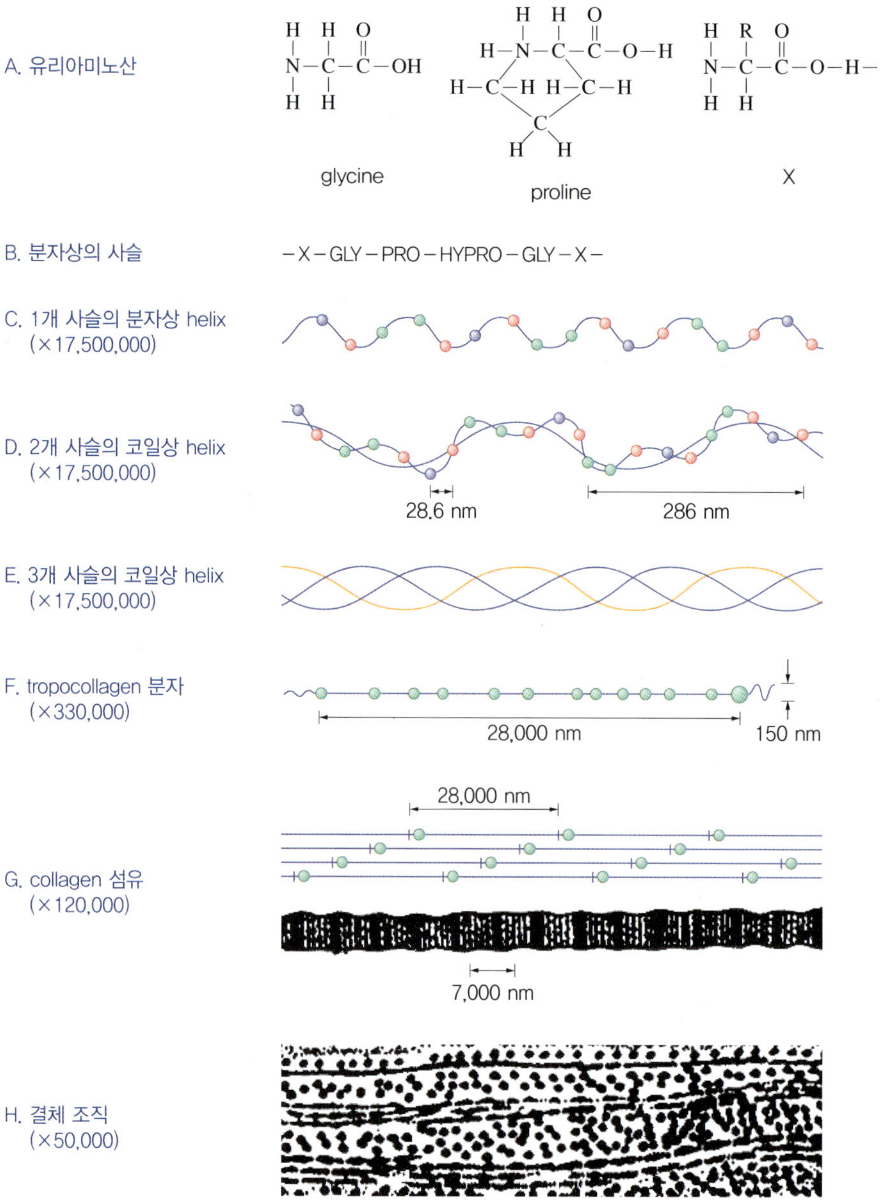

그림 5.20 콜라겐 섬유 형성의 연속단계

관벽 등에 존재한다. 이 단백질의 특성은 다른 단백질과 달리 극성 아미노산의 함량이 적고 Gly, Leu, Phe, Pro, Val, Ala 등과 같은 비극성 아미노산의 함량이 높아 물에서는 팽윤이 잘 되지 않는다. 산, 알칼리 또는 trypsin과 같은 단백질 분해효소에도 잘 분해되지 않는다.

② 근육섬유 조직의 단백질

근육섬유 조직을 구성하는 단백질로는 albumin에 속하는 myogen과 globulin에 속하는 myosin 복합체가 중요하다. Myogen은 황산암모늄의 포화 용액에 침전되는 구상 단백질로, 육류 조직에서는 myogen 섬유체로 불용성의 섬유상으로 존재한다. Myogen 복합체는 myogen, actin 및 기타 구상 단백질로 구성되어 있다. Actin은 구상 액틴(globular actin)인 G-actin과 섬유상 액틴(fibrous actin)인 F-actin의 두 가지 형태가 있으며, 이들은 가역적으로 변화한다.

F-actin과 myosin의 복합체인 actomyosin은 ATPase의 기능을 갖고 있어 ATP를 ADP로 분해하며, 이때 생성된 에너지는 actomyosin의 길이가 수축하여 근육의 수축 작용을 하는 데 소비된다. Actomyosin은 다른 단백질과 결합하여 actomyosin 복합체를 형성하며, 이들이 다시 여러 개가 모여 근원섬유(myofibril)를 형성한다.

(2) 어육 단백질

어육 단백질은 용해도에 따라 표 5-9에 나타낸 것과 같이 3종류로 구분된다. 어류의 골격근육은 결합 조직의 sheets 사이에 배열된 짧은 섬유로 구성되어 있으며 결합 조직의 양은 포유류보다 적고 섬유의 길이도 짧다. 어류 근육의 근원섬유는 포유류처럼 무늬 모양이 있으며, 주단백질은 myosin, actin, actomyosin 및 tropomyosin이다.

가용성 단백질에는 대부분의 근육효소가 들어 있으며 그 양은 전체 단백질의 약 22%에 달한다. 어육이 축육류보다 연한 것은 결체 조직의 함량이 적기 때문이다. 어육 actomyosin은 아주 불안정하여 가공, 저장하는 과정에서 쉽게 변한다. 동결 저장 중에 actomyosin은 용해도가 점차 감소하여 어육이 질겨진다.

표 5-9 용해도에 따른 어육 단백질의 분류

이온 강도	단백질 종류	용해도	소재
≥0	myogen	쉽게 녹음	주로 근장, 근육 세포액
약 0.3 이상	골격 단백질	덜 녹음	주로 근섬유, 수축성 요소
불용성	스트로마 단백질	녹지 않음	주로 결체 조직, 세포벽 등

3) 달걀 단백질

달걀 단백질은 달걀흰자(egg white) 및 달걀노른자(egg yolk) 단백질로 구분되며, 높은 생물가를 가진 우수한 단백질 식품 중의 하나이다.

(1) 달걀흰자 단백질

달걀흰자는 10~11%의 단백질을 함유하며 건물중(dry weight)으로는 83%에 이른다. 달걀흰자에는 적어도 8종의 단백질이 함유되어 있으며 이들은 각기 특이한 성질을 가지고 있다(표 5-10).

표 5-10 난백의 단백질 조성

성분	함량(%)	등전점(pI)	특성
Ovalbumin	54	4.6	쉽게 변성, SH기 함유
Conalbumin	13	6.0	철분과 결합, 항미생물 작용
Ovomucoid	11	4.3	trypsin 억제
Lysozyme	3.5	10.7	다당류 분해효소, 항미생물 작용
Ovomucin	1.5	4.5~5.0	점성, 다량의 sialic acid 함유, virus와 반응
Flavoprotein apoprotein	0.8	4.1	riboflavin과 결합
Proteinase inhibitor	0.1	5.2	단백질 분해효소 억제
Avidin	0.05	9.5	biotin과 결합, 항미생물 작용
미확인 단백질	8	5.5, 7.5	주로 globulin류
비단백성 물질	8		잘 밝혀져 있지 않음

이 중 가장 많이 함유된 단백질은 ovalbumin으로 54%를 차지하고 있으며, conalbumin이 13%, ovomucoid가 11% 정도를 점유하고 있다. Ovalbumin은 달걀흰자 단백질의 54%를 차지하는 주요 단백질로 phosphoglycoprotein이다. Ovalbumin은 분자량이 45,000으로 2분자의 N-acetyl-glucosamine과 4분자의 mannose로 구성된 탄수화물이 asparagine에 결합되어 있다. Ovalbumin은 인의 함량에 따라 A1, A2, A3(2 : 1 : 0)로 구분되는데 A3가 열에 의한 변성에 가장 민감하고, 그 다음이 A2, A1 순이다.

Conalbumin은 albumin의 13%를 차지하며, 분자량이 70,000 정도인 단일 polypeptide로 ovotransferrin이라고도 한다. 이 단백질은 1 mol당 2 mol의 Fe^{3+}를 함유하고 있으며 Fe^{3+}가 매우 단단하게 결합되어 있다. Conalbumin은 단백질 1 mol당 mannose 3.5 mol과 glucosamine 5.6 mol을 함유하고 있다. Conalbumin은 철 이외에 Co, Cu, Zn과 Al을 결합할 수 있다. Fe^{3+}와의 복합체는 470 nm에서 최대 흡광도를 나타내며 황색을 띤다. Conalbumin은 Fe^{3+}와 결합하면 가열, 압력, 단백질 분해효소 및 변성제에 의한 변성에 저항성이 커진다. Conalbumin의 금속 복합체는 금속을 함유하지 않은 conalbumin보다 훨씬 안정한 것은 금속 킬레이트화가 단백질의 2차, 3차 구조를 안정화시키고 수정하여 새로운 결합을 형성하기 때문이라 생각된다. Conalbumin의 생물학적 역할과 기능은 항미생물 작용과 지방 산화를 방지하는 데 간접적 역할을 하는 것 외에는 알려져 있지 않다. Conalbumin은 pH 3.2에서는 불안정하여 몇 초 내에 변성이 일어나지만, pH 4.2에서는 같은 정도의 변성이 일어나는 데 수일이 걸린다. 이 단백질은 pH 7.0, 60°C에서 3.5분간 가열하였을 때 100% 변성되지만, pH 9.0에서는 동일한 조건하에서 50%만 변성된다.

Ovomucoid는 mannose와 glucose를 함유한 당단백질로 달걀흰자 단백질의 약 11%를 차지하며, 열에 매우 안정하고 trypsin 억제 작용을 한다.

Lysozyme은 3가지 분획으로 구성되어 있는 globulin으로 이 중 G_1분획이 세균 세포벽을 분해할 수 있는 glycosidase의 일종이다. 이 효소 작용은 그람양성균에는 효과적이지만 그람음성균에는 효과적이지 못하다. 이 항미생물 작용은 훈제 ground beef, 비엔나소시지, 치즈, 멸균우유, 포도주 등의 식품에서 식품 보존제로 사용이 검토되고 있다. Lysozyme은 분자량이 14,000~17,000이고 His, Arg 및 Lys을 많이 함유한 염기성 단백질로 등전점이 10.7이다. 이 단백질은 열, 냉동 및 변성제 등에 대한 저항성이 크고 papain, trypsin과 같은 단백질 분해효소의 작용을 거의 받지 않는다. 이것은 lysozyme이 4개의 이황화물 가교에 의해 분자가 단단하게 결합되어 있기 때문이다.

Ovomucin은 물로 희석하면 달걀흰자로부터 침전하는 불용성 단백질로 분자량이 7,600,000인 일종의 점액단백질이다. 이 단백질은 influenza virus에 의한 적혈구의 응고 및 혈액응고 작용을 저해한다.

Avidin은 달걀흰자 단백질에 소량 함유(0.05%)되어 있는 단백질로 비타민 중의 하나인 biotin과 결합하여 생체가 biotin을 이용할 수 없게 하는 특성을 가지는데, 이 성질은 열변성에 의해 상실된다.

(2) 달걀노른자 단백질

달걀노른자는 상당량의 지방질을 함유하며 그 일부는 지방질단백질의 결합 형태로 존재한다. 지방질단백질은 달걀노른자 단백질의 21%를 차지하는 좋은 유화제이기 때문에 달걀노른자는 식품 제조 및 가공 시 유화제로 널리 쓰인다. 달걀노른자의 단백 조성과 각 단백질의 특성은 표 5-11에 나타내었다.

표 5-11 달걀노른자의 단백 조성과 각 단백질의 특성

성분	함량(%)	특성
Livetin	5	효소 함유, 잘 밝혀져 있지 않음
Phosvitin	7	10% 함유
Lipoprotein(총단백질)	21(33)	유화제

지방질단백질에는 2가지 종류가 있는데 lipovitellin은 17~18%의 지방과 1%의 인을 함유하고 있는 고밀도 지방질단백질로, 지방 부분은 약 75%의 lecithin을 함유하고 있어 유화 작용을 한다. Lipovitellenin은 36~41%의 지방과 0.29%의 인을 함유하고 있는 저밀도 지방질단백질인 동시에 인단백질로 달걀노른자의 지방 저장을 위한 수단으로 작용한다. Livetin은 지방을 함유하지 않은 구상 단백질로 성장하는 배(胚)의 면역 보호 작용을 한다.

Phosvitin은 약 10%의 인과 6.5%의 탄수화물을 함유한 인지방질 단백질이다. 이 단백질은 Fe^{3+}와 결합하는 경향이 강하므로 인과 철을 저장하는 단백질로 알려져 있다.

4) 우유 단백질

우유는 약 3%의 단백질을 함유하고 있다. 수분을 제외한 전체 고형물에 대해서는 단백질 함량이 25~30%에 달하며, 달걀 및 육류 단백질과 함께 가장 품질이 우수한 식품 단백질 중의 하나이다. 우유 단백질은 인단백질인 casein을 약 80% 함유하고 있으며, 그 외에 β-lactoglobulin 8.5%, α-lactalbumin 5.0%, 면역 글로불린(immunoglobulin) 1.7% 등을 함유하고 있다. 우유 단백질을 pH 4.6까지 산성화시킨 후 침전시키면 casein과 유청단백질로 분리할 수 있다.

Casein을 제외한 유청 중의 단백질을 황산암모늄으로 1/2 포화시키거나 황산마그네슘으

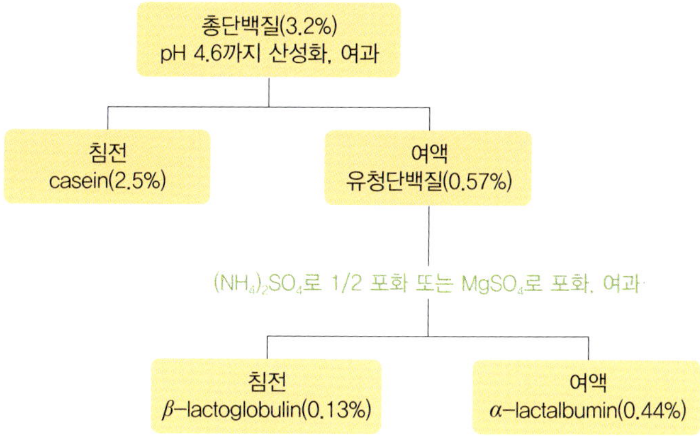

그림 5.21 **침전에 의한 우유 단백질의 분리**

로 완전 포화시키면 lactoglobulin과 lactalbumin으로 분획할 수 있다(그림 5.21).

Casein은 직경 30~300 nm의 구형에 가까운 입자로 산에 의한 침전 이외에 rennet의 작용이나 식염으로 포화시켜 분리할 수도 있으며, casein의 조성은 분리 방법에 따라 다르다. 천연 상태에서 casein 입자는 칼슘과 인을 비교적 많이 함유하고 마그네슘과 citrate는 비교적 적게 함유하고 있어 흔히 인카세인(phosphocaseinate) 또는 카세인칼슘(calcium caseinate)이라고 한다.

Casein에 효소 chymosin (rennin)을 pH 4.6 부근에서 작용시키면 단백질의 제한적 가수분해가 일어나 paracasein이 된다. Paracasein이 Ca^{2+}와 결합하면 불용성인 paracasein의 Ca염을 형성하여 응고하게 된다.

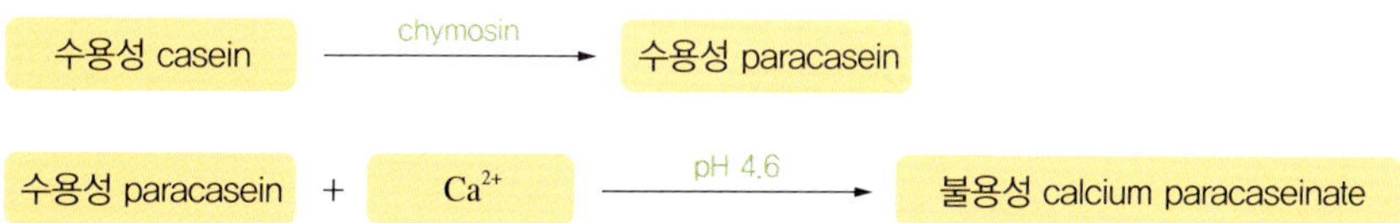

이는 우유에서 chymosin 효소를 이용하여 치즈를 만들 때 사용되는 응고반응의 원리이다. Casein은 전기이동에 의하여 α-, β-, γ-casein으로 분리되며, 그 비율은 각각 75%, 22%, 3%이다. α-Casein 중 칼슘에 의해 침전되는 것을 '칼슘에 예민한 casein' 또는 α-casein이라 하고 그 나머지는 κ-casein이라 하는데, 이것은 casein micelle을 안정화시

키는 작용을 한다. 우유의 pH를 4.6으로 조절하였을 때 침전되지 않은 단백질들을 유청단백질(whey protein)이라고 하는데, β-lactoglobulin과 α-lactalbumin이 가장 많이 함유되어 있고, 그 외에 proteose-peptone과 면역 글로불린 등이 함유되어 있다.

4. 단백질의 기능적 특성

기능성(functionality)이란 식품에서 원료의 유용성에 영향을 주는 성질을 말하며 이때 영양가는 제외된다. 단백질의 기능적 성질은 식품의 감각적 특성, 특히 조직 특성에 영향을 주지만, 식품의 준비·가공·저장 과정에서 식품이나 원료의 물리적 행동에 중요한 역할을 하여 식품에 바람직한 특성을 주는 물리화학적 성질을 말한다.

단백질이 여러 가지 바람직한 원료로 전환되어 식품에 사용되기 위해서는 식품의 다른 성분, 예를 들면 물, 지방과 작용한 후 또는 가공 후에 적절한 특성을 가지고 있거나 주어야 한다. 단백질의 기능성에는 용해도, 점도, 유화력, 수분 및 유지 흡착력, 거품 형성력 및 안정성, 젤 형성력 등이 있다.

1) 용해도

단백질의 용해도(solubility)는 천연자원에서 단백질의 추출, 정제 및 분리에 이용하거나 단백질의 이용 가능성에 대한 지표로 흔히 사용된다. 단백질의 용해도는 pH에 크게 영향을 받는데, 등전점에서는 순전하(net charge)가 '0'이 되므로 분자 간의 반발력이 최소화되며, 분자 간 S-S결합이나 소수성 결합이 연계되어 침전이 일어나기 때문에 단백질의 등전점에서 용해도가 가장 낮다.

한편, pH가 등전점보다 낮거나 높은 경우 순전하가 + 또는 −가 되어 단백질 분자 간에 전기적 반발력이 커져서 용해도가 증가한다. 대부분의 식품 단백질은 등전점이 4~5이므로 pH 4~5에서 용해도가 가장 낮고 알칼리 pH에서 가장 높다. pH와 대부분 식품 단백질의 용해도와의 관계를 그림으로 그리면 U자 모양의 커브를 나타낸다. 단백질 용액에 소량의 염을 첨가하면 염과 단백질 사이의 정전기적인 단백질 간의 상호작용(결합력)이 억제되어 용해도가 증가하는 염용 현상을 보이나, 염의 농도가 높을 때는 염과 단백질이 결합하여 불용성 복합체를 형성하거나 염의 이온이 수화하려는 경향이 강해 단백질과 서로 경쟁하게 되므로 용해도가 감소한다. pH와 이온 강도가 일정하면 단백질의 용해도는 0과 40°C 사이에서는 일반적으로 온도가 증가할수록 용해도가 증가하나, 40°C 이상에서는 단백질의 변성이 일어나 소수성 기가 노출되어 응집, 침전되어 용해도가 감소한다. 상업적으로 제조, 판매되는 농축단백이나 분리단백 등의 용해도 특성은 단백질 용해지수(protein solubility index, PSI) 또는 단백질 분산지수(protein dispersibility index, PDI)로 나타내며, 분리단백의 PSI는 25~80%이다.

2) 점성

유체의 점성(viscosity)은 주어진 힘 아래에서 흐름에 대한 저항을 나타낸다. 이상적인 용액에서 단위면적당 받는 힘인 전단력은 전단속도에 직접 비례하며, 비례상수(η)를 점성계수라 하고 이러한 유체를 뉴턴 유체라 한다. 뉴턴 유체에서는 점성계수가 전단력 또는 전단속도에 관계 없이 일정하다. 그러나 단백질과 같은 친수성 고분자화합물의 용액, 분산액, emulsion, gel은 유속이 증가함에 따라 점성계수가 감소하여 뉴턴 액체와 같이 행동하지 않으므로 유사소성흐름(pseudoplastic flow) 또는 전단묽어짐(shear thinning)이라 한다. 단백질 용액이 유사소성 행동을 나타내는 것은 단백질 분자가 그 주요 축을 유체 흐름의 방향으로 배열하기 때문이다. 또한 약하게 결합한 단백질 이합체나 소중합체(oligomer)가 단위체로 분리되는 것이 전단묽어짐에 기여한다. 단백질의 점도는 분자 크기, 모양, 유연성, 수화 정도에 따라 영향을 받으며, 이 중 가장 중요한 요인은 분산된 분자 또는 입자의 크기이다.

따라서 단백질 용액에서 분자량이 같을 때 무작위로 코일된 단백질은 밀접하게 접혀진 단백질보다 점도가 높다. 초기에 수분 흡수력이 큰 가용성 단백질 분말은 점성이 높으므로 대부분의 단백질은 수분 흡수력과 점성 간에 양의 상관관계가 있다. 단백질계의 점성 및 점조도는 음료, 수프, 소스 및 크림과 같은 액체 및 반고체 식품에서 소비자의 만족도를 나타내는 중요한 기능적 성질이다. 또한 단백질 분산액의 흐름 특성을 이해하는 것은 펌프질, 혼합, 가열, 냉각 및 분무 건조와 같은 가공 공정을 최적화하는 데 중요하다.

3) 유화 성질

유화는 서로 섞이지 않는 두 액체상 중 한 액체가 다른 액체에 0.1~50 μm 입자 크기의 콜로이드 상태로 분산되는 현상을 말하는데 유화형(O/W 또는 W/O형), 분산상의 부피분획,

입자 주위 표면층의 조성과 두께, 연속상의 조성 등이 유화를 결정하는 주요 요인이다. 유화된 식품으로는 우유, 크림, 아이스크림, 버터, 마요네즈, 소시지, 샐러드 드레싱 등이 있으며, 이들 식품에서는 단백질이 유화제로 콜로이드계를 안정화시키는 데 중요한 역할을 한다. 단백질의 유화력은 등전점에서 가장 낮고, 등전점에서 산성 또는 알칼리성으로 갈수록 증가하므로 단백질의 용해도와 밀접한 상관관계가 있다.

단백질의 유화 작용은 단백질이 개열(unfolding)되어 아미노산 측쇄의 소수기와 친수기가 드러나고, 이들이 물과 기름의 계면에 흡착된 후 계면장력을 저하시켜서 기름 중에 물을 분산시키거나 물 중에 기름을 분산시켜 분산된 입자가 다시 응집하지 않도록 안정화시키는 데 있다. 대부분의 단백질은 친수적 성질이 강해 흡착된 단백질이 계면의 물 쪽에 존재하기 때문에 일반적으로 기름속물에멀션의 안정제로는 좋지 않다. Emulsion은 여러 가지 형태의 물리적 변화를 일으키는 데 크림화(creaming), 집합(aggregation), 엉킴(coalescence) 등이 유화 안정성에 영향을 준다.

4) 거품 형성 성질

식품의 거품은 가용성 계면활성제를 가진 연속상 액체 또는 반고체에 기체 입자가 분산되어 있는 상태이며, 보통 기포의 크기는 직경이 1 ㎛에서 수 cm까지 다양하다. 이러한 거품을 이용한 식품으로는 빵, 케이크, 카스텔라, 아이스크림, 휘핑크림, 맥주 등이 있다. 이들 제품의 독특한 조직감과 입안 감촉은 작은 기포가 균일하게 분산되어 있기 때문에 나타난다. 대부분의 거품은 단백질 때문에 생기는데 거품의 생성과 안정화는 단백질의 계면 흡착과 관계가 있다. 단백질 거품의 형성은 일차적으로 단백질 분자가 기체-액체 계면에 확산 및 흡착되어 표면막이 형성되고, 이어서 흡착 단백질의 구조 변화가 일어나 서로 작용하여 단백질의 2차원 그물 구조를 형성하여 안정한 거품이 형성된다.

일반적으로 단백질의 용해도가 낮은 것이 거품 형성능과 거품 안정성이 높다. Casein이나 gelatin 등 유연한 구조를 가지는 단백질은 표면 변성이 쉽게 일어나기 때문에 거품 형성력이 높으나, 강한 표면 구조가 형성되지 않아 시간이 지날수록 거품은 부서진다. 구상 단백질은 기포의 표면이 불용성의 단백질 거품막인 lamella로 덮여 있어 막의 강도가 높아지고 외부의 자극에 대하여 저항성이 높아지기 때문에 거품의 안정성이 높다.

5) 젤화

젤화(gelation)는 두부에서와 같이 변성된 단백질이 질서 정연한 그물 구조를 만드는 것을 말한다. 젤화는 단백질의 매우 중요한 기능적 성질로 낙농 제품, 응고된 단백, 젤라틴 젤, 가열 및 분쇄된 육류 및 수산 제품, 콩단백 젤, 압출법으로 텍스처화한 식물성 단백질과 같은 다양한 식품 제조에서 중요한 역할을 한다. Gel을 만들기 위해서는 대부분의 경우 열처리와 더불어 냉각이 필요하며 약간 산성화시키는 것이 도움을 줄 수 있다.

젤화 속도나 gel의 강도를 높이기 위하여 염, 특히 칼슘 이온의 첨가가 필요한 경우가 있다. 단백질의 pH가 등전점에서 멀리 떨어져 있으면 단백질 분자 간의 정전기적 반발로 gel이 잘 형성되지 않으나 단백질의 pH를 등전점 부근으로 조절하거나 염을 첨가하면 단백질이 응집하려는 경향이 있어 gel을 형성한다. 대부분 단백질의 경우 gel 형성을 위한 최적 pH는 약 7~8이다. 싸이올기(thiol group)를 가진 단백질은 thiol-disulfide 교환 작용에 의해 공유결합을 할 수 있으므로 gel의 강도와 안정성이 높아진다. 때로 단백질 젤 형성은 제한된 단백질 가수분해에 의해 용이하게 일어나는 경우가 있는데, 우유 중에 함유된 casein micelle에 chymosin을 처리하면 κ-casein이 절단되어 소수성이 강한 표면이 노출되므로 응고형 gel을 형성한다. Transglutaminase는 단백질의 glutamine의 아미드기와 lysine의 ε-아미노기 간에 ε-(γ-glutamyl)lysyl 결합을 형성하여 실온에서 단백질 농도가 낮더라도 탄성이 매우 높은 비가역적 gel을 형성한다. 대부분의 gel은 매우 팽창되고 수화된 구조를 가지고 있어 단백질 g당 10 g 이상의 물과 여러 가지 식품 성분들이 단백질 그물 구조에 갇혀 있으며 대부분의 물은 쉽게 흘러나오지 않는다.

단백질 또는 단백질 혼합에서 필요한 기능적 성질의 형태는 적용되는 식품 시스템에 따라 다르다(표 5-12). 단백질의 기능성에 영향을 미치는 인자는 단백질의 물리화학적 성질, 즉 아미노산의 종류, 분자의 크기나 형태에 따라서 일차적으로 영향을 받으며 pH, 이온 세기, 점도 등에 따라서도 복잡한 외적 영향을 받는다. 육류 시스템에서는 수분 결합도, 용해도, 팽윤도, 점도, 표면 활동, gel 형성능이 단백질의 유용도를 결정하는 데 중요한 성질이며, 음료에서는 단백질의 용해도가 중요하다. 분쇄 육류의 경우는 단백질이 수분을 흡수하고 가열하면 젤화가 일어나야 하고, whipped topping의 경우는 열에 안정한 거품 형성능이 있어야 한다. 거품 형성력과 안정성은 단백질의 성질을 이해하거나 예상하는 데 필요하며 빵류, 유제품 등과 같은 단백질 이용 식품에 중요하다.

표 5-12 식품에 응용되는 단백질의 기능적 성질

기능적 성질	작용 방식	적용 식품
용해성	단백질의 흡수, 용매화·분산	음료
점도	수분 결합, 점조성	수프, gravies, 샐러드 드레싱
젤화	단백질망 형성 및 응고	육류, 두부, 치즈
응집-점착	단백질이 점착 물질로 작용	육류, 소시지, 제빵, pasta 제품
탄성	gluten의 소수결합, gel의 이황화물 가교	육류, 제빵
유화	지방 유화액의 형성 및 안정화	소시지, 수프, 케이크
지방 흡착	유리지방결합	육류, 소시지, 도넛
향미 결합	흡착, 포집, 방출 모방	육류, 제빵 등
거품	가스 포집을 위한 안정된 막 형성	whipped topping, 카스텔라

단원 정리

단백질은 20개의 서로 다른 아미노산이 peptide 결합을 하여 이루어진 물질로, 아미노산의 종류와 수, 배열순서에 따라 각기 다른 특성을 가진 단백질이 만들어진다. 이 장에서는 아미노산의 종류와 성질, 단백질의 여러 형태의 구조와 종류, 단백질의 성질 및 여러 가지 요인에 의하여 단백질이 어떻게 변성이 일어나는지를 살펴보고, 이를 토대로 식품 가공 중에 어떤 변화들이 예상되는지를 설명한다. 더불어 식품 단백질로서 식물성 단백질, 동물성 단백질에 해당하는 각론도 살펴본다.

연습문제

1 단백질의 3차 구조의 공간 배열과 관련이 있는 결합 양식이 아닌 것은?

① 펩타이드 결합 ② 이온성 결합

③ 시스테인 다이설파이드 결합 ④ 소수성 결합

2 식품 가공 중 단백질 구조 내 생성된 dehydroalanine 잔기와 가교결합을 형성할 수 있는 아미노산 잔기로 옳지 않은 것은?

① Lysine ② Histidine

③ Cysteine ④ Valine

3 밀 단백질의 구성 및 역할에 관한 설명으로 옳지 않은 것은?

① Glutenin은 밀가루 반죽에 점성을 부여하는 작용을 한다.

② Gliadin은 밀가루 반죽에 연성을 부여하는 작용을 한다.

③ Glutenin과 gliadin에 물을 첨가하고 반죽을 하면 gluten을 형성한다.

④ 밀가루의 gluten 함량은 빵, 케이크, 국수 등의 제품 품질에 큰 영향을 준다.

4 다음 중 식품과 이 식품이 함유하고 있는 단백질이 잘못 연결한 것은?

① 소맥-글리아딘 ② 고기-마이오신

③ 난백-알부민 ④ 우유-트립신 억제제

5 등전점에서 아미노산의 전하 상태는?

① 음전하 ② 양전하

③ Net charge가 최대이다. ④ 음전하와 양전하 모두를 띤다.

6 단백질의 변성에 대한 설명이다. 이 중 가역적 변성이 아닌 것은?

① 비공유결합이 떨어졌다가 원래의 모습으로 돌아가는 현상

② 정전기결합이 끊어질 때 변성이 일어난다.

③ 변성이 일어나도 처음과 똑같이 되돌아간다.

④ 심한 가열 등에 의하여 변성이 일어난다.

*정답은 뒤에 있습니다.

7 알칼리 처리 중에 생성되는 아미노산인 lysinoalanine (LAL)에 대한 설명 중 틀린 것은?

① Lysine과 alanine이 가열반응하여 생성된다.

② 빵, 커피프림, 분유 등에 많이 함유되어 있다.

③ 단백질의 영양가를 감소시킬 수 있다.

④ 밀과 곡류의 훈증제로 사용된다.

06
비타민과 무기질

1. 바타민
2. 무기질

1. 비타민

비타민은 동물의 건강한 성장과 번식을 위하여 외부로부터 반드시 섭취해야 하며, 극히 소량만 요구되는 유기화합물이다. 비타민은 생체 내에서 여러 가지 기능을 한다. 예를 들면 niacin, thiamin(Vit B_1)은 보조효소나 보조효소의 전구물질로, 아스코브산과 비타민 E는 항산화 방어계의 성분으로, 비타민 A나 D는 유전 정보 조절에 관련된 인자로, 그리고 비타민 A는 시각 작용, 비타민 C는 여러 하이드록시화 반응에 관여하는 등의 기능을 가지고 있다. 또한 몇몇 비타민은 환원제, 라디칼 제거제, 갈변반응의 반응물 및 향기 성분 전구물질로 식품의 화학적 성질에 영향을 준다.

식품화학적 면에서 비타민은 수용액으로의 용출 억제, 산화 및 다른 식품 성분과의 반응을 최소화하면서 보존을 최대화하여야 한다.

1) 지용성 비타민

(1) 비타민 A

① 구조

비타민 A 결핍에 의한 임상적 야맹증은 많지 않으나 섭취량이 충분치 않아 일부 계층에서 결핍 상태가 우려된다. 비타민 A는 레티놀(retinol)과 구조적으로 유사한 화합물이다. 레티노이드(retinoid)란 trimethylcyclohexene 고리와 측쇄가 있는 4 isoprenoid이며 retinol과 이의 화학적 유도체이다. 동물 조직에서 비타민 A의 활성은 retinoid 중 retinol과 그 ester, 레티날(retinal)이 높은 편이고 레틴산(retinoic acid)은 낮은 편이다. 합성 레티놀 에스터인 레티닐 아세트산과 레티닐 팔미트산은 강화 식품에 많이 이용되고 있다. 카로테노이드(carotenoid)는 비타민 A 활성을 가지고 있으며 식물성 및 동물성 식품에 존재한다. 식물과 미생물에는 비타민 A의 형태가 없으나 비타민 A의 활성을 가지는 것은 carotenoid가 있기 때문이다. β-Carotene은 장점막에서 중심 부분의 C_{15}~C_{15}' 결합이 산화적 효소분해로 두 분자의 활성 retinal을 만들 수 있으므로 프로비타민 A가 될 수 있다. 프로비타민 A는 최소한도 산화가 되지 않는 β-아이오논 고리(ionone ring)가 있어야 하고 개열 후 isoprenoid 측쇄는 알코올기, 알데하이드기나 카복실기가 있어야 한다(표 6-1). Carotenoid 중 β-carotene이 프로비타민 A 중 활성이 제일 높으나 질량 기준 시 retinol

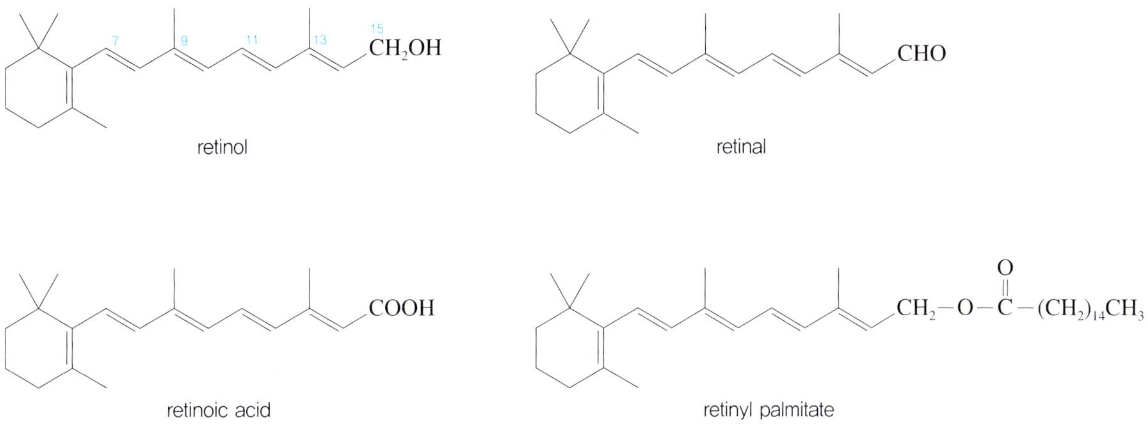

그림 6.1 비타민 A 성분의 구조

표 6-1 카로테노이드의 구조식 및 비타민 A 활성

Carotenoid	구조식	상대적 활성도
β-Carotene	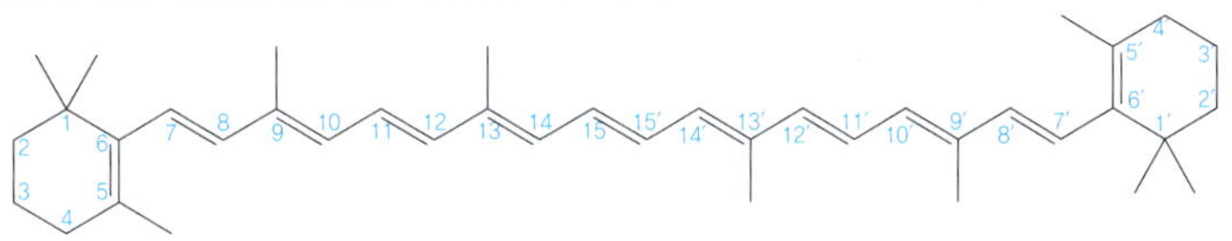	50
α-Carotene	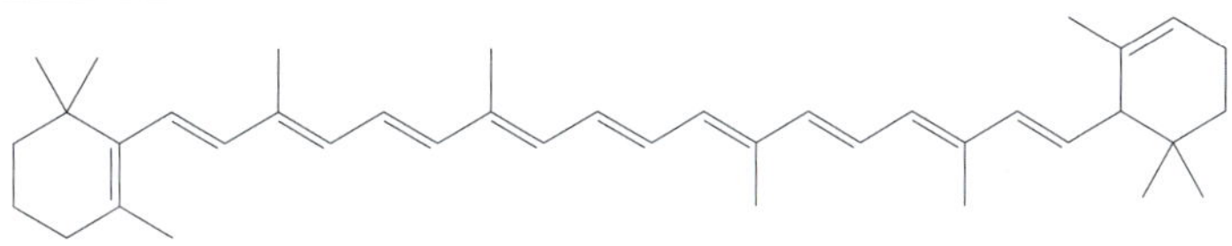	25
Cryptoxanthin	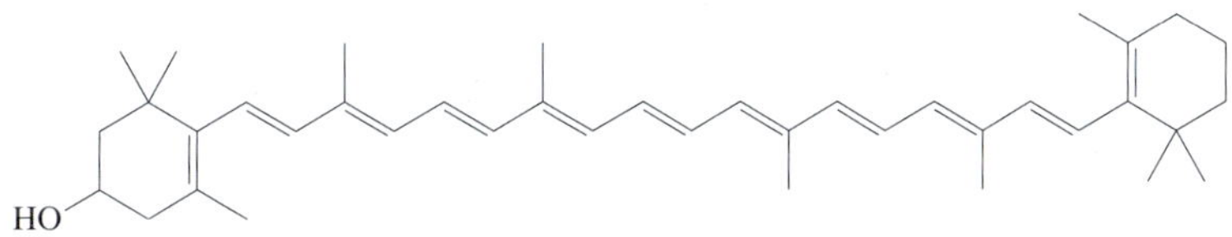	25
Lycopene	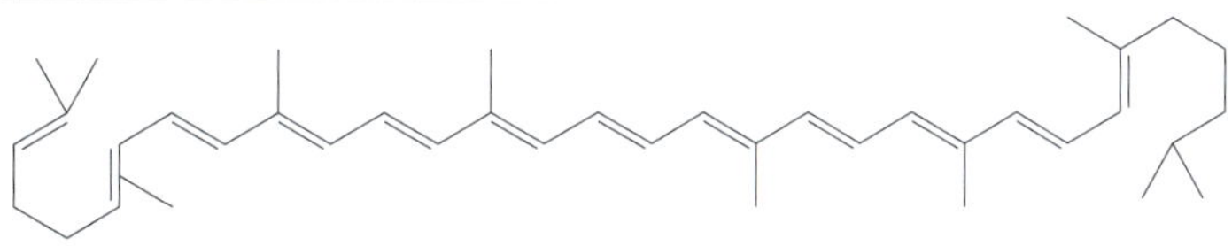	0

에 비하여 비타민 A 활성이 약 절반 정도밖에 안 된다. Retinoid와 carotenoid는 비극성 구조 때문에 친유성이 강한 화합물이므로 식품이나 생물체에서는 지방 성분에 용해되어 있거나 특수한 운반단백질과 결합되어 있다. 예를 들면 식품에서는 우유 중의 지방구에 존재하고, 오렌지주스에서는 분산되어 있는 지방에 들어 있다.

② 성질

비타민 A의 분해는 일반적으로 불포화지방의 산화적 분해와 유사하다. 불포화지방의 산화를 촉진시키는 인자인 직접 산화나 자유라디칼은 비타민 A의 분해를 증진시킨다. 식품 중 retinoid나 carotenoid의 비타민 A 활성 손실은 불포화아이소프레노이드 측쇄의 자동 산화나 이중결합의 기하학적 이성질화에 의해서 일어난다.

Retinoid와 carotenoid는 열처리, 빛의 노출, 산, 염소가 있는 용매(예 : chloroform), 묽은 아이오딘 용액 등으로 all-*trans*형이 *cis*형으로 전환된다. 그러므로 과일이나 채소는 통조림 가공 시 열처리나 chloroform 처리(지방 추출 시) 등으로 이성질화가 일어난다. *Cis* 이성질체는 주로 9-*cis*-carotenoid와 13-*cis*-carotenoid이며 최대로 이성질화시켰을 때 9-*cis* 이성질체와 13-*cis* 이성질체가 각각 40% 생성되며 이들의 비타민 활성은 표 6-2에 나타낸 것과 같다.

표 6-2 레티닐아세테이트와 카로텐 입체이성질체의 상대적 비타민 A 활성도

이성질체	retinyl acetate	β-carotene	α-carotene
All-*Trans*	100	50	26
13-*Cis*	75	26	8
11-*Cis*	25	19	7

비타민 A 화합물들은 감광제(photosensitizer)를 통하여 직간접적으로 광화학적 이성질화가 일어난다. All-*trans*-β-carotene은 9-*cis*나 13-*cis* carotene으로 가역적인 광이성질화 반응이 일어나고 광화학적 분해가 뒤따른다. β-Carotene 현탁액이나 당근 주스에서는 광이성질화 반응과 광분해 작용이 거의 비슷한 비율로 일어난다. 따라서 저장 시 빛에 노출되는 식품의 비타민 A 활성은 포장재료에 따라 크게 영향을 받을 수 있다.

비타민 A 화합물은 산소와의 직접적인 반응이나 지방산의 산화 중에 생성된 자유라디칼에 의해서 산화되고 분해된다. Carotenoid 화합물은 낮은 산소 농도 조건에서는 항산화 작용이 있으나 산소 농도가 높으면 오히려 산화 촉진제 작용을 한다. β- Carotene은 일중항산소, 초과산화 라디칼(superoxide radical), hydroxy radical을 제거하고 과산화 라디칼(peroxyl radical, ROO•)과 반응하므로 항산화 작용을 한다. 그러나 β-carotene은 페놀 산화방지제와 같이 수소 라디칼(H•) 공여체로 작용하지는 않는다.

Tip

비타민 A 중독

노르웨이의 극지 탐험가로 1911년 인류 사상 최초로 남극점에 도달한 아문센(Roald Amundsen)은 원래 북극을 처음으로 정복하고자 계획하였으나 미국 탐험대에 선수를 뺏기자 남극 탐험으로 방향을 바꾸었다고 한다. 결국 나중에 북극도 탐험하여 동시에 두 극지를 탐험한 최초의 인물로 세상에 알려졌다. 아문센 탐험대가 무사히 북극 탐험을 마쳤을 때에 유럽의 다른 탐험대가 북극 탐험을 나섰다가 조난을 당했다. 아문센 탐험대는 피곤을 무릅쓰고 조난된 사람들을 구조하러 떠났지만 봄이 될 때까지 탐험대는 돌아오지 못했다. 후에 조사단이 파견되었고 아문센을 포함한 일행들이 목숨을 잃은 사실을 확인하였는데 놀랍게도 그 원인이 비타민 A 중독으로 판명되었다.

탐험대가 북극으로 항하면서 현지에서 구할 수 있는 식량 중 하나가 북극곰이었다. 북극곰을 사냥해도 열악한 자연환경에서 오랜 시간 조리할 여력이 없으므로 쉽게 먹을 수 있는 내장을 먹게 되는데 아무래도 먹기 좋고 맛있는 간을 선택하게 된다. 그런데 간에는 비타민 A가 아주 듬뿍 들어 있다. 물론 곰 한 마리를 잡아 나눠 먹었다고 비타민 A에 중독되지는 않겠지만 지속적으로 자주 먹었다면 이야기가 달라진다. 아문센 탐험대는 이미 북극 지방을 탐험하는 동안 북극곰을 지속적으로 식용해 왔기에 몸 안에는 상당량의 비타민 A가 축적이 되어 있어서 이러한 비극이 일어난 것이다.

(2) 비타민 D

① 구조

비타민 D는 항구루병 작용이 있으며 석회화(calcification)와 관련이 있어 calciferol이라고 한다. 화학적 구조는 여러 가지 구조를 가지지만(Vit. D_1~D_6) 실질적으로 비타민 D의 천연자원은 식물 및 미생물 조직의 비타민 D_2 (ergocalciferol)와 동물의 조직에 존재하는 비타민 D_3 (cholecalciferol)가 있으며, 이들은 각각 ergosterol과 피하지방에 존재하는 7-dehydrocholesterol에 자외선을 조사하면 생성된다. 비타민 D는 provitamin D의 B 고리가 개환되어 A 고리가 입체 구조적으로 융통성이 있으므로 3번 위치의 OH기는 수직 방향(axial)과 수평 방향(equatorial)의 입체 구조를 가질 수 있다.

② 성질

Ergosterol에 광선을 조사하면 가역적으로 tachysterol과 lumisterol이 생성되고 이들은 비타민 D_2가 될 수 있다. 비타민 D_2가 생성되는 최적의 파장은 280 nm이다. 이보다 높은 파장에서는 lumisterol의 생성이 많고 낮은 파장에서는 tachysterol의 양이 증가한다. 빛에 과도하게 노출되면 생리적으로 불활성인 suprasterol류들이 생성되고 분해와 중합이 뒤따른다. 우유를 유리병에 보관하면 빛에 의해 보충된 비타민 D가 분해된다. 비타민 D_2를 180~190°C로 가열하면 pyroergosterol류들이 생성되고 이들은 ergosterol의 이성질체이

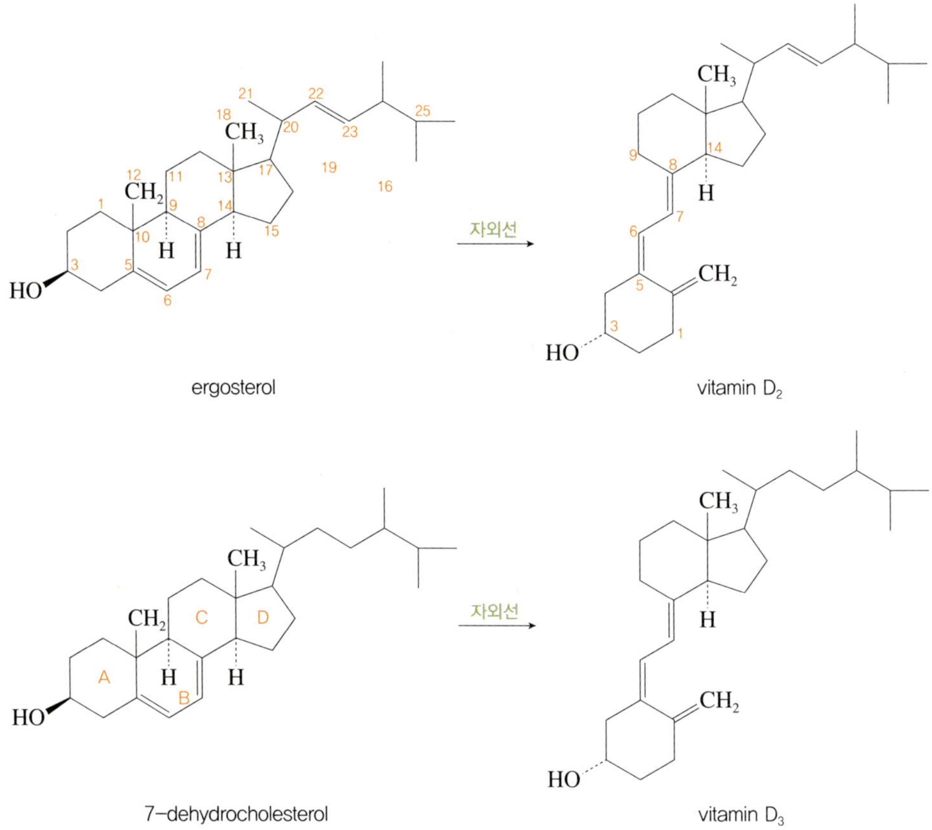

그림 6.2 비타민 D_2 및 D_3의 구조

며 생리적으로 비타민 D의 활성이 없다.

(3) 비타민 E

① 구조

비타민 E는 tocopherol류와 tocotrienol류를 총칭하며, 이들은 동물에서 출산과 관련되어 있다. Tocopherol은 tocol {(2*R*)-2-methyl-2-[(4*R*,8*R*)-4,8,12-trimethyltridecyl]-3,4-dihydrochromen-6-ol}의 유도체이고 tocotrienol은 tocol의 측쇄 3′, 7′, 11′ 위치에 이중결합이 있다. Tocopherol과 tocotrienol의 chromanol 고리 구조의 5, 7, 8 위치에 메틸기가 하나, 둘, 셋 결합함에 따라 α, β, γ, δ형 총 8가지 동족체가 있으며 모두 비타민 E의 활성이 다르다.

Tocopherol 분자에는 2, 4′, 8′ 위치에 비대칭 탄소가 있으므로 이에 따른 입체 및 화학적 이성질체가 있고 이에 따라 비타민 E의 활성은 다르다. 천연적으로 존재하는 α-tocopherol의 입체 구조는 RRR-α-tocopherol이며 비타민 E의 활성이 가장 높다. 6번 위치의 OH기와 아세트산이 ester 결합한 tocopheryl acetate는 안정성이 높으므로 이 형태로 합성하여 식품에 많이 이용되고 있다. 합성 tocopherol은 α형태로 합성하지만 다른 여러 가지의 이성질체와 2, 4′, 8′의 racemic 화합물이 혼합되는데 RRR-α-tocopherol의 함량이 낮을수록 활성은 낮아진다.

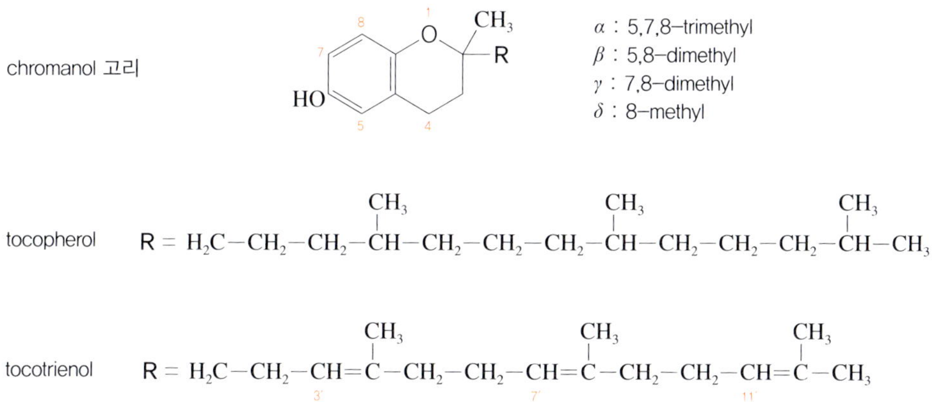

그림 6.3 토코페놀 및 토코트라이엔올의 구조

② 성질

Tocopherol은 비극성이므로 식품의 지방질 부분에 존재한다. 비타민 E를 높은 열로 가하면 hydroquinone과 불포화 탄화수소가 생성된다.

α-Tocopherol을 화학적으로 산화시키면 tocopherol quinone으로 산화된다. 그러나 혐

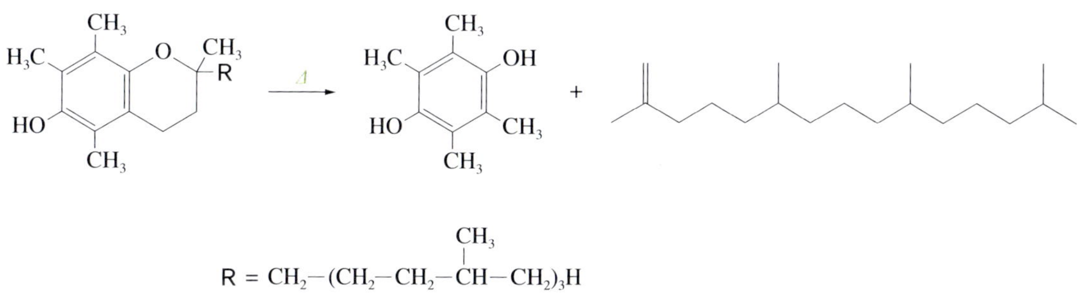

기적 조건의 식품 가공 공정에서는 비타민 E 활성에 크게 영향을 주지 않는다. α-Tocopherol의 산화 안정성은 지방질과 같이 수분이 단분자막 수분활성도일 때 가장 크다.

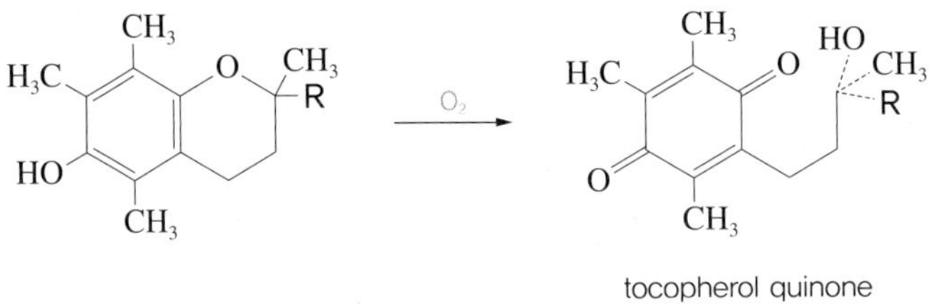

Tocopherol은 6번 OH가 ester 반응에 이용되지 않으면 항산화 작용이 있어 자유라디칼과 일중항산소를 소거하면서 자기 자신은 최종적으로 tocopherol quinone이 된다. 식품에 이용되는 α-tocopheryl acetate는 페놀기에서 H 원자를 떼어낼 수 없으므로 항산화 작용은 없으나 동물 체내에서 효소 작용으로 α-tocopherol이 된다. 동물에서 사료에 함유된 비타민 E의 함량이 높으면 도살 후 육류의 산화 안정성에 영향을 준다. 일중항산소 소거 기능은 α-tocopherol을 1로 보았을 때 β-tocopherol, γ-tocopherol, δ-tocopherol은 각각 0.5, 0.26, 0.1이어서 비타민 E 활성과 유사하다.

(4) 비타민 K

① 구조

비타민 K는 혈액 응고와 관련이 있으며, 덴마크어 '응고'의 'Koagulation' 첫 자를 따서 비타민 K라고 명명하였다. 비타민 K는 나프로퀴논기를 가지고 있으며 3번 위치에 terpenoid 측쇄를 가지고 있는 것과 없는 것이 있다. 측쇄가 없는 menadione은 합성품이며 비타민 보충이나 영양 강화 시에 이용한다. 비타민 K_1은 식물에서 얻는 phylloquinone이다. 비타민 K_2는 주로 장내 미생물에 존재하는 menaquinone으로 세균에 의해서 합성되고 측쇄의 길이는 일정하지 않다. 이외에 menadione의 hydroquinone형(menadiol) 및 menadiol의 OH기가 아민기로 치환된 것도 비타민 K 활성을 가진다.

② 성질

Phylloquinone은 시금치, 케일, 양배추, 토마토 등에 많으며, menaquinone은 소장에서 흡수되므로 결핍 증세가 좀처럼 없으나 영양 흡수 장애 환자나 항응고제를 장기 복용했을

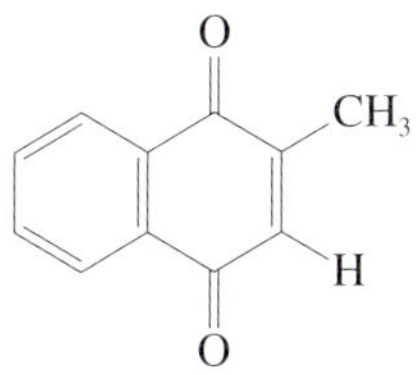

menadione

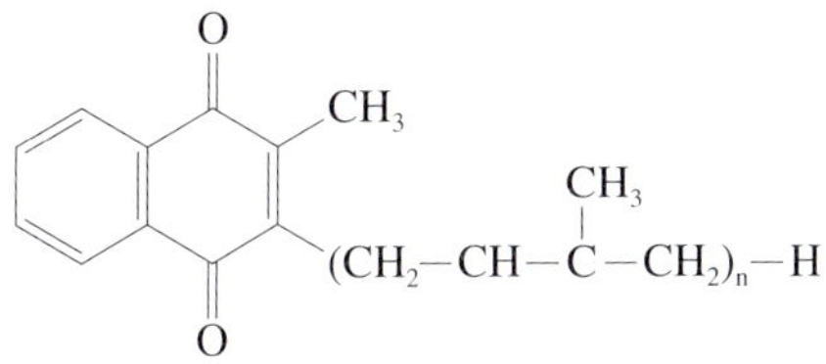

menaquinone (K_2)

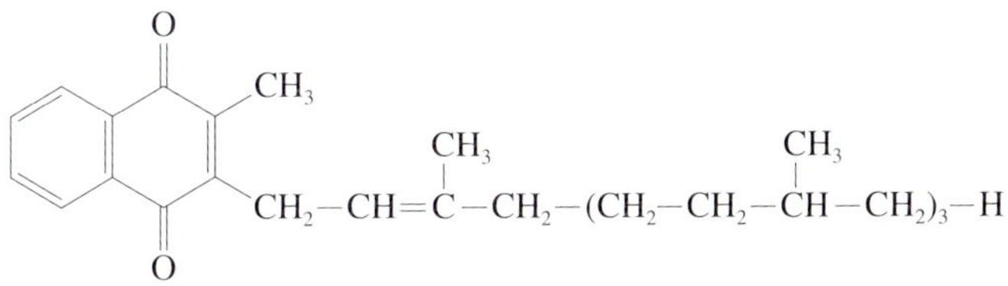

phylloquinone (K_1)

그림 6.4 여러 가지 비타민 K의 구조

때 일어날 수 있다. 몇몇 지방질 대체품은 비타민 K의 흡수를 방해하는 것으로 알려졌으나 과도하게 사용하지 않는 한 큰 문제가 되지 않는다.

Quinone 형태의 비타민 K는 hydroquinone 형태로 환원될 수 있으나 비타민 활성은 변화가 없다. 광화학적 작용으로 분해될 수 있으며, 알칼리 조건에서 불안정하나 열에는 비교적 안정한 편이다.

2) 수용성 비타민

(1) 티아민

① 구조

티아민(thiamin, 황이 있는 아민)은 비타민 B_1 또는 aneurin(항다발성 신경염 인자)이라고도 한다. Thiamin은 피리미딘기와 싸이아졸기가 메틸렌($-CH_2-$)기로 연결된 것이다. 식물과 동물 조직에 널리 분포하며, 주로 싸이아민파이로인산(thiamin pyrophosphate, TPP) 형태나 이보다 적은 양으로 thiamin 또는 티아민일인산(thiamin monophosphate), 티아민삼인산(thiamin triphosphate)의 형태로도 존재한다. TPP는 피루브산 수소제거효소 복합체(pyruvate dehydrogenase complex) 같은 효소들의 보조효소이다. Thiamin은 HCl염이나 NO_3^-염 형태로 식품이나 영양 강화 시에 이용한다.

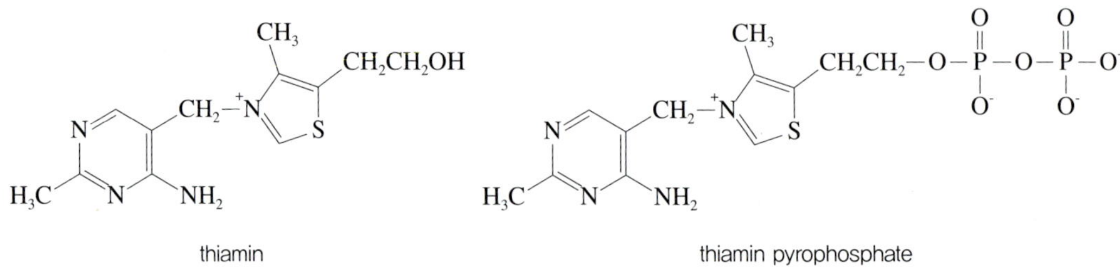

그림 6.5 티아민의 구조

② 성질

Thiamin은 pyrimidine의 N_1과 thiazole의 N 고리에 '+' 전하를 가지고 있기 때문에 중성이나 알칼리 조건하에서 유리염기 형태와 유사염기(pseudobase) 형태로 변화한다. 유사염기형은 thiazole 고리가 개열하여 thiol형을 만들 수 있다. Pyrimidine 고리가 '+' 전하를 가지고 있을 때(protonated thiamin)는 유리염기, 유사염기, thiol형보다 안정하므로 thiamin은 중성이나 알칼리성에서 안정성이 제일 떨어진다.

Thiamin은 수용성이므로 물에 의해서 용출되고 분해되어 손실이 일어나며, 이러한 손실은 특히 온도가 높을 때 더 많아진다. Thiamin은 낮은 수분활성도에서 비교적 안정성을 보여 곡류 식품에서는 비교적 안정하지만 45°C 이상이거나 수분이 단분자층 이상, 특히 a_w 0.5~0.6 부근에서는 분해가 잘 일어난다. Thiamin은 아황산 용액 중에서 매우 불안정하여 분해된다. 아황산 이온은 pyrimidine과 thiazole의 결합을 메틸렌기에서 분리시키고 아울러 피리미딘기에 설폰기를 생성한다. 그러므로 thiamin 함량이 많은 식품 취급 시 아황산 처리는 하면 안 된다. 아황산에 의한 thiamin 분해는 넓은 pH 함량 범위에서 일어날 수 있지만 특히 pH 6 부근에서 가장 잘 일어난다.

어류나 갑각류 중에 함류된 thiaminase (aneurinase)는 thiamin을 pyrimidine과 thiazole로 분해하는 효소로 고사리, 버섯 등에도 있으며 열처리로 불활성화된다. Tannin은 thiamin과 첨가 생성물(adduct)을 만들어 침전되는데 이 생성물은 비타민 B_1 활성이 없다.

Thiamin의 싸이올형과 유리염기형은 중성이나 알칼리 조건에서 형광이 있는 thiochrome을 만든다. 이는 형광분석법에 의한 비타민 B_1 정량 원리가 된다. 염소 이온은 식품 제조나 가공 시에 사용하는 물의 농도로도 thiamin을 빠르게 분해한다. 그러므로 수돗

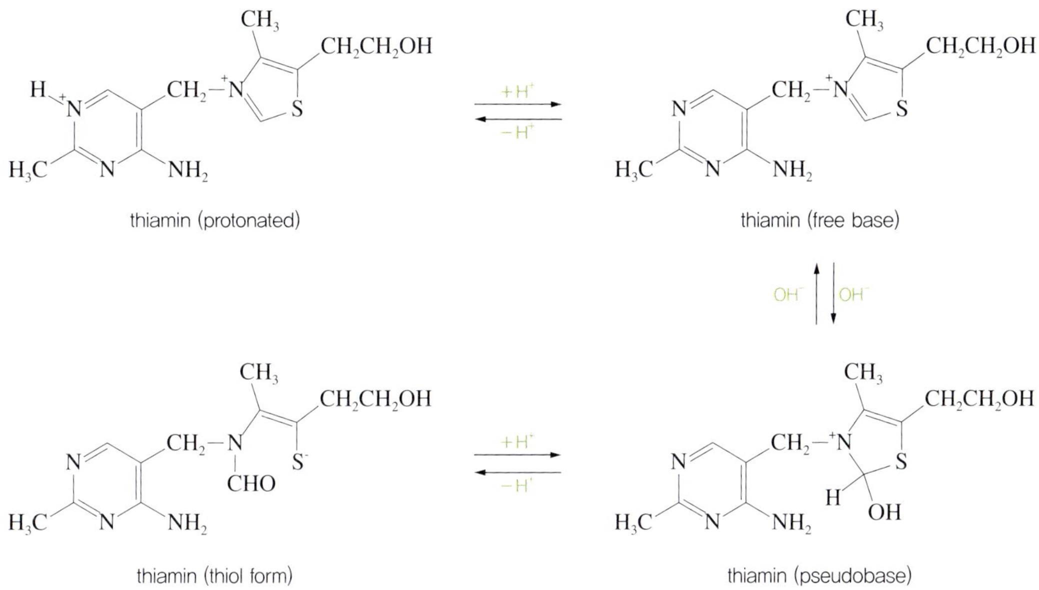

그림 6.6 티아민의 pH에 따른 변화

물로 조리나 가공하면 비타민 B_1의 파괴가 최소한 8~10%에 이르고 때로는 40%까지 이를 때도 있다.

Thiamin의 안정성은 식품에 존재하는 형태에 따라 다르다. pH 4.5 정도의 낮은 pH에서는 thiamin과 TPP의 분해 정도는 비슷하지만 pH 6.5에서는 TPP가 thiamin보다 빠르다. Thiol 형태의 thiamin은 -SH기가 있는 화합물과 이황화물 화합물을 만들 수 있으며, 이 화합물은 다시 thiamin 형태로 환원되기 쉬워 비타민 B_1 활성을 가진다. 마늘 중에 존재하는 allithiamin이 대표적인 예이고, 식품 중 단백질과는 이황화물 결합하여 존재할 수 있으므로 단백질은 thiamin의 안정성을 증가시킬 수 있다.

(2) 리보플라빈

① 구조

리보플라빈(riboflavin, Vit. B_2)의 기본적 구조는 7,8-dimethyl-10(1′-ribityl)isoalloxazine으로 리비톨기를 가지고 있다. Riboflavin의 유도체를 일반적으로 flavin이라고 하며, 출처에 따라 lactoflavin(우유), ovoflavin(달걀), hepatoflavin(혈액) 등의 이름을 붙인다.

Riboflavin은 생체 내에서 ribitol 5′ 위치가 인산화된 FMN (flavin mononucleotide), FAD

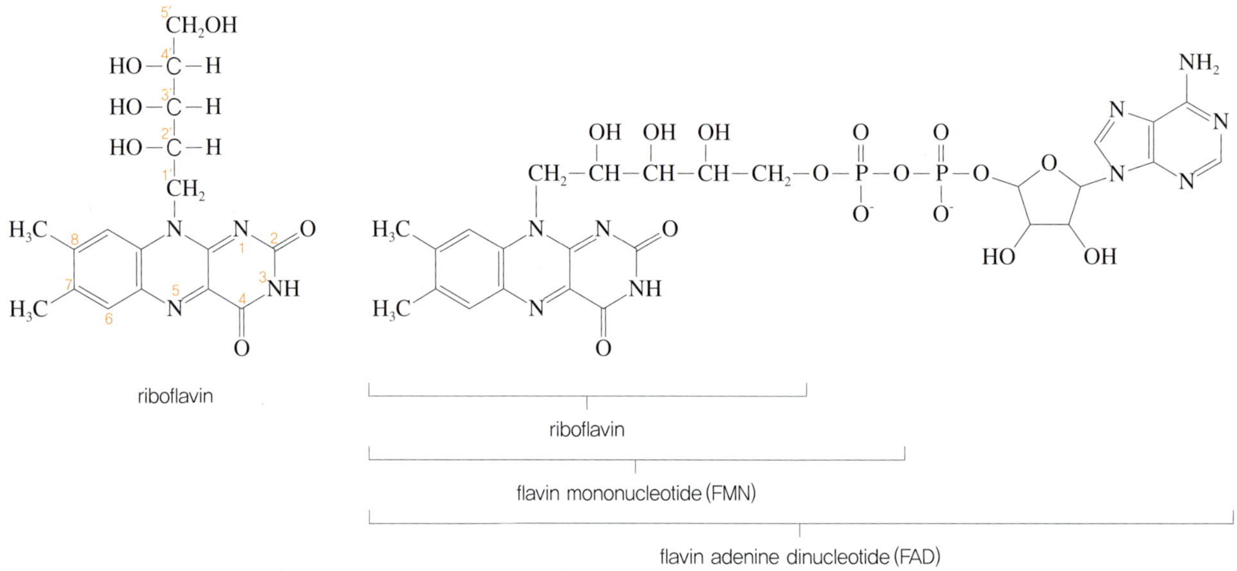

그림 6.7 리보플라빈, FMN 및 FAD의 구조식

(flavin adenine dinucleotide)로 존재한다. FMN이나 FAD는 석신산 탈수소효소(succinate dehydrogenase)를 비롯한 산화·환원 작용을 촉매하는 효소의 보조효소로 작용한다. 이들은 식품에 존재하는 인산 가수분해효소(phosphatase)의 작용으로 소화기관 내에서 riboflavin으로 분해된다.

Riboflavin은 산화·환원 단계에 따라 세 가지 화학종이 있으며, 제일 많이 산화된 상태는 flavoquinone으로 노란색이고 중간단계는 flavosemiquinone이며 가장 환원된 상태는 flavohydroquinone으로 무색이다. 환원될 때마다 하나의 전자와 H^+를 흡수하여 pH에 따라 N_1과 N_5에 수소 원자가 결합한다.

이들 외에 세균의 flavin 대사산물인 10-hydroxyethylflavin은 식품에 따라 0~20% 존재하며 riboflavin의 장내 흡수를 저해한다.

② 성질

Riboflavin은 thiamin과 같이 산성에서 안정하나 중성 및 알칼리 쪽으로 갈수록 안정도는 떨어진다. 보통의 가열 가공이나 조리 중 손실은 10~20% 정도이다. 그러나 단분자층 수분 함량보다 많은 수분과 상온 이상의 온도에서는 급격히 분해가 증가한다. 알칼리 조건에서는 상온에서도 분해되어 요소와 oxocarbonic acid로 분해한다.

Riboflavin의 전형적인 분해는 광화학적 반응에 의해서 일어난다. pH 7 이하에서는 주로 riboflavin ribitol 부분에서 분해되어 lumiflavin이 되고, pH 7 이상에서는 alloxazine 고리를 가진 lumichrome으로 변화되며 여러 종류의 자유라디칼이 생성된다. Lumiflavin과 lumichrome은 비타민 B_2 활성이 없고 오히려 비타민 B_2의 길항 작용을 나타낸다. 우유에 햇빛을 쬐면 이취가 발생하는데 이는 주로 riboflavin이 개입된 광화학 반응에 의한 것으로 methionine이 methional로 탈탄산 및 탈아민된 것으로 변화되기 때문이라고 알려져 있다. 그러므로 riboflavin은 빛을 차단할 수 있는 포장이 되었을 때 안정성을 높일 수 있다.

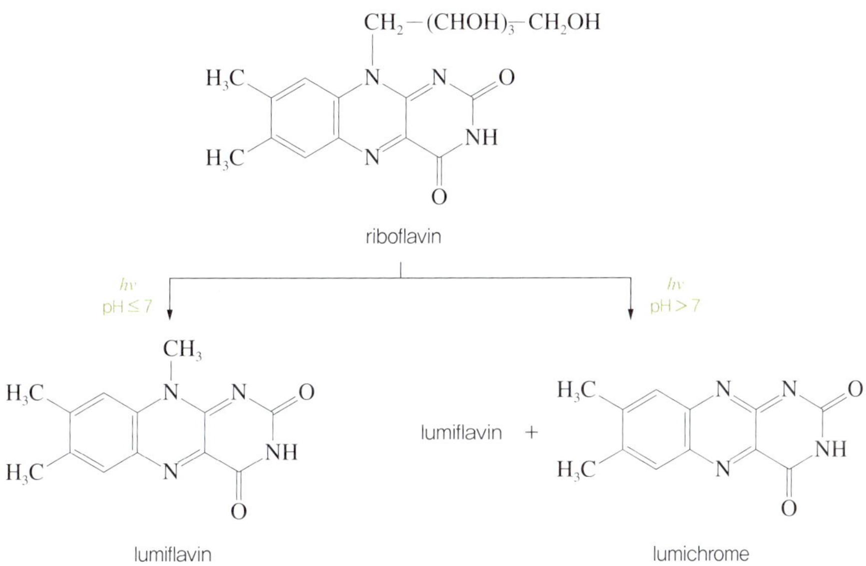

그림 6.8 리보플라빈의 변화

(3) 비타민 B_6

① 구조

비타민 B_6는 adermin(항피부염 인자) 또는 pyridine 유도체라는 뜻으로 pyridoxine이라고 한다. 비타민 B_6는 pyridine 4번 위치의 치환기에 따라 pyridoxal (PL), pyridoxol (PN, pyridoxine), pyridoxamine (PM) 형태가 있으며, 이들은 각각 알데하이드기, 알코올기, 아민기를 가지고 있다. 이 세 가지 기본 형태는 또 5′ 탄소가 인산화한 pyridoxal-5′-

phosphate (PLP), pyridoxol-5′-phosphate (PNP), pyridoxamine-5′-phosphate (PMP)가 있으며 PLP와 적은 양의 PNP는 아미노산, 탄수화물, 신경전달물질, 지질 대사와 관련된 100여 가지의 효소반응 보조효소로 작용한다. 식물에는 PLP에서 인산 대신 당으로 치환된 pyridoxine-5′-D-glucoside 같은 pyridoxine 배당체가 존재하는데 이들은 소화기관에서 가수분해되면 비타민 B_6 활성을 가진다.

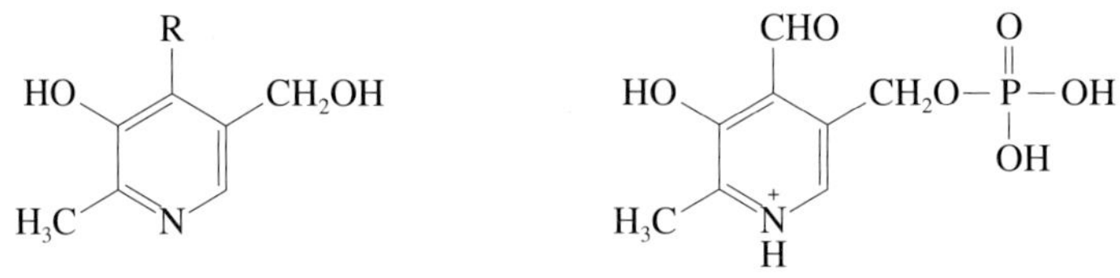

pyridoxal (R = CHO)
pyridoxol (R = CH_2OH)
pyridoxamine (R = CH_2NH_2)

pyridoxal-5′-phosphate

그림 6.9 **비타민 B_6와 Pyridoxal-5′-phosphate (PLP)의 구조식**

이와 같이 비타민 B_6는 식품에서 여러 가지 형태로 존재하며 그 분포비율도 다르다. 육류에는 PLP와 PMP가 80% 이상이고 소량만이 탈인산화된 형태로 존재한다. 식물이나 동물 조직이 균질화 처리나 조리 등으로 파괴되면 인산 가수분해효소와 glucosidase가 용출되어 탈인산화 및 탈당질화된 비타민 B_6 형태로 된다. HCl염 pyridoxol 형태가 안정성이 높기 때문에 식품 강화용으로 사용된다.

② 성질

식품 중 비타민 B_6 함량은 가열 가공이나 저장 중에 변화한다. 수용성 비타민이므로 물에 용출되어 열처리나 통조림 가공 중에 보통 20~25% 손실된다. 비타민 B_6의 알데하이드기와 아민기는 amino-carbonyl 반응에 쉽게 관여할 수 있어 Schiff 염기를 만들 수 있고, Schiff 염기의 이중결합은 이동하여 가수분해되고 해리되어 비효소적 아민기 전달반응이 일어나 비타민 B_6 형태가 상호 변환될 수 있다. 이러한 변환은 육류나 유제품의 조리나 가열·가공 중에 더 잘 일어나 PM과 PMP의 함량이 증가한다. 이러한 아민기 전이로는 비타민 B_6의 영양적 손실이 없다.

모든 비타민 B_6 화합물은 광선에 예민하게 분해되어 식품 가공·저장 중에 손실이 일어난다. 광선은 산화를 촉진시켜 PL이나 PM이 4-pyridoxic acid로 변화되는데 이것은 영양적으로 비타민 B_6 활성이 없다. 이러한 광화학적 변화는 온도에 따라 크게 영향을 받고 수분 활성도는 적게 영향을 준다.

비타민 B_6는 매우 낮은 pH(0.1M HCl)에서 매우 높은 안정성을 보이나 pH가 중성이나 알칼리로 갈수록, 또 온도가 높아질수록 비타민 B_6의 형태에 따라 안정성이 떨어진다. 비교적 PN은 pH나 온도에 따라 큰 변화가 없으나 PM과 PL은 pH가 높아질수록 기하급수적으로 안정성이 감소한다. 우유 중의 비타민 B_6는 주로 PL 형태이며 살균 중에 40~60%의 손실이 일어나는데, 이러한 손실은 우유 단백질 중 lysine 잔기의 ε 아미노기가 PL이나 PLP가 결합하여 Schiff 염기를 만들기 때문이다. 우유 중의 SH기는 PL과 결합하여 비타민 B_6 활성이 감소하나, 우유에 PN 형태로 영양을 강화하면 가공 처리 중 손실은 거의 없다.

비타민 B_6는 동식물계에 널리 분포하고 장내 세균에 의해서도 합성되므로 결핍증은 거의 없으나 결핵약 중 하나인 isoniazid를 장기복용하면 길항제로 작용하여 결핍을 초래할 수 있다.

(4) 나이아신

① 구조

나이아신(niacin)은 pyridine-3-carboxylic acid(nicotinic acid)와 이의 유도체 nicotinamide의 일반 명칭이다. Niacin 활성을 보이는 것은 이들 외에 탈수소효소의 보조효소로 작용하는 NAD (nicotinamide adenine dinucleotide)와 NADP (nicotinamide adenine dinucleotide phosphate) 및 이들의 환원형이다.

② 성질

Niacin은 펠라그라(pellagra) 예방 인자로 잘 알려져 있다. 이 비타민은 동물 및 식물성

그림 6.10 나이아신의 분자 구조식

식품에 널리 분포되어 있으므로 우리나라에서는 펠라그라 증세를 볼 수 없지만 개발도상국가, 특히 옥수수를 주식으로 하는 지역에서는 결핍 증세를 보인다. Tryptophan 60 mg은 1 mg의 nicotinamide로 전환될 수 있으므로 양질의 단백질 섭취는 niacin의 섭취량을 줄일 수 있다.

Niacin은 광선, 또는 통상적인 식품 가공 중의 가열 처리로는 손실이 없으나 세척, 데치기 등의 처리로 식품에서 용출되어 다른 수용성 비타민처럼 손실이 있을 수 있다. 가열에 의해서 nicotinamide는 니코틴산(nicotinic acid)으로 전환되나 niacin 활성의 손실은 없다. 일부 곡류 제품에서는 탄수화물, peptide, phenol 등과 복합물을 만든다. 이들은 가수분해되지 않으면 영양학적으로 niacin 활성은 없으나 알칼리 처리로 niacin이 방출될 수 있다. 곡류 중의 니코틴산은 여러 가지의 ester 화합물로 존재하나 niacin 활성은 없다.

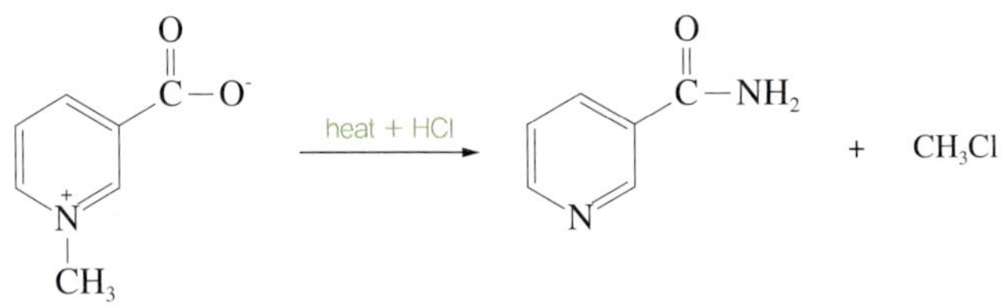

그림 6.11 트라이고넬린으로부터 니코틴산의 생성

Trigonelline (N-methyl-nicotinic acid)은 커피에 다량으로, 곡류 및 콩류에 소량 존재하는 alkaloid 화합물이다. 커피콩 중의 이 화합물은 산성 조건하에서 볶으면 탈메틸화되어 니코틴산으로 전환되므로 niacin의 농도가 30배로 증가된다.

(5) 엽산

① 구조

엽산(folic acid, folate)은 pteroyl-L-glutamate 구조를 가지고 있으며 글루탐산의 아미노기가 파라아미노벤조산(*p*-aminobenzoic acid)의 카복실기와 결합하고 여기에 2-amino-4-hydroxypteridine이 연결된 것이다. 엽산은 pteridine 부분이 완전 산화되어 공액이중결합 형태이고 4C OH기의 H가 3N에 옮겨질 수 있는 공명 형태로 존재한다.

엽산 형태는 자연계에서 미량이고, pteridine 고리의 이중결합이 환원된 5,6,7,8-tetra-

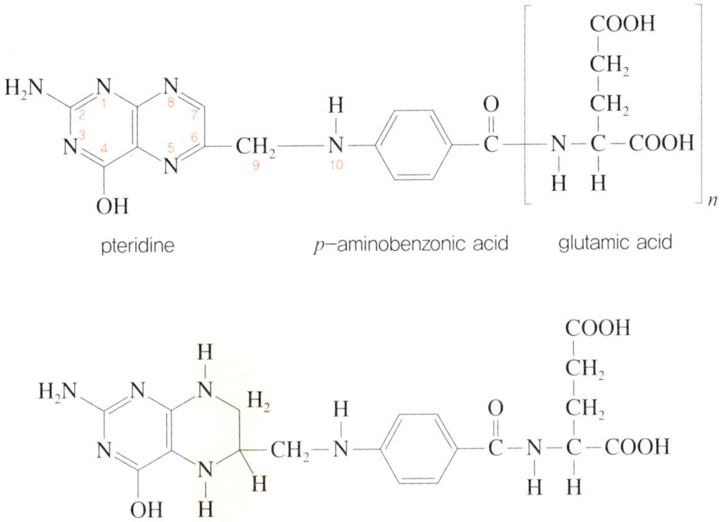

그림 6.12 엽산 및 tetrahydrofolate의 구조식

hydrofolate (H_4 folate) 형태이며 일부 소량이 7,8-dihydrofolate (H2 folate) 형태이다. H4 folate는 생물체 대사에서 탄소 한 단위 전이반응의 중개자이다. 자연계에 존재하는 엽산의 80%는 글루탐산이 γ-peptide 결합으로 5~6개 중합(polyglutamate)되어 있다. 포유동물에서는 polyglutamate의 사슬길이에 관계없이 엽산 활성을 가진다. H4 folate에서 N5나 N_{10}에 결합된 탄소 한 단위는 여러 가지의 산화·환원된 형태로 존재한다. 모든 엽산은 pteridine 고리의 C_6와 글루탐산의 α탄소가 비대칭 탄소가 됨으로써 이에 따른 이성질체가 있는데 글루탐산은 L-글루탐산이고, C_6는 6S이어야 엽산 활성을 가진다.

② 성질

엽산은 라틴어 folium(식물의 잎)에서 유래되었듯이 시금치와 같은 잎채소와 오렌지주스, 밀의 배아, 동물의 간 등에 많다. 엽산은 부족하기 쉬운 비타민 중의 하나인데, 그 이유는 식품의 부적절한 선택(편식), 조리 및 가공 중 물로의 용출, 불안정한 생체이용률 때문이다.

엽산의 안정도는 pH, 엽산의 형태, H_4 folate에 결합되어 있는 탄소 한 단위의 형태에 따라 다르다. 일반적으로 엽산류 중 folate가 가장 안정하며 H_4 folate는 pH 4~6에서 불안정하고 pH 8~12 및 pH 1~2에서는 안정하다. H_4 folate 중에서 5-formyl-H_4 folate와 5-methyl H_4 folate는 H_4 folate나 10-formyl H_4 folate보다 안정하다. 5-formyl-H_4 folate

는 용존산소의 농도가 높을수록 쉽게 산화된다. 혐기적 조건에서는 아스코브산, 2가 철, 환원당과 같은 환원제가 있으면 folate나 5-methyl folate의 안정성이 높아진다. 2가 구리(Cu^{2+})는 엽산을 산화시키는 금속 촉매로 작용한다. 3가 철(Fe^{3+})도 이와 같은 작용이 있지만 Cu^{2+}보다는 영향이 적다. 아황산기나 아질산염 이온, 하이포염소산염(hypochlorite) 또한 엽산의 산화적 분해를 촉진시킨다. Folate는 녹아 있는 매질의 이온 조성에 영향을 받아 인산 완충용액은 모든 엽산류의 산화적 분해를 촉진시키고 시트르산은 억제한다.

엽산은 소장 점막에서 monoglutamyl folate 형태로 흡수된다. 그러므로 polyglutamyl folate는 mono 형태로 변화시키는 pteroylpolyglutamate hydrolase(일명 deconjugase)가 필요하다. 천연 식품에는 이 효소가 있어 균질화, 냉동과 해동 등의 작용으로 세포가 파괴되면 이 효소가 방출되어 작용한다. 그러나 조리나 가공 중에는 이러한 변화가 거의 일어나지 않는다.

(6) 바이오틴

① 구조

바이오틴(biotin)은 두 고리화합물로 자연계에는 유리형의 D-biotin과 결합형의 biocytin (N-biotyl-L-lysine) 두 형태가 있고 모두 생리적 활성을 가진다. Biocytin은 카복실화 반응에 관여하는 카복실화 효소에 공유결합하여 보조효소로 작용한다. 두 고리에는 8가지의 입체이성질체가 있을 수 있는데 D-biotin만이 자연계에 있고 또 활성을 가진다.

② 성질

Biotin은 식물 및 동물성 식품에 널리 분포되어 있고 소장의 세균에 의해서 합성이 되므로 결핍되는 경우는 드물다. Biotin은 열, 빛(광선), 산화에 대하여 비교적 안정한 편이

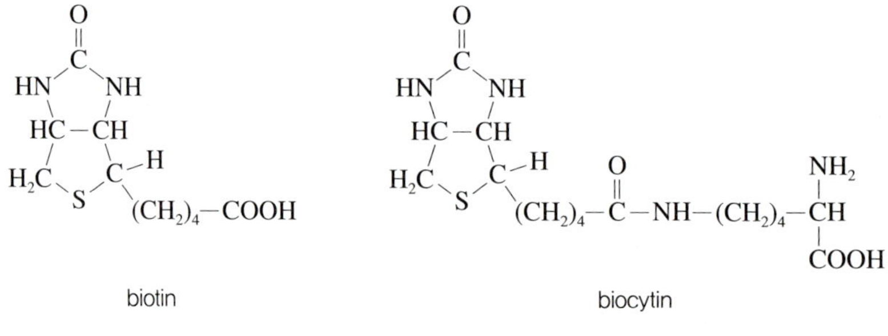

그림 6.13 바이오틴 및 바이오시틴

나, 아주 낮거나 높은 극단적인 pH에서는 amide 결합(-N=C=O)이 가수분해될 수 있다. $KMnO_4$나 H_2O_2로 산화시키면 biotin 분자의 황이 산화되어 biotin sulfoxide나 biotin sulfone으로 변화하고 biotin 고리의 카보닐기는 아민과 반응할 수도 있다. 식품 가공이나 조리 중에 유리바이오틴이 용출되어 손실이 일어나는 것은 다른 수용성 비타민과 거의 동일하다. Biotin은 수분 함량이 적을 때 거의 손실이 일어나지 않는다.

식품에서 대부분의 biotin은 단백질과 결합한 biocytin 형태이며, 췌장액이나 소장점막 중의 biocytinase에 의하여 biotin 유리 형태나 biotin peptide 형태로 방출되어 흡수된다. 날달걀의 albumin 중에는 biotin과 강하게 결합하는 avidin이 있다. Avidin은 4합체의 당단백질로 하나의 단백질 사슬에 biotin 한 분자가 결합하며 해리상수는 10^{-15}로 거의 해리되지 않아 흡수되지 않는다. 날달걀을 장기간 섭취하면 biotin 결핍증이 유발되지만 조리하면 avidin이 변성하여 biotin과 결합할 수 없다.

(7) 비타민 B_{12}

① 구조

비타민 B_{12}는 네 개의 pyrrole 핵을 가지는 tetrapyrrole 구조가 코발트(cobalt)와 착염 형태인 corrinoid로서 일반적으로 cobalamin이라고 한다. Cobalt의 다섯 번째 배위

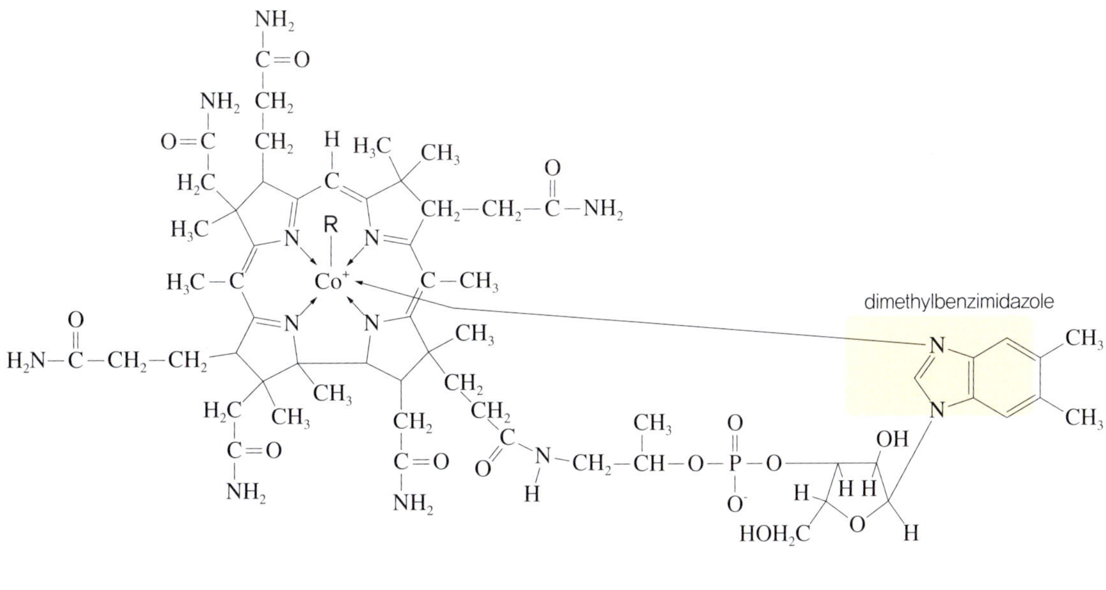

그림 6.14 비타민 B_{12}의 구조

결합은 dimethylbenzimidazole 부분의 질소이고, 여섯 번째(그림 6.14의 R)는 cyanide기(cyanocobalamin), 5′-deoxyadenosyl기(5′-deoxyadenosylcobalamin), methyl기(methylcobalamin), OH기(hydroxocobalamin), H_2O(aquacobalamin), nitrite기(nitritocobalamin) 등이 결합하며 모두 비타민 B_{12} 활성을 가진다. 비타민 B_{12}의 보조효소 형태(coenzyme B_{12})는 methylcobalamin과 5′-deoxyadenosylcobalamin으로 각각 메틸기 전이반응과 자리옮김 반응(rearrangement)에 관여한다. Cyanocobalamin은 자연계에 없는 합성 비타민 B_{12}로 식품 영양 강화에 이용된다. Cyanocobalamin은 붉은색을 띠므로 색이 밝은 식품에는 이용이 제한된다. 비타민 B_{12}는 미생물이 생합성하므로 식물계에는 없고 동물성 식품에만 보조효소 B_{12}나 aquacobalamin 형태로 있다.

② 성질

식품 가공이나 저장 처리 과정에서 비타민 B_{12}의 손실은 거의 없다. 아침식사용 곡류 식품에 첨가한 cyanocobalamin은 가공 도중 약 10~20%, 우유는 고온단시간 살균(HTST) 및 초고온 살균(UHT)으로 10% 미만의 손실이 있으며, 초고온 살균 우유는 냉장 저장 시 거의 손실이 없으나 상온 3개월 저장 시 약 50%의 손실이 있다고 한다. 비타민 B_{12}는 중성 pH에서 고온으로 장시간 가열하지 않는 한 큰 손실은 일어나지 않는다. 그러나 극단적인 pH 조건에서는 nucleotide 부분에서 또는 아마이드기가 가수분해되어 비타민 B_{12} 활성이 없는 유도체로 된다.

Cobalt 원자에 결합한 ligand는 상호 전환된다. 예를 들면 보조효소 B_{12}는 광화학적으로 aquacobalamin으로, 아황산수소염(bisulfite) 이온에 의해서 aquacobalamin은 sulfitocobalamin으로 전환된다. 때로는 cobalamin의 CN기는 ammonia, 아질산, OH기로 치환되기도 한다.

(8) 비타민 C

① 구조

비타민 C 활성이 있는 것은 L-ascorbic acid (AA)이며 AA는 C2, C3 위치에 enediol 구조가 있고 환원성이 있으며 육탄당과 유사한 화합물이다. C3 및 C2 위치의 OH기는 해리할 수 있으며, pKa는 각각 4.04 및 11.4이다. C4와 C5는 비대칭 탄소이므로 L-ascorbic acid의 광학이성질체는 각각 D-ascorbic acid와 D-isoascorbic acid(C5의 광학이성질체,

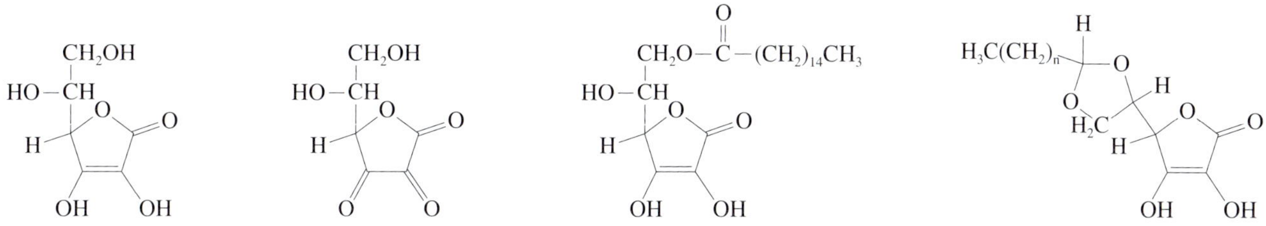

그림 6.15 비타민 C의 여러 가지 형태 구조

erythorbic acid)이며 이들의 화학적 작용은 AA와 유사하나 비타민 C 활성이 없다.

L-Ascorbic acid는 전자 하나를 잃고 semidehydroascorbic acid가 되고, 전자 하나를 더 잃으면 L-dehydroascorbic acid (DHAA)가 되는데 이는 비타민 C 활성이 있다. DHAA는 매우 불안정하여 가수되면서 비가역적으로 lactone 구조가 분해되어 2,3-diketo gulonic acid가 되며 비타민 C 활성은 없어진다(그림 6.16).

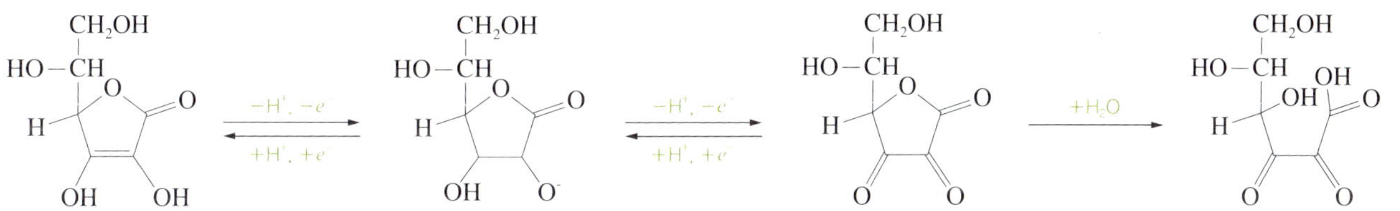

그림 6.16 비타민 C의 변화

비타민 C를 산화방지제로 이용할 때는 지방질에 용해되기 쉽게 하기 위하여 ascorbyl palmitate나 ascorbic acid acetal과 같은 지방산 ester 형태로 합성한다.

② 성질

AA는 수용성이므로 AA를 많이 함유한 과일이나 채소가 상처를 받으면 물에 용출되어 손실이 크다. 또 산화되기 쉬우며 산화에 영향을 주는 것은 Cu^{2+}, Fe^{3+} 같은 금속, 열, 광선, pH, 산소 농도, 수분활성도 등이다. 금속과 산소가 공존하면 AA의 산화 분해율은 지수적으로 증가한다. 금속의 촉매력은 Cu^{2+}가 Fe^{3+}보다 80배나 크다. EDTA (ethylenediamine tetraacetic acid)와 착염 형태의 Fe^{3+}은 유리 형태보다 4배나 크다. 그러나 Cu^{2+} 이온에 EDTA를 첨가하면 오히려 비타민 C의 안정성이 높아진다.

2. 무기질

무기질(mineral)은 생물체를 구성하는 원소 중 유기 물질을 구성하는 기본 골격 원소인 C, H, O, N을 제외한 모든 원소들로 '광물질'이라고도 한다. 식품을 태운 후에 재로 남는 성분이라 회분이라고도 하며 인체의 약 4%를 차지한다. 식품은 동식물에서 유래하므로 동식물의 필수원소인 약 25원소가 식품 중에 들어 있다. 생물은 그 환경에 많이 있는 비필수원소를 축적할 수 있고 또 다른 원소들은 수확이나 가공, 저장 중에 오염될 수 있으며, 첨가물 등으로 첨가할 수 있으므로 25종류 원소 외에 또 다른 원소들이 들어 있을 수도 있다.

무기질은 동식물체의 농도에 따라 다량 무기질과 미량 무기질로 나뉜다. 다량 무기질은 하루에 100 mg 이상을 필요로 하는 것으로 Ca, P, Mg, Na, K, Cl 등이고, 미량 무기질에는 Fe, I, Zn, Se, Cr, Cu, F, Pb, Co, Mn, Sn 등이 있다.

1) 무기질의 기능

무기질은 생물체의 중요한 구성 성분이다. 예를 들면 Ca, Mg, P는 뼈와 치아의 중요한 구성 성분이고, P은 ATP (adenosine triphosphate), 인지방질, 인단백질의 구성 성분이 된다. S은 함황아미노산의 구성 성분이므로 모든 단백질의 구성 성분이 된다. 무기질은 생물체 내

Tip

비타민과 무기질이 부족한 몽골인

몽골 사람은 대부분이 유목민으로 가축을 몰고 다니며 생활하기 때문에 유제품과 고기를 주로 섭취하고 상대적으로 과일이나 채소는 거의 먹지 못한다. 따라서 과일이나 채소에 풍부한 비타민이나 무기질(mineral)의 섭취량이 매우 부족하다. 비타민의 부족 등으로 여러 질병에 노출될 가능성이 높아 이를 보완하기 위해 차를 자주 마시는데, 하루에 3잔 이상 마시는 것을 생활화하고 있다. 몽골 사람들이 어느 정도로 차를 마시는가 하면 평소 차를 즐기는 것으로 알려진 영국인보다 4배나 되는 약 9 kg 정도를 한 해 동안 마시는 것으로 알려져 있다. 그럼에도 여전히 비타민과 무기질 섭취가 부족한 것은 추운 겨울에 식물성 식품을 먹기가 어려운 형편 때문이다.

에서 pH 및 삼투압을 조절하여 효소 활성의 극대화, 세포액 성분의 이동에 관여하는 등 생물체 내의 물리화학적 작용을 정상적으로 유지하게 한다. 혈액의 pH는 7.35~7.45로 매우 변동 범위가 좁아 거의 일정하고 7.35 이하이면 산성혈증(acidosis)이 되며, 7.45 이상이면 알칼리혈증(alkalidosis)이 된다. 이와 같이 일정한 pH를 유지하게 하는 것은 중탄산염, 인산염, 단백질, Na^+, K^+ 등의 무기염 등이다. 세포막은 반투막이므로 염류와 유기물, 물 등의 통과속도가 달라 삼투압이 생기며, 이 삼투압으로 많은 물질의 이동이 가능해진다.

효소는 단백질 성분 외에 Fe, Cu, Zn, I, S, P, Mo 등의 무기 성분을 구성 성분으로 필요로 하며, 효소가 높은 활성을 보이기 위해서는 K^+, Na^+, Ca^{2+}, Mg^{2+}, P, Zn^{2+}, Co^{2+} 등이 보조인자로 필요하다.

2) 생체이용률

식품 중 무기물의 함량이 영양소의 공급원으로 좋은 지표가 되지 못한다는 사실이 오래 전부터 알려져 왔기 때문에 무기질에는 생체이용률(bioavailability)이라고 하는 개념을 이용하여 왔다. 생체이용률은 섭취한 음식 중 대사 과정에서 이용이 가능한 부분의 비, 즉 장관에서 혈액으로의 흡수율이다. 무기물의 생체이용률은 무기물의 종류에 따라 다른데 철은 일부 식물성 식품에서 1% 미만인 데 비하여 Na^+나 K^+는 90%가 넘는다. 이와 같이 생체이용률이 다른 것은 다음과 같은 여러 가지 인자가 작용하기 때문이다.

(1) 식품 중 무기물의 화학적 형태

불용성 형태는 흡수가 거의 안 되며 가용성이라고 하더라도 착염 형태로 존재하는 무기물은 안정도가 높더라도 흡수율이 낮다. 철은 heme과 결합한 형태가 비헴철보다 효율적으로 흡수된다.

(2) 식품 리간드

무기물 중 철과 가용성 착염을 만드는 리간드(ligand)는 흡수율을 높인다. 즉 EDTA는 철의 흡수율을 높이지만, 무기물과 불용성 무기물을 만드는 ligand는 흡수율을 감소시킨다.

Oxalate는 칼슘의 흡수를 저해하고 피트산(phytic acid)은 철, 아연, 구리, 칼슘의 흡수를 저해하며, 소화가 안 되는 고분자 ligand, 즉 식이섬유나 특수한 단백질은 무기물의 흡수를 감소시킨다.

(3) 식품 성분의 산화·환원 전위

환원제, 예를 들면 아스코브산은 철의 흡수를 높이나 산화제는 억제한다. 일반적으로 다른 무기물은 큰 영향을 받지 않는다.

(4) 무기물 간의 상호작용

식품 중 한 가지 무기물의 농도가 높으면 다른 무기물의 흡수를 억제시킨다. 예를 들면 칼슘은 마그네슘, 철은 아연이나 구리, 납은 철의 흡수를 방해한다.

(5) 사람의 생리적 상태

모든 생물은 조직 내 영양소의 농도를 거의 일정하게 유지하려는 항상성(동적 평형) 작용이 있다. 특히 고등생물에서 항상성은 영양소의 흡수, 분비, 대사, 저장 등을 조절하는 복잡한 과정이다. 이러한 항상성 작용으로 생물은 거의 결핍증이나 과다증을 일으키지 않는다. 식품 중 어떤 무기물의 농도가 오랫동안 너무 낮거나 높으면 동적 평형 작용이 무너져 결핍증이나 과다증을 유발한다. 그러나 식품의 종류를 다양하게 섭취하지 못하는 경제적으로 어려운 사람을 제외하면 무기물의 결핍증은 잘 관찰되지 않는다.

흡수 장애 질병은 무기물 등 영양소의 흡수를 감소시키고, 무산증(위액의 분비가 낮은 병)을 갖고 있는 사람은 철과 칼슘의 흡수가 억제된다. 기능이 떨어지는 노인층 또한 무기물의 흡수가 감소된다.

3) 식품의 무기물 조성

(1) 무기물 함량

식품의 일반 성분 중 회분 함량으로 식품의 총 무기물 함량을 추정할 수 있다. 회분 중 무기물은 원소 형태가 아니고 산화물이나 황산염, 인산염, 질산염, 염소화합물 등의 형태로 존재한다.

식품 중 각 무기 성분은 식품을 건식회화법이나 습식회화법으로 유기물을 제거하고 원자흡광분광법이나 유도결합플라스마분광법(inductively coupled plasma spectrometry)으로 분석한다. 표 6-3은 몇 가지 식품의 무기물 함량이다.

표 6-3 주요 식품의 가식 부분 100 g당 무기 성분 함량

구분	Ca(mg)	P(mg)	Fe(mg)	Na(mg)	K(mg)	Mg(mg)	Mn(mg)	Zn(mg)	Co(μg)	Cu(μg)	Mo(μg)	Se(μg)	F(μg)	I(μg)
쌀(백미)	5	101	0.5	5	90	14	0.9	1.50	6.9	230	-	31.8	19	2.0
보리(겉보리)	43	360	5.4	3	480	91	1.7	2.30	20.0	225	-	66.0	-	7.0
밀(알곡)	71	390	3.2	3	380	173	2.0	2.50	11.0	210	36	28.0	53	1.4
옥수수(건조)	25	345	2.1	1	284	85	0.5	1.40	22.4	160	35	30.0	509	2.9
감자(생것)	3	62	1.6	3	420	32	0.2	0.03	6.0	230	21	0.5	50	4.5
고구마(생것)	24	54	0.5	15	429	19	387	0.23	21.5	75	57	7.1	262	-
콩(건조)	245	620	6.5	2	1340	236	2.5	4.90	19.5	1658	-	1.5	1470	-
완두콩(건조)	65	360	5.0	1	870	145	-	4.00	3.5	930	60	0.4	87	4.2
당근(생것)	40	38	0.7	30	395	15	0.2	0.15	2.0	80	-	2.2	69	7.0
마늘(구근)	14	199	1.0	5	652	8	1.3	0.90	0.9	-	-	77.1	22	94.0
시금치(생것)	40	29	2.6	54	502	70	-	0.77	2.6	180	-	-	28	650.0
양배추(생것)	38	26	0.4	5	222	14	-	0.16	-	22	24	2.2	61	2.0
양파(생것)	16	30	0.4	2	144	23	-	0.90	13.0	80	-	1.5	120	0.8
오이(생것)	24	19	0.2	6	140	15	0.2	0.20	-	90	-	0.3	20	0.5
토마토(생것)	9	19	0.3	5	178	15	0.2	0.20	9.0	190	-	0.5	24	1.7
사과(생것)	3	8	0.3	3	95	3	0.02	0.03	0.4	90	89	0.2	8	1.6
포도(생것)	5	10	0.2	5	136	15	0.1	0.10	-	70	-	-	16	0.7
닭고기(약계 생것)	12	113	1.2	57	162	29	-	1.50	84	-	14	-	-	-
돼지고기(등심)	7	187	1.6	58	304	26	-	1.80	-	75	-	-	-	-
쇠고기(살코기, 생것)	11	165	2.4	54	262	21	0.01	4.36	-	83	-	-	-	-
달걀(전란)	39	240	2.0	130	120	11	-	0.90	10.2	55	-	-	-	-
고등어(생것)	26	232	1.6	75	310	24	0.02	0.75	4.2	120	-	-	-	-
정어리(생것)	94	224	1.9	95	440	37	-	1.30	2.1	160	-	0.9		13.0
우유	100	90	0.1	50	150	16	0.003	0.40	0.4	20	3.2	1.2	20	9.9

(2) 동식물의 무기물 조성 영향 인자

식물의 필수원소는 사람의 필수원소와는 약간 달라서 F, Se, I은 식물에서 필수원소가 아니다. 그러므로 토양 농도가 낮은 지역에서는 이 성분들의 결핍증이 유발될 수 있다. 사

람과 식물에 공통적으로 요구되는 원소도 때로는 식물 중의 농도가 너무 낮아 사람의 필요량에 미치지 못하거나 식물에 존재하는 형태를 사람이 효율적으로 이용할 수 없는 경우가 있다.

식물의 가식부 중 무기원소의 조성은 토양의 비옥도, 식물의 유전 특성, 환경에 영향을 받는다. 예를 들어 토양의 pH는 무기물의 식물 생체이용률에 영향을 주어 pH가 높아지면 Fe, Zn, Mn, Ni의 이용률이 낮아지고 Mo, Se은 증가한다. 식물 또한 영양소에 대한 항상성이 있어 비료를 사용하더라도 Fe, Mn, Ca의 함량은 쉽게 증가하지 않는다.

동물성 식품의 무기물 조성은 식물성 식품에 비하여 변화 폭이 적고 사람과 유사하다. 동물은 항상성 조절이 더 잘 작용하여 고기, 우유, 달걀 등 동물성 식품의 필수원소 농도는 동물 사료의 무기물 농도에 큰 영향을 받지 않는다. 동물성 식품은 Fe, Zn, P, Co(비타민 B_{12})의 좋은 급원이나, 뼈가 이용하지 못하는 동물성 식품은 우유와 유제품을 제외하고 Ca의 급원으로 좋은 편이 아니다. 그러므로 다양한 종류의 식물성 식품과 동물성 식품의 섭취가 필수무기물의 적정한 농도를 유지하는 데 최선의 방법이라 할 수 있다.

(3) 생리적 알칼리성 식품과 산성 식품

섭취된 식품이 소화 흡수되면 유기물 부분은 일부 체내에 저장되고 대부분은 연소되어 에너지, 이산화탄소, 물, 요소로 되어 배설되며 나머지 무기물 부분은 혈류로 들어가거나 소변으로 배설된다. 무기물 중 Na, K, Ca, Mg, Fe, Cu, Co, Zn 등의 금속 및 알칼리토금속은 물에 녹아 수화물을 형성하므로 알칼리 생성원소라 하는 반면 P, S, Cl, I 등은 PO_4^{3-}, SO_4^{2-}, Cl^-, I^-를 만들어 음이온이 되므로 산 생성원소이다. 모든 식품은 알칼리 생성원소와 산 생성원소를 함유한 비율에 따라 알칼리성 식품과 산성 식품으로 나눌 수 있다.

과실류, 채소류, 해조류, 감자류는 Na, K, Ca, Mg 등의 알칼리 생성원소를 많이 가지고 있으므로 알칼리성 식품이다. 과실류는 유기산을 많이 함유하며 그 자체로는 산성이지만 유기산은 체내에서 이산화탄소와 물로 분해되어 없어지면 유기산의 염형태로 있는 Na, K 등의 알칼리 생성원소만 남아 알칼리성 식품이다. 육류와 어류는 단백질과 지방질이 많아 함황아미노산의 S와 인지방질의 P 함량이 높아 산성 식품이다.

인체 혈액의 pH는 7.4를 유지하는 항상성 작용이 있다. 이 항상성의 메커니즘은 무기물 이외에도 H_3PO_4와 CO_2 및 단백질 등이 작용하므로 알칼리 식품이나 산성 식품을 얼마간 섭취하더라도 혈액의 pH는 변하지 않는다. 그러나 장기간 산성 식품을 섭취하면 체내의 Ca 등 알칼리성 원소가 중화하는 데 소모되고, 이 상태가 오래 지속되면 중화 능력이 부족하여 산성혈증을 일으키는 등 여러 가지 질병을 유발한다. 혈액의 pH는 약알칼리성이므로 산성 식품보다는 알칼리성 식품을 조금 더 많이 섭취하는 것이 바람직하다.

식품의 알칼리 생성원소와 산 생성원소의 함량비에 따라 식품의 산도(acidity)와 알칼리도(alkalinity)를 표시하는데, 이는 식품 100 g을 완전히 회화시켜 얻은 회분의 수용액을 중화하는 데 소비되는 0.1N NaOH 또는 0.1N HCl의 mL수이다.

4) 주요 무기질의 성질

(1) 칼슘

칼슘(calcium)은 인체 내에 가장 많은 무기물로 신체 구성의 약 2%이므로 체중 60 kg의 성인은 약 1,200 g의 칼슘을 가지고 있다. 칼슘의 대부분(99%)은 골격과 치아의 구성 성분이고 나머지 1%는 세포 내외액에 존재한다. 칼슘은 직경이 0.95Å인 이온으로 인체에서는 골격의 형성과 유지, 혈액 응고, 신경 전달, 근육의 수축과 이완, 세포분열, 산화적 인산화, 효소 활성 등에 작용한다.

식품에서 칼슘의 흡수는 식품 중 칼슘의 농도와 칼슘 흡수 증진 인자와 저해 인자 존재 유무에 따라 결정된다. 증진 인자는 소장 상부의 낮은 pH, 비타민 D, 젖당, 비타민 C 등이며, 저해 인자는 소장 상부의 높은 pH, 피트산, 옥살산, 타닌, 식이섬유 등인데 이 중 옥살산과 피트산이 주요 인자이며 특히 옥살산이 더 큰 작용을 한다. 옥살산이 많이 함유된 시금치, 근대 등의 녹색잎 채소와 피트산을 많이 함유한 밀기울, 콩류 등을 섭취하면 이들은 장내에서 칼슘과 결합하여 불용성이 되므로 칼슘 흡수를 저해한다. 식물성 식품 자체는 칼슘 함량이 낮은 편이다. 특히 쌀은 가식 부분 100 g당 5 mg밖에 안 되므로 쌀을 주식으로 할 때는 칼슘의 결핍을 초래할 수 있다. 우리나라에서는 무기물 중 가장 결핍되기 쉬운 무기질 중의 하나로 섭취 요구량이 많은 임산부나 수유부 그리고 장내 흡수가 낮아지는 노인층에서 결핍되어 골다공증을 일으킨다.

식품에서 칼슘은 알코올기나 카복실기에 결합하여 단백질이나 다당류를 가교결합시키는 기능을 가지고 있다. 알긴산, 저메톡실펙틴, 콩 단백질, casein 등 음전하를 가진 고분자화합물은 칼슘과 결합하여 gel을 만든다. Pectin이 많은 과일 통조림에 칼슘을 첨가하면 표면의 견고도가 증가하는 효과가 있다.

치즈 제조 시 응고효소를 넣기 전에 칼슘을 첨가하면 응고시간을 단축시킬 수 있고, 칼슘 함량이 낮은 치즈커드는 부스러지기 쉬운 반면 칼슘 함량이 높으면 탄력성이 있다. 치즈 제조 시 유청의 pH가 낮으면 칼슘의 손실이 많다. pH 5.0 이하에서 유청을 제거하는 코티지치즈는 칼슘 함량이 80 mg/100 g인 데 반하여 pH 6.1에서 제거하는 체다치즈는 800 mg/100 g이다.

(2) 철

철(iron)은 지각 성분 중 네 번째로 많은 성분으로 모든 생물체의 필수 성분이다. 인체에서는 체중 kg당 45 mg을 함유하고 있어 성인의 경우 체내에 3~4 g 존재하는 미량원소이다. 고등동물의 산소 운반과 저장에 관여하는 hemoglobin과 myoglobin, ATP를 생산하는 전자 전달계의 철-황 단백질 및 cytochrome 등의 효소들은 철을 구성 요소로 또는 보조인자로 필요로 한다. 철은 지구상에 많이 존재하는 원소이지만 사람, 동물 및 식물 등에서 흔히 결핍증이 발견되며 무기원소 중 가장 결핍되기 쉽다. 특히 개발도상국의 어린이와 가임여성에 많이 유발되고 선진국에서도 가장 문제가 되는 무기물이다. 철의 생체이용률은 매우 낮아서 육류에서 10~20% 정도이고 채소 및 곡류는 이보다 낮다. 철의 흡수를 결정하는 주요 인자는 총 철 섭취량, 식이의 조성, 철의 형태 등이나 이외에 비타민 C, 위산 분비 상태, 피트산, 옥살산 등이 영향을 미친다.

식품 중 철은 크게 헴철과 비헴철(nonheme iron)의 두 가지 형태로 분류할 수 있으며, 헴철은 철이 porphyrin 고리의 중심에 단단히 결합하여 장점막 세포에 흡수되기까지 쉽게 해리되지 않는다. 헴철은 육류나 어류에만 존재한다. 식물성 식품에는 철이 동물성 식품에 비하여 40~60% 존재하며 모두 비헴철로 단백질, 아세트산, 피트산, 옥살산, polyphenol 등 ligand와 결합되어 있다. 헴철의 흡수율은 20% 정도로 높은 편이지만 비헴철은 헴철에 비하여 반 이하이다.

곡류나 콩류, 구근류 등을 주식으로 하고 육류나 아스코브산의 섭취가 제한되면 총 철 함량의 5% 미만이 흡수되어 대부분의 사람이 철 결핍 상태가 되나, 육류나 아스코브산을 함유한 곡류나 콩류 식품은 섭취율이 10% 정도로 대부분의 남자와 가임기 여성을 제외한 여자에게는 적절한 수준이 될 수 있다. 아스코브산 함량이 높은 육류나 어류로 구성된 식품은 철의 흡수율이 좋아 모든 사람의 요구량을 충족시킬 수 있다. 우리나라 국민의 식이 조성은 식물성 식품이 많아 식이 중 절대 철 함량은 높은 편이지만 비헴철이기 때문에 흡수율이 낮아 결핍을 초래하는 경우가 많다. 최근 식사 형태가 서구화됨에 따라 동물성 식품의 비율이 높아져 철의 생체이용률이 높아지고 있다.

아스코브산(비타민 C)은 원자 형태 철이나 3가의 철이온을 환원하여 흡수하기 쉬운 2가 철로 바꾸는 반면 pH를 낮게 하여 2가 철 형태로 유지시킨다. 또 착염을 형성하고 흡수율을 증가시키므로 철은 비타민 C와 함께 섭취하면 보다 효율적이다. 콩류에 많은 피트산, 시금치에 많은 옥살산, 식물성 식품의 식이섬유, 차에 많은 타닌 성분 등은 철과 결합하여 소장 점막의 흡수 세포막을 통과할 수 없는 큰 분자를 만드므로 철의 흡수를 저하시킨다. 무기질들은 흡수될 때 공동의 수용체를 이용하므로 경쟁 관계가 있는데, 특히 칼슘이나 아연, 구리 등의 함량이 높으면 흡수가 저해된다.

철은 전이원소로 자연 상태에서는 이온 형태일 때 2가 철(Fe^{2+}) 또는 3가 철(Fe^{3+}) 형태로 존재한다. 철은 환원 상태의 수용액에서 2가 철로 존재하며 생리적인 pH에서 물에 용해되기 쉽다. 철은 산화·환원 조건에 따라 2가 철과 3가 철은 서로 상호 전환된다.

$$Fe^{2+} \underset{-e^-}{\overset{-e^-}{\rightleftharpoons}} Fe^{3+}$$

이러한 상호 전환은 산소와 작용하여 초과산화물(superoxide) 음이온 생성, 지방과 결합하여 자유라디칼의 생성, 그리고 하이드로과산화물(hydroperoxide)의 분해를 촉진하고 활성산소는 지방의 산화를 촉진하며 DNA 분자를 공격하여 생물 세포에 독이 될 수 있다.

$$Fe^{2+} + O_2 \longrightarrow Fe^{3+} + O_2^-$$ (초과산화물 음이온의 생성)

$$Fe^{3+} + RH \longrightarrow Fe^{2+} + R\cdot + H^+$$ (자유라디칼의 생성)

$$Fe^{2+} + ROOH \longrightarrow Fe^{3+} + RO\cdot + OH^-$$ (하이드로과산화물의 생성)

$$Fe^{3+} + ROOH \longrightarrow Fe^{2+} + ROO\cdot + H^+$$ (하이드로과산화물의 생성)

모든 생물체는 이러한 철의 해독을 방지하기 위하여 여분의 철을 비독성 형태로 저장할 수 있다. 24 polypeptide로 된 apoferritin 단백질은 최대 약 4,500 철 원자를 $Fe(OH)_3$ 중합체 형태로 단백질 동공에 저장하여 ferritin 단백질이 된다. Ferritin이 철 저장고 역할을 하며 hemoglobin 등 철이 필요한 분자 합성 시 이용된다.

철은 flavonoid 등의 polyphenol 화합물과 결합하여 녹청색 내지 흑색의 복합물을 만든다. 또 H_2S가 함유된 식품(예를 들어 삶은 달걀)은 철과 결합하여 검은색의 FeS가 된다. 육류가 신선하여 hemoglobin과 myoglobin이 2가 철로 존재할 때는 선홍색이나 산화되어 3가 철이 되면 적갈색으로 변화된다.

(3) 인

인(phosphorus)은 인체에 여섯 번째로 많은 원소로 모든 세포에 존재한다. 인은 체중의 0.8~1.1%를 차지하며 이 중 약 85%가 칼슘과 결합하여 인산칼슘염의 형태로 골격과 치아를 형성한다. 인은 DNA, RNA 등 핵산과 인지방질을 구성하는 필수원소로 생물체 내의 많은 반응들은 효소의 인산화와 탈인산화로 그 활성이 조절되고 고에너지 화합물인 ATP, 크레아틴인산 등에서 에너지 저장 및 이용에 관여하며 혈액의 pH 항상성에 기여한다.

인은 많은 식품에 함유되어 있는데, 일반적으로 단백질 함량이 높은 식품에 많아 결핍증의 염려는 없으나 인의 흡수와 이용을 고려하여 칼슘과 인의 비율을 1:1로 권장하고 있다. 인산은 식품첨가물로도 이용되고 있다. 인산의 식품첨가물은 인산, 피로인산, 삼중합인산염 및 폴리인산(polyphosphate) 등이며, 이들은 식품에서 신맛 공여 물질, 완충 용액, 케이킹 억제제(anticaking agent), 팽창제, 안정제, 유화제, 수화제, 산화 억제제 등의 작용을 한다. 인산이 이렇게 다양한 기능을 갖는 이유는 잘 밝혀지지 않았지만 인산이 방출하는 H^+ 이온과 인산 이온이 관련되어 있는 것은 분명하다. 식품의 보통 pH에서 인산은 음이온을 갖고 피로인산 이상의 인산이 중합된 것은 다가 음이온으로 작용하여 금속과 강한 결합을 하므로 금속의 기능성이 발휘되지 못할 수도 있다.

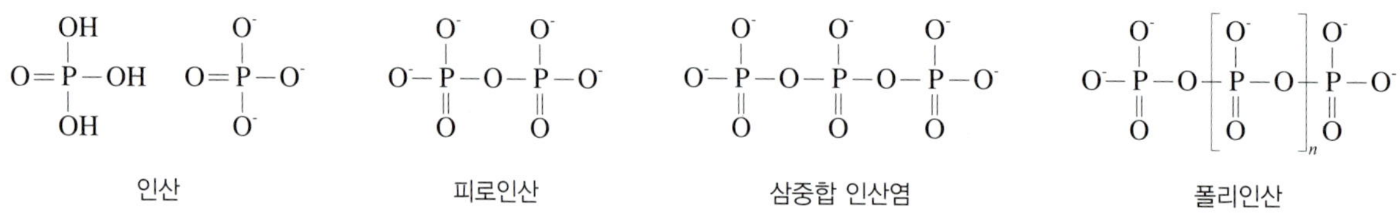

그림 6.17 **식품에 이용되는 인산의 구조**

(4) 나트륨, 칼륨과 염소

이 세 원소는 식품에 풍부하게 함유되어 있으며 특히 칼륨(potassium)은 동식물에 그 함량이 높은 편이다. 나트륨(sodium)이나 칼륨은 염산염의 형태로 제일 많이 존재하며 그 외에 인산염, 탄산염 형태로도 존재한다. 입맛 중에 제일 예민한 것은 간(소금기)이고 칼륨은 식물성 식품에 많으므로 이 세 원소는 결핍되는 일이 거의 없다.

나트륨은 체중의 0.15~0.2%, 칼륨은 이의 두 배 정도이며, 염소(chloride)는 이들의 염 형태로 존재하고 나트륨은 주로 세포외액, 칼륨은 세포내액의 주된 양이온이다. 나트륨과 칼륨의 주된 체내 기능은 세포 내외의 삼투압과 수분 평형의 유지와 체내에서 염소 이온 중 탄산 이온과 함께 산·염기 평형, 근육의 전기·화학적 자극의 전달과 근육섬유의 수축을 조절하는 것이며, 칼륨은 심근 활동에도 관여한다. 염소는 나트륨, 칼륨과 함께 삼투압과 수분 평형, 위액을 만들고 amylase를 활성화시킨다.

칼륨의 성인 최소 필요량은 2,000 mg이며 보통 식사를 통해 2,500~4,000 mg을 섭취하므로 충분하다. 나트륨의 성인 1일 최소 필요량은 500 mg이고 최대 한계를 2,400 mg으로 제한하고 있으며, 염소는 1일 최소 필요량이 700 mg이다. 식염 중 나트륨이 40%이고 염소는 약 60%이다. 한국인의 1일 평균 식염 섭취량은 12~25 g이므로 나트륨과 염소는 최소 필요량보다 초과 섭취하고 있어 오히려 과다 섭취를 염려하는 실정이다. 소금을 장기간 과잉 섭취하면 고혈압과 부종이 있을 수 있으므로 우리 국민은 나트륨의 섭취를 줄이는 방법을 고려하여야 한다.

나트륨이나 염소의 결핍증은 소금을 먹지 않는 채식주의자, 구토나 땀으로 나트륨 함량이 낮아질 때 일어날 수 있으며, 결핍 시 열사병, 식욕 부진, 메스꺼움, 두통 등의 증세가 있으나 소금을 물과 함께 투여하면 바로 증상이 없어진다.

(5) 마그네슘

마그네슘(magnesium)은 인체 내에 약 25 g 정도 함유되어 있으며 이 중의 약 60%는 인산이나 탄산염 형태로 뼈와 치아의 구성 성분이 된다. 마그네슘은 hexose phosphatase를 비롯하여 인산기 전이반응을 촉매하는 효소 등에서 보조인자로 작용하고, ATP의 음전하와 복합체를 형성하여 ATP 구조를 안정시킨다. 또한 칼슘, 칼륨, 나트륨과 함께 신경자극 전달과 근육의 긴장 및 이완 작용을 조절한다. 칼슘은 근육을 긴장시키고 신경을 흥분시키나, 마그네슘은 근육을 이완시키고 신경을 안정시켜 마취제와 항경련제로도 사용된다.

마그네슘은 식물의 엽록체 구성 원소이므로 채소를 많이 섭취하면 섭취량이 충분하여 거의 결핍증이 없는 원소이다. 엽록소에서 마그네슘은 수소와 치환되면 황갈색을 띠어 엽록성 식품의 색을 변화시킨다.

(6) 아연

아연(zinc)은 인체 내에 약 1.5~2.5 g 정도 소량 존재하는 미량원소이다. 아연은 초과산화물 제거효소(superoxide dismutase, SOD) 등 약 200여 효소의 구조적 성분으로 작용하며, 결핍 시 티미딘 인산화효소(thymidinekinase)의 활성이 저하되어 DNA는 물론 RNA, 단백질 합성에 영향을 미치고 성장 및 면역 기능에 영향을 준다.

식품 내 함유된 아연의 생체이용률은 10~35%로 식품에 따라 크게 다르다. 동물성 식품은 단백질 함량이 많고 아연 흡수를 저해하는 성분이 적어서 생체이용률이 높으나, 식물성 식품은 피트산이나 섬유소가 아연과 불용성 화합물을 만들어 이용률이 낮다. 화학적 성질이 비슷한 구리와 철은 흡수 시 아연과 경쟁적 관계에 있다.

아연의 과다 섭취는 HDL(고밀도 지방질단백) 함량을 낮추어 혈관 내 콜레스테롤을 제거하는 작용이 낮아지고 심장 발병률을 높이는 효과가 있으므로 아연의 필요 이상 섭취는 바람직하지 못하다.

통조림 제조 시 금속통의 아연 도금은 단백질 식품에서 발생하는 H_2S 때문에 생성되는 FeS가 식품을 검게 만드는 작용을 감소시킬 수 있고, 그린빈(green bean)이나 그린피스(green peas) 통조림 제조 시 아연은 엽록소의 색을 안정화시킬 수 있어 통조림 산업에 이용되고 있다.

(7) 아이오딘

아이오딘(iodine)은 체내에 12~13 mg 정도 존재하는 미량요소로 이 중의 약 80%가 갑상선에 존재하고 나머지는 근육, 피부, 내분비 조직 등에 분포한다. 갑상선 호르몬인 트라이아이오도타이로닌(triiodothyronine)과 테트라아이오도타이로닌의 구성 성분으로 체내 대사율을 조절하고 성장 발달을 촉진시키는 역할을 한다.

아이오딘은 김, 미역, 다시마 등 해조류나 해산물에 많으므로 이들을 섭취하면 결핍을 초래하는 경우는 매우 드물다. 해조류를 잘 섭취하지 않는 미국을 비롯한 몇몇 나라에서는 아이오딘화 나트륨(NaI) 형태를 첨가한 소금을 판매함으로써 청소년이나 수유부 등 요구량이 많은 사람에 결핍이 일어나지 않도록 하고 있다.

아이오딘은 KIO_3(아이오딘산 칼륨) 형태로 밀가루 제빵 적성을 증진시키기 위하여 반죽 개량제로 이용되고 있다.

(8) 셀레늄

셀레늄(selenium)은 우리나라에서 성인을 위한 적정 섭취량으로 50~200 μg이 설정된 미량원소로 글루타싸이온 과산화효소(glutathione peroxidase)의 구성 성분이다. 이 효소는 과산화물을 알코올 유도체로 만들어 무독화한다. 셀레늄이 없으면 이 효소를 합성하지 못하여 자유라디칼이 세포막을 파괴하고 세포를 손상시킨다.

셀레늄은 산화방지제인 비타민 E와 작용이 같으므로 두 인자 간에 상호 절약 작용이 있어 셀레늄 농도가 적절하면 비타민 E의 요구를 감소시킬 수 있다. 셀레늄은 동물성 식품, 특히 내장육에 많고 우유나 조개류에 많으며, 식물성 식품에는 종실류, 견과류, 곡류 등에 많이 함유되어 있다.

(9) 기타

앞에서 언급한 무기물 외에도 인체에 필수적인 무기원소는 황(S), 플루오린(F), 망간(Mn), 크롬(Cr), 몰리브덴(Mo) 등이 있다.

황(sulfur)은 인체의 약 0.25%를 차지하는 다량 무기질로 함황아미노산, 황지방질, 점액다당류인 콘드로이틴 황화염, 생체 내 산화·환원에 관여하는 glutathione 등 많은 화합물의 구성 성분이다. 황은 특히 동물성 식품에 많이 함유되어 있으므로 인체에 결핍된 예가 거의 없다.

플루오린(fluorine)은 체내의 95%가 뼈와 치아에 존재한다. Fluorine은 충치 발생을 억제한다. 치아의 성분인 수산화 인산칼슘(calcium phosphate hydroxide, hydroxy apatite)의 하이드록시기가 fluorine으로 치환된 fluoroapatite는 산에 대한 저항성이 크므로 충치 예방 효과가 있고, fluorine은 충치 발생 세균의 성장을 억제한다. 역학조사에 의하면 fluorine 함량이 높으면 골다공증이 낮다고 한다. 미국을 비롯한 선진국 일부 지역에서는 식수에 fluorine을 첨가하고, 우리나라에도 일부 지역에서 첨가하여 특히 어린이의 충치 예방 효과를 거두고 있다. Fluorine이 과잉되면 치아에 반점이 형성되는데 우리나라에서는 일부

온천 지역에서 나타나고 있다.

망간(manganese) 인체 내에 20 mg 정도 함유된 미량 요소로 SOD의 구성 성분이고, glutamine 합성효소 등 여러 효소의 보조인자이며 여러 가수분해효소, 인산화효소 등의 활성을 증진시키는 작용을 한다. 식물성 식품에 많이 함유되어 있으므로 결핍증은 거의 없는 편이지만, 탄광에서 망간에 많이 노출되었을 때 정신적 장애나 근육 조절 이상 등의 과다증이 보고되고 있다.

크롬(chromium)은 체내에 6 mg 정도 존재하는 미량 요소로 대부분 +3, +6가의 형태로 존재한다. Chromium은 insulin의 작용을 강화하여 세포막을 통한 포도당의 이동을 촉진한다. 혈관 등 장관 외로 영양을 공급받는 경우에 chromium이 부족하여 insulin의 반응이 떨어지고 혈당이 올라간다. Chromium은 도정하지 않은 곡류에 많은 편이고 결핍증이 유발된 경우는 아주 드문 일이다. 6가 chromium은 3가 chromium보다 흡수가 잘 되어 산업체에서 6가 chromium에 과다하게 노출될 경우 과다증이 보고되었으나, 3가 chromium은 흡수율이 낮아 과다증이 잘 나타나지 않는다.

몰리브덴(molybdenum)은 미국에서 적정 섭취량이 75~250 μg으로 다른 미량원소보다 더 미량만 요구되는 원소이다. Molybdenum은 잔틴 탈수소효소(xanthine dehydrogenase)나 잔틴 산화효소 등 몇몇 효소의 보조인자로 작용한다. 내장육이나 도정하지 않은 곡류에 많이 함유되어 있어 정맥 영양을 장기간 공급받는 환자 이외에는 결핍증이 일어나지 않으며 과다증도 거의 없다. 다만 탄광에서 작업하는 인부 등에서 간혹 과다증이 나타나는데 혈액 내 요산이 증가하여 통풍이 유발된다.

단원 정리

비타민은 동물의 건강한 성장과 번식을 위하여 외부로부터 반드시 섭취하여야 하며, 극히 소량만 필요로 하는 유기화합물이다. 비타민은 생체 내에서 여러 가지 기능을 한다. 예를 들면 niacin, thiamin(비타민 B_1)은 보조효소나 보조효소의 전구물질로, 아스코브산과 비타민 E는 항산화 방어계의 성분으로, 비타민 A나 비타민 D는 유전 정보 조절에 관련된 인자로, 그리고 비타민 A는 시각작용, 비타민 C는 여러 하이드록시화 반응에 관여하는 등의 기능을 가지고 있다. 몇몇 비타민은 환원제, 라디칼 제거제, 갈변반응의 반응물 및 향기 성분 전구물질로 식품의 화학적 성질에 영향을 준다. 식품화학적 측면에서 비타민은 수용액으로의 용출 억제, 산화 및 다른 식품 성분과의 반응을 최소화하면서 보존을 최대화하여야 한다.

무기질은 생물체를 구성하는 원소 중 유기 물질을 구성하는 기본 골격 원소인 탄소(C), 수소(H), 산소(O), 질소(N)를 제외한 모든 원소들로 광물질이라고도 한다. 식품을 태운 후에 재로 남는 성분이라 회분이라고도 하며 인체의 약 4%를 차지한다. 식품은 동식물에서 유래하므로 동식물의 필수원소인 약 25원소가 식품 중에 들어 있다. 생물은 그 환경에 많이 있는 비필수원소를 축적할 수 있으며, 또 다른 원소들은 수확이나 가공, 저장 중에 오염될 수 있고 첨가물 등으로 첨가할 수 있으므로 25종류 원소 외에 또 다른 원소들이 들어 있을 수도 있다. 무기질은 동식물체의 농도에 따라 다량 무기질과 미량 무기질로 분류된다. 다량 무기질은 하루에 100 mg 이상을 필요로 하는 것으로 Ca, P, Mg, Na, K, Cl 등이고, 미량 무기질에는 Fe, I, Zn, Se, Cr, Cu, F, Pb, Co, Mn, Sn 등이 있다.

연습문제

1 불임을 방지하는 효과가 있으며 지방 산패를 억제시킬 목적으로 식품이나 화장품 등에 많이 활용되는 비타민은?

① 비타민 A ② 비타민 C ③ 비타민 D
④ 비타민 E ⑤ 비타민 K

2 조개나 버섯, 고사리 등에 존재하는 효소에 의하여 파괴, 분해되므로 이들은 식품을 가열 처리하여 먹어야 하는데 어떤 비타민 때문인가?

① 비타민 B_6 ② 비타민 C ③ 싸이아민
④ 나이아신 ⑤ 엽산

3 비타민 D의 전구물질로 자외선에 쪼이면 활성화되는 물질은?

① 스테로이드 ② 아이소플라본 ③ 에르고스테롤
④ 스티그마스테롤 ⑤ 콜레스테롤

4 다음 중 알칼리성 식품이라고 불리는 식품의 특성은?

① K, Mg, Na이 많은 식품 ② 떫은 맛을 내는 식품
③ 육류, 곡류 등의 식품 ④ PO_4^{3-}, SO_4^{2-}, Cl^-이 많은 식품

5 무기염류의 작용과 관계없는 것은 ?

① 체액의 pH 조절 ② 체액의 삼투압 조절 ③ 단백질의 용해성 증대
④ 효소 작용의 촉진 ⑤ 비타민의 절약

6 다음 중 Ca의 생리 작용이 아닌 것은?

① 뼈의 구성 ② 혈액 응고 ③ 조혈 작용
④ 백혈구의 식균 작용 ⑤ 효소의 활성

7 다음 중 Na의 기능이 아닌 것은?

① 체내의 산·알칼리 평형 및 삼투압 조절 ② 근육의 수축 및 신경 흥분 억제
③ 담즙, 췌액, 장액 등의 알칼리성 소화액 성분 ④ Cu와 함께 뼈의 주요 구성 성분

8 색소 고정에 많이 이용되는 무기질은?

① Mg ② Cu ③ Cl ④ Co

*정답은 뒤에 있습니다.

MEMO

07 효소

1. 효소의 화학적 특성
2. 효소의 명명법과 분류
3. 효소반응에 영향을 미치는 인자
4. 식품에 관계되는 효소
5. 효소의 고정화

효소(enzyme)는 동물, 식물, 미생물 등 다양한 생명체 내에 존재하는데, 세포 내외의 대사 과정에서 진행되는 대부분의 생화학반응을 촉진하는 역할을 담당하고 있는 생체촉매(biocatalyst)로 기질과 반응하여 생성물을 만들어 낸다.

$$\text{기질} \xrightarrow{\text{효소}} \text{생성물}$$

식품을 구성하는 대부분의 성분은 동물, 식물, 미생물과 같은 생물체에서 유래한 것이므로 가열 처리하지 않은 식품에서는 이들 속에 존재하는 효소가 활동을 계속하여 식품 성분을 지속적으로 변화시키고 있다. 이들 효소의 작용이 식품의 가공 또는 저장 과정에서 바람직한 방향으로 일어날 때에는 그 작용을 촉진시키고, 반대로 바람직하지 않은 방향으로 일어날 때에는 그 작용을 억제해야 한다. 채소를 데치는 과정은 효소의 작용을 억제하는 대표적인 예라고 할 수 있다.

1. 효소의 화학적 특성

1) 효소의 본체

일부 핵산 구조를 가수분해하는 RNA로 구성된 RNase 타입의 효소(ribozyme)를 제외하고는 거의 모든 효소는 단백질이 기본 구성 성분이다. 구성 성분을 기준으로 효소를 구분할 때 효소단백질은 단순단백질과 복합단백질로 나뉜다. 단순단백질체 효소는 완전한 기능을 하는 효소가 하나의 단백질로 된 형태이다. 반면 복합단백질체 효소는 단백성 부분과 비단백성 부분으로 이루어진 형태를 지칭하며, 단백질 부분을 불완전효소(apoenzyme)라 하고, 비단백질 부분은 다시 무기 금속 이온과 같은 보조인자(cofactor) 또는 복잡한 유기분자로 구성된 보조효소(coenzyme)로 분류한다. 효소의 단백질 부분과 비단백질 부분이 모두 결합하였을 때 이를 완전효소(holoenzyme)라고 하며 비로소 완전한 효소의 활성을 나타낸다.

일반적으로 보조효소는 분자량이 크고 열에 불안정한 것이 많은 반면, 보조인자는 분자량이 작고 열에 안정한 것이 많다. 보조효소는 대부분이 비타민 유도체로 아미노기 전달효소(transaminase)의 피리독살인산(pyridoxal phosphate)이나 NAD^+/NADH 등을 들 수 있

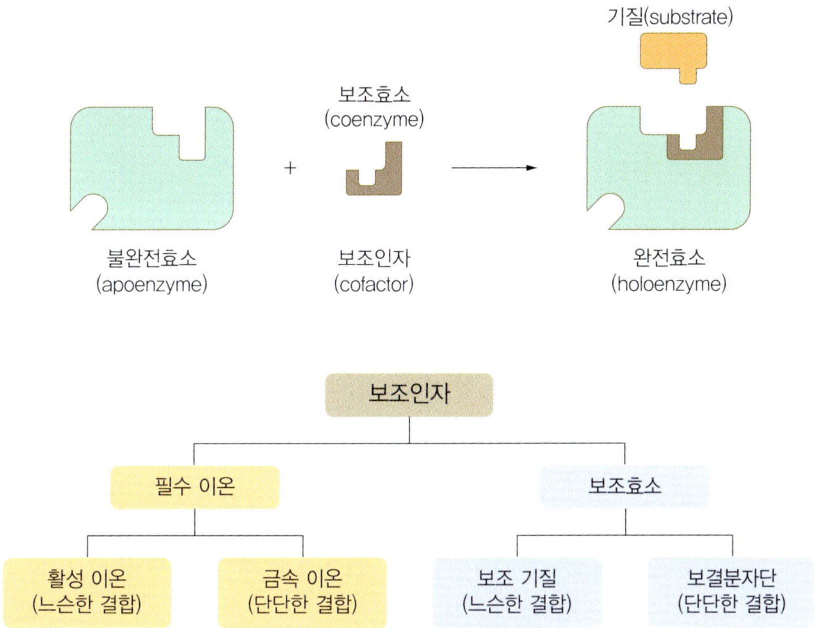

그림 7.1 **복합단백질 효소의 구성과 분류 체계**

으며, 보조인자의 대표적인 예는 아스코브산 산화효소(ascorbate oxidase)의 구리(Cu)를 들 수 있다.

2) 효소반응의 메커니즘 및 특이성

효소는 생화학반응 과정 중 반응물(reactant)인 기질과 결합하여 일시적으로 효소-기질 복합체(enzyme-substrate complex)를 형성하는 것으로 알려져 있다. 효소와 기질은 열쇠와 자물쇠와 같은 관계로 효소의 활성 부위와 기질의 반응 부위가 유효한 충돌을 형성해야만 전이 상태(transition state)를 거쳐 반응이 진행될 수 있다.

효소는 기질 분자의 특정 부위가 효소와의 결합을 통한 구조 변화로 내부에너지가 상승하여 전이 상태인 에너지 정점에 도달하게 된다. 이때 주어진 온도에서 1몰의 기질을 전이 상태로 이동시키는 데 필요한 에너지량을 활성화 에너지(activation energy, Ea)라 한다. 효소의 촉매 역할이 이 활성화 에너지 장벽을 비효소적 반응에 비해 현저하게 낮추어 반응이 매우 수월하게 진행될 수 있도록 도와준다는 것이다. 전이 상태 정점에 도달한 기질 분자는 다시 기질 상태로 되돌아가거나 반응이 진행되어 생성물을 만든다. 결론적으로 효소(E)는 기질(S)과 일시적으로 결합하여 [ES] 복합체를 만드는데, 이 복합체의 전이 상태는 촉매 작용이 없는 기질보다 훨씬 낮은 활성화 에너지를 가지게 되어 에너지 장벽을 쉽게 넘게 되므로 반응속도가 빨라진다(그림 7.1 참조).

유기 화학 합성을 비롯한 화학공학 분야의 산업체에서 사용하는 금속 등의 무기 촉매는 유사한 반응 조건하에서 효소에 비해 반응 효율이 현저히 떨어진다. 예를 들어 catalase 효소반응을 통한 H_2O_2 분해는 콜로이드 백금 촉매를 사용한 반응속도보다 최소한 수천만 배가 빠르다.

또한 효소는 화학반응의 촉매 역할을 하지만 무기 촉매와는 그 특이성에서 큰 차이가 있다. 즉 무기 촉매의 경우에는 한 종류의 촉매가 다양한 화학반응에 관여하고 다양한 부산물이 생성되는 반면에 효소는 제한된 종류의 화학반응 또는 특정한 한 가지 반응에만 관여하는 반응 특이성(specificity)을 갖는다.

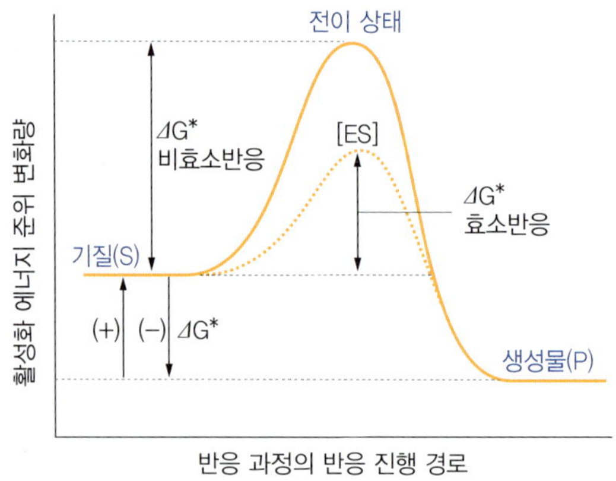

그림 7.2 **효소반응의 에너지 변화 과정**

2. 효소의 명명법과 분류

많은 수의 효소가 계속 발견되면서 효소의 명칭과 분류를 체계적으로 통일시키기 위하여 1961년 이후 현재까지 국제생화학분자생물학연맹(International Union of Biochemistry and Molecular Biology, IUBMB)의 효소 명명 및 분류위원회(Commission on Nomenclature and Classification of Enzymes)에서 제안한 명명법과 분류법이 사용되고 있다.

IUBMB 명명법은 촉매하는 반응에 따라 효소를 크게 산화환원효소(oxidoreductases), 전이효소(transferases), 가수분해효소(hydrolases), 탈리효소(lyases), 이성질화효소(isomerases) 및 연결효소(ligases)의 6종류로 분류하고, 각 효소들의 활성반응을 촉매하는 능력에 따라 4자리로 된 효소위원회 코드번호(EC 번호)를 부여하고 있다. EC 번호는 효소 자체를 규정하지는 않으며 단백질 구조가 다르더라도 같은 반응을 촉매하면 동일한 EC 번호가 부여된다. 반면에 UniProt Entry 번호(www.uniprot.org)에서는 아미노산 서열을 분석하여 각각의 단백질에 대한 고유 번호를 부여한다.

① 산화환원효소

수소나 산소 원자 또는 전자를 통해 이동 및 생체 내에서 일어나는 여러 가지 산화·환원 반응을 촉매하는 효소로 호흡효소라고도 한다. 탈수소효소, 환원효소, 산화효소로 나눌 수 있으며 catalase, 과산화효소(peroxidase), 폴리페놀 산화효소(polyphenol oxidase), 아스코브산 산화효소(ascorbic acid oxidase), lipoxidase 등이 여기에 속한다.

② 전이효소

메틸기, 아미노기, 인산기 등 기 또는 원자단(atomic group)을 한 화합물에서 다른 화합물로 전달하는 반응을 촉매하며, 효소의 영어 명칭 어미가 -transferase, -kinase인 효소가 이 분류에 해당한다.

③ 가수분해효소

물 분자를 첨가하여 기질의 공유결합을 가수분해(혹은 역반응)시키는 효소로 영양소의 소화 및 식품의 조리, 가공, 저장과 밀접한 관계가 있다.

$$R-R' + H_2O \rightleftharpoons ROH + R'H$$

이 효소는 3대 영양소인 탄수화물, 지방질, 단백질 분자에 존재하는 주된 결합 방식인 glycosidic, ester, peptide 결합을 각각 물 분자의 첨가를 통해 분해시키는 역할을 담당한다.

④ 탈리효소

이 효소는 가수분해에 의하지 않고 기질에서 카복실기, 알데하이드기, H_2O, NH_3 등의 원자단을 탈리시켜 기질에 이중결합을 만들거나, 역반응으로 이중결합에 원자단을 부가시키는 반응을 촉매한다. 역반응이 주경로인 효소는 synthase 혹은 hydratase(부가되는 기가 물 분자인 경우)라 명명한다.

아미노산에서 카복실기가 제거되어 아민이 생성되는 반응

⑤ 이성질화효소

한 분자 내에서의 상호 변환, 즉 이성질화 반응을 촉매하는 효소이므로 기질과 생성물의 화학식은 동일하다. Isomerase, 에피머화효소(epimerase), mutase, 라세미화효소(racemase) 등이 이 효소군에 포함된다. 포도당 이성질화효소(glucose isomerase)는 본래 자일로스 이성질화효소(xylose isomerase)로 발견되었으나 녹말당 산업에서 포도당을 과당으로 전환시키는 반응 활성을 가지고 있어 고정화 효소의 형태로 널리 활용되고 있다.

glucose —(glucose isomerase)→ fructose

⑥ 연결효소

ATP와 같은 고에너지 인산화합물의 분해를 통해 유리된 에너지를 활용하여 분자 간에 새로운 공유결합을 형성하는 반응을 촉매하는 효소로 합성효소(synthetase)라고도 한다.

3. 효소반응에 영향을 미치는 인자

(1) 온도

효소는 화학반응과 같이 온도가 올라감에 따라 반응속도가 증가하나, 그 본체가 단백질이므로 높은 온도에서는 변성되어 오히려 반응속도가 감소되거나 활성을 잃는다. 이때 특정한 온도 범위에서 최대의 활성을 나타내는 온도를 최적 온도라고 하는데, 자연계에 생존하는 생체 내 효소의 최적 온도는 30~45°C이다. 최적 온도 이상에서는 효소 단백질이 열변성을 일으켜 반응속도가 감소한다. 대부분의 효소는 70°C 또는 그 이상의 온도에서 활성을 잃는다.

효소의 열변성은 식품 공업에 많이 이용한다. 식품 중의 효소는 흔히 식품 원료를 70°C 또는 그 이상의 온도에서 수분 간 가열(데치기, blanching)함으로써 불활성화된다.

(2) pH

효소의 작용은 반응 용액의 pH에 따라 크게 영향을 받는다. 효소는 일정한 pH 범위 안에서 최대의 활성도를 나타내는데, 이것을 효소의 최적 pH라 한다. 반응 용액의 pH가 최적 pH보다 알칼리성 또는 산성 쪽으로 증감하면 효소 활성도가 점차적으로 감소하여 전형적인 종 모양 형태를 나타낸다. 효소는 본체가 단백질이므로 극단적인 산성이나 알칼리성에서는 비가역적 변성을 일으켜 활성을 완전히 상실한다. 모든 효소에는 작용 최적 pH가 있으며, 일반적으로 pH 4.5~8.0 범위이나 예외적으로 pepsin은 1.8, arginase는 10.0이다.

(3) 효소의 농도

효소반응에서 일정한 pH, 온도 및 기질 농도가 주어졌을 때 효소 농도에 따른 반응속도의 변화를 보면 효소 농도가 낮은 경우에는 효소 농도와 반응속도 간에 직선적인 비례관계를 보인다. 이때는 효소 농도가 제한 인자가 되며 기질은 충분하다.

효소 농도가 높을 경우에는 효소 농도가 증가하여도 반응속도가 그다지 증가하지 않는다. 이때는 기질 농도가 제한 인자가 되며 기질을 더 첨가하지 않는 한 반응속도는 증가하지 않는다.

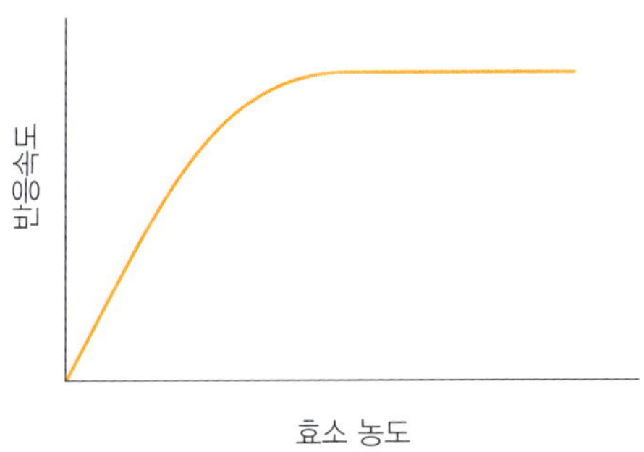

(4) 기질의 농도

효소반응에서 일정한 pH, 온도 및 효소 농도가 주어졌을 때 기질 농도에 따른 반응속도의 변화를 보면 기질의 농도가 낮을 경우에는 기질 농도가 증가함에 따라 반응속도가 증가하지만, 기질의 농도가 높은 경우에는 기질 농도가 증가하여도 반응속도에 큰 영향을 주지 않는다.

최대 반응속도(V_{max})의 1/2이 될 때의 기질 농도를 미하엘리스-멘텐 상수(Michaelis-

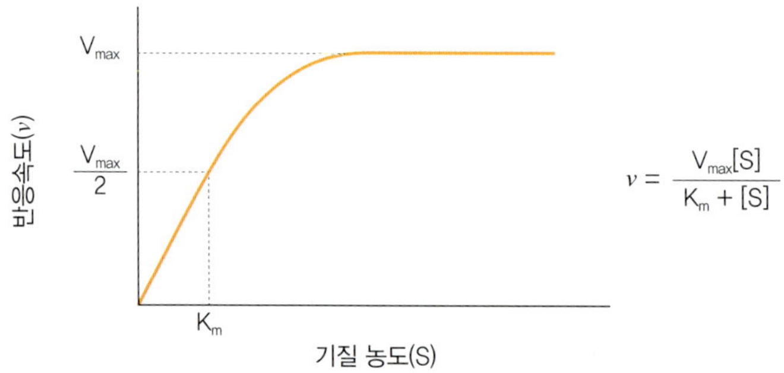

Menten constant)라 하며 K_m으로 표시한다. K_m값이 작을수록 효소의 기질에 대한 친화성이 크며 K_m값이 클수록 친화성은 작아진다.

(5) 억제제

효소의 작용을 억제하는 물질을 억제제(inhibitor)라고 하며, 이 현상을 저해 작용이라고 한다. 효소는 가열, 극단적인 pH 혹은 alcohol과 같은 유기 용매에 의해 변성되어 활성을 잃는다. 또한 많은 효소는 기질과 유사한 화합물의 효소 활성 중심에 대한 경쟁으로 효소 작용이 저해되는데, 이러한 물질을 경쟁적 억제제(competitive inhibitor)라 한다. 예를 들어 석신산 탈수소효소(succinic dehydrogenase)는 그 기질인 석신산($HOOCCH_2CH_2COOH$)보다 탄소 수가 1개 적은 말론산($HOOCCH_2COOH$)에 의해 저해된다. 이러한 경쟁적 저해는 기질의 농도를 높이면 효소의 활성이 가역적으로 회복된다.

한편, 비경쟁적 억제제(noncompetitive inhibitor)는 효소의 활성 중심이 아니라 효소 활성에 긴요한 다른 부위에 결합하여 효소 활성을 저해하는 물질로 Ag^+, Hg^+, Pb^{2+} 등의 중금속, trichloroacetic acid, tannin, 사이안화물(cyanide), EDTA, 황화합물 등이 있다. 이러한 비경쟁적 억제는 기질의 농도를 증가시켜도 효소의 활성이 회복되지 않는다.

식품 중에 존재하는 대표적인 억제제는 생콩에 존재하는 trypsin inhibitor로, 이 물질은 단백질 소화효소인 trypsin을 저해하여 단백질의 소화를 억제하므로 날콩을 식용하였을 때 문제가 된다. 가열하면 대부분 파괴되므로 가열 조리 시 문제가 되지 않는다.

4. 식품에 관계되는 효소

식품의 저장·가공에 관계가 깊은 효소는 대부분 산화환원효소나 가수분해효소이며 이 두 가지 효소 그룹 중 중요 내용을 설명하면 다음과 같다.

(1) 산화환원효소

① Catalase

카탈레이스(catalase)는 두 분자의 과산화수소를 물과 산소로 전환시키는 반응을 촉매하는 것으로 동물, 식물 및 미생물에 존재한다.

$$2H_2O_2 \xrightarrow{\text{catalase}} 2H_2O + O_2$$

Catalase는 4개의 소단위(subunit)로 구성되어 있으며, 이들 각각은 protohemin group을 가지고 있어 4개의 독립적인 활성 중심의 일부를 형성하고 있다. 포도당 산화효소(glucose oxidase)와 함께 사용하여 식품 내에서 산소 제거를 통해 지방의 산패나 갈변을 억제할 수 있다. 다른 식물체 내 효소들에 비해 내열성이 비교적 높아 채소류의 조직감 유지를 위한 데치기 공정의 완료 여부를 판정하는 지시효소(indicator enzyme)로 활용한다.

$$2\,\text{glucose} + 2H_2O + 2O_2 \xrightarrow{\text{glucose oxidase}} 2\,\text{gluconic acid} + 2H_2O_2$$

$$2H_2O_2 \xrightarrow{\text{catalase}} 2H_2O + O_2$$

$$2\,\text{glucose} + 2O_2 \xrightarrow[\text{catalase}]{\text{glucose oxidase}} 2\,\text{gluconic acid}$$

Tip

산 채소 효소의 허구

방송에서 효소에 관한 내용들이 전파를 타면서 잘못 전달된 내용 중 하나는 산에서 얻을 수 있는 각종 약초에 설탕을 혼합하여 놓아두면 효소가 된다는 것이다. 이렇게 만든 것을 흔히 더덕효소, 잔대효소, 당귀효소 등 산 채소의 이름을 붙여 효소라고 무분별하게 사용하는데, 이것은 효소가 아니라 설탕에 재워 둔 '**청'이다. 이러한 종류의 청에서 효소 역가를 측정해 보면 효소 활성을 발견하기가 어렵다. 설탕 농도가 높으면 일종에 삼투압이 높은 상태로 웬만한 미생물은 살기가 어렵기 때문에 효소 생산이 어렵다. 그럼에도 사람들은 가짜 효소를 먹으며 몸에 좋다고 말한다. 물론 약초에 함유되어 있는 유용한 성분들이 설탕에 의해 추출됨으로써 유효 성분이 포함된 것이므로 경우에 따라서 약효를 기대할 수는 있으나 이는 효소의 역할은 아니다.

② 과산화효소

과산화효소(peroxidase)가 관여하는 반응에는 과산화수소가 수용체로, 수소 원자의 공여체로 AH_2(유기화합물)가 각각 관여한다.

$$H_2O_2 + AH_2 \xrightarrow{\text{peroxidase}} 2H_2O + A(\text{산화 유기화합물})$$

Catalase의 작용과 달리 분자상의 산소가 생성되지 않는다. Peroxidase는 철을 함유한 것과 플라빈단백질(flavoprotein)을 가진 것으로 분류된다.

Peroxidase는 식물 조직 중에 널리 존재하며 ethylene의 생합성, 성숙과 과숙의 조절, 엽록소 분해 및 indole-3-acetic acid의 산화 등 식물 조직의 발육과 성숙에 중요한 역할을 한다. 또한 배의 lignocellulose와 같은 성질의 석세포(stone cell)를 형성하는 데 관여한다. 완전한 활성을 가지지 않는 결합형의 peroxidase가 다량의 석세포를 가지는 과실에 많이 함유되어 있다. Peroxidase 활성 평가는 과실, 채소류의 데치기 정도를 판단하는 데 이용되며 포도당 산화효소와 함께 포도당 정량분석에 활용하기도 한다.

③ 폴리페놀 산화효소

폴리페놀 산화효소(polyphenol oxidase)는 polyphenolase 또는 phenolase라고도 하며, 효소 갈변반응에 관여한다. 이들은 페놀성 물질을 *O*-quinone으로 산화하는 능력을 가진 효소들을 포함하며 *O*-dihydroxybenzene (catechol)을 *O*-quinone으로 전환하는 것이 대표적이다.

Polyphenolase의 작용은 식물 조직의 손상 시 갈변을 유도하는 데 결정적인 역할을 한다(제10장의 페놀 산화효소 참조). 모든 식물체에 존재하지만 특히 감자, 양송이, 사과, 복숭아, 바나나, 차잎 등에 많다.

폴리페놀 산화효소의 기질은 식물 조직에 들어 있는 페놀성 화합물, 주로 flavonoid류이다. 이들은 catechin, anthocyanidin, leucoanthocyanidin 및 시남산(cinnamic acid)의 유도체 등이다.

④ 아스코브산 산화효소

아스코브산 산화효소(ascorbic acid oxidase)는 비타민 C를 분해하여 불안정한 dehydro-ascorbic acid를 생성하며(제10장의 아스코브산 산화반응 참조), 이 산화 현상은 폴리페놀 산화효소 및 과산화효소에 의해서도 일어난다. 아스코브산 산화효소는 호박, 당근, 오이, 무 등에 많이 함유되어 있으므로 이들 식품과 혼합한 조리에는 비타민 C가 현저히 파괴된다.

⑤ Lipoxygenase

이 효소는 식물계에 존재하며 불포화지방산의 산화를 촉매한다. Lipoxygenase의 주된 급원은 콩 등의 콩류와 완두콩이며 땅콩, 감자, 밀, 무에는 보다 적은 양이 존재한다. Lipoxygenase에 의한 과산화물 형성은 보통 산화방지제에 의해 저해된다.

식품에서 lipoxygenase에 대해 밝혀진 작용 대부분은 바람직하지 못한 변화를 일으키지만 빵을 구울 때에는 바람직한 변화를 일으킨다. 콩 가루를 밀가루 반죽에 첨가하면 표백 효과가 있는데, 이것은 콩에 들어 있는 lipoxygenase가 밀가루에 들어 있는 잔토필(xanthophyll) 색소를 산화시키기 때문이다. 이외에도 밀가루 반죽의 리올로지 특성(rheological property)과 굽기 특성에 영향을 미친다. Lipoxygenase는 gluten 단백질의 황화수소기 산화에 간접적으로 작용하여 이황화결합을 만든다.

두유를 만들기 위해 생콩을 물에 넣고 갈면 페인트 같은 날냄새(풋냄새) 또는 콩 비린내라고 불리는 강하고 불쾌한 향미가 생긴다. 그러나 끓는 물에서 갈면 lipoxygenase가 불활성화되어 어떠한 불쾌 향미도 발생하지 않는다. 완두와 콩을 데치는 작업은 lipoxygenase에 의해 촉매화된 불쾌 향미의 생성을 방지하는 데 필수적이다. 이취 생성 외에도 이 효소는 carotene, 비타민 A, 엽록소, 빅신(bixin)과 같은 색소의 파괴에도 관여한다.

(2) 가수분해효소

① Protease

식품 공업에서 매우 중요한 이 효소들은 peptide 결합을 가수분해한다. 효소 작용에 요

Tip

Lipoxygenase

대두 껍질을 다루는 과정에서 효소 lipoxygenase를 제대로 불활성화하지 못하면 역겨운 콩 비린내를 감수할 수밖에 없다. 콩 비린내는 콩나물을 무치기 위하여 데치면서 중간에 냄비 뚜껑을 열어 본다거나 하면 맡을 수 있는 바로 그 비린내 성분이다. 두유 제품을 제조하는 과정에서도 이와 유사한 냄새가 발생할 수 있기 때문에 이를 차단하기 위해서는 두유의 비린내 성분보다도 훨씬 더 강한 사과향이나 과일 향을 첨가하는 방법을 사용하기도 한다.

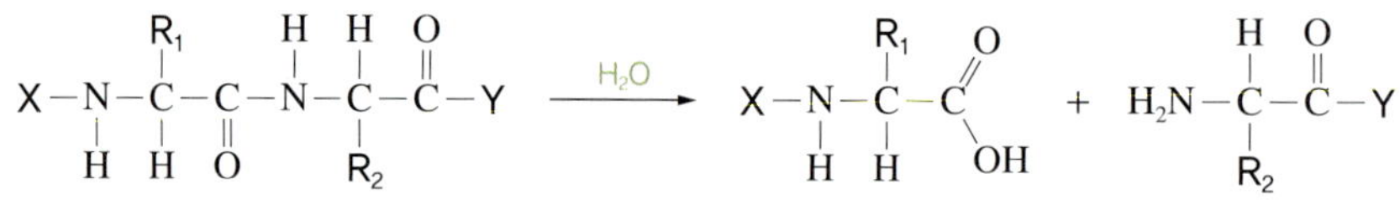

그림 7.3 protease에 의한 반응

구되는 특이성으로는 그림 7.3에 나타낸 것과 같이 R_1과 R_2의 성질, 아미노산의 입체 구조, 기질 분자의 크기 및 X와 Y기의 성질 등이며, 특히 중요한 것은 R_1과 R_2기이다. 즉, α-chymotrypsin은 R_1이 tyrosine, phenylalanine 또는 tryptophan 잔기일 때만 peptide 결합을 가수분해한다. Trypsin은 R_1이 arginine 또는 lysine 잔기에 속하여야 하고, pepsin과 carboxypeptidase는 R_2에 phenylalanine 잔기를 필요로 한다.

이 효소들은 L형의 입체 구조를 가진 아미노산을 분해하지만 분자의 크기는 제한이 없다. X와 Y의 성질에 따라 펩타이드 내부가수분해효소(endopeptidase)와 펩타이드 말단가수분해효소(exopeptidase)로 구분된다. 전자는 기질 분자 내부의 peptide 결합을 임의로 분해하고, X와 Y가 유도체화되었을 때 최대 활성을 나타낸다. Carboxypeptidase류는 Y가 하이드록시기이고, aminopeptidase류는 X가 수소이며, dipeptidase류는 X와 Y가 유도체화되지 않은 것을 필요로 한다.

단백질 가수분해효소류는 산성 protease (acid protease), serine protease, sulfhydryl protease 및 금속 함유 protease (metal containing protease) 등 4가지 부류로 구분한다. 대표적인 단백질 가수분해효소를 표 7-1에 나타내었다.

② Esterase

이 효소들은 각종 화합물의 에스터 결합을 가수분해하여 산과 알코올을 생성한다. 이 효소는 단백질 분해효소와 마찬가지로 여러 종류가 있는데, 일반적으로는 저급지방산으로 구성된 triglyceride를 가수분해하는 것이 주를 이루며 여기에는 몇 가지 lipase류가 포함된다. 또한 phospholipase류는 인지방질들을, cholesterol esterase는 cholesterol ester류를 가수분해한다. Carboxylesterase는 tributyrin과 같은 triglyceride류를 가수분해하는 효소들이다. 이들은 lipase류와는 달리 수용성 기질을 가수분해한다. 반면에 lipase류는 emulsion의 물-지방질 계면에서만 작용하므로 물-지방질 간의 계면을 증가시키면 효소 작용도 증가한다. 균질화한 우유가 그렇지 않은 것보다 lipase 활성이 강한 것은 이 때

표 7-1 대표적인 단백질 가수분해효소들

효소	적용	들어 있는 곳
Endopeptidase		
Pepsin	단백질 → polypeptide + 아미노산	위장
Trypsin	단백질 → polypeptide + peptone	이자
Chymotrypsin		이자
Cathepsin	단백질 → proteose + peptone	간, 신장, 비장
Papain	단백질 → polypeptide + 아미노산	파파야 열매
Chymosin	casein → paracasein + peptide	양 및 송아지의 제4위
Bromelain		파인애플
Exopeptidase		
Aminopeptidase Carboxypeptidase	proteose, peptone, peptide → 아미노산 + 저분자 peptide	동물의 장, 곰팡이, 세균
Dipeptidase	dipeptide → 아미노산	동물의 장, 곰팡이, 세균

문이다.

Lipase류는 세균, 곰팡이 등의 미생물이나 식물체에 의해서 생성되며 이자(췌장), 우유 등 동물성 식품에도 존재한다. Lipase류는 산패를 일으키는 유리지방산을 생성하므로 식품의 변질을 가져온다. 어떤 경우에는 lipase의 작용이 바람직하여 의도적으로 생산하기도 한다. 향미(flavor)와 이취(off-flavor)의 한계는 매우 좁다. 예를 들어 우유에서 유지방의 가수분해는 매우 낮은 유리지방산 농도에서 이취를 내지만 치즈에서 유지방의 가수분해는 바람직한 향미에 기여한다. 이들의 차이는 구성 지방산의 종류와 서로 다른 지방산에 대한 각 효소들의 특이성과 관련되어 있다. Cheddar cheese보다 blue cheese가 유리지방산의 함량이 훨씬 높다.

한편, 종실 중의 lipase는 열에 의해서 파괴되지 않으면 지방 가수분해를 일으킨다. 아프리카에서 팜유(palm oil)를 재래식으로 착유하면 10% 이상의 유리지방산이 함유된다.

③ Amylase

α-amylase

이 효소는 amylose와 amylopectin의 α-1,4 glucoside 결합을 주로 사슬 안쪽에서 임의로 가수분해하는 endohydrolase로 α-1,6 결합은 절단하지 못한다. 또한 입체적 장애(steric hindrance)로 인하여 가지가 뻗어나가는 곳에 하나 내지 둘의 glucose 잔기가 못 미치는 지점에서 작용을 중단하여 α-한계 덱스트린(α-limit dextrin)을 형성한다. 따라서 주요 반응 생성물은 보통 glucose 5%, maltose 50%, maltotriose를 비롯한 삼당류 이상의 올리고당류 30%, 녹말이 가지를 친 정도에 따라 다르기는 하나 한계 덱스트린 20% 정도이다. 효소 작용이 진행되면서 녹말 현탁액이 맑아지므로 α-amylase는 액화효소(liquefying enzyme)라고도 부른다.

발아 중인 종자에 많이 들어 있으며, 인체에는 소화효소로 이자액과 침에 들어 있다. 효소의 출처에 따라서 각각 분자량, 최적 반응 조건 등의 특성이 서로 다르다. ***Bacillus stearothermophilus***에 들어 있는 효소는 열 안정성이 커서 100°C에서도 작용하므로 녹말을 가수분해하여 당을 얻는 데 주로 사용된다.

맥아 중에 있는 이 효소는 맥주 제조에서 가장 중요하며, 각종 식품 공업에 있어서 미생물 amylase가 많이 이용되고 있다.

β-amylase

이 효소는 α-1,4 glucoside 결합을 녹말 분자의 비환원성 말단부터 차례로 maltose 단위로 절단하는 exohydrolase이며 당화효소(saccharifying enzyme)라고도 한다. 이 효소는 amylopectin의 α-1,6 glucoside 결합의 가지가 뻗은 분지점부터 2~3개의 glucose 단위가 떨어진 부위에서 가수분해를 중지하여 β-한계 덱스트린을 생성한다. 다양한 식물의 조직 중에 존재하며 특히 맥아, 밀, 고구마, 콩 등에 많다. 이 효소는 녹말을 발효성 당으로 전환시키는 제빵, 맥주 제조 및 주정 공업에서 많이 이용된다. 이 효소의 활성 중심은 -SH기가 관계되며 Cu와 Hg에 의하여 저해된다.

Glucoamylase

이 효소는 α-amyloglucosidase라고도 하며, amylose와 amylopectin의 α-1,4 및 α-1,6 glucoside 결합을 비환원성 말단에서 glucose 단위로 차례로 절단하는 exohydrolase이다. α-1,4 결합 이외에 분지점의 α-1,6 결합도 서서히 분해한다. 따라서 녹말을 amylase로 먼저 처리한 다음 이 효소를 사용하면 glucose 수율을 95~98%까지 올릴 수 있다. 세균과 곰팡이에 들어 있으며, 옥수수 시럽과 포도당 제조에 공업적으로 이용된다.

Isoamylase

이 효소는 amylopectin과 β-한계 덱스트린의 α-1,6 glucoside 결합을 가수분해하는 가지 제거효소(debranching enzyme)이며 직선형 사슬, maltose 사슬, maltotriose, maltose

등을 생성한다.

Pullulanase

pullulan(maltotriose가 α-1,6 결합으로 연결된 α-glucan)을 가수분해하는 데서 유래한 endo-α(1→6) glucosidase로 amylopectin의 α-1,6 결합을 절단한다.

④ β-galactosidase

Lactose의 β-galactoside 결합을 가수분해하여 α-D-galactose로 분해시키는 효소로 lactase라고도 하며, 사람의 장점막 세포에 일부 존재한다. 이 효소를 가지지 않는 사람을 젖당불내증(lactose intolerance) 환자라고 하며, 이러한 사람은 우유를 적절히 소화하지 못한다. β-Galactosidase는 용해도가 낮고 단맛이 적은 lactose를 가수분해하여 용해하기 쉽고 단맛이 있는 당류로 만들기 때문에 식품 공업적으로 중요하다. 최적 pH는 급원에 따라 다르지만 5.0~7.0 부근이다.

⑤ 펙틴 효소

펙틴 효소(pectic enzymes)는 펙틴질을 분해하며 고등식물이나 미생물에 들어 있으나 달팽이를 제외한 고등동물에는 들어 있지 않다. 이들 효소는 과일 주스나 포도주 청정 및 과일 펄프의 마쇄를 촉진하는 데 이용된다. Pectin의 거대 분자를 작은 분자인 갈락투론산(galacturonic acid)까지 분해시킴으로써 화합물은 수용성이 되고 현탁 현상이 없어지며 점도가 감소되고 불용성 펄프 입자가 가라앉는다.

거의 대부분의 곰팡이와 세균들은 이들 효소를 분비하며, 식물 세포 상호 간 유지하는 pectin층을 쉽게 분해하므로 세포가 분리되고 파괴되면 식물 조직은 연화된다. 식물체 조직 중 pectin의 세균에 의한 분해는 과실, 채소의 무름병(soft rot)으로 알려져 있다. 식품 첨가용 시판 효소 제품은 순수한 것이 드물고 여러 종류의 효소들이 미량 들어 있지만, 용도에 따라 주효소가 다량 함유되어 있다. Protopectinase는 불용성의 protopectin에 작용하여 가용화시킨다. Pectinesterase는 pectin의 methyl ester를 가수분해하여 펙트산를 생성한다. 이것은 pectinase 또는 pectin methylesterase라고도 한다.

Polygalacturonase는 폴리갈락투론산의 α-1,4 glycoside 결합을 가수분해하여 갈락투론산을 생성하며, pectin에 작용하는 polymethylgalacturonase와 펙트산에 작용하는 polygalacturonase가 있다.

식품 가공에 흔히 이용되는 효소는 표 7-2에 나타내었다.

표 7-2 식품 가공에 흔히 이용되는 효소

효소	식품	작용
Amylase	빵, 과자 맥주 곡류 초콜릿, 코코아 사탕류 과일 주스 젤리 펙틴 시럽, 당류 채소류	효모 발효성 당의 증가 녹말 → 발효성 당, 녹말의 혼탁 제거 녹말 → 덱스트린, 당, 수분 흡수 증대 유동성을 위한 녹말의 액화 당의 회수 발포성 증진을 위한 녹말 제거 발포성 증진을 위한 녹말 제거 사과즙을 짜고 난 찌꺼기에서 pectin 제조 도움 녹말 → 저분자 덱스트린(콘시럽) 완두의 연화처럼 녹말의 가수분해
Cellulase	맥주 커피 과실류	세포벽 성분인 복합탄수화물의 가수분해 원두 건조 시 섬유소의 가수분해 배의 촉감 개선, 살구, 토마토의 박피 촉진
Invertase	인조꿀 캔디	sucrose → glucose + fructose 초콜릿을 입힌 연질 크림캔디 제조
Glucose isomerase	시럽, 당류	glucose의 이성질화에 의한 fructose 제조
Lactase	아이스크림 사료 우유	껄끄러운 촉감을 주는 lactose의 결정화 방지 lactose → galactose + glucose 젖당불내증을 일으키는 lactose 분해
Tannase	맥주	폴리페놀성 화합물의 제거
Pectic enzyme	초콜릿, 코코아 커피 과실류 과실 주스류 올리브 포도주류	코코아 발효 시 가수분해 작용 원두 발효 시 점성의 종피 가수분해 연화 착즙 수율 증진, 혼탁 방지, 농축 조작 개선 유지 추출 청정
Proteases	빵, 과자류 맥주 곡류 치즈 초콜릿, 코코아 달걀 가공품 사료 육어류 우유 단백질 가수분해물 포도주	반죽의 연화 작용, 혼합 시간 단축, 신장도 증가, 가공, texture, 체적 개선, β-amylase 방출 발효 중 영양소, 향미 생성, 여과 청정 촉진, 냉각 혼탁 방지 단백질 변성으로 건조속도 단축, 취급 쉽게 함. 된장, 두부 제조 casein 응고, 숙성 중 특유 향 생성 발효 중 원두에 작용 건조 특성 개선 폐기물 → 사료 연화, 뼈, 찌꺼기에서 단백질 회수, 기름의 유리 두유 제조 간장, 특수식품 육즙, 건조 수프, 가공육 등의 조미 청정

(계속)

효소	식품	작용
Pentosanases	빵	귀리 빵 제품의 밀가루 반죽 시간 단축, 습윤성 증가
Sulfhydryl oxidase	빵, 면류	-S-S-결합 형성에 의한 밀가루 반죽 강화
Naringinase	감귤류	naringin 가수분해로 쓴맛 제거
Hesperidinase	감귤 과즙, 통조림	hesperidin 가수분해로 앙금 제거
Lipase	치즈 유지 우유	숙성, 일반적인 향미 특성 lipids → glycerol + 지방산 우유초콜릿에 사용되는 약간 숙성된 향미 생성
Phosphatase	유아식 맥주 우유	유용한 인산염의 증가 인산염 화합물의 가수분해 저온 살균 효과의 검정
Nuclease	향미 증진제	nucleotide와 nucleoside류의 생산
Peroxidase	채소류 포도당 정량	데치기 효과의 검정 glucose oxidase와 혼용
Catalase	우유 각종 제품	살균 시 사용된 H_2O_2 파괴 포도당이나 산소를 제거하여 갈변, 산화를 억제 glucose oxidase와 함께 사용
Glucose oxidase	각종 식품 포도당 정량	맥주, 치즈, 탄산음료, 건조 달걀, 과일 주스, 육어류, 분유, 포도주 중 산소나 포도당을 제거하여 산화 또는 갈변 방지, catalase와 함께 사용 포도당 정량, peroxidase와 병용
Polyphenol oxidase	차, 커피, 담배	성숙, 발효, 숙성 중 갈변
Lipoxygenase	채소류	필수지방산과 비타민 A의 파괴, 이취 생성
Ascorbic acid oxidase	채소류, 과실류	비타민 C 파괴
Thiaminase	육류, 어류	thiamin 파괴

5. 효소의 고정화

보통 식품 가공이 끝나면 첨가된 수용성 효소를 열로 불활성화시키거나, 원하는 풍미나 텍스처가 나올 때까지 효소 작용을 지속시킨다. 또한 분석 응용에 있어 효소는 한 번의 분석에 대하여 한 번만 사용하므로 효소가 비싼 데도 불구하고 한 번 쓰고 버리는 실정이다. 효소의 고정화는 "효소를 어떤 일정한 공간에 물리적으로 갇히게 한 상태이지만 촉매 활동을 유지하므로 반복해서 사용할 수 있을 뿐만 아니라 반응 후에는 회수하여 재이용할

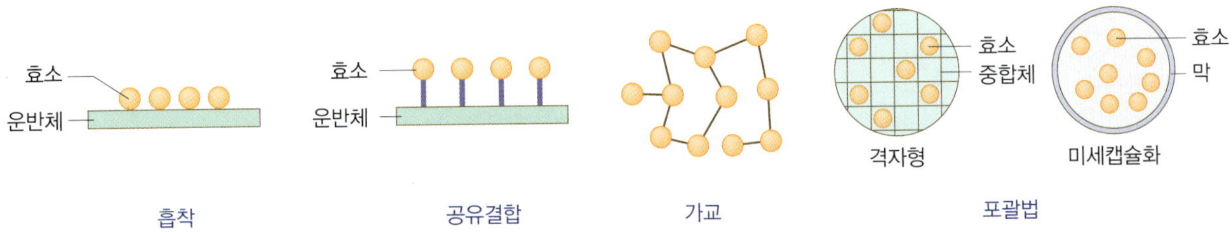

그림 7.4 **효소의 고정화 방법**

수 있게 하는 과정"이다. 효소 고정화 방법에는 흡착, 공유결합, 가교(cross-linking), 포괄법(entrapment) 등이 있다(그림 7.4).

1) 고정화 방법

(1) 흡착

효소를 운반체 표면에 물리적으로 흡착시키는 것으로 생체에서 세포막에 결합된 효소와 유사하다. 이 방법은 조작이 간단하고 효소 단백질의 활성 중심의 파괴 또는 고차 구조의 변화가 최소화된다. 이 방법에 쓰이는 운반체로는 활성탄, 다공성 유리, 산성 백토, 카올리나이트(kaolinite), alumina, silica gel, bentonite 등 무기질 외에 녹말, gluten, chitin과 같은 천연 고분자나 소수성 기를 가진 agarose 유도체 등이 사용된다. 흡착은 가역적 반응이므로 pH, 이온 세기 등에 의하여 털리될 수 있는 단점이 있지만, DEAE-cellulose에 glucose isomerase 흡착과 같은 몇몇 산업 공정에서 사용되고 있다.

(2) 공유결합

수용성 효소를 불용성 운반체에 공유결합시키는 것은 효소 고정화에 가장 흔히 사용하는 방법이다. 효소는 단백질이기 때문에 아미노산 측쇄는 결합반응에 적합한 여러 개의 작용기를 가지고 있다. 대부분의 방법에서 lysine 잔기가 주요 반응기나 cysteine의 -SH, tyrosine의 페놀성 -OH, 아스파트산과 글루탐산의 -COOH기 등이 결합에 사용된다. 운반체 또한 효소를 결합시키기 위한 작용기를 함유하여야 한다.

일반적으로 효소 고정화는 두 단계로 이루어진다. 첫 번째 단계는 운반체를 시약으로 처리하여 작용기를 활성화시키고, 두 번째 단계는 활성화된 운반체를 효소와 혼합함으로써 결합이 이루어진다. Glutaraldehyde가 식품 산업체에서 흔히 사용되는 시약이다. 공유결합은 효소결합 과정 중 효소 활성의 일부가 손실될 수 있지만, 운반체에서 효소가 떨어져 나올 가능성은 적기 때문에 효소가 가장 안정하다.

(3) 가교

효소를 가교화시키면 커다란 응집체가 형성되어 궁극적으로 물에 녹지 않는다. 이렇게 함으로써 효소는 촉매와 동시에 지지물체가 된다. Glutaraldehyde가 가장 흔히 사용되는 가교 시약이다. 흔히 가교는 물리적 흡착으로 효소를 고정화한 후에 효소를 안정화시킨다.

(4) 포괄법

포괄법은 gel의 미세한 격자 안에 효소를 집어넣는 격자형과 반투과성 중합체 피막으로 효소를 피복하는 미세캡슐형으로 나눈다. 격자형은 중합체 gel 격자 중에 효소가 들어가게 하여 탈리되지 않는 상태로 고정화하는 방법이다. Polyacrylamide gel이 효소 고정화에 가장 많이 사용되며 trypsin, papain, amylase 등이 이 방법에 의해 최초로 고정화되었다. 포괄법은 흡착이나 공유결합과 달리 효소 단백질 자체와는 결합반응을 일으키지 않으므로, 보다 많은 효소의 고정화에 응용할 수 있다. 그러나 화학적 중합반응을 일으키고자 할 경우 비교적 가혹한 조건하에서 이루어지기 때문에 효소가 실활되기 쉽다. 기질이나 생성물이 고분자일 경우에는 이 방법을 적용할 수 없다.

2) 고정화가 효소 활성에 미치는 영향

효소가 고정화되면 고정화된 효소의 활성은 천연 효소와 달라진다. 이는 여러 가지 요인에 기인하는데 주로 3가지 원인, 즉 효소의 형태적, 분배적 및 확산적 효과에 기인한다. 고

Tip

효소의 미세캡슐화

산에 약한 효소를 캡슐(capsule) 안에 고정화하여 위를 통과하게 하면 캡슐 벽의 일부가 녹아 버리며 장에 도달하여 장에서 캡슐 안의 효소가 작용하도록 제조한 것이다. 경우에 따라서는 2중으로 벽(cell wall)을 만들어 캡슐 안의 효소를 보호하기도 한다. 효소가 위를 통과할 때 위산과 같은 강산에서도 효소의 활성이 남아 있을 수 있도록 배려한 것으로 젖당불내증 환자의 경우 β-galactosidase 효소를 미세캡슐화하여 분유 제품과 함께 제조하면 이러한 문제를 극복할 수 있다.

정화는 효소의 구조적 혼란을 일으키거나 효소의 활성 중심에 반응물의 접근을 제한하여 효소 활성 효율을 감소시키는데 이 2가지 현상을 형태적 효과라 한다. 분배 효과는 지지 매트릭스 표면에서의 반응물 농도가 수용액일 때와 다를 경우 일어난다. 이러한 효과는 정전기적 또는 소수반응에 의해 일어나는데 효소반응 속도를 증진시키거나 감소시킨다. 확산 또는 물질 이동 효과는 내적 또는 외적의 2가지 형태가 있다. 고정화 효소를 둘러싼 교반되지 않는 액체 필름에서 외부 저항이 생긴다. 내적 물질 전달 저항은 효소가 중합체에 갇혀 있을 때 생긴다. 효소를 고정화시키면 최적 pH가 변화될 수 있는데, 이것은 운반체의 표면 전하가 달라지기 때문이다. Michaelis-Menten 상수(K_m) 또한 더 커지거나 작아질 수 있으며, 열 안정성은 일반적으로 증가하지만 오히려 감소하는 경우도 있다.

단원 정리

효소(enzyme)는 동물, 식물, 미생물 등 다양한 생명체 내에 존재하는데, 세포 내외의 대사 과정에서 진행되는 대부분의 생화학반응을 촉진하는 역할을 담당하고 있는 생체촉매(biocatalyst)로 기질과 반응하여 생성물을 만들어 낸다.

식품을 구성하는 대부분의 성분은 동물, 식물, 미생물과 같은 생물체에서 유래한 것이므로 가열 처리하지 않은 식품에서는 이들 속에 존재하는 효소가 활동을 계속하여 식품 성분을 지속적으로 변화시키고 있다. 이들 효소의 작용이 식품의 가공 또는 저장 과정에서 바람직한 방향으로 일어날 때에는 그 작용을 촉진시키고, 반대로 바람직하지 않은 방향으로 일어날 때에는 그 작용을 억제해야 한다. 채소를 데치는 과정은 효소의 작용을 억제하는 대표적인 예라고 할 수 있다.

효소는 과연 무엇인가? 어떤 물질로 구성이 되어 있으며 어떠한 특성을 지니는지, 기질 특이성을 비롯하여 어떤 조건하에서 효소의 활성이 활발한지를 살펴보고자 한다. 효소의 촉매 작용에 따라 효소의 이름이 어떻게 명명되는지를 살펴보고, 아울러 효소가 여러 가지 반응을 함에 있어 영향을 미치는 인자로는 어떠한 것들이 있으며 이들을 어떻게 관리해야 하는지도 이해하고자 한다. 또한 효소가 식품의 여러 분야에서 활용되고 있는데 이를 파악함으로써 아직 활용되지 못하고 있는 분야에서도 응용 가능성을 살펴본다.

연습문제

1 다음 내용 중 효소의 역할 및 반응 특성에 관해 올바르게 설명한 것만 고른 것은?

가. 효소 작용을 통해 화학반응의 속도가 빨라진다. 나. 효소반응은 화학반응의 평형상수에 변화를 주지 않는다. 다. 효소 작용을 통해 화학반응에 필요한 활성화 에너지를 감소시킨다. 라. 효소반응 온도의 증가에 따라 반응속도는 비례적으로 증가한다.

① 가 ② 가, 나
③ 가, 나, 다 ④ 가, 나, 다, 라

2 효소를 명명하는 분류체계 중 하나의 작용기를 하나의 분자 구조에서 다른 분자로 옮겨주는 작용을 하는 효소군은?

① 전이효소(transferase) ② 합성효소(ligase)
③ 산화환원효소(oxidoreductase) ④ 이성질화효소(isomerase)

3 식품 내의 포도당 함량을 효소적 정량 분석을 실시하는 경우 활용되는 효소 조합 및 반응 순서가 올바른 것은?

① Glucose oxidase → Lipoxigenase ② Tyrosinase → Glucose oxidase
③ Glucose oxidase → Peroxidase ④ Lipoxigenase → Glucose oxidase

4 식품 내에 포함되어 있는 포도당과 산소를 제거하여 식품의 산패나 갈변을 방지하기 위해 적용할 수 있는 효소의 조합과 반응 순서로 옳은 것은?

① Glucose oxidase → Tyrosinase ② Glucose oxidase → Catalase
③ Peroxidase → Glucose oxidase ④ Catalase → Glucose oxidase

5 식품 가공 산업에서 활용되는 효소와 역할 간의 조합이 올바르지 못하게 짝지어진 것은?

① 포도당 이성질화효소 : 포도당의 이성질화를 통한 갈락토스 생산
② 글루코아밀레이스 : 녹말의 당화를 통한 포도당 생산
③ 베타-갈락토시데이스 : 젖당불내증을 저하시킬 수 있는 유제품 생산
④ 폴리갈락투로네이스 : 과일 주스 생산 공정 중 청정 과정에 활용

*정답은 뒤에 있습니다.

6 공유결합을 통해 운반체에 효소를 고정화할 때 효소단백질 내 아미노산 잔기 중 작용기로 참여할 수 없는 것은?

① 라이신 엡실론(ε)-아미노기 ② 시스테인 SH기

③ 알라닌 CH_3기 ④ 타이로신 OH기

7 다음 중 녹차 가공 중 거품을 유발하는 폴리페놀성 고분자 제거를 위해 활용 가능한 효소는?

① Lactase ② α-Amylase

③ Papain ④ Tannase

8 효소는 생체 촉매로서 무기 촉매와는 많은 차이가 있다. 효소가 무기 촉매와 다른 점은?

9 효소 활성에 영향을 주는 여러 인자들을 나열하고 각각에 대해 설명하시오.

10 효소동력학 상수 중 K_m 및 k_{cat}의 생화학적 의미는?

08 식품의 풍미

1. 서론

풍미(flavor)란 식품이 부여하는 감각으로 맛(미각, taste)과 냄새(후각, odor)를 위주로 하여 기타 촉각(tactile), 통각(pain), 온냉각(temperature)을 종합한 감각, 또는 이러한 감각을 주는 식품의 종합적 특성을 말한다. 즉 풍미는 식품이 주는 감각, 또는 그 감각을 나타내는 식품 특성이란 두 가지 뜻을 나타낸다. 일반적으로 식품의 비휘발성 성분은 미각으로, 휘발성 성분은 후각으로 인식되며, 기타 성분이나 특성들도 구강이나 비강 안을 자극하여 기타 풍미 감각에 관여한다.

풍미 = 미각 + 후각 + 촉각 + 통각 + 온냉각

식품의 1차적 기능이 영양소의 균형 잡힌 공급을 위한 영양 기능이라면, 2차 기능은 식품의 풍미, 조직감, 색깔 등 풍요로운 식생활을 위한 감각 기능이다. 생활수준이 향상됨에 따라 식생활은 기아 해결, 영양, 식도락 단계 등을 거치게 되는데, 식도락단계에서는 소비자들이 신선하고 안전하며 풍미가 좋은 고품질의 식품을 요구하게 된다. 이때 풍미는 식품의 품질을 결정하는 가장 중요한 요소가 된다. 식품의 풍미를 개선하기 위한 각종 풍미료 소재는 기술 집약적이고 부가 가치가 높으며 고가의 제품으로 식품산업 발전에도 기여할 수 있다는 특징이 있다.

지구상의 생물이 단세포로 시작되었을 때부터 생명체 유지에 필요한 영양소 등 '유인 물질'과 생명에 위해를 줄 수 있는 '기피 물질'을 구별하기 위해서 여러 화학 물질을 인식하여야 했으며 이를 위해 다양한 감각 체제를 가지게 되었다. 이들 인식 체제는 원시생물로부터 인간과 같은 고등생물로 진화하면서 점점 복잡하고 세밀한 미각, 후각, 시각, 청각, 촉각의 5가지 감각기관으로 발전하였다. 이 중 식품의 풍미와 직접적인 관련을 갖는 것은 미각과 후각이며 그외 촉각, 시각, 청각 등도 상당 부분 관여한다. 기본적으로 미각과 후각은

> **Tip**
>
> **식품의 풍미**
>
> 식품의 풍미는 주로 냄새로 인식하기 때문에 냄새를 맡지 못하면 풍미를 느낄 수 없다. 풍미의 80~90%는 냄새에 의해 좌우된다고 해도 과언이 아니다. 또한 대부분의 향기 성분은 농도에 따라 냄새 특성이 달라진다. 예를 들어 skatole (3-methylindole)은 높은 농도에서는 분뇨 냄새를 나타내지만 농도가 옅으면 향기롭고 좋은 냄새가 난다.

생물이 자신의 생명현상 유지를 위하여 특별히 발달시킨 감각이다. 따라서 생물체를 구성하는 주요 성분인 탄수화물 또는 당류, 단백질 또는 아미노산, 지방질, 핵산, 무기 염류나 기타 식품에 특유의 휘발 성분 냄새를 모두 독특한 미각이나 후각 물질로 인식하게 되었다.

2. 풍미의 특성

식품은 크게 2가지 요소에 의하여 각각의 독특한 풍미를 나타낸다. 첫째는 식품을 구성하고 있는 화합물의 조성이다. 식품에는 산, 염류, aldehyde, alcohol, ester, 염기, 황화합물, 탄화수소, 헤테로고리(heterocyclics) 화합물 등 수많은 화합물군이 존재하는데, 이들 화합물은 자체적으로 각기 독특한 풍미 특성을 보인다. 따라서 식품이 나타내는 풍미는 이들 화합물의 조성에 따라 달라진다. 둘째는 각 성분의 상대 및 절대 농도이다. 각 풍미 성분의 절대농도는 풍미의 강도를 결정하는데, 같은 성분이라도 절대농도에 따라 풍미의 질이 달라질 수 있다. 또 어떤 식품에 들어 있는 여러 풍미 성분은 같은 종류의 성분이 들어 있다고 하더라도 각 성분의 상대적 비율에 따라 전체적인 풍미의 특성이 크게 달라질 수 있다.

각각의 풍미 성분을 감지할 수 있는 최소 농도, 즉 한계값(threshold value)은 각각의 성분에 따라 크게 달라진다. 예를 들어 수용액 상태에서 ethanol의 냄새를 맡을 수 있는 한계값은 10^5 μg/L이지만 2-methoxy-3-isobutylpyrazine의 한계값은 2×10^{-3} μg/L로 5,000만 배의 차이를 나타낸다. 따라서 가스 크로마토그래피(gas chromatography, GC)의 결과로 나타난 성분 중에서 피크가 크게 나타나 성분의 함량이 많다고 해서 반드시 중요한 풍미 성분인 것은 아니며, 함량이 적더라도 한계값에 대한 비율이 큰 성분이 풍미에 크게 관여한다. 어떤 성분의 함량을 한계값으로 나눈 값을 풍미 단위(flavor unit)라고 하는데, 식품 중의 일정 성분의 풍미 기여도를 풍미 단위로 나타낸다.

$$\text{풍미 단위} = \frac{\text{풍미 성분의 농도}}{\text{한계값}}$$

3. 식품의 맛

일반적으로 식품의 비휘발성 물질은 맛으로 인식되고 휘발성 물질은 냄새로 인식하지만, 식초의 아세트산과 같은 다수의 중간 물질은 맛과 냄새 모두로 인식된다.

1) 미각기관

미각은 혀뿐만 아니라 입천장, 입바닥, 입술, 뺨의 안쪽 등 입안의 모든 부분과 인두(pharynx), 후두(larynx), 후두개(epiglottis)까지 포함하는 넓은 부위에서 인식되지만, 맛 물질이 맛 수용체에 의해 감지되는 원미는 혀에서만 느낀다. 미각기관으로서 혀에는 맛꼭지(유두, papilla)가 존재하는데, 맛꼭지에는 그 생김새에 따라 울타리꼴(유곽, circumvallate), 잎꼴(엽상, foliate), 실꼴(사상, fili form), 버섯꼴(용상, fungi form)의 네 가지가 있다.

맛꼭지의 밑부분에는 여러 개의 맛봉오리(미뢰, taste bud)가 분포하며, 맛봉오리는 50개

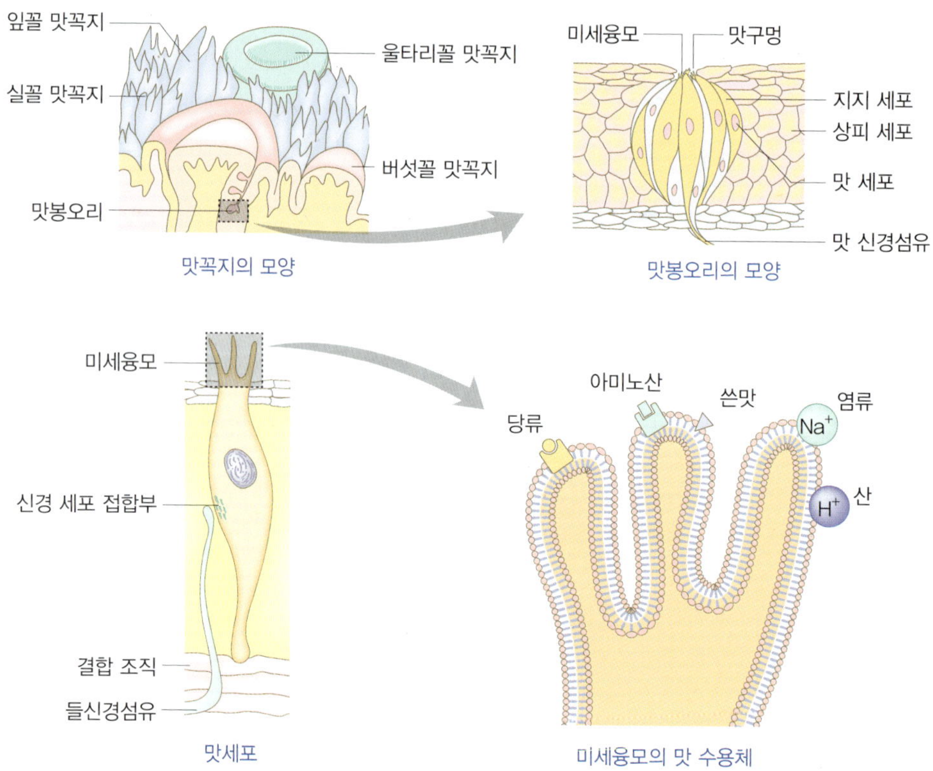

그림 8.1 미각기관의 구조

정도의 맛 세포와 지지 세포로 구성되어 있다. 맛 세포의 위쪽 끝에는 미세융모(microvilli)가 있어 이곳의 세포막에 여러 가지 원미를 인식하는 맛 수용체가 분포되어 있으며, 맛 세포의 밑에 존재하는 신경섬유는 신경절을 통해 중추신경에 연결된다. 이와 같은 미각기관의 구조를 그림 8.1에 나타내었다.

2) 미각의 인식 메커니즘

미각은 맛 물질이 맛 수용체에 결합함으로써 생화학반응을 일으키고, 그 결과 화학에너지가 전기에너지로 전환되며, 이때 발생된 활동전위가 각 맛 물질의 독특한 미각으로 대뇌에서 인식된다. 미각의 인식 과정에는 적어도 5가지 경로가 관여하는 것으로 생각된다.

당류 등 단맛 물질은 수용체 단백질과 결합한 후 그림 8.2에 나타낸 것처럼 두 가지 경로를 활성화시키는 것으로 알려져 있다. 수용체 단백질과의 결합은 G 단백질을 활성화시키고, 효소 adenyl cyclase (AC)를 자극하여 cyclic AMP (cAMP)를 합성하게 된다. cAMP는 단백질 인산화효소(protein kinase A, PKA)를 활성화시켜 K^+ 통로에 관여하는 단백질을 인산화시키며 이에 따라 K^+ 전도를 막는다. 그 결과로 세포막의 탈분극이 일어나게 되고, 신경섬유 접합부에 신경전달물질을 방출하게 되면 활동 전위가 발생되어 대뇌에 단맛의 미각이 전달되게 된다. 한편 saccharin과 같은 고감도 감미료는 수용체 단백질과 결합하여 G 단백질이 활성화된 후 phospholipase C (PLC)를 자극하여 diacylglycerol (DAG)을 생성하고, 이것이 protein kinase C (PKC)를 활성화시켜 앞에서와 같이 K^+ 통로를 막아 활동 전위를 발생시키는 것으로 추정된다.

쓴맛 물질은 수용체 단백질과 결합한 후 최소한 하나의 생화학 경로를 활성화시킨다. 수

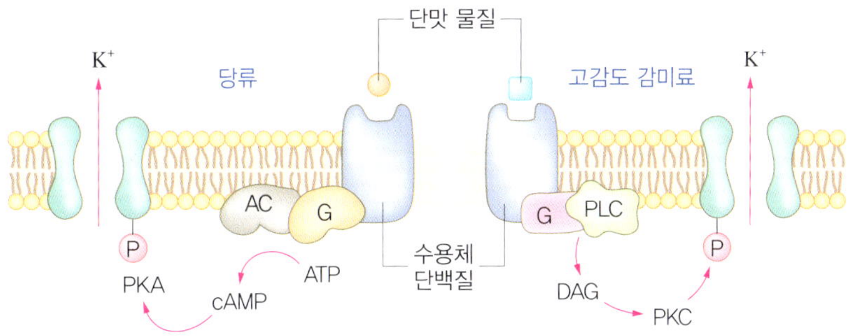

그림 8.2 맛 수용체에서 단맛 물질의 인식과 신호 발생

용체 단백질과의 결합으로 G 단백질을 자극하여 phosphodiesterase (PDE)를 활성화시키면 PDE는 세포 내 cAMP의 수준을 낮춘다. 그 결과 이온 통로를 열어 칼슘 이온이 세포 내로 유입되면 탈분극이 일어난다.

짠맛을 내는 염류나 신맛을 나타내는 산과 같은 이온 상태의 맛 물질은 맛 수용체 세포막의 이온 통로에 직접 작용하게 된다. 산이 이온 통로에 결합하면 Na^+ 이온의 흐름을 막아 탈분극이 일어나고 신경신호가 발생하게 된다. 한편 염의 양이온(Na^+ 등)은 이온 통로를 투과할 수 있기 때문에 막전위를 변화시켜 탈분극이 일어나게 된다(그림 8.3).

감칠맛을 내는 glutamate나 nucleotide가 관여하는 생화학 경로는 아직 확실하게 밝혀지지 않았다. 이들 감칠맛 물질의 수용체에는 Glu의 결합 부위와 nucleotide의 다른자리입체성(allosteric) 부위가 있는 것으로 추정된다.

또한 원미가 아닌 '기타 맛'의 인식 메커니즘은 아직 확실하게 밝혀지지 않았다. 이들 자극 물질은 점막 상피조직의 자유신경에 작용하여 신경의 소수성 막에 용해된 후 신경의 칼슘 이온 전도를 변화시키는 것으로 알려져 있다.

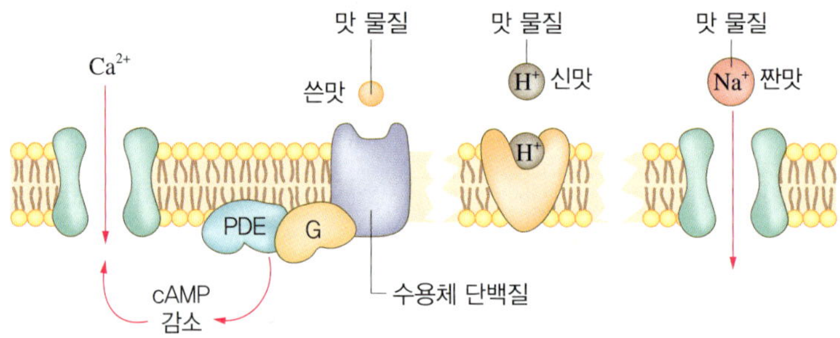

그림 8.3 맛 수용체에서 쓴맛, 신맛, 짠맛 물질의 인식과 신호 발생

Tip

미맹

미맹 여부를 판단하는 페닐싸이오카바마이드(phenylthiocarbamide, PTC)라는 물질이 있는데, 이 물질은 맛을 보는 감각이 정상인 사람에게는 쓴맛을 나타내지만 미맹인 사람은 아무런 맛을 느끼지 못하거나 다른 맛으로 느끼게 한다. 미맹은 유난히 백인들에게 많이 나타나는 편으로 약 30%에 이른다. 황색 인종은 약 15%이고 흑인은 약 3 %로 매우 적은 편이다. 이와 같이 미맹은 유전되지만 아직 정확한 원인은 밝혀지지 않은 상태이다. 다만 맛을 감지하는 감각 수용체가 잘못된 것일 수도 있고, 침 속에 phenylthiocarbamide를 용해하는 효소가 부족하거나 타액 조성이 제대로 이루어지지 못한 경우도 있을 수 있다. 드물게는 갑상선 기능에 이상이 있는 경우에 나타난다는 견해도 있다.

3) 맛의 종류와 맛 성분

(1) 원미

빛에는 빨강, 파랑, 초록의 3원색이 있어 각각의 빛을 감지하는 수용체가 존재하며, 또 이 3가지 원색을 적당히 혼합함으로써 모든 빛깔을 나타낼 수 있다. 이와 마찬가지로 맛에도 맛 수용체에 의해 인식되는 원미(primary taste)가 존재하며, 원미가 되기 위한 조건은 다음과 같다.

① 다른 원미의 것과는 다른 맛 수용체 부위가 존재해야 한다.

② 그 맛의 질이 다른 원미와 확실히 달라야 한다.

③ 여러 원미 물질을 혼합하더라도 그 맛을 나타낼 수 없어야 한다.

원미에는 일반적으로 단맛, 쓴맛, 짠맛, 신맛, 감칠맛의 5가지가 있는 것으로 인정되고 있다.

① 짠맛

짠맛(함미, salty taste)은 알칼리 할로젠염에서 전형적으로 나타나는데 Li, Na, K, Rb 등 IA족 원소의 양이온과 F, Cl, Br, I 등 halogen 음이온들의 염이 해당된다.

짠맛은 양이온에 의해 나타나고 음이온은 짠맛을 억제하는 것으로 알려져 있다. 짠맛은 NaCl에서 가장 잘 나타나는데 Cl 이온은 짠맛을 가장 적게 억제하는 음이온이다. 이들 알칼리 할로젠염은 그 조성 이온에 따라 쓴맛을 내기도 하는데, 쓴맛이 나는 것은 표 8-1에 나타낸 것과 염의 종류, 용해도, 분자량에는 상관없이 조성 이온 직경의 합이 6.58Å 이상일 경우에 나타나며 그 미만의 크기에서는 짠맛만 나타나는 것으로 알려져 있다.

② 신맛

신맛(산미, sour taste)은 수소 이온(H^+) 공여체, 즉 브론스테트산(Bronsted acid)에서 나타난다. 따라서 신맛 물질에 해당하는 것은 유기산, 무기산은 물론 중성 pH 부근에서 수소 이온을 낼 수 있는 질소화합물도 포함된다.

무기산에는 염산, 황산, 인산 등이 있는데 식품의 신맛을 주기 위한 목적으로는 거의 사용되지 않으나 인산은 일부 음료 등에서 사용된다. 아미노산 중에서 산성 아미노산인 Glu, Asp 등이 신맛을 나타내며 His도 수소 이온이 해리될 수 있어 신맛을 나타낼 수 있다. 식품에 많이 들어 있고 식품에 신맛을 주기 위해 주로 사용하는 신맛 성분은 카복실기를 가

표 8-1 알칼리 할로젠염의 화학 특성에 따른 짠맛과 쓴맛

염	이온 직경의 합(Å)	쓴맛	짠맛	용해도 (g/100 mL H_2O)	분자량
LiCl	4.98		+	63.7	42.39
LiBr	5.28		+	145.0	86.85
NaCl	5.56		+	35.7	58.44
LiI	5.76		+	151.0	133.84
NaBr	5.86		+	116.0	102.90
KCl	6.28		+	34.7	74.56
NaI	6.34		+	184.0	148.89
RbCl	6.56		+	77.0	120.92
KBr	6.58	+	+	53.5	119.01
RbBr	6.86	+		98.0	165.38
CsCl	6.96	+		162.2	168.36
KI	7.06	+		127.5	166.01
CsBr	7.26	+		124.3	212.81
RbI	7.34	+		152.0	212.37
CsI	7.74	+		44.0	259.81

표 8-2 식품에서 중요한 유기산

종류	구조	분포
아세트산(Acetic acid)	$CH_3 \cdot COOH$	식초, 김치
젖산(Lactic acid)	$CH_3 \cdot CHOH \cdot COOH$	김치, 발효유
석신산(Succinic acid)	$HOOC \cdot CH_2 \cdot CH_2 \cdot COOH$	당근, 청주, 조개
말산(Malic acid)	$HOOC \cdot CH_2 \cdot CHOH \cdot COOH$	사과, 감, 귤, 레몬
타타르산(Tartaric acid)	$HOOC \cdot (CHOH)_2 \cdot COOH$	포도
시트르산(Citric acid)	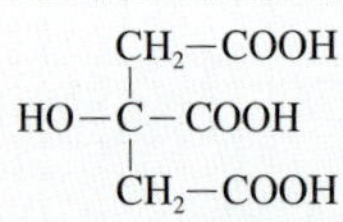	귤, 레몬, 토마토, 살구
아스코브산(Ascorbic acid)	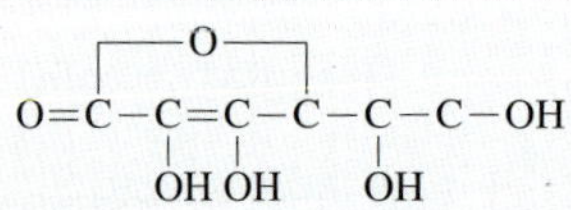	과일류, 채소류
글루콘산(Gluconic acid)	$HOOC \cdot (CHOH)_4 \cdot CH \cdot OH$	곶감, 양조 식품

진 유기산이며, 식품의 중요한 유기산은 표 8-2에 나타내었다.

③ 단맛

단맛(감미, sweet taste)과 화학 구조

단맛과 쓴맛은 전혀 다른 별개의 원미이지만 같은 G 단백질 결합수용체(G-protein coupled receptors, GPCR)에 의해 인식되는 것으로 알려져 있다. 다만 수용체의 활성 부위와 상호작용을 일으킬 수 있는 맛 물질의 구조 특성에 따라 각각 단맛 또는 쓴맛으로 달리 느껴지게 된다. 그동안 맛 물질의 구조와 특성에 관하여 가장 많이 연구되어 온 것은 단맛 물질에 관한 것이다. Kier는 단맛 물질의 구조로 AH-B-X설을 제시한 바 있는데, 여기에서 AH는 수소 이온 공여기, B는 수소 이온 수용기, X는 소수기를 나타내며 단맛 물질의 AH, B, X 각 부위는 맛 수용체의 B, AH, X 각 부위와 각각 수소 또는 소수 결합으로 결합하여 단맛을 느끼게 된다고 한다. 설탕 등 일반 당류는 AH와 B 부위만으로 보통의 단맛을 나타내지만 AH, B, X의 3부위가 모두 존재할 경우 단맛이 훨씬 강한 고감도 감미료가 된다. 그림 8.4의 [A]는 실제 단맛을 나타내는 몇 가지 화합물에서 세 작용기의 부위를 나타낸 것이다. 이때 X 부위의 모양과 크기에 따라 단맛과 쓴맛이 결정되는데, 아미노산 유도체의 경우 X 부위가 에틸기 이하의 크기일 경우 단맛을 나타내고 그 이상일 경우 쓴맛을 나타낸다.

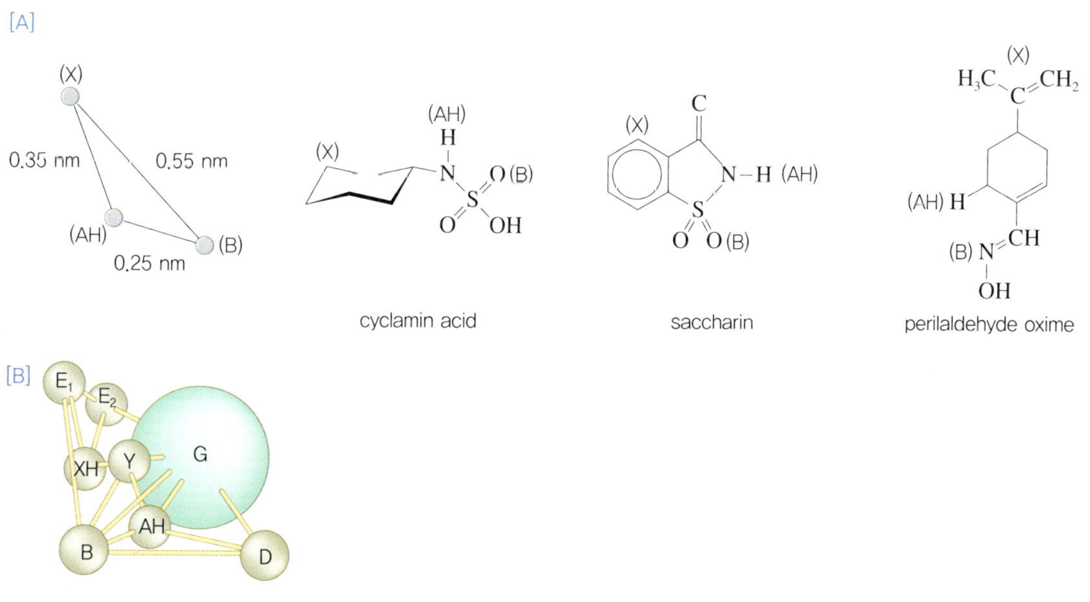

그림 8.4 Kier[A]와 Tinti 및 Nofre[B]가 제안한 단맛 물질의 구조

Tinti와 Nofre는 Kier의 이론을 발전시켜 고감도 감미료의 경우 한꺼번에 모두 요구되지는 않으나 적어도 8개의 인식 부위가 존재한다고 주장하였으며, 그림 8.4의 [B]에 나타낸 바와 같이 AH, B(음이온), G(소수기), D(수소결합 수용기)의 고친화성 부위 외에도 수소결합 수용 ligand(Y, E_1, E_2)와 XH(수소결합 공여기)가 있는 것으로 단맛 물질의 모형을 제시하였다.

단맛 물질

단맛이 AH, B 또는 AH, B, X 부위에 의해 나타나므로 이상의 구조를 가진 모든 화합물은 단맛을 나타낼 수 있으며, 따라서 단맛을 내는 물질의 종류도 매우 다양하다. 가장 대표적인 단맛 물질은 설탕(sucrose)으로 이를 단맛의 표준 물질로 삼는다. 표 8-3은 여러 가지 단맛 물질과 자당에 대한 상대적인 감미도이다.

- 당류 : 당류는 그 구조상 여러 개의 하이드록시기를 가지고 있는데, OH기는 수소 이온의 공여체 또는 수용체 역할을 모두 할 수 있으므로 자당, 포도당, 과당 등의 당류

표 8-3 여러 가지 단맛 물질과 감미도

단맛 물질		감미도	단맛 물질		감미도
당류	Sucrose	1	아미노산류	Glycine	0.7
	Fructose	1.5~1.8		Alanine	0.6
	Invert sugar	0.9~1.2	고감도 감미료	Cyclamate	30~80
	Glucose	0.5~0.7		Glycyrrhizin	50
	Maltose	0.5		Aspartame	100~200
	Lactose	0.27		Acesulfame-K	130
	Galactose	0.6		Stevioside	300
	Xylose	0.4		Naringin dihydrochalcone	300
	Rhamnose	0.6		Sucralose	450~650
	Palatinose	0.4		Saccharin	500~700
	Trehalose	0.45		Neohesperidin dihydrochalcone	1000~1500
폴리올류	Xylitol	0.9		Monellin	1500~2000
	Glycerol	0.8		Alitame	2000
	Mannitol	0.7		Thaumatin	2000~3000
	Sorbitol	0.7			

는 모두 단맛을 나타낸다. 당류 중에서는 과당의 감미도가 가장 높은데, 과당은 꿀의 주요 성분이기도 하고 설탕을 가수분해한 전화당 성분이기도 하다.

- 폴리올(polyol)류 : Glycerol과 같이 OH기를 여러 개 가진 polyol 알코올류도 OH기에 의해 단맛을 나타낸다. Xylitol, mannitol, sorbitol 등은 단맛과 함께 찬맛도 나타내어 청량감을 준다.
- 아미노산류 : 아미노산에서는 카복실기가 수소 이온 공여체로 작용하고 아미노기가 수소 이온 수용체로 작용하므로 역시 단맛을 나타낼 수 있다. 다만 아미노산 중에서 소수성 기 X에 해당하는 측쇄가 에틸기 이하의 크기를 갖는 glycine과 alanine이 단맛을 나타내고 그 이상 크기의 소수성 측쇄를 갖는 아미노산은 쓴맛을 나타낸다.
- 천연 고감도 감미료 : 설탕보다 감미가 훨씬 높은 고감도 감미료는 식물에서 발견되어 전통적으로 사용되어 온 것도 있고, 인공적으로 합성되어 설탕 대체 감미료로 사용되는 것도 있다. 천연 고감도 감미료 중 글리시리진(glycyrrhizin)은 감초에 들어 있는 단맛 성분으로 감초는 한약재로 많이 사용된다.

스테비오사이드(stevioside)는 남미 파라과이 원산의 국화과 식물인 스테비아(*Stevia rebaudiana*)에서 추출한 glycoside이며, 백색 또는 회백색의 분말로 가열, 산, 알칼리 모두에 안정하다. Stevioside는 우리나라에서 식빵, 이유식, 백설탕, 갈색설탕, 포도당, 물엿, 알사탕, 벌꿀, 유가공품 이외의 식품에 사용이 허가되어 있다. Glycyrrhizin과

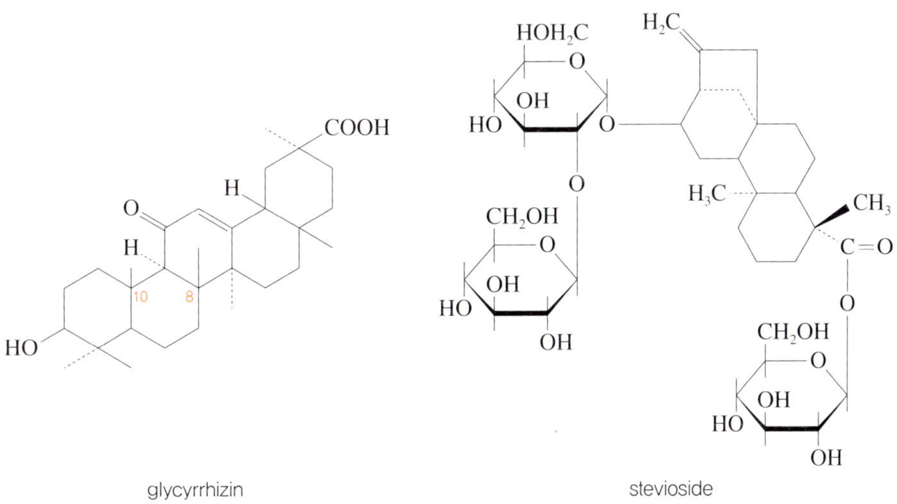

그림 8.5 글리시리진과 스테비오사이드의 구조

stevioside의 구조는 그림 8.5에 나타내었다.

기타 식물성 고감도 감미료로는 차조기(자소, *Perilla frutescens*)에 함유된 perillatine(자소당)과, 감차(*Hydrangea macrophylla*)의 잎에서 추출하는 phyllodulcin이 있다. Perillatine과 phyllodulcin의 감미도는 각각 설탕의 2,000 및 500배 정도로 상당히 높으나 독성이 있으므로 식품에는 사용이 허가되어 있지 않고 담배 등에 사용된다.

식물체에서 추출되는 단백질 중 단맛을 나타내는 것으로는 모넬린(monellin), 타우마틴(thaumatin), 미라쿨린(miraculin) 등이 있다. Monellin과 thaumatin은 설탕에 비교해 1,500~3,000배의 단맛을 나타낸다. Monellin은 아프리카에서 자라는 ***Dioscoreophyllum cumminsii*** 식물의 열매에 함유된 단백질로 분자량 11,000 dalton이며 아미노산 45개의 A peptide 사슬과 아미노산 50개의 B peptide 사슬이 비공유결합으로 연결되어 있다. Thaumatin은 서아프리카 식물인 ***Thaumatococcus daniellii***의 열매에 함유되어 있다. Thaumatin은 분자량이 23,000 dalton으로 207개의 아미노산이 8개의 이황화물 결합에 의하여 안정되어 있다. Miraculin 역시 아프리카 원산의 식물인 ***Synsepalum dulcificum*** (miracle berry)에 함유된 당단백질로 그 자체는 단맛이 없으나 이 열매를 씹은 후 신맛의 식품을 먹으면 신맛이 단맛으로 바뀐다.

- 합성 고감도 감미료 : 합성된 고감도 감미료는 극히 소량만 사용해도 단맛을 낼 수 있는 반면 흡수나 대사에 있어 어려움이 많으므로 비만 예방이나 당뇨 환자용으로 활용되는 경우가 많다. 합성 고감도 감미료 중 우리나라에서 사용이 허가된 것은 사카린나트륨(sodium saccharin), 아스파탐(aspartame), 아세설팜칼륨(acesulfame potassium, acesulfame-K), 수크랄로스(sucralose) 등이다.

Saccharin은 1879년 처음 합성된 후 공업적으로 생산되어 현재까지 사용되는 합성 감미료이다. 무색 또는 백색의 결정성 분말로 설탕의 500~700배의 단맛을 나타내며 열과 pH에 비교적 안정하다. Saccharin은 물에 잘 녹지 않으므로 보통 sodium saccharin 형태로 사용되며, 농도가 높아지면 뒷맛이 쓴 특성이 있다. Saccharin은 실험용 흰쥐에서 방광암을 유발한다는 주장이 있었으나 여러 국제기구에서 독성을 재검토한 결과 안전하다고 결정한 상태이고, 현재 세계 80여 국가에서 사용이 허가되어 있다. 우리나라는 젓갈류, 절임식품, 조림식품, 김치류, 어육 가공품, 잼류, 장류, 탁주, 소주, 과자, 캔디류, 빙과류, 아이스크림류 등에 사용이 허가되어 있다.

Aspartame은 아스파트산과 phenylalanine으로 이루어진 dipeptide의 methyl ester로 1965년 발견되었으며, 백색의 무취 분말로 설탕에 가까운 깨끗한 단맛을 나타낸다. Aspartame은 중성 및 알칼리 조건과 가열에 의해 분해되므로 비가열 식품과 산성 식품에 많이 사용된다. 여러 국제기구에서 검토한 결과 안전성이 인정되어 각국에서 사용되고 있으나 phenylalanine 대사에 이상이 있는 사람은 주의가 필요하다. 우리나라에서는 식사 대용 곡류 가공품, 청량음료, 과자류 충전물, 추잉껌, 다류, 식탁용 감미료, 아이스크림류, 빙과류, 잼, 시럽, 캔디류, 주류, 분말수프, 발효유, 특수영양식품 등에 사용이 허가되어 있다.

Sucralose는 자당의 염소화 유도체로 설탕의 약 600배의 감미도를 보이는데, 국제기구에서 대체적으로 안전하다고 인정하여 허용량을 승인하였다.

Acesulfame-K은 설탕의 약 130배 감미를 나타내며 뒷맛이 거의 없다. 우리나라에서는 최근 사용이 허가되었으며 미국, 독일, 영국 등 수십 개국에서 사용이 허가되어 있다.

이들 외에도 우리나라에서는 허가되어 있지 않으나 일부 국가에서 사용이 허가된 몇 종의 고감도 감미료가 있다. Alitame은 L-aspartic acid와 D-alanine으로 이루어진 dipeptide의 amide 유도체로 설탕보다 약 2,000배 강한 단맛을 내며 맛 특성도 깨끗하다. 이 감미료는 호주와 뉴질랜드 등에서 사용허가를 받고 있다. 이들 고감도 감미료의 구조는 그림 8.6에 나타내었다.

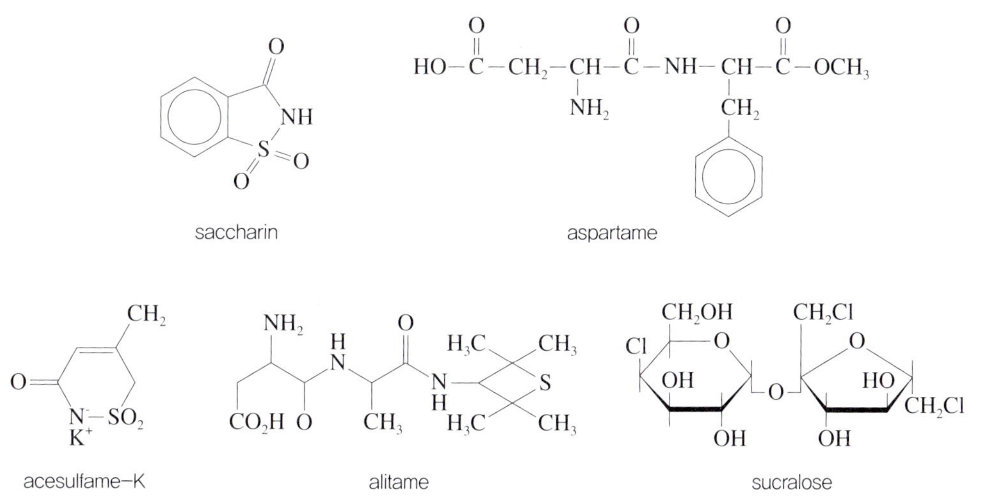

그림 8.6 고감도 감미료의 화학 구조

④ 쓴맛

쓴맛(고미, bitter taste)은 일반적으로 식품에서 바람직하지 않게 생각하며 또 많은 독성분이 쓴맛을 갖고 있으나, 커피, 맥주 등에서는 식품의 특징적인 맛이고 된장이나 치즈 등 발효식품에서는 소량 존재할 때 다른 맛과 조화를 이뤄 맛의 깊이를 더해 준다.

단맛과 쓴맛 물질은 기본적으로 모두 수소 이온 공여 및 수용체, 소수기의 구조로 되어 있으며 같은 G 단백질 결합 수용체에 의해 인식된다. 따라서 단맛 물질의 사소한 구조 변화에 의해 쓴맛으로 바뀔 수 있고, 일부 물질은 saccharin과 같이 단맛과 쓴맛을 동시에 나타내기도 한다. 여러 원미의 맛을 골고루 나타낼 수 있는 아미노산 유도체를 연구한 결과 아미노산 측쇄의 모양과 크기가 일정한 범위 내에 들어오면 단맛을 나타내고, 그 범위를 벗어날 경우 쓴맛을 나타내는 것으로 알려져 있다.

쓴맛을 내는 물질도 단맛 물질과 마찬가지로 유기 및 무기 화합물을 망라해 매우 다양하며 alkaloid, glycoside, 아미노산 및 peptide, 케톤류, 무기 염류 등이 대표적인 예이다.

Alkaloid는 '식물에서 유래된 질소 함유 염기성 화합물'로 quinine, morphine, cocaine, nicotine, caffeine 등이 이에 속한다. 이들은 대개 쓴맛을 가지며 여러 가지 생리 활성을 나타내는 경우가 많다. 이 중 quinine은 쓴맛의 표준 물질로 사용된다. 식품 중의 alkaloid로 대표적인 것은 커피에 들어 있는 caffeine과 코코아 및 초콜릿에 들어 있는 theobromine을 들 수 있다. 이들은 purine 유도체들이다. 쓴맛을 나타내는 alkaloid의 화학 구조는 그림 8.7에 나타내었다.

쓴맛을 내는 glycoside로는 감귤류에 들어 있는 naringin과 limonin, 오이에 들어 있는 cucurbitacin 등이 알려져 있다. Naringin은 감귤류 특히 자몽의 쓴맛을 내는 성분으로 flavanone인 naringenin의 glycoside이다. Naringin은 과즙이나 통조림을 제조할

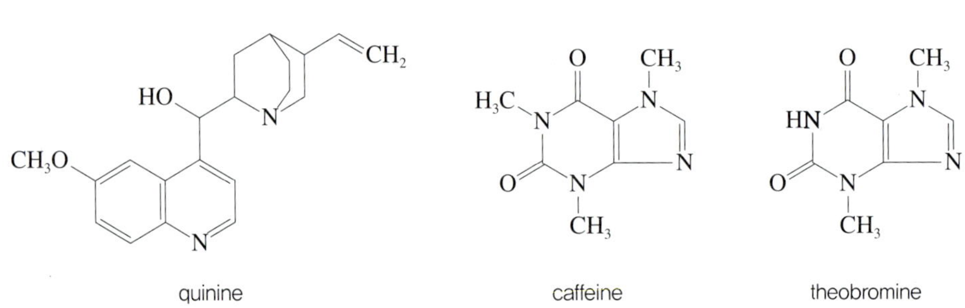

그림 8.7 쓴맛을 내는 알칼로이드의 구조

때 쓴맛이 문제되는 경우가 많은데 이때에는 효소 naringinase로 처리한다. Naringin에 naringinase가 작용하면 rhamnose가 가수분해되어 쓴맛이 나지 않는 prunin으로 바뀌고, 여기에 다시 flavonoid glucosidase가 작용하면 glucose까지 가수분해되어 aglycone인 naringenin을 형성하게 된다. Naringin과 limonin의 화학 구조는 그림 8.8에 나타내었다.

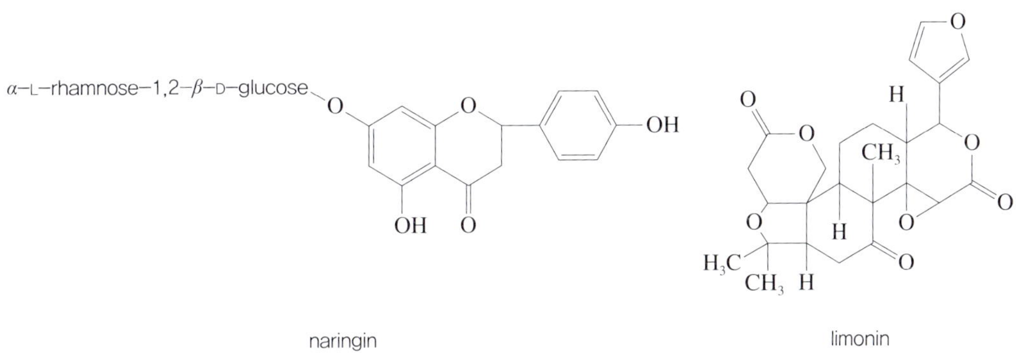

그림 8.8 **나린진과 리모닌의 화학 구조**

아미노산 중 측쇄의 소수도가 큰 Val, Leu, Ile, His, Tyr, Phe, Trp 등의 아미노산 또는 소수성 아미노산으로 이루어진 peptide는 모두 쓴맛을 나타낸다. 이들 쓴맛 peptide는 된장, 치즈, 젓갈, 막걸리 등 발효식품에서 단백질 가수분해 과정 중에 생성될 수 있으며 너무 많이 생성되면 풍미에 나쁜 결과를 초래한다.

케톤류 중 쓴맛을 나타내는 대표적인 성분으로는 호프(*Humulus lupulus*)의 정유 성분인 humulone과 그 유도체(α-acids), 그리고 lupulone과 그 유도체(β-acids)가 있는데 이들 ketone은 맥주에 특유한 쓴맛을 제공한다. 이들 α-acids와 β-acids는 맥주 제조 공정 중 맥아즙과 함께 끓일 때 가운데의 방향족 고리가 6각 형태에서 5각 형태로 바뀌는 이성질화 반응이 일어나는데 그 결과로 용해도와 함께 쓴맛도 커지게 된다. 이들의 구조는 그림 8.9에 나타내었다.

무기 염류 중 이온 크기의 합이 6.58Å 이상인 alkali halogenide 등이 쓴맛을 나타내는 것은 앞의 표 8-1에서 살펴보았는데, 이들 외에도 $MgCl_2$, $MgSO_4$ 등 큰 이온으로 이루어진 모든 염류는 쓴맛을 나타낸다.

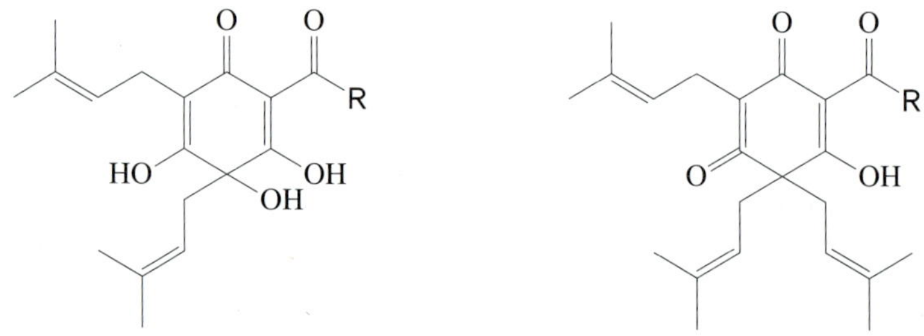

α–acids		β–acids	
R = $CH_2CH(CH_3)_2$	humulone	R = $CH_2CH(CH_3)_2$	lupulone
$CH(CH_3)_2$	cohumulone	$CH(CH_3)_2$	colupulone
$CH(CH_3)CH_2CH_3$	adhumulone	$CH(CH_3)CH_2CH_3$	adlupulone

그림 8.9 **후물론과 루풀론의 화학 구조**

⑤ 감칠맛

감칠맛(지미, savory, umami taste)은 주로 monosodium L-glutamate (MSG)와 5′-inosinate (IMP) 등 일부 nucleotide에 의해 나타나는 맛이다. 감칠맛은 아직도 일부에서 원미로 인정하지 않고 있으나, 근래에 발표된 여러 자료는 감칠맛이 원미로서의 여러 조건을 충족시키고 있음을 보여 준다. 즉, Glu 등 감칠맛을 내는 여러 아미노산은 측쇄 구조의 유사성에 따라 여러 개의 해당 맛 수용체가 있으며, 이 수용체는 단백질 가수분해효소인 pronase 처리에 의해 맛 응답이 소실되는 것으로 보아 단백질 부분을 포함하고 있는 것으로 보인다. 또한 Glu의 맛이 다른 원미의 맛에 영향을 주지 않으며 그 맛의 질이 다른 원미와 다르고, 또한 다른 원미 물질을 여러 가지 조합으로 혼합해도 감칠맛이 나지 않는 것이 확인되었다.

IMP 등의 nucleotide는 Glu 등 아미노산의 감칠맛에 대해 상승 작용을 하는 것으로 알려져 있다. 동물에 따라 상승 효과를 나타내는 nucleotide의 종류는 달라지는데, 사람의 경우에는 GMP, IMP, XMP의 순서로 상승 효과가 크게 나타난다. 이들 nucleotide는 purine의 6번 탄소가 모두 카보닐기로 되어 있다는 공통점이 있다. IMP의 감칠맛을 1로 했을 때 GMP, XMP, AMP는 각각 2.3, 0.61, 0.18의 감칠맛 강도를 보인다. 이들 nucleotide의 화학 구조는 그림 8.10에 나타내었다. Nucleotide는 Glu 수용체의 활성 조절 부위에 결합함으로써 다른자리입체성 전환을 일으키고, 이에 따라 수용체의 Glu 결합 부위를 증가시킴으로써 상승 효과를 나타내는 것으로 추정한다.

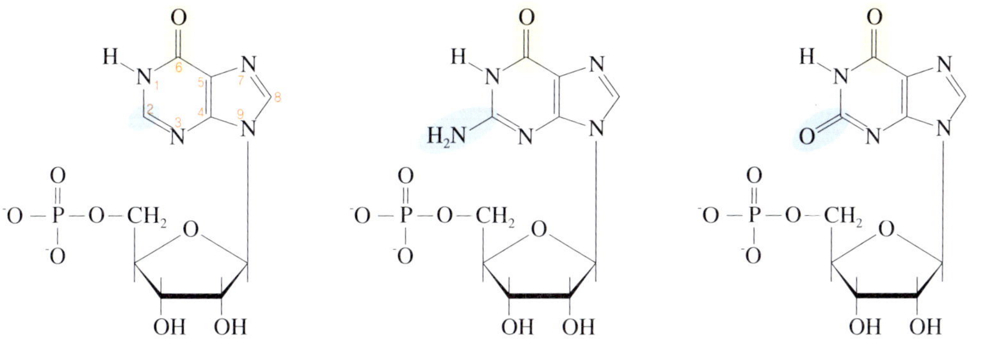

IMP GMP XMP

그림 8.10 감칠맛의 상승 효과를 나타내는 뉴클레오타이드

(2) 기타의 맛

지금까지 설명한 원미 외에도 사람들은 매운맛, 떫은맛 등 여러 가지 '맛'을 느끼는데, 이들 기타의 맛은 원미와는 달리 맛 수용체에서 인식되는 것이 아니라 자유신경이나 혀의 점막 등 구강 내에서 복합적으로 느끼는 감각이다.

① 매운맛

매운맛(신미, pungency)은 구강 내의 자유신경을 통해 느끼는 일종의 통각이다. '매운맛'이라고 표현되는 미각은 상당히 넓은 범위의 맛 특성을 포괄하기 때문에 몇 개의 무리로 나누어 볼 수 있다.

고추의 '매운맛'은 capsaicin류 화합물에 의해 나타난다. 일반적으로 고추의 capsaicin은 약 70%는 capsaicin, 약 20%는 dihydrocapsaicin 형태로 존재하고, 나머지는 nordihydrocapsaicin, homocapsaicin, homodihydrocapsaicin으로 존재한다. 이 중 capsaicin과 dihydrocapsaicin이 같은 정도의 강한 매운맛을 나타내며, 나머지 capsaicin류는 약 절반 정도의 매운맛을 보인다. Capsaicin류의 구조는 다음과 같다.

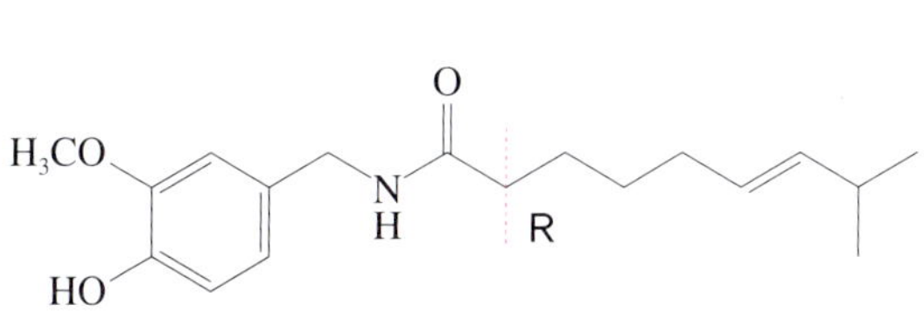

capsaicin

R = $(CH_3)_2-CH-CH=CH-(CH_2)_4-$ capsaicin
R = $(CH_3)_2-CH-(CH_2)_6-$ dihydrocapsaicin
R = $(CH_3)_2-CH-(CH_2)_5-$ nordihydrocapsaicin
R = $(CH_3)_2-CH-CH=CH-(CH_2)_5-$ homocapsaicin
R = $(CH_3)_2-CH-(CH_2)_7-$ homodihydrocapsaicin

후추의 매운맛은 주로 piperine이며 그 구조는 아래 그림과 같다. Piperine은 탄화수소 사슬의 이중결합 모양에 따라 chavicine, isopiperine, isochavicine 등의 이성질체가 있으며, 이 중 chavicine은 piperine에 비해 절반 정도의 매운맛을 나타내고, isopiperine과 isochavicine은 약한 매운맛을 나타낸다.

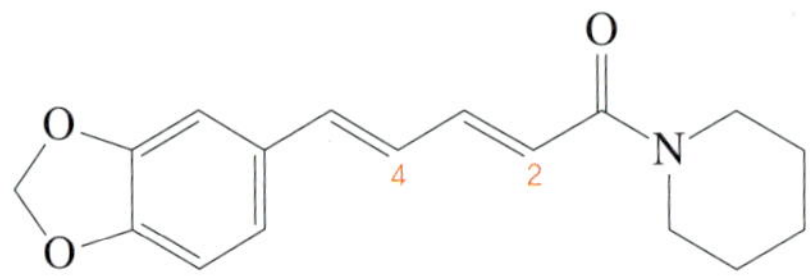

piperine

piperine : 2–t, 4–t
chavicine : 2–c, 4–c
isopiperine : 2–c, 4–t
isochavicine : 2–t, 4–c

겨자, 고추냉이, 무 등의 매운맛은 isothiocyanate에 의해 나타난다. Isothiocyanate의 일반식은 R-N=C=S로 나타낼 수 있는데 R 그룹에 따라 그 분포와 매운맛의 특성이 달라진다. 매운맛을 나타내는 isothiocyanates의 종류별 특성을 표 8-4에 나타내었다.

생강의 매운맛은 주로 페놀류인 gingerol과 shogaol에 의해 나타난다. 신선한 생강에서는 gingerol이 주성분이지만, 정유로 가공한 경우에는 shogaol이 주성분으로 나타난다. Gingerol과 shogaol에서는 각각 탄화수소 사슬의 CH_2 개수가 4, 6, 8인 이성질체가 존재하며, 사슬이 커질수록 매운맛은 떨어진다. 생강의 가공과 저장 중에 gingerol이 탈수소 반응을 일으키면 shogaol을 형성하고, 분해되면 방향족 ketone인 zingerone을 생성한다.

표 8-4 아이소싸이오사이아네이트의 종류와 특성

일반식 : R-N=C=S			
R		분포	풍미 특성
$CH_2=CH-CH_2-$	Allyl	고추냉이, 겨자	매운맛, 최루 성분
$CH_2=CH-CH_2-CH_2-$	3-Butenyl	겨자, 무	매운맛, 냄새
$HO-C_6H_4-CH_2-$	*p*-Hydroxybenzyl	겨자	매운맛
$CH_3-S-CH=CH-CH_2-CH_2-$	4-Methylthio-3-butenyl	무	매운맛, 유황 냄새
$C_6H_5-CH_2-CH_2-$	2-Phenylethyl	고추냉이, 순무, 갓냉이	갓냉이의 냄새
$CH_3-CH_2-CH-CH_3$	2-Butyl	고추냉이	아린맛, 풋내
$CH_3-CH-CH_2-CH_2-CH_2-$	4-Pentenyl	고추냉이	아린맛, 풋내

Shogaol의 매운맛은 gingerol의 2배 정도이나 zingerone은 달콤한 향신료 냄새를 줄 뿐 매운맛은 내지 않는다. 계피 등의 매운맛은 cinnamic aldehyde에 의한 것으로 zingerone과 마찬가지로 방향족 aldehyde 화합물이다. 이들 매운맛 성분의 구조는 다음과 같다.

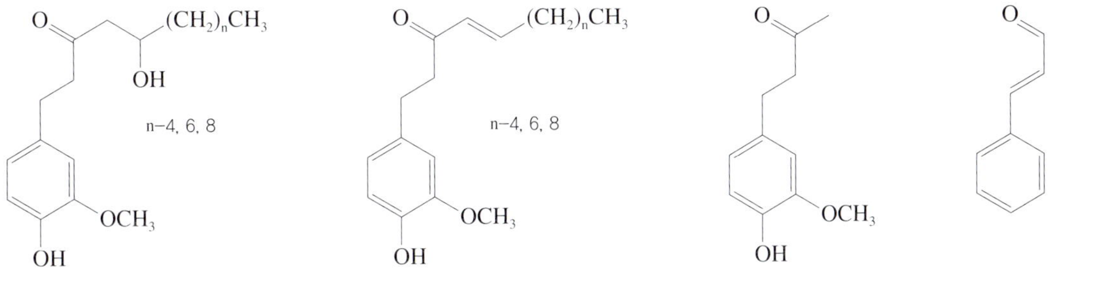

gingerols　　shogaols　　zingerone　　cinnamic aldehyde

파, 양파, 마늘, 부추 등 파속(*Allium*)에 속하는 채소에서는 여러 가지 황화합물이 매운맛과 향을 나타내며 최루 성분(lachrymator)으로 작용한다. 이들 화합물의 중요한 전구물질은 cysteine sulfoxide 등 아미노산의 sulfoxide들이다. 파속의 채소를 썰거나 갈면 alliinase라는 효소가 sulfoxide에 작용하여 설펜산(sulfenic acid)들을 형성하는데, 설펜산들은

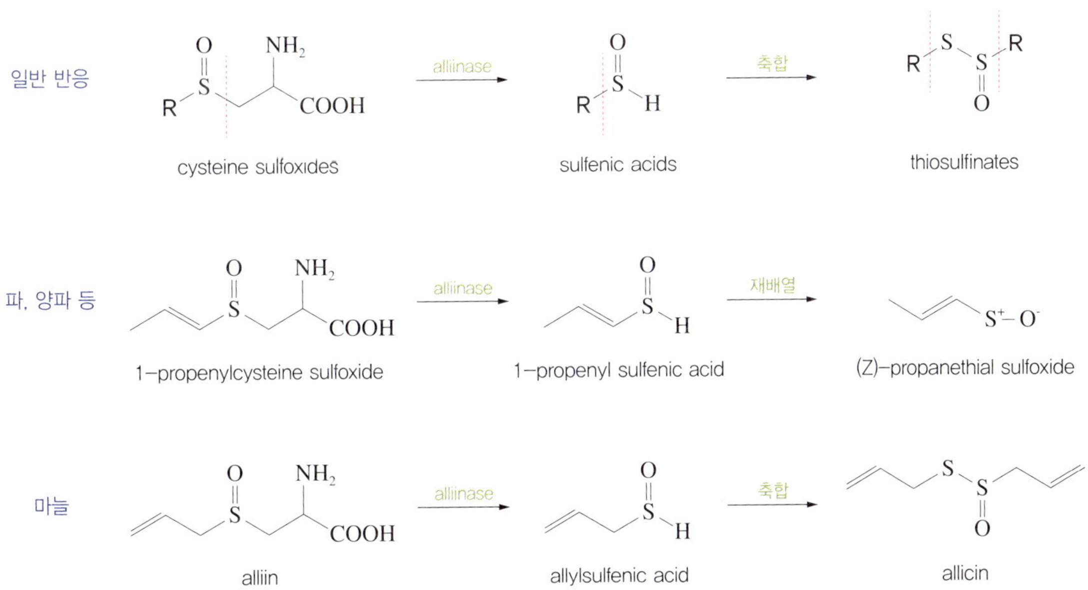

그림 8.11 파와 마늘류 채소에서의 풍미 성분 형성 반응

재배열되어 최루 성분인 (Z)-propane sulfoxide를 형성하거나 축합되어 냄새 성분인 여러 가지 thiosulfinates를 형성하게 된다. 이들 최루 성분과 thiosulfinates는 파속 식물을 썰 때 나타나는 전형적인 풍미 성분이다.

파나 양파 등에는 주로 1-propenylcysteine sulfoxide와 1-propenyl-γ-glutamyl sulfoxide가 전구물질로 존재하는데, 1-propenyl sulfenic acid가 형성되면 자발적으로 재배열되어 최루 성분인 (Z)-propanethial sulfoxide를 형성하게 된다(그림 8.11).

마늘에서는 아미노산 sulfoxide인 alliin이 alliinase 작용에 의해 allylsulfenic acid를 형성하고, allylsulfenic acid가 축합되어 매운맛 성분인 allicin (diallyl thiosulfinate)을 형성하게 된다(그림 8.11).

② 떫은맛

떫은맛(삽미, astringency)은 polyphenol이 많이 함유된 식품을 먹었을 때 polyphenol 성분이 혀의 점막 단백질과 강한 수소결합 또는 기타 결합을 함으로써 점막이 수축되는 감각을 말한다. 식품 중에서는 감, 차, 커피, 맥주, 포도주, 도토리 등에서 느낄 수 있으며 이들 식품에서는 특징적인 풍미를 나타낸다.

떫은맛을 내는 대표적인 성분은 tannin으로 분자량 500 이상의 식물성 polyphenol 성분을 통칭한다. Tannin은 다양한 식물체의 줄기, 뿌리, 잎, 나무껍질, 종실 등에 광범위하게 분포하며 종류도 대단히 많아서 기본 구조를 간단히 정의하기가 어려우나, 구조식에 -OH기를 다량 함유하여 단백질과 강한 수소결합을 할 수 있다는 특징이 있다. Tannin은 원래 무색이지만 효소적 갈변반응에 의해 갈색으로 변하기 때문에 식품의 색에도 관여한다.

Tannin에는 크게 가수분해성 타닌과 축합 타닌의 두 종류가 있다. 가수분해성 타닌의 대표 타닌산(tannic acid)은 효소적으로 쉽게 가수분해되어 glucose와 여러 분자의 갈산(gallic acid)을 생성한다. 다른 종류의 가수분해성 타닌에서는 갈산 대신 엘라그산(ellagic acid)을 생성하거나, glucose 대신 퀸산(quinic acid)을 생성하기도 한다. 엘라그산은 갈산 두 분자가 축합된 형태이다. 축합 타닌은 주로 leucocyanidin으로 구성된 플라보노이드류의 중합물이다. 축합 타닌은 일반적 조건에서는 쉽게 분해되지 않으나 가혹 조건에서는 catechin이나 anthocyanidin과 같은 플라보노이드류의 단위체(monomer)로 분해될 수 있다. 일반적으로 가수분해성 타닌은 떫은맛을 나타내지만, 이들 성분이 여러 가지 축합물을 형성하면 불용성이 되어 떫은맛은 사라진다.

덜 익은 감에는 anthocyanidin의 일종인 leucodelphinidin의 glycoside로 diospyrin이 함유되어 떫은맛을 나타내지만, 감이 익어가면서 불용성 tannin을 형성하므로 떫은맛이 사라진다. 차잎에서 나타나는 떫은맛은 갈산과 catechin에 의한 것이나 홍차에서는 발효 과정 중에 불용성 tannin으로 바뀐다. 커피의 떫은맛은 클로로겐산(chlorogenic acid), 밤의 떫은맛은 엘라그산에 의한 것이다. Tannin 중 대표적인 몇 가지의 구조를 그림 8.12에 나타내었다.

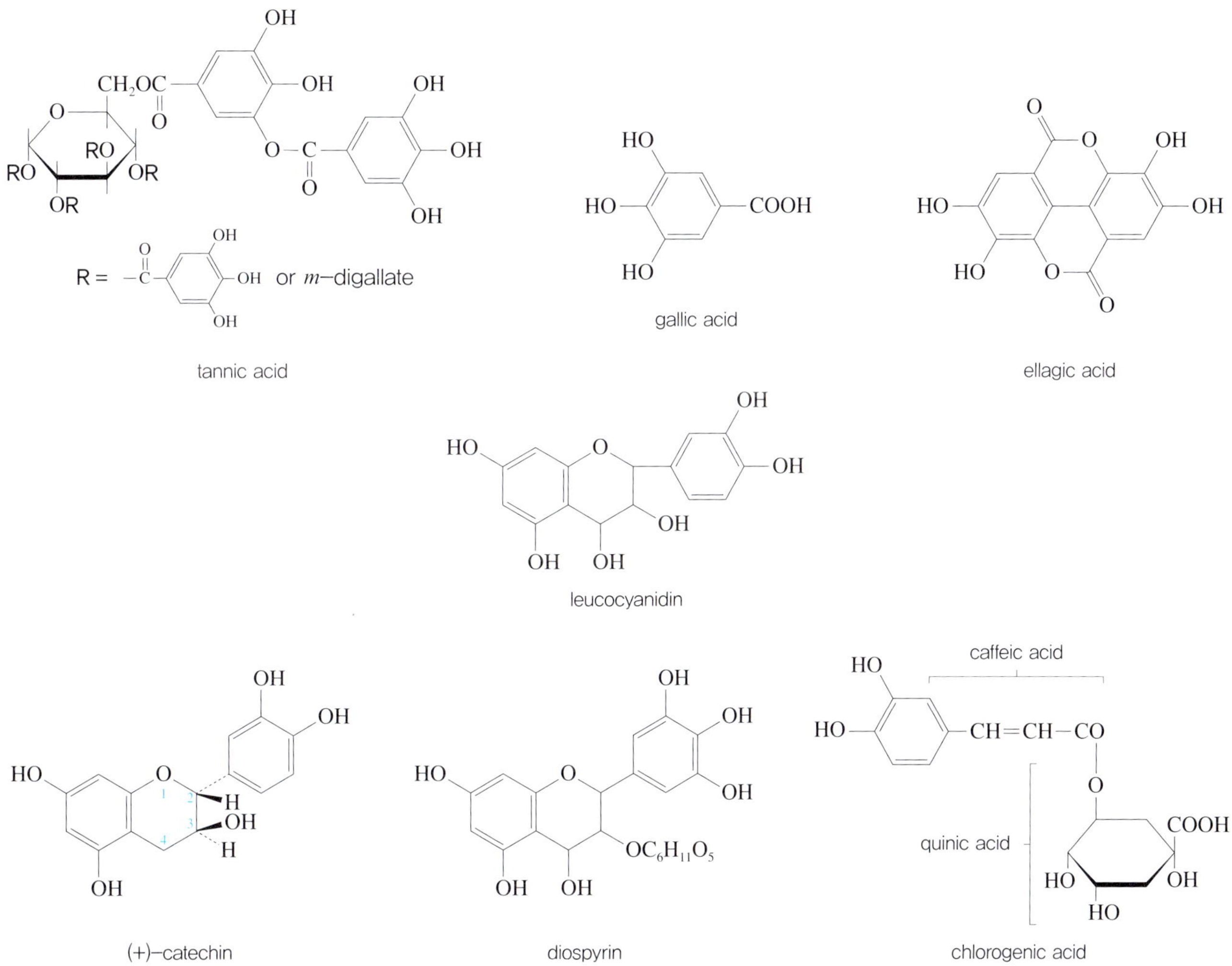

그림 8.12 식품에서 중요한 타닌의 구조

③ 아린맛

아린맛(결미, acrid taste)은 떫은맛, 쓴맛, 매운맛 등이 복합적으로 느껴지는 맛으로 일반적으로 불쾌하게 느낀다. 아린맛은 죽순, 토란, 고사리, 우엉, 가지 등에서 느낄 수 있다. 아린맛은 복합적인 맛이기 때문에 관여하는 성분도 많으나 isothiocyanate, alkaloid, tannin, aldehyde, 유기산, 무기 염류 등에 의해 나타나는 것으로 알려져 있다.

④ 찬맛

박하 등을 먹을 때 찬맛(냉미, cooling taste)을 느끼게 되는데, 이는 박하 성분이 침에 녹을 때 용해열을 흡수하기 때문으로 혀의 점막이 일시적으로 마비되는 효과가 있다. 멘톨(menthol)은 찬맛을 내는 대표적인 물질이며 (-)menthol이 (+)menthol보다 찬맛을 더 크게 나타내지만, isomenthol, neomenthol, neoisomenthol 등은 찬맛을 나타내지 않는다. 당알코올 중 xylitol, mannitol, sorbitol 등은 단맛과 함께 찬맛도 나타낸다.

⑤ 금속맛

금속맛(금속미, metal taste)은 금속 이온에 의해 나타나는 맛으로 혀의 표면이나 구강 안의 넓은 구역에서 감지되며, 뒷맛으로 느껴지는 경우가 많다. 금속맛은 수은이나 은의 염에서 가장 강하게 느껴지나 보통은 철, 구리, 주석의 염에서 느끼며 이때의 한계값은 20~30 ppm 정도이다. 또한 소금, 설탕, 시트르산, alcohol 등은 금속맛의 한계값을 높이지만, tannin은 반대로 한계값을 낮추어 구리 이온 등의 금속맛을 더 뚜렷하게 하는 것으로 알려져 있다.

⑥ 콜로이드맛

콜로이드맛(교질맛, colloidal taste)은 식품 중 colloid 성분에 의해 느껴지는 맛이다. 식품의 colloid 성분에는 녹말이나 검류 또는 단백질의 colloid, 지방의 유화물 등이 있는데, 이들이 혀의 점막에 닿았을 때 수화(hydration) 등의 효과에 의해 콜로이드맛을 나타낸다.

⑦ 알칼리맛

Hydroxyl 이온(OH^-)은 알칼리맛(alkaline taste)을 나타낸다. 식품에 존재하거나 가공 중에 첨가되는 NaOH, KOH, $NaHCO_3$ 등에 의해 나타날 수 있는 맛이다.

4. 식품의 냄새

식품의 냄새 또는 향은 풍미 성분 중 휘발성 성분에 의해 나타나는데, 맛에 비해 몇 가지 다른 특성을 보인다. 우선 민감도가 매우 커서 맛에 비해 훨씬 낮은 농도에서도 느낄 수 있다. 맛에 비해 종류가 대단히 많아서 사람의 경우 약 1만 종의 다른 냄새 성분을 인식할 수 있는 것으로 알려져 있다. 이제까지 5,000종 이상의 화합물이 휘발성 냄새 성분으로 동정되었는데, 이들 성분은 대개 분자량 300 이하의 지용성 화합물이다.

1) 후각기관

후각은 비강의 뒤쪽 천정에 존재하는 약 1~2 cm^2 넓이의 후각상피에서 인식되며, 후각상피는 후각 세포와 지지 세포로 구성되어 있고 점막에 덮여 있다. 후각 세포의 끝에는 후각섬모(olfactory cilia)가 존재하며, 이곳에 분포하는 냄새 수용체 단백질에 의해 냄새 성분이 인식된다.

각 후각 세포에는 하나 또는 몇 개의 수용체 단백질이 존재하고, 수용체 단백질은 보통 분자량이 40 kDa 이상으로 크며 최소한 1,000 종류 이상이 존재한다고 알려져 있다. 이들 수용체에서 인식된 정보는 후각 중추가 있는 대뇌 측두엽으로 모인 후 종합 분석 과정을 거쳐 인식되고 저장된다. 이 과정을 밝힌 업적으로 미국의 Axel 박사와 Buck 박사는 2004년 노벨의학상을 수상하였다. 후각기관의 구조는 그림 8.13에 나타내었다.

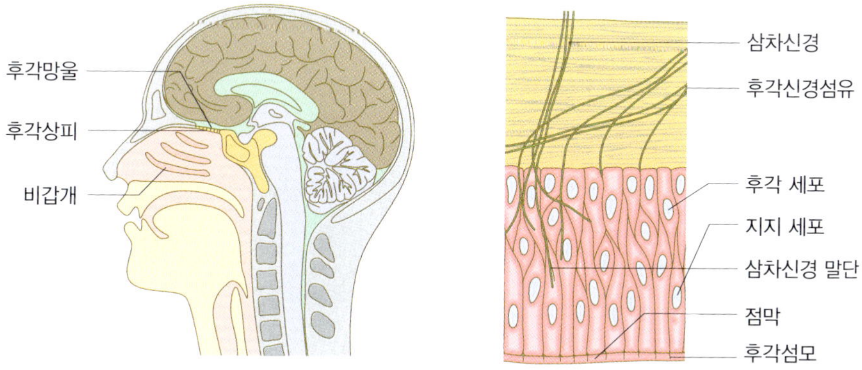

그림 8.13 후각기관

Tip

향 활성화합물(aroma active compound)

식품에 들어 있는 모든 휘발성 성분(volatile compounds)이 식품의 향에 관여하는 것은 아니다. 어떤 성분에 휘발성이 있더라도 한계값(threshold value)보다 낮은 농도로 존재하면 사람들은 그 성분의 향을 느끼지 못한다. 식품의 휘발성 성분 중 한계값보다 훨씬 높은 농도로 존재하여 식품에서 향을 느낄 수 있게 하는 휘발성 성분을 향 활성화합물(aroma active compound)이라 한다. 커피에는 수백 개의 휘발성 성분이 존재하지만 그중에 20~30개의 향 활성화합물을 가지고 커피 향을 재현해 낼 수 있다. 식품에서 향 활성화합물은 사람의 코를 검출기로 이용하는 가스크로마토그래피-후각측정법(gas chromatography-olfactometry)으로 분석한다.

2) 후각의 인식 메커니즘

후각은 그림 8.14에 나타낸 것과 같이 후각섬모의 수용체에 의해 인식된다. 각 냄새 성분은 특정 수용체 단백질에 각기 다른 친화도로 결합하게 되며, 냄새 혼합 성분은 각 수용체 부위에 경쟁적으로 작용하여 친화도가 적은 물질에 대해서는 인식 강도가 낮아지게 된다.

어떤 냄새 성분이 수용체 단백질에 결합하면 두 가지 생화학 경로에 의해 화학에너지가 전기에너지로 전환하게 된다. 수용체 단백질과의 결합은 특정 G 단백질을 활성화시킴으로써 adenyl cyclase (AC)를 자극하여 cAMP를 생성하거나, phospholipase C (PLC)를 작용시켜 막지질인 phosphatidylinositol bisphosphate (PIP_2)를 제2 전달물질인 inositol triphosphate (IP_3)나 diacylglycerol (DAG)로 전환시킨다. 이때 cAMP는 세포막의 Na^+ 채널, IP_3는 Ca^{2+} 채널과 각각 작용하여 열리게 한다. 이 결과로 세포막의 탈분극이 일어나고 신경섬유 연접부에 신경전달물질을 방출하게 되면 활동 전위로 중추신경에 후각이 인식된다. 현재까지 특정 냄새 성분이 어느 생화학 경로에 관여하는지, 또는 두 경로가 각각 독립적으로 작동되는지는 확실하지 않다.

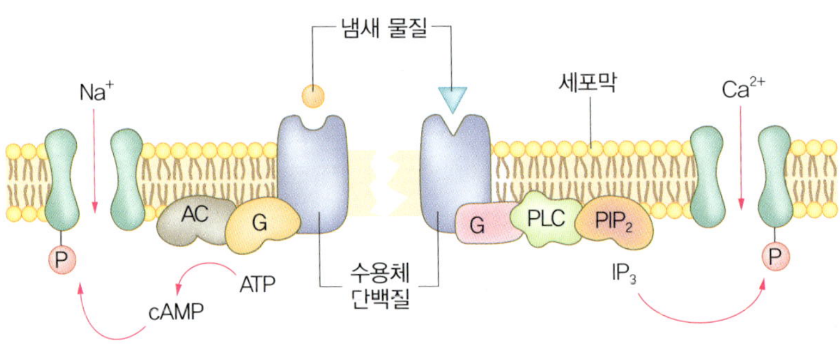

그림 8.14 냄새 수용체에서 냄새 물질의 인식과 신호 발생

Tip

전자코

1982년 영국의 Persaud와 Dodd가 사람 코의 기능과 구조를 기초로 하여 단일 종의 가스 인식 시스템을 소개한 것이 전자코의 시작이다. 사람 코의 기능을 디지털화한 시스템으로, 여러 개의 센서를 배열하여 특정 냄새 성분과 각 센서의 반응을 전기 화학적 신호로 바꾸어 이 데이터를 소프트웨어에서 처리하는 장치이다. 각기 다른 냄새의 정성, 정량 분석을 패턴 인식 처리 기술로 빠르게 분별 및 감별한다. 사람의 후각 인지 시스템을 모방한 전자코의 작동 원리는 크게 3부분으로 나누어 생각할 수 있다. 향기를 모으고, 향기 성분을 판독한 후 얻어진 결과를 해석할 수 있는 통계적 기법의 적용 과정이다. 일단 미량의 향기 성분을 모아서 분석한 다음 패턴을 분석하거나, 다양한 형태의 다변량 통계 분석을 시행함으로써 얻은 정보를 반복학습을 통해 기억하게 하여, 기존의 패턴과 비교하여 동일성과 차별성 정도를 분석하는 데 활용한다. 최근에는 전자혀, 전자눈 등도 상품화되어 있다.

Tip

이소 후각 수용체

후각기관으로 냄새를 맡는 것처럼 우리 몸의 여러 조직에는 후각 수용체가 이소 발현(ectopic expression)하여 조직의 특이적 신호 전달 과정을 통해 다양한 생물학적 기능을 수행하는 것이 알려져 있다. 정자가 꼬리를 흔들며 난자를 찾아 이동을 하는 데에도 이소 후각 수용체의 기능 조절이 작용한다고 한다. 뿐만 아니라 혈압을 조절하는 기능에도 이소 후각 수용체가 작동하여 이루어진다는 사실이다. 사람의 후각 수용체가 신호 전달 과정을 통해 피부 세포의 증식과 재생에 관여하며 melanin 합성을 저해하여 미백 효과를 낸다는 사실도 알려져 있다. 후각 수용체가 간 조직과 지방 조직에서도 발현되며, 특정 성분을 첨가하였을 때 체내 에너지 대사를 조절하여 체지방 감소를 일으킨다는 사실을 발표한 바도 있다.

3) 냄새의 종류

냄새 물질을 인식하는 사람의 수용체 단백질은 약 1만 종의 다른 성분을 인식할 수 있는 것으로 알려져 있는데, 이는 5종의 원미를 포함하여 10여 종의 특성을 보이는 미각에 비해서는 엄청나게 많은 숫자이다. 수많은 성분의 냄새 특성을 구분해 표현하는 것부터 어려움이 많아서 냄새 성분을 몇 개의 무리로 나누어 냄새 특성을 숫자로 나타내는 등의 객관적 표현 방법이 모색되기도 하였다. 또한 맛의 원미에 대비되는 원취를 찾기 위하여 후맹 등을 분석하는 노력들이 이루어져 왔지만, 몇 종류의 원취가 있는지에 대해서는 아직 통일된 의견이 없다.

후각의 인식 메커니즘과 관련하여 Amoore는 냄새 특성이 냄새 물질의 모양, 크기, 하전 상태 등에 좌우된다는 입체화학설(stereochemical theory)을 제시하며 장뇌(camphoraceous), 쏘는 맛(pungent), 정유(ethereal), floral, pepperminty, 사향(musky), 부패(putrid)의 7가지 원취를 제안하였다. 이 이론에서 그는 각 원취 물질에 대하여 각각의 냄새 물질을 인식하는 수용체가 있다고 가정하였다. 입체화학설에서 제시된 각 원취의 수용체 모양

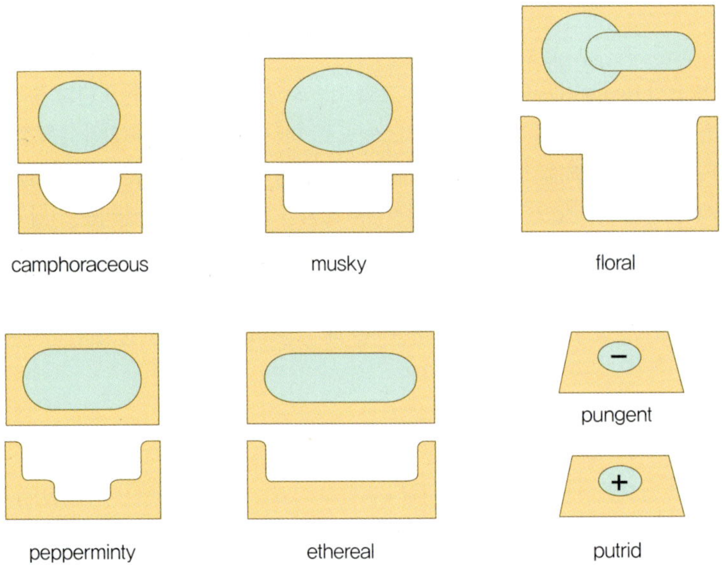

그림 8.15 입체화학설에 의한 냄새 물질의 수용체 모양

은 그림 8.15와 같으며, 각 수용체는 원취 물질에 맞는 모양과 크기를 가지나 pungent와 putrid는 전하에 의해 인식되는 것으로 가정하였다.

4) 냄새 성분

여러 가지 냄새 성분은 각 성분의 작용기나 화합물 특성에 따라 aldehyde, alcohol, ketone, 산, ester 등 수많은 화합물군으로 구분할 수 있는데, 이들 각각의 화합물은 각기 다른 냄새를 나타낸다. 식품들은 매우 다양한 화합물을 포함하고 있으며, 어떤 화합물은 이와 같은 작용기를 여러 개 가질 수도 있다. 따라서 어떤 식품의 풍미 특성이 간단히 규정되는 것은 아니지만, 여러 가지 냄새 성분의 특성을 화합물군별로 살펴보기로 한다.

(1) 알데하이드류

Aldehydes는 다양한 식품에 포함되어 있으며 중요한 풍미 특성으로는 과일과 채소류를 포함한 모든 식물의 풋내(green flavor), 각 채소나 과일의 풍미, 유지식품의 기름진 풍미, 유지식품의 산패취 등이 있다. 이때 직쇄상의 불포화 aldehyde가 포화된 것보다 더 강한 냄새를 풍기는 것이 보통이다. 이들 aldehydes는 일반적으로 oleic, linoleic, linolenic acid

등 불포화지방산의 산화 과정 중에 형성된 과산화물의 분해에 의해 생성되는데, 식물체에서는 lipoxygenase가 생성반응에 관여한다.

채소나 식물의 잎에서 공통적으로 나타나는 풋내는 (*E*)-3-hexenal이나 (*E*)-2-hexenal에 의한 것이다. 오이의 풍미는 (*E*,*Z*)-2,6-nonadienal과 (*E*)-2-nonenal에 의해 나타나고, (*E*)-6-nonenal은 멜론의 특징적인 풍미를 나타낸다. 건조된 감자의 전체적인 풍미는 여러 종의 2-alkenal과 해당 alkanal에 의해 나타난다. 짧은 직쇄 aldehyde는 천연 토마토 풍미의 필수 성분이다.

Aldehyde는 많은 과일의 풍미에도 관여한다. 사과에서는 (*E*)-2-hexenal과 (*E*)-3-hexenal, 그리고 (*E*)-2-hexenol과 (*E*)-3-hexenol의 조성 차이가 품종 간의 향을 다르게 하는 것으로 알려져 있다. 감귤류의 냄새는 decanal과 같은 탄소 수 8~10개의 직쇄 aldehydes와 terpineol 및 citral과 같은 terpenoid에 의해 나타난다. Benzaldehyde는 아몬드의 향기 성분인데 버찌 풍미에도 관여한다.

불포화지방산의 산화 과정에서 생성되는 여러 가지 aldehyde는 유지 식품의 풍미에 관여한다. (*E*,*Z*)- 및 (*E*,*E*)-2,4-decadienal은 면실유, 콩기름, 유지방, 쇠기름, 닭고기, 토마토 등 광범위한 식품에서 발견되며, 바람직하게 생각되는 기름진 풍미를 부여한다.

그러나 대부분의 경우 지방산에서 유래된 aldehyde는 불쾌한 산패취에 관여한다. (*E*,*Z*,*Z*)-2,4,7-decatrienal과 (*E*,*E*,*Z*)-2,4,7-decatrienal은 리놀렌산의 산화에 의해 형성되며 산패된 정어리 기름의 이취 성분이다. 마가린이나 분유에서 맡을 수 있는 이취는 (*E*)-6-nonenal에 의한다. 냉동 저장된 생선의 산패취는 (*Z*)-4-heptenal 때문이며, 이 성분은 고농도로는 버터와 콩기름에서 산패취를 나타내지만 1 ppb 수준에서는 버터의 고소한 풍미를 준다. 맥주에서는 (*E*)-2-nonenal이 묵은 종이 냄새를 강하게 나타낸다.

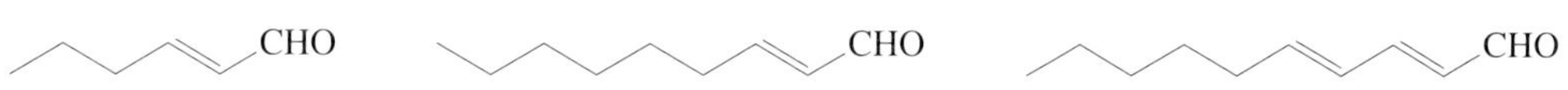

(*E*)-2-hexenol (*E*)-2-nonenal (*E*,*E*)-2,4-decadienal

(2) 알코올류

알코올류(alcohols)의 한계값은 일반적으로 aldehydes보다 훨씬 높기 때문에 식품의 풍미에서 덜 중요하다. 예를 들어 과일 잼이나 젤리를 저장할 때 aldehyde나 ketone 같은

carbonyl 화합물이 해당 알코올류로 바뀌기 때문에 그 함량이 줄어들면 풍미도 약해진다.

Alcohol 중 (*E*)-3-hexenol은 풋내를 나타내는데 이는 앞에서 얘기한 (*E*)-3-hexenal과 함께 고등식물에서 광범위하게 발견되며 풋내를 구성하는 중요 성분이다. 이들 성분은 차 잎에서 처음 발견되었다. 오이나 수박의 풍미에는 (*E,Z*)-2,6-nonadienol이 관여한다.

모든 종류의 신선한 버섯에서는 곰팡내가 나는데 이 냄새 성분은 1-octen-3-ol이다. 버섯을 건조시키면 이 성분이 산화되어 1-octen-3-one으로 바뀌면서 익힌 버섯 향을 내게 된다. 커피의 향에는 수많은 성분이 관여하지만 alcohol 중에서는 furfuryl alcohol이 포함된다.

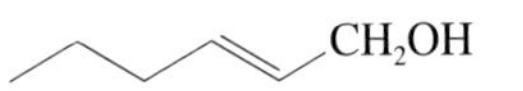

(*E*)-3-hexenol

(*E,Z*)-2,6-nonadienol

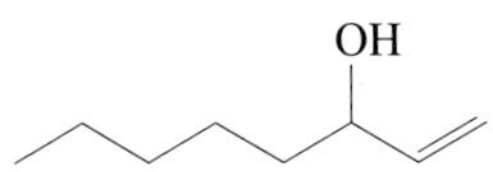

1-octen-3-ol

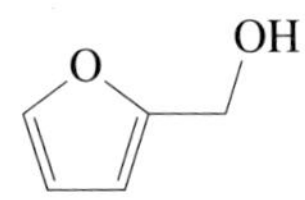

furfuryl alcohol

(3) 케톤류

대부분의 케톤(ketones)이 비교적 높은 한계값을 보이지만 2-pentanone, 2-heptanone, 2-nonanone 같은 것들은 치즈, 특히 곰팡이에 의해 숙성되는 블루치즈 등 발효 유제품의 매우 중요한 풍미 성분이다. 이들 성분은 지방산에서 *β*-산화 및 탈탄산 반응에 의해 생성된다. 유제품에 8-nonen-2-one을 첨가하면 강한 블루치즈 풍미를 주게 된다. 산화된 버터에서 금속취를 나타내는 것은 1-octen-3-one이다. 당근을 조리할 때는 *β*-carotene이 산화되어 *β*-ionone을 생성하는데 이 성분은 달콤한 꽃향을 낸다. 산딸기 향에는 4-(4-hydroxyphenyl)-2-butanone이 관여하는데 이 성분은 산딸기 케톤(raspberry ketone)으로 알려져 있다.

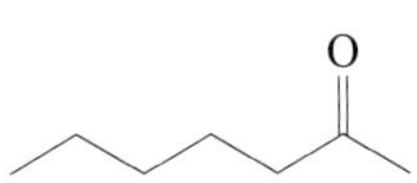

2-heptanone

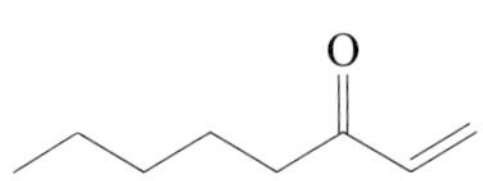

1-octen-3-one

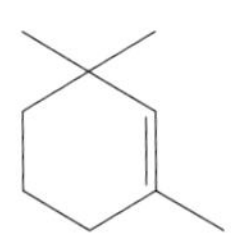

β-ionone

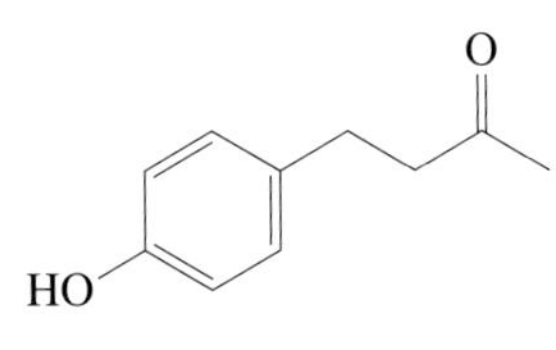

4-(4-hydroxyphenyl)-2-butanone

(4) 산류

산류(acids)는 신맛을 나타내는 맛 성분이기도 하지만 휘발성 산은 냄새 성분으로 작용한다. 뷰티르산(butyric acid)과 카프로산(caproic acid)은 한계값 이하의 농도에서 상호작용하여 버터와 체다치즈 등에서 바람직한 냄새를 나타낸다. 또한 프로피온산(propionic acid)은 스위스치즈의 필수 풍미 성분이다.

2-Hexenoic acid와 3-hexenoic acid는 산딸기 풍미의 중요 성분으로 알려져 있다. 동물성 및 식물성 지방을 공기 존재하에서 가열하면 2-alkenoic acid와 3-alkenoic acid를 형성하는데 이들은 튀김 식품의 중요한 풍미 성분이 된다.

여러 종의 alkyl 곁가지를 가진 지방산은 식품에서 강한 풍미를 나타낸다. (Z)-2-Methyl-3-pentenoic acid는 딸기의 달콤한 풋내를 주기 위한 성분으로 사용된다. Isovaleric acid (3-methylbutanoic acid)는 포화지방산 중 가장 낮은 한계값을 가지며, 림버거치즈의 냄새를 나타낸다. 양고기의 이취는 4-methyloctanoic acid 등 탄소 수 8~10의 곁가지를 가진 불포화지방산에 의한 것이다.

(5) 에스터류

여러 가지 에스터 성분은 대부분 과일과 꽃에서 중요한 향기 성분이다. 사과 향에는 amyl formate, isoamyl formate, isoamyl acetate, methyl butyrate, ethyl butyrate, ethyl-2-methylbutyrate 등이 포함되어 있는데, 이 중 ethyl-2-methylbutyrate는 사과 에스터로 알려져 있는 성분이다. 바나나 향은 isoamyl isovalerate, isoamyl acetate 등이 주요 성분인데 이 중 isoamyl acetate는 바나나 에스터로 알려져 있다. 포도 향은 methyl anthranilate, 살구 향은 amyl butyrate, 복숭아 향은 ethyl formate를 포함한다. 파인애플의 풍미는 (*E*)-3-hexenoic acid, (*Z*)-4-decenoic acid, (*Z*)-4-octenoic acid의 methyl ester 및 ethyl ester에서 나온다. Methyl 및 ethyl cinnamates는 달콤한 꿀 냄새를 내는데 딸기의 풍미에서 나타난다.

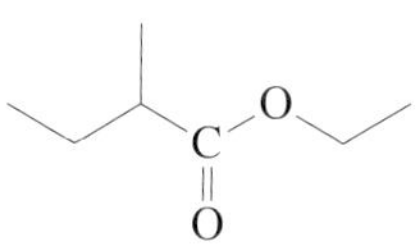

ethyl-2-methylbutyrate

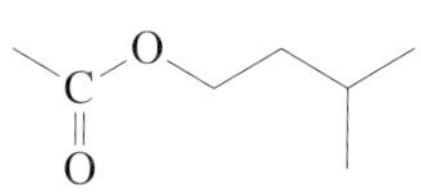

isoamyl acetate

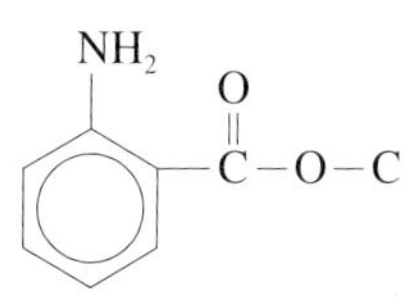

methyl anthranilate

(6) 락톤류

대부분의 락톤류(lactones)는 식품에서 과일, 코코넛, 견과류, 버터 등의 향을 내며, 평균 0.1 ppm 정도의 낮은 한계값을 가지기 때문에 풍미가 강한 편이다. Lactone은 한 분자 내의 OH와 COOH 사이에 형성된 ester이므로 해당되는 산과 화학 평형 상태에 있는데, 4-hydroxy acid는 γ-lactone을 형성하고 5-hydroxy acid는 δ-lactone을 형성한다. 대부분의 γ-lactone은 식물성 식품에서 나타나는 데 비해 δ-lactone은 주로 동물성 식품에서 나타나며 많은 유제품에서 달콤한 크림과 우유의 특징을 나타낸다.

γ-Butyrolactone은 특히 달콤한 볶음 향을 나타내는데 닭고기, 쇠고기 등의 육류, 살구·산딸기·딸기·건포도·자두·토마토·파인애플·감귤 등의 과일류, 커피·차·강냉이·볶은 땅콩·코코아·빵 등의 가열 가공식품, 맥주·포도주·식초 등 발효식품 등 다양한 식품에서 동정된다. 복숭아 등 과일의 풍미 성분은 δ-decalactone, γ-hexalactone, γ-heptalactone, γ-octalactone, γ-decalactone, γ-dodecalactone 등 많은 락톤류를 함유한다.

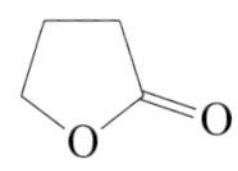
γ-butyrolactone

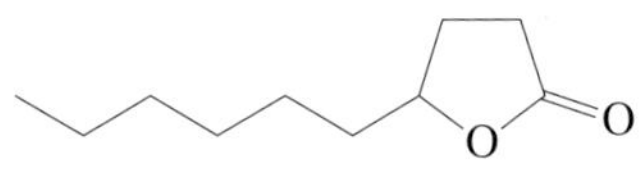
γ-decalactone

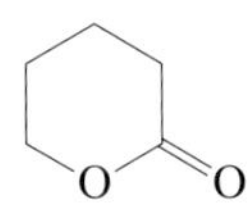
δ-decalactone

(7) 퓨란류

퓨라논(furanone) 등 산소화 퓨란(furan)은 모든 가열 식품에서 휘발 성분으로 나타나는데, 탄수화물의 마이야르 반응(Maillard reaction)에 의해 생성된다. Furfural과 furanone은 일반적으로 캐러멜이나 달콤한 과일 향 특성을 나타낸다. 5-Hydroxymethylfurfural은 탄내와 캐러멜 향으로 표현되는데 약한 육류 향을 내기도 한다. 구운 고기의 향 중 일부는 bis(2-methyl-3-furyl)disulfide에 의한 것이다. 4-Hydroxy-2,5-dimethyl-3(2H)-

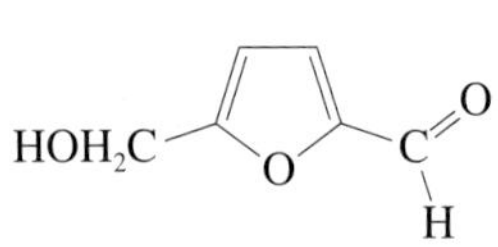
5-hydroxymethylfurfural

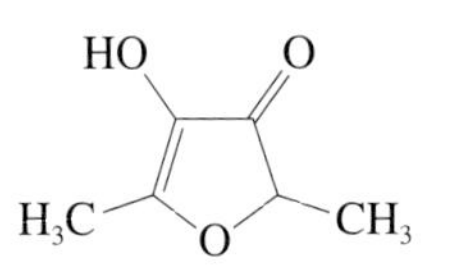
4-hydroxy-2,5-dimethyl-3(2H)-furanone (furaneol)

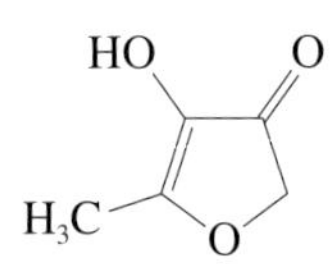
4-hydroxy-2,5-methyl-3(2H)-furanone

furanone (furaneol)이나 4-hydroxy-5-methyl-3(2H)-furanone은 쇠고기 국물, 파인애플, 딸기 등에서 발견되며, 캐러멜이나 탄 파인애플 향을 나타내고 낮은 농도에서는 딸기 향으로 바뀐다. 럼주의 향은 1-(2-furyl)propan-2-one에 기인한다.

(8) 페놀류

여러 향신료에서는 페놀류(phenols) 성분이 특이성 부여 화합물로 작용하는 경우가 있으며, 정향(clove)의 eugenol과 바닐라의 vanillin 등이 이에 해당된다.

포도주나 위스키, 브랜디 등의 alcohol 음료에도 phenol 성분들이 함유되어 있다. 이들 페놀류 성분의 생성에는 두 가지 대사 경로가 관여하는데 하나는 효모에 의한 발효 중 페놀산(phenolic acid)의 생화학적 분해이고, 다른 하나는 참나무통과 같은 저장 용기 등에서 유래된 lignin의 화학적 분해이다. Ethyl-methoxyphenol, vinyl-methoxyphenol 등은 포도주의 이취에 크게 관여한다. 포도즙에는 일반적으로 휘발성 phenol이 존재하지 않기 때문에 전구물질의 대사 과정에 의해 생성되는 것으로 추정된다.

훈연된 식품에는 훈연 향의 일부로 페놀류의 성분이 포함되어 있는데, 목재를 서서히 태우면 lignin은 여러 가지 phenol 성분들을 공급하게 된다. 따라서 훈연된 소시지, 베이컨, 햄 등 훈연 육제품은 phenol과 guaiacols (methoxyphenols)을 함유하고 있는데 이들 성분은 훈연 향의 중요 성분이다.

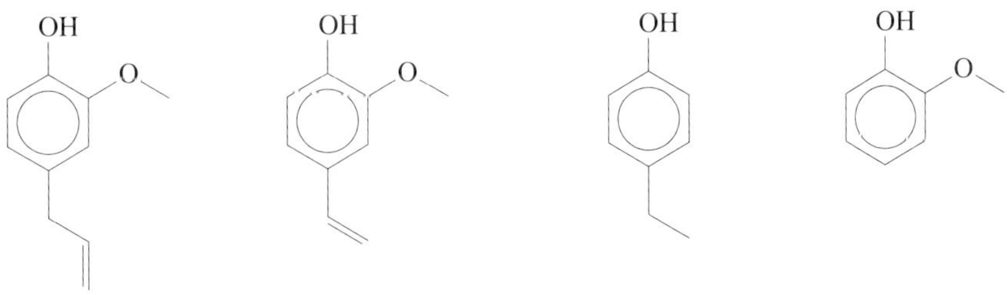

eugenol　　vanillin　　4-ethylphenol　　guaiacol

(9) 테페노이드류

테페노이드류(terpenoids)는 자연계에서 isoprene 단위를 제공하는 메발론산(mevalonic acid)의 대사에서 유래된 성분으로 hemi, mono, sesqui, diterpenoid류는 각각 1, 2, 3, 4개의 isoprene 단위를 가진다. 많은 종류의 herb, 향신료, 감귤류 등에서 특이 풍미를 나타나게 하는 것은 이 중 monoterpenoids이다. 탄화수소인 terpene은 대부분 식물의 정유(essential oil)에서 발견되나, 자신의 풍미는 매우 약하고 terpene의 산화물인 테페노이드류가 강한 풍미를 나타낸다.

Linalool, geraniol, nerol, citronellol 등은 자연계에 흔하게 존재하는 monoterpenoid 성분이며, 이들의 에스터류 및 알데하이드류 또한 흔하게 나타난다. Linalool과 citronellol에서 유래된 모든 천연 성분들은 광학이성질체(enantiomer)의 광학 활성 형태에 따라 그들의 냄새 특성도 달라진다. (-)-Linalool은 바질향 성분이지만 그 광학이성질체인 (+)-linalool은 고수의 휘발성 성분이다. 더 산소화된 linalool 유도체인 3,7-dimethyl-1,5,7-octatrien-3-ol은 라임 향을 나타내는데 여러 종의 포도, 포도주, 차 등에서도 발견된다.

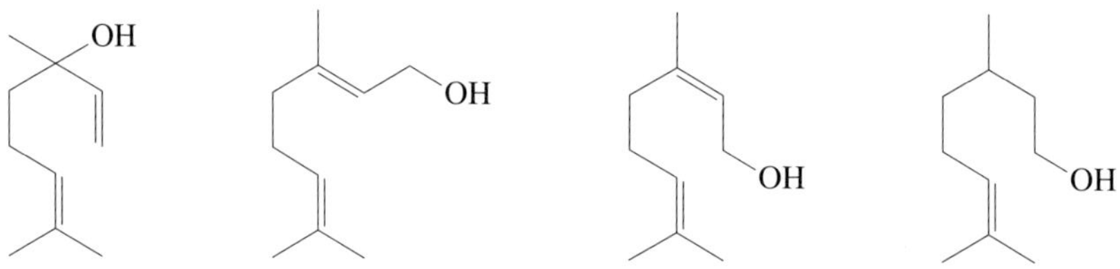

linalool geraniol nerol citronellol

Limonene은 단환(monocyclic) monoterpene의 가장 대표적 화합물로 (+)-limonene은 감귤류에 들어 있고, (-)-limonene은 박하류와 소나무류의 주요 성분이다. 박하 중 페퍼민트 향은 menthol에 의해 나타난다. 또 (-)-carvone은 스피아민트의 향을 나타내고 (+)-carvone은 캐러웨이의 냄새를 나타낸다. 당근 향기에는 monoterpene의 일종인 myrcene과 α-terpineol이 관여한다.

식물성 휘발성 성분 중에 α-pinene, β-pinene, camphene, 3-carene 등 쌍환(bicyclic) monoterpene은 매우 다양하고 풍부하게 분포한다. Camphor와 같은 쌍환 monoter-

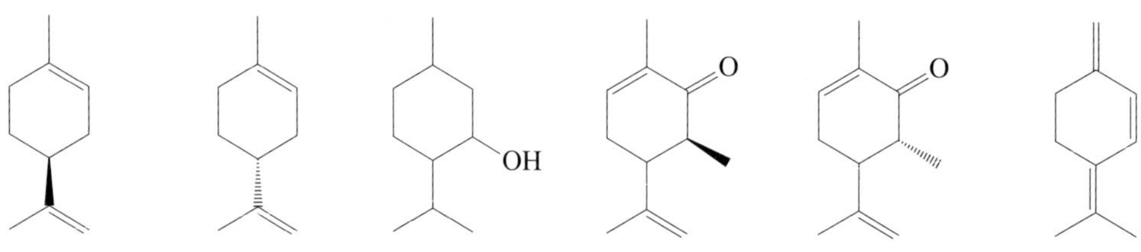

(+)-limonene (-)-limonene menthol (+)-carvone (-)-carvone myrcene

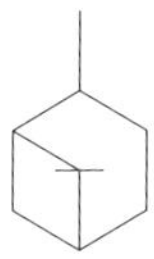
α-pinene

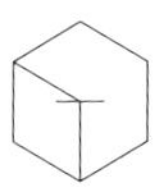
β-pinene

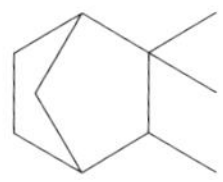
camphene

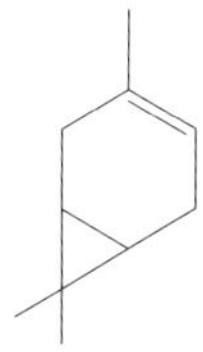
Δ^3-carene

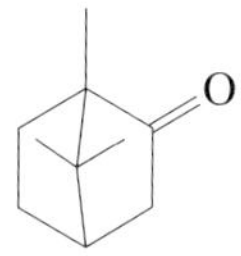
camphor

penoids도 비슷한 향을 내는데 보통 장뇌향(camphoraceous odor)으로 표현된다.

Monoterpene 유도체들에 비하여 더 큰 분자량을 갖는 sesquiterpene 화합물은 정유 중에 함량은 적으나 풍미로는 매우 중요하며, 그중 일부는 특이성 부여 성분으로 알려져 있다. Humulene epoxide는 맥주의 호프 특징에 기여한다. (+)-β-Bisabolol과 bisabolene oxide는 면화의 싹에서 발견되며 사과꽃 향을 나타낸다. Bisabolane 골격을 가지는 (-)-zingiberene과 (-)-sesquiphellandrene은 생강유에 들어 있으며 따뜻하고 나무 향 같으나 달콤한 향신료 냄새를 나타낸다. 자몽의 향기 성분으로는 nootkatone이 관여한다.

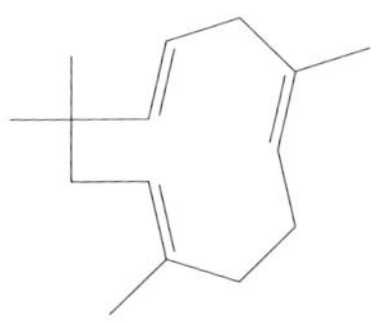
humulene

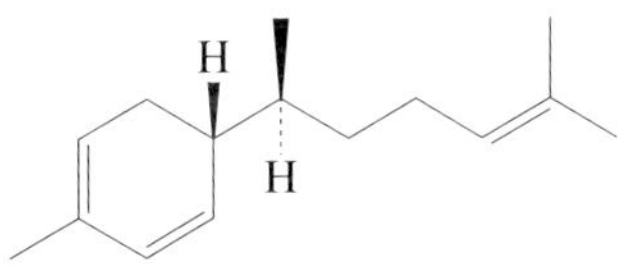
(–)-zingiberene (XLII)

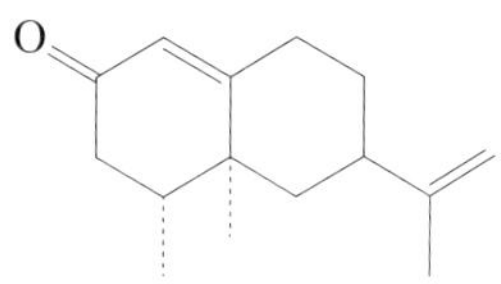
(+)-nootkatone

(10) 황화합물류

냄새에 관여하는 황화합물(sulfur compounds)의 종류는 매우 다양하여 disulfides, thiols, isothiocyanates, thiazoles, thiophenes, methionals 등을 포함하고 있으며, 유황기는 냄새 수용체에 쉽게 결합하기 때문에 일반적으로 강한 냄새 특성을 보인다.

Dihydrogensulfide (H_2S), dimethyl sulfide 등의 황화물류는 채소류에 많이 존재하는데 특히 가열한 곡류, 채소류, 육류, 유제품 등에는 거의 예외 없이 나타나며 발효식품에도 흔히 나타난다. Sulfide 화합물은 예를 들어 열처리된 우유, 익힌 달걀이나 옥수수, 가열 조리된 채소 및 육류 식품에 보편적으로 포함된다. 발효식품 중 된장이나 치즈 같은 단백 발효식품에서는 이들 황화물류 외에도 methanethiol과 같은 thiol 화합물도 쉽게 발견된다.

고추냉이, 겨자, 양배추 등에서 매운맛을 내는 isothiocyanates는 물리적인 세포 상해에 의해 비휘발성 전구물질로부터 발생한다. 세포 상해에 의한 냄새 성분 생성은 양파, 마늘, 부추 등 마늘류(*Allium*) 식물에도 나타난다. 예를 들어 마늘류 식물을 썰거나 혼합함으로써 물리적인 세포벽 상해가 일어나면 효소 작용에 의해 cysteine sulfoxide에서 설펜산이 생성되고, 이로부터 thiosulfinates, thiosulfonates, disulfides, trisulfides 등이 생성되는데 이 과정은 매운맛 성분에서 이미 설명하였다.

Thiol, methylthio, disulfide로 치환된 furan은 육류 향을 낸다. 2-methyl-3-furanthiol, 그 methyl 유도체인 2-methyl-3-(methylthio)furan, 이화황물인 bis(2-methyl-3-furyl) disulfide 등은 쇠고기를 조리할 때 생성된다.

Thiazole류도 광범위한 식품에서 나타나는 향기 성분이다. 토마토에서는 2-isobutylthiazole, 아스파라거스, 땅콩, 누룽지, 강냉이 등에서는 2-acetylthiazole이 특이 풍미 성분으로 존재하는데, 특히 후자는 cysteine과 pyruvaldehyde와의 반응에서 생성되는 것으로 알려져 있다. 닭고기에서는 2-methyl-4,5-dihydrothiophene이 특유의 냄새 성분으로 관여한다.

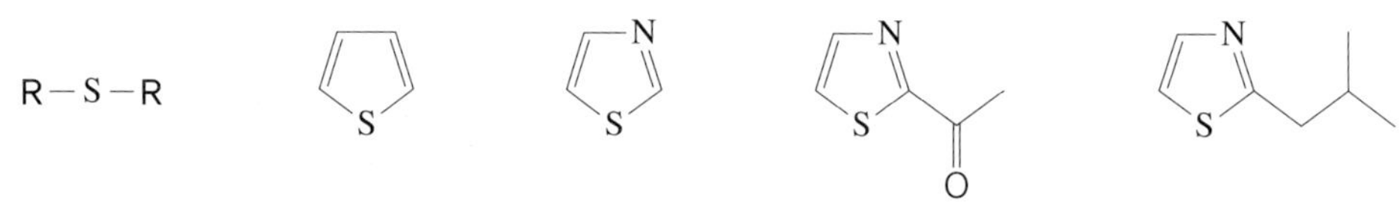

sulfide　thiophene　thiazole　2-acetylthiazole　2-isobutylthiazole

(11) 피라진류

피라진(pyrazine)은 질소를 함유하고 있는 헤테로 고리(heterocyclic) 화합물로 구운 고기, 볶은 땅콩 등 견과류, 커피, 달인 간장, 치즈 등 광범위한 식품에서 '고기 향', '땅콩 향', '볶음 향' 등의 특성을 나타내는 성분이다. 복합 조미료나 액상 조미료 등의 제조 시에는 pyrazine 성분이 함유된 육류 풍미를 만들기 위해 환원당과 단백 가수분해물 등을 반응시켜 마이야르 반응물을 생성시킨 다음 천연 풍미료에 혼합하기도 한다.

볶은 땅콩 등에서는 methylpyrazine, ethylpyrazine, 2,5-dimethylpyrazine, trimethyl pyrazine 등의 alkylpyrazine이 중요 풍미 성분으로 동정되었고, 초콜릿이나 코코아에서도

methylpyrazine, 2,3-dimethylpyrazine, 2-ethyl-5-methylpyrazine 등의 alkylpyrazine이 중요 풍미 성분으로 확인되었다. 커피 등 볶은 식품에서는 각종 pyrazine이나 dihydropyrazine이 주요 성분으로 알려져 있는데, 이 중 dihydropyrazine은 매우 불안정하여 신선한 커피에서만 동정할 수 있다.

각종 채소류에도 pyrazine 화합물이 함유되어 있는데 methoxypyrazine이 중요하다. 풋고추에는 2-isobutyl-, 2-propyl-, 2-hexyl-3-methoxypyrazine, 피망에는 2-isobutyl-3-methoxypyrazine, 생완두콩에는 2-isopropyl-3-methoxypyrazine이 냄새 성분으로 관여한다. 생감자에서 맡을 수 있는 흙내는 2-ethyl-3-methoxypyrazine에 기인한다.

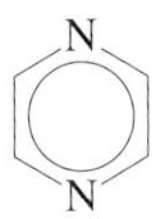
pyrazine

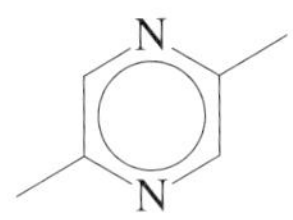
2,5-dimethylpyazine

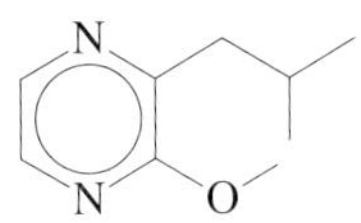
2-isobutyl-3-methoxypyrazine

(12) 피롤류

피롤류(pyrroles)의 성분은 주로 조리되거나 구운 식품에서 나타나는 화합물이며 대부분 Maillard 반응에 의해 생성된다. 커피, 코코아, 땅콩, 불고기 등 구운 식품에서는 2-formyl, 2-acetyl, 2-formyl-1-methylpyrrole이 공통적으로 나타난다.

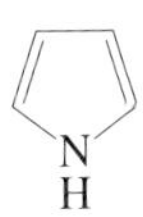
pyrrole

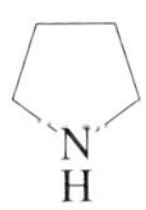
pyrrolidine

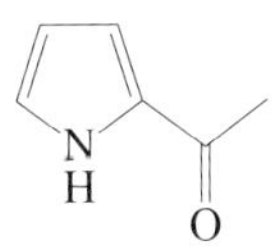
2-acetylpyrrole

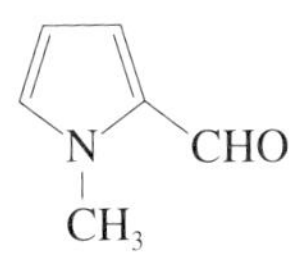
2-formyl-1-methylpyrrole

(13) 옥사졸류

단백질이 함유된 식품을 가열하면 serine이나 threonine 등의 스트렉커(Strecker) 반응에 의해 oxazole이나 oxazoline이 생성된다. 이 중 2,3,5-trimethyl oxazole은 일반적으로 달콤한 향이나 땅콩 향, 또는 풋내를 나타내고 2,3,5-trimethyl-3-oxazoline은 풋내 또는 나무 향을 나타낸다.

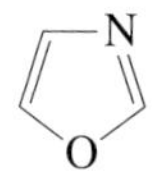

oxazole

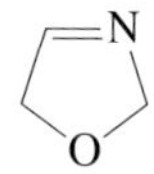

3-oxazoline

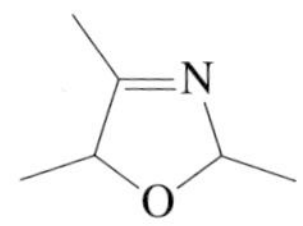

2,3,5-trimethyl-3-oxazoline

(14) 아민류

아민류(amines) 화합물은 일반적으로 구린내, 지린내, 비린내, 부패취 등의 이취를 나타내는데, 신선한 식품보다는 변패 과정 중에 나타나는 경우가 많다. 생선류의 비린내는 trimethylamine에 기인한다. 이것은 원래 무취의 trimethylamine 산화물로부터 저장 중에 세균에 의한 환원반응으로 생성되기 때문에 생선의 trimethylamine 함량을 측정하면 생선의 신선도를 어느 정도 알 수 있다.

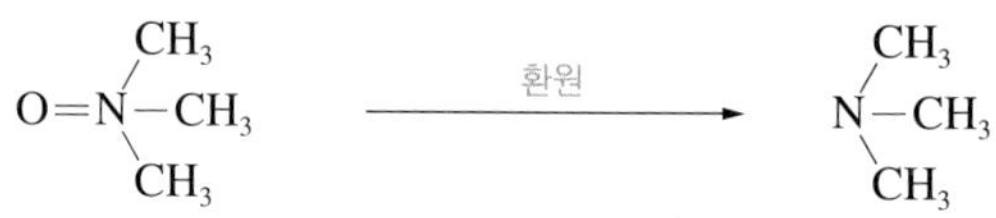

trimethylamine 산화물 trimethylamine

홍어, 가오리, 상어 등의 생선을 저장하는 동안에는 자극성 냄새가 발생하는 경우가 많다. 이것은 이들에 함유된 요소가 미생물에 의해 분해되어 ammonia를 발생시키기 때문이다.

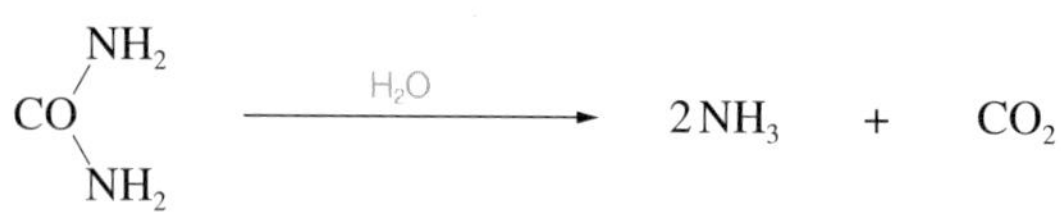

urea ammonia

육류, 생선, 유제품 등 단백질을 함유한 모든 식품은 부패하면 그 조성 아미노산의 탈탄산반응에 의해 각종 아민류를 생성하는데, 이때 생성되는 아민들은 대개 이취를 유발한다. 예를 들어 lysine이 탈탄산반응을 일으키면 1,5-pentanediamine (cadaverine)이나 1,4-diaminobutane (putrescine)을 형성하고, 반응이 더 진행되면 5-aminopentanal이나 5-aminopentanoic acid를 생성하는데 이들은 모두 부패된 식품에서 맡을 수 있는 이취이다.

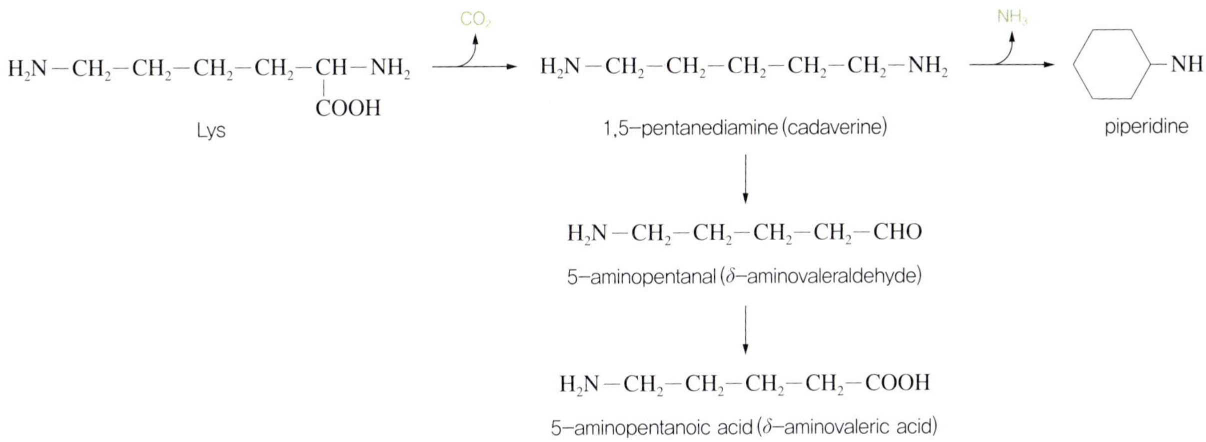

5) 가공 중의 변화

(1) 캐러멜 반응

설탕물을 150~180°C로 가열하면 당 분자로부터 물 분자가 빠져 무수물을 형성하고 그 후에도 탈수반응은 지속된다. 그 결과 오탄당에서는 furfural이 형성되고 육탄당에서는 5-hydroxymethylfurfural이 형성된다. 고온에서 계속 반응시킬 경우 캐러멜 향이 형성되는데 이 향에는 많은 furan 유도체, carbonyl 화합물, alcohol, 직쇄 또는 방향족 탄화수소 화합물이 포함된다. 제과 공업 등에서는 캐러멜 풍미를 얻기 위해 고의로 당액 등을 가열하는데 이때 maltol, isomaltol, norfuraneol, cyclotene, lactone 등이 생성된다.

(2) 효소의 활성화

일반적으로 채소류에는 감칠맛 성분인 GMP의 함량이 매우 낮으나, 채소류를 65~75°C로 가열하면 함유된 RNA가 효소에 의해 가수분해되어 GMP가 생성되어 감칠맛이 증가한다. 특히 표고버섯, 풋고추, 피망 등은 데치거나 가열할 때 RNA가 GMP로 많이 전환되는 것으로 알려져 있다. 감자는 전환율이 매우 낮고 배추 등에서는 전환되지 않는 것으로 알려져 있다.

(3) 단백질의 열분해

식품 중의 단백질은 끓이는 정도의 가열 조건에서는 변화가 별로 일어나지 않으나, 굽거나 하는 과정에서 고온으로 처리될 경우 아미노산이나 peptide의 열분해가 일어난다. 특히 식품의 표면에서는 탈수가 일어나 부분적으로 온도가 올라가므로 열분해 반응이 쉽게 나타난다. 이때 아미노산의 탈탄산 또는 탈아미노 반응이 일어나고 그 결과 각종 aldehydes, 탄화수소(hydrocarbons), nitriles, amines 등이 생성된다.

(4) 마이야르 반응

마이야르 반응(Maillard reaction)은 식품의 조리나 가열 과정에서 풍미 형성에 가장 크게 기여하는 반응이다. 1912년 프랑스의 화학자 Louis Maillard가 환원당과 아미노산의 반응에서 형성되는 갈색 물질(melanoidins)을 연구하면서 알려지게 되었다. 이 반응은 캐러멜 반응이나 단백질 열분해처럼 고온에서만 일어나는 것이 아니라 상온이나 심지어 냉장온도에서도 서서히 일어나고 고온에서는 빨리 진행된다.

식품은 조리, 증발, 가열, 건조 등의 공정 중에 마이야르 반응이 일어나 갈변과 함께 여러 가지 풍미 성분을 형성하게 된다. 생성되는 풍미 성분에는 N-heterocylics로 pyrazines, pyrroles, pyridines, oxazoles, thiazoles 등, cyclic enolone으로서 maltol, isomaltol, dehydrofuranones, dehydropyranones, cyclopentenolones 등, polycarbonyl로 2-furaldehydes, 2-pyrrole aldehyde, C_3~C_6 methyl ketones 등, 기타 monocarbonyls 등이 포함되어 있다. 이 중 N-heterocylic 화합물들은 일반적으로 견과류, 볶음 향, 빵 등의 향기 특성을 나타내고, cyclic enolones들은 보통 캐러멜 향을 나타낸다.

(5) 지방질의 열분해

지방질에서 자동산화가 일어나면 자유라디칼과 hydroperoxide를 형성하고, 이들은 다시 중합물을 형성하거나 분해되어 aldehydes, alcohols, ketones 등의 산패취 성분을 형성한다. 식품을 굽거나 튀기는 등 고온에서 가열하면 지방질의 열분해가 일어나는데, 이때 일어나는 반응 과정은 자동산화 과정과 거의 같으며 여러 가지 풍미 성분을 생성한다. 다만 hydroperoxide는 열에 매우 민감하므로 조리 과정 중에 다른 종류의 라디칼 성분들이 생성된다. 이때 생성되는 성분은 대개 바람직한 풍미를 나타낸다. 또한 이때 생성된 aldehyde나 ketone 성분들은 여러 종류의 아미노산과 반응하여 또 다른 풍미 성분을 형성하는데, 이들 성분들은 특히 육류 식품에서 중요한 풍미 성분이 된다.

(6) 황화합물의 가열반응

양파나 마늘은 가열 방법에 따라 여러 가지 다른 풍미 성분을 형성하게 된다. 다량의 수분과 함께 조리되면 thiosulfinates로부터 많은 종류의 di-, tri-, polysulfides가 생성된다. 이때 생성된 이황화물 등은 분해되어 propanethiol (propyl mercaptan, $CH_3CH_2CH_2SH$)이나 methanethiol (methyl mercaptan, CH_3SH)을 형성하며, 이들 화합물은 단맛을 나타낸다. 수분 함량이 적은 상태나 마늘이 지방과 함께 조리될 경우 vinyldithiins이나 ajoenes과 같은 보다 복잡한 polysulfure 화합물이 형성된다(그림 8.16).

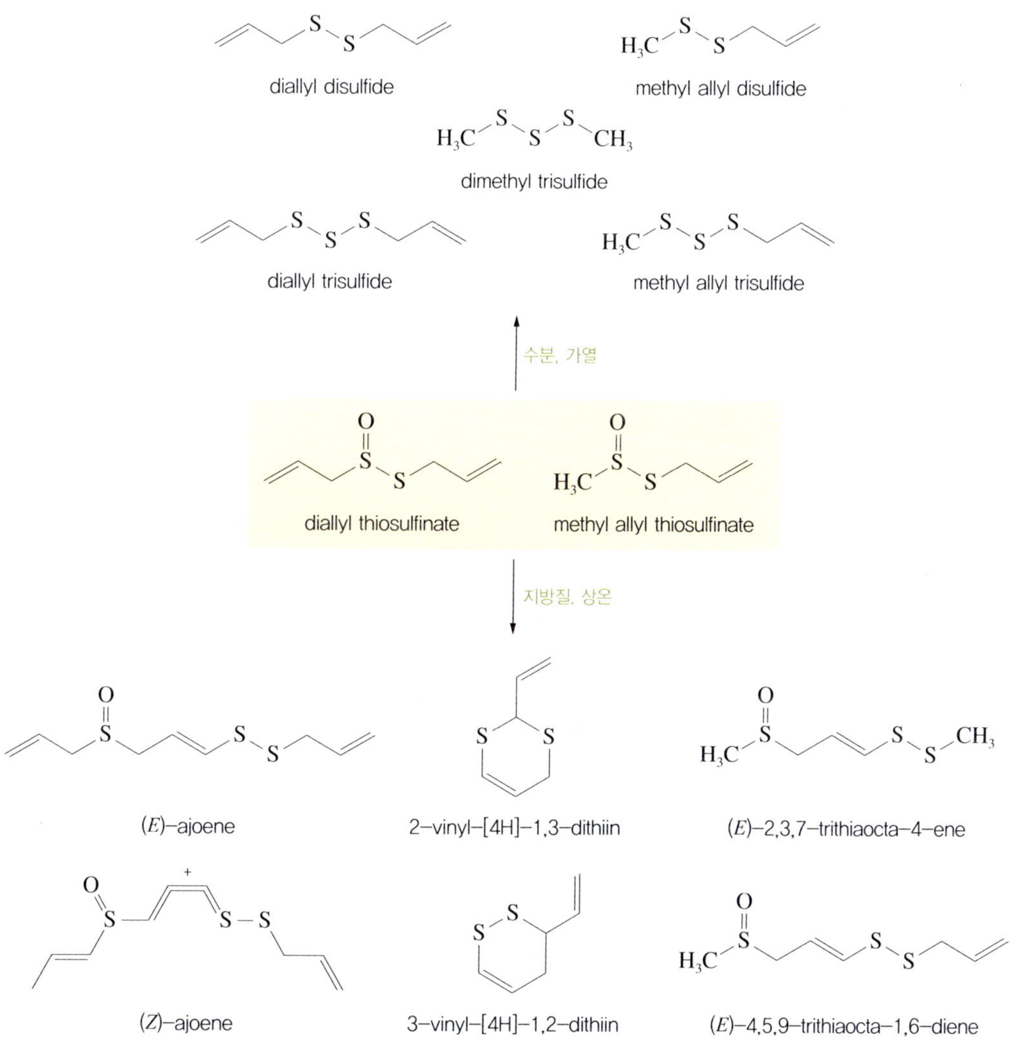

그림 8.16 **가열 시 마늘 풍미 성분의 변화**

5. 풍미료의 종류

1) 풍미료의 원료 및 공정에 따른 종류

풍미료는 그 원료 및 공정에 따라 천연 풍미료와 발효, 효소 처리, 생물공학적 풍미료, 가공 풍미료, 합성 풍미료로 크게 나눈다.

(1) 천연 풍미료

천연 식품 원료를 이용한 풍미료로 쇠고기·돼지고기·닭고기 등의 축산물이나 새우·게·참치·멸치·조개·오징어 등의 해산물, 마늘·파·양파·생강·당근 등의 채소류, 사과·포도·귤·레몬·딸기·버찌 등의 과일류에서 얻은 풍미료가 이에 해당한다. 축산물이나 해산물의 경우에는 가압가열 반응기 등을 사용하여 풍미 성분 등을 용출시킨 다음 여러 가지 양념을 추가해 농축액이나 분말 상태로 가공하여 사용하는 것이 보통이다. 채소류나 과일류의 경우에는 원료를 그대로 마쇄하여 사용하거나, 썰어서 건조한 것을 사용하기도 한다. 원료를 증류하거나 여러 가지 용매로 추출하여 기름 모양의 정유(精油)를 얻은 후에 다시 희석액, 에멀션, 미세캡슐분말 등의 형태로 가공하여 이용하기도 한다.

(2) 발효, 효소 처리, 생물공학적 풍미료

천연 식품 원료를 미생물 또는 효소로 처리하거나 식물 세포공학적 방법 등으로 얻은 풍미료로, 이들은 천연 풍미료의 일종으로 간주한다. 예를 들어 단백질 자체는 대개 특별한 맛이 없지만 미생물에 의해 발효시키거나 효소 등으로 가수분해하면 peptide나 아미노산이 생성되어 좋은 맛을 내게 된다. 간장이나 된장은 콩을 발효한 풍미료의 일종이고, 멸치액젓이나 까나리액젓 같은 것은 수산물을 발효한 것으로 풍미료로도 사용한다. 여러 가지 단백질 원료를 효소로 가수분해한 것도 많이 이용된다. 콩 등의 식물성 단백질을 가수분해한 것은 식물단백 가수분해물(hydrolyzed vegetable proteins, HVP)이라 하고, 축산물이나 해산물 등의 동물성 단백질을 가수분해한 것은 동물단백 가수분해물(hydrolyzed animal proteins, HAP)이라고 한다.

효모를 단백질 분해효소 등으로 처리하여 얻은 효모 추출물(yeast extract)은 식품산업에서 풍미료의 소재로 많이 사용된다. 단백질뿐만 아니라 여러 가지 식품 원료를 미생물이나 효소로 처리하면 탄수화물, 단백질, 지방질 등이 가수분해되고, 다시 2차 반응을 일으켜 다양한 풍미를 나타내는 풍미료로 만들 수 있다. 또한 최근에는 식물에서 추출하던 여러 가지 풍미료도 식물 세포공학적으로 생산하려는 시도가 많이 이루어지고 있다. 이와 같이 생물공학적 방법으로 생산되는 풍미료를 생물공학적 풍미료라고 한다.

(3) 가공 풍미료

천연 식품 성분을 원료로 가열 등 간단한 공정을 거쳐 만든 풍미료를 가공 풍미료(processed flavor, reaction flavor)라 하며 천연 풍미료로 간주한다. 여러 가지 식품 원료를 가열하면 많은 종류의 식품 성분이 상호작용하여 캐러멜 반응, 마이야르 반응, 열분해 반응 등이 일어나 매우 다양한 풍미 성분을 형성하여 풍미료의 소재로 사용할 수 있다.

설탕물을 가열하여 얻는 캐러멜은 제과산업의 풍미료나 식용 갈색소로 사용되고, 다양한 원료를 사용한 마이야르 반응물은 복합 조미료, 제과, 기타 식품에서 풍미료로 사용된다.

(4) 합성 풍미료-방향성 화합물

식품이 아닌 원료에서 제조된 풍미료이다. 최근에는 가스 또는 액체 크로마토그래피나 질량분석기 등 맛과 향 성분을 분석할 수 있는 분석법이 발달함으로써 대부분 식품의 맛과 향 성분은 미량 성분까지 잘 알려져 있다. 일부 식품에서는 하나 또는 몇 종의 풍미 성분이 그 식품의 특징적인 향을 나타내기도 한다. 예를 들어 바나나 향은 isoamyl acetate, 포도 향은 methyl anthranilate라는 ester 화합물, 페퍼민트 향은 menthol, 바닐라 향은 vanillin이라는 화합물이 특징적인 향의 상당 부분을 나타낸다. 이들 ester나 menthol 등은 화학적으로 쉽게 합성할 수 있으며, vanillin의 경우에는 목재 성분인 lignin으로부터 비교적 쉽게 생성시킬 수 있다.

그러나 천연 식품 향은 단일 또는 수종의 화합물에 의해 그 특성이 나타나는 것이 아니

Tip

가공 풍미료(reaction flavor)

일반적으로 식품의 풍미는 조리 과정에서 생성된다. 최근 시장이 확대되고 있는 가정간편식(home meal replacement, HMR)은 조리할 필요 없이 전자레인지로 가열하여 간편하게 섭취한다. 이때 충분한 조리 과정이 없기 때문에 풍미가 약할 수 있다. 따라서 HMR 제품의 풍미를 풍부하게 하는 기술은 매우 중요하다. 이를 위해 가공 풍미료(reaction flavor) 기술을 사용할 수 있다. 이는 반응 전구물질을 사용하여 마이야르 반응(Maillard reaction)으로 향을 생산하는 기술이다. 이 기술을 이용하여 고기 향을 생성하는 전구물질을 사용하면 실제로 고기를 사용하지 않고 식물성 소재만으로 쇠고기, 돼지고기, 닭고기 향을 만들 수 있다.

라 대개 수십 내지 수천 종의 화합물이 조화를 이뤄 깊고 그윽한 풍미를 나타낸다. 따라서 이들 합성 풍미료를 이용할 경우에도 십여 종 이상의 화합물을 혼합하여 사용하게 되는데, 합성 풍미료만 쓰지 않고 천연 풍미료를 대부분 사용하되 향의 특성을 강조하기 위해 소량 첨가하는 방법으로 활용된다.

2) 풍미료의 형태별 종류

풍미료를 식품에 응용할 때에는 액상 또는 분말 등 여러 가지 형태로 이용하게 된다.

(1) 추출물 또는 농축액

과일의 경우에는 압착하여 얻은 과즙이나 과즙을 농축한 농축과즙을 이용한다. 해산물이나 축산물은 대개 가압·가열 반응기에서 농축된 추출물을 얻는다. 발효 및 효소 처리하여 얻은 풍미료도 이에 해당된다.

(2) 수용성 향료

천연 향료나 합성 향료를 조합해 만든 기본 혼합물을 희석된 alcohol에 녹인 것으로, 물에 투명하게 혼합되기 때문에 사이다 등 청량음료와 빙과 등에 사용한다.

(3) 정유 및 유용성 향료

과일, 파와 마늘 등 향신료, 박하 등 허브를 수증기 증류하면 기름 모양의 농축된 풍미료를 얻을 수 있는데 이것을 방향정유라 하고, ethanol 등의 용매로 추출하여 얻는 것은 올레오레진(oleoresin)이라고 한다. 이들은 그대로 사용하기도 하고 식물성 유지에 녹여 사용하기도 하는데 과자, 사탕, 껌 등에 이용된다.

(4) 에멀션 향료

정유나 유용성 향료는 물에 녹지 않기 때문에 유화제 등을 써서 에멀션으로 만들어 사용하는데 제과, 음료, 빙과 등 여러 식품에 사용된다.

(5) 분말

고추, 후추, 계피 등의 향신료들은 그대로 갈아서 분말 형태로 많이 이용한다. 정유나 에멀션 같은 액상의 풍미료도 경우에 따라서는 복합 조미료나 라면 수프처럼 분말 형태가 더 편리할 때가 많다. 이러한 경우 식물성 검류 등을 이용하여 일단 에멀션을 만든 후에 분무 건조하여 미세캡슐의 형태로 이용하기도 한다.

단원 정리

- 풍미는 식품의 품질을 결정하는 가장 중요한 요소이며, 맛과 냄새를 중심으로 촉각, 통각, 온냉각을 포함하는 종합적 감각이다. 식품은 구성하는 화합물의 조성과 각 성분의 절대 또는 상대 농도에 의해 독특한 풍미를 나타낸다. 각각의 풍미 성분을 감지할 수 있는 최소 농도를 한계값(threshold value)이라고 한다.
- 식품의 맛은 비휘발성 성분에 의해 나타난다. 미각은 혀의 맛꼭지에 있는 맛봉오리(미뢰)에서 인식된다. 미뢰에는 맛세포가 있으며, 맛세포 미세융모의 세포막에는 맛 수용체 단백질이 분포한다. 단맛, 쓴맛, 감칠맛 물질이 G 단백질 결합 수용체(G-protein coupled receptor, GPCR)에 결합하면 G 단백질이 활성화되고 순차적으로 효소의 작용에 의해 cAMP 및 DAG가 생성되어 이온 통로를 열어 세포막의 탈분극이 일어나고 활동전위가 발생하여 대뇌에서 인식하게 된다.
- 원미는 단맛, 쓴맛, 짠맛, 신맛, 감칠맛의 5가지가 있다. 짠맛을 내는 물질은 주로 이온 직경의 크기가 작은 알칼리 할로젠염이다. 신맛은 수소 이온 공여체에서 나타나며 주로 카복실기를 가진 유기산이 맛을 나타낸다. 단맛을 나타내는 물질은 AH-B-X의 구조를 가지고 있다. 쓴맛을 내는 물질은 alkaloid, glycoside, 아미노산 및 peptide, 케톤류, 무기 염류 등이다. 감칠맛은 주로 monosodium L-glutamate (MSG)와 5′-inosinate (IMP) 등 일부 nucleotide에 의해 나타난다. 이외에도 매운맛, 떫은맛 등이 있는데 이러한 맛은 맛 수용체에서 인식되는 것이 아니다.
- 식품의 냄새는 휘발성 성분에 의해 나타나며 매우 낮은 농도에서도 느낄 수 있으며 맛에 비해 종류가 대단히 많아서 현재까지 1만 종 이상의 휘발성 성분이 식품에서 동정되었다. 휘발성 성분은 대부분 분자량 300 이하의 지용성 성분이다. 후각은 비강 뒤쪽의 후각상피에서 인식된다. 후각상피에 있는 후각 세포에는 후각섬모가 존재하며, 세포막에 분포하는 냄새 수용체 단백질에 의해 냄새 성분이 인식된다. 후각의 인식 메커니즘은 냄새 성분이 G 단백질 결합 수용체에 결합하면 G 단백질이 활성화되고 이후 cAMP, IP_3, DAG 등이 생성되어 이온 통로를 열어 세포막의 탈분극이 일어나고 신경전달물질이 방출되어 후각이 인식한다.
- 냄새 성분에는 알데하이드류, 알코올류, 케톤류, 산류, 에스터류, 락톤류, 퓨란류, 페놀류, 터페노이드류, 황화합물, 피라진류, 피롤류, 옥사졸류 및 아민류 등이 있다. 식품 가공 중 생기는 풍미의 변화는 캐러멜 반응(caramelization), 효소의 활성화, 단백질의 열분해, 마이야르 반응(Maillard reaction), 지방질의 열분해 및 황화합물의 가열반응에 의해 일어난다. 풍미료의 종류는 원료와 공정에 따라 천연 풍미료, 발효, 효소 처리, 생물공학적 풍미료, 가공 풍미료, 합성 풍미료 등으로 나눌 수 있고, 형태에 따라서 추출액 또는 농축액, 수용성 향료, 정유 및 유용성 향료, 유화물 향료 및 분말 등으로도 나눌 수 있다.

연습문제

1 풍미에 대한 내용으로 맞는 것은?

① 풍미 성분을 감지할 수 있는 최소 농도인 한계값은 성분에 따라 크게 다르지 않다.

② 가스 크로마토그래피의 높은 피크는 중요 풍미 성분을 의미한다.

③ 어떤 성분의 함량을 한계값으로 나눈 값을 풍미 단위라고 한다.

④ 식품의 풍미 기여도를 나타내는 풍미 단위는 존재하지 않는다.

2 미각의 인식 메커니즘이 잘못된 것은?

① 단맛 : G단백질 활성화-AC 자극-cAMP 합성-PKA 활성화-K^+ 전도 억제

② 쓴맛 : G단백질 활성화-PDE 자극-cAMP 증가-K^+ 전도

③ 짠맛 : Na^+로 인한 탈분극

④ 신맛 : H^+로 인한 Na^+ 흐름 억제로 탈분극

3 짠맛에 대한 내용 중 틀린 것은?

① 짠맛을 가장 강하게 나타내는 물질은 NaCl이다.

② 짠맛은 음이온에 의해 강하게 나타나며, 양이온에 의해 억제된다.

③ 짠맛을 나타내는 할로젠염은 조성에 따라 쓴맛을 나타내기도 한다.

④ 조성 이온 직경의 합이 6.58Å 미만에서는 오직 짠맛만 나타난다.

4 단맛에 대한 설명 중 틀린 것은?

① 아미노산 중 단맛을 나타내지 않는 것은 glycine, alanine 두 가지뿐이다.

② 당류는 구조상 여러 개의 hydroxyl기를 가지고 있다.

③ OH를 여러 개 가진 polyol 알코올류도 단맛을 낸다.

④ 천연 고감도 감미료 중 glycyrrhizin은 감초에 들어 있다.

5 쓴맛에 대한 설명 중 틀린 것은?

① 단맛 물질의 구조 변화로 쓴맛이 될 수 있다.

② 쓴맛을 내는 물질은 매우 다양하다.

③ Quinine은 쓴맛의 표준 물질이다.

④ 감귤에 들어 있는 naringin은 쓴맛을 억제하는 물질이다.

*정답은 뒤에 있습니다.

6 다음 중 파라진(parazines)류를 풍미 성분으로 함유하지 않는 식품은?

① 녹차 ② 원두커피

③ 볶은 땅콩 ④ 풋고추

7 다음 중 아민류(amines)에 대한 설명으로 옳지 않은 것은?

① 생선의 저장 과정 중 세균에 의해 생성된다.

② 무취의 trimethylamine oxide로부터 trimethylamine oxide가 생성된다.

③ 홍어, 가오리, 상어 등의 생선을 저장하는 동안 발생하는 냄새의 원인이다.

④ 육류, 생선, 유제품 등 단백질을 함유한 식품의 부패 과정에서 생성된다.

8 다음 중 풍미료에 대한 설명으로 옳지 않은 것은? (복수 선택 가능)

① Yeast extract은 효모를 단백질 분해효소로 처리하여 얻은 것이다.

② 축산물이나 해산물을 가수분해한 HAP는 탄수화물을 원료로 하는 풍미료이다.

③ 풍미료는 그 원료 및 공정에 따라 천연 풍미료, 가공 풍미료, 합성 풍미료, 발효, 효소 처리풍미료로 나뉜다.

④ 천연 식품향은 수십, 수천 종의 화합물이 아니라 단일 화합물에 의해 그 특성이 나타난다.

9 다음 중 후각기관에 대한 설명 중 옳지 않은 것은?

① 후각은 비강의 뒤쪽 천정에 존재하는 후각상피에서 인식된다.

② 후각상피는 후각 세포와 지지 세포로 구성되어 있으며 점막에 덮여 있다.

③ 후각 세포의 끝에는 후각섬모(cilia)가 존재하며, 이곳에 존재하는 당지방질에 의해 냄새 성분이 인식된다.

④ 수용체에서 인식된 정보는 대뇌 측두엽으로 모인 후 분석, 인식, 저장된다.

10 냄새 성분의 인식과 연관된 생화학 경로에 대해 옳지 않은 것은?

① 냄새 성분이 수용체에 결합하여 G단백질을 활성화시킨다.

② 활성화된 G단백질은 adenyl cyclase (AC) 또는 phospholipase (PLC)를 자극한다.

③ 활성화된 PLC는 PIP_2를 inositol triphosphate (IP_3)나 diacylglycerol (DAG)로 전환시킨다.

④ 활성화된 AC는 cAMP를 생성하고, cAMP는 세포막의 Ca^{2+} 채널을 열리게 한다.

MEMO

09 식품의 색

1. 서론

2. 색의 인식

3. 색의 분류와 객관적 측정

4. 식품의 색소 성분

1. 서론

식품의 색은 풍미나 물성 등과 함께 식품의 2차 기능, 즉 감각 기능에 관여하며, 여러 가지 기능에 의해 식품의 품질을 결정하는 중요한 요소가 된다.

첫째, 식품의 색은 감각평가의 매우 중요한 요소로 식품 고유의 색은 식욕을 돋우는 역할을 한다. 과일 등의 화려한 색깔은 원래 자연계에서 동물을 유인하기 위해 발달된 것으로 인간에게도 시각적 쾌감을 유발한다.

둘째, 식품의 색은 품질의 간접적인 지표가 될 수 있다. 과일의 색깔은 성숙도를 나타내며, 갈변이나 기타 변색 등은 가열이나 부패, 기타 화학 변화의 지표가 된다.

셋째, 식품에 함유되어 있는 여러 가지 천연 색소는 영양소 또는 항암, 항염, 항산화 등 생리활성과 관련될 수 있다. 예를 들어 황색 등을 나타내는 carotenoids는 비타민 A의 전구물질로도 작용하며, 역시 황색 등을 나타내는 isoflavonoids는 항암 등의 활성을 나타내는 것으로 알려져 있다.

2. 색의 인식

색은 사람 안구의 망막(retina)을 통해 인식되는 시각의 일부 감각이다. 식물, 동물, 미생물의 각종 천연 색소는 각각 특정 색소 물질에 의해 색깔을 나타내게 된다. 이들 색소는 각기 다른 전자 배치, 공액 이중결합의 수, 유기금속 이온과의 결합 상태에 따라 분자 구조가 달라지는 색소원(chromogen)의 발색단(chromophore)에 의해 여러 가지 색을 나타낸다.

식품 중에 포함되어 있는 색소 물질은 그림 9.1에 나타낸 것과 같이 광자에너지를 흡수하여 바닥상태(E_1)에서 들뜬상태(E_2)의 높은 에너지 상태로 된 다음, 흡수된 에너지를 방출

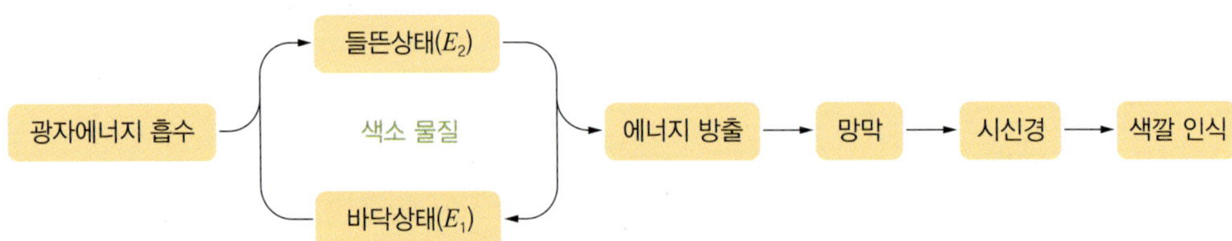

그림 9.1 색의 인식 과정

하면서 다시 본래의 바닥상태로 돌아간다. 이때 흡수 또는 방출된 에너지는 Plank의 식(식 9.1)에 따라 특정 파장의 빛으로 나타나게 되는데, 이 빛이 약 380~780 nm의 가시광선 범위에 있을 경우 안구 뒤편의 망막 시신경은 이를 색으로 인식한다.

$$E = \frac{hc}{\lambda} \quad \text{(식 9.1)}$$

E : 광자에너지 h : Plank의 상수 c : 빛의 속도 λ: 빛의 파장

망막에는 시각 세포가 존재하는데, 세포에는 광선의 명암을 인식하는 막대꼴 세포(간상 세포)와 색깔 및 형상을 인식하는 원뿔꼴 세포(원추상 세포) 두 가지가 있다. 망막은 넓이가 약 5 cm^2인데 약 1억 2,000만 개의 막대꼴 세포와 약 700만 개의 원뿔꼴 세포가 존재한다. 망막의 위치에 따라 두 가지 시각 세포의 밀도는 다르며, 망막 한가운데에는 원뿔꼴 세포만 모여 있다. 막대꼴 세포는 색을 구분하지는 못하나 물체의 명암으로 물체를 알아낸다. 원뿔꼴 세포에는 각각 청색, 녹색, 적색에 반응하는 세 가지 종류가 있다. 물질의 색은 그 물질이 가시광선의 일부분을 흡수하여 특정 파장의 빛만을 반사할 때 흡수나 반사된 파장에 따라 특정 색깔로 인식된다.

3. 색의 분류와 객관적 측정

1) 분광광도 곡선과 색깔원

분광광도 곡선(spectrophotometric curve)은 각 파장의 입사광에 대한 투과 또는 반사율을 측정한 것으로, 곡선의 형태는 그림 9.2와 같다. 백색 물체는 전체 파장 범위에 걸쳐 같은 정도의 높은 반사를 보이며, 회색은 전체적으로 부분 흡수를, 검은색은 전체적으로 완전 흡수를 보인다. 빨간색 물체는 높은 파장의 분광을 반사하고 다른 파장의 빛은 흡수하며, 파란색은 낮은 파장의 빛을 반사하고 높은 파장의 분광들을 흡수한다.

빛의 파장에 따라 인식되는 색깔을 원 모양으로 배치한 것을 색깔원(color circle)이라 하며 그림 9.3에 나타내었다. 색깔원의 10가지 색깔 중 9가지는 분광으로 얻을 수 있는 단색광이지만, 적자색(red purple)은 분광으로 얻을 수 없는 색이다. 색깔원에서 서로 마주보는 색을 보색(complementary color)이라고 하며 보색 관계에 있는 단색 분광을 혼합하면 백색

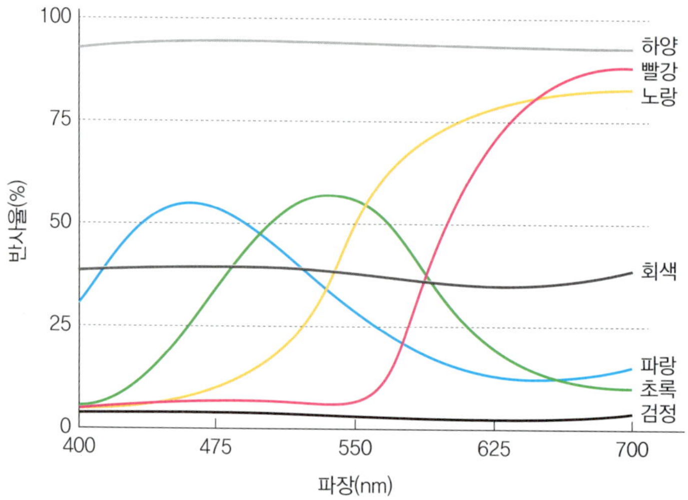

그림 9.2 여러 색깔의 분광광도 곡선

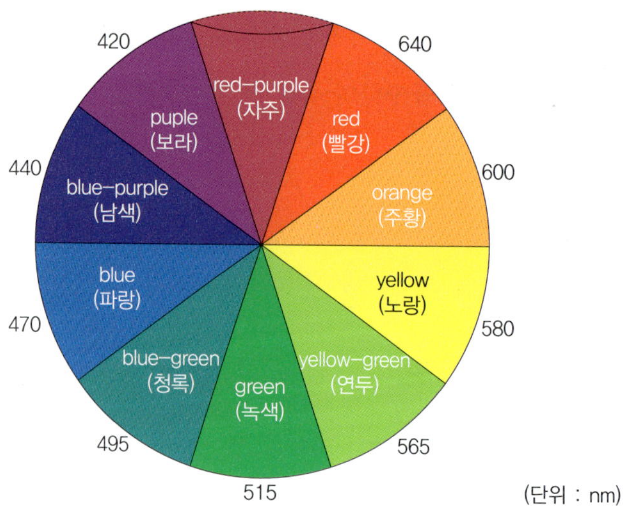

그림 9.3 분광의 파장에 따른 색깔원

이 된다. 예를 들어 빨간색의 물체는 640 nm의 빨간색 광선 이외의 모든 빛을 흡수하여 빨간색 광만을 반사하거나, 또는 빨간색의 보색인 495 nm의 청록광선을 흡수할 때 나타난다.

2) CIE 체제

CIE 체제(CIE system : Commission Internationale de l'Éclairage, International Commission on Illumination)는 모든 색이 빨강, 초록, 파랑의 삼원색을 적당히 혼합함으로써 재현될 수 있다는 원칙에 기초하고 있다. 또한 삼원색 중 파장 700 nm의 빨간색, 546.1 nm의 초록색, 435.8 nm의 파란색 광선을 1 : 4.957 : 0.0601의 비율로 혼합할 때 백색광을 형성한다는 사실에 기초하여 이 비율의 단파장 광선을 기본색으로 하고 있다.

어떤 색에 해당하는 삼원색의 상대적인 양은 그 색의 삼자극치(tristimulus values)라고 하는데 CIE 체제에서 빨강, 초록, 파랑의 원색은 X, Y, Z로 나타낸다. 각각의 특정 파장에서 각 원색의 양은 $\bar{x}$, $\bar{y}$, $\bar{z}$로 주어지는데, 이 값들은 분배계수 또는 각각 빨강 계수, 초록 계수,

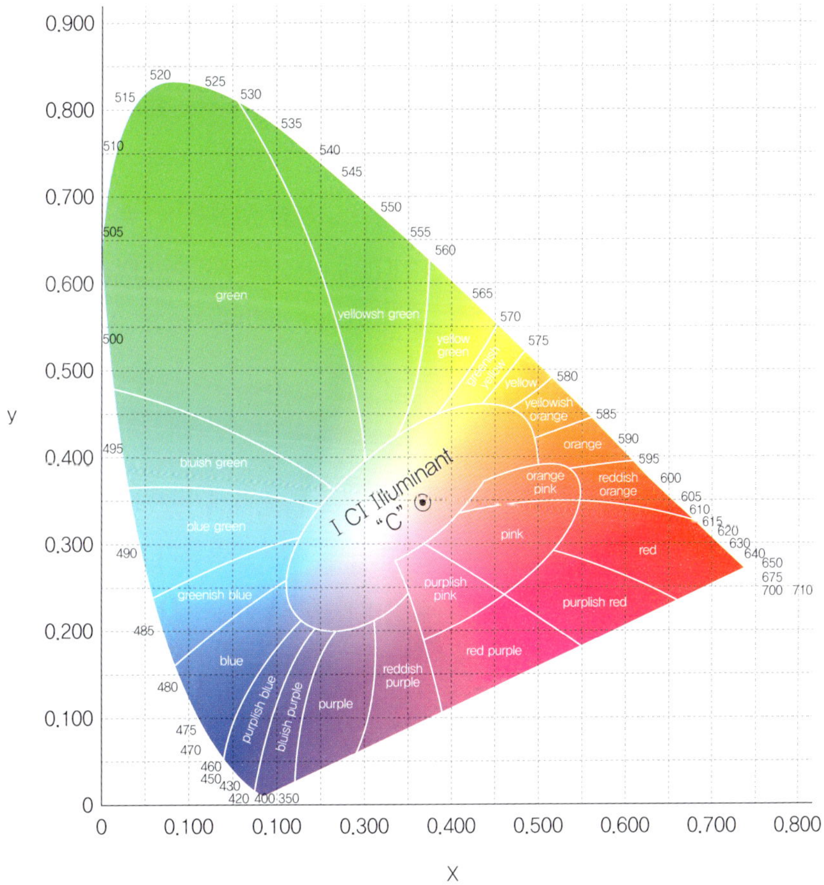

그림 9.4 CIE 색도 도표

파랑 계수라고 한다. 이 값은 각 파장에서의 삼자극치를 나타낸다.

원색의 비율은 다음과 같이 나타낼 수 있다.

$$x = \frac{X}{X+Y+Z} \qquad y = \frac{Y}{X+Y+Z} \qquad z = \frac{Z}{X+Y+Z}$$

x와 y의 값을 색도 좌표라 하며, 각 파장에 대하여 다음과 같이 계산할 수 있다.

$$x = \frac{\bar{x}}{\bar{x}+\bar{y}+\bar{z}} \qquad y = \frac{\bar{y}}{\bar{x}+\bar{y}+\bar{z}} \qquad z = 1-(x+y)$$

x에 대한 y의 그림을 CIE 색도 도표(chromaticity diagram)라고 한다(그림 9.4). 모든 분광색의 색도를 이 도표에 나타내면 궤적(locus)이라고 부르는 하나의 선을 이루게 된다. 이 궤적과 400 및 700 nm의 양 끝을 연결한 선 안에서는 모든 점이 삼원색을 혼합해 얻을 수 있는 어떤 색을 나타내게 된다. 각 삼원색의 양이 정확히 같은 점을 등 에너지점(equal energy point)이라고 하며 이 점은 백색이다. 이 백색점은 발광체 C의 색도 좌표를 나타낸다. 빨강 원색은 x=1, y=0, 초록 원색은 x=0, y=1, 파랑 원색은 x=0, y=0에 위치한다. 궤적의 양 끝을 연결하는 선은 보라색을 나타내는데, 이것은 분광이 나타내는 색이 아니라 서로 다른 양의 빨간색과 파란색을 혼합할 때 나타나는 색이다.

3) 먼셀 체제

분광광도 곡선이나 CIE 체제는 광선의 색채 특성을 정확하게 평가할 수는 있으나 사람이 인식하는 색을 정확하게 나타내지는 못한다. 이 문제를 극복하기 위하여 다른 색깔 표현 체제가 제안되었는데 흔히 쓰이는 체제에는 먼셀 체제(Munsell color system)와 헌터 체제(Hunter color system)가 있다. Munsell의 색분류 체제에서는 모든 색을 색상(hue), 명암도(value or brightness), 색채도(saturation or chroma)의 3가지 빛의 특성에 따라 표현한다. 이와 같은 색의 3가지 지표는 그림 9.5(왼쪽)에서와 같은 3차원적 색깔 체제로 나타낼 수 있다.

색상은 빨강(R), 노랑(Y), 초록(G), 파랑(B), 보라(P)의 5색과 그 중간색 5가지(YR, GY, BG, PB, RP)를 합하여 10색으로 나누며, 그림 9.5(오른쪽)에 나타낸 것과 같이 색상을 나타내는

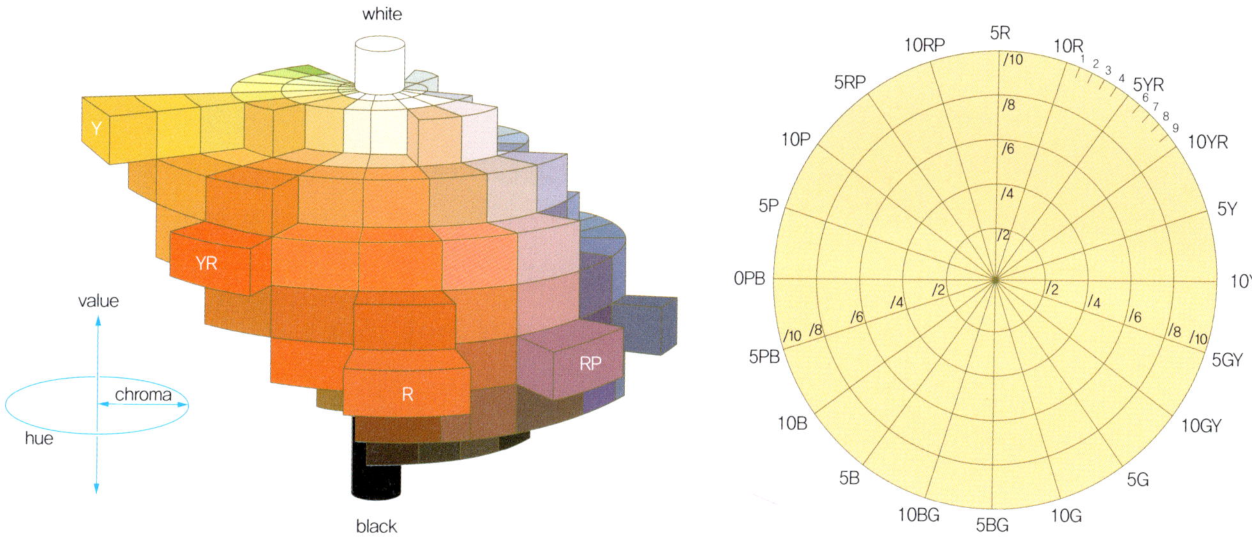

Munsell의 3차원적 색깔 체제　　　Munsell의 색분류 체제

그림 9.5 **먼셀 체제**

원주상에 10색상이 분포하게 된다. 각 색상은 다시 1~10의 10눈금으로 나뉘는데, 각 색상의 중심은 눈금 5에 위치한다.

명암도는 0(검정)에서 10(하양)의 눈금으로 나누고 색상 원판의 중심을 통과하는 수직선으로 나타낸다. 색채도는 색의 순도를 나타내는 것으로 같은 명도의 회색과 비교하여 흐림과 밝음의 차이를 나타낸다. 색채도 눈금은 불규칙한 길이를 가지며, 색상 원판의 중심에 위치하는 회색점을 0으로 시작하여 가용 색소의 세힌순도까지 바깥쪽으로 확대된다. 입체적 모양의 Munsell 색공간은 그림 9.5(왼쪽)과 같다. Munsell 체제에서 색의 표현은 색상 명암도/색채도(HV/C)로 나타낸다. 예를 들어 5G 3.1/ 7.2로 표현된 색은 5G의 초록색, 명암도 3.1, 색채도 7.2를 의미한다. 가용 색소로 나타낼 수 있는 모든 색은 Munsell의 색도표에서 찾을 수 있다.

4) 헌터 체제

식품의 색도 측정에 흔히 쓰이는 체제 중의 하나가 Hunter L, a, b 체제이다. L, a, b 색채 공간은 Munsell 색채 공간과 비슷한데 L은 명도(lightness)이고 a는 빨강-초록 차원, b

는 노랑-파랑 차원을 나타내는 3차원 체제이다. 이 체제는 그림 9.6과 같이 색깔 공간으로 나타낼 수 있다. 명도 L은 0(검정)과 100(하양) 사이의 값을 가지는데 이 값은 직선적 비례는 아니다. Hunter 체제에서는 색채가 a와 b로 이루어진 사각면으로 정의되는데 빨강이 a, 초록이 -a, 노랑이 b, 파랑이 -b에 위치한다.

L, a, b 값은 여러 가지 식에 의해 바로 CIE 값으로 서로 전환될 수 있으나 Munsell 값은 그렇지 않다. Munsell 값은 색깔 표준표와 육안으로 비교하거나 기기 측정으로 가능하며, 값의 전환은 매우 까다롭다. L^*, a^*, b^*은 CIE 형식이다.

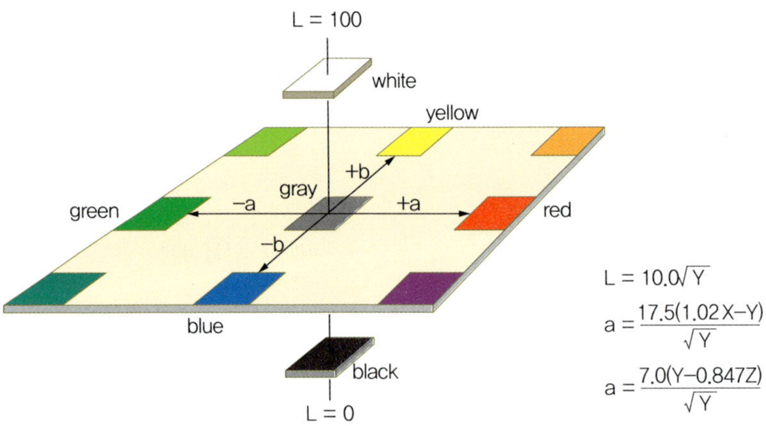

그림 9.6 헌터 L, a, b 색채 공간

4. 식품의 색소 성분

1) 아이소프레노이드계 색소-Carotenoids

Carotenoid 색소는 isoprene ($CH_2=C(CH_3)CH=CH_2$) 단위가 중합되어 이루어진 색소의 총칭으로 당근(*Daucus carota*)에서 처음으로 분리되어 carotenoid라는 이름을 가지게 되었다. Carotenoid 색소는 기본적으로 8개의 isoprene 구조가 결합된 구조를 가지며, 많은 수의 공액 이중결합(conjugated double bond)을 포함하고 있어 색깔을 나타내게 된다. 이 색소는 여러 종류의 식물과 동물계에 분포하여 노란색, 주황색, 빨간색 등을 나타내며 주로 지용성 색소로 350종 이상의 색소 성분들이 알려져 있다.

(1) 카로테노이드 색소의 종류와 분포

Carotenoid 색소는 크게 carotene과 xanthophyll 두 종류로 나뉘는데, carotene은 탄화수소(hydrocarbon) 화합물이고 xanthophyll은 carotene의 산화유도체로 hydroxyl, carboxyl, furanoxy, methoxyl, keto, epoxy기 등을 가지고 있어 산소를 함유하고 있다.

Carotene의 구조는 그림 9.7에 나타낸 것과 같이 가운데에 4개의 isoprene 단위가 대칭형의 사슬 모양으로 연결되어 있고, 양쪽 끝에 α-ionone, β-ionone, 또는 pseudoionone 핵을 다른 조합으로 가짐으로써 여러 종류의 carotene 색소를 형성하게 된다.

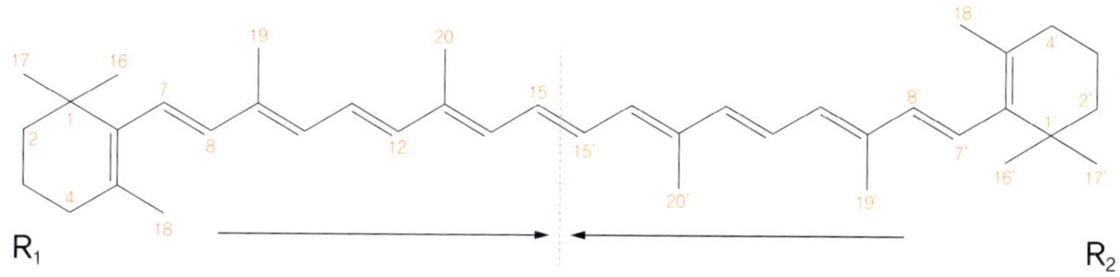

β–carotene

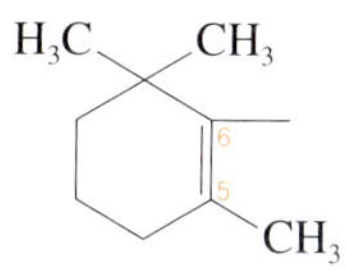

β–ionone 핵

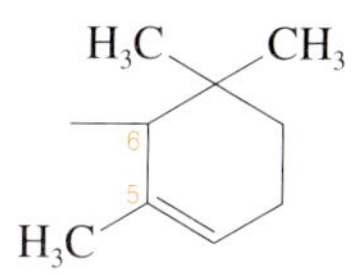

α–ionone 핵

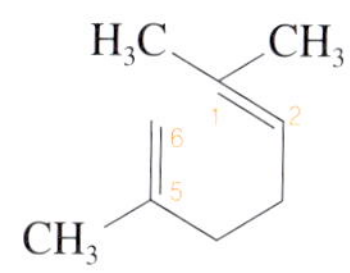

pseudoionone 핵

	R1	R2
α-Carotene	β-Ionone	α-Ionone
β-Carotene	β-Ionone	β-Ionone
γ-Carotene	β-Ionone	Pseudolonone
δ-Carotene	Pseudoionone	α-Ionone
Lycopene	Pseudoionone	Pseudolonone

그림 9.7 **카로텐 색소의 구조**

중요한 carotenoid 색소의 구조와 색깔, 분포는 표 9-1에 나타내었다.

표 9-1 주요 카로테노이드 색소의 구조, 색깔 및 분포

색소	구조	색깔	분포
1. Carotene			
α-Carotene	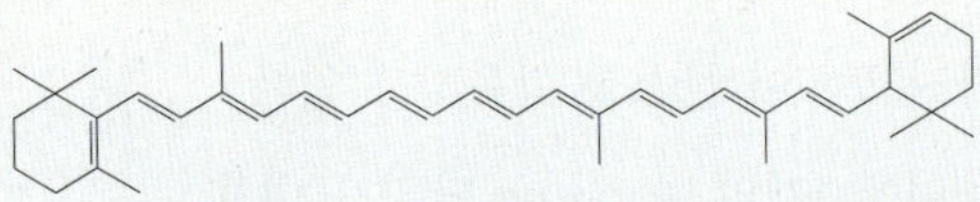	노랑	당근, 감귤, 팜유
β-Carotene	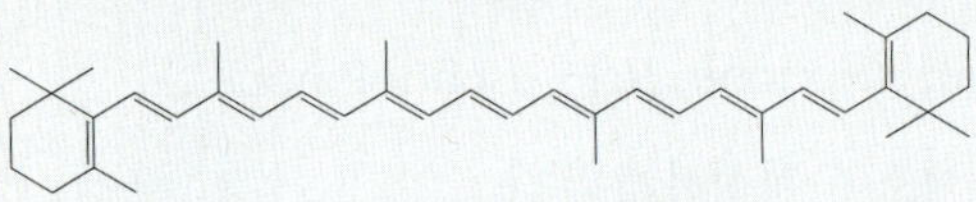	노랑	당근, 호박, 감귤, 달걀노른자, 해조류
γ-Carotene	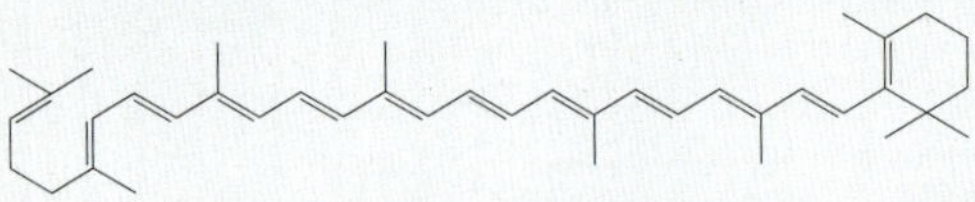	노랑	살구, 고구마
δ-Carotene	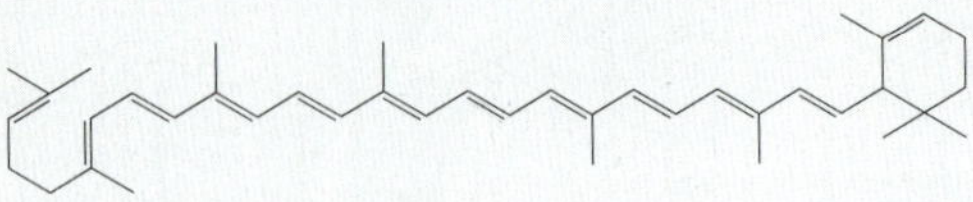	주황	당근, 토마토
Lycopene	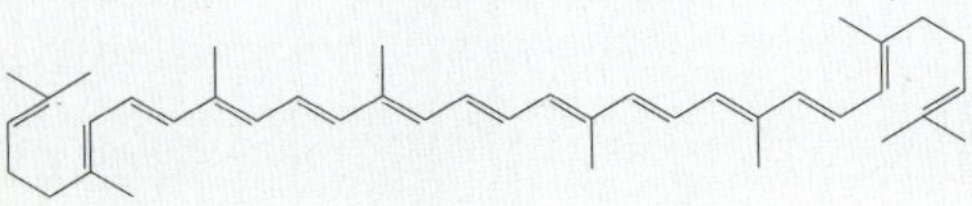	빨강	토마토, 수박, 감
2. Xanthophyll			
Lutein	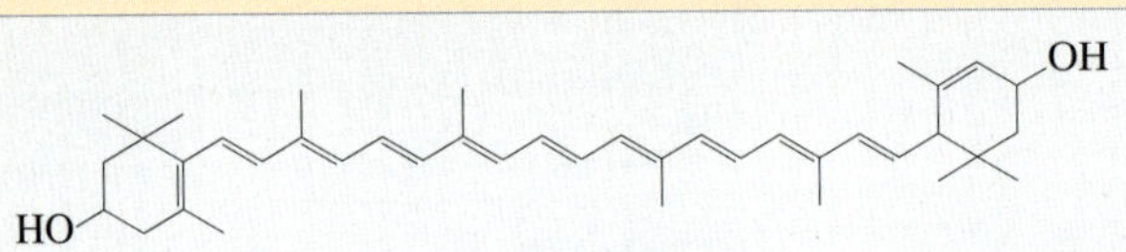	노랑	달걀노른자, 감귤, 호박, 옥수수, 해조류
Cryptoxanthin	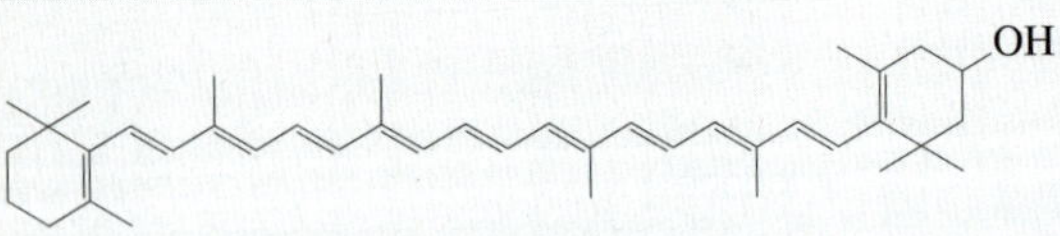	노랑	감, 옥수수, 감귤, 달걀노른자, 앵두
Violaxanthin	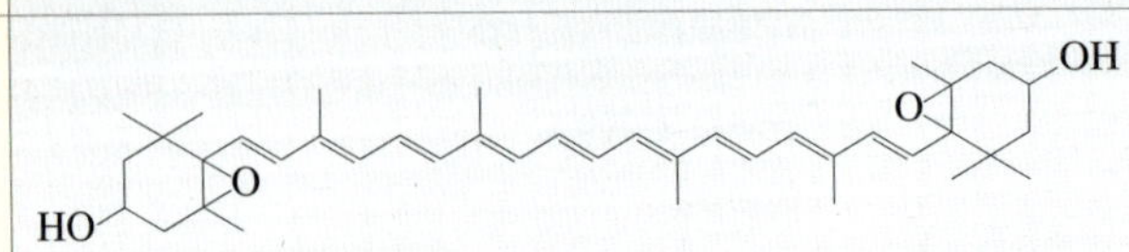	주황	자두, 복숭아, 고추
Zeaxanthin	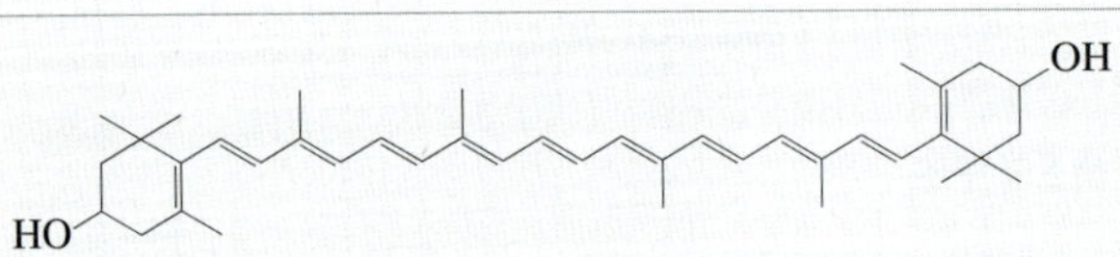	노랑	옥수수, 감귤, 호박, 달걀노른자
Capsanthin	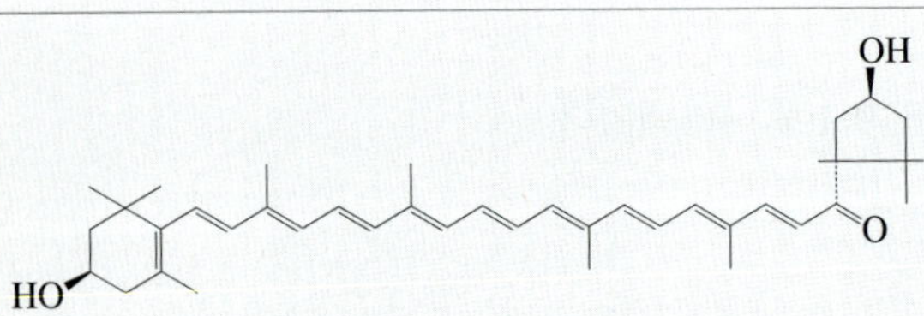	빨강	고추, 피망

(계속)

색소	구조	색깔	분포
Astaxanthin	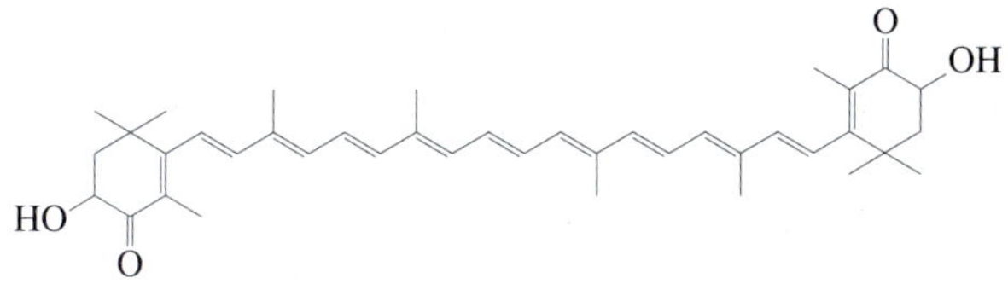	빨강	게, 새우, 연어, 가재
Crocetin	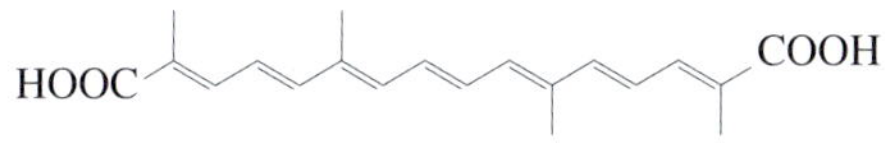	노랑	치자, saffron
Bixin	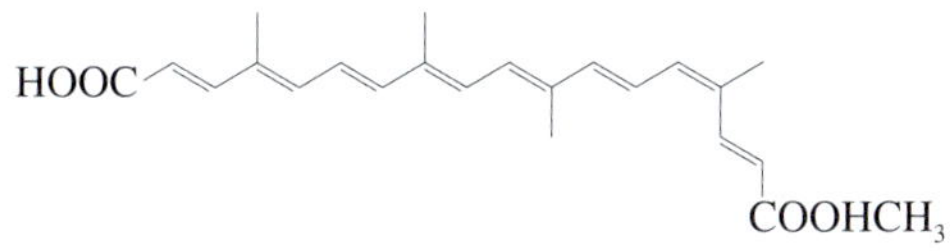	노랑	Annatto
Canthaxanthin	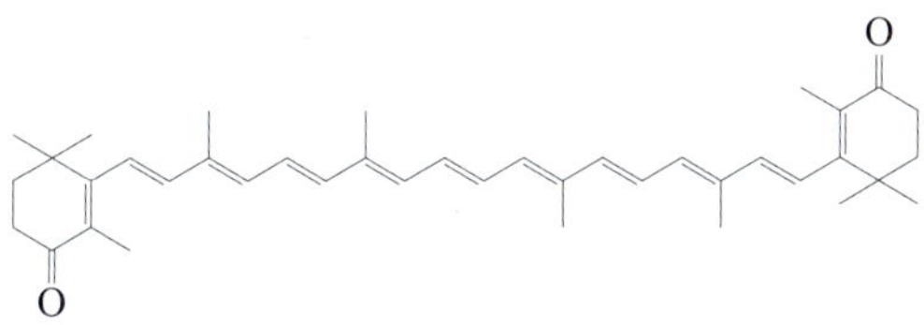	빨강	버섯, 송어, 새우, 해조류
Torularhodin	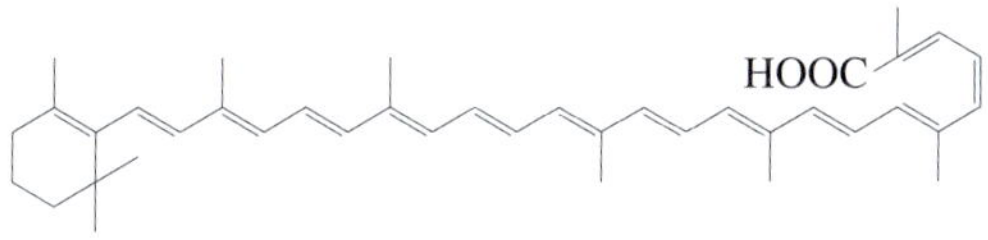	빨강	토룰라 효모
Fucoxanthin	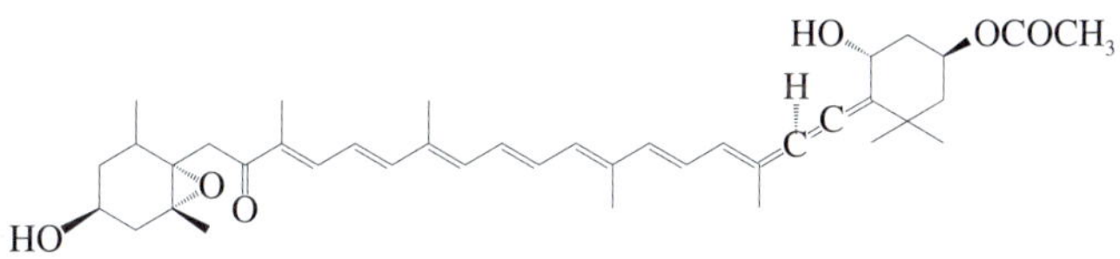	빨강	갈조류

(2) 카로테노이드 색소의 변화 반응

Carotenoid는 색소로서뿐만 아니라 비타민 A의 전구물질로서의 기능도 가지고 있다. 또한 carotenoid 색소는 산이나 알칼리, 무산소 상태의 고온에서는 비교적 안정하나 공액 이중결합이 많아 빛에 민감하게 반응하며 공기 중에서 쉽게 산화될 수 있다.

① 카로텐에서 비타민 A로 전환

Carotenoid 색소 중의 일부는 생체 내에서 분해되어 비타민 A의 활성을 가지는 retinal 또는 retinol로 전환될 수 있는데 이들 carotenoid를 provitamin A라고 한다. 예를 들어 β-carotene은 그림 9.8에 나타낸 것과 같이 산화·분해되어 2분자의 retinal을 형성할 수 있다. 비타민 A의 활성을 갖는 retinal이나 retinol은 β-ionone 핵을 포함하고 있기 때문에 carotene 중에서도 β-ionone 핵을 가지고 있는 α-, β-, γ-carotene만이 각각 1, 2, 1 분자의 retinal로 전환될 수 있다(그림 9.7 참조).

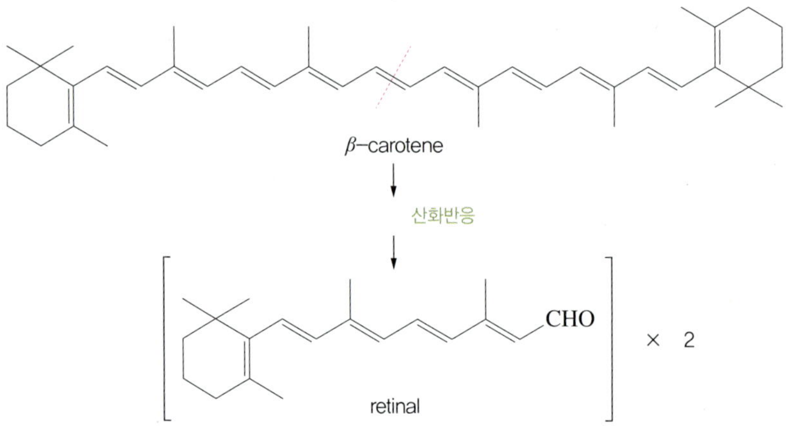

그림 9.8 **β-카로텐에서 비타민 A로 전환반응**

② 카로테노이드의 변화

Carotenoid 색소들이 산화하면 고유의 색깔이 변하거나 퇴색되는데 이는 특히 가열이나 건조식품에서 쉽게 나타날 수 있다. Carotenoid의 일반적인 변화반응은 그림 9.9에 나타내었다.

③ 아스타잔틴의 산화

게, 새우, 바닷가재 등의 갑각류에는 astaxanthin이라는 carotenoid가 함유되어 있다(표 9-1 참조). Astaxanthin은 원래 빨간색 색소이지만 이들 갑각류에서는 단백질과 복합체를 형성하므로 빨간색이 아닌 청록색을 띠게 된다. 그러나 갑각류를 가열 조리하게 되면 단백질이 변성되어 복합체에서 astaxanthin이 유리되고, 유리된 astaxanthin은 다시 가열·산화에 의해 astacin이 된다. Astacin은 밝은 홍색을 나타내는데 이것이 조리된 갑각류에서 나타나는 색깔이다(그림 9.10).

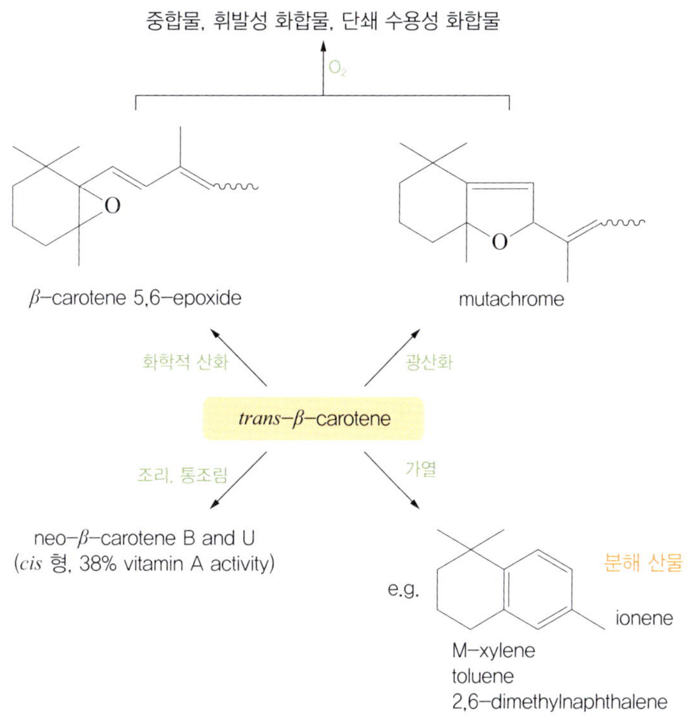

그림 9.9 카로테노이드의 일반적인 변화반응

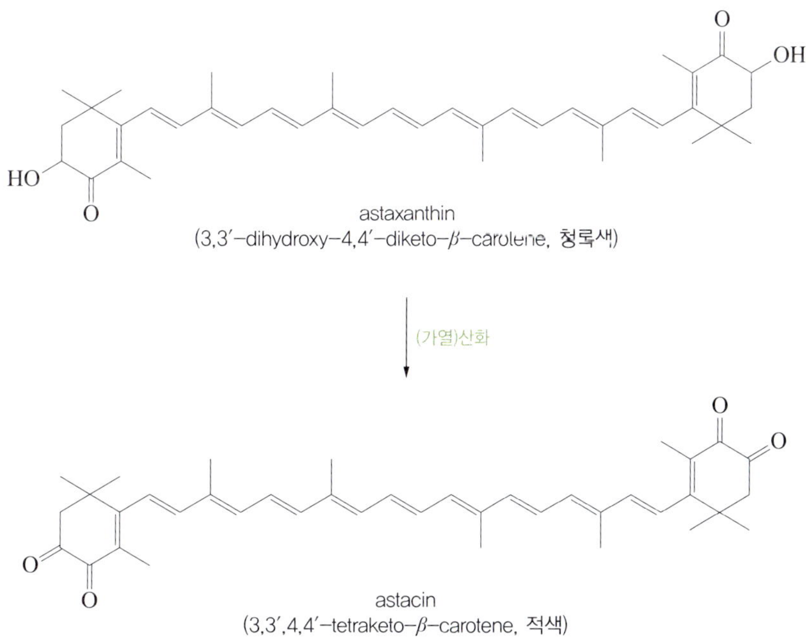

그림 9.10 아스타잔틴의 산화반응

2) 페놀계 색소

Phenolic 화합물들은 식물의 잎, 꽃, 과일, 종실 등에서 빨강, 노랑, 파랑 등 다양한 색깔을 나타낸다. 중요 phenolic 색소로는 flavonoid와 anthocyanidin 등이 있으며 tannin 등도 산화에 의해 식물 조직의 색깔에 관여한다.

(1) 플라보노이드

Flavonoid는 식물계에서 노란색을 나타내는 색소로, 라틴어의 황색을 나타내는 flavus에서 유래된 이름이다. 이 색소는 anthoxanthin이라고도 하는데, 이는 그리스어 anthos(花)와 xanthos(黃)에서 유래된 것으로 화황소(花黃素)라고도 한다.

① 플라보노이드의 종류와 분포

Flavonoid는 flavone, flavonol, flavanone, flavanol, isoflavone의 5가지로 나뉜다. 기본 물질은 flavone으로 그림 9.11에 나타낸 것과 같이 2-phenylbenzopyrone 구조를 가지고 있다. Flavone의 3-hydroxy 화합물이 flavonol이며, flavone과 flavonol 구조 중 2, 3번 탄소의 이중결합이 포화된 것을 각각 flavanone 및 flavanol이라고 한다. Flavone의 phenyl기가 2번 대신 3번 위치에 결합된 것을 isoflavone이라고 한다.

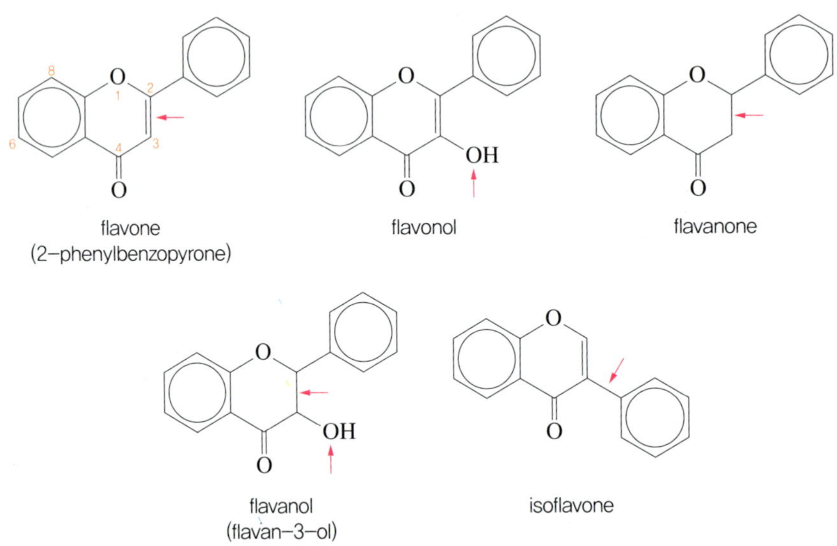

그림 9.11 플라보노이드계 색소의 종류와 구조

Flavonoid 색소는 OH기를 많이 함유하나 일부는 methoxyl도 가진다. 또 flavonoid 색소들은 유리된 상태로 존재하지만 대부분의 경우 7번 위치에서 glucose, rhamnose 등과 결합한 glycoside로도 존재한다.

식품에서 중요한 flavonoid 색소를 표 9-2에 나타내었다.

표 9-2 식품 중 중요 플라보노이드 색소의 종류와 분포

종류	배당체명	Aglycone		분포
Flavone	apiin	apigenin	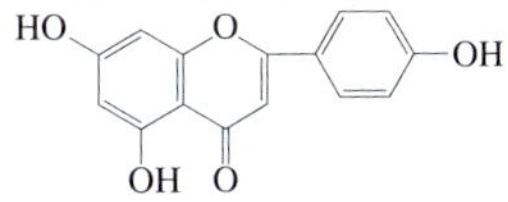	파슬리, 셀러리, 옥수수
Flavonol	rutin	quercetin	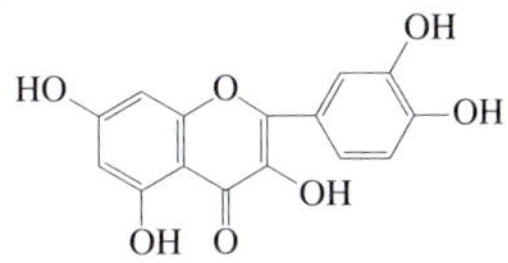	양파, 메밀, 차
	quercitrin	quercetin		차
	isoquercitrin	quercetin		차, 옥수수
	myricitrin	myricetin	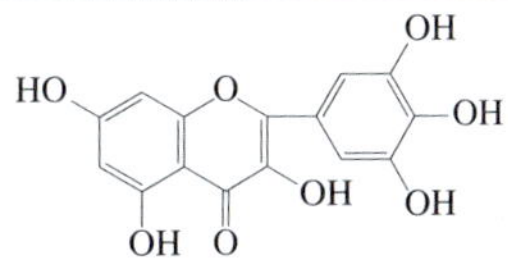	양매
	astragalin	kaempherol	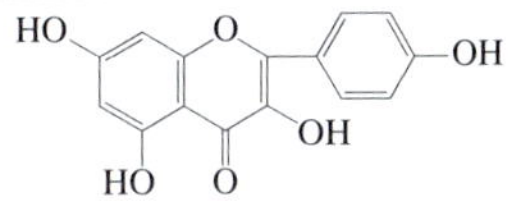	딸기, 고사리
Flavanone	hesperidin	hesperetin	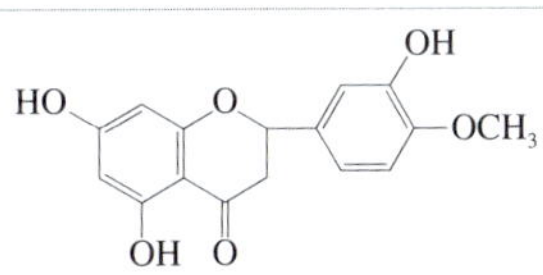	감귤, 자몽
	narlngin	naringenin	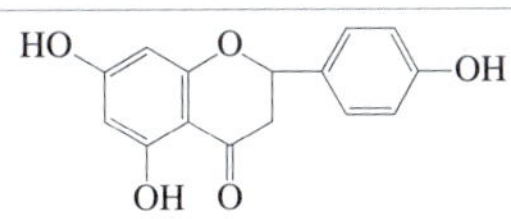	자몽, 감귤
	neohesperidin	hesperetin		탱자, 자몽
Flavanol		catechin	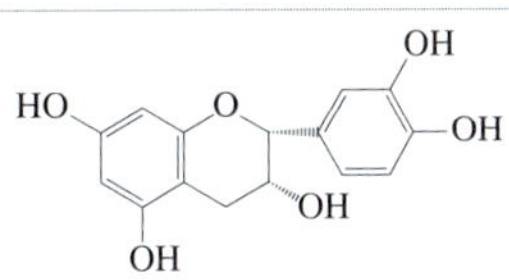	차
		epicatechin	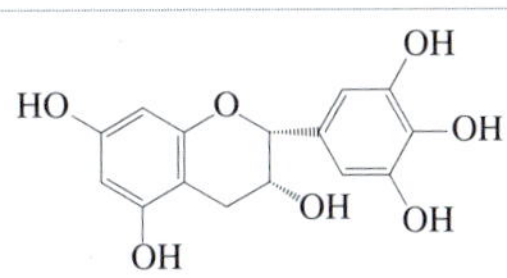	차
		epigallocatechin	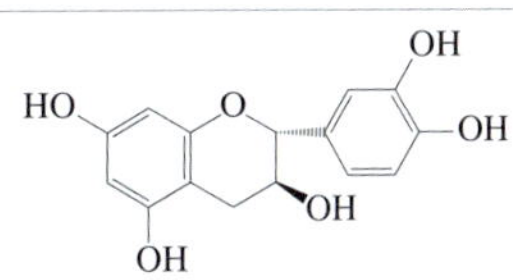	차

(계속)

종류	배당체명	Aglycone		분포
Isoflavone	daidzin	daidzein	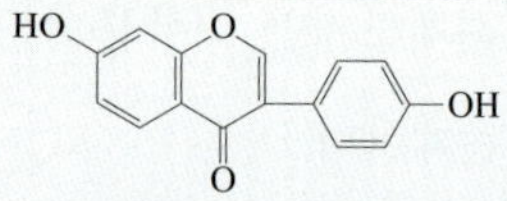	콩
	genistin	genistein	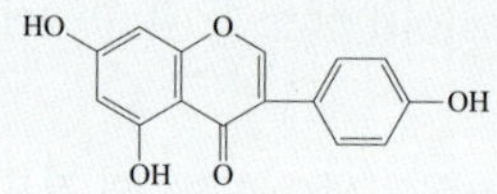	콩

② 플라보노이드 색소의 변화반응

Glycoside 형태의 flavonoid 색소들은 일반적으로 산에는 안정하지만, 알칼리 조건이나 가열 시에는 당결합이 가수분해되어 aglycone이 유리된다. Glycoside 상태에서는 무색이나 백색을 띠고 있는 경우도 많기 때문에 flavonoid aglycone이 분리될 때 식품의 색깔은 노란색이 더 짙어진다.

또한 hesperidin과 같은 일부 flavonoid들은 알칼리 조건에서 pyrone 고리의 1, 2번 사이 결합이 끊어져 chalcone을 형성할 수 있는데 chalcone은 더 짙은 노란색을 띤다. Flavonoid 색소들은 페놀 화합물의 일종으로 쉽게 산화되어 갈색을 띠는데 이에 대한 설명은 뒤에 다시 살펴보기로 한다.

(2) 안토사이안

Anthocyan 색소의 이름은 그리스어 anthos(花)와 kyanos(靑)에서 유래된 것이며 화청소(花靑素)라고도 한다. Anthocyan 색소는 수백 가지가 알려져 있는데 식물의 잎, 꽃, 과일 등에서 빨강, 보라, 파랑 등의 색을 나타낸다. Glucose, galactose, rhamnose 등의 당과 결합한 glycoside 형태의 색소를 anthocyanin이라고 하며, aglycone 부분은 anthocyanidin이라고 한다. Anthocyan은 anthocyanin과 anthocyanidin을 합쳐 부르는 이름이다.

① 안토사이아니딘의 종류와 분포

Anthocyanidin에는 pelargonidin, cyanidin, peonidin, delphinidin, petunidin, malvidin 등의 종류가 있다. Anthocyanidin의 기본 구조는 그림 9.12에 나타낸 것과 같이 2-phenyl-3,5,7-trihydroxyflavylium salt인데 phenyl기에 붙어 있는 R_1과 R_2가 -OH 또는 $-OCH_3$의 어떤 조합으로 되어 있는가에 따라 종류가 달라진다.

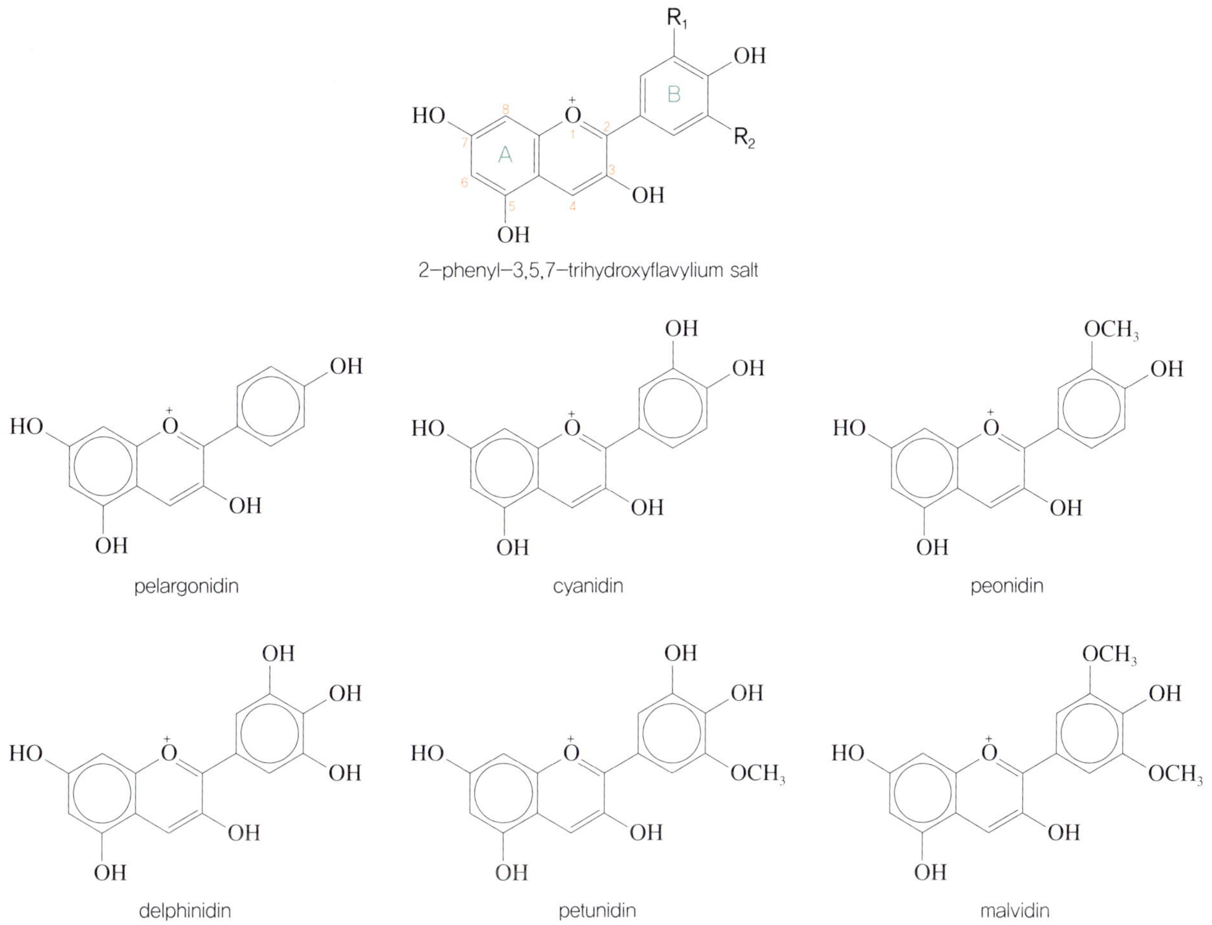

그림 9.12 안토사이아니딘의 종류와 구조

식품에서 중요한 anthocyanidin 색소의 색깔과 분포를 표 9-3에 나타내었다.

② 안토사이안 색소의 변화

Anthocyan 색소는 anthocyanidin 종류에 따라 색깔이 다르기도 하지만 pH에 의해서도 색깔이 변화한다. 일반적으로 산성에서는 빨간색을 나타내고 중성에서는 옅은 빨강이나 무색이 되며, 염기성에서는 파란색을 띤다. Anthocyan 색소의 pH에 따른 구조 변화는 그림 9.13에서 나타낸 것과 같다. 이 반응들은 가역반응이지만 염기성 조건에서는 비가역적 산화분해반응이 일어날 수 있다.

Anthocyanin은 anthocyanase에 의하여 glycoside 중 당 부분이 가수분해될 수 있는

표 9-3 식품 중 중요 안토사이아니딘의 색깔과 분포

Anthocyanidin	색깔	R_1	R_2	Anthocyanin	분포
Pelargonidin	적(赤)	H	H	calistephin (3-glucoside)	딸기
Cyanidin	적자(赤紫)	OH	H	chrysanthemin (3-glucoside)	검정콩, 오디, 팥, 블루베리, 버찌
				cyanin (3,5-diglucoside)	붉은 순무, 장미, 자소
				keracyanin (3-rhamnoglucoside)	버찌, 고구마
				idein (3-galactoside)	사과
				mecocyanin (3-sophoroside)	버찌
Peonidin	적자(赤紫)	OCH_3	H	peonin (3,5-diglucoside)	포도
Delphinidin	청자(靑紫)	OH	OH	delphin (3,5-diglucoside)	포도
				nasunin (glucose, rhamnose)	가지
Petunidin	적자(赤紫)	OCH_3	OH	petunin (3,5-diglucoside)	포도
Malvidin	적자(赤紫)	OCH_3	OCH_3	malvin (3,5-diglucoside)	포도
				oenin (3-glucoside)	포도

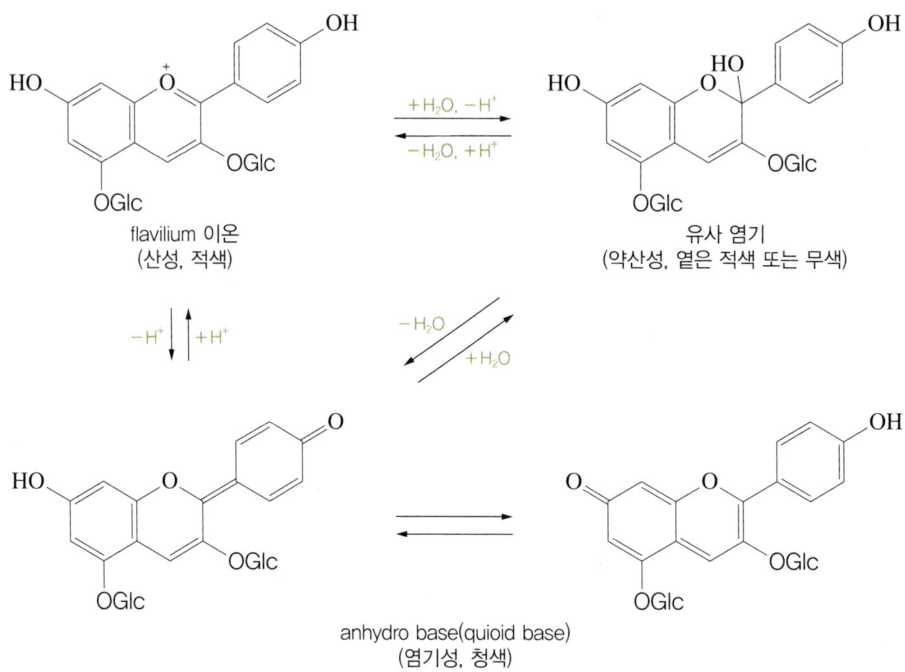

그림 9.13 안토사이안 색소의 pH에 따른 구조 변화

데, 이때 형성된 anthocyanidin은 다시 전위반응이 계속되어 퇴색될 수 있다.

Anthocyan 색소는 철, 주석, 구리, 알루미늄 등이 금속 이온과 반응하여 청색, 자색, 갈색 등의 복합체를 형성할 수 있으며, 이것은 과일 통조림 등에서 변색의 원인이 된다.

3) 포피린계 색소

Porphyrin은 pyrrole 고리(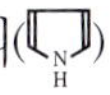) 4개가 methyne(-CH=) 가교에 의해 결합되어 있는 porphin (tetrapyrrole)의 유도체를 말한다. Porphyrin 고리는 그 구조상 쉽게 금속 이온과의 ligand를 형성하는데, 식품의 porphyrin 색소 중 식물성 색소인 chlorophyll은 Mg-porphyrin으로, 동물성 색소인 myoglobin 및 hemoglobin은 Fe-porphyrin으로 존재한다.

(1) 엽록소

엽록소(chlorophyll)는 광합성을 하는 모든 식물의 엽록체(chloroplast) 내에 존재하며, 식물체의 초록색을 나타내는 색소이다. 엽록소는 물에 녹지 않고 acetone 등의 유기 용매에만 녹는다.

① 엽록소의 종류와 구조

엽록소는 고등식물과 해조류 등에 a, b, c, d 4가지 형태로 존재하는데, 고등식물에는

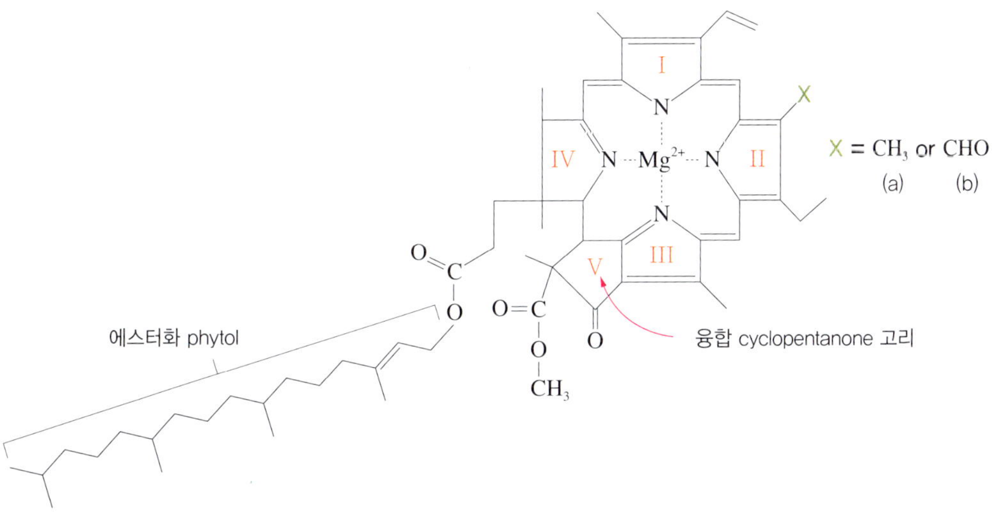

그림 9.14 엽록소 a와 b의 화학 구조

chlorophyll a와 chlorophyll b가 약 3:1의 비율로 존재한다. Chlorophyll a는 청록색, chlorophyll b는 황록색을 나타낸다. 엽록소의 구조는 그림 9.14에 나타내었다.

② 엽록소의 변화 반응

엽록소의 변화 반응은 그림 9.15에 요약하여 나타내었다. 엽록소가 가열이나 약산으로 처리되면 Mg 이온이 수소로 치환되어 황갈색의 pheophytin을 형성하는데, 이를 계속 산으로 처리하면 피톨기가 가수분해되어 갈색의 pheophorbide를 형성한다. 엽록소를 강산에 작용시키면 직접 pheophorbide를 생성한다. 한편 엽록소에 효소 chlorophyllase나 알칼리가 작용하면 피톨기가 가수분해되어 청록색의 methyl chlorophyllide를 형성하는데, 이것에 다시 산이 작용하면 역시 pheophorbide를 형성한다. Pheophytin이나 pheophorbide에 알칼리와 산소가 같이 작용하거나 methyl chlorophyllide에 산, 알칼리, 산소가 함께 작용하는 경우에는 IV번 고리의 환원이 일어나 chlorin을 형성한다.

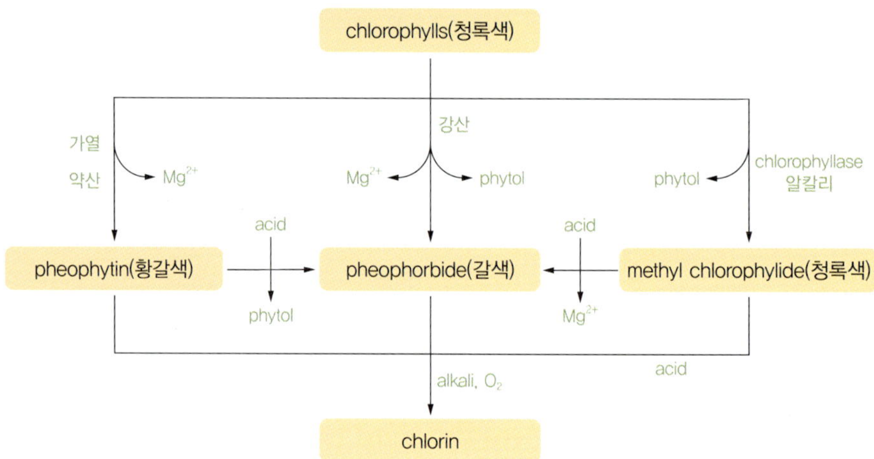

그림 9.15 엽록소의 변화 반응

(2) 미오글로빈과 헤모글로빈

육류의 붉은색은 근육 중의 myoglobin과 혈액 중의 hemoglobin에 의해 나타나는 것이다. Myoglobin과 hemoglobin은 근육과 혈액 내에서 산소의 저장 또는 운반체로 작용한다. 도축할 때는 대부분 방혈 과정을 거치기 때문에 육류의 색깔은 약 95% 정도가 myoglobin에 의한 것이고, 나머지 5% 정도만 hemoglobin에 의해서 나타나게 된다.

① 미오글로빈과 헤모글로빈의 구조

Myoglobin과 hemoglobin은 Fe-porphyrin 고리를 가지고 있는데 이 고리를 heme 구조라고도 한다. Myoglobin은 heme 구조에 globin이라는 단백질이 결합되어 있는 형태이며, globin은 아미노산 153개의 polypeptide로 분자량은 17,000 정도이다. Hemoglobin은 myoglobin과 매우 유사한 구조를 가지고 있는 구성단위 4개(α_1, α_2, β_1, β_2)가 단백질의 4차 구조를 형성한 형태로 되어 있으며 분자량은 68,000 정도이다.

Heme 구조에 있는 Fe 원자는 6개의 원자가 전자를 갖고 있어 결합이 6개까지 가능하다. 이 중 4개는 heme 구조에 있는 porphyrin에 결합하고 있으며, 1개는 globin 분자의 histidine과 결합하여 있고 나머지 1개는 산소와 결합하는 구조로 되어 있다. Myoglobin의 구조는 그림 9.16에 나타내었다.

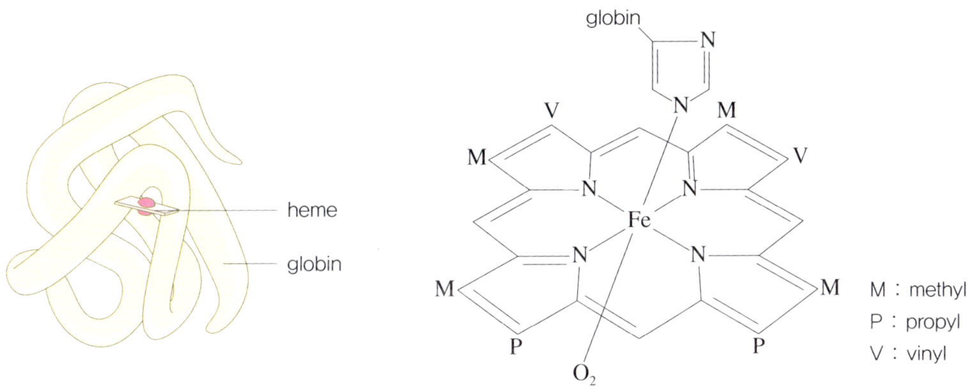

그림 9.16 **미오글로빈의 구조**

② 미오글로빈의 변화

육류에 들어 있는 myoglobin (Mb)은 원래 보라색을 띠나 공기 중에 노출되면 산소와 결합하는 산소화(oxygenation) 과정을 거쳐 붉은색의 oxymyoglobin (O_2Mb)을 형성한다. 이것이 보통 신선육의 표면에서 볼 수 있는 색깔이다. Myoglobin이나 oxymyoglobin이 산화되면 이들 myoglobin의 제1철 이온(ferrous ion, Fe^{2+})이 제2철 이온(ferric ion, Fe^{3+}) 이온으로 바뀌어 metmyoglobin (MMb)을 형성하는데 이는 회갈색을 나타낸다. 이 산화반응은 가열에 의해서도 촉진되므로 익힌 육류 역시 metmyoglobin이 형성되어 회갈색을 띤다.

Myoglobin은 환원제로 -SH기가 존재할 경우 녹색의 sulfmyoglobin (SMb)을 형성한다.

Ascorbate와 같은 다른 종류의 환원제가 있을 경우에는 cholemyoglobin (ChMb)을 형성하는데, 이 역시 녹색을 띠며 쉽게 산화되어 globin, 철 이온, tetrapyrrole로 분해된다.

육류를 가열하면 myoglobin에 몇 가지 변화가 일어난다. 우선 globin의 변성이 일어나고 철 이온은 Fe^{+3}으로 산화되며, 익힌 고기의 회갈색 색소는 hemichrome이라고 한다. 고기의 내부처럼 환원 물질이 존재할 경우에는 철 이온이 Fe^{+2} 상태로 존재하며 이때는 분홍색의 hemochrome을 형성한다.

베이컨, 햄, 소시지와 같은 염지육(curing meat)에는 소금 등과 함께 질산염(nitrate, NO_3^-)이나 아질산염(nitrite, NO_2^-)을 사용하는데, 이때 육색소가 여러 가지로 발색된다. 질산염을 NO_3^-의 형태로 첨가할 경우 육류 내의 세균에 의해 NO_3^-는 NO_2^-로 환원되고 염지육의 일반 pH에서는 HNO_2 상태로 존재한다. 이 HNO_2는 육류 내의 환원 물질에 의해 산화질소(nitric oxide, NO)를 형성하게 되는데, 이 산화질소가 myoglobin과 반응한다. 산화질소가 myoglobin과 결합하면 nitric oxide myoglobin (nitrosomyoglobin, nitrosylmyoglobin, NOMb)을 형성하는데 이것은 붉은색을 나타낸다. 염지육을 가열할 경우 globin의 변성과 함께 nitric oxide myoglobin은 안정한 nitrosohemochrome으로 바뀌는데 이 색소는 밝은 적색을 나타내며 익힌 소시지나 베이컨에서 볼 수 있다. 여러 가지 육제품에서 볼 수 있

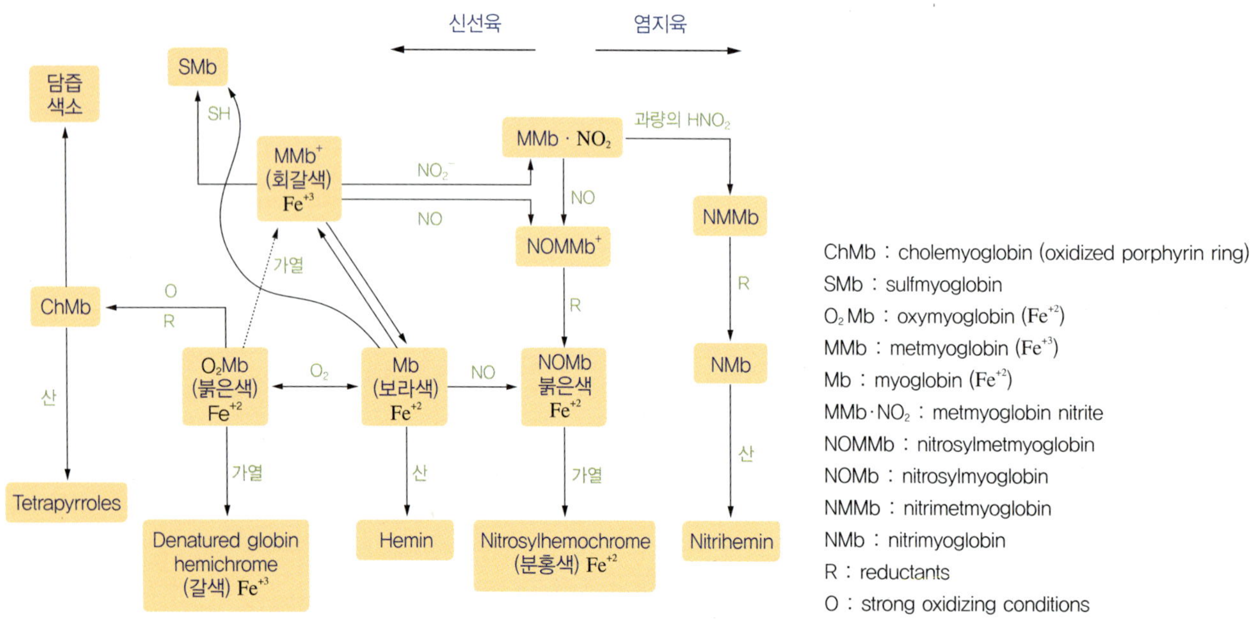

그림 9.17 **육제품에서 헴 색소의 변화 반응**

는 heme 색소의 변화 반응을 그림 9.17에 요약하여 나타내었다.

4) 베타레인계 색소

Betalain은 indole 핵을 포함한 alkaloid 구조를 가지고 있는 색소로 붉은색과 노란색을 나타낸다. 이 색소는 레드비트, 사탕무, 근대, 순무, 맨드라미, 명아주 등에 함유되어 있으며, 이 중 레드비트의 betalain 색소는 식품에서 붉은 색소로 많이 사용된다. Betalain은 수용성 색소이다.

Betalain은 크게 붉은색을 나타내는 betacyanin과 노란색을 나타내는 betaxanthin 2종류로 나뉘는데, 이들의 구조는 그림 9.18에 나타내었다. Betacyanin에는 betanin과 isobetanin이 있으며, 이 둘은 15번 탄소의 입체 구조가 다른 이성질체이다. 이들 glycoside 색소의 aglycone을 각각 betanidin과 isobetanidin이라고 한다. Betaxanthin에는 vulgaxanthin I과 vulgaxanthin II가 있으며, R 그룹이 각각 NH_2와 OH기로 되어 있다.

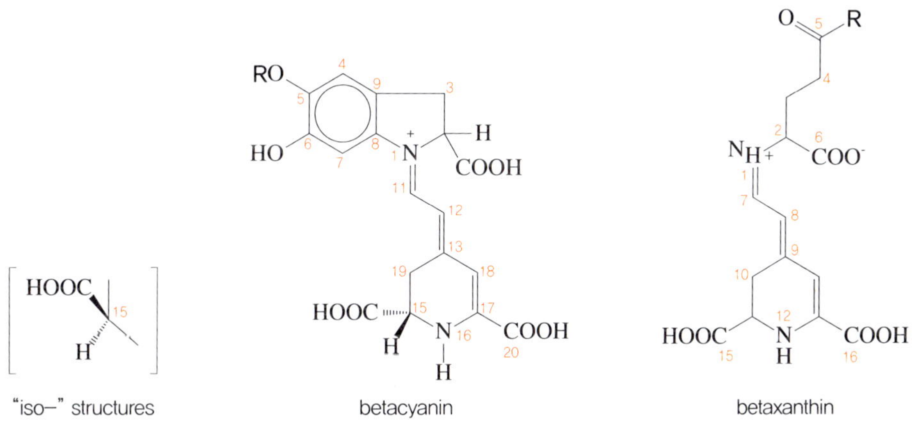

betanidin R = –H
betanin R = glucose{β(1→O–)}
isobetanidin R = –H
isobetanin R = glucose{β(1→O–)}
vulgaxanthin I R = $-NH_2$
vulgaxanthin II R = –OH

그림 9.18 **베타레인 색소의 종류와 구조**

5) 기타 색소

이상에서 살펴본 색소 이외에 quinone이나 indole계 색소화합물들이 식품의 색소로서 존재하거나 이용될 수 있다. Quinone계 색소는 식물, 조류, 지의류, 세균, 곤충 등에 분포하는 색소로 노랑, 빨강, 보라색 등을 나타내며 방향족 고리의 수에 따라 benzoquinone, naphthoquinone, anthraquinone의 그룹으로 나뉘는데 이들의 구조는 그림 9.19에 나타내었다.

Benzoquinone에 속하는 색소로는 잇꽃의 붉은색 색소인 carthamon, naphthoquinone류 색소로는 지치의 보라색 색소인 shikonin 등이 있다. Anthraquinone에 속하는 색소로는 연지벌레에 함유된 빨간색 색소인 carminic acid, 꼭두서니의 적황색 색소인 alizarin이나 purpurin 등이 있다. 이 중 carminic acid는 cochineal 추출 색소의 주성분으로 음료, 잼, 게맛살 등의 식품에 많이 사용되고 있다.

Indole계 색소 중에 대표적인 것은 쪽(indigo)에 들어 있는 파란색 indigotin이다. 이들 색소의 구조는 그림 9.19에 나타내었다.

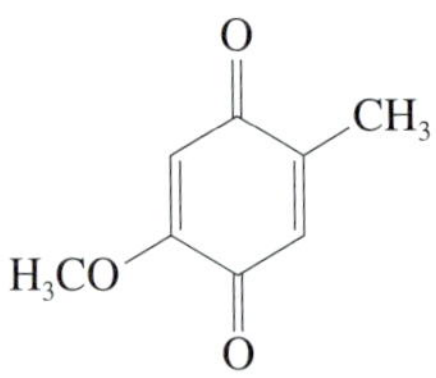

copronin
(benzoquinone)

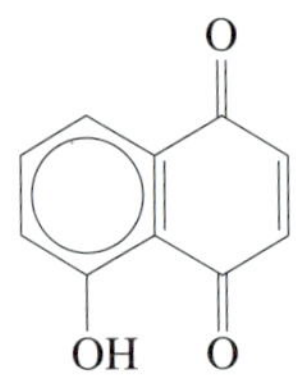

juglone
(naphthoquinone)

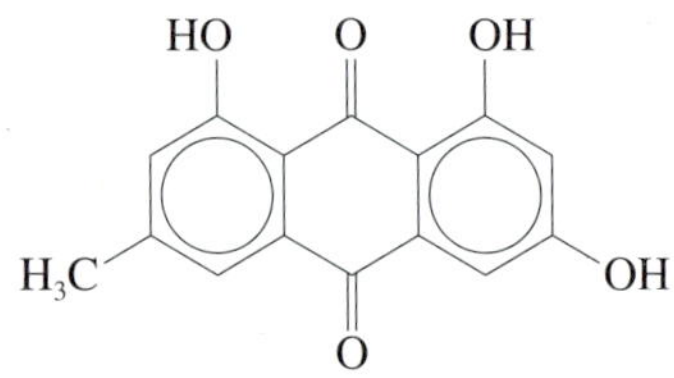

emodin
(anthraquinone)

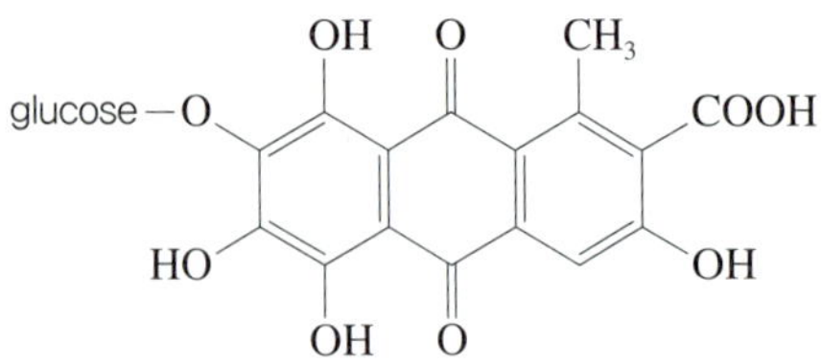

carminic acid

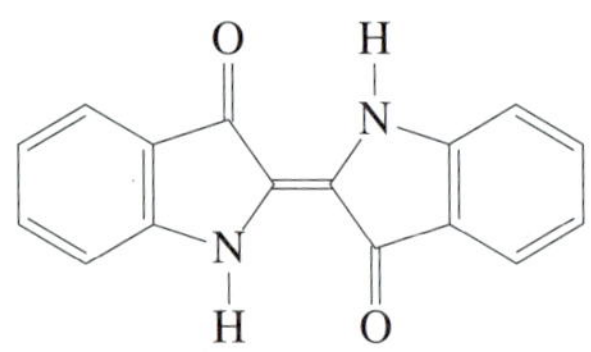

indigotin : indigo

그림 9.19 퀴논 및 인돌계 색소의 구조

단원정리

식품의 색은 풍미나 물성 등과 함께 식품의 2차 기능, 즉 감각 기능에 관여하며 식품의 품질을 결정하는 중요한 요소가 된다.

첫째, 식품의 색은 감각평가의 매우 중요한 요소로 식품의 고유색은 식욕을 돋우는 역할을 한다. 과일 등의 화려한 색깔은 원래 자연계에서 동물을 유인하기 위해 발달된 것으로, 인간에게도 시각적 쾌감을 유발한다.

둘째, 식품의 색은 품질의 간접적인 지표가 될 수 있다. 과일의 색깔은 성숙도를 나타내며, 갈변이나 기타 변색 등은 가열이나 부패, 기타 화학 변화의 지표가 된다.

셋째, 식품에 함유되어 있는 여러 가지 천연 색소는 영양소 또는 항암, 항염, 항산화 등 생리활성과 관련될 수 있다. 예를 들어 황색 등을 나타내는 carotenoids는 비타민 A의 전구물질로도 작용하며, 역시 황색 등을 나타내는 isoflavonoids는 항암 등의 활성을 나타내는 것으로 알려져 있다.

식품의 색은 품질을 결정하는 중요한 요소이다. 눈을 통해서 인식되는 색깔에 대한 인식이 어떻게 이루어지는가 하는 과정을 이해하고, 사람이 인식하는 것과 더불어 개관적 방법으로 색을 구분할 수 있는 방법들로는 어떤 것이 있는지를 파악하는 것은 중요하다. 빛의 파장에 따라 색깔을 인식할 수 있으나, CIE 체제로 판별하는 방법, Munsell 체제, Hunter 체제 등으로 나누어 관리할 수도 있다. 이러한 식품의 색깔을 가져오는 색소 성분에는 어떤 것(예를 들어 카로티노이드계, 페놀릭계, 포피린계, 베탈레인계, 퀴논계, 인돌계 등)들이 있는지 알아보고 이들 색소 성분에 대한 이해의 깊이를 넓힘으로써 식품의 품질로서 색깔을 어떻게 관리할지를 파악한다.

연습문제

1 게나 새우를 가열 조리하면 청록색의 성분이 붉은색으로 바뀌는 것을 볼 수 있다. 이때 붉은색을 나타내는 색소 성분은?

① 아스타잔틴　② 캡사이신
③ 아스타신　④ 리코펜

2 옥수수의 노란 색소 성분의 계통은?

① 플라보노이드 계통　② 안토시안 계통
③ 클로로필 계통　④ 카로테노이드 계통

3 pH에 따라서 청색 또는 붉은색으로 바뀌기도 하는 색소 성분은 ?

① 플라보노이드 계통　② 안토사이안 계통
③ 클로로필 계통　④ 카로테노이드 계통

4 클로로필과 색소 구성 성분 중 수소로 치환이 되면 갈색으로 바뀌는 미네랄은?

① Cu　② Fe　③ Ca
④ M　⑤ Zn

5 가시광선의 색소 성분의 농도를 측정할 수 있는 기기는?

① 분광광도계　② 오스트발트 비중계
③ 가스크로마토그래피　④ 패리노그래피

6 색은 어떻게 분류할 수 있는가?

*정답은 뒤에 있습니다.

MEMO

10 식품의 갈변반응

1. 비효소 갈변반응

2. 효소에 의한 갈변반응

갈변반응은 식품을 가공하거나 저장하는 중에 그 빛깔이 점차 갈색이나 암갈색을 띠게 하는 여러 반응을 말한다. 이 반응은 식품의 품질 결정 요소의 하나인 색에 큰 영향을 미치므로 매우 중요하다. 빵, 간장 및 된장, 맥주, 커피, 홍차, 메이플시럽 등의 식품에서는 고유의 빛깔을 띠게 하는 이로운 반응이다. 그러나 건조과일, 감자 제품, 과즙, 잼, 토마토케첩 등에서는 대개 품질의 저하를 가져오므로 바람직하지 않은 반응으로 간주된다. 갈변반응에서는 pyrazine 유도체들 같은 특정 향기 형성 성분(character impact compound)이 생성되기도 하고, lysine 등 필수아미노산이 파괴되거나 생성 물질이 무기물을 비롯한 다른 영양소의 생체이용률을 저하시켜 영양적 손실을 가져오기도 한다. 한편 분자량이 작은 중간 생성물들과 최종 산물은 산화 억제 효과나 돌연변이 유발성 등을 나타낸다고 알려져 있다.

갈변반응은 그 메커니즘에 따라 여러 가지가 있으나 일반적으로 효소가 관여하지 않는 비효소 갈변반응과 효소에 의한 갈변반응으로 크게 나눈다.

1. 비효소 갈변반응

이 반응은 효소가 관여하지 않은 상태에서 식품 중의 한 성분 또는 성분 상호 간의 화학반응에 의하여 갈색 물질이 형성되는 것으로, 마이야르 반응(Maillard reaction), 캐러멜 반응(caramelization), 아스코브산 산화반응 등이 있다.

1) 마이야르 반응

프랑스의 화학자 Maillard가 1912년 최초로 보고한 반응으로, 아미노산, peptide, amine, 단백질의 유리아미노기와 환원당, aldehyde, ketone 등의 카보닐기가 반응하여 궁극적으로 갈색의 멜라노이딘(melanoidin) 색소를 생성하는 반응이다. 반응물의 본질을 따라 amino-carbonyl 반응이라고도 하며, 반응 생성물의 이름을 따서 melanoidin 반응이라고도 부른다.

식품에서는 glucose, fructose와 같은 단당류, maltose, lactose 등 이당류, 또 육류의 경우에는 환원성 pentose 등이 아미노산이나 단백질과 주로 반응한다. 당단백질, 당지방질, flavonoid 화합물과 같이 당류가 glucoside 결합으로 연결되어 있거나, sucrose와 같은 비환원성 이당류의 경우에는 glucoside 결합이 절단된 이후에 반응에 참여하게 된다. 이 반응에서는 1차 amine이 2차 amine보다 더 중요하여 단백질에서 lysine 곁사슬의 1차 아미노기가 주로 반응에 참여한다.

(1) 반응 메커니즘

Maillard 반응의 개요는 그림 10.1에 나타내었으며, 구성 화학반응의 진행 과정에 따라 초기단계, 중간단계, 최종단계의 세 단계로 나눈다.

① 초기단계

- 당-amine 축합반응
- 아마도리 전위(Amadori rearrangement)

② 중간단계

- 당의 탈수반응

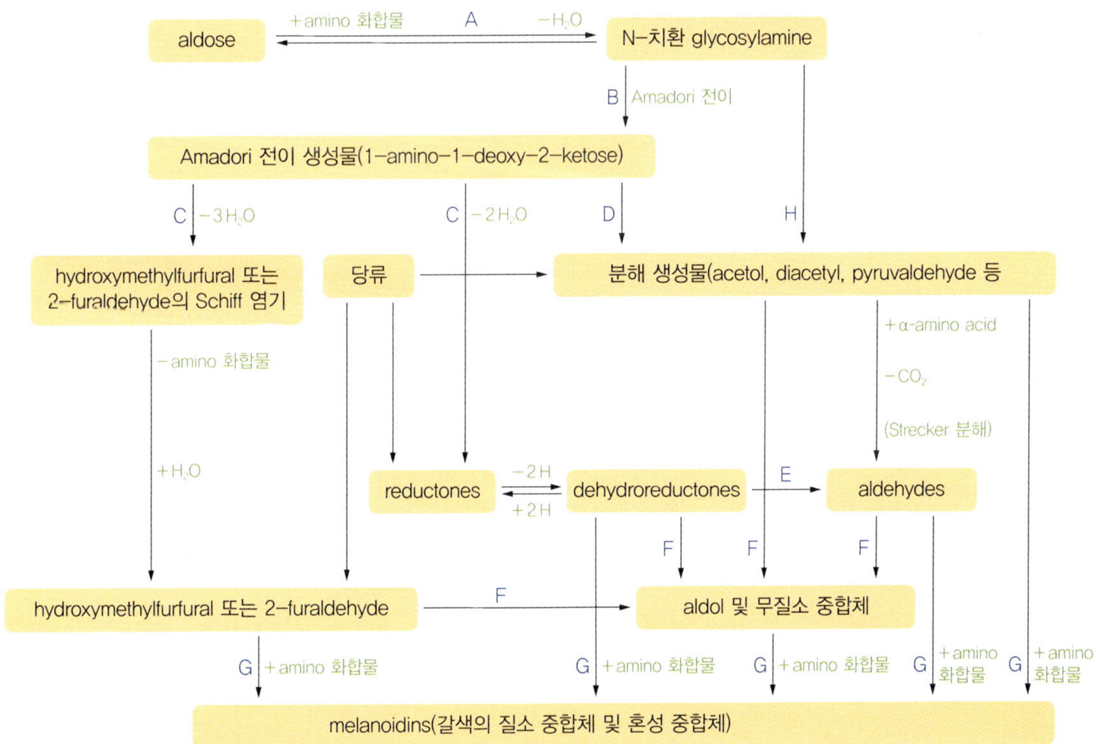

그림 10.1 마이야르 반응의 개요

• 당의 분열반응

• 아미노산 분해

③ 최종단계

• Aldol 축합반응

• Aldehyde-amine 축합반응 및 헤테로 고리 질소화합물의 형성

① 초기 단계

Maillard 반응의 초기 단계에서 반응 생성물은 색을 띠지 않으며, 근자외선 파장에서 흡광하지도 않는다. 이 단계에서 일어나는 반응들은 그 특성이 잘 밝혀져 있다.

당-아민 축합반응

Maillard 반응의 첫 단계에서는 환원당의 알데하이드형 카보닐기가 아미노산, 단백질 또는 amine의 아미노기와 축합반응을 일으킨다. 그 결과 Schiff 염기 유도체가 생성되고 이어서 상응하는 질소 glycoside인 glycosylamine이 형성되는데, 이 반응들은 가역적이며 매우 빨리 진행된다. 생성된 glycosylamine은 반응물인 당류 자체보다 활성이 매우 크다 (그림 10.2).

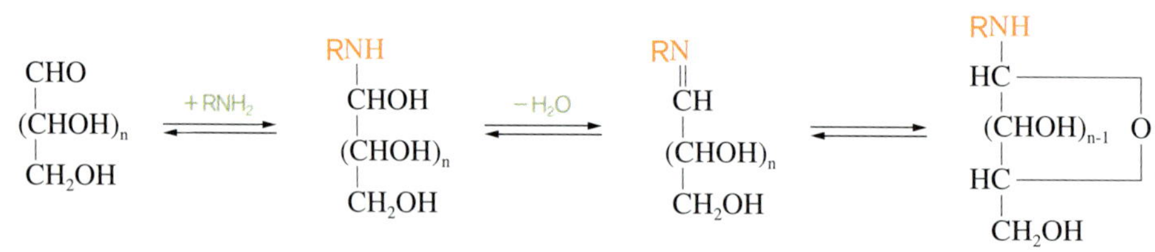

aldose (aldehyde 형) 첨가화합물 (aldehyde ammonia) Schiff 염기 N-치환 glycosylamine

그림 10.2 글리코실아민의 형성

이 축합반응은 친핵성인 아미노기의 질소 원자가 카보닐기의 탄소 원자를 공격함으로써 개시된다. 카보닐기의 양자화는 친핵성 화합물과의 반응성을 증대시키나, 아미노기 질소 원자의 양자화는 카보닐기 탄소 원자에 대한 공격을 저해한다.

아마도리 전위

형성된 glycosylamine은 그림 10.3에 나타냈듯이 곧 재배열하여 상응하는 ketosamine

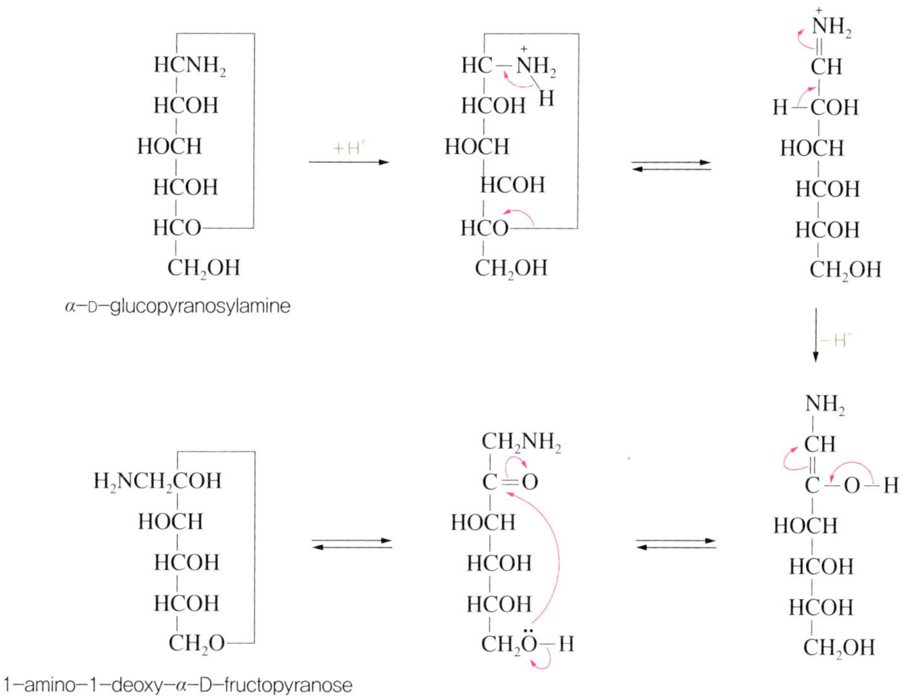

그림 10.3 아마도리 전위

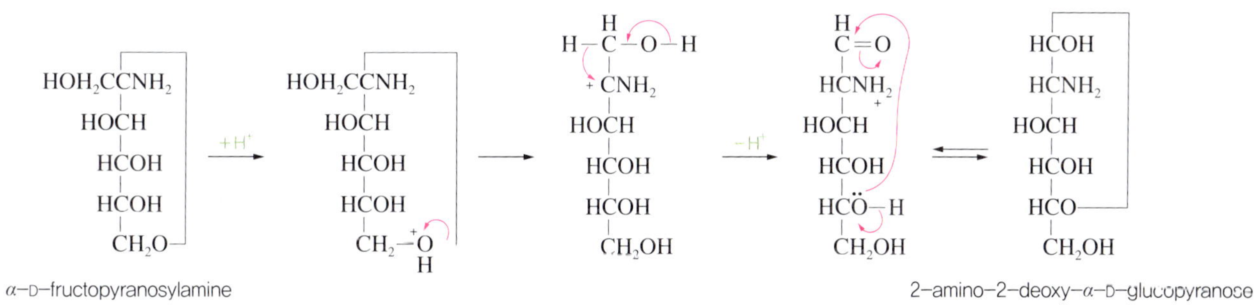

그림 10.4 Heyns 전위

(aminoketose)으로 전이한다. 이 반응에서는 약산이 촉매로 작용하는데, Schiff 염기의 양자화가 주요 단계이다. 이때 keto형과 함께 반응성이 더 큰 enol형으로도 존재한다. 한편 과당(fructose)과 같은 ketose는 유사한 반응을 거쳐 상응하는 2-amino-2-deoxyaldose를 형성하는데, 이를 Heyns 전위라고 한다(그림 10.4).

② 중간단계

중간단계에서는 Amadori 전위 및 Heyns 전위 생성물이 탈수되어 furfural (2-furaldehyde) 및 리덕톤류(reductones)를 형성하고, 분해되어서는 acetol, diacetyl, pyruvaldehyde 등을 형성한다. 이들 생성물은 무색이거나 황색을 띠며, 근자외선 파장에서 강하게 흡광한다.

당의 탈수 반응

당의 탈수반응은 반응액의 pH에 따라 furfural 형성과 리덕톤류 형성으로 나뉜다(그림 10.5).

㉠ Furfural 형성

- 3-Deoxyosone의 형성 : 산성 조건에서 Amadori 화합물, 즉 ketosamine은 1,2-엔올화 반응을 거치며, 이어서 amine이 가수분해되어 3-deoxyosone을 형성한다. 3-Deoxyosone은 당이 hexose이면 3-deoxyhexosone, pentose인 경우에는 3-deoxypentosone이라고 하며, glucose 유도체인 경우에는 3-deoxy-glucosulose라 하기도 한다.
- 불포화 osone (unsaturated-3,4-dideoxyosone)의 형성 : 3-Deoxyosone은 탈수반응을 거쳐 불포화 osone, 곧 불포화 3,4-dideoxyosone을 형성한다.
- Hydroxymethylfurfural (HMF)의 형성 : 불포화 osone의 enol형은 반응성이 커서 탈수반응을 거쳐 고리화되어 5-hydroxymethyl-2-furfural (5-HMF)로 대표되는 furan 유도체를 형성한다. 일반적으로 hexose의 경우에는 5-HMF를, pentose와 헥수론산(hexuronic acid)의 경우에는 2-furaldehyde를 생성한다. 이때 헥수론산 유도체는 탈카복실화된다.

㉡ 리덕톤류의 형성

중성 또는 알칼리성 조건에서 Amadori 화합물은 2,3-엔올화 반응을 거친 다음 amine이 분해되어 1-deoxy-2,3-dicarbonyl 중간체의 enol형과 같은 reductone을 형성한다. 리덕톤류는 그림 10.6에 나타냈듯이 분자 안에 enediol 또는 이와 비슷한 구조인 enaminol, endiamine, thiol-enol 등의 기를 가지고 있고, 2,6-dichlorophenolindophenol을 환원시키는 성질을 지닌 indophenol 환원성 물질을 말한다. 식품에 함유된 대표적인 reductone으로는 L-ascorbic acid가 있다. 이 리덕톤류는 환원성과 반응성이 매우 크다는 특징이 있으며, 주로 카보닐기에서 접합(conjugation)이 일어나 불포화되고 이어서 탈수

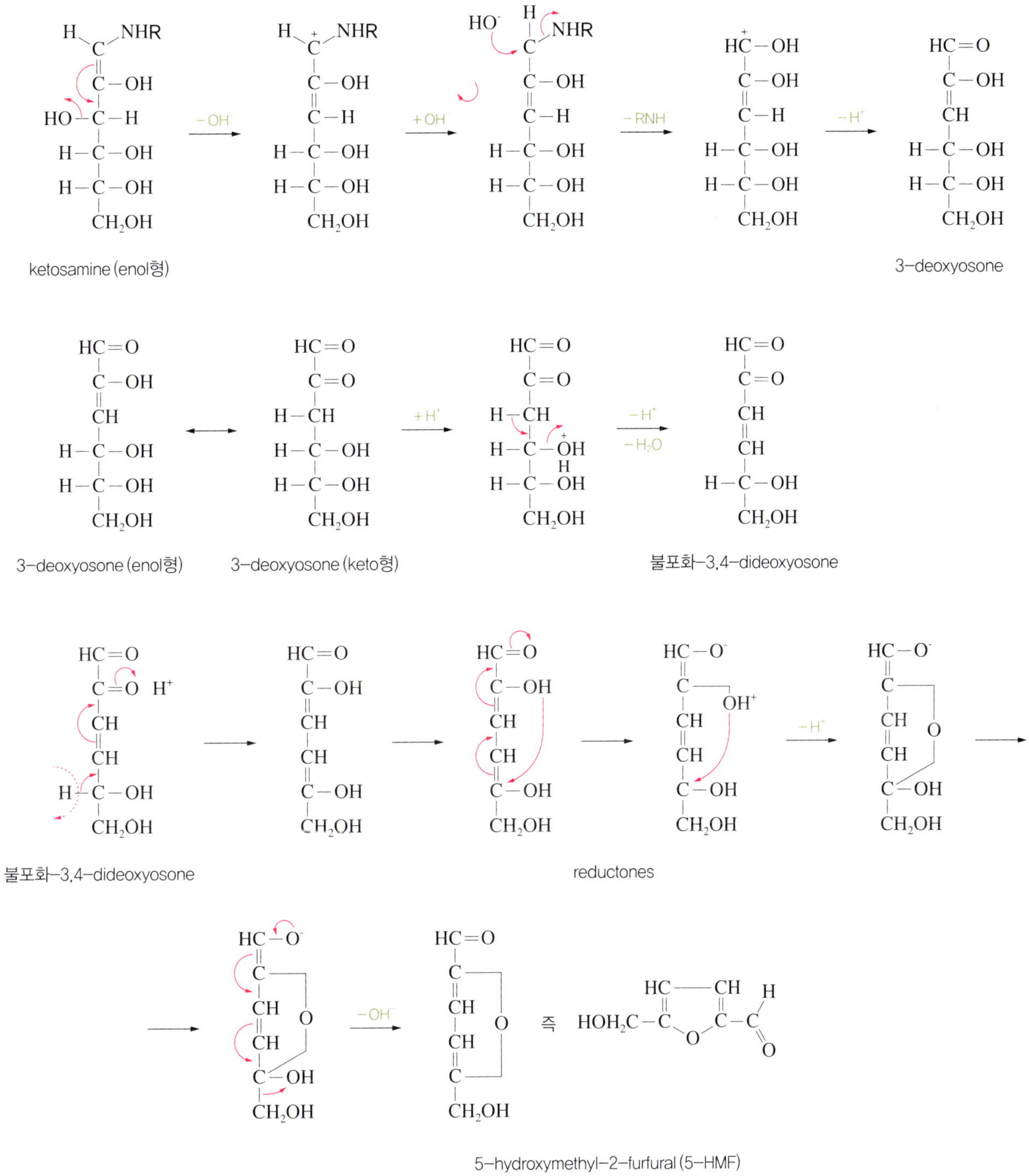

그림 10.5 마이야르 반응 중간단계에서 HMF의 형성

그림 10.6 리덕톤류의 구조

소화된 형태로 갈변반응에 관여한다.

당의 분열반응

위와 같은 산화 생성물들은 계속 산화, 분열하여 탄소 수가 적고 휘발성이 큰 물질들을 형성한다. 즉, glycoaldehyde, methylglyoxal, diacetyl, acetoin, acetol, dihydroxy-acetone, acetaldehyde, glyoxal 등이 당류의 탄소 사슬이 절단됨에 따라 형성되는데, 이 화합물들은 갈색 색소 형성에 관여하며 식품에 특유한 냄새를 부여하기도 한다(그림 10.7).

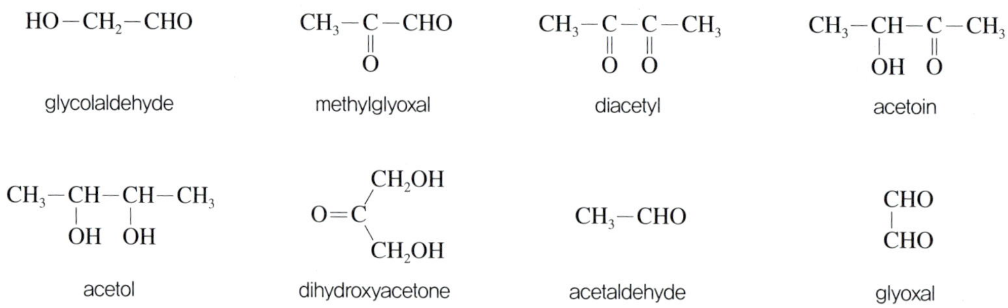

그림 10.7 당의 분열에 의해 형성되는 화합물

아미노산 분해

Maillard 반응에서는 상당량의 이산화탄소가 발생하며 아미노산에서 유래한 알데하이드류가 형성되는데, 대부분은 스트레커 분해반응(Strecker degradation)에 기인한다고 알려져 있다. 이 반응은 α-아미노산과 α-dicarbonyl 화합물의 산화적 분해반응으로, 해당 아미노산보다 탄소 수가 하나 적은 aldehyde와 이산화탄소가 생성된다. 즉, 불포화 3,4-dideoxyosone과 같이 활성이 큰 dicarbonyl 화합물과, 아미노산이나 amino 화합물은 Strecker 분해반응에 의해서 축합된 후 탈카복실화되어 활성이 큰 enaminol과 aldehyde를 생성한다(그림 10.8). 이 enaminol은 그 자체가 일종의 reductone으로 계속하

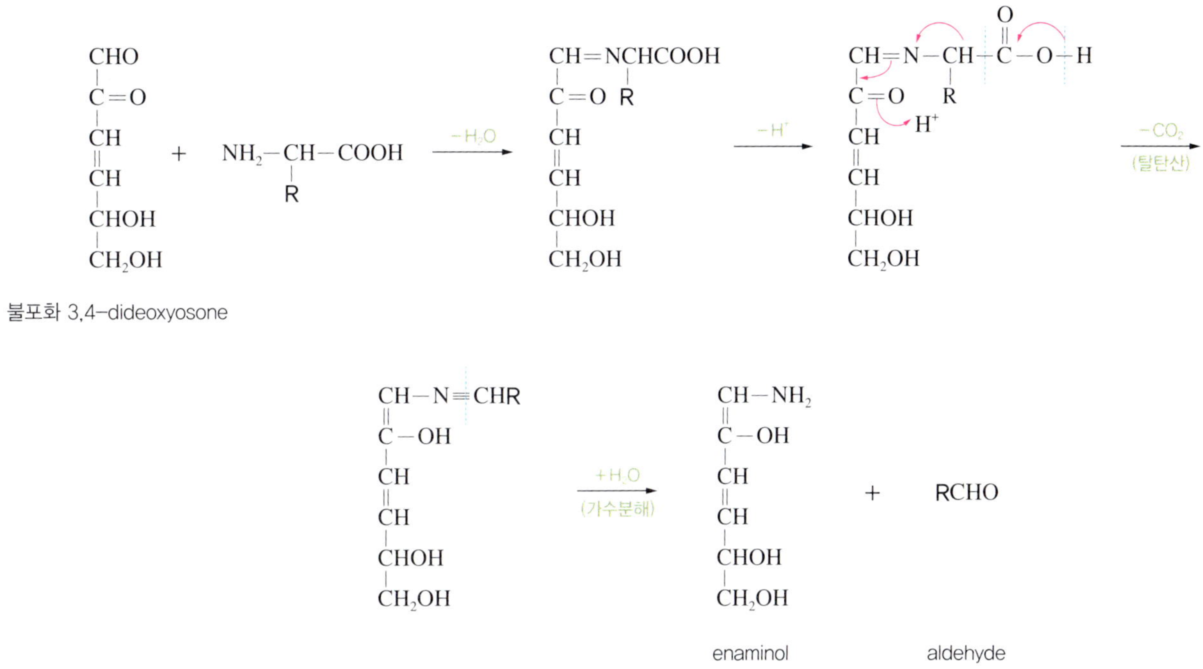

그림 10.8 **스트레커 분해반응**

여 갈변의 여러 반응에 참여한다. 그리고 이 반응에서 생성되는 알데하이드류는 휘발성 성분으로 식품의 향미에 영향을 미치며 다른 반응에 관여하기도 한다.

③ 최종단계

Maillard 반응의 중간단계에서 생성된 furfural 유도체, 리덕톤류, 당의 분해 생성물들은 aldol 축합반응, aldehyde-amine 축합반응, pyrrole, imidazole, pyridine, pyrazine 등과 같은 hetero 고리 질소화합물 생성 등 여러 반응에 의해 갈색의 형광성 불포화 중합체를 형성한다.

알돌 축합반응

리덕톤류의 분열에 의해 생성된 활성 강한 carbonyl 화합물 중 α-위치에 수소가 있는

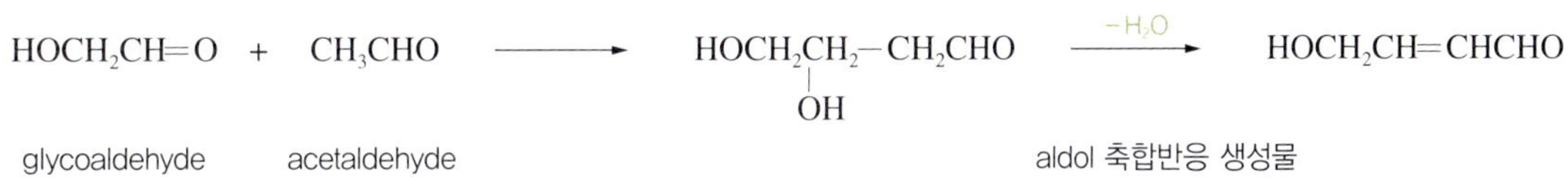

그림 10.9 **알돌 축합반응**

화합물은 aldol 축합반응(condensation)을 일으켜 분자량이 큰 불포화화합물을 형성한다(그림 10.9). 이 화합물들은 질소를 함유하지 않으나 amino 화합물과 계속 축합반응을 일으켜 질소를 함유한 분자량이 큰 melanoidin을 형성한다.

Aldehyde-amine 축합반응 및 hetero 고리 질소화합물의 형성

Aldehyde와 amine은 저온에서도 쉽게 반응하여 착색 중합체를 형성한다. 이를테면 지방족 aldehyde는 aldimine과 축합반응하여 불포화 복합 aldimine 〔$RCH_2C:C(R')CH:NR$〕이나 dihydropyridine 치환체를 형성한다. 이러한 축합반응은 melanoidin이 형성될 때에도 일어나는데 pyrrole, imidazole 등 여러 가지 hetero 고리 질소화합물이 형성되고 궁극적으로 불포화도가 큰 갈색의 melanoidin 색소가 생성된다. 그러나 이 단계의 반응 메커니즘은 아직 명확히 밝혀져 있지 않다.

(2) 마이야르 반응에 영향을 미치는 요소

Maillard 반응은 수많은 반응으로 구성되어 있으며, 각 반응은 온도 및 시간, 수분활성도, pH, 이산화황과 같은 화학적 저해 물질 등 여러 요소에 의하여 영향을 받는다.

① 온도 및 시간

Maillard 반응속도는 온도가 상승함에 따라 증가하는데 온도 계수, 즉 Q_{10}값이 2~8로 온도 의존성이 크다. 상온에 저장한 식품은 Maillard 반응으로 말미암아 이취를 발생하기도 한다. 식품을 가열하면 100°C 정도의 온도에서는 caramel 냄새나 가열 냄새가 생기고, 150°C 이상의 고온에서는 구운 냄새(toasted aroma)나 볶은 냄새(roasted aroma)가 발생한다. 이러한 냄새 profile은 가열 온도와 시간에 따라 변화하며, 일정한 온도-시간 조합에서는 그 조건 특유의 냄새가 생긴다. 압출성형 공정에서 생기는 냄새도 온도의 영향을 받는다. 이를테면 감자 박편 가공에서 압출성형기의 온도를 130°C에서 160°C로 올리면 pyrazine의 생성량이 10배 정도 증가한다.

② 수분활성도

수분활성도가 높은 식품에서는 Maillard 반응으로 생성된 물이 반응물을 희석시키므로 반응이 느리게 진행된다. 수분활성도가 낮을 때에는 반응물의 운동성이 제한되어 반응속도가 느리다. 따라서 Maillard 반응은 중간 수분활성도 범위(0.5~0.8)에서 가장 빠르게 일어난다.

한편, 갈변반응 속도가 최대로 되는 수분활성도는 식품계에 공존하는 다른 성분에 따라 달라진다. 예를 들면 보습제로 많이 쓰이는 glycerol은 갈변반응 속도가 최대로 되는 수분활성도를 중간 수분 식품의 수분활성도 이하로 낮춘다. 그리고 보습제로 당류를 사용하는 중간 수분 식품의 경우에는 Maillard 반응에 의해 갈변이 일어날 수 있으므로 glycerol이나 propylene glycol과 같은 액상 보습제를 사용하는 것이 좋다.

식품의 농축, 건조 공정에서는 수분활성도가 Maillard 반응에 미치는 영향을 최소화하기 위해 중간 수분활성도 범위를 가급적 빨리 벗어나게 하고, 아울러 식품이 높은 온도 조건에 필요 이상으로 놓이지 않도록 하는 것이 바람직하다. Maillard 반응속도가 최대가 되는 수분 함량은 온도를 비롯한 반응 조건에 따라 달라진다. 이를테면 냉동 건조한 당근을 60°C에서 가열할 경우 Amadori 전위반응 생성물의 형성속도는, 수분 함량이 5%인 조건에서 최대이며 90°C에서는 2.5～3% 범위에서 수분 함량이 감소할수록 증가한다.

③ pH

모델 식품계에서 pH가 낮은(4～7) 경우에는 Amadori 전위반응 생성물로부터 주로 furfural이 형성되고, 중성이나 알칼리성일 때에는 리덕톤류나 분열 생성물들이 형성된다. 그러나 실제 식품계에서는 pH의 영향이 뚜렷하게 구분되지 않고 이 반응들이 모두 일어나며 pH에 따라 반응 생성물의 비율이 달라진다. 이때 furfural을 형성하는 경로의 갈변 정도는 리덕톤류를 형성하는 경로보다 낮으므로, pH를 낮추면 melanoidin 색소의 형성속도를 줄일 수 있다.

식품의 냄새도 pH의 영향을 받는데, 고기 냄새를 생성하는 최적의 pH는 4～5.5이다. 그러나 pH가 냄새 생성에 미치는 영향은 온도나 시간, 수분 함량에 의한 영향보다 작다. 한편 pyrazine 형성은 pH가 높아짐에 따라 증가하며, 특히 pH 5 이상에서 크게 증가한다.

④ 반응계의 조성

Maillard 반응의 속도는 당류 및 아미노산의 종류에 따라 다르다. 단당류인 hexose는 환원성 이당류보다 반응속도가 빠르다. 또 pentose는 hexose보다 쉽게 반응하며, aldose는 대개 ketose보다 반응속도가 빠르다.

아미노산 중에서는 아미노기가 카복실기와 멀리 떨어져 있어 입체적으로 당류 및 그 유도체의 카보닐기에 쉽게 접근하여 반응할 수 있는 염기성 아미노산의 반응속도가 빠르다.

즉, 반응성이 큰 ε-아미노기를 보유한 lysine의 반응속도가 가장 빠르고, cysteine이 느리다. 따라서 우유 단백질과 같이 lysine을 많이 함유한 단백질은 쉽게 갈변한다.

당류와 amino 화합물의 비율도 melanoidin 색소 생성량에 영향을 미친다. 예를 들면 수분 함량이 65%이고 65°C에 저장된 glucose-glycine 모델계에서 glucose와 glycine의 비율이 10:1에서 1:1로 감소하면 색소 형성이 급격히 증가한다.

가열할 때 형성되는 냄새는 반응에 참여하는 amino 화합물의 영향을 크게 받는다. 아미노산 용액을 가열하면 보통 caramel 냄새가 생기나 아미노산의 종류에 따라 특징적인 냄새를 생성하기도 한다. 예를 들어 cysteine과 같은 함황아미노산을 가열하면 고기 냄새가 발생하고, proline이나 hydroxyproline을 가열하면 빵, 크래커 냄새가 생긴다. 당류는 아미노산보다는 생성되는 냄새에 미치는 영향이 작다.

⑤ 화학적 저해 물질

아황산염, thiol, 칼슘염 등은 Maillard 반응에 의한 갈변을 저해한다. 이산화황을 갈색 색소가 형성되기 전에 glucose-glycine 모델계에 첨가하면 갈변의 개시가 지연된다. 첨가된 이산화황은 환원당의 알데하이드기와 반응하여 hydrosulfonic acid를 형성함으로써 반응성이 큰 카보닐기를 보호하고, Schiff 염기의 형성을 저해하여 Maillard 반응을 억제한다. 또 carbonyl, dicarbonyl 등 Maillard 반응의 중간 생성물과 비가역적으로 결합하여 반응을 억제하며, melanoidin 색소를 부분적으로 탈색시킨다. 이산화황의 결합속도는 용액에 첨가된 이산화황의 농도에 비례한다. 그러나 이산화황은 melanoidin 색소의 형성만을 지연시킬 뿐이어서 갈변이 이미 시작된 모델계에 첨가하면 순간적으로 melanoidin이 부분 탈색되기는 하나, 갈변반응 개시단계에서 첨가하였을 때의 수준까지 색소 형성이 감소되지는 않는다. 이산화황과 melanoidin의 상호작용 메커니즘은 아직 명확히 밝혀지지 않았다.

염화칼슘과 같은 칼슘염은 아미노산과 chelate를 형성하여 Maillard 반응의 진행을 억제한다.

(3) 마이야르 반응의 영양적 및 생리적 특성

① 마이야르 반응의 영양적 특성

환원당과 유리아미노기 사이의 반응은 식품 중의 필수영양소를 화학적으로 변형시켜 생체에서 이용하지 못하게 함으로써 영양가를 감소시키고 생리에 영향을 미친다. Maillard 반응 생성물에 의해 단백질 등 다른 영양소의 생체이용률이 감소되거나 무기질 대사가 교란되는 등 간접적인 영향을 받기도 한다.

초기 반응에서 생성되는 Amadori 화합물은 동물체 내의 효소에 의해 분해되지 않으므로 체내에서 이용되지 못한다. 다만 대장에서 장내 미생물에 의해 분해되어 아미노산이 유리되기는 하나 동물체가 이용하기에 충분한 양은 아니다. 이와 같이 손실되는 영양소는 반응성이 큰 ε-아미노기를 갖는 단백질에 결합된 lysine, α-아미노기를 갖는 유리아미노산 및 peptide와 thiamin, pyridoxine, 엽산(folic acid)과 같은 비타민 등이다. 분유 제품은 우유 단백질에 lysine이 많이 들어 있으며 환원당인 lactose 함량이 많으므로 Maillard 반응에 의해 lysine의 생체이용률이 크게 영향받는다. 초기 반응 이후의 반응단계에서는 lysine과 비타민 B 복합체의 손실이 가속화된다. 그리고 methionine, tryptophan 등의 아미노산도 화학적으로 변형되거나 전체적인 단백질의 소화율 저하에 따라 생체이용률이 감소한다.

② 마이야르 반응의 생리적 특성

Maillard 반응 생성물을 실험 동물에 투여하면 여러 가지 생리적 변화가 일어난다. 예를 들면 melanoidin을 오랫동안 투여한 쥐는 성장속도의 감소, 간, 비장 및 맹장의 비대, 혈청 triacylglycerol의 감소, 조직병리학적 지방의 변화 등이 관찰된다. 또 cholesterol의 장내 대사에 영향을 미쳐 혈청 cholesterol을 감소시키며, 배설물 중의 중성 steroid 조성을 변화시킨디.

Maillard 반응 생성물은 특이적인 효소 활성 저해 효과를 보여 소장 점막 세포의 이당류 가수분해효소인 lactase, sucrase, maltase의 활성을 저하시키며, 충치 유발균인 ***Streptococcus mutans***의 글리코실 전이효소(glycosyl transferase) 활성을 크게 저해한다. 또 분자량이 작은 반응 생성물은 일부 흡수되어 간의 benzo[α]pyrene hydroxylase 활성을 증가시키는 등 제독 효소의 활성에 영향을 미친다.

한편, 갈변반응 중 당 잔기는 β-lactoglobulin에 결합하여 우유 단백질의 알레르기 유발성을 증대시킨다.

③ 마이야르 반응 생성물의 독성

Maillard 반응의 중간 생성물인 HMF와 동물의 체조직 성분인 creatinine이 관여된 Maillard 반응에서 생성된 hetero 고리 아민은 미생물을 이용한 에임스 시험(Ames test)에서 돌연변이 유발성을 보인다. 또한 단백질의 열분해에 의해 tryptophan, 글루탐산(glutamic acid), phenylalanine, 콩 globulin 등으로부터 생성된 hetero 고리 아민은 쥐, 생쥐 등 실험동물에서 소장, 대장, 간, 폐, 혈관 등에 암을 유발하였다.

열처리 공정을 거친 탄수화물이 많이 함유된 빵류, 캐러멜, 커피, 유제품 등에 생성된 melanoidin과 같은 화합물도 Ames 시험에서 약한 돌연변이 유발성을 나타낸다. 그러나 볶은 커피, 볶은 코코아 등 melanoidin이 함유된 식품은 동물실험에서는 돌연변이 유발성이나 발암성을 나타내지 않는다.

④ 마이야르 반응 생성물의 항산화성, 항돌연변이성 및 항암성

Maillard 반응에서 생성되는 carbonyl 화합물과 melanoidin은 항산화성을 나타내는데, 이는 carbonyl 화합물의 환원력과, melanoidin이 구리, 철 등 산화 촉진 물질과 chelate를 형성하기 때문이다. Melanoidin은 활성산소를 소거함으로써 항돌연변이원성을 나타내기도 한다. 이 생성물들은 nitrosamine 형성 억제, 암의 개시와 촉진 단계에 관련된 활성산소의 소거, 갈변 과정 중 발암 물질의 화학 구조 변경 등을 통해 항암성을 띤다.

2) 캐러멜 반응

캐러멜 반응은 Maillard 반응과는 달리 amino 화합물이 존재하지 않는 조건에서 주로 당류의 가열에 의한 산화 및 그 분해 산물로 인하여 일어나는 갈변반응이다. 이 반응은 당류 함량이 많은 캔디류와 같은 식품의 가열 공정에서 흔히 일어나며, 주로 Maillard 반응에 의해 색소가 형성되는 간장, 된장과 같은 식품의 색에도 상당히 기여한다. 이 반응에서 생성되는 가열 분해물들은 식품의 향미에도 큰 영향을 미친다. 반응 메커니즘은 아직 확실하게 규명되지 않았으나, 공통적인 경로로 산성 분해와 알칼리성 분해 두 가지가 있다.

(1) 산성 분해

반응 첫 단계에서 aldose나 ketose는 1,2-enol을 형성하고, 이어서 여러 가지 반응을 거쳐 5-HMF로 된다. 이 반응에서는 중간 생성물로 3-deoxyaldose-2-ene, 3-deoxyosulose, osulose-3-ene 등이 형성된다. 당이 pentose일 경우에는 2-furaldehyde가, hexose일 경우에는 5-hydroxymethyl-2-furaldehyde가 caramel 색소의 전구물질로 생성된다.

(2) 알칼리성 분해

1,2-Enol은 Lobry de Bruyn-Alberda van Eckenstein 변환에 의한 당의 이성질체화를 통해 알칼리성 분해의 첫 단계에서도 형성된다. 이어서 1,2-enol은 분열하여 탄소 3개를 가진 glyceraldehyde와 triose endiol을 생성하고, 계속해서 pyruvaldehyde 수화물을 거쳐 DL-lactic acid로 전환된다(그림 10.10). 이렇게 생성된 aldehyde와 ketone 중간체는 축합 및 중합 반응을 일으켜 갈색의 humin 물질을 형성한다.

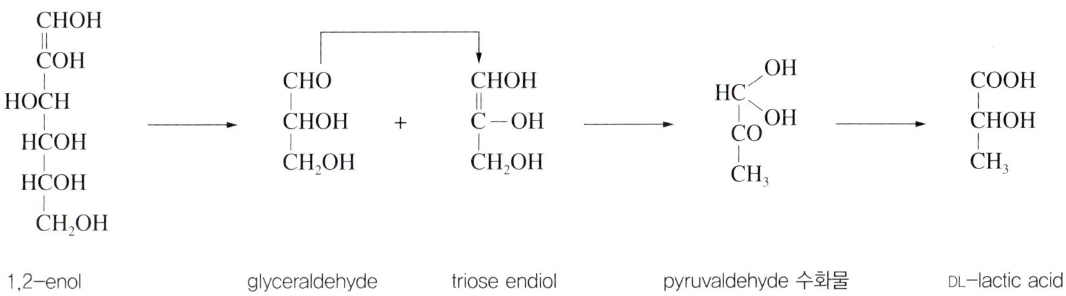

그림 10.10 알칼리성 분해의 경로

> **Tip**
>
> **캐러멜 색소**
>
> 캐러멜 색소는 「식품첨가물공전」에 수록된 주용도가 '착색료'인 식품첨가물로, 캐러멜 색소 I (식용 탄수화물인 녹말 가수분해물, 당밀 또는 당류를 열처리하거나 또는 암모니아 화합물과 아황산화합물을 제거한 산 또는 알칼리를 가하고 열처리하여 얻어지는 것으로 아황산화합물 및 암모늄화합물을 사용하지 않는 것), 캐러멜색소 II (식용 탄수화물인 녹말 가수분해물, 당밀 또는 당류에 아황산화합물을 가하고, 암모니아 화합물을 제거한 산 또는 알칼리를 가하거나 가하지 않고 열처리하여 얻어지는 것으로 암모늄 화합물을 사용하지 않는 것), 캐러멜색소 III (식용 탄수화물인 녹말 가수분해물, 당밀 또는 당류에 암모늄 화합물을 가하고, 아황산화합물을 제거한 산 또는 알칼리를 가하거나 가하지 않고 열처리하여 얻어지는 것으로 아황산화합물을 사용하지 않는 것) 및 캐러멜색소 IV (식용 탄수화물인 녹말 가수분해물, 당밀 또는 당류에 아황산화합물과 암모늄 화합물을 가하고, 산 또는 알칼리를 가하거나 가하지 않고 열처리하여 얻어지는 것)로 구분할 수 있다. 캐러멜 색소를 제조하기 위해서 사용된 성분들을 살펴보면, 캐러멜 색소 I과 II는 캐러멜 반응에 따라, 캐러멜 색소 III과 IV는 Maillard 반응에 따라 제조되는 것으로 보인다.

3) 아스코브산 산화반응

아스코브산의 산화에 의한 갈변은 아미노산이 들어 있지 않은 감귤류 등의 과즙과 그 농축·건조 제품의 품질에 큰 영향을 준다. 산소가 존재하는 조건에서 아스코브산은 쉽게 산화되어 dehydroascorbic acid로 되고, 이어서 2,3-diketogulonic acid로 전환된다. 이 diketogulonic acid는 탈카복실화 과정을 거쳐 xylosone으로 되거나, 또는 C4에서의 β-제거에 이은 탈카복실화 반응에 의해 3-deoxypentosone으로 된다. Xylosone은 더 분해되어 여러 가지 reductone과 ethylglyoxal을 형성하며, 3-deoxypentosone은 furfural과 2-furancarboxylic acid로 분해된다. 이 중간 산화 생성물들은 amino 화합물들과 함께 Maillard 갈변반응을 일으키거나, 그 자체로 축합, 중합 반응을 일으켜 갈색 색소들을 형성한다(그림 10.11).

아스코브산 산화반응은 산소의 분압, 빛, 수분활성도, pH, 온도와 Cu^{2+}이나 Fe^{3+} 등 중금속 이온의 영향을 받는다. 알칼리성 pH에서는 반응속도가 빠르지만, pH 7 미만이나 금속 촉매가 없을 때에는 반응이 매우 느리게 일어난다.

Tip

아스코브산 산화

비효소 갈변반응 중 하나인 아스코브산 산화에 의한 갈변반응의 메커니즘은 아직 확실하지 않다. 그러나 아스코브산 산화에 의해서 형성된 갈색반응 생성물들은 Maillard 반응이나 캐러멜 반응(caramelization)에 의해서 형성되는 화합물과 상이하기 때문에, 아스코브산 산화에 의한 갈변반응은 독자적인 형태의 갈변 과정을 거치는 것으로 생각된다.

Tip

비효소적 갈변반응 간 메커니즘 차이

식품의 가열이나 저장 중에 자주 발생하는 비효소적 갈변반응인 Maillard 반응, 캐러멜 반응(caramelization), 아스코브산 산화반응의 메커니즘은 차이가 있다. 이를 파악하기 위해 반응 메커니즘에서 화학적 변화 과정을 충분히 이해하는 것이 필요하다. 이러한 지식을 기초로 비효소적 갈변에 영향을 주는 요소들의 작용 방식을 관련지음으로써 원하는 식품에 적합하도록 갈변반응을 억제하거나 활용할 수 있는 지식을 익혀나가는 것이 필요하다.

Tip

비효소적 갈변반응의 긍정적 효과

비효소적 갈변반응을 통해 발생하는 영양적 손실, 바람직하지 못한 색상의 변화 및 독성 생성과 같은 부정적 영향뿐만 아니라 산화방지, 항돌연변이, 항암성, 방사성 물질에 관한 detox 효과 등과 같은 긍정적인 효과도 있다. 이에 관한 내용은 추후 개별적으로 공부하기 바랍니다.

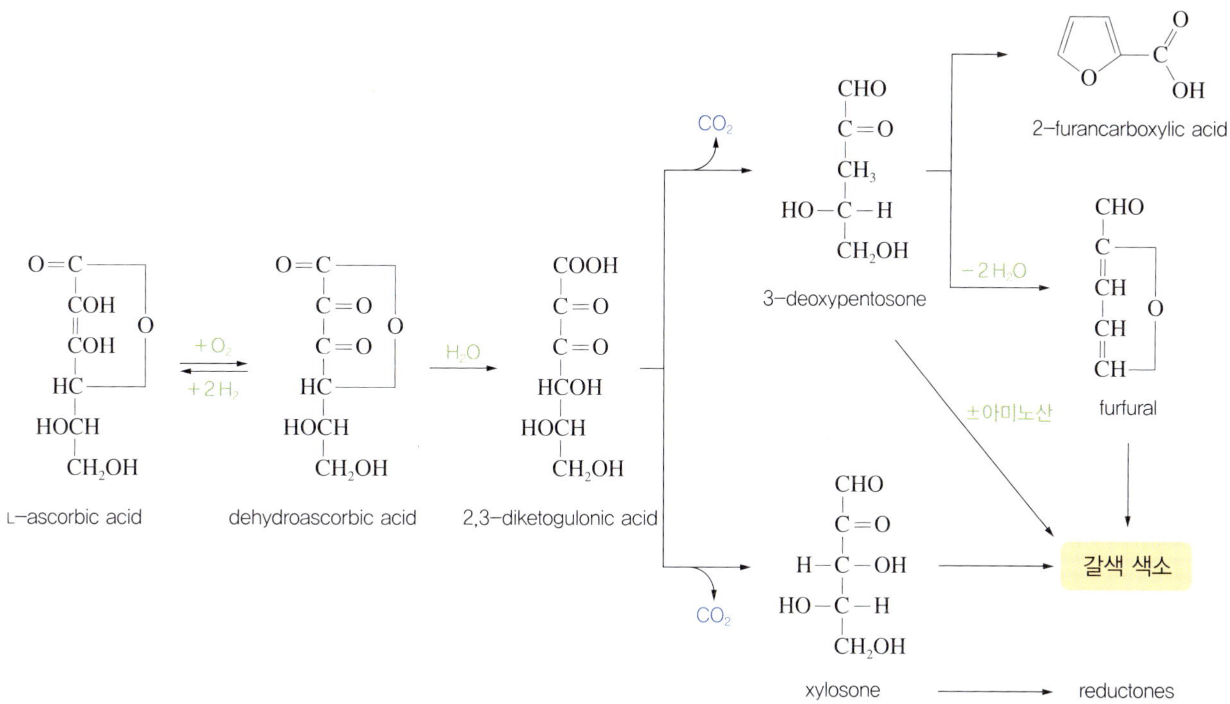

그림 10.11 아스코브산의 산화에 의한 갈변반응

2. 효소에 의한 갈변반응

효소에 의한 갈변반응은 사과, 바나나, 밤, 감자, 가지, 상추, 버섯 등을 절단, 파쇄하거나 껍질을 벗길 때 생기는 물리적 파손, 또는 심한 온도 변화에 따른 생리적 교란으로 세포가 손상되면 일어난다. 이 반응에서는 조직의 손상으로 말미암아 산소 분자가 존재하는 조건에서 조직 중의 phenol 화합물이 산화효소의 작용을 받아 일련의 산화반응을 거쳐 갈색 색소인 melanin으로 전환된다.

이러한 갈변은 대부분의 식물성 식품과 새우와 같은 동물성 식품에서 저장이나 가공 중 발생하여 감각적 품질 및 영양성을 저하시킨다. 그러나 홍차, 커피, 코코아, 건포도, 건대추 등 일부 식품의 가공에서는 이 갈변이 바람직하다.

1) 페놀 산화효소

페놀 산화효소(phenol oxidase)는 구리를 함유한 산화환원효소로 phenol 화합물이 quinone으로 산화되는 반응의 촉매로 작용하며, 그 기질 특이성에 따라 카테콜 산화효소(catechol oxidase), laccase, tyrosinase로 나눈다.

(1) 카테콜 산화효소(EC 1.10.3.1)

카테콜 산화효소(catechol oxidase)는 diphenol oxidase, *o*-diphenolase, phenolase, polyphenol oxidase, 또는 1,2-benzenedioldiphenol:oxygen oxidoreductase라고도 부른다. Monophenol에 하이드록시기를 첨가하여 *o*-diphenol을 형성하고(cresolase 활성), 또 *o*-diphenol (catechol)을 *o*-quinone으로 산화시킨다(catecholase 활성, 그림 10.12 반응 ① 및 ②). 두 반응 모두 monophenol 1몰이 산소 1몰과 반응하여 *o*-quinone 1몰을 생

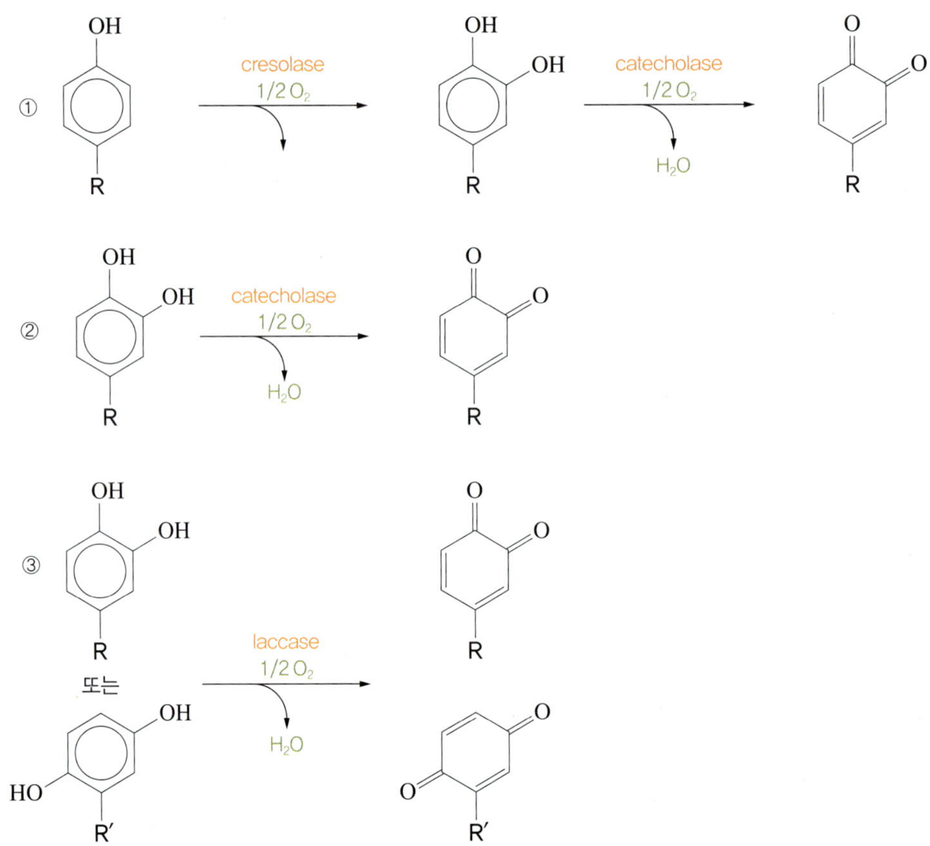

그림 10.12 페놀 산화효소에 의한 반응

성한다. 이 효소는 많은 종류의 식물체에 분포하는데 식물의 종류에 따라 그 성질이 다르며, 기질의 종류도 효소의 출처에 따라 다소 다르다. 과실과 채소에 존재하는 phenol 화합물 중 이 효소의 직접적인 기질로는 카페산 유도체와 (+)-(gallo)catechin 및 (−)-(gallo)epicatechin과 같은 flavan-3-ol이 대표적이다(그림 10.13).

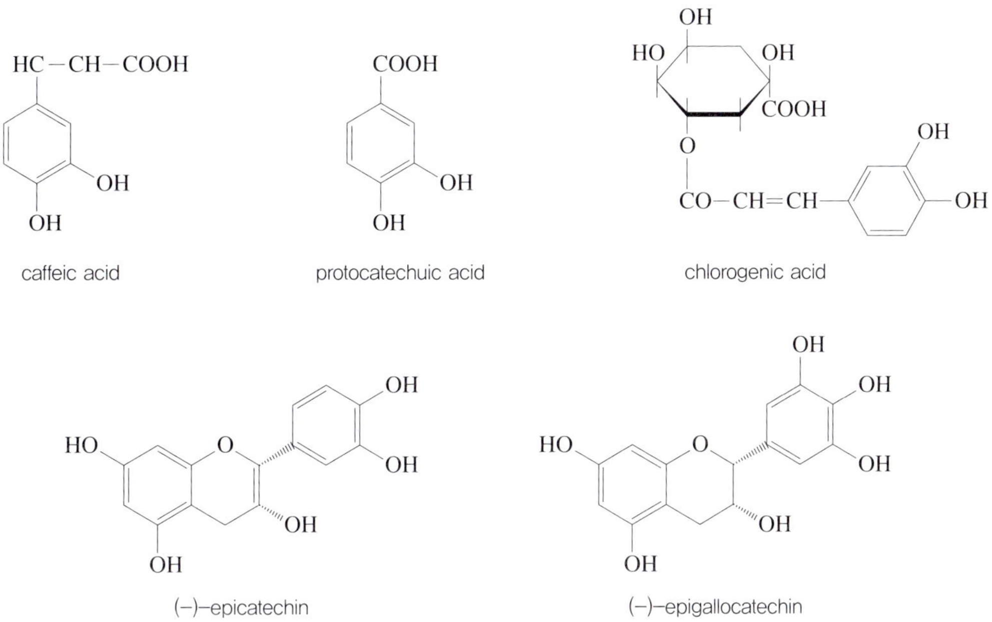

그림 10.13 **페놀 산화효소의 기질**

일반적으로 cresolase 활성은 catecholase 활성에 비하여 매우 낮다. 이는 식물체 중에 원래 적게 존재하거나 또는 효소 정제 과정 중 활성이 소실되기 때문이다. 분자 질량은 30~130 kDa인데, 이와 같이 범위가 넓은 것은 중합체를 형성하기 때문이다. 대부분의 catechol oxidase의 최적 반응 조건은 동질효소(isozyme)의 비율에 따라 다르나 최적 pH 4~7, 최적 온도 15~40°C이다.

(2) 락케이스(EC 1.10.3.2)

Urishiol oxidase, *p*-diphenol oxidase, benzenediol:oxygen oxidoreductase라고도 하며, *o*-diphenol뿐만 아니라 *p*-diphenol을 상응하는 quinone으로 산화시킨다(그림 10.12 반응 ③). 이 효소는 복숭아와 살구의 일부 품종을 제외하고는 과실류와 채소류에는 거

의 존재하지 않으며, 일본 옻나무 같은 *Rhus*속의 식물체와 곰팡이에 많이 존재한다. 식물계에서는 일반적으로 phenoloxidase보다 훨씬 작은 활성을 나타낸다. 곰팡이 laccase는 분자 질량 50~70 kDa의 당단백질로 구리 원자 4개를 가지고 있으며, 최적 pH는 기질에 따라 다르나 4~7.5이다.

(3) 타이로시네이스(EC 1.14.18.1)

일반적으로 monophenol monooxygenase, phenolase, cresolase 및 L-tyrosine, L-dopa : oxygen oxidoreductase라고도 부르는 효소이며, monophenolase 반응과 diphenolase 반응의 촉매로 작용한다. 감자, 과실류 및 채소류의 갈변 현상은 주로 이 효소에 의하여 일어난다. 즉, 이들에 함유된 아미노산인 tyrosine은 tyrosinase에 의해 하이드록시화되어 dihydroxyphenylalanine (dopa)이 되고, dopa는 다시 산화되어 dopaquinone으로 된다. 이어서 indole 5,6-quinone으로 산화되며, 중합반응에 의해 흑갈색의 melanin

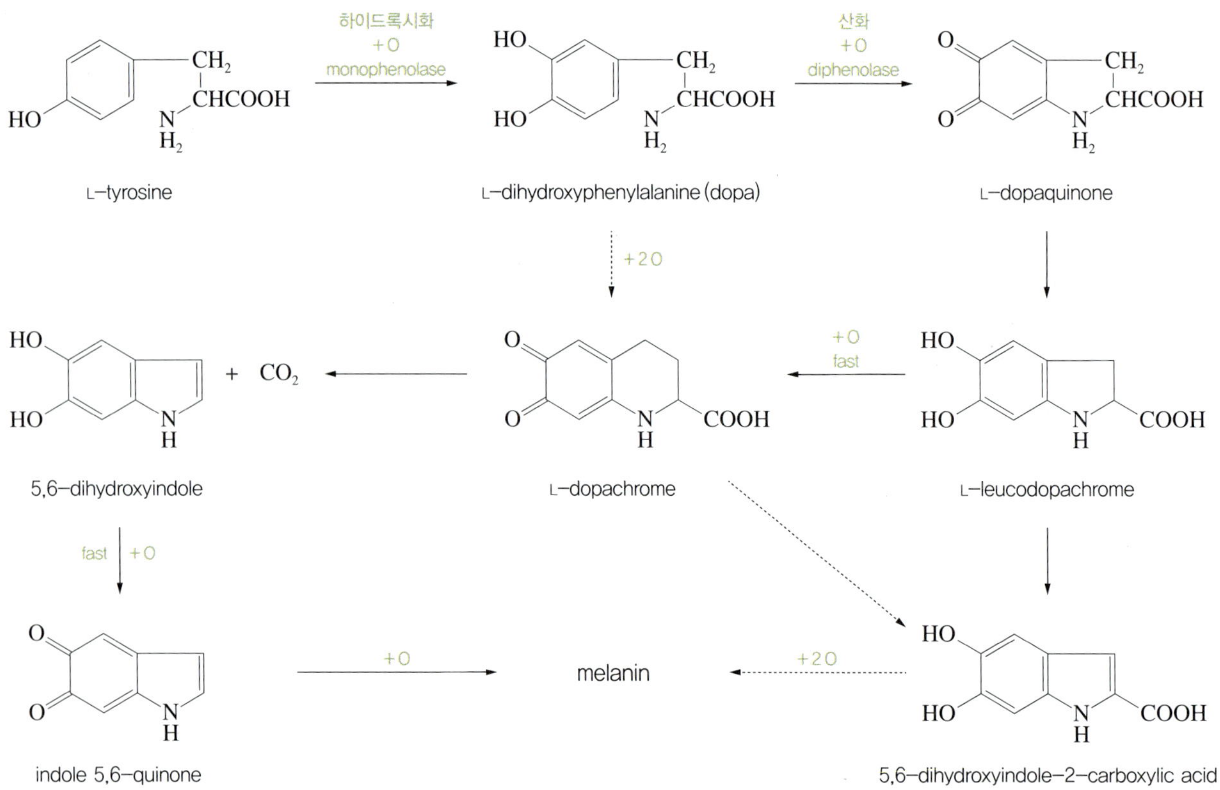

그림 10.14 타이로신의 산화에 의한 멜라닌의 형성

색소가 형성된다(그림 10.14).

2) 효소 갈변반응의 억제

효소에 의한 갈변반응은 식품의 냉동·건조 공정과 저장 중에 흔히 일어나 품질을 저하시키므로 경제적으로 중요한 반응이다. 이 갈변반응을 억제하는 데에는 품종의 선택, 물리적 방법, 화학적 억제제의 사용 등 세 가지 부류의 방법이 이용된다.

(1) 가공 품종의 선택

과실·채소류는 종류와 품종에 따라 갈변반응이 쉽게 일어나기도 하고, 거의 일어나지 않기도 한다. 이를테면 raspberry, blackcurrant 등 대부분의 장과류에서는 갈변반응이 거의 일어나지 않는 반면에 사과, 배 등 인과류와 살구, 복숭아, 자두 등 핵과류는 총 phenol 함량은 많고 아스코르브산 함량이 적어 냉동 및 해동 과정에서 쉽게 갈변된다. 또 같은 종류의 과실이나 채소도 숙도, 재배 환경 조건, 유전적 특성 등에 따라 총 phenol 함량이 달라지므로 가공 목적에 따라 phenol 함량이 적은 적절한 품종을 선택하는 것이 바람직하다.

(2) 물리적 방법

식품 원료를 가열하여 효소 활성을 소실시키거나, 적절한 물리적 방법 및 효소를 이용하여 산소를 제거함으로써 갈변반응을 억제할 수 있다.

① 온도 조절

효소에 의한 갈변반응 속도는 온도가 내려가면 뚜렷이 감소하나 0°C에서도 갈변이 빠르게 일어난다. 따라서 버섯, 복숭아 등에 산화방지제 처리를 하지 않고 냉동할 경우, 물의 결정화 온도에 신속히 이르도록 심온냉동법을 사용하여야 한다. 냉동 후 -18°C에 저장하면 갈변반응은 거의 억제되나 온도가 상승하면 다시 갈변이 시작되고, 원료 처리나 냉동에 의해 세포 구조가 파괴된 경우에는 더욱 심하게 갈변된다.

효소의 활성을 소실시키는 가장 간단한 방법은 데치기(blanching)와 같은 열처리 방법이며, catechol oxidase는 70°C 이상에서 활성을 잃는다. 이 효소의 내열성은 pH에 따라 달라 pH 6에서 최대이며, 이 값에서 벗어날수록 급격히 감소한다. 데치기 공정은 소비자들이 익힌 후 섭취하는 감자, 아스파라거스 등을 냉동할 때 전처리 공정으로 주로 사용하며, 익

히지 않고 섭취하는 냉동 과실에는 연화, 이취 등을 유발하므로 거의 사용하지 않는다. 다만 산소가 조직으로 잘 투과하지 못하는 살구, 복숭아 등에는 처리 시간을 짧게 하여 감각적 품질 특성이 거의 변하지 않는 조건에서 데치기를 사용할 수 있다.

② 산소 제거

갈변반응은 산소가 존재하지 않으면 일어나지 않으므로, 데치기를 사용할 수 없는 경우 산소를 차단함으로써 갈변반응을 억제한다. 예를 들면 씨 뺀 앵두는 통조림통에 넣고 공기 차단 밀봉을 하면 갈변이 억제되고, 냉동 복숭아는 -7°C, 380 torr의 부분 진공 조건에서 갈변반응이 차단된다. 또 glucose oxidase를 사용하여 공기 차단 포장용기 안의 산소를 고갈시키거나, 공기를 CO_2나 N_2 등 비활성 기체로 치환함으로써 갈변을 억제할 수 있다. 과실을 일정한 농도의 당액에 담가 산소와의 접촉을 제한함으로써 갈변반응을 방지하기도 한다. 이때 당 농도가 20% 이상이면 효소 자체의 활성도 약간 저해된다.

(3) 화학적 방법

많은 종류의 화합물들이 효소 갈변반응을 억제하나 안전성, 유용성, 경제성 등을 갖춘 것은 소수에 불과하다. 그나마 대부분은 사용이 금지되어 있다. 사용이 허가된 물질은 아스코브산과 그 유도체, 염화나트륨 등이며, 시트르산과 이산화황은 제한적으로 허용되고 있다.

① 아스코브산

아스코브산은 갈변반응의 중간 생성물인 *O*-quinone을 상응하는 *O*-diphenol로 환원시킴으로써 갈변을 억제한다. 그러나 아스코브산의 산화를 간접 조절하는 catechol oxidase에는 영향을 미치지 않으므로 환원제인 아스코브산이 다 소모되는 대로 갈변반응이 시작된다. 저온, 산성 pH 등과 같이 갈변반응의 속도가 느린 조건에서는 0.1~0.3% 농도로 사용한다.

아스코브산은 쉽게 산화되고 신속히 소멸되므로 이러한 결점을 보완하기 위해 ascorbic acid-2-phosphate, ascorbic acid-triphosphate 등을 사용하기도 한다. 이 유도체들은 환원성은 없으나 산소가 존재하는 조건에서 식물체에 내재하는 phosphatase에 의해 서서히 가수분해되어 아스코브산을 방출함으로써 갈변반응을 억제한다. 또 ascorbyl palmitate는 과일 주스에 200 ppm 농도로 사용하면 장기간에 걸쳐 아스코브산보다 더 효과적으로 작용한다. 다만 지용성이므로 담금액으로는 적합하지 않다.

② 염화나트륨

소금은 pH 5.5 이하인 조건에서 효소 갈변반응을 억제한다. 그러나 catechol oxidase의 활성을 완전히 방지하는 데에는 매우 높은 농도의 소금이 필요하므로, 맛에 나쁜 영향을 끼쳐 과일에 사용하기는 적합하지 않다. 따라서 시트르산이나 아스코브산과 병용하여 버섯 등의 갈변을 방지하거나 아스코브산의 작용 기간을 연장시키는 데 주로 사용한다. 껍질을 벗긴 냉동용 사과 조각은 1~2% 농도의 소금물에 1분 정도 담그면 표면 갈변을 잠깐 억제하기도 한다.

③ 이산화황

이산화황은 아황산 가스나 sodium sulfite, sodium bisulfite 등의 수용액 형태로 사과, 복숭아, 감자 등 과실·채소류에 널리 사용되며, 갈변반응 억제제로 허용된 화합물 중 가장 강력하다. 이산화황은 *o*-quinone과 반응하여 무색의 첨가 생성물을 형성하며, *o*-quinone을 무색의 *o*-diphenol로 환원시키고 catechol oxidase의 작용을 저해함으로써 갈변반응을 억제한다. 사과, 살구 등의 냉동 제품을 제조할 때 원료를 0.5% 정도의 이산화황 용액에 3~4분 동안 담갔다가 냉동한다. 이때 이산화황의 농도가 너무 높으면 ketone이나 aldehyde와 같은 조직 중의 다른 성분들과 반응하여 이취가 생길 수 있다.

④ 시트르산

Catechol oxidase는 최적 pH가 4~7이므로 농도 1% 정도의 시트르산 용액을 사용하여 식품의 pH를 2.5 이하로 낮추어 주면, 단백질이 변성되어 효소 활성이 소실되므로 갈변을 억제할 수 있다.

Tip

효소적 갈변반응의 산업적 활용

효소적 갈변반응은 신선 과일, 채소, 버섯류 등의 절단 또는 파쇄, 냉동 및 건조 등에서 자주 발생한다. 이러한 갈변반응은 phenol oxidase로 언급되는 다양한 산화환원효소들에 의해 발생하므로, 관련 효소들의 반응 특성을 이해하고 갈변반응을 억제할 수 있는 인자에 대해 학습함으로써 산업적으로 효소적 갈변반응을 막을 수 있는 방법으로 활용할 수 있다.

단원 정리

갈변반응은 식품을 가공하거나 저장하는 중에 그 빛깔이 점차 갈색이나 암갈색으로 변하는 여러 가지 복합 반응을 말한다. 이 반응은 식품의 품질 결정 요소의 하나인 색에 큰 영향을 미치므로 매우 중요하다. 갈변반응은 빵, 간장 및 된장, 맥주, 커피, 홍차, 메이플시럽 등의 식품에서는 고유의 빛깔을 부여하고, 각종 식품의 특징 있는 향미의 주성분 중 많은 것이 갈변반응을 통해서 생성되기도 하므로 식품의 감각적 가치를 증대시키기도 한다. 그러나 건조과일, 감자 제품, 과즙, 잼, 토마토케첩 등에서는 대개 품질의 저하를 가져올 수 있다. 갈변반응을 통해 lysine과 같은 필수아미노산이 파괴되기도 하고, 갈변반응으로 생성된 물질은 필수영양소의 생체이용률을 저하시키기도 하므로 식품의 영양적 가치를 감소시킬 수 있으며, pyrazine 유도체들과 같은 특정 향기 형성 성분(character impact compound)을 생성하기도 한다. 한편 저분자량을 갖는 갈변반응 중간 생성물들의 산화방지 효과, 돌연변이 효과 및 항돌연변이 효과 등이 알려져 있지만, 아직 충분한 연구 결과가 축적되어 있지는 않은 상태이다. 갈변반응은 그 메커니즘에 따라 여러 가지가 있으나 일반적으로 효소가 관여하지 않는 비효소 갈변반응과 효소에 의한 갈변반응으로 크게 나눈다. 비효소 갈변반응은 갈변반응에 참가하는 식품 성분의 종류에 따라 Maillard 반응, 캐러멜 반응(caramelization), 아스코브산 산화반응 등이 있으며, 효소에 의한 갈변반응은 phenol 화합물의 산화효소 작용에 의한 갈색 색소 생성 반응이 있다. 여기에서는 비효소 갈변반응과 효소에 의한 갈변반응을 이해하고 식품 가공에서의 활용 및 억제 방법에 대하여 알아본다.

연습문제

1 식품에 갈색 물질을 형성하는 데 관여하는 반응을 〈보기〉에서 모두 고른 것은?

> 가. 당류의 알칼리성 분해반응　　나. 알데하이드-아민 축합반응
> 다. 마이야르 반응　　라. 캐러멜 반응

① 다　　② 다, 라
③ 나, 다, 라　　④ 가, 나, 다, 라

2 마이야르 반응을 구성하는 반응 중에서 ( ) 안에 알맞은 것은?

> (　　　　　　) 반응은 알파-아미노산과 알파-다이카보닐 화합물의 산화 분해반응으로, 이 반응에서는 해당 아미노산보다 탄소 수가 하나 적은 알데하이드와 이산화탄소가 생성된다.

① 당-아민 축합　　② 알돌 축합
③ Furfural 형성　　④ Strecker 분해

3 마이야르 반응에 영향을 미치는 요소에 대한 설명으로 옳은 것은?

① 반응속도는 온도가 높아지면 증가하나 온도 의존성은 매우 작다.
② 중간 범위(0.5~0.8)의 수분활성도에서 반응이 가장 빠르게 일어난다.
③ 반응물인 당류와 아미노산의 종류에 관계없이 반응속도는 일정하다.
④ 이산화황은 아미노산과 킬레이트를 형성하여 반응을 억제한다.

4 아미노 화합물이 존재하지 않는 조건에서 당류의 가열에 따른 산화와 그 분해산물로 말미암아 일어나는 반응은?

① 아스코브산 산화반응　　② Monophenolase 반응
③ 캐러멜 반응　　④ Strecker 분해반응

5 효소에 의한 갈변반응을 억제하는 방법으로 옳지 않은 것은?

① 사과, 배, 복숭아, 살구 등 총 페놀 함유량이 많고 아스코브산 함유량이 적은 과실을 가공 원료로 선택한다.
② 데치기(blanching)와 같은 열처리로써 갈변반응을 일으키는 효소의 활성을 소실시킨다.
③ 공기를 이산화탄소나 질소 등 비활성 기체로 치환시키거나, glucose oxidase로 공기 차단 포장용기 안의 산소를 고갈시킨다.
④ 시트르산 용액으로 식품의 pH를 낮추어 단백질을 변성시킴으로써 효소의 활성을 소실시킨다.

*정답은 뒤에 있습니다.

11 식품의 물성

1. 식품의 콜로이드성

2. 식품의 물성

3. 식품의 조직감

식품의 기호에 영향을 미치는 요소 중에는 맛, 냄새, 색깔 이외에 입안에서 느껴지는 촉감과 관계되는 식품의 물리적 성질이 있다. 식품의 물성(物性)은 식품의 가공 적성뿐만 아니라 식품 섭취 시의 기호성과도 밀접한 관계가 있다. 식품의 물성은 콜로이드성(colloid)과 조직감(texture)과 관계되는 물성학(rheology)의 2가지로 나눌 수 있다.

1. 식품의 콜로이드성

콜로이드(교질, colloid)는 전자현미경으로 관찰할 수 있는 0.1~10 μm의 작은 입자가 어느 물질 속에 균일하게 분산되어 있는 상태를 말한다. 녹말이나 분유 등을 물에 넣어 교반하면 투명하게 녹지 않고 흐린 용액을 이루는데, 이러한 상태를 콜로이드 상태라고 한다. 그림 11.1에 콜로이드 입자의 크기와 모식도를 나타내었다. 콜로이드 입자는 반투막을 통과하지 못하지만 여과지는 통과한다.

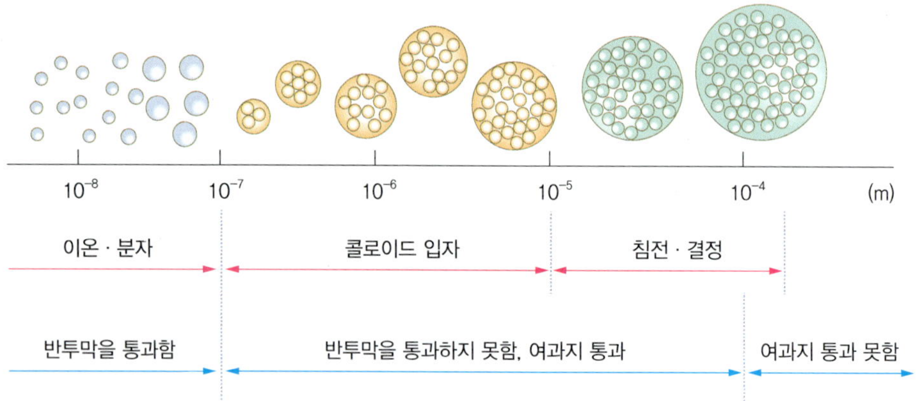

그림 11.1 콜로이드 입자의 크기와 모식도

식품 물성의 대부분은 식품이 콜로이드 상태로 존재한다는 개념에 기초하면 이해하기가 쉬운 경우가 많다. 이때 분산되어 있는 입자를 분산상(disperse phase)이라 하고, 이를 분산시키고 있는 용매를 분산매(dispersion medium)라 한다. 이를 통틀어 분산계(dispersion system)라 하는데, 식품에서는 표 11-1에 나타낸 것과 같이 여러 가지의 분산계가 있다.

표 11-1 식품에서의 분산계

분산질	분산매	콜로이드 상태	예
기체	액체	거품	맥주 거품, 발효 중의 거품
액체	액체	유화액	우유, 크림, 마요네즈
고체	액체	sol	녹말액, 된장국, 풀, 젤리
액체	고체	고체 sol	버터, 초콜릿, 마가린
고체	고체	고체 sol	사탕과자, 과자

1) 콜로이드의 상태

(1) 졸

분산매가 액체이고, 분산질이 고체 또는 액체의 콜로이드 입자로 분산되어 있어 전체가 액체 상태를 띠고 있는 것을 sol이라 한다. 예를 들면 우유, 녹말액, 된장국, 한천 및 젤라틴을 물에 넣고 가열한 액 등이 해당한다. 녹말 및 젤라틴의 수용액처럼 분산질과 물의 친화력이 커서 전해질을 넣어도 콜로이드 상태가 안정하게 유지되는 것을 친수 sol (hydrophilic sol)이라 한다. 한편, 금이나 염화은의 sol은 분산질과 물의 친화성이 적어 전해질을 넣으면 침전이 생긴다. 이와 같은 sol을 소수 sol (hydrophobic sol)이라 한다.

전해질에 대한 sol의 안정성을 높일 목적으로 친수 sol을 첨가하는 경우가 있는데, 이 친수 sol을 보호 콜로이드(protective colloid)라 한다. 우유 중의 casein은 비교적 불안정한 소수 sol에 가까우나 lactalbumin이 보호 콜로이드로 작용하여 안정하게 된다.

(2) 젤

친수 sol을 가열한 뒤 냉각시키거나 물을 증발시키면 반고체 상태로 굳어지는데 이 상태를 gel이라 한다. Gel의 예는 젤라틴이나 한천 등을 뜨거운 물에 녹인 후 냉각시키면 굳어지는 현상으로 젤리, 잼, 도토리묵, 삶은 달걀 등을 들 수 있다. 이들 gel은 다량의 분산상 입자들 사이에 비교적 소량의 분산매만 있어 가열에 의해 분산질 입자가 서로 접촉하여 유동성을 잃게 된 것이다.

젤라틴이나 한천에서 sol ↔ gel의 변화는 온도 또는 분산매인 물의 증감에 의해 일어나는 가역적 변화이다. 그러나 생달걀의 sol 상태를 가열하여 한번 gel이 된 것은 sol 상태로 되돌아가지 않는 비가역성이다.

Gel을 장시간 방치하면 그물 구조가 점차 수축하여 분산매를 분리하여 부피가 줄어드는 경우가 있는데, 이를 이액 현상(syneresis)이라 한다.

Gel이 건조 상태로 된 것을 xerogel(건조 젤)이라 하는데 분말 한천과 판상 젤라틴이 해당한다. 그림 11.2에 sol과 gel의 분산 상태를 나타내었다.

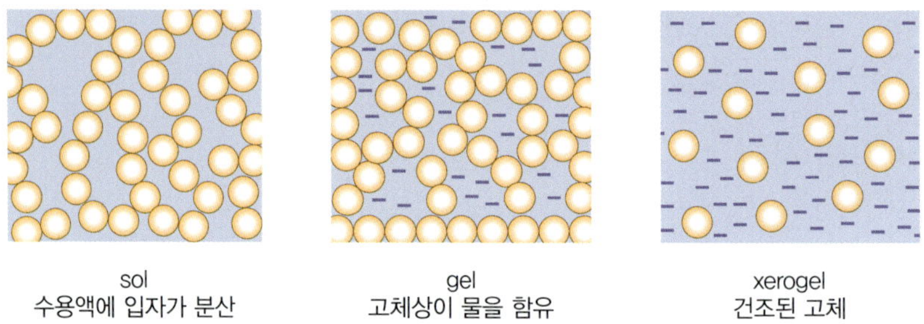

그림 11.2 졸과 젤의 분산 상태

2) 콜로이드의 성질

(1) 반투성

일반적으로 셀로판 막은 이온이나 작은 분자는 통과시키지만 콜로이드 입자는 분자가 커서 통과시키지 못한다. 이와 같은 막을 반투막이라 한다. 콜로이드 입자가 반투막을 통과할 수 없다는 것은 식품의 조리, 가공상 매우 중요하다. 즉, 식품이 살아 있는 상태에서는 세포 원형질막이 반투성을 지니나, 조리·가공에 의하여 막이 터지므로 반투성이 없어져 내용물이 녹아 나온다.

(2) 브라운 운동

Sol의 상태에서는 분산매인 물 분자가 항상 불규칙적인 운동을 하고 있기 때문에 분산질인 콜로이드 입자에 충돌하여 콜로이드 입자는 불균일한 힘의 작용을 받아 끊임없이 운동을 계속하게 된다. 이것을 브라운 운동(Brownian motion)이라 하는데, 이 운동에 의하여 콜로이드 입자가 침전하지 않고 물속에 분산되어 있다.

(3) 응결

소수성 sol에서는 소량의 전해질을 넣으면 콜로이드 입자가 침전되는데, 이 현상을 응결(coagulation)이라 한다. 그러나 친수성 sol에서는 분산상과 물이 단단하게 결합하고 있으므로 전해질을 넣어도 비교적 안정하여 잘 침전되지 않는다. 이 경우에는 전하의 중화 이외에 입자와 결합하고 있는 물 분자를 유리시켜야 한다. 따라서 많은 양의 전해질을 가하면 친수성 sol을 침전시킬 수 있는데, 이것을 염석(saltingout)이라 한다.

(4) 흡착

콜로이드 입자는 표면적이 크기 때문에 다른 물질을 흡착하는 성질이 강하다. 이러한 흡착(adsorption)은 콜로이드 상태인 식품 조리 재료가 용액 중에서 식염 등의 무기 염류를 흡착하는 현상에서 흔히 볼 수 있다.

(5) 유화

분산질인 액체가 분산매인 액체에 녹지 않고 분산상으로 분산되어 콜로이드 용액을 이룰 때 유화액(emulsion)이라 하고, 유화액을 이루는 작용을 유화(emulsification)라 한다. 물과 기름의 혼합물은 서로 섞이지 않아 비교적 불안정하나, 이 혼합물에 비누 또는 단백질과 같이 한 분자 내에 소수기와 친수기를 함께 갖고 있는 유화제(emulsifier)를 소량 넣고 교반하면 유화가 잘 일어나 안정한 유화액을 형성한다.

유화제는 한 분자 내에 -OH, -CHO, -COOH, $-NH_2$기 등의 친수기와 알킬기 같은 소수기를 가지고 있어, 친수기는 물과 결합하고 소수기는 기름과 결합하여 그림 11.3과 같이 물과 기름의 계면에 유화제 분자의 피막을 형성하여 계면장력을 저하시킴으로써 유화 현상

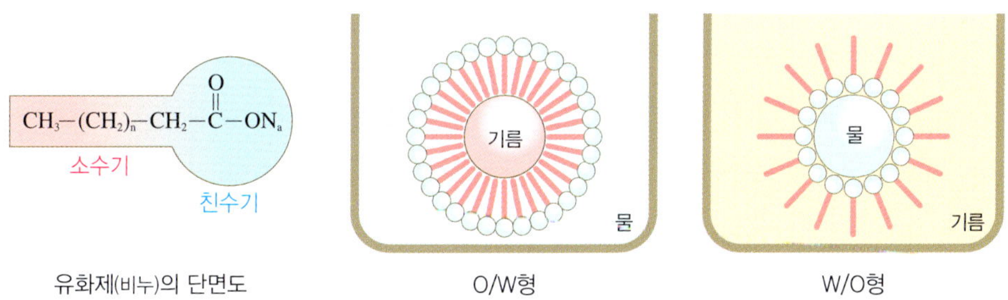

그림 11.3 유화제에 의한 안정된 유화액의 형성

Tip

레시틴의 유화 성질

유화 성질을 갖는 대표적인 식품 소재 중 하나는 레시틴이며, 달걀 및 콩에 많이 함유되어 있다. 또한 크릴오일에도 오메가-3 지방산뿐만 아니라 물을 좋아하는 성질과 기름을 좋아하는 성질을 모두 가지고 있는 레시틴 성분이 많이 함유되어 있어 체내 흡수율을 높여 주는 효과가 있는 것으로 알려져 있다.

을 일으킨다. 유화액에는 물속에 기름이 분산되어 있는 물속기름형(oil in water, O/W)과 기름 속에 물이 분산되어 있는 기름속물형(water in oil, W/O)의 두 가지 형태가 있다. O/W형에는 우유, 아이스크림, 마요네즈 등이 해당하고, W/O형에는 버터, 마가린 등이 있다.

유화제 분자 내의 친수기와 소수기의 균형은 HLB값(hydrophile-lipophile balance)으로 표시할 수 있는데, 대부분의 다가알코올 지방산 에스터(polyhydric alcoholic fatty acid ester)의 HLB값을 다음과 같이 계산한다.

$$HLB = 20\left(1 - \frac{SV}{AV}\right)$$

SV : ester의 비누화값　　AV : 지방산의 산가

HLB값은 유화액을 만들기 위하여 유화제를 선택할 때 단일 방법으로는 아직까지 가장 좋은 것으로, 일반적으로 HLB값이 8~18인 유화제는 O/W형에, 4~6인 유화제는 W/O형의 유화에 적합하다. 유화제로는 단백질, lecithin, sterol, monoglyceride, diglyceride, 소비탄(sorbitan), 지방산 에스터, 자당 지방산 에스터(sucrose fatty acid ester) 등이 있다.

(6) 거품

거품(foam)은 분산매인 액체에 공기와 같은 기체가 분산되어 있는 것으로, 음식을 먹을 때 입안의 촉감과 깊은 관계가 있다. 유화액에서 물과 기름 사이의 계면에 유화제가 들어가야 안정되듯이, 거품의 경우에도 기체와 액체의 계면에 제3의 물질인 기포제(foaming agent)가 흡착되어 흡착막을 이루어야 안정하다. 맥주 거품이 안정한 것은 맥주 중의 단백질, hop의 성분 등이 기체와 액체의 계면에 흡착되어 있기 때문이며, 반면에 사이다 같은 탄산음료의 거품은 기포제가 함유되어 있지 않아서 쉽게 소실된다. 제과 과정에서는 달걀 흰자위나 젤라틴 등의 수용성 단백질이 거품을 일으키는 데 사용된다.

일반적으로 액체의 표면장력이 크면 거품이 잘 일어나지 않으나 일단 거품이 일어나면 잘 소실되지 않는다. 액체의 표면장력은 온도가 높아지면 감소하므로 거품의 지속성이 없어진다. 찬 맥주는 거품이 많이 일어나지 않으나 잘 꺼지지 않는 이유가 이 때문이다. 이에 반하여 따뜻한 맥주는 거품이 잘 일어나지만 쉽게 소실된다.

식품에서는 맥주의 거품과는 반대로 두부 제조 시와 같이 거품이 생기는 것을 피해야 할 경우가 있다. 이런 경우 거품의 표면장력을 감소시키기 위하여 찬 공기를 보내거나 기름, 지방산, 알코올류 등을 사용하였는데 최근에는 다양한 종류의 소포제(antifoaming agent)가 있어 적당한 것을 선택하여 첨가하면 거품을 방지할 수 있다.

2. 식품의 물성

물성학(rheology)은 물질의 변형(deformation)과 유동(flow)에 관하여 연구하는 학문으로, 외부의 힘에 대한 물질의 변형 및 흐름의 특성을 규명하고 그 정도를 정량적으로 표현하는 학문이다. 식품의 기호성은 식품의 맛, 향기, 색 이외에 식품을 씹을 때 느끼는 감각도 영향을 끼친다. 즉, 씹을 때 느끼는 경도(硬度), 점성(粘性), 탄성(彈性) 등 식품의 물리적 성질이 식품의 기호성에 영향을 주는데, 이들의 물리적 성질을 rheology라는 학문 분야에서 다루고 있다.

Rheology는 1919년 미국의 Bingham이 소성유동(plastic flow)의 개념을 발표한 이후 식품 공업에서는 주로 분체(粉體), 반고체, 고체 등의 물성 연구에 크게 기여하였다.

1) Rheology 특성의 개념

(1) 점성과 점조성

점성(viscosity)과 점조성(consistency)은 유체의 흐름에 대한 저항을 나타내는 성질이다. 점성은 주로 균일한 형태와 크기를 가진 저분자의 단일 물질로 구성된 Newton 액체(예를 들어 물, 시럽 등)의 흐르는 성질을 나타내는 것이고, 점조성은 상이한 형태와 크기를 가진 복합 물질로 구성된 비뉴턴 액체(예를 들어 토마토케첩, 마요네즈 등)에 적용이 된다.

(2) 탄성

탄성(elasticity)은 외부의 힘에 의하여 변형된 물체가 외부의 힘이 제거되었을 때 본래의 상태로 되돌아가려는 성질을 말한다. 고무줄을 손으로 당겼다가 놓으면 원상태로 돌아가는 것이 탄성의 대표적인 예이다. 모든 물체는 다소나마 탄성을 가지고 있으며 젤리, 곶감, 밀가루 반죽처럼 탄성이 있는 물체는 탄성 한계 내에서 변형을 일으킨다.

(3) 소성

소성(plasticity)은 외부의 힘에 의하여 변형된 물체가 그 힘을 제거하여도 원상태로 되돌아가지 않는 성질이다. 버터, 마가린, 생크림 등은 소성을 나타낸다. 이들을 숟가락으로 떠서 접시에 놓으면 연하지만 잘 흐르지 않는데 이것이 소성체의 특징이라 할 수 있다. 이에 반하여 물엿과 같은 고점성체는 숟가락에서 쉽게 떨어뜨릴 수는 없지만, 접시에 놓으면 점차 흘러서 퍼져 나간다. 이와 같이 생크림과 물엿의 역학적 성질이 다른 것을 rheology의 개념으로 구분할 수 있다.

생크림은 외부에서 작은 힘을 가할 때는 탄성을 나타내다 더 큰 힘을 작용시키면 소성을 나타낸다. 이와 같이 탄성에서 소성으로 변화하는 한계점의 힘을 항복값이라 하고, 이때의 소성을 Bingham 소성이라 한다.

(4) 점탄성

점탄성(viscoelasticity)은 물체에 외부의 힘을 작용하였을 때 탄성 변형과 점성 유동이 동시에 일어나는 성질을 말한다. 예를 들면 포장용으로 많이 쓰이는 polyethylene film을 잡아당기면 탄성고무와 같이 늘어남과 동시에 아스팔트와 같이 퍼지는데 이것을 고체상 점탄성체라고 한다. 건성유를 공기 중에서 가열하면 점성이 차차로 높아져서 점탄성체가 되는데 이것을 유체상 점탄성체라고 한다.

2) 점탄성체의 성질

점탄성체는 예사성, Weissenberg 효과, 점조성, 신전성 등과 같은 여러 가지 복잡한 성질을 가지고 있다.

① 예사성

청국장, 낫토, 달걀흰자위 등에 젓가락을 넣어 당겨올리면 이들 물질이 실처럼 따라 올라오는 성질을 예사성(spinability)이라고 한다.

② 바이센베르크 효과

연유 중에 젓가락을 세워서 회전시키면 액체의 탄성에 의하여 연유가 젓가락을 따라 올라가는 성질을 바이센베르크 효과(Weissenberg effect)라 한다.

③ 점조성

점탄성을 나타내는 식품의 경도(硬度)를 점조성(consistency)이라고 한다. 밀가루 반죽 또는 떡의 점조성은 패리노그래프(farinograph)로 측정하는데, 각종 밀가루의 패리노그램(farinogram)을 그림 11.4에 나타내었다.

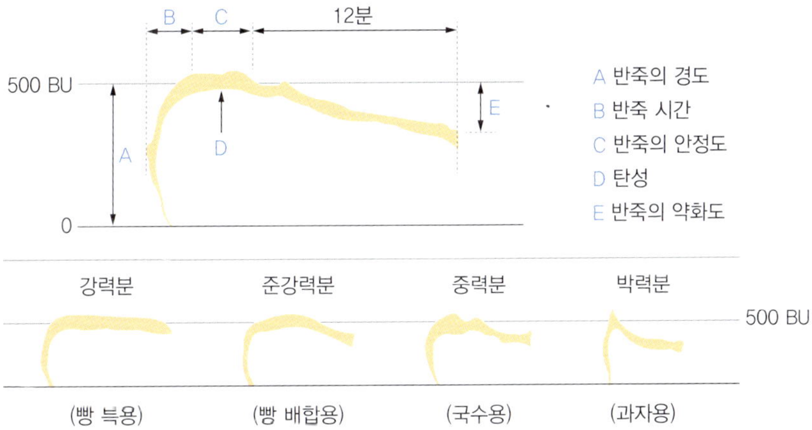

그림 11.4 각종 밀가루의 패리노그램

④ 신전성

국수 반죽과 같이 대체로 고체를 이루고 있으며, 막대기 또는 긴 끈 모양으로 늘어나는 성질을 신전성(extensibility)이라고 한다. 신전성은 인장시험을 하여 측정하나 실제로는 엑소텐소그래프(extensograph) 등을 사용하여 측정한다. 각종 밀가루의 엑소텐소그램(extensogram)을 그림 11.5에 나타내었다. Extensogram은 신장도(E) 및 최대저항장력(F)이 커지면서 면적 A가 클수록 신전성이 커진다.

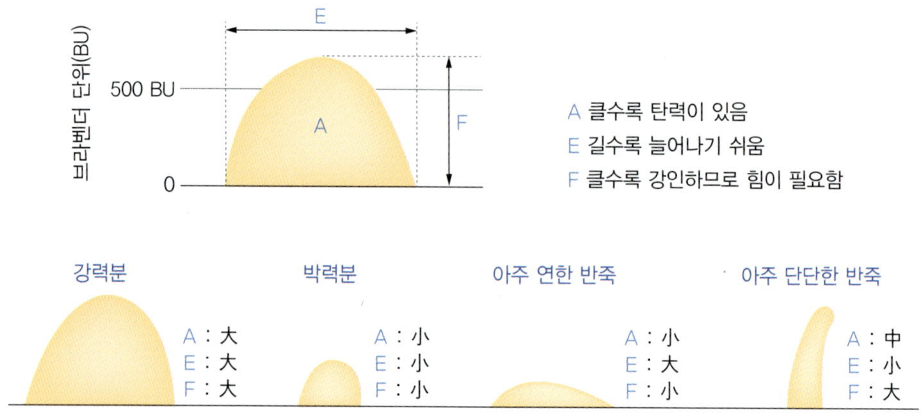

그림 11.5 각종 밀가루의 엑소텐소그램

3. 식품의 조직감

식품의 조직감(texture)은 식품을 먹었을 때의 물리적 감각을 말한다. 식품은 사람의 입안에서 치아로 씹히거나, 액상의 경우에는 혀와 입안에서 내부 조직과 접촉한 후 식도를 통해 위로 들어가기 때문에 식품의 조직감을 측정하기란 매우 어렵다. 따라서 식품의 texture 측정은 사람의 오감에 의한 감각평가 방법과 기계적 방법에 의해 이루어지며, 이 두 방법 간의 상호관계에 의해 보다 정밀한 texture의 성질이 규명된다.

1) Texture 성질의 분류

Szczesniak (1963)는 식품의 감각적 성질을 객관적, 물리적으로 측정이 가능한 요소에 따라 texture profile을 표 11-2와 같이 분류하였다. 일차적 특성에서 견고성(hardness)은 식품의 형태를 변형하는 힘이고, 응집성(cohesiveness)은 식품의 형태를 구성하는 내부적 결합에 필요한 힘이다. 점성은 액체가 단위면적당 받는 힘에 의해 유동되는 정도이고, 탄성은 외부의 힘에 의하여 변형된 물체가 외부의 힘이 제거되었을 때 본래의 상태로 되돌아가려는 성질을 말한다. 부착성(adhesiveness)은 식품의 표면이 다른 물체(이, 입안 등)의 표면과 부착되어 있는 것을 떼어내는 데 필요한 힘이다.

이차적 특성의 파쇄성(brittleness 또는 fracturability)은 물질을 파쇄하는 데 필요한 힘으로 견고성 및 응집성과 관계가 있고, 저작성(chewiness)은 고체 식품을 삼킬 수 있

표 11-2 Texture 특성의 분류

구분	1차적 특성	2차적 특성	일반적인 표현
기계적 특성	견고성(hardness)		부드럽다 → 단단하다 → 딱딱하다
	응집성(cohesiveness)		
		파쇄성(brittleness)	부스러지다 → 깨지다
		저작성(chewiness)	연하다 → 쫄깃쫄깃하다 → 질기다
		점착성(gumminess)	바삭바삭하다 → 풀같다 → 껌같다
	점성(viscosity)		묽다 → 진하다 → 되다
	탄성(elasticity)		탄력이 없다 → 말랑말랑하다
	부착성(adhesiveness)		미끈미끈하다 → 끈적끈적하다
기하학적 특성	입자의 크기와 형태		꺼칠하다, 보드랍다
	입자의 결합 상태		거칠다, 뻣뻣하다
기타 특성	수분 함량		마르다 → 촉촉하다 → 물기가 있다
	지방 함량	기름기가 있는(oiliness)	기름지다
		그리스 촉감(greasiness)	미끈미끈하다

는 상태까지 씹는 데 필요한 힘으로 견고성, 응집성, 탄력성과 관계있다. 그리고 점착성(gumminess)은 반고체 식품을 삼킬 수 있을 정도까지 씹는 데 필요한 힘으로 견고성 및 응집성과 관계가 있다.

기하학적 특성은 식품을 구성하는 입자의 크기와 모양에 따라 분상(powdery), 입상(grainy), 사상(gritty), 괴상(lumpy) 등으로 나누며, 입자의 모양과 결합 상태에 따라 섬유상(fibrous), 결정상(crystalline), 박편상(flaky), 펄프상(pulpy) 등으로 구별한다.

기타의 특성은 식품의 수분 함량에 따라 마르다, 물기가 있다, 질퍽질퍽하다 등으로 표현하고, 지방 함량에 따라 기름기가 있다, 그리스와 같이 매끄럽다 등으로 분류한다.

2) 식품의 Texture 측정

식품의 texture를 기계적으로 측정하기 위한 대표적인 기기가 General Food 회사가 개발한 텍스처 측정기(texturometer)이다. 이 기계는 치아의 씹는 작용을 흉내낸 것으로 씹는 동작을 2회 반복했을 때의 texture profile을 시간과 힘의 작용 관계로 나타낸 것으로, 그림 11.6에 나타낸 것과 같다. 이 곡선으로부터 각종 rheology 특성을 얻을 수 있다.

- 견고성 : 첫 번째 씹을 때의 peak A_1의 높이
- 응집성 : 두 번째 씹을 때의 면적/첫 번째 씹을 때의 면적(A_2/A_1)

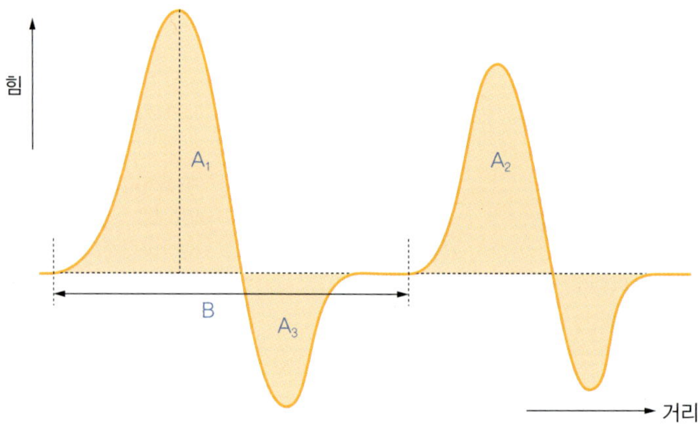

그림 11.6 텍스처 측정기에 의한 전형적인 텍스처 곡선

- 탄력성 : 첫 번째 peak의 시작점에서 두 번째 peak의 시작점까지의 거리(B)와 완전 비탄성 물질(예 : 점토)에 의한 같은 측정치와의 차이
- 부착성 : 기준선 아래에 생긴 peak의 면적(A_3)
- 점착성 : 견고성×응집성×100
- 저작성 : 견고성×응집성×탄력성×100

단원 정리

식품의 물성은 맛이나 냄새 그리고 색깔 이외의 품질로 입안에서 느끼는 촉감과 관련된 성질을 말하며, 이는 식품을 가공하거나 소비자가 식품을 섭취할 때 느끼는 기호성에도 영향을 미치는 중요한 특성이다. 이러한 물성은 입자의 크기에 따라 달라지며 입자의 상태가 어떤 분산계를 이루는가에 따라 다양한 콜로이드(colloid) 상태를 이룬다. 여기에서는 이런 콜로이드의 성질에는 어떤 것들이 있는지 그 성질을 잘 이해하도록 함은 물론이고, 식품 구성 성분이 외부에서 가해지는 힘에 의해 어떻게 변형되며 어떤 흐름의 상태를 보여 주는지를 파악하고자 한다. 물성학(rheology)의 특성에 따라 점성, 점조성, 탄성, 소성, 점탄성 등의 특성을 알아보고, 이런 특성을 나타내는 성질로 기계적 특성, 기하학적 특성, 기타 특성 등을 텍스처(texture) 분석기 등으로 측정하여 객관화할 수 있는 방법을 배우고자 한다.

연습문제

1 다음 콜로이드 식품들의 분산상과 연속상이 서로 맞게 연결된 것은 ?

① 샐러드 드레싱 : 분산상-액체, 연속상-액체

② 마요네즈 : 분산상-기체, 연속상-액체

③ 버터 : 분산상-고체, 연속상-액체

④ 휘핑크림 : 분산상-기체, 연속상-액체

2 다음 중 젤 상태가 아닌 것은?

① 도토리묵 ② 생크림

③ 젤리 ④ 잼

3 치즈 제조에서 카세인은 엉키어 결합하고 유청 단백질은 빠져나오는 현상은?

① Hysteresis ② Homogenization

③ Syneresis ④ Emulsification

4 콜로이드 입자가 침전하지 않고 분산되어 있는 상태를 유지한다. 어떤 운동에 의한 것인가?

① 균질화 ② 응결

③ 흡착 ④ 브라운 운동

5 밀가루의 점조성을 측정할 수 있는 기기는?

① 고속액체크로마토그래프 ② 가스크로마토그래프

③ 패리노그래프 ④ 아밀로그래프

6 국수의 반죽이 잘되었는지를 살펴보고자 할 때 사용하는 기기는?

① 고속액체크로마토그래프 ② 엑소텐소그래프

③ 패리노그래프 ④ 아밀로그래프

*정답은 뒤에 있습니다.

MEMO

12
식품의 기능성

1. 서론

2. 식품과 기능성 식품

3. 기능성 식품 소재

1. 서론

최근 생활수준이 급속하게 향상됨에 따라 개인 건강에 대한 관심이 높아지고 있으며, 국가적으로도 풍요로움과 건강 사회가 구현되는 복지사회 국가를 건설하고자 하는 것이 중요 목표가 되고 있다. 산업화 사회에서는 영양의 과잉 섭취와 노인 인구의 증가로 고혈압, 뇌졸중, 암, 당뇨 등 각종 성인병이 보건상 가장 큰 문제가 되고 있다. 이들 성인병은 그 발병 원인의 약 1/3이 매일 섭취하는 식품과 관련 있는 것으로 알려져 있어 좋은 식품의 개발이 영양적 측면뿐만 아니라 국민보건 향상에도 크게 기여할 수 있음을 확인시켜 주고 있다.

기능성 식품은 영양소의 공급이나 풍요로운 감각뿐만 아니라 생체 조절 기능을 부여하는 식품을 말한다. 따라서 혈압 강하, 항암, 혈전 예방, 당뇨 예방 등의 각종 건강 기능성을 나타냄으로써 식품과 약품의 중간적 성질을 가진다. 일단 인간에게 질병이 발생하면 개인은 물론 가정, 국가적으로 육체적, 정신적, 경제적 부담이 생기므로 발병 전에 예방이 무엇보다 중요하다. 기능성 식품은 일상 섭취하는 식품의 형태로 각종 성인병 등을 예방할 수 있는 기능을 가진다. 우리나라는 전통적으로 '약식동원(藥食同源)'이라 하여 일상적으로 섭취하는 식품을 통하여 건강을 유지할 수 있다는 생각이 보편화되어 있고, 전통의약도 식품의 형태를 가진 것이 많은데 이러한 개념은 현대의 기능성 식품과 아주 흡사한 개념이다. 이러한 전통을 바탕으로 우리나라에는 기능성 식품을 소재로 활용할 수 있는 한의학, 천연물 과학 자료와 소재 등이 오랫동안 광범위하게 축적되어 왔다.

최근 들어 특정 질병에 대한 여러 영양소의 기능이 새롭게 인식되고, 생물공학 등을 응용하는 생물산업 분야의 신기술이 빠르게 발전하면서 새로운 건강 증진 기능을 가지는 식품 소재에 관한 연구가 진행되어 이들을 이용한 제품 개발이나 대량생산이 여러 나라에서 활발하게 이루어지고 있다. 건강 기능성 식품을 개발하기 위한 식품 신소재는 대부분 생물공학 등의 첨단기술을 응용하게 되며, 생물산업 중 비중이 큰 식품이나 제약산업과 직접 연계가 가능하므로 앞으로 더욱 발전할 것으로 예상된다.

2. 식품과 기능성 식품

1) 식품의 정의

우리나라 「식품위생법」 제2조는 식품을 "의약품을 제외한 모든 음식물"로 정의하고 있으며, 「약사법」 제2조에서 약품은 "사람 또는 동물의 질병을 진단, 치료, 경감, 처치 또는 예방의 목적으로 사용되는 것"으로 정의하고 있다. 따라서 식품이란 의료 이외의 목적으로 섭취되는 모든 음식물을 말한다. 일반적으로 영양소나 수분을 공급함으로써 배고픔 또는 갈증을 해소시키거나 맛, 향, 또는 씹는 느낌에 대한 욕망을 만족시키는 경구 섭취 물질 모두를 아우른다.

2) 식품의 기능

식품의 기능에는 여러 가지가 있으나 크게 영양, 감각, 생체 조절 기능의 3가지로 나누는 것이 일반적이다.

제1차 기능은 '영양 기능'이라고도 하며 식품 중의 영양소가 장·단기적으로 주는 기능으로 기아 해결이나 체위 향상 등의 효과를 나타내게 된다.

제2차 기능은 '감각 기능'이라고도 하며 식품의 맛, 향기, 물성 등이 감각에 영향을 주어 풍요로운 식생활을 제공하는 기능이다.

제3차 기능은 '생체 조절 기능'으로 식품 중에 들어 있는 여러 생리활성 성분이 생체 조절 기능을 나타냄으로써 예방의학적으로 건강을 향상시킬 수 있도록 하는 기능이다.

표 12-1에 식품의 기능을 요약하여 나타내었다.

표 12-1 식품의 기능

성분	관련 성분	기대 효과
제1차 기능(영양 기능)	각종 영양소	기아 해결, 체력 유지, 건강 유지, 체위 향상
제2차 기능(감각 기능)	맛, 향기, 색깔, 물성 성분	쾌감 유발, 풍요로운 감각 제공
제3차 기능(생체 조절 기능)	생리활성 성분	건강 유지 및 향상, 질병 예방

3) 식품의 종류

(1) 기능성 식품

기능성 식품(functional food)은 법정 용어가 아니므로 경우에 따라 그 의미가 약간씩 다르게 쓰이고 있으나, 식품의 전통적 기능인 1차, 2차 기능 이외에 3차 기능인 생체 조절 기능이 효율적으로 나타나도록 가공된 식품을 말한다. 기능성 식품은 일상적으로 섭취된다는 점과 발병 후 치료보다는 주로 발병 전의 건강 유지를 기대한다는 점에서 의약품과 구별되기는 하지만, 건강상의 이익을 위해 섭취된다는 면에서 식품과 의약품의 중간적 성격을 가지고 있어 우리나라를 비롯한 많은 국가에서 제품의 기능 표시, 법적 규정 등에 대한 논의가 진행되고 있다.

미국에서는 1989년 식약품(nutraceuticals)이라는 용어가 제안되었고, 「영양표시교육법(1990)」, 「식이보충제건강교육법(1994)」 등 기능성 식품과 관련된 법규를 제정하였다. 일본에서도 「특정보건용식품(1991)」, 「보건기능식품(2001)」 등의 관련 법을 제정하였다. 그 밖에 중국은 「보건기능식품관리법(1996)」을 제정하였으며, 타이완은 「건강식품관리법(1999)」을 제정하여 기능성 식품에 관련된 법규를 마련하였다. 우리나라는 1989년부터 「식품공전」에 건강보조식품의 여러 품목을 포함시켜 관리하다가 2002년에 「건강기능식품에 관한 법률」을 제정하고 「건강기능식품공전」을 「식품공전」으로부터 독립시켜 건강기능식품을 관리하고 있다.

기능성 식품에는 일반적인 식품의 형태를 취하고 있는 것과 그렇지 않은 종류로 나누어 볼 수 있다. 일반적인 식품 형태가 아닌 기능성 식품의 예로는 우리나라의 건강기능식품, 미국의 식이보충제 등이 있고, 일반적인 형태의 기능성 식품으로는 일본의 일부 특정보건용식품이 그 예가 된다. 우리나라의 건강기능식품이나 외국의 식이보충제는 식품 원료에 들어 있는 특정 성분을 추출, 농축, 정제, 혼합 등의 방법으로 제조 및 가공한 것으로 정제, 캡슐, 분말 등의 형태를 취해 일반적인 식품과는 다른 형태를 가진다. 일본의 경우 특정보건용 식품의 허용 범위를 "식품으로서 통상 이용되는 소재나 성분으로 구성되며, 동시에 통상의 형태 및 방법에 의하여 섭취되는 것"으로 정하고 있다.

① 한국의 기능성 식품

우리나라는 2002년 「건강기능식품에 관한 법률」을 제정하였으며, 이 법에서 '건강기능

표 12-2 생리활성 기능 목록

(2018. 9. 21. 기준)

번호	기능성 분야	번호	기능성 분야	번호	기능성 분야
1	기억력 개선	12	피부 건강	23	운동 수행 능력 향상/지구력 향상
2	혈행 개선	13	콜레스테롤 개선	24	치아 건강
3	간 건강	14	혈압 조절	25	배뇨 기능 개선
4	체지방 감소	15	긴장 완화	26	면역과민반응에 의한 피부 상태 개선
5	갱년기 여성 건강	16	장 건강	27	갱년기 남성 건강
6	혈당 조절	17	칼슘 흡수 도움	28	월경 전 변화에 의한 불편한 상태 개선
7	눈 건강	18	요로 건강	29	정자 운동성 개선
8	면역 기능	19	소화 기능	30	유산균 증식을 통한 여성의 질 건강
9	관절/뼈 건강	20	항산화	31	어린이 키 성장 개선
10	전립선 건강	21	혈중중성지방 개선		
11	피로 개선	22	인지 능력		

식품'을 "인체에 유용한 기능성을 가진 원료나 성분을 사용하여 정제, 캡슐, 분말, 과립, 액상, 환 등의 형태로 제조 가공한 식품"이라 정의하고 있으며, '기능성'은 "인체의 구조 및 기능에 대하여 영양소를 조절하거나 생리학적 작용 등과 같은 보건 용도에 유용한 효과를 얻는 것"이라 정의하고 있다. 생리활성 기능으로 현재 31개의 기능성이 지정되어 있다(표 12-2).

우리나라의 건강기능식품은 "고시형 원료"와 "개별인정형 원료"로 나뉘어 관리되고 있다. 고시형 원료는 「건강기능식품공전」에 고시된 기준과 규격에 의해 관리되는 품목이며 「건강기능식품공전」에 고시된 기준과 규격만 갖추면 누구나 사용할 수 있다. 반면에 개별인정형 원료는 과학적인 평가 방법에 의해 식품의약품안전처장이 인정한 규격과 기준에 의해 관리되는 품목이며, 개별적 심사를 거쳐서 인정받은 영업자만 사용할 수 있다. 고시형 원료 또는 성분은 95종이 등재되어 있고(표 12-3), 개별인정형 원료는 현재 263종이 등재되어 있다(표 12-4).

표 12-3 식품의약품안전처장이 고시한 원료 또는 성분 (95종)

(2016.12. 기준)

구분	기능성을 가진 원료 또는 성분
영양소 (28종)	• 비타민 및 무기질(또는 미네랄) 25종 : 비타민 A, 베타카로틴, 비타민 D, 비타민 E, 비타민 K, 비타민 B_1, 비타민 B_2, 나이아신, 판토텐산, 비타민 B_6, 엽산, 비타민 B_{12}, 비오틴, 비타민 C, 칼슘, 마그네슘, 철, 아연, 구리, 셀레늄(또는 셀렌), 요오드, 망간, 몰리브덴, 칼륨, 크롬 • 필수지방산 • 단백질 • 식이섬유
기능성 원료 (67종)	• 인삼, 홍삼, 엽록소 함유식물, 클로렐라, 스피루리나, 녹차 추출물, 알로에전잎, 프로폴리스추출물, 코엔자임Q_{10}, 대두이소플라본, 구아바잎추출물, 바나바잎추출물, 은행잎추출물, 밀크씨슬(카르두스 마리아누스)추출물, 달맞이꽃종자추출물, 오메가-3 지방산 함유유지, 감마리놀렌산 함유유지, 레시틴, 스쿠알렌, 식물스테롤/식물스테롤에스테르, 알콕시글리세롤 함유 상어간유, 옥타코사놀 함유유지, 매실추출물, 공액리놀레산, 가르시니아캄보지아추출물, 루테인, 헤마토코쿠스추출물, 쏘팔메토열매추출물, 포스파티딜세린, 글루코사민, N-아세틸글루코사민, 뮤코다당·단백, 알로에겔, 영지버섯자실체추출물, 키토산/키토올리고당, 프락토올리고당, 프로바이오틱스, 홍국, 대두단백, 테아닌, 엠에스엠(Methyl sulfonylmethane, MSM), 폴리감마글루탐산, 마늘, 히알루론산, 홍경천추출물, 빌베리추출물, 라피노스, 크레아틴, 유단백가수분해물, 상황버섯추출물, 토마토추출물, 곤약감자 추출물 • 식이섬유(15종) : 구아검/구아검가수분해물, 글루코만난(곤약, 곤약만난), 귀리식이섬유, 난소화성말토덱스트린, 대두식이섬유, 목이버섯식이섬유, 밀식이섬유, 보리식이섬유, 아라비아검(아카시아검), 옥수수겨식이섬유, 이눌린/치커리추출물, 차전자피식이섬유, 폴리덱스트로스, 호로파종자식이섬유, 분말한천

자료 : 식품의약품안전처

표 12-4 식품의약품안전처장이 별도로 인정한 원료 또는 성분(263종)

(2016. 12. 기준)

번호	기능성		기능성 원료	건수
1	간 건강	간 건강에 도움	도라지추출물, **밀크씨슬 추출물**, 발효울금, 복분자추출물(분말), 브로콜리스프라우트분말, 표고버섯균사체추출물(분말), 표고버섯균사체, 유산균발효마늘추출물	8
		알콜성 손상으로부터 간 보호에 도움	유산균 발효 다시마추출물, 헛개나무과병추출물	2
2	갱년기 남성 건강	갱년기 남성의 건강에 도움	MR-10민들레등복합추출물, 마카 젤라틴화 분말, 옻나무 추출분말	3
3	갱년기 여성 건강	갱년기 여성의 건강에 도움	프랑스해안송껍질추출물, 백수오 등 복합추출물, 석류추출물, **홍삼(홍삼농축액)**, 석류농축액, 회화나무열매추출물, 오미자추출물	7
4	과민피부 상태 개선	면역과민반응에 의한 피부 상태 개선에 도움	*L. sakei* Probio 65, 감마리놀렌산 함유 유지, 과채유래유산균(*L. plantarum* CJLP133), 프로바이오틱스 ATP	4
5	관절/뼈 건강	관절 건강에 도움	CMO함 유FAC(Fatty acid Complex), **N-아세틸글루코사민**, **Dimethylsulfonylmethane(MSM)**, 가시오갈피 등 복합추출물, 강황추출물, **글루코사민**, 까마귀쪽나무 열매 주정추출물, 닭가슴연골분말, 로즈힙분말, 보스웰리아 추출물, 비즈왁스알코올, 전칠삼추출물 등 복합물, 지방산복합물, 차조기등 복합추출물, 초록입홍합추출오일, 호프추출물, 황금추출물등 복합물, 참당귀추출분말	18
		뼈 건강에 도움	가시오가피숙지황 복합추출물, **대두이소플라본**, 흑효모배양액분말, 유단백추출물	4

(계속)

번호	기능성		기능성 원료	건수
6	기억력 개선	기억력 개선에 도움	구기자추출물, 녹차추출물/테아닌복합물, 당귀등추출복합물, 비파엽추출물, **EPA 및 DHA 함유 유지**, 원지추출분말, **은행잎추출물**, 인삼가시오갈피 등 혼합추출물, 테아닌등복합추출물, 피브로인 효소가수분해물, **홍삼(홍삼농축액)**, 천마 등 복합추출물(HX106)	12
7	긴장 완화	스트레스로 인한 긴장 완화에 도움	**L-테아닌**, 아쉬아간다 추출물, 유단백가수분해물, 돌외잎추출물	4
8	눈 건강	눈의 피로도 개선에 도움	**빌베리추출물**, **헤마토코쿠스추출물**	2
		눈 건강에 도움	들쭉열매추출물, 루테인/지아잔틴복합추출물, **루테인복합물**, 루테인지아잔틴복합추출물20%, 마리골드추출물(루테인에스테르), 지아잔틴추출물, **EPA 및 DHA 함유 유지**	7
9	면역 기능 개선	면역력 증진에 도움	L-글루타민, 게르마늄효모, 금사상황버섯, *Enterococcus faecalis* 가열처리건조분말, 당귀혼합추출물, 동충하초 주정추출물, 스피루리나, **클로렐라**, 청국장균배양정제물(폴리감마글루탐산칼륨), 표고버섯균사체, 효모베타글루칸, 인삼다당체추출	12
		과민면역반응 완화에 도움	*Enterococcus faecalis* 가열처리건조분말, 구아바잎추출물등복합물, 다래추출물, 소엽추출물, 피카오프레토 분말 등 복합물, 합성 PLAG	6
10	배뇨 기능 개선	방광에 의한 배뇨 기능 개선에 도움	호박씨추출물 등 복합물	1
11	수면질 개선	수면의 질 개선에 도움	감태추출물	1
12	어린이 성장발육	어린이 키 성장에 도움	황기추출물등복합물(HT042)	1
13	여성 질 건강	유산균 증식을 통한 여성 질 건강에 도움	UREX 프로바이오틱스	1
14	월경 전 상태 개선	월경 전 변화에 의한 불편한 상태 개선	감마리놀렌산 함유 유지	1
15	위 건강/소화 기능	헬리코박터균 증식 억제 및 위 건강에 도움	감초추출물	1
		위 불편감 개선에 도움	매스틱검	1
		위점막을 보호하여 위 건강에 도움	비즈왁스알코올	1
		담즙 분비를 촉진하여 지방 소화에 도움	아티초크추출물	1
16	요로 건강	요로 건강에 도움	크랜베리추출물, 파크랜 크랜베리추출분말	2
17	운동 수행 능력	운동 능력 향상에 도움	마카 젤라틴화 분말, **크레아틴**, 헛개나무과병추출분말	3
		지구력 증진에 도움	동충하초 발효 추출물	1
18	인지 능력 향상	인지 능력 개선에 도움	*Lactobacillus Helveticus* 발효물, 도라지추출물(DRJ-AD), 참당귀뿌리추출물, 참당귀추출분말, **포스파티딜세린**	5

(계속)

번호	기능성		기능성 원료	건수
19	장 건강	장내 유익균 증식 및 유해균 억제에 도움	갈락토올리고당, 구아검가수분해물, 대두올리고당, 라피노스, 락추로스파우더, 밀전분유래 난소화성말토덱스트린, 이소말토올리고당, 자일로올리고당, 커피만노올리고당분말, **프락토올리고당**	10
		면역을 조절하여 장 건강에 도움	프로바이오틱스(VSL#3)	1
		배변활동 원활에 도움	대두올리고당, 라피노스, **목이버섯**, 무화과페이스트, 분말한천, 이소말토올리고당, 자일로올리고당, 커피만노올리고당, **프락토올리고당**	9
20	전립선 건강	전립선 건강 유지에 도움	**쏘팔메토열매추출물**, 쏘팔메토열매추출물 등 복합물	2
21	정자 운동성	정자 운동성 개선에 도움	마카젤라틴화분말	1
22	체지방 감소	체지방 감소에 도움	Lactobacillus gasseri BNR17, L-카르니틴타르트레이트, **가르시니아캄보지아껍질추출물**, **공액리놀렌산(유리지방산)**, **공액리놀렌산(트리글리세라이드)**, 그린마떼추출물, 그린커피빈추출물, 깻잎추출물, **녹차추출물**, 대두배아추출물등복합물, 돌외잎주정추출분말, 락토페린(우유정제단백질), 레몬 밤 추출물 혼합분말, 마테열수추출물, 미역 등 복합추출물(잔티젠), 발효식초석류복합물, 보이차추출물, 서목태(쥐눈이콩) 펩타이드 복합물, 식물성유지 디글리세라이드, 와일드망고 종자추출물, 중쇄지방산(MCFA) 함유 유지, 콜레우스포스콜리추출물, **키토산**, 키토올리고당, 풋사과추출폴리페놀, 핑거루트추출분말, 히비스커스등복합추출물	27
23	치아 건강	충치 발생 위험 감소에 도움	자일리톨	1
24	칼슘 흡수 촉진	칼슘 흡수에 도움	**폴리감마글루탐산**, **프락토올리고당**	2
25	피로 개선	피로 개선에 도움	발효생성아미노산복합물, 헛개나무과병추출물, **홍경천추출물**	3
26	피부 건강	자외선에 의한 피부 손상 피부 건강을 유지하는 데 도움	소나무껍질추출물등복합물, 메론추출물, **포스파티딜세린**, **프로바이오틱스HY7714**, 핑거루트추출분말, 홍삼·사상자·산수유복합추출물	6
		피부 보습에 도움	AP콜라겐 효소분해 펩타이드, Collactive 콜라겐펩타이드, **N-아세틸글루코사민**, 곤약감자추출물, 민들레등 복합추출물, 쌀겨추출물, 옥수수배아추출물, 저분자콜라겐펩타이드, 지초추출분말, **포스파티딜세린**, **히알루론산**, 프로바이오틱스HY7714, 콩 보리 발효복합물, 밀배유추출물, 핑거루트추출분말	15
27	항산화	항산화에 도움	**녹차추출물**, 대나무잎추출물, 메론추출물, 복분자추출물(분말), 비즈왁스알코올, 유비퀴놀, **코엔자임Q_{10}**, 토마토추출물, 포도종자추출물, 프랑스해안송껍질추출물, **홍삼(홍삼농축액)**	11
28	혈당 조절	식후 혈당 상승 억제에 도움	L-arabinose, nopal추출물, 계피추출분말, **구아바잎추출물**, **난소화성말토덱스트린**, 동결건조누에분말, 마주정추출물, **바나바잎추출물**, 상엽추출물, 서목태(쥐눈이콩) 펩타이드 복합물, 솔잎증류농축액, 실크단백질 효소가수분해물, 알부민, 인삼가수분해 농축액, 잔나비걸상버섯균사체(인정취소), 지각상엽추출혼합물, 콩발효추출물, 타가토스, **탈지달맞이꽃종자추출물**, 피니톨, 홍경천등복합추출물, 히드록시프로필메틸셀룰로스	22

(계속)

번호	기능성		기능성 원료	건수
29	혈압 조절	높은 혈압 감소에 도움	L-글루타민산유래 GABA함유분말, 가쯔오부시올리고펩타이드, 나토균배양분말, 서목태(쥐눈이콩) 펩타이드 복합물, 연어 펩타이드, 올리브잎추출물, 정어리펩타이드, 카제인가수분해물, **코엔자임 Q_{10}**, 포도씨효소분해추출분말, 해태올리고펩티드	11
30	혈중 중성지방 개선	혈중 중성지방 개선에 도움	**DHA농축유지**, 글로빈 가수분해물, **난소화성말토덱스트린**, 대나무잎추출물, 식물성유지 디글리세라이드, **정어리정제어유**, 정제오징어유	7
31	혈중 콜레스테롤 개선	혈중 콜레스테롤 개선에 도움	**녹차추출물**, 대나무잎추출물, 보리베타글루칸추출물, 보이차추출물, 사탕수수왁스알코올, **스피루리나**, 식물스타놀에스테르, 씨폴리놀 감태주정추출물, 아마인, 알로에복합추출물, 알로에추출물, 적포도발효농축액, **클로렐라**, 홍국쌀, 창녕양파추출액	15
32	혈행 개선	혈행 개선에 도움	DHA농축유지, L-아르기닌, 나토균배양분말, 나토배양물, 메론추출물, 은행잎추출물, 정어리정제어유, 정제오징어유, 카카오분말, 프랑스해안송껍질추출물, 홍삼(홍삼농축액)	11
총계				263

1) 굵은 글씨 : 고시된 원료로 전환된 원료
2) 인정된 기능성 원료는 총 263개이나, 동일한 원료에서 2개 이상 기능성이 인정된 경우가 포함되어 합산되었음

Tip

개별인정형 원료의 고시형 전환

개별인정형 원료는 「건강기능식품공전」에 등재되지 않는 원료로, 개별적으로 영업자가 원료의 안전성, 기능성, 기준 및 규격 등을 제출하여 식품의약품안전처장에게 인정받은 원료이다. 따라서 인정받은 업체만 그 원료를 사용한 제품을 제조 또는 판매할 수 있다. 이렇게 개별 인정받은 원료는 인정받은 날로부터 6년이 경과하고 생산 실적이 있는 품목 제조 신고가 50건 이상 있는 경우, 고시형 원료로 전환할 수 있다.

② 미국의 기능성 식품

미국에서는 1989년에 'Nutrient'와 'Pharmaceutical'을 합성하여 식약품(nutraceuticals)이라는 용어가 제안되었으며, 이는 "의약품적 효과를 기대할 수 있는 식품 성분"이라는 뜻을 가지고 있다. 식약품은 "질병의 예방과 치료를 포함한 의약적 또는 건강상의 이익을 주는 식품 또는 그 일부"로 정의된다. 이후 1990년에 「영양표시교육법」을 제정하여 모든 가공식품에 영양표시를 의무화하였으며, 특정 영양소와 질병과의 상관관계를 표현하는 건강 유용성 표시를 승인하는 과정을 확립하였다. 1994년에는 「식이보충제건강교육법」을 제정하여 특정 식품 성분의 섭취를 보강하기 위하여 사용되는 제품을 식이보충제(dietary supplement)로 규정하고, 이를 승인하는 과정을 확립하였다. 현재 사용되는 식이보충제의 예는 다음과 같다.

① 비타민 : 비타민 A, C, D, E, B_1, B_2, B_6, B_{12}, niacin, folate, biotin, pantotenic acid 등
② 미네랄 : Ca, Fe, Zn, Mg, Mn, Se, Cu, Cr, I 등
③ 허브 또는 식물 성분 : 은행잎, 마늘, 고추나물, 알로에, 인삼, *Echinacea* 등
④ 아미노산 : Lys, Trp, Cys, Ile, Met, Val 등
⑤ 보조제 : 어유, 조류(algae), 화분, 골분, melatonin 등
⑥ 기타 농축물 : 마늘의 allicin, 은행의 ginsenoside, 빌베리 추출물, 카모마일 차 등

③ 일본의 기능성 식품

일본에서는 1986년 최초로 '기능성 식품'이라는 용어를 사용하였으며, 이후 1991년 특정보건용 식품 제도를 만들어 '특정보건용 식품'을 "특정 보건 목적으로 섭취하는 자에게 해당 보건 목적을 기대할 수 있다는 뜻을 표시한 식품"으로 정의하였다. 2001년에는 보건기능식품 제도를 제정하고 이전에는 기능성 식품으로 인정하지 않던 비타민, 미네랄 등을 기능성 식품으로 인정하였으며, 기존의 특정보건용 식품 외에 "신체의 건강한 성장과 발달 및 건강 유지에 필요한 영양 성분의 보급을 목적으로 한 식품"인 영양 기능 식품을 도입하였다.

(2) 건강식품

건강식품(health food)은 어느 나라에서도 법적으로 명확히 정의되어 있지 않은 용어로 매우 다양한 의미로 사용되고 있다. 일반식품에 비해 그 성분에 특징이 있어 보다 적극적인 건강 유지나 증진의 목적 또는 기대 효과를 갖는 식품이라 할 수 있다. 건강식품에는 건강보조식품, 특수영양식품, 식이보조제, 자연식품, 유기식품, 다이어트 식품 또는 그 일부가 포함된다.

(3) 특수용도식품

특수용도식품은 영·유아, 병약자, 노약자, 비만자 또는 임산·수유부 등 특별한 영양관리가 필요한 특정 대상을 위하여 식품과 영양소를 배합하는 등의 방법으로 제조·가공한 식

품이다. 이들 식품의 종류는 다음과 같다.

① 조제유류

② 영아용 조제식

③ 성장기용 조제식

④ 영유아용 곡류조제식

⑤ 기타 영유아식

⑥ 특수의료용도식품

⑦ 체중조절용 조제식품

(4) 유기식품

유기식품(organic food)은 농산물 재배 시 화학비료를 사용하지 않고 유기질 비료만을 사용하며, 농약을 사용하지 않거나 적게 사용하여 재배한 농산물을 말한다.

(5) 다이어트 식품

다이어트 식품(dietary food)은 저칼로리, 저염, 저단백 등 영양소를 조정한 식품이며, 스포츠 음료를 포함한다. 우리나라의 특정용도식품에 해당한다고 볼 수 있다.

(6) 설계식품

유전자 재조합에 의해 유전자를 변형함으로써 특정 유용 성분이 많이 함유되도록 설계된 식품이다. 설계식품(designer food)은 특정 성분을 목적으로 한다는 점에서 단순히 수확량이나 내병성, 내충성 등을 강화하기 위해 육종된 유전자 재조합 농산물과는 구별된다.

Tip

건강 기능성 원료의 유효 성분 및 지표 성분

건강 기능성 원료 중에는 식물 추출물과 같이 천연 소재의 추출물이 사용되는 경우가 많다. 이러한 천연 추출물은 생육 환경, 채취 시기 및 추출 방법 등에 따라 성분의 변화가 클 수 있다. 따라서 건강 기능성을 나타내는 해당 소재의 유효 성분이나 지표 성분에 대한 정보가 확립되어 있으면 그 효능을 발현할 수 있는 소재 개발에 도움이 된다. 유효 성분은 원료에 함유되어 있는 성분 중에서 효능을 직접 또는 간접적으로 발현한다고 기대되는 물질 또는 물질군이다. 지표 성분은 원료 중에 함유되어 있는 화학적으로 규명된 성분 중에서 품질관리의 목적으로 정한 성분을 가리키며, 효능을 판단하는 기준이 아닐 수 있다. 따라서 유효 성분과 지표 성분은 동일한 경우도 있지만 동일하지 않을 수도 있다.

(7) 의료식품

의료식품(medical food)은 "의약적 성질을 본질적으로 가지고 있거나 부가시킨 식품"으로 예를 들어 콜레라 백신을 함유한 바나나 등이 있다. 이는 의사 처방을 받아 구입할 수 있다.

3. 기능성 식품 소재

1) 탄수화물 소재

탄수화물 중 기능성 식품 소재로 이용되는 것에는 식이섬유, 올리고당, 키토산, 다당류 등이 있다.

(1) 식이섬유

식이섬유(dietary fibers)란 인간의 소화효소로는 소화되지 않는 식품 성분으로, 물에 녹지 않는 불용성과 물에 잘 녹는 수용성 식이섬유로 나누어진다. 불용성 식이섬유에는 식물의 세포벽을 구성하고 있는 cellulose, hemicellulose, lignin, 불용성 pectin 등이 있고, 수용성 식이섬유에는 수용성 pectin, 검류, 해조 다당류, 합성 다당류 유도체 등이 있다. 식이섬유는 대부분 식물 조직에서 유래하지만 polydextrose처럼 합성된 것도 있다. Polydextrose는 포도당, sorbitol, 시트르산 등을 혼합한 후 고온 진공하에 반응시켜 얻는다.

식이섬유는 식품에서 보수성, 용해성, 점성, 흡착성 등의 중요한 물리화학적 특성에 관여한다. 물리화학적 특성 외에도 변비 억제, 혈당 상승 억제, 혈중 콜레스테롤 저하, 비만 억제, 혈압 강하, 무기질 및 비타민의 흡수 촉진, 대장암 및 유방암 억제, 담석 예방 등 다양한 생리활성을 나타낸다.

① 변비 억제

변비의 원인은 여러 가지가 있으나 식이섬유는 장의 기능을 조절하여 변비를 억제할 수 있다. 일반적으로 식이섬유는 작은창자에서 소화되지 않고 세균에 의해서도 잘 분해되지 않는다. 또한 복합 다당류와 수분을 흡수하는데 복합 다당류는 미생물의 생육을 촉진하여 대변 중 세균의 함량을 증대시키며, 식이섬유의 발효는 대변의 크기와 가소성을 증대시킨다. 증가된 큰창자 내용물은 대장운동을 촉진하여 장 통과시간을 단축시키고, 부피가 크고 부드러우며 통과가 쉬운 대변을 만들어 변비를 억제한다.

② 혈당 상승 억제

점액성 다당류 등 식이섬유는 작은창자에서의 당 흡수를 지연시켜 혈당 증가와 glucose 부하에 따른 insulin 분비를 저해하는 효과를 나타낸다. 이와 같은 효과는 식이섬유가 녹말 등 다른 탄수화물의 소화를 저해하고, 위에서 작은창자로의 탄수화물 이동을 지연시키며 소화기관 내용물의 점도를 증가시켜 상피 세포에서의 소화산물 흡수를 지연시킴으로써 나타난다. 특히 과일에 많이 함유된 pectin이나 검류 등 수용성 식이섬유는 혈당 상승과 insulin 분비를 억제하는 효과가 크다.

③ 혈중 콜레스테롤 저하

식이섬유, 특히 수용성 guar gum은 혈중 총 콜레스테롤(cholesterol)과 LDL-cholesterol을 감소시키는 것으로 보고되었다. 식품 중에 함유된 식이섬유는 소화기관 내에서 담즙산과 결합하여 흡수를 억제하고 대변으로 배출시키게 된다. 이때 혈중 콜레스테롤의 일부는 손실된 담즙산을 합성하는 데 사용되므로 cholesterol의 저하 효과가 나타난다.

④ 비만 억제

식이섬유는 일반적으로 식품 섭취량에 영향을 주는 것으로 알려져 있다. 특히 pectin이나 검류 등과 같은 수용성 식이섬유는 위의 공복 상태를 지연시키고 만복감을 증가시킴으로써 식품 섭취 욕구를 억제하여 간접적으로 비만을 억제하는 효과를 나타낸다.

⑤ 혈압 강하

식이섬유의 함량이 높은 식사를 급여한 경우나 채식주의자에서는 고혈압의 발생이 억제되는 것으로 보고되었다. 일반적으로 Na염은 혈압을 상승시키고 K염은 혈압을 강하시키는 효과가 있는데 pectin, alginic acid, cellulose, mannan 등의 식이섬유 성분은 Na염과 결합하여 흡수를 저해함으로써 혈압 강하 작용을 하는 것으로 알려져 있다.

⑥ 대장암 및 유방암 억제

많은 연구에서 고섬유 식이가 대장암 발생을 저하시킨다는 결과가 나타났다. 식이섬유의 섭취를 증가시키면 여러 발암 물질이 식이섬유에 흡착되고, 장내 체류시간이 단축되며, 장내 유용 미생물의 활성화에 의한 큰창자 내용물의 변화로 대장암이 억제되는 것으로 알려졌다.

곡류, 채소, 과일의 섭취가 적은 사람에게서 유방암의 발병률이 높은 것으로 나타났다. 유방암 발생은 성 호르몬 농도와 관련 있는 것으로 알려졌는데 곡류, 채소, 과일 등 식이섬유가 많이 함유된 식품을 섭취할 경우 estrogen이나 testosterone 등과 같은 호르몬의 수준이 변화되는 것으로 보고되었다.

⑦ 담석 예방

일반적으로 과영양은 담석의 원인으로 알려져 있으며, 특히 탄수화물이 중요한 역할을 하는 것으로 보고되었다. 식이섬유는 큰창자에서의 담즙 대사에 영향을 주어 담석 예방 효과를 나타낸다고 한다. 식이섬유는 십이지장으로 분비되는 담즙산과 결합하여 담즙산의 재흡수를 억제하는데, 이렇게 되면 간에서 cholesterol을 분해하여 담즙산을 합성하는 반응이 활발해진다. 이 결과 담즙 중 담즙산이 cholesterol보다 많이 존재하여 용해성이 증가하게 되어 담석 형성이 어렵게 되므로 담석을 예방할 수 있다.

(2) 올리고당

올리고당(oligosaccharides)은 일반적으로 10개 이하의 단당류가 결합된 것을 말한다. 올리고당은 주요 구성 단당류에 따라 글루코올리고당, 프럭토올리고당, 갈락토올리고당 등이 있고, 또 그 결합 구조에 따른 모양에 따라 직쇄 올리고당, 분지 올리고당 등이 있다. 올리고당은 녹말 등 다당류를 산 또는 효소로 가수분해하거나 이성질화효소로 단당류를 결합하여 생산할 수 있다. 올리고당은 식품 공업에서 증점제, 안정제, 유화제, 보습제, 결착제, 피복제 등으로 식품의 물성 개선을 목적으로 광범위하게 이용되고 있다.

올리고당은 이와 같은 물성 개선뿐만 아니라 여러 가지 건강 기능성도 나타내는 것으로 알려졌는데, 인체의 유용 장내 세균인 *Bifidus*균의 증식 촉진과 그에 따른 다양한 probiotic 효과, 수용성 식이섬유 효과와 그에 따른 변비 예방 등을 위한 기능성 식품 소재로도 널리 활용된다. 건강 기능성을 나타내는 중요한 올리고당과 그 특성은 다음과 같다.

① 분지 올리고당

분지 올리고당(branched oligosaccharides)은 glucose가 α-1,4 결합과 α-1,6 결합으로 결합된 올리고당을 말하며, isomaltose, isomaltotriose, panose 등이 해당된다. 분지 올리고당은 충치 방지, *Bifidus*균의 증식, 변비 예방 등의 건강 기능성을 나타낸다.

② 프럭토올리고당

프럭토올리고당(fructooligosaccharides)은 fructose가 β-2,1 결합으로 중합된 것으로 inulin과 같이 비환원성 말단기에 glucose가 결합되어 있는 GFn 형태와 fructose만으로 되어 있는 Fn 형태가 있다. 이들은 인체에서는 비소화성이며 충치 예방, 장내 유익균인 *Bifidus*의 증식 및 유해균 생육 저해, cholesterol 저하, 혈압 강하, 변비 예방, 당뇨 억제, 설사 예방 및 동물의 사료 효율 증진 등 다양한 건강 기능성을 나타낸다.

③ 갈락토올리고당

갈락토올리고당(galactooligosaccharides)은 galactose를 포함하고 있는 올리고당으로, 특히 모유에 많이 함유되어 있으며 *Bifidus*의 증식 및 유해균 생육 저해, 변비 예방, 충치 예방 등의 효과를 나타낸다. 모유 중에는 약 60종, 우유의 초유에는 10여 종의 갈락토올리고당이 포함되어 있는 것으로 알려졌다. 갈락토올리고당은 대부분 Gal β-1,4 Glc의 구조를 가지는 lactose를 환원 말단에 가진 구조에 galactose, fucose, N-acetylneuraminic acid, N-acetylglucosamine 등이 결합된 구조를 가진다. Raffinose는 Gal α-1,6 Glc α-1,2 Frc의 구조를 가지는 갈락토올리고당이다.

④ 콩 올리고당

콩 올리고당(soybean oligosaccarides)은 농축 콩 단백질을 제조할 때에 배출되는 콩 유청을 분리하여 원료로 제조하며, stachyose, sucrose 등의 올리고당이 주성분이다.

(3) 키토산

키토산(chitosan)의 원료인 chitin은 게나 새우와 같은 갑각류, 곤충의 외피 및 미생물의 세포벽에 많이 분포하면서 단백질과 복합체를 이루는 다당류이다. Chitin에서는 N-acetyl-glucosamine이 β-1,4 glycosidic 결합을 하고 있다. 키토산은 일반적으로 chitin을 50% 정도의 뜨거운 NaOH 용액으로 처리하여 제조하는데, 이때 일어나는 탈아세틸화 반응에 의해 대부분의 아세틸기가 분리되고 유리아미노기를 가진 키토산이 형성된다.

Chitin은 상처 치료 촉진제, 인공 피부, 의료용 봉합사, 기능성 비료, 사료 원료 등으로 이용될 수 있다. 키토산은 항균성, 보습성, 흡착성, 유화 안정성 등의 특성을 식품에서도 이용할 수 있으며, 그 외 인공 피부, 봉합사, 투석막, 살충제, 토양 개량제, 오수 처리제, 중금속 흡수제 등으로도 이용된다.

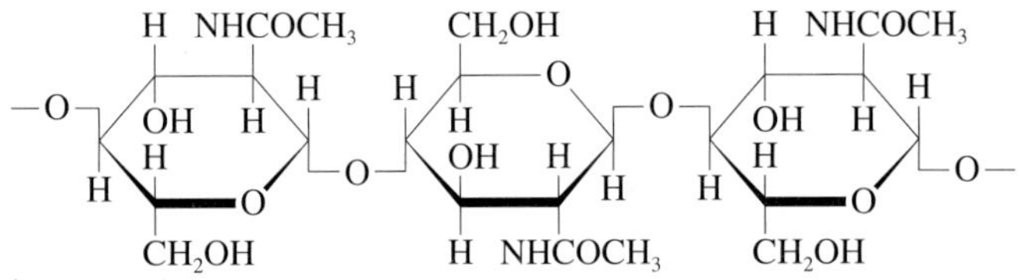

chitin

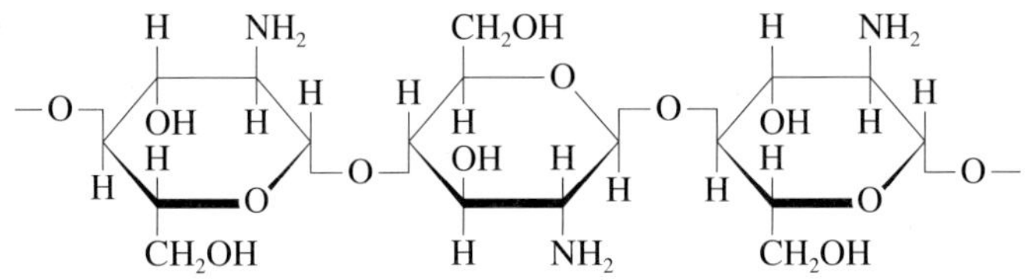

chitosan

키토산은 물에 녹지 않으나 pH 6.5 이하의 산성에서는 용해되어 유리아미노기가 수소화됨으로써 고도 양이온(polycation)으로 작용하게 된다. 이때 키토산은 점액성 용액으로 변하고 떫은맛과 쓴맛을 나타내므로 식품에 그대로 이용하기에는 부적합하다. Chitin이나 키토산을 chitinase나 chitosanase 등으로 처리하면 중합도 10 미만의 키틴 올리고당이나 키토산 올리고당이 생성된다. 이들은 항균, 면역 기능 강화, cholesterol 저하, 항종양, *Bifidus* 생육 촉진 등의 생리활성을 나타내는 것으로 알려져 있다. 일반적으로 키토산이 나타내는 건강 기능성은 다음과 같다.

① 항균

키토산과 키토산 올리고당은 *Fusarim* 등의 식물 병원성 곰팡이에 대하여 생육 억제 효과를 나타낸다고 보고된 바 있으며, 기타 *Staphylococcus aureus* 등의 식중독균이나 *E. coli*, *Bacillus subtilis* 등의 부패균에 대해서도 항균 효과를 나타낸다. 키토산 올리고당의 항균 효과는 육량체 이상의 크기에서 잘 나타나며, 키토산의 항균 능력은 분자량 수백만의 고분자 키토산보다는 분자량 수만 정도의 저분자 키토산에서 훨씬 크게 나타난다. 키토산의 항균 작용은 양전하를 띠는 키토산의 아미노기가 곰팡이 등 미생물의 세포벽과 결합하여 정상적인 세포 활동을 방해함으로써 생육을 저해하는 작용으로 나타난다.

② 콜레스테롤 저하

키토산을 실험동물과 사람에게 섭취시키면 분변 중에 배출되는 담즙산이 증가되어 혈중 cholesterol 농도가 감소하는 것으로 보고되었다. 이와 같은 키토산의 cholesterol 저하 효과는 분자량 5,000 이상의 키토산에서 특히 잘 나타난다. 담즙산은 분자 내에 음이온의 전하를 가지고 있는 carboxyl기를 함유하고 있기 때문에 유리아미노기를 가지고 있는 키토산과 쉽게 이온 결합을 형성한다. 이렇게 형성된 담즙산 결합물이 체외로 배출되면 체내에 담즙산이 부족하여 지방산 가수분해효소의 활성을 저하시키는 원인으로 작용한다. 위장에서 용해된 키토산의 양이온은 작은창자 상부에서 음이온 상태의 담즙산과 강한 이온 결합을 형성하여 체외로 배출되는 것으로 알려져 있다.

③ 면역 기능 강화 및 항종양

키토산과 키토산 올리고당 등은 면역 증강 효과와 함께 항종양 및 항암 효과를 나타낸다. 키토산 등의 종양 억제 효과는 항체 생산, killer T세포 및 자연 살해 세포 생산, 활성화 도움 T세포(helper T cell)의 유도, 대식 세포, 림프구, cytokine이 관련된 면역계의 부활 또는 증강 등에 의한 것으로 분석된다. 이와 같은 항종양 효과는 육량체 이상의 키토산 및 키토산 올리고당에서 특히 잘 나타난다. 또한 chitin과 키토산은 인체의 면역력을 부활 내지 증강시켜 항암 효과를 기대할 수 있다.

④ 비피두스균 생육 촉진

Chitin과 키토산은 키틴 가수분해효소를 분비하는 장내 세균에 의해 가수분해될 수 있다. 생성된 키틴 올리고당 등은 장내 *Bifidus*균의 생육을 촉진하여 젖당 분해에 필요한 β-galactosidase의 생산을 촉진한다. 모유는 *Bifidus* 생육 촉진 인자인 N-acetyl-β-D-glucosaminide를 함유한 올리고당이 있는 데 비해 우유는 함유하고 있지 않다. 이 glycoside 결합이 키틴 올리고당에는 존재하므로, 저분자 chitin과 키틴 올리고당은 장내 유용 *Bifidus*균의 증식 촉진과 젖당불내증 개선에 이용될 수 있다.

(4) 다당류

각종 버섯이나 일부 고등식물에 함유되어 있는 heteroglycan 등의 다당류(polysaccharides)는 보체계 활성화에 의해 여러 가지 생리활성을 나타내는 것으로 보고되었다. 보체(complement)는 원래 생체에 침입한 병원체에 살균 효과를 나타내는 항체 보조 인자의 의미로 사용되는 용어이며, 약 20종의 혈중 순환 단백질로 구성되어 있다. 보체계는 세균과 바이러스 등 미생물 감염 시 용균 작용에 의해 숙주 방어 기능을 수행할 뿐만 아니라 주요 면역 담당 세포에 의한 면역반응에 직간접적으로 관여하는 것으로 알려져 있다.

버섯류의 다당류는 종양 발생에 의해 손상된 면역 기능을 회복 또는 증강시킴으로써 항종양 활성을 나타내기도 한다.

보체계 활성화 작용이 있는 다당류로는 glucan, peptidoglycan, arabinan, galactan 등 복잡한 측쇄 구조를 갖는 수많은 heteroglycan들이 있다. 이와 같은 다당류는 표고버섯, 구름버섯, 치마버섯, 잎새버섯 등 담자균류와 당귀, 쑥, 율무, 인삼엽, 시호, 질경이, 울금, 고추, 지치, 대복피, 고사리 등 식물에서도 분리되어 그 효과가 분석된 바 있다.

2) 아미노산, 펩타이드, 단백질 소재

(1) 아미노산

일반적인 아미노산은 여러 단백질의 전구물질로 작용하고 맛과 식품의 물성에도 관여하지만, 그 자체로 생체 조절 기능을 나타내는 경우는 드물다고 알려져 왔다. 하지만 최근 아미노산의 기능성 및 생리활성에 대한 연구가 다양하게 이루어지고 있다. L-Glutamine 섭취는 운동 후 체내 림프구의 양을 증가시키고 감염 발생 빈도를 줄이는 데 도움이 될 수 있다. 동식물 등 자연계에 널리 분포하는 비단백질 구성 아미노산인 GABA (gamma-aminobutyric acid)는 신경 억제 작용과 정신 안정 기능을 가지며 혈압 상승 억제 작용, 뇌대사의 촉진 작용 등의 효과를 갖는 기능성 식품 소재로 주목받고 있다. L-Theanine은 다른 식물에서는 거의 발견되지 않는 녹차 특유의 아미노산으로 차의 독특한 풍미를 결정짓는 요소이다. 이는 신경계를 안정시키고 활성화시키는 기능이 알려져 있다. Taurine (2-aminoethanesulfonic acid, $^{+}H_3N\text{-}CH_2\text{-}CH_2\text{-}SO_3$)은 분자 구조 내에 아미노기와 설폰산(sulfonic acid) 구조를 가지는 일종의 아미노산으로 여러 가지 생리활성을 나타낸다고 보고되었다. Taurine은 포유류의 여러 조직 중에 분포하며, 식품 중에는 오징어와 문어 등의 어패류에 비교적 많이 함유되어 있다. Taurine은 태아 및 신생아에서 두뇌 등 신체 주요 기관의 발달에 관여하므로 조제분유에 모유 수준으로 강화하도록 권장한다. 또한 담즙산의 분비, 망막 광수용체 세포막의 보호, 심장근육 보호 등에 관여하는 것으로 알려져 있다.

(2) 펩타이드

Peptide는 다양한 조합의 아미노산이 peptide 결합에 의해 중합물을 형성하고 있는 것으로, 일반적으로 분자량 10,000 이하의 것을 말한다. 식품 중에 존재하는 peptide는 아미노산을 공급하는 영양 기능, 맛이나 용해성, 유화성 등에 관여하는 감각 기능, 여러 생리활성을 나타내는 생체 조절 기능 등에 모두 관여한다. 최근 peptide의 생체 조절 기능에 대한 관심이 높아지고 있다.

생체 내에 존재하는 peptide는 여러 가지 생리활성을 나타내는 경우가 많다. 각종 peptide 호르몬은 대표적인 예로 당 대사에 관여하는 insulin이나 glucagon, 위산과 pepsin 분비를 조절하는 gastrin, 성장 촉진 호르몬인 somatotrophin, 갑상선 자극 호르몬, 자궁 수축에 관여하는 oxytocin, 염증을 제어하는 bradykinin 등이 있다. 그 외의 peptide 생리활성물질로는 면역반응에 관여하는 interleukins, 신경전달물질로서 통증에 관여하는 enkephalin, peptide 항생 물질 등이 있다. 각종 peptide가 생체 내에서 다양한 생리활성을 나타내므로 콩 발효식품이나 기타 식품에 존재하는 peptide도 여러 가지 생체 조절 기능을 나타낼 수 있고, 또 이를 응용할 수 있을 것으로 기대된다.

생체 조절 기능을 갖는 식품 성분으로는 탄수화물, peptide 또는 단백질, 지방질, glycoside 등이 있는데, 그중 peptide 성분은 항암, 혈압 강하, 혈청 cholesterol 강하, 면역 증강, 칼슘 흡수 촉진 등의 광범위한 생리활성을 나타내는 것으로 보고되었다.

① 혈압 강하

앤지오텐신 전환효소(angiotensin converting enzyme, ACE)는 angiotensin I을 절단하여 강한 혈압 상승 작용을 나타내는 angiotensin II를 활성화시키는 한편, 혈압 강하 작용을 가지는 bradykinin을 분해함으로써 고혈압의 원인이 되는 효소이다. 이 효소에 대한 저해 물질은 혈압 강하 작용을 나타내게 된다. 식품 중의 여러 peptide도 ACE 저해 효과에 의해 혈압 강하 효과를 낸다고 보고되었는데 casein, gelatin, 정어리, 참치, 무화과, zein, ovalbumin, lactoferrin, 콩 단백질, 보리 단백질, 돼지 혈액, 청주, 발효유 등과 함께 멸치젓, 된장, 콩 단백 가수분해물 등이 그 예이다.

② 아편상 활성

Enkephalin 등의 내인성 peptide는 진통, 마취, 평활근 수축 등에 관여하는 endorphin으로 작용하는데, 식품 중에도 이들과 유사한 작용을 하는 아편상 펩타이드(opioid peptide)가 존재한다. 식품 중의 아편상 펩타이드는 진통, 마취 이외에도 장관 연동, 동맥 이완, 혈압 강하, 수면 조절, 식이 섭취 조절에도 관여하는 것으로 보고되어 있다. 이러한 아편상 펩타이드로 casein에서 β-casomorphin이 보고된 이래 우유와 모유의 α_{S1}-casein, β-casein, α-lactalbumin, β-lactoglobulin에서 많이 발견되었고, 밀의 gluten 가수분해물에서도 보고된 바 있다. 한편 아편상 길항물질(opioid antagonist) 활성의 peptide도 분리되었는데, 이들은 opioid 활성은 가지지 않으면서 opioid 수용체와 결합하여 opioid의 작용을 저해한다. Opioid antagonist peptide는 우유와 모유의 α_{S1}-casein, κ-casein 및 lactoferrin, 그리고 쌀 단백질 등에서 발견되었다.

③ 혈소판 응집 저해

혈관 내에서 혈액이 응고하면 혈전이 형성되어 혈액순환에 방해를 받게 된다. 그 결과 심근경색증, 뇌졸중, 폐동맥 경색증, 또는 부종이나 염증을 유발할 수 있다. Fibrinogen, fibronectin, laminin 등의 세포 접착성 단백질은 수용체인 integrin과 접착성을 나타내는데, 이들 단백질에 함유되어 있는 RDG의 tripeptide 서열이 그 상호작용에 관여하고 있으며, 따라서 RDGS 등 RDG 서열을 갖는 peptide는 혈소판 응집 및 암의 전이에 대한 저해 활성을 나타낸다고 한다. 혈소판 응집 저해 peptide는 모유의 lactoferrin, 우유의 κ-casein, 쌀 단백질 등에서 유래된 것이 보고된 바 있다.

④ 혈중 콜레스테롤 감소

식품 중에 포함되어 있는 peptide 중 일부는 소화 과정 중 담즙산과 결합함으로써 분변 중에 배설되는 cholesterol 양을 증가시키고, 혈중 cholesterol 함량을 낮추는 것으로 보고되었다. 콩 단백질 가수분해물에 함유된 peptide의 경우 표면 소수성이 높을수록 cholesterol 감소 효과는 더욱 커지는 것으로 보고되었고 그중 일부 peptide는 분리된 바 있다.

⑤ 면역 증강

생체 방어를 위한 면역반응의 초기단계에서 호중구나 대식 세포의 탐식 작용 등이 관여하게 되는데, 대부분의 peptide가 탐식 작용 등을 촉진함으로써 면역 증강 효과를 나타내는 것으로 보고되어 있다. 우유와 모유의 α_{S1}-casein 및 β-casein, immunoglobulin, 그리고 콩 globulin, ovalbumin, 쌀 단백질 등에서 탐식 작용 촉진 peptide가 발견되었는데, 이들 peptide들은 탐식 작용 활성화, 항체 생산 증가, 병원균 감염에 대한 방어 작용 등의 효과가 있는 것으로 알려졌다.

⑥ 칼슘 흡수 촉진

칼슘은 식품 중에 불용성 상태로 존재하거나 소화관 내에서 인산과 결합함으로써 흡수가 어려울 수 있는데, peptide 중 인산기를 함유하고 있는 phosphopeptide는 칼슘의 침전을 방지하여 흡수를 촉진하는 효과를 나타낸다. 우유에 존재하는 α_{S1}-casein, α_{S2}-casein, β-casein은 인산기를 많이 함유하고 있는 peptide 부분이 있고, 이들 casein phosphopeptide (CPP)는 칼슘의 흡수를 촉진하는 peptide로 조제분유나 유아식에 이용된다.

⑦ 항암 효과

최근에 peptide는 각종 종양 세포에 대하여 세포 독성을 나타냄으로써 항암 효과가 있다고 보고되었다. 우리나라의 재래식 간장, 된장, 콩단백 가수분해물, 액젓, 치즈곤죽에서 분리된 각종 peptide가 생쥐의 대식 세포·종양 세포주, 생쥐 섬유 아세포주, 인간 대장암 세포주 등에 대하여 항암 활성을 나타낸다고 한다.

⑧ 기타 건강 기능성

지금까지 살펴본 peptide 이외에도 몇 종의 peptide가 건강 기능성을 나타내는 것으로 알려져 있다. 우유를 응고효소 chymosin으로 처리할 때 κ-casein에서 해리되는 glycomacropeptide는 위액 분비 및 위 운동 억제 작용, 독소 중화 작용, 면역 증강 작용, 비피두스 생육 촉진 효과를 보이며, 기타 α_{S1}-casein, β-casein, κ-casein에서 유래된 peptide가 항균 효과, 세포 증식 작용, 효소 저해 역가를 나타낸다고 보고되어 있다.

식품 단백질에서 유래된 주요 기능성 peptide를 표 12-5에 나타내었다.

표 12-5 식품에서 유래된 기능성 펩타이드

기능	이름	구조	기원
혈압 강하		HHL FFVAPFPEVFGK IVGRPRHQG VAF LINS IIY YRILEF	한국 된장 우유 α_{s1}-CN 정어리 근육 lactoferrin ovalbumin 보리 글루텐 콩 단백질
아편상 활성	β-Casomorphin 5 α-Lactorphin β-Lactorphin Gluten exorphin A Oryzatensin	YPFPG YGLF-NH2 YLLF GYYPT GYPMYPLPR	우유 β-CN 우유 α-lactalbumin 우유 β-lactoglobulin gluten 쌀 단백질

(계속)

기능	이름	구조	기원
혈소판 응집 저해		MAIPPKKNQDK KRDS RGDLER DEGLPR	우유 κ-CN 모유 lactoferrin 쌀 알부민 콩 단백질
혈중 콜레스테롤 감소		소수성 41잔기	콩 11S acidic subunit
면역 증강(탐식 작용)	Albutensin Ovokinin Soymetide	PGPIPN ALKAWAVAR FRADHPFL MITLAIPVNKPGR	우유 β-CN 모유 serum albumin 난백 albumin 콩 7S globulin
칼슘 흡수 촉진		β-CN(f1~25) α_{s1}-CN(f43~79)	우유 β-CN 우유 α_{s1}-CN
항암		MLPSYSPY FD, FA	콩단백 가수분해물 까나리액젓

(3) 단백질

콩에 함유되어 있는 여러 가지 단백질 가수분해효소 억제제, 특히 보우만-버크 억제제(Bowman-Birk inhibitor, BBI)와 같은 트립신(trypsin) 억제제들은 항암 효과를 나타내는 것으로 보고되었다. BBI는 결장, 구강, 폐, 간, 식도 암 등을 예방 또는 발생 저해하는 것으로 알려져 있으며, BBI의 trypsin 저해 작용이 발암의 촉진단계를 저해하는 것으로 보고되었다. *In vitro* 연구에서 단백질 가수분해효소 억제제(protease inhibitor)들은 정상 세포가 종양 세포로 전환되는 것은 예방하였으나, 종양 세포에 대한 직접적인 효과는 없는 것으로 나타났다.

3) 지방질 소재

여러 가지 지방질 소재는 혈중 콜레스테롤 저하, 동맥경화 및 심혈관 질환 예방, 혈전 예방, 항염증, 항암 등의 건강 기능성을 나타내는 것으로 알려져 있다. 기능성 식품 소재로 활용되는 지방질 소재로는 eicosapentaenoic acid (EPA), docosahexaenoic acid (DHA) 등의 고도 불포화지방산, 공액 리놀레산(conjugated linoleic acid, CLA), 정제어유, 감마리놀렌산(γ-linolenic acid), lecithin, octacosanol, alkoxy glycerol, 포도씨유, squalene 등이 있다.

(1) 고도 불포화지방산

고도 불포화지방산(highly unsaturated fatty acid, HUFA)은 이중결합을 4개 이상 가지는 다가 불포화지방산(polyunsaturated fatty acid, PUFA)으로 아라키돈산(arachidonic acid, AA), EPA, DHA 등이 해당된다. 리놀렌산은 콩기름이나 들깨기름 등 식물성 유지에 많이 함유되어 있고, EPA와 DHA는 등푸른생선에 많이 들어 있다. 인체 내에서 지방산의 가장 중요한 기능은 세포막, 핵막, 미토콘드리아 등 막조직 인지방질의 필수 성분이 되어 세포 내외간의 수송, 효소의 활성, 호르몬, 단백질 수용체, 신경 조직에서의 신호 전달 등에 관여하는 것이다.

α-Linolenic acid, EPA, DHA 등과 같은 **ω**-3 지방산의 건강 기능성으로는 혈청 중성지방이나 cholesterol의 농도를 낮추며 관상동맥 질환, 혈전증의 유발 억제 등이 알려져 있다. DHA는 망막 및 뇌조직의 주요 성분이 되며 모유에는 우유보다 **ω**-3 지방산의 함량이 높으므로 필요할 경우 이의 보충이 필요하다. 고도 불포화지방산의 여러 가지 생체 조절 기능성을 살펴보면 다음과 같다.

① 혈압 강하 효과

EPA와 DHA는 혈압 강하 효과가 있어서 고혈압 환자의 혈압을 낮추는 것으로 나타났다. 이는 내피 세포층 유래 완화 인자의 생성물인 prostaglandin E_2 (PG E_2)를 감소시키고 PGI_2를 증가시키기 때문이다. 실제 다량의 생선기름으로 영양을 보충하면 최고 혈압 6 mmHg, 최저 혈압 3 mmHg 정도를 낮추는 것으로 보고되어 있다.

② 혈중 콜레스테롤 감소

고도 불포화지방산은 혈중 지방질을 감소시키는 효능이 있으며, 식품에 함유된 EPA나 DHA를 섭취하면 저밀도지방질단백질(low density lipoprotein, LDL)이 감소되어 세포 내 triglyceride의 수준을 저하시킨다고 알려져 있다.

③ 항혈전 효과

생선기름은 항혈전 효과가 있다고 알려져 있는데 이는 혈소판 응고 감소, thromboxane A_2 저하 및 PGI_2와 PGI_3 생성 증가, 전체 혈액의 점성 저하 등에 의하여 출혈시간을 증가시켜 주기 때문으로 해석되었다. **ω**-3 지방산을 섭취하면 혈관의 재협착을 방지한다고 알려져 있는데, 재협착은 주로 혈소판 응고, 평활근 세포의 증식 및 관상 혈관 경련 등에 의

하여 일어난다.

④ 항염증 효과

EPA와 DHA는 AA와 경쟁적으로 작용하여 cyclo-oxygenase 효소에 의한 leukotriene B_4 (LT B_4)의 생성을 감소시킨다. LTB_4는 염증, 주화성, 관절염, 건선, 궤양성 대장염 등을 유발하는 경향이 있는데, 이런 환자에게 생선유를 투여하면 대부분 그 심각성이 감소된다. 생선, 생선기름 또는 해조류 등으로부터 EPA와 DHA를 섭취하면 항염증성 등을 나타내는 leukotriene과 prostanoid 생성에 의하여 특정한 생리 상태로 된다.

⑤ 암에 대한 효과

EPA나 DHA와 같은 ω-3 지방산을 다량으로 섭취하면 유방암, 전립선암, 결장암 등 여러 가지 유형의 악성 종양이 억제되는 효능이 있다고 알려져 있다.

⑥ 뇌 및 망막 조직의 성분

DHA는 사람 뇌의 전두엽에 있는 회백질에 존재하는 인지방질, 즉 phosphatidyl ethanol amine (PE) 및 phosphatidyl serine (PS)과 같이 혼합되어 DHA가 20~25% 정도 함유되어 있다. 이 인지방질에는 EPA가 존재하지 않으며, 망막에도 동일한 지방 조성으로 구성되어 있으므로 DHA는 뇌 및 망막과 관련된 고유한 생리활성을 가지고 있을 것으로 추정된다.

(2) 공액 리놀레산

천연계에 존재하는 리놀레산은 두 개의 이중결합이 *cis* 9, *cis* 12 상태로 존재하는 비공액(nonconjugated) 지방산이다. 공액 리놀레산은 이중결합이 *cis* 9, *trans* 11이나 *trans* 10, *cis* 12 등 공액 상태로 존재하는 리놀레산을 말한다. 공액 리놀레산(CLA)은 체지방 감소, 항암성, 성장 촉진, 항동맥경화, cholesterol 감소, 당뇨 억제 등의 활성을 가지고 있는 것으로 확인되었다.

다양한 생리활성을 나타내는 CLA를 생산하는 기술은 두 가지가 알려져 있다. 첫 번째 방법은 리놀레산을 다량 함유하는 잇꽃씨 기름 등에 NaOH를 가한 후 200°C 정도의 높은 온도에서 반응시키는 알칼리 이성질화법이다. 이 방법은 수율이 비교적 높으나 고온반응 도중 유지의 triglyceride가 가수분해되므로 유리지방산 형태의 CLA가 생산된다. 다른 방법은 혐기성 미생물을 이용하여 미생물이 증식할 때 생산하는 리놀레산 이성질화효소가 기질인 리놀레산을 이성질화시켜서 CLA를 생산하는 방법이다.

CLA의 기능성 연구는 이를 이용한 건강보조식품들이 이미 상업화되어 있는 미국, 일본 등 기술 선진국에서 더욱 빠르게 진행될 것으로 보인다. 국내에서도 CLA 강화 우유·돼지고기·닭고기·달걀 등의 상품화가 이루어지고 있다. 이러한 CLA의 기능성은 추후 이를 이용한 신제품의 개발로 이어질 것으로 예상되며, 특히 기능성을 강조한 조리유, 샐러드유, 라면, 마가린, 쇼트닝, 제과, 제빵, 아이스크림 등에 적용이 예측된다.

4) 파이토케미컬

식물체에 광범위하게 분포하는 여러 화합물은 대부분 영양소로 작용하지 않으나, 최근 들어 다양한 생리활성이 보고되면서 기능성 식품 소재로 활발하게 이용되고 있다. 여러 가지 생리활성을 나타내는 식물 성분들을 phytochemical이라고 한다. Phytochemical은 종류가 매우 다양하고 생리활성 또한 광범위하게 나타나는데 중요한 phytochemical을 표 12-6에 나타내었다.

표 12-6 중요 파이토케미컬과 그 생리활성

Phytochemical		화합물 예	생리활성
Polyphenols	Flavonoids	isoflavone (daidzein,genistein, glycitein), flavone (apigenin, luteolin), flavonol (quercetin, myricetin), catechin (epigallocatechin gallate), anthocyanidins (delphinidin, cyanidin)	황산화, 심혈관 질환 예방, 암예방, 골다공증 예방, 항균, 항염, 항바이러스
	기타	stilbene (resveratrol), curcumin, chlorogenic acid, lignans	심혈관 질환 예방, 암 예방, 항염
Terpenes		β & α-carotene, lycopene, lutein, zeaxanthin	암 예방, 심혈관 질환 예방
황 함유 화합물		thioallyls, isothiocyanates, glucosinolates	혈압 강하, 암 예방, 항혈전
기타		saponin (ginsenoside), ginkgolides, inositol phosphates, phytosterol	면역 기능 향상, 혈행 개선, 암 예방

(1) 항산화 작용

식물체에 들어 있는 polyphenol은 정도의 차이가 있으나, 모두 산화방지 효과를 나타낸다. Polyphenol이 항산화 작용을 나타내는 것은 ① 환원제, ② 자유라디칼 소거, ③ 산화 촉매제인 금속과의 복합체 형성, ④ 강력 활성산소인 일중항산소(singlet oxygen) 소거 등의 작용에 의한 것이다. 생체 내에서는 산화적 대사 과정에 의해 많은 활성산소 등이 생성된다. 이들 활성산소는 세포막의 인지방질과 혈중의 지방질을 산화시키고, 이들 지방질 산화물들은 이차적으로 단백질과 핵산에 다시 작용하여 최종적으로는 암, 동맥경화와 허혈성 심장질환, 뇌장애 등의 원인이 될 수 있다.

대표적인 천연 산화방지제로는 flavonoids, polyphenols, cinnamic acid 유도체, coumarins, tocopherols, polycarboxylic 유기산 등이 알려져 있다. 콩의 isoflavones 중 malonylgenistin과 malonyldaidzin은 chicken fat, chicken olein, 리놀레산(linoleic acid)을 β-carotene 존재하에 자외선 또는 가열 조건에 의해 촉진된 산화 실험에서 항산화 효과를 나타내는 것으로 보고되었다. 녹차는 약 30%의 polyphenol을 함유하고 있으며, 그 중 중요한 것은 flavonol 또는 catechins이다. 이 중에서 epigallocatechin gallate (EGCG)는 총 catechins의 50~60%를 차지하며 탁월한 항산화 효과를 나타낸다. 녹차의 항산화 지표는 EGCG의 함량으로 나타낼 수 있다.

(2) 항균 및 면역 증진 효과

식물체에 함유된 polyphenol 성분은 대부분 항균 활성으로 병원성 미생물 등에 대한 저항성을 나타내며, 이는 사람 건강에도 유효성을 보인다. 예를 들어 catechin은 장내 균총의 개선, 충치의 예방 그리고 위암의 원인이 되는 ***Helicobacter pylori***균의 증식을 억제한다. 또한 인삼의 saponin 성분인 ginsenoside는 면역력을 증진시키고 피로 회복 효과를

Tip

글리코사이드와 건강 기능성

식물에 존재하는 성분 중에는 배당체(glycoside)의 형태로 존재하는 것이 많다. 이들 glycoside는 발효나 가공 과정 중에 당이 제거된 aglycone의 형태로 변형되는 경우가 있다. 또한 식품을 섭취한 후에 체내 효소나 미생물에 의해 대사체 형태로 바뀌는 경우에도 당이 제거된다. 이렇게 당이 떨어진 aglycone 형태의 대사체들은 원래의 glycoside보다 기능성이 더 우수한 경우가 종종 있다. 이로 인해 특정한 가공이나 발효 과정을 적용하여 식품의 화학적 성분을 변화시킴으로써 기능성을 증진하기도 한다.

나타낸다.

(3) 심혈관 질환 예방 효과

역학조사 결과 과일이나 과일 가공식품에 많이 들어 있는 flavonoids의 섭취량이 많을수록 동맥경화 및 허혈성 심장 질환의 발병률은 감소하는 것으로 보고되는데, 이와 같은 효과는 flavonoid를 비롯한 polyphenol의 항산화 작용에 의한 것으로 알려져 있다.

마늘은 thioallyl ($CH_2=CH-CH_2-S$) 화합물을 함유하고 있는데 이를 함유한 마늘 추출물이나 그 활성 성분인 S-allyl cysteine (SAC)을 실험동물에 급여했을 때, 혈중 총 cholesterol과 LDL cholesterol 등이 30~50% 감소하고 혈전 관련 효소의 활성도 감소하는 것으로 나타났다. 마늘은 혈액 응고에 관여하는 thromboxane B_2와 fibrinogen을 억제하여 혈전 저해 효과를 보이며, 마늘 추출물과 그 활성 성분인 SAC, S-allyl mercapto cysteine (SAMC)은 혈소판 부착 억제로 동맥경화 예방 효과가 있다.

은행잎은 혈행 개선, 특히 뇌혈관의 혈행을 개선하여 두뇌 작용을 개선한다는 보고가 많다. 은행잎 추출물이 뇌 혈행 개선, 말초신경 확장으로 혈압 강하, 두뇌의 저산소증 경감, 혈전 저해, 모세혈관 혈행 개선 및 재활성화, 자유라디칼에 의한 망막 손상 보호, 하지 말초혈관 혈행 개선 등의 효과를 나타내는 것으로 알려져 있다. 임상실험에서는 은행잎 성분인 ginkgetin과 isoginkgetin을 투여하였을 때 혈중 cholesterol이 감소하고 관상동맥 질환 환자의 뚜렷한 증상 개선이 있었다고 보고되었다.

심혈관계 질환을 예방할 수 있는 또 하나의 식물 성분으로 phytosterol이 보고된 바 있다. Phytosterol은 식물체에서 유래한 sterol류와, sterol이 수소화된 stanol을 포함한다. 대표적인 phytosterol에는 β-sitosterol, stigmasterol, campesterol 등이 있으며 이들은 과일, 채소, 견과류, 곡류, 콩류 등 식물계에 널리 분포한다. Phytostanol에는 sitostanol, campestanol 등이 있으며 이들은 보리, 옥수수 등의 곡류와 식물성 유지에 소량 분포한다. Phytosterol은 cholesterol의 흡수를 저해하여 혈중 총 콜레스테롤과 LDL 콜레스테롤의 수치를 감소시키는 것으로 알려져 있다.

(4) 항종양 및 항암 효과

콩에 함유된 isoflavone에는 daidzein, genistein, glycitein 등이 있는데 이들은 암과 심혈관 질환 예방 효과가 있는 것으로 알려져 있다. 이들 isoflavone의 효과는 estrogen

활성, 항산화 활성, 항염증 활성 등에 관여하는 것으로 밝혀졌다. 콩에 함유된 saponin은 항암, cholesterol 저하, 면역 증강 효과가 있는 것으로 보고되었다. Saponin은 식물계에 널리 분포하는데 구조적으로 지용성 aglycon과 당으로 구성된 glycoside이며, aglycon은 대개 sterol이나 triterpenoid로 되어 있다. 또한 콩에 함유된 inositol phosphates도 암 예방 효과를 나타낸다고 보고되었다.

식품 중 flavonoid 등 phenol 산화방지제는 과산화반응, 특히 지방질 산화반응에서 유도된 변이 원성에 대한 보호 작용과 더불어 발암 물질의 생물활성을 감소시키는 것으로 보고되었다. 녹차 등에 함유된 epigallocatechin gallate (EGCG), epicatechin gallate (ECG), 엘라그산(ellagic acid) 유도체 등은 암 예방 효과를 나타낸다고 보고되었다. 이들은 구조상에 *O*-dihydroxy 구조를 가지는 polyphenol형 산화방지제로 세포막 지방질에서 자유라디칼 산화반응뿐만 아니라 변이 원성과 DNA 손상 반응도 억제하는 것으로 알려져 있다. 녹차의 polyphenol은 암 발생 과정에 관여하는 촉진자에 대하여 강력한 억제제로 작용함으로써 암의 발생을 예방한다. 그밖에 암 예방 효과를 나타낸다고 보고된 polyphenol 성분으로는 catechin, quercetin, ellagic acid, chlorogenic acid, curcumin, tocopherol, alkaloids, anthraquinones, coumarins, flavonoids, lignans, naphthoquinones, sarcophytol 등이 있다.

Phytosterol은 담즙 대사에 영향을 주어 대장암 억제 효과가 있는 것으로 역학조사 및 동물실험에서 밝혀졌다. 이는 phytosterol의 cholesterol 흡수 저하 효과와 관련이 있는 것으로 판단된다.

β- 및 α-carotene, lycopene, lutein, zeaxanthin, β-cryptoxanthin 등의 화합물은 녹황색 채소와 과일에 많이 들어 있다. 이들 성분은 암 예방에 효과가 있는 것으로 밝혀졌으며, 암 발생에 관여하는 유전자의 발현을 억제하는 것으로 보고되었다.

마늘 추출물은 발암 물질을 처리한 흰쥐에서 종양 발생 억제, 종양 수의 감소, 종양 형성 지연 등의 효과를 나타냈다. 마늘 추출물은 암의 개시단계와 촉진단계를 억제하여 암 예방 효과를 보이는 것으로 확인되었다.

(5) 시력 보호 효과

붉은색 또는 자색의 과일과 채소에 많이 포함되어 있는 anthocyanidins은 시력 회복과

시력 보호 효능이 보고되어 있다. 망막에서 빛을 감지해 뇌로 전달해 주는 rhodopsin 색소의 생성을 도와 눈의 피로를 줄여 주는 등의 효능이 인정되었다. Lutein은 시력의 95%를 차지하는 황반을 구성하는 성분으로 노화로 인한 시력 저하를 예방하고 시세포의 노화를 억제하는 것으로 알려져 있다. Lutein은 몸 안에서 생성되는 것이 아니므로 외부의 음식물을 통해 섭취하여야 하며, 주로 녹황색 채소에 포함되어 있다.

(6) 항염증 효과

식물체에 함유된 polyphenol류 중에는 염증을 억제하는 효과가 있는 물질들이 많다. 과민 면역반응은 다양한 염증을 일으키는데 이를 완화시킬 수 있는 기능성 소재들은 다양한 질병의 개선에도 도움이 될 수 있다. 식물 유래의 phytochemical 중에는 관절, 피부, 장, 폐, 신경계 등의 염증을 억제하는 효능을 보이는 것이 다양하게 보고되어 있다. Myricetin, luteolin, curcumin, resveratrol, celastrol 등은 관절염 억제 효능이 알려져 있고, apigenin, myricetin, luteolin, apocynin, ginsenoside 등은 피부 염증을 완화시키는 것으로 보고되어 있다. 구아바잎 추출물, 다래 추출물, 소엽 추출물, 피카오 프레토 분말 등은 과민 면역반응 완화에 도움을 주는 기능성 원료로 국내에서 허가되어 있다.

5) 젖산균 소재

젖산균은 전통적으로 요구르트와 같은 발효유 제품이나 김치와 같은 발효 채소류 제조에 이용되어 왔던 미생물이다. 건강 유지나 장수 등과 관련하여 여러 가지 생리활성을 나타내는 것으로 알려져 왔으며, 기능성 식품 소재로도 활발하게 응용되고 있다.

프로바이오틱스(probiotics)는 일반적으로 “충분한 양을 섭취하였을 때 숙주의 건강에 유익한 효과를 나타내는 살아 있는 미생물”을 말하며, 젖산균은 현재 프로바이오틱스로 가장 많이 개발된 미생물이다. 젖산균이 나타내는 건강 증진 효과로는 장내 유해 세균 억제에 의한 정장 작용, 젖당불내증의 경감 효과, 변비 방지, 혈중 콜레스테롤의 감소, 항종양 작용, 당뇨 예방, 혈압 강하 효과 등이 있다.

(1) 정장 작용

젖산균은 장내 세균의 일부로 존재하는데, 젖산균이 생성하는 유기산, 과산화수소, 박테

리오신 등에 의하여 병원균이나 식중독균의 번식을 억제함으로써 정장 작용을 나타내며, 설사 방지 효과도 있다.

Salmonella Typhimurium, *Listeria monocytogenes*, *Pseudomonas aeruginosa*, *Escherichia coli* 등의 식중독균과 유해균에 대한 억제 작용이 있으며, 정장 작용을 나타내는 젖산균으로는 요구르트 균주인 *Lb. bulgaricus*, *Str. thermophilus* 등과 함께 *Lb. casei*, *Lb. rhamnosus*, *Lb. acidophilus*, *Lb. salivarius*, *Bifidobacterium breve*, *Enterococcus faecium* 등이 있다.

(2) 영양학적 효과

동양의 성인 약 70%는 젖당 분해효소가 결핍되어 젖당이 함유된 우유 등을 과량 섭취하면 설사나 복통 등과 같은 젖당불내증 증상을 나타낼 수 있는데, 젖산균은 젖당 분해효소를 분비하므로 이와 같은 증상을 경감시킨다. 또한 *Bifidobacteria*는 thiamine, 니코틴산(nicotinic acid), 엽산(folic acid), pyridoxine, 비타민 B_{12} 등의 수용성 비타민이나 biotin을 생산하는 것으로 알려졌으며, *Lb. acidophilus*는 철의 이용성을 높이는 것으로 보고되어 있다.

(3) 변비 방지

*Bifidobacterium*이나 *Lactobacillus* 등의 젖산균으로 발효된 발효유를 섭취할 경우, 변비의 증상이 완화되는 것으로 나타났다. 이때 lactulose나 갈락토올리고당을 함께 섭취하면 개선 효과가 더욱 증진되는 것으로 보고되어 있다.

(4) 콜레스테롤 조절

요구르트 등의 발효유 제품을 섭취하면 혈중 콜레스테롤 값이 낮아지는 경우가 많다. 젖

Tip

사균체의 건강 기능성

일반적으로 프로바이오틱스를 활용한 기능성 제품은 살아 있는 미생물을 섭취함으로써 건강에 유익한 효과를 얻는 것이 보편적이다. 그러나 최근에는 이러한 유익한 균을 사멸시켜 섭취한 경우에도 다양한 건강 기능성이 나타날 수 있음이 알려지고 있다. 사멸시킨 균으로 만든 사균체 제제는 살아 있는 균에 비해 저장성 및 안전성이 우수하기 때문에 건강 기능성이 있을 경우, 제품화하기에 유용하다는 장점이 있다. 따라서 최근에는 사균체 형태로 섭취할 때에도 건강 기능성을 제공하는 프로바이오틱스를 가열 처리 등을 하여 사균체 제제로 개발하여 제품화하는 시도가 이루어지고 있다.

산균 대사물에 의한 콜레스테롤 저하 인자로는 hydroxymethyl glutarate 등이 보고되었으며, 젖산균은 콜레스테롤 분해 효과를 나타내는 것으로 알려져 있다. 일부 실험에서 요구르트 등이 혈중 콜레스테롤 농도에 별 영향을 주지 않는다는 보고도 있으므로 연구가 좀 더 필요하리라 생각된다.

(5) 항종양 및 항암 효과

젖산균 또는 발효유 제품은 병원균 감염 억제, 종양 및 암세포의 억제 등 면역 증강 및 항암 효과를 나타내는 것으로 알려져 있다. 암 환자에 *Lb. casei*를 처리했을 때 식욕부진, 메스꺼움, 가슴 통증 등의 증상이 완화되었다. 방사선 치료와 함께 처리하였을 경우에는 종양 감소, 생존 기간 증가 등의 효과가 관찰되었으며, 발암 물질 형성 관여 효소의 역가가 1/2~1/4 수준으로 감소된 것으로 나타났다.

(6) 당뇨 예방

실험용 생쥐에 *Lb. casei*를 경구 투여했을 때 혈당량이 감소하고 인슐린 의존 당뇨의 발생이 줄었다는 결과가 보고된 바 있다. 최근에는 젖산균 균주 조성물(*Str. thermophiles*, *Lb. rhamnosus*, *Lb. paracasei*)이 식후 혈당 상승을 억제하는 효능이 입증되었다.

(7) 혈압 강하

*Lb. casei*의 자가소화물을 자발성 고혈압 흰쥐에 경구 투여했을 때 혈압이 강하하는 것으로 보고되었다. 혈압 강하를 위하여 가장 좋은 성분은 세포벽에 포함된 polysaccharide-glycopeptide 복합체로 나타났다.

단원 정리

국제연합(United Nations)은 2050년에 전 세계 인구의 21%가 60세 이상의 노인으로 구성될 것이라 보고하였으며, 우리나라 또한 고령화 비율이 세계 최고 수준으로 급격하게 상승하는 중이다. 삶의 질 향상에 대한 관심 고조와 고령 인구의 증가는 다양한 만성 질환의 예방 및 건강 증진에 대한 중요성을 부각시키고 있으며, 이로 인해 건강기능식품의 시장 규모 역시 국내외에서 지속적으로 확대될 전망이다.

건강기능식품이란 「건강기능식품에 관한 법률」에서 "인체에 유용한 기능성을 가진 원료나 성분을 사용하여 제조한 식품"으로 정의한다. 기능성 원료는 「건강기능식품공전」에 고시하여 누구나 사용할 수 있는 고시형 원료와, 고시되지 않은 원료로 개별적으로 식품의약품안전처의 심사를 거쳐 인정받은 영업자만 사용할 수 있는 개별인정형 원료로 나뉜다.

건강기능식품은 인체의 정상적인 기능을 유지하거나 생리 기능의 활성화를 통하여 건강을 유지 및 증진하는 식품류를 말한다. 영양소 기능은 비타민, 무기질, 단백질, 식이섬유, 필수지방산 등을 공급하여 인체의 정상적인 기능 유지를 돕는다. 현재 식품의약품안전처에서는 생리활성 기능으로 31개의 기능성을 지정하여 건강상에 기여할 수 있는 항목을 지정해 놓았다. 기억력 개선, 혈행 개선, 간 건강, 체지방 감소, 갱년기 여성 건강, 혈당 조절, 눈 건강, 면역 기능, 관절/뼈 건강, 전립선 건강, 피로 개선, 피부 건강, 콜레스테롤 개선, 혈압 조절, 긴장 완화, 장 건강, 칼슘 흡수 도움, 요로 건강, 소화 기능, 항산화, 혈중 중성지방 개선, 인지 능력, 운동 수행 능력 향상/지구력 향상, 치아 건강, 배뇨 기능 개선, 면역 과민반응에 의한 피부 상태 개선, 갱년기 남성 건강, 월경 전 변화에 의한 불편한 상태 개선, 정자 운동성 개선, 젖산균 증식을 통한 여성의 질 건강, 어린이 키 성장 개선 등이 그것이다.

기능성 식품 원료는 탄수화물, 펩타이드, 지방질, 젖산균, 식물성 화합물 등에서 유래한 소재들이 포함되며, 이 중 식물 유래 소재들이 가장 많다. 기능성 식품 소재들은 섭취 시 항산화, 항염, 면역 증진, 과민성 면역 억제, 심혈관 질환 예방, 피부미용 개선, 암 예방, 시력 보호, 변비 개선, 혈압 강하, 당뇨 예방, 콜레스테롤 감소 등의 건강 기능성을 부여해 줄 수 있다.

연습 문제

1 식품의 제3차 기능의 기대 효과로 알맞은 것은?

① 기아 해결 ② 체위 향상
③ 질병 예방 ④ 쾌감 유발

2 모유에 많이 함유되어 있으며 변비와 충치 예방 등의 효과를 나타내는 올리고당은?

① 자일로올리고당 ② 키토올리고당
③ 프럭토올리고당 ④ 갈락토올리고당

3 다음 중 키토산에 대한 설명으로 옳지 않은 것은?

① 물에 녹아 점액성 용액으로 변하여 떫은맛과 쓴맛을 나타낸다.
② 단백질과 복합체를 이루고 있는 다당류이다.
③ 키틴의 탈아세틸화 반응에 의하여 형성된다.
④ 보습성, 흡착성, 유화 안정성을 나타낸다.

4 다음 중 고혈압의 원인이 되는 효소는?

① Catalase ② Maltas
③ Peroxidase ④ ACE (Angiotensin converting enzyme)

5 다음 중 고도 불포화지방산(highly unsaturated fatty acid)이 아닌 것은?

① EPA ② Oleic acid
③ DHA ④ Poly unsaturated fatty acid (PUFA)

6 공액 리놀레산(conjugated linoleic acid)을 생산하는 기술을 2개 고르면?

① 알칼리 이성질화법 ② 중성지방 이성질화법
③ 갈색지방 이성질화법 ④ 혐기성 미생물 이용 리놀레산 이성질화법

7 다음 중 phytochemical의 기능이 아닌 것은?

① 후각 보호 효과 ② 항산화 작용
③ 항종양 및 항암 효과 ④ 항균 및 면역 증진 효과

8 다음 중 심혈관계 질환을 예방하는 대표적인 phytochemical은?

① Glucagon ② Phytosterol
③ Oxytocin ④ Immunoglobin

*정답은 뒤에 있습니다.

13 식품의 위해 화학 물질

1. 위해 화학 물질의 분류
2. 오염 물질의 독성 평가
3. 내인성 독성 물질
4. 오염 물질

식품이나 식품 원료에는 일정한 농도 이상으로 섭취하면 인체에 해를 끼치거나 건강을 유지하는 데 지장을 주는 화학 물질이 들어 있을 수 있다. 금속원소나 무기염과 같은 간단한 형태로부터 구조가 복잡한 거대 분자에 이르기까지 다양한 종류의 무기화합물과 유기화합물이 있다. 인체에 유해한 이들 화학 물질을 위해 화학 물질(hazardous chemicals) 또는 화학적 위해 요소(chemical hazards)라고 한다.

1. 위해 화학 물질의 분류

식품에 존재하는 독성 물질은 표 13-1과 같이 존재 원인에 따라 내인성 독성 물질과 오염 물질로 나눌 수 있다. 내인성 독성 물질은 식품 원료인 동식물체에 의해 생합성되어 존재하는 대사 물질로 식품 원료에 내재하는 화학 위해 요소를 말한다. 오염 물질은 생물학적 원인이나 인위적 원인으로 말미암아 식품에 존재하는 독성 물질인데, 이 중에 생물학적 원인에 의해 생성되는 생물학적 독성 물질은 세균성 식중독의 원인균 및 곰팡이의 대사에 의해 형성된 독성 물질이다. 또 식품에 혼입된 농약, 먼지 등 환경오염 물질, 식품 가공에 사용되는 각종 화학 물질에서 유래한 독성 물질, 가공·저장·이용 중 기구, 용기, 포장으로부터 용출되는 독성 물질 및 식품 가공 중 형성되는 독성 물질도 오염 물질에 포함된다.

표 13-1 식품 중 독성 물질의 유형

내인성 독성 물질	정상적인 생육 조건에서 식품 원료에 의해 생합성된 대사 물질 스트레스를 받은 식품 원료에 의해 생합성된 대사 물질
오염 물질	식품에 직접 오염된 독성 물질 주위 환경으로부터 식품 원료에 혼입된 독성 물질 주위 환경에서 혼입된 물질로부터 식품 원료가 생성한 독성 대사 물질 가공 중 형성된 독성 물질

일반적으로 독성 물질이란 일정량 이상을 섭취하였을 때 위해 가능성이 크다고 입증된 물질을 말한다. 모든 화학 물질은 잠재적으로 독성이 있으며, 독성의 발현 여부는 스위스의 과학자 파라셀수스(Paracelsus)가 주장한 바와 같이 섭취량에 따라 결정된다. 미생물 오염에 의한 급성 독성은 선진국에서는 식품 저장 기술의 발달과 유통 체계의 확립으로 격감하고 있다. 따라서 식품의 발암성 및 유전 독성 등 장기 독성이 앞으로 해결하여야 할

Tip

식품 독성 물질의 유형

식품의 독성 물질 유형은 오염 물질과 내인성 독성 물질로 구분한다. 외부에서 전달되거나 가공 저장 중에 생성된 것은 오염 물질이라 하고, 식품 원료 중에 내재되어 대사물로 생성된 화합물을 내인성 독성 물질이라 한다. 이를 명확하게 구분해야 식품 독성학의 최종 목표인 독성 저감화를 달성할 수 있다.

가장 큰 과제이다. 암의 발생은 주로 식품 및 담배와 밀접한 관계가 있다.

어떤 식품이 암을 유발하는지 아닌지는 최종적으로 동물실험을 통해 판단하는데, 여기에는 실험동물, 설비, 시간, 노력 등이 많이 소요된다. 그러므로 실험동물을 사용하여 수많은 발암 성분을 화학적으로 연구하는 것은 거의 불가능하다. 최근에는 미생물을 이용한 돌연변이 유발성 시험법이 발달하여 많은 화학 물질을 쉽게 평가할 수 있게 되었다. 또한 돌연변이 유발성 시험법과 발암성 사이의 상관관계가 높으므로 이들 시험법을 사용하여 식품 및 환경 물질의 돌연변이 유발성에 대한 연구가 활발히 진행되고 있다.

돌연변이 유발 물질과 발암 물질은 식품의 생산 및 가공 과정 중에 오염, 혼입되거나 저장·가공 중에 이차적으로 생성되기도 하며, 식품 중에서 변화하여 돌연변이 유발성이나 발암성이 사라지거나 생기기도 한다.

2. 오염 물질의 독성 평가

화학 물질의 독성을 평가하는 데 필요한 자료가 모든 화합물에 대해 충분히 갖추어져 있지 않으므로 오염 물질의 독성 평가는 어려운 과제이다. 다양한 물질 사이에서 일어날 수 있는 상승 작용과 더불어 연령, 성별, 건강 상태 등의 영향도 받는 점을 배제하여서는 안 된다. 어떤 물질의 허용 농도를 결정할 때에는 안전계수(safety factor)를 충분히 고려하여야 한다.

1) 독성 평가의 방법

일반적으로 독성을 평가할 때에는 급성 독성(acute toxicity), 아급성 독성(subacute toxicity), 만성 독성(chronic toxicity) 등을 결정한다. 급성 독성시험에서는 시험 물질의 투여량을 비교적 많게 하여 1회 또는 24시간 이내에 반복 투여한 후 수일 내지 14일 동안 관찰한다. 이때 투여 경로는 경구, 복강, 정맥, 피하, 근육, 피부 등이다. 이 시험은 주로 실험동물의 50%를 죽이는 투여량인 반수 치사량(median lethal dose, LD_{50}) 또는 반수 치사 농도(median lethal concentration, LC_{50})를 결정하거나 급성 독성 증상을 관찰하는 데 이용된다. LD_{50}의 측정에는 실험동물로 생쥐, 쥐 등 2종 이상의 설치류를 각 투여군마다 5~10마리 사용하고, 설치류 이외의 동물도 포함시킨다. 독성 증상의 관찰에는 토끼, 개, 고양이 등 비교적 큰 동물을 사용한다.

3~12개월 동안 보통 쥐, 개 등 2종의 실험동물에 시험 물질을 투여하는 아급성 독성 시험은 주로 최대 허용량(maximum tolerated dose, MTD)과 비발암 물질의 최대 무작용량(no-observed-effect-level, NOEL)을 설정할 때 이용된다. 바람직하지 않은 영향이 관찰되지 않는 최대 무작용량을 최대 무독성량(no-observed-adverse-effect-level, NOAEL)이라고 하며, MTD는 대조군에 비하여 체중 감소율이 10% 미만이며, 독성의 징후, 병리적 병변 등이 나타나지 않는 최대 투여량을 뜻한다.

만성 독성은 암과 같이 상당한 기간이 지난 후에 나타나는 독성으로, 일반적으로 시험 물질을 쥐, 생쥐와 같은 설치류에는 20~30개월, 개 등에는 6~12개월 동안 지속적으로 투여하여 평가한다. 실험동물의 50%에 암을 유발하는 발암 물질의 투여량을 반수 종양 생성량(tumorigenic dose 50, TD_{50})이라고 한다. 만성 독성시험에서는 보통 최대 허용량 및 1~2개 수준의 낮은 투여량을 사용한다. NOAEL은 만성 투여시험에서 암을 제외한 독성 반응을 유발하는 물질에 대한 1일 섭취 허용량을 결정하는 데 이용된다. 비발암 물질의 1일 섭취 허용량(acceptable daily intake, ADI)은 NOAEL의 1/100로 설정한다. 여기서 100은 안전계수로 동물보다 사람이 10배 정도 민감하고 사람 사이의 민감도 차이를 10배 반영하여 100으로 산정한 값이다.

독성시험 기간 중에는 실험동물의 사료 섭취 상황, 운동성, 체중 변화 등을 관찰하고, 사

Tip

오염 물질의 독성 평가

오염 물질의 독성 평가는 식품 과학자로서 이해해야 하는 필수 사항만 이해하도록 한다. 즉 급성과 아급성 그리고 만성 독성의 평가 방법을 학습하고 최대 무독성량(NOAEL)의 정의를 명확히 공부하도록 한다. 최대 무독성량과 1일 섭취 허용량과의 관계를 명확하게 이해하고, 이들 관계는 비발암 물질인 경우에만 한정된다는 점도 인지한다.

망률 및 사망 원인을 조사한다. 시험 기간 중 일정 시점이나 시험 종료 후와 실험동물이 사망한 때에 동물을 해부하여 장기의 형태적 변화를 조사하며, 병리조직학적 검사로 중독성 병변의 종류와 정도를 판정한다. 또한 일정한 시기마다 혈액, 배설물 등의 생화학적 검사를 수행하여 대사 기능, 장기 기능의 장애 등을 검사한다. 만성 독성시험에서는 다음 세대에 미치는 영향을 평가하기 위하여 임신율, 출산율, 사산율, 기형 형성 등을 조사하는 경우도 있다.

2) 미생물을 이용한 식품의 안전성 시험법

(1) 에임스 시험법

식품을 비롯하여 환경 중의 돌연변이 유발 물질을 검출하는 데 가장 널리 사용되는 에임스 시험법(Ames test)은 병원성이 없는 *Salmonella* Typhimurium의 변이 균주를 써서 시험 물질의 돌연변이 유발성을 조사하는 방법이다. 이 Salmonella 균은 세포벽의 당지방질 합성 능력이 없어서 돌연변이 유발 물질 및 발암 물질의 세포막 투과성이 높고, DNA 회복 능력이 없으므로 돌연변이 유발성을 예민하게 검출할 수 있다. 이 균은 histidine 요구성이 있어 histidine 없이는 생육하기 힘들다. 하지만 돌연변이 복귀가 일어나면 histidine을 함유하지 않은 배지에서도 생육할 수 있게 되어 복귀균의 colony 수로부터 변이 유발성을 알 수 있다. 현재 *S.* Typhimurium TA100(염기 치환형 변이 균주)과 TA98(frameshift형 변이 균주)이 일반적으로 사용되고 있다. 여기서 유의할 점은 Ames 시험법은 돌연변이원을 선별하는 방법이지 발암 물질을 검출하는 방법은 아니라는 점이다. 즉, 모든 발암 물질은 돌연변이원이 될 수 있지만 돌연변이원이라고 해서 모두 발암 물질이 되는 것은 아니다.

(2) 렉 분석법

돌연변이 유발 물질이나 발암 물질과 같이 DNA를 손상시키는 물질은 DNA 회복 능력을

Tip

Ames 시험법

Ames 시험법은 미생물을 이용한 독성 평가 방법임을 인지하고, 향후 비동물 독성 평가 방법에 대한 트렌드를 이해하고 그 방법을 숙지하여야 한다. 현재 OECD 국가로 구성된 여러 위원회에서 비동물 독성실험 방법을 꾸준히 개발하고 있으며, 이를 실용화하는 데 최선을 다하고 있다는 점 또한 주목해야 한다.

보유하는 친주(wild type)보다 DNA 회복 능력을 잃은 균주의 생육을 더욱 크게 억제한다. 따라서 시험 물질에 의한 두 균주의 생육 차이를 측정하여 DNA를 손상시키는 물질을 검출할 수 있다. ***Bacillus subtilis***의 친주(rec^+)와 DNA 회복 능력이 없는 균주(rec^-)가 널리 쓰인다. 렉 분석법(Rec assay)은 Ames 시험법보다 비용과 노력이 덜 들고 간편하다는 이점이 있다. 작용 스펙트럼이 Ames 시험법보다 넓기 때문에 Ames 시험법과 병용하면 돌연변이 유발 물질의 검출 확률이 높아진다.

3) 기타 시험법

이 밖에 돌연변이 유발 물질의 시험법으로는 대장균(*E. coli*)과 효모(*Saccharomyces cerevisiae*)를 쓰거나 초파리(*Drosophila*)와 같은 곤충을 쓰는 방법이 있다. 식품 관련 물질의 안전성 평가에는 Chinese hamster, 생쥐 등 포유동물의 배양 세포를 이용한 염색체 이상 시험법이 사용되기도 한다.

3. 내인성 독성 물질

내인성 독성 물질은 천연의 동식물에 함유된 2차 대사 물질로 주로 급성 및 아급성 독성을 유발하는 자연독이다. 자연독은 일반적으로 그 출처에 따라 식물성 독성 물질과 동물성 독성 물질로 나눈다.

1) 식물성 독성 물질

식물성 독성 물질은 엽록소를 갖고 있는 고등식물의 자연독으로, 식용 식물에 함유된 주요 독성 물질을 표 13-2에 나타내었다.

(1) 글루코시놀레이트

글루코시놀레이트(glucosinolate)는 배추, 겨자, 브로콜리, 순무 따위의 배추과 식물에 존재하는 황을 함유한 glycoside로 매운맛을 띤다. 천연의 모든 glucosinolate는 thioglucosidase (thioglucoside hydrolase, myrosinase, sinigrinase, sinigrase)와 함께 존재한다. 이 효소는 황과 glucose의 결합을 절단하는 자연계의 유일한 효소로, glucosinolate를

표 13-2 식용식물의 독성 물질

독성 물질	함유 식품	화학적 성질 및 주요 증상
Glucosinolate	배추, 무, 겨자	황 배당체(thioglycosides), 갑상선 기능 저하증
Cyanogenic glycoside	콩류, 아마인, 카사바	시안 배당체 시안화수소 중독 : 구토, 복통, 호흡 곤란, 경련, 호흡 중추 마비
Saponin	콩, 사탕무, 땅콩, 시금치, 아스파라거스	배당체 : sapogenin + 육탄당, 오탄당 우론산 : 스테로이드형($C = 27$), triterpenoid형($C = 30$) : 거품 형성, 쓴맛, 적혈구의 용혈(실험실 조건)
단백질 가수분해효소 억제제	콩, 녹두, 강낭콩, 완두, 감자, 고구마, 곡류	단백질(4~24 kDa), 생육 저해, 췌장 비대
Hemagglutinin	피마자, 콩, 강낭콩, 렌즈콩	당단백질(10~124 kDa), 생육 저해, 적혈구의 응고(실험실 조건)
Gossypol	면화씨	polyphenol 화합물, 반응성이 매우 큼, lysine과 복합체 형성, 간 손상, 출혈, 부종
Lathyrogen	이집트콩, 살갈퀴	β-aminopropionitrile 및 유도체, 골격 기형
	이집트콩	β-diaminopropionic acid : 중추신경 손상
알레르기 항원(Allergen)	곡류, 콩류, 견과류	단백질, 알레르기 반응 : 민감한 사람에게만 발생
Cycasin	소철의 줄기 및 종자	methylazoxymethanol, 발암성, 녹말 가공 중 제거됨
Vicine, convicine	잠두	pyrimidine-β-glycosides, 잠두중독증(favism) : 급성 용혈성 빈혈 glucose-6-phosphate dehydrogenase 결핍자에게 일어남 적혈구의 glutathione 고갈
Phytoalexin	자외선, 저온 등 스트레스에 의해 형성된 2차 대사 산물	
	고구마	simple furans : ipomeamarone, 폐 부종, 간 및 신장 손상
	셀러리, 양방풍나물	benzofurans : psoralen, 일광 과민성 피부염
	누에콩	acetylenic furans : wyerone
	강낭콩	isoflavonoids : pisatin, phaseolin, 적혈구 용해(실험실 조건)
Pyrrolizidine alkaloid	국화과	senecionine 등 dihydropyrroles, 간 및 폐 손상, 발암
Safrole	sassafras, 후추	알릴기 치환 benzene, 간암, 담도암
Solanine	감자	스테로이드성 allkaloid인 solanidine의 배당체, 용혈, 운동 중추 마비, 복통
Atractyloside	엉겅퀴	스테로이드성 배당체, glycogen 고갈, 경련

aglycone과 glucose 및 bisulfate로 가수분해한다(그림 13.1). Thioglucosidase는 온전한 조직에서는 활성을 나타내지 않으나 조직이 파괴되면 활성을 나타낸다. Aglycone은 분자 내 재배열에 의해 isothiocyanate(겨자유), nitrile 또는 thiocyanate를 생성한다. 이 화합

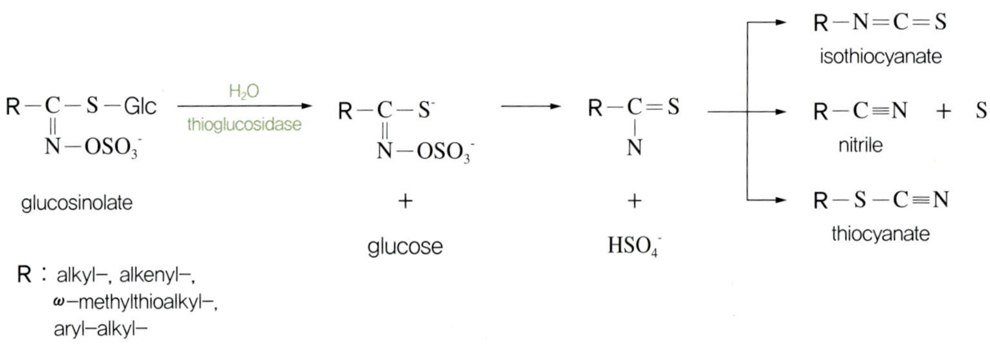

그림 13.1 글루코시놀레이트의 구조와 싸이오글루코시데이스에 의한 가수분해

물들은 동물체 내에서 아이오딘과 결합하여 갑상선 기능을 저하시킴으로써 발육에 나쁜 영향을 미치는데 인체에 미치는 영향은 매우 작다.

(2) 사이아노젠 글리코사이드

사이안 화합물은 glycoside의 형태로 식물체에 널리 분포하는데, 과일을 비롯한 식용 식물의 종자에 존재하는 종류를 표 13-3에 나타내었다. 이들은 아미노산으로부터 생합성된다. 사이아노젠 글리코사이드(cyanogenic glycoside)의 분해는 β-glucosidase에 의해 시작되는데(그림 13.2), 이 효소는 세포 내에서 기질과 분리되어 있다가 세포 구조가 파괴되면 기질과 접촉하여 반응한다. 기질 특이성은 glycoside의 aglycone 부분에 의해 결정된다. 가수분해 산물은 carbonyl 화합물과 사이안화수소(HCN)인데, 사이안화수소는 사이토크로뮴 산화효소(cytochromium oxidase)의 작용을 억제하며 그 치사량은 체중 1 kg당

표 13-3 식용 작물 중의 사이아노젠 글리코사이드

종류	R_2(O-β-sugar)C(CN)R_1 R_1	R_2	당	아미노산 전구물질	함유 식물
Linamarin	CH_3	CH_3	glucose	Val	리마콩, 아마인, 카사바
Amygdalin	phenyl	H	gentiobiose	Phe	편도, 살구, 복숭아, 사과
Dhurrin	HO-pheny	H	glucose	Tyr	수수
Lotaustralin	C_2H_5	CH_3	glucose	Ile	리마콩, 아마인, 카사바
Prunasin	phenyl	H	glucose	Phe	말린 자두

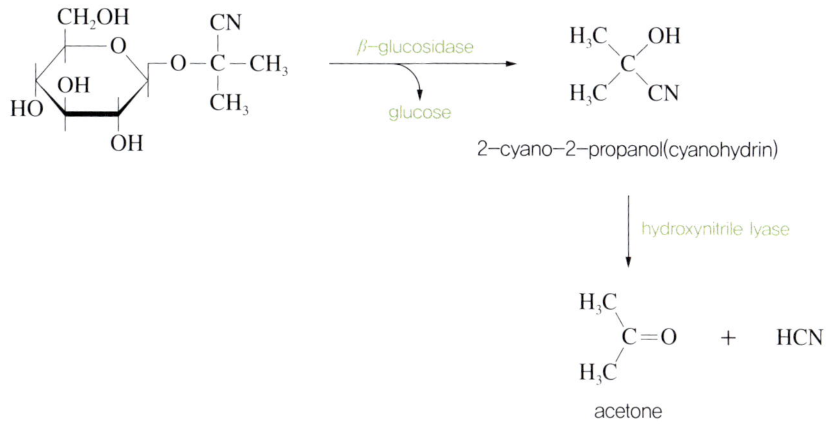

그림 13.2 리나마린의 분해

0.5~3.5 mg이다. 사이안 화합물을 함유한 식품을 많이 섭취하면 심한 경우 호흡 중추 마비로 사망하게 된다. 그러나 수수를 섭취할 때 분쇄 후 수분을 첨가하여 가열하면 사이안화수소가 제거되어 독성을 나타내지 않는다.

(3) 버섯독

버섯은 독특한 향기와 높은 영양가로 널리 식용되고 있으나, 독을 가진 종류가 식용버섯과 혼동되어 중독 사고가 종종 발생한다. 우리나라의 독버섯으로는 광대버섯속, 화경버섯속, 개암버섯속, 깔때기버섯속, 마귀곰보버섯속 등에 속한 50여 종이 있으나 독성이 강한 것은 그중 20여 종이다.

대부분의 버섯독은 조리, 통조림, 냉동 등 가공 과정에서 파괴되지 않으므로 먹지 않는 것 외에는 중독을 막을 방법이 없다. 버섯 독소의 화학적 특성은 아직 완전히 밝혀지지는 않았으나, 일반적으로 그 생리적 영향에 따라 표 13-4와 같이 구분한다. 버섯독의 구조는 그림 13.3에 나타내었다.

(4) 단백질 가수분해효소 억제제

단백질 가수분해효소 억제제는 비교적 분자량이 작은 단백질로, 효소에 신속히 결합하여 매우 안정한 화합물을 형성함으로써 그 작용을 억제한다. 이러한 억제제로는 쿠니츠 트립신 억제제(Kunitz trypsin inhibitor)와 보우만-버크 억제제(Bowman-Birk inhibitor)가 잘

표 13-4 버섯독의 종류와 특징

종류	함유 버섯	주요 특성
1. 원형질 독(protoplasmic poisons)		세포 독소, 간독, 신장독
① Amatoxin 및 phallotoxin군 ⓐ Amatoxin군 : amanitin류 ⓑ Phallotoxin군	알광대버섯(*Amanita phalloides*) 독우산광대버섯(*A. virosa*) 흰알광대버섯(*A. verna*)	고리형 peptide 구조, 맹독성, 내열성 ⓐ RNA polymerase II 억제 ⓑ 세포 골격의 factin 억제, 복통, 구토, 설사, 갈증, 쇠약, 황달, 혼수, 치사율 50~90%
② Hydrazine : gyromitrin	마귀곰보버섯(*Gyromitra esculenta*)	수용성, 글루탐산 카복실기 제거효소 억제, 간, 적혈구, 중추신경계에 영향, 복통, 두통, 황달, 빈혈, 경련, 치사율 2~4%
③ Orellanine	끈적버섯속	알칼리성 인산 가수분해효소 억제, 갈증, 다뇨증, 두통, 오한, 신세뇨관 괴사, 신장 기능 상실, 치사율 약 15%
2. 신경독(neurotoxins)		대량 발한, 혼수, 경련, 환각
① Muscarine	보라땀버섯(*Inocybe geophylla*) 깔때기버섯속(*Clitocybe*)	버섯 중 함량 3~4%, acetylcholine 수용체에 결합, 발한, 복통, 설사, 심장, 폐 기능의 상실
② Ibotenic acid 및 muscimol ⓐ Ibotenic acid ⓑ Muscimol	광대버섯(*Amanita muscaria*) 마귀광대버섯(*A. pantherina*)	ⓐ 글루탐산 수용체에 작용 ⓑ 이보텐산이 건조 등에 의해 탄산이 제거된 형, γ-amino-butyric acid 수용체의 활성화, 이보텐산보다 독성이 5배 정도 강함. 흥분, 환각, 졸림, 현기증, 혼수
③ Psilocybin 및 psilocin ⓐ Psilocybin ⓑ Psilocin	검은띠말똥버섯(*Panaeolus subbalteatus*) 레이스말똥버섯(*P. sphinctrinus*)	indole 화합물, 이보텐산 중독증과 유사하나 졸림, 혼수 증상이 없음
3. 위장관 독(gastrointestinal irritants)		원형질 독과 증상이 비슷하나 훨씬 빨리 나타남
① Illudin S (lampterol)	화경버섯(*Lampteromyces japonicus*)	구토, 위장 장애
② Fasciculol	노란다발(*Naematoloma fasciculare*)	구토, 설사, 마비, 경련
4. Disulfiram형 독(disulfiram-like poisons)		섭취 후 72시간 이내에 알코올을 마신 경우에만 독성 발현
Coprine	두엄먹물버섯(*Coprinus atramentarius*)	알데하이드 수소제거효소 억제, 두통, 메스꺼움, 구토

알려져 있다. Kunitz trypsin 억제제는 trypsin과 1:1로 결합하여 작용한다. Bowman-Birk 억제제는 trypsin과 결합하는 부위와 chymotrypsin과 결합하는 부위를 가지고 있다. 각 활성 부위는 9개의 아미노산으로 이루어진 작은 고리 형태로 되어 있으며, 이 고리는 이황화 결합에 의해 형성된다(그림 13.4).

이 억제제들의 trypsin이나 chymotrypsin에 대한 저해 활성은 동물의 종류에 따라 다르다. 이를테면 사람의 trypsin은 Bowman-Birk 억제제와 신속히 결합하지만, 그 해리 상

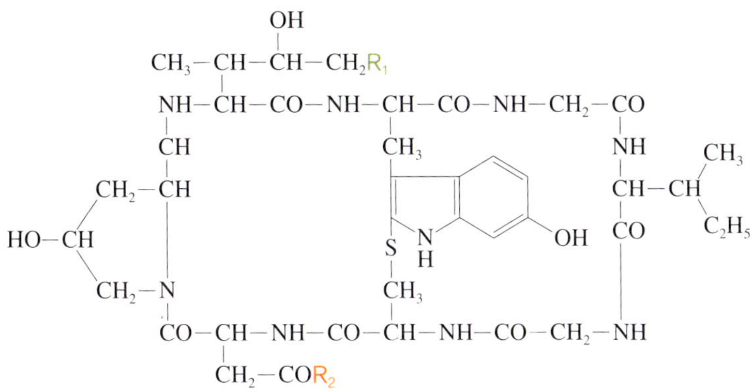

α-amanitin R_1 : OH R_2 : NH_2
β-amanitin R_1 : OH R_2 : OH
γ-amanitin R_1 : H R_2 : NH_2

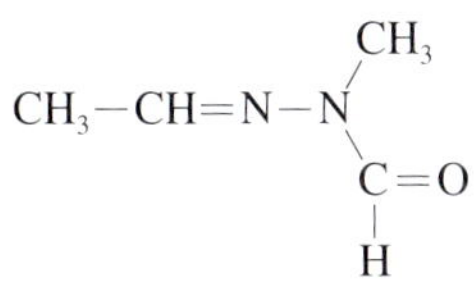

gyromitrin

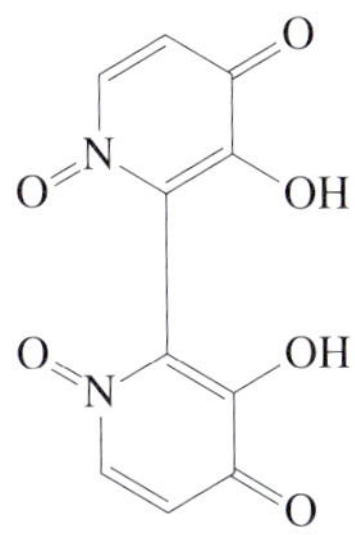

orellanine

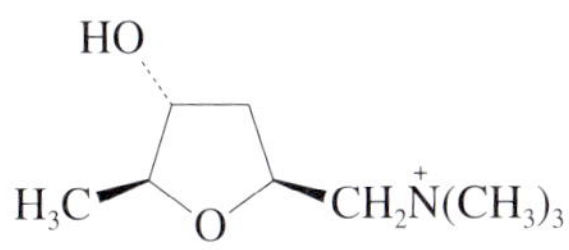

muscarine

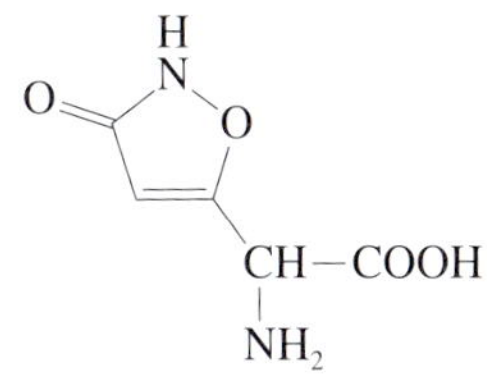

ibotenic acid

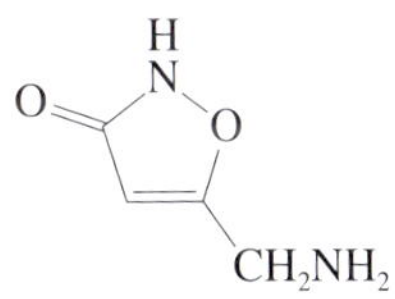

muscimol

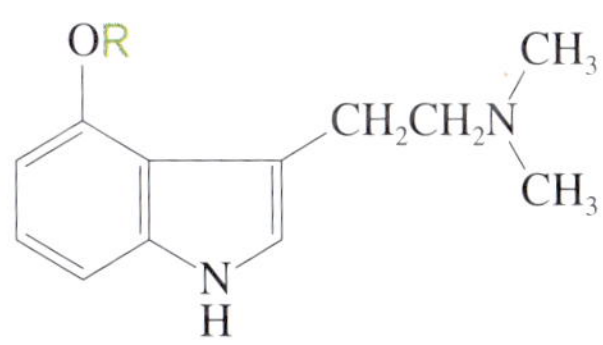

psilocybin R : $PO(OH)_2$
psilocin R : H

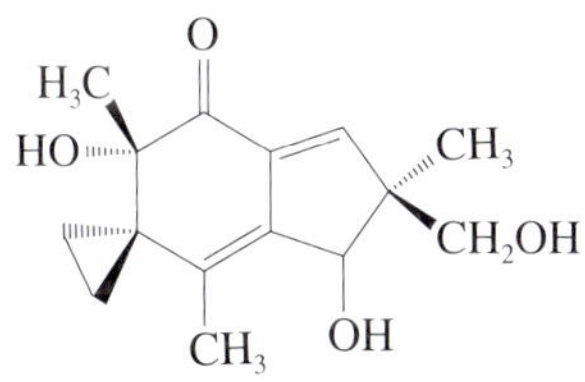

illudin S

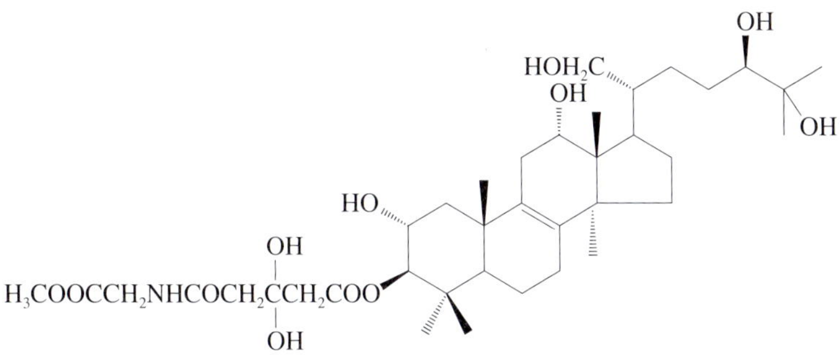

fasciculol E

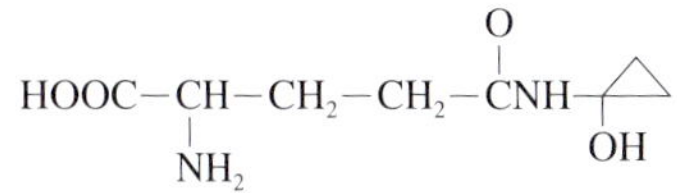

coprine

그림 13.3 버섯독의 구조

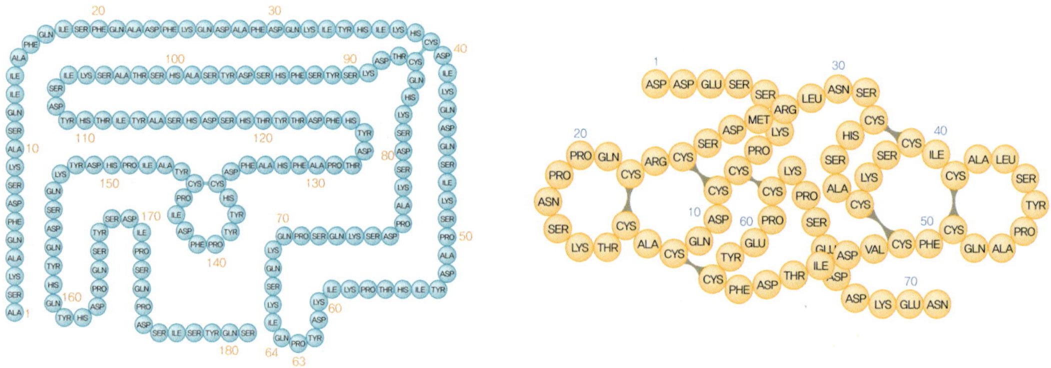

Kunitz 억제제　　Browman–Brik 억제제

그림 13.4 **쿠니츠 억제제와 보우만–버크 억제제**

수는 소의 trypsin보다 훨씬 커서 효소에 대한 저해 작용은 더 작다. 또 Kunitz 억제제는 사람의 trypsin에 대해서는 활성이 매우 약하거나 거의 없다. 이 억제제들은 가열에 의해 쉽게 활성을 잃는다.

(5) 헤마글루티딘

헤마글루티딘(hemagglutinin)은 실험실 조건(*in vitro*)에서 적혈구 원형질막의 glycan 부위에 결합하여 적혈구를 응고시키는 성질을 가지고 있는 단백질로 lectin이라고도 한다. 이들은 대부분 당단백질로 4~10% 정도의 탄수화물을 함유하고 있으며, 식물성 식품에 널리 분포한다. 분자량이 30 kDa 이상인 종류는 몇 개의 소단위(subunit)로 구성되어 있다. 아미노산 조성은 산성과 hydroxy 아미노산의 함량이 많고, methionine은 없거나 적은 것이 특징이다. 탄수화물의 구성 당류는 glucose, mannose, N-acetylglucosamine, glycosylamine 등으로 hemagglutinin의 종류에 따라 다르다.

Hemagglutinin의 독성도 종류에 따라 다른데, 피마자씨에서 분리한 ricin의 독성이 가장 크며, 콩와 강낭콩의 lectin은 독성이 ricin의 1/1,000 정도이고, 완두의 lectin은 독성이 없다. 모든 hemagglutinin의 독성은 습열 처리 또는 오랜 시간에 걸친 건열 처리에 의하여 소실된다.

2) 동물성 독성 물질

동물 중에서 조직 자체가 독성을 띠고 있어 섭취하였을 때 유해한 반응을 나타내는 것은 대부분 수산물로 1,000종 이상이 알려져 있다. 해양 생물의 독성 물질은 분자량이 작은 guanidinium형 물질부터 분자량이 큰 단백질에 이르기까지 매우 다양하나, 대부분은 아직 그 화학적 특성이 명확히 밝혀지지 않았다. 이들 수산식품에 의한 중독증은 생선 중독증(icthyotoxism)과 조개류 중독증 두 가지로 나눌 수 있다. 생선 중독증은 독성 조직이 있는 생선을 먹었을 때 일어나며, 조개류 중독증은 플랑크톤부터 농축된 독소를 함유한 조개류에 기인한다.

(1) 생선의 독성 물질

독성이 있는 어류는 약 500종에 이르며, 중독 증상은 어류에 따라 다르므로 보통 생선 이름을 따서 부른다. 복어 중독, ciguatera 중독, 청어류 중독, 고등어류 중독 등이 있으며, 독성 물질의 구조는 그림 13.5에 나타내었다.

① 복어의 테트로도톡신

테트로도톡신(tetrodotoxin)은 가장 잘 알려진 생선 중독증인 복어 중독의 원인 독소로, 생선독 중 가장 강력하여 흰쥐에 대한 LD_{50}(정맥주사)은 10 μg/kg체중이다. Tetrodotoxin은 hemiacetal 고리 구조를 가지고 있으며 그 분포 상태와 독성은 복어 종류에 따라 달라서 알뿐만 아니라 난소, 간, 껍질, 근육에도 분포되어 있다. 특히 난소와 알에 함량이 높으며 산란기인 겨울과 초봄에는 함량이 증가한다. 이 독소는 해양 세균에 의해 생성되어 먹이사슬을 통해 복어 개체 안에 축적되거나, 복어 체내에서 자체적으로 생성되기도 한다. 알칼리성에서는 불안정하나 내산성, 내열성을 띤다.

② 시구아테라의 독소

시구아테라(ciguatera) 중독은 가장 흔한 생선 중독증으로 와편모조류의 청녹조(*Gambierdiscus toxicus*)를 먹은 곰치, 참바리 등 주로 카리브해, 태평양의 열대 및 아열대 해역에 서식하는 10~30종의 어류에 기인한다. 원인 독소는 polyether인 ciguatoxin과 관련 화합물이다. 이 화합물들은 신경 세포나 근육 세포에서 Na^+의 세포막 통과를 증가시킴으로써 신경계, 순환계, 위장관계 등에 영향을 주어 메스꺼움, 구토, 설사, 근육통, 심

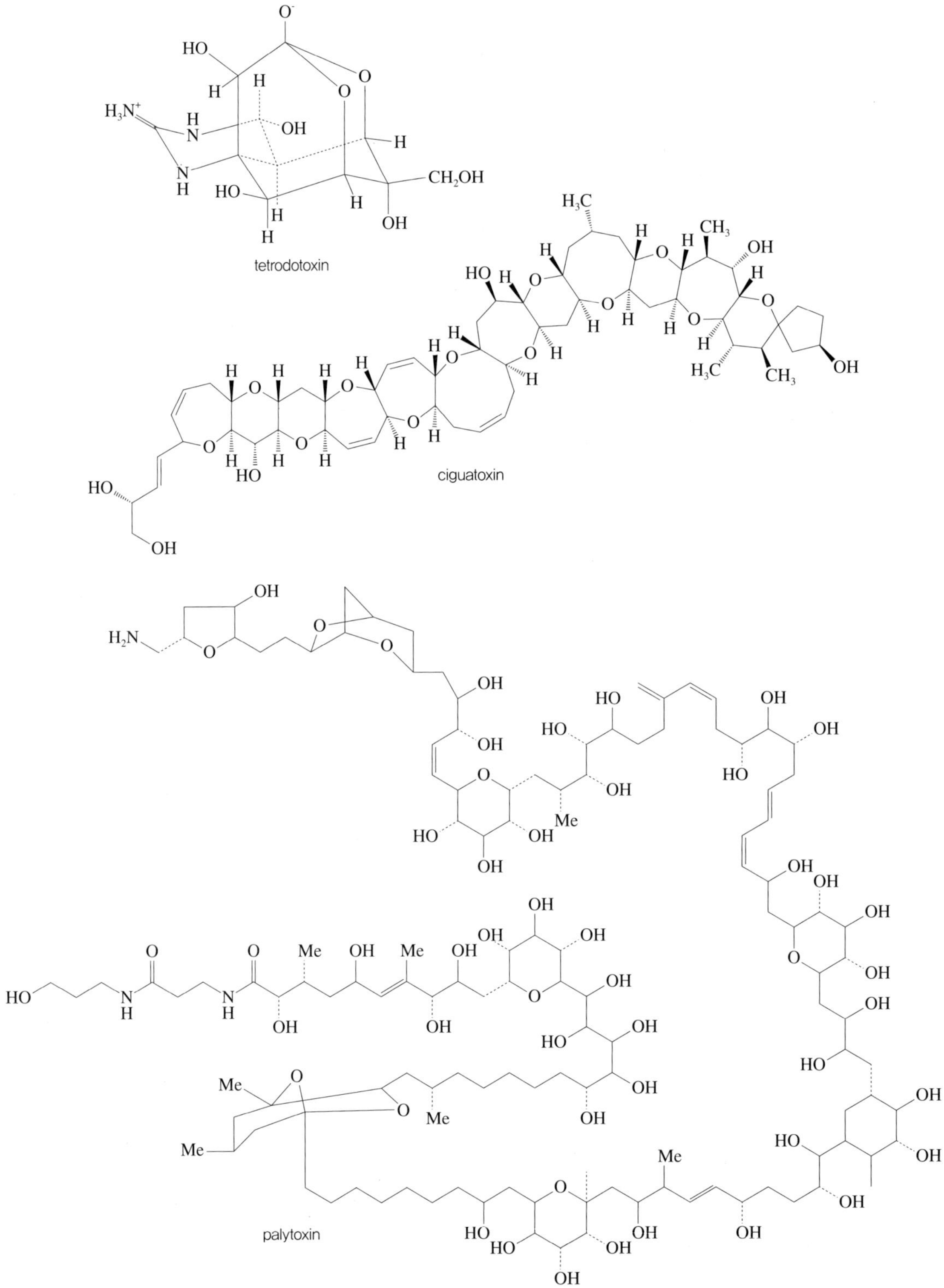

그림 13.5 **동물성 독성 물질의 구조**

박동의 변화와 같은 증상을 유발한다. 독성은 치명적이지 않아 치사율이 0.1% 이하이다. Ciguatoxin은 지용성, 내열성 독소이므로 위산, 조리 등에 의해 파괴되지 않는다.

③ 청어류의 독소

청어류(clupeoid) 중독은 주로 카리브해 연안에서 청어, 멸치 등 청어과에 속하는 생선을 통하여 간혹 발생한다. 그러나 독소의 특성과 기원은 아직 알려지지 않았다.

④ 고등어류 중독의 독성 물질

고등어류(scombroid) 중독은 세균에 의해 부패된 고등어, 다랑어, 가다랑어 등 고등어과 생선 조직의 아미노산에서 생성된 histamine을 비롯한 amine에 기인하는 중독증이다. Histamine에 의한 알레르기처럼 두통, 홍조, 가려움, 설사 등의 증상을 나타낸다. 세계적으로 자주 발생하는 식중독이지만 증상이 경미해서 알려지지 않는 경우가 많다. 생성 메커니즘은 주로 세균에 의해 histidine을 비롯한 아미노산들은 탄산이 제거되어 histamine과 putrescine, cadaverine 등 혈관 작용성 amine을 형성한다.

히스타민류는 가열 조리에 의해 파괴되지 않으므로 생선의 선도 유지가 가장 중요한 예방법이다.

(2) 조개류의 독성 물질

조개류 중독을 유발하는 원인 물질은 표 13-5에 나타낸 것과 같이 마비성 조개독(paralytic shellfish poison), 설사성 조개독(diarrhetic shellfish poison), 신경성 조개독(neurotoxic shellfish poison), 기억상실성 조개독(amnesic shellfish poison), venerupin, tetramine 등으로 나눈다.

표 13-5 조개독의 종류

종류	원인 조개류	독성 물질	특성	중독 증상
마비성 조개독	섭조개, 홍합, 가리비, 대합	saxitoxin, gonyautoxin 및 관련 동종 화합물	guanidyl 유도체, 수용성, 내열성, 치사율 약 10%, 신경·근육 세포의 나트륨 통로 억제	입술·혀의 지각 이상, 졸음, 두통, 메스꺼움, 구토, 복통, 근육 마비, 언어 장애, 호흡 마비
설사성 조개독	섭조개, 가리비, 민들조개, 백합	okadaic acid 및 dinophysistoxin, pectenotoxin, yessotoxin	polyether 화합물, 지용성, 내열성, 인산 가수분해효소 억제제	메스꺼움, 구토, 복통, 설사 등 위장관계 장애

(계속)

종류	원인 조개류	독성 물질	특성	중독 증상
신경성 조개독	고둥	brevetoxin, neosurugatoxin, prosurugatoxin	고리형 polyether 화합물, 지용성, 내열성, 신경·근육 세포의 나트륨 통로에 결합	안면 지각 이상, 근육통, 설사, 구토, 위장염 등 신경계 및 위장관계 장애
기억상실성 조개독	섭조개, 홍합, 굴	domoic acid	kainoid 화합물, 수용성, 내열성, 치사율 3%, 뇌신경계의 신경 전달 방해	구토, 설사, 복통 등 위장관계 장애 및 기억 상실, 발작, 혼수 등 신경계 장애
Venerupin	모시조개, 굴, 바지락	venerupin	화학 구조 불명, 간장독, 수용성, 내열성(pH 5~8), 치사율 40~50%	불쾌감, 식욕 부진, 복통, 구토, 출혈 반점, 토혈, 의식 장애
Tetramine	소라고둥, 조각매물고둥	tetramine	사람 중독량 350~450 mg	두통, 현기증, 멀미, 두드러기

이 독소들은 대부분 편모조류(dinoflagellate)에 속한 특정한 유독성 플랑크톤의 독소를 섭취한 조개류에 축적되거나 때로는 대사되어 존재한다. 이들 독소의 특징은 열에 매우 안정하다는 것으로, 이 때문에 독소 발생 지역의 조개류 섭취와 채취는 엄격히 규제되고 있다. 조개독의 구조는 그림 13.6에 나타내었다.

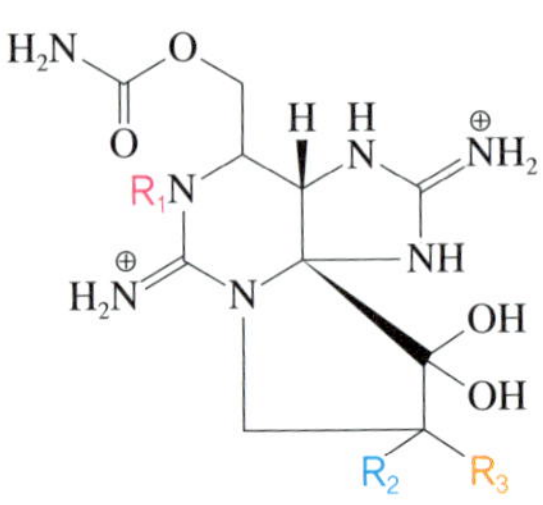

saxitoxin

saxitoxin 군	R1	R2	R3
STX	H	H	H
NeoSTX	OH	H	H

gonyautoxin 군	R1	R2	R3
GTX-I	OH	H	OSO_3^-
GTX-II	H	H	OSO_3^-
GTX-III	H	OSO_3^-	H
GTX-IV	OH	OSO_3^-	H

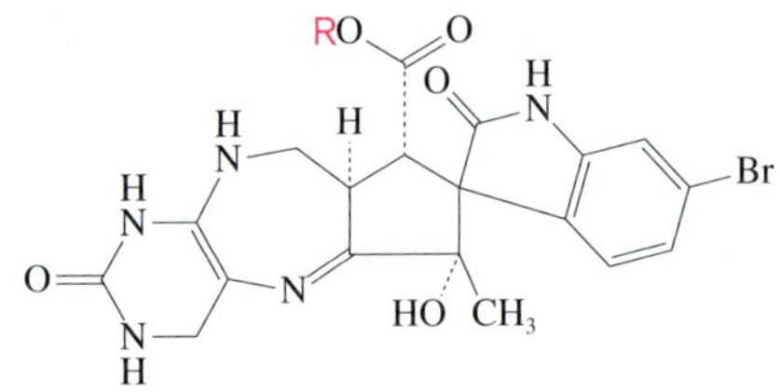

neosurugatoxin R : 6′–myo–inositol–5 → 1–β–xylopyranose
prosurugatoxin R : 6′–myo–inositol

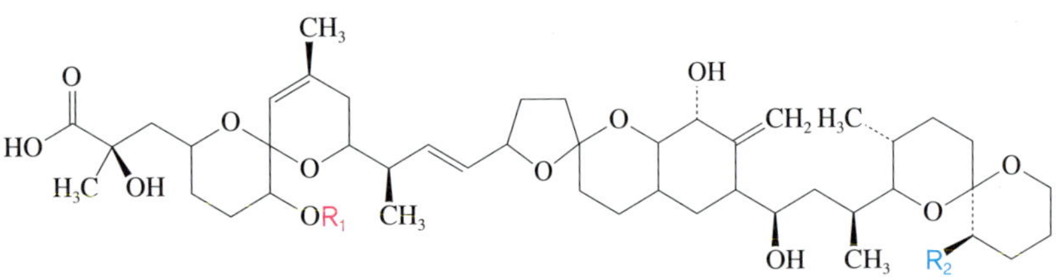

	R1	R2
okadaic acid	H	H
DTX2	palmitoyl	Me
dinophysistoxin 1 (DTX1)	H	Me
DTX3	acyl	Me

그림 13.6 조개독의 구조 (계속)

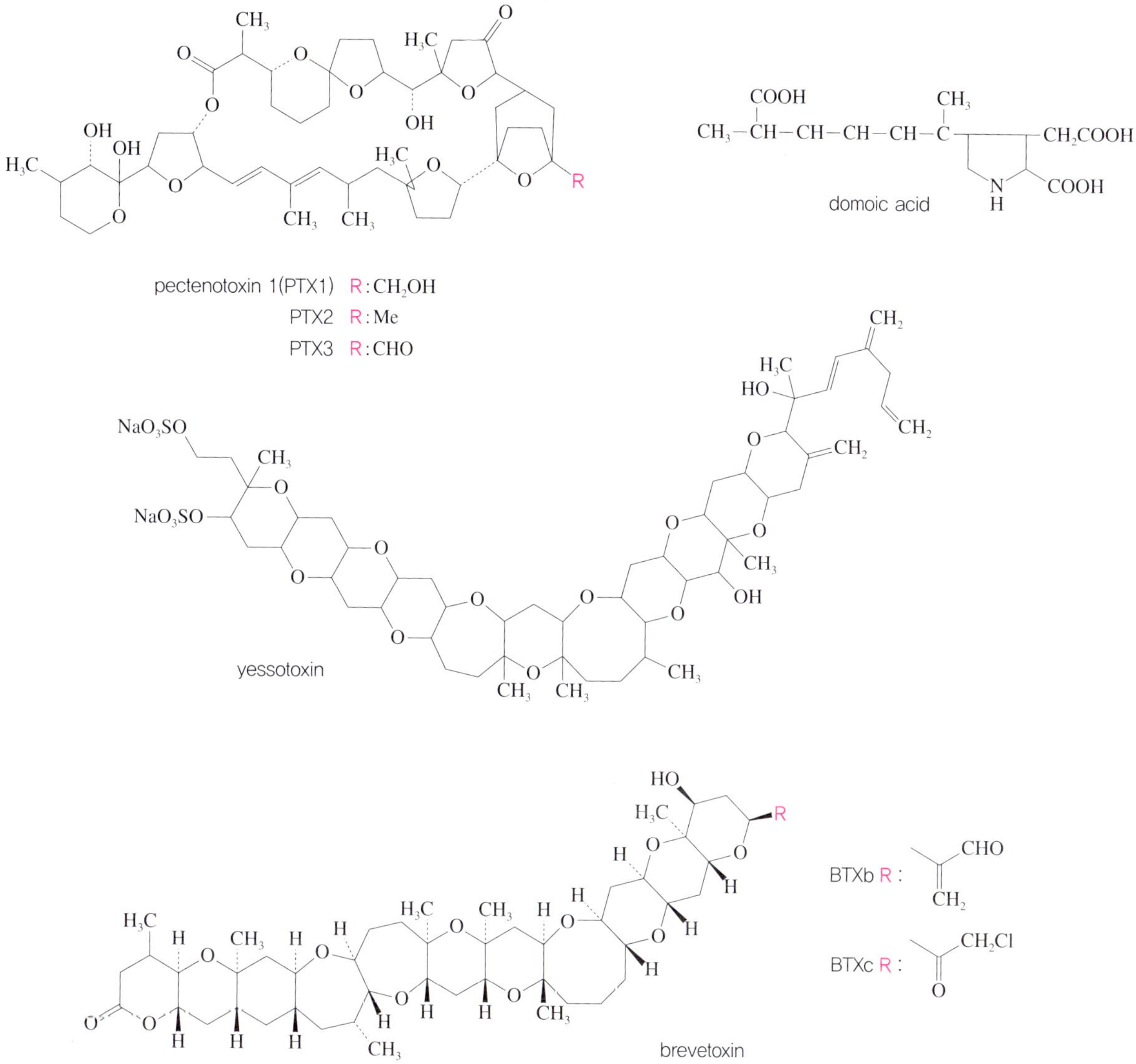

그림 13.6 **조개독의 구조**

4. 오염 물질

식품의 오염 물질에는 천연적으로 존재하는 물질과 비의도적 첨가 물질이 있다. 천연 오염 물질로는 미생물에 의하여 생성된 독성 물질이 가장 흔하다. 미생물 독소는 곰팡이 독소(mycotoxin)와 식중독 세균 독소로 나눌 수 있다.

1) 미생물 독소

(1) 곰팡이 독소

곰팡이 독소는 곰팡이의 2차 대사 물질로서 사람이나 가축에 급성 및 만성 장애를 가져오는 독성 물질을 말한다. 대부분 분자량이 500 이하이며, 종류에 따라 떨림, 출혈, 신장 독성, 간 독성, 신경 독성, 발암 등의 독성을 나타낸다. 독성 대사 물질을 생성하는 곰팡

표 13-6 식품에서 검출되는 주요 곰팡이 독소와 그 특성

독소 | 중독증		생성 곰팡이	특성
Aflatoxin		*Aspergillus flavus* *A. parasiticus*	aflatoxin B_1 등 약 20종, 간암 및 돌연변이 유발 물질 관련 식품 : 쌀, 보리 등 곡류, 땅콩 등 유량 종자
황변미 중독	Citreoviridin	*Penicillium citreoviride*	신경독 : 경련, 호흡 장애, 급성 심장성 각기 관련 식품 : 쌀
	Luteoskyrin	*P. islandicum*	지효성 간독소, 지용성 황색 결정 관련 식품 : 쌀, 보리 등
	Cyclochlorotin (islanditoxin)	*P. islandicum*	속효성 간독소 : 간장 장애, 간암, luteoskyrin보다 독성이 강함, 수용성 관련 식품 : 쌀, 보리, 수수 등
	Citrinin	*P. citrinum*	신장독 관련 식품 : 쌀, 옥수수, 보리, 땅콩 등
Sterigmatocystin		*Aspergillus nidulans* *A. versicolor*	간독소 : 간암, 급성 독성 관련 식품 : 곡류, 커피콩, 치즈 등
Ochratoxin		*Aspergillus ochraceus* *Penicillium verrucosum*	간독소, 신장 및 피부 질환, 유전성 발암 물질, 안정성이 큼 독성 : A > B, C형 관련 식품 : 곡류, 콩류, 커피콩
Fusarium 독소	Trichothecene	*F. graminearum* 등	관련 식품 : 밀, 옥수수, 수수, 쌀 등 곡류
	Fumonisin	*F. verticillioides* 등	A군과 B군 화합물, 피부 및 신장 독소, 안정성이 큼
	Zearalenone	*F. culmorum* 등	신경, 간 및 폐 독소, $Ca(OH)_2$에 의해 파괴 에스트로겐 과잉혈증, 열에 의해 일부 분해
Patulin		*Penicillium patulum* 등	신경독소, 발암 물질, 이산화황에 의해 분해 관련 식품 : 사과, 배, 포도, 밀 등
맥각 중독	Ergotamine	*Claviceps purpurea*	알칼로이드 독소 : 구토, 설사, 무기력증, 지각 이상 등 관련 식품 : 호밀, 보리 등
	Ergotoxine		
	Ergometrine		
식중독성 무백혈구증	T-2 독소 등	*Fusarium poae* *F. sporotrichioides* 등	피부 및 신장 독소, 범백혈구 감소증 관련 식품 : 옥수수, 조 등

이는 50여 속에 이르나, 사람과 가축에 영향을 미치는 독소를 생산하는 곰팡이들은 주로 *Aspergillus*, *Fusarium*, *Penicillium*에 속한다. 이 곰팡이들은 쌀, 보리, 옥수수, 땅콩, 면실 등의 작물에 잘 번식한다. 곰팡이 독소를 경구적으로 섭취할 때 발생하는 건강 장애인 곰팡이독증(mycotoxicosis)의 예로는 맥각 중독(ergotism), 식중독성 무백혈구증(alimentary toxic aleukia, ATA), 황변미 중독 등이 있다.

주요 곰팡이 독소의 종류와 특징은 표 13-6에 나타내었으며, 이들 곰팡이 독소를 화학 구조에 따라 분류하면 표 13-7, 그림 13.7과 같다.

식품의 생산·유통 체계가 잘 갖추어진 나라에서는 식품 가공에 사용되는 곡류 중의 곰팡이 독소 허용량을 엄격히 규제하므로 인체 중독이 거의 발생하지 않는다. 그러나 비정상적인 생육 환경에 의해 스트레스를 받을 경우 사료 작물은 유해한 수준으로 오염되기도 한다. 이를테면 가뭄에 의한 스트레스는 옥수수의 aflatoxin 오염 가능성을 높이고, 일기가 냉습하여 수확이 늦어지면 trichothecene 오염이 많아진다.

① 아플라톡신

아플라톡신(aflatoxin)은 20여 종이 알려져 있다. 이 독소를 생성하는 곰팡이들은 주로 토양에 존재하며 온대 및 한대 지역에서는 독성 균주의 검출 빈도가 낮다. Aflatoxin의 최적 생성 조건은 상대습도 80~85% 이상, 온도 25~30°C, 기질의 수분 함량 16% 이상이며, 탄수화물이 많은 곡류와 유량 종자가 주요 기질이다. 향신료, 견과류, 무화과 등에서도 검출된다. 이 곰팡이들은 일정한 생육 조건에서 두세 가지 aflatoxin만을 생성한다. 주로 검

표 13-7 화학 구조에 따른 곰팡이 독소의 분류

구조	곰팡이 독소
Bisfuran	aflatoxin류, sterigmatocystin류, versicolin류
Lactone	patulin, citrinin, citreoviridin, moniliformin류
Quinone	luteoskyrin, emodin
Epoxide	T-2 독소, HT-2 독소
Halogen	ochratoxin류, sporidesmin
Indole	cyclopiazonic acid, slaframine
Macrolide	zearalenone
기타	mollicellin류, cyclochlorotin

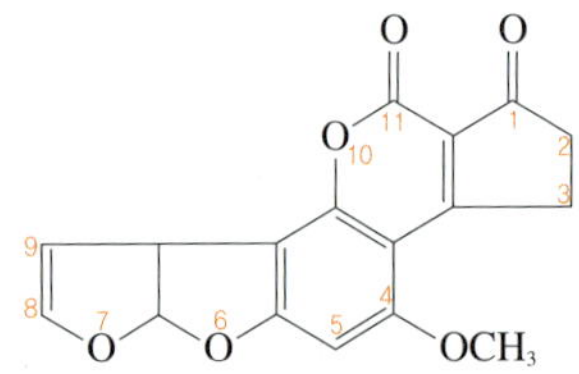

aflatoxin B_1

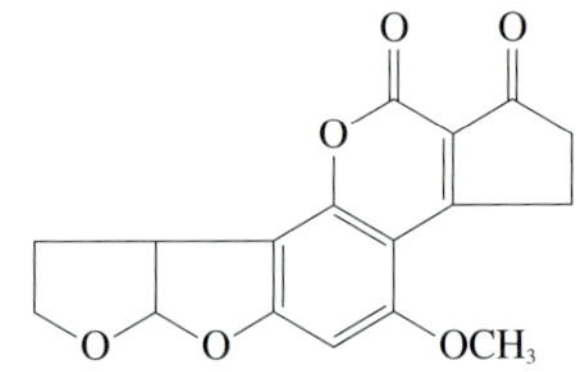

aflatoxin B_2

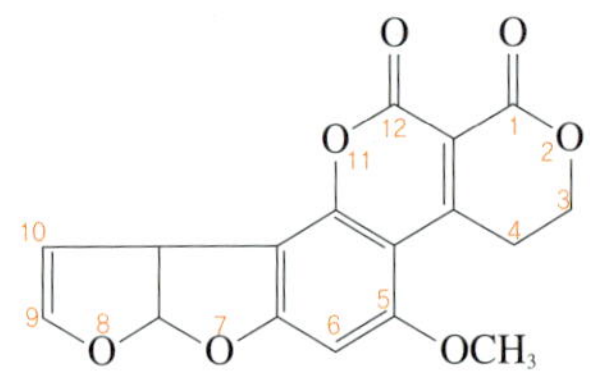

aflatoxin G_1

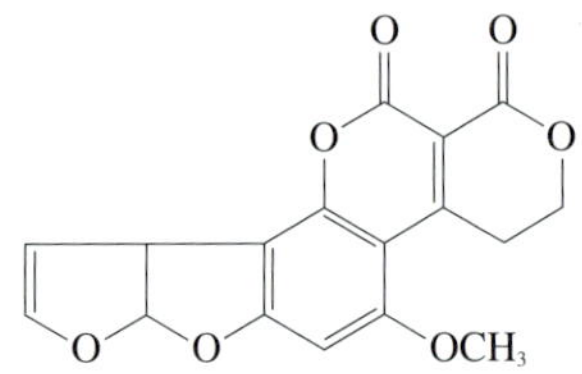

aflatoxin G_2

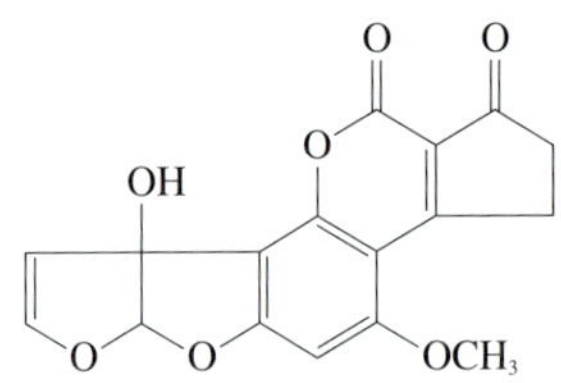

aflatoxin M_1

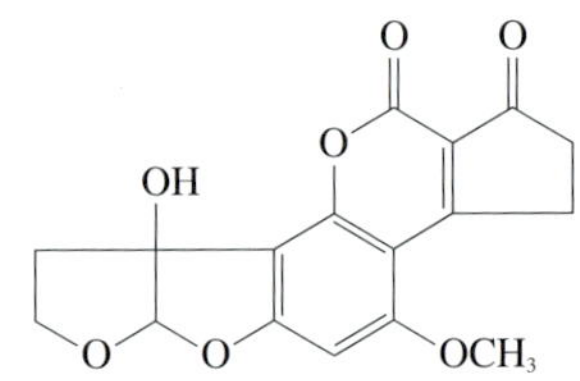

aflatoxin M_2

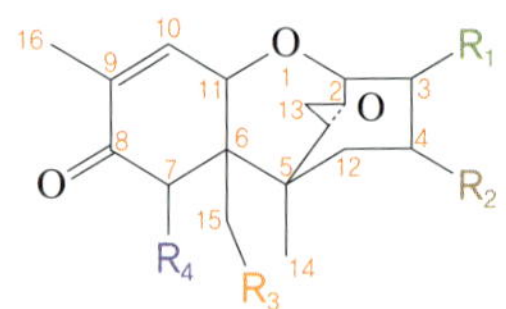

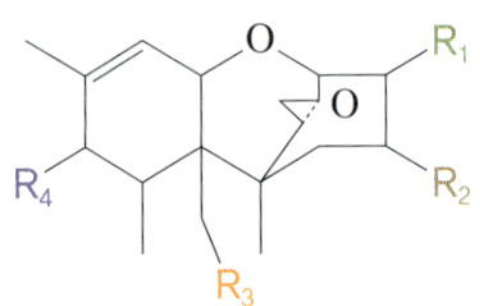

tricothecene	R_1	R_2	R_3	R_4
nivalenol	OH	OH	OH	OH
deoxynivalenol	OH	H	OH	OH
fusarenon	OH	OAc	OH	OH
T-2 toxin	OH	OAc	OAc	$OC(O)CH_2CHMe_2$
HT-2 toxin	OH	OH	OAc	$OC(O)CH_2CHMe_2$
DAS	OH	OAc	OAc	H
neosolaniol	OH	OAc	OAc	OH

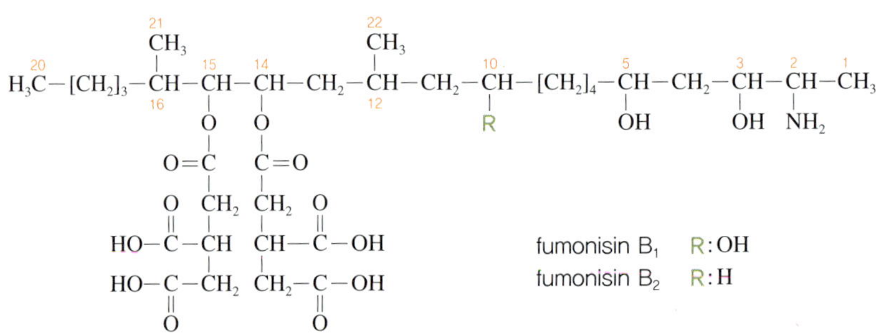

fumonisin B_1 R : OH
fumonisin B_2 R : H

그림 13.7 곰팡이 독소의 구조(1)

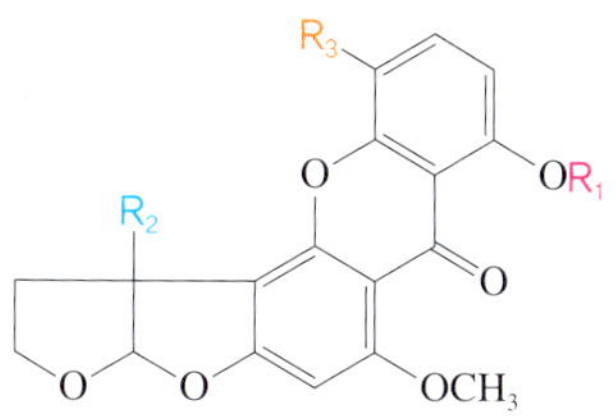

	R_1	R_2	R_3
sterigmatocystin	H	H	H
O-methyl sterigmatocystin	CH_3	H	H
aspertoxin	CH_3	OH	H
5-methoxy sterigmatocystin	H	H	OCH_3

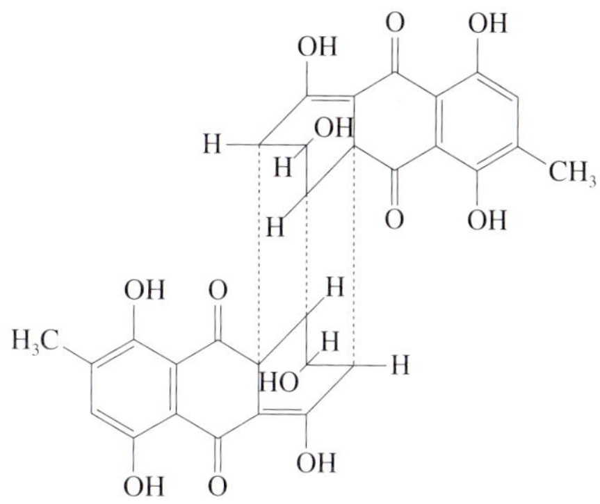

luteoskyrin

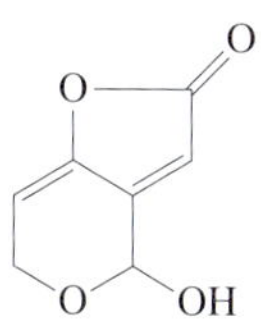

patulin

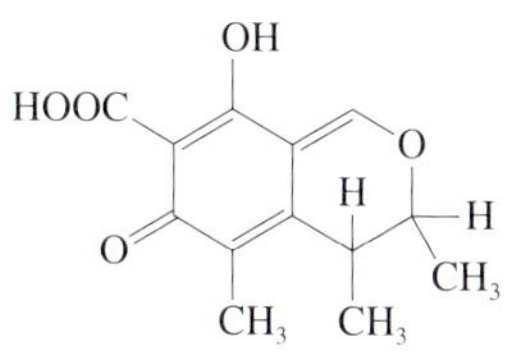

citrinin

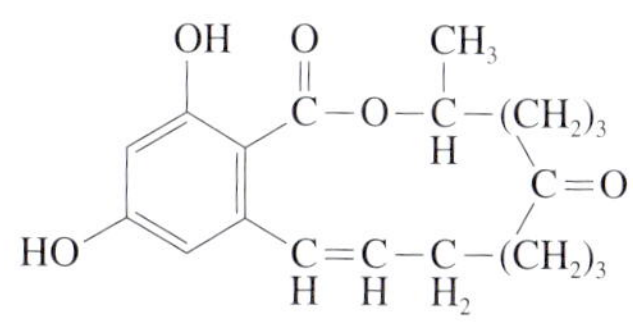

zearalenone

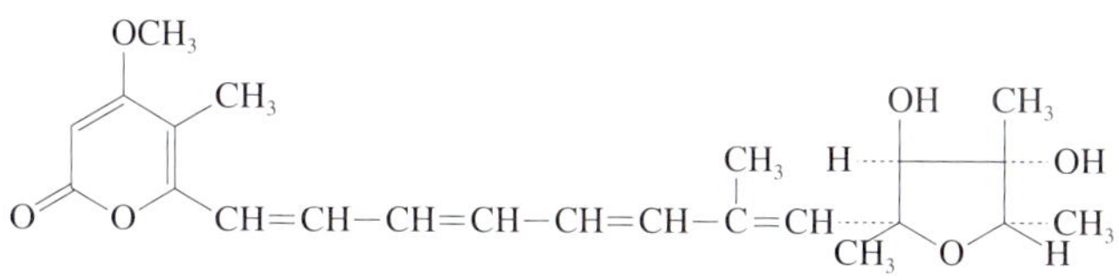

citreoviridin

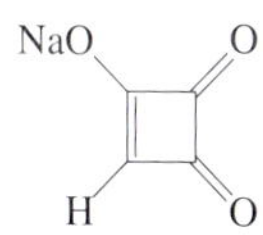

moniliformin

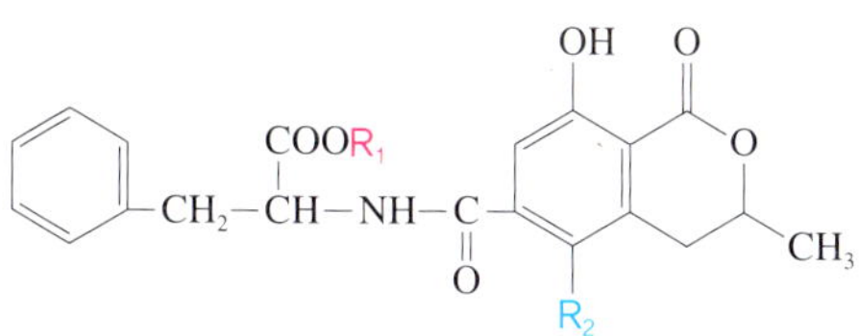

	R_1	R_2
ochratoxin A	Cl	H
ochratoxin B	H	H
ochratoxin C	Cl	C_2H_5

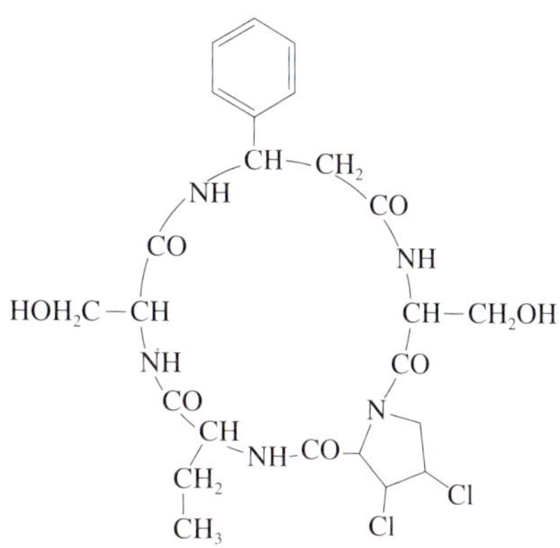

cyclochlorotin (islanditoxin)

그림 13.7 곰팡이 독소의 구조(2)

출되는 종류는 얇은 층 크로마토그래피에서 청색의 형광을 나타내는 B_1 및 B_2, 황록색의 형광을 나타내는 G_1 및 G_2, 이를 먹은 소의 젖, 배설물에서 발견되는 M_1 및 M_2 등이다.

Aflatoxin은 공통적으로 dihydrofurofuran 또는 tetrahydrofurofuran 고리 구조를 가지고 있으며, 이 부분이 독성을 나타낸다고 알려져 있다. Aflatoxin B_2와 G_2는 각각 B_1과 G_1의 dihydro 유도체이며, M_1과 M_2는 포유류의 대사에 의해 하이드록시화된 유도체이다. 이 독소들 중 검출 빈도가 높고 급성 및 만성 독성이 강하여 식품의 안전성 면에서 중요한 것은 B_1과 M_1이다. 두 가지 모두 발암성이 크며, 강산이나 강알칼리에 의해 분해되어 독성이 약한 유도체로 된다. 280°C 이상으로 가열하여야만 분해되므로 일반적인 살균 공정으로는 파괴되지 않는다. Aflatoxin에 대한 규제는 매우 엄격하여 나라에 따라 그 허용량이 다소 다르기는 하나 대개 0~20 ppb 수준이다.

② 푸사륨 독소

푸사륨속(*Fusarium*)의 곰팡이가 생성하는 독소로는 trichothecene, fumonisin, zearalenone 등이 있다.

- Trichothecene : Trichothecene은 공통 구조로 sesquiterpene을 갖고 있으며 보통 C-7 원자의 측쇄 유무에 따라 A군 화합물과 B군 화합물로 나눈다. A군에는 T-2 독소, HT-2 독소, neosolaniol, monoacetoxyscirpenol, diacetoxyscirpenol 등이 있으며, B군에 속하는 독소에는 deoxynivalenol (vomitoxin), nivalenol, 3-acetyl-deoxynivalenol, fusarenon이 있다. 또 T-2 독소보다 급성 독성이 강한 macrocyclic trichothecene으로 Stachybotrys atra 등이 생성하는 saratoxin, verrucarin, roridin이 있다. 이 화합물들은 제대로 저장하지 않은 건초에서 생성되나 식품에 존재한다는 증거는 거의 없다. Trichothecene은 대체로 화학적 안정성이 커서 일단 생성되면 오랫동안 존재한다.

  옥수수 중의 deoxynivalenol은 습식 도정에 의해 상당량이 제거되며, 밀은 제분 공정과 제빵의 발효 및 굽기 공정에서 감소된다. T-2 독소는 *F. sporotrichioides*에 오염된 옥수수, 건초 등에서 검출되는 피부 및 신장 독소이다. Deoxynivalenol은 면역 억제성을 나타내며 신경 독소인데, 곡류 중 허용량은 여러 국가에서 1 ppm 수준으로 설정되어 있다. T-2 독소는 deoxynivalenol보다 독성이 훨씬 강하나 곡류 등에서 검출되는 빈도는 낮다. 이 독소들의 공통적인 중독 증상은 구토, 설사, 출혈, 피부 점막 자극 등이며, 돌연변이 유발성이나 발암성은 나타내지 않으나 진핵 세포에서 DNA와 단백질의 합성을 억제한다.

- Fumonisin : Fumonisin은 주로 옥수수에 생성되며, 기본 구조는 하이드록시화된 탄화수소의 긴 사슬로 2개의 propane-1,2,3-tricarboxylic acid에 하이드록시기 2개가 에스터 결합으로 연결되어 있다. Fumonisin B_1은 B_2와 달리 C-10에 하이드록시기를 1개 더 가지고 있다.

  Fumonisin은 상당히 안정하여 약한 열처리로는 분해되지 않으나 고온 처리하면 80% 정도 감소된다. 수산화칼슘[$Ca(OH)_2$]으로 처리하면 파괴되므로, 이 처리를 거친 tortilla 가루에서는 검출되지 않는다. 그러나 fumonisin의 가수분해 생성물도 독성을 가지는 것으로 보고되고 있어 가공할 때에 유의하여야 한다.

  이 독소는 ceramide synthase를 억제하여 스핑고지방질(sphingolipid) 합성에 영향을 미친다. 그 결과 동물의 종에 따라 신경독, 간장독, 폐독 등을 나타내며, 쥐에서는 간암이 유발된다는 보고도 있다. 사람에 대해서는 옥수수를 많이 섭취하는 지역에서 식도암과의 관련성이 제기되었으나 인체에 미치는 영향은 아직 확실히 밝혀지지 않았다.

- Zearalenone : Zearalenone은 phenolic resorcylic acid lactone으로 옥수수 제품, 밀가루, 호두 등 여러 식물성 식품에서 검출되며, 옥수수에는 최고 300 μg/kg 수준까지 함유되어 있다. 열에 의해 일부만 분해되어 빵에는 60%, 국수에는 약 50%가 잔존한다. 옥수수를 건식 도정하면 80~90%가 감소한다. 이 독소는 실험동물, 특히 돼지에 에스트로겐 과잉혈증(hyperestrogenism)을 유발하며, 주로 생식계에 영향을 끼쳐 높은 농도에서는 불임, 유산 등을 일으킨다. 아급성 및 아만성 독성은 estrogen 활성에 기인하며, 실험동물에서 발암성은 입증되지 않았으나 생쥐에서는 유전 독성을 나타낸다.

③ 파툴린

파툴린(patulin)은 polyketide lactone으로 사과, 배, 포도, 콩류, 밀 등과 오염된 원료를 사용한 사과 주스와 같은 가공식품에서 검출된다. 산성 용액에서는 안정하나 알칼리에 의해 가수분해되며, 이산화황과 발효에 의해 환원된다. 따라서 과실 주스에 이산화황을 보존제로 사용하면 patulin이 분해된다.

Patulin은 신경 독소 및 면역 독소이며 돌연변이를 일으킨다. 실험동물에 폐 부종을 유발하나 발암성은 잘 알려져 있지 않으며, 사람에 대한 발암성도 평가되어 있지 않다. 따라서 잠정적인 주간 섭취량으로 7 μg/kg체중이 제시되어 있다.

④ 맥각 중독

맥각(ergot)은 맥각균(*Claviceps purpurea*)에 오염된 호밀, 보리 등에 형성되는 균핵(sclerotium)으로 자궁의 수축을 일으켜 의약품으로 사용되어 왔다. 그러나 양이 많은 경우(0.5~1%의 맥각 혼입 곡류)에는 독성 물질로 작용하여 구토, 설사, 복통, 두통, 무기력증과 같은 증상을 나타내며, 심한 경우(7% 이상)에는 지각 이상 등이 나타나고 사망하게 된다. 맥각의 주요 독소는 alkaloid이며 가수분해되면 여러 가지 아미노산, 피루브산, ammonia, 리세르그산(lysergic acid) 등을 생성한다. 분해 생성물은 맥각 alkaloid의 종류에 따라 다르나 lysergic acid만은 공통적으로 생성된다.

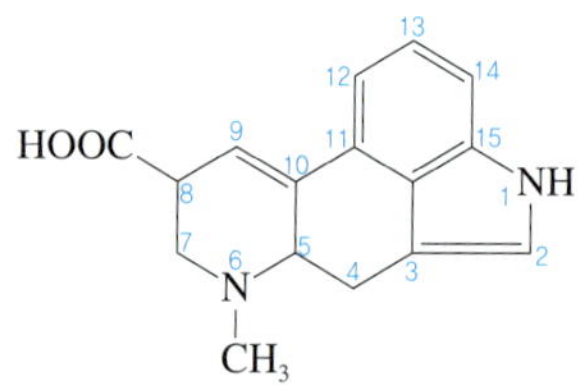

lysergic acid

(2) 세균 독소

세균이 식품에서 증식하면서 생성하는 독소에는 보툴리누스 중독(botulism) 독소, 황색 포도알세균(*Staphylococcus aureus*) 장독소, 바실루스 세레우스(*Bacillus cereus*) 독소 등이 있다.

① 보툴리누스 중독 독소

보툴리누스 중독(botulism)은 혐기성 포자 형성 간균인 *Clostridium botulinum*이 생성하는 신경 독소에 의해 일어나는 식중독 증상이다. 이 균은 토양, 물, 식물, 어류 및 포유류의 내장, 갑각류의 아가미와 내장 등 자연계에 광범위하게 분포하며, 독소를 생성하는 종류로는 항원 특이성에 따라 A, B, C, D, E, F 및 G형의 7종이 알려져 있다. 이들 중 사람의 보툴리누스 중독과 관련된 종류는 A, B, E 및 F형이며, C와 D형은 가금류, 가축, 일부 어류 등 동물의 보툴리누스 중독을 일으킨다. 그리고 G형은 토양에서 발견되었으나 발병 사례는 아직 보고되지 않았다. 이 독소들은 단백질로 80°C에서 10분 이상 열처리하면 독성이 소실된다. 정확한 분자량과 독성을 나타내는 형태는 아직 밝혀지지 않았다. 주로 잘못 가공된 소시지를 비롯한 육제품, 채소 통조림, 수산식품에 의해 중독 증상이 나타난다.

보툴리누스 중독 독소는 독성이 매우 강하여 극소량만 섭취해도 18~36시간 경과 후 무기력, 허약, 현기증 등이 나타나며, 착시, 언어 장애, 삼키기 곤란, 호흡 곤란, 복부 팽창 등의 증상이 이어진다. 조기 치료를 받지 않으면 치사율이 50%에 이른다.

② 황색포도알세균이 생성하는 장독소

황색포도알세균(*Staphylococcus aureus*)은 인간 및 동물의 피부, 상피 조직 등에서 흔히 발견되는 세균으로, 이 균이 생성한 장독소(enterotoxin)에 의한 중독증이 가장 흔한 식중독이다. 이 중독증은 섭취 후 2~3시간 경과하였을 때 나타나며 침의 과다 분비, 메스꺼움, 구토, 복통, 설사 등의 증상을 보인다. 대개 24~48시간 경과 후 회복되며 치사율은 매우 낮다. 우리나라에서는 김밥, 떡, 빵, 과자 등 곡류 가공품이 주요 원인 식품이며, 간혹 어패류와 그 가공품, 두부 등에 기인하기도 한다. 아메리카와 유럽에서는 우유와 그 가공품, 육제품 등 단백질 식품에서 주로 검출된다.

이 균이 생성하는 장독소에는 면역학적 성질이 다른 A, B, C, D형의 4종류가 있다. 이 독소들은 아미노산 조성이 비슷한 단백질들로 분자 질량은 30~35 kDa이다. 이 독소들은 매우 강력하여 A형 장독소는 1 μg의 낮은 수준에서도 인체에 영향을 미친다. 발생 빈도는 A, D, B, C형의 순서로 알려져 있다. 이 장독소는 내열성이 커서 B형의 경우 100°C에서 30분 동안 가열하여도 독성을 나타내며, 210°C 이상의 온도로 30분 동안 가열하여야 완전히 파괴된다.

③ 바실루스 세레우스가 생성하는 독소

이 독소는 경구로 섭취한 *Bacillus cereus*가 소장에서 증식하여 포자를 형성할 때 생성되며, 설사형과 구토형 두 가지가 있다. 원인 식품은 주로 동식물성 단백질 식품 및 녹말 식품이다. 설사형의 중독 증상은 복통, 설사이고, 구토형의 증상은 메스꺼움과 구토이다. 설사형 균주의 포자는 열 저항성이 작으며 생성한 장독소도 내열성이 약하여 60°C, 5분 정도의 가열로 활성을 잃는다. 그러나 구토형 균주의 포자는 열 저항성이 비교적 커서 100°C에서 30분 동안 가열해도 사멸되지 않는다.

2) 식품 가공·저장 중 생성되는 오염 물질

다양한 경로로 식품에 첨가된 오염 물질들 중에는 미생물이 생성하는 독소 외에도 식품 가공 중 비의도적으로 첨가 및 생성되기도 한다.

(1) 식품 가공을 통해 첨가된 화학 물질

① 훈증제

가열 살균이 적합하지 않은 향신료, 곡류 같은 식품은 ethylene oxide, methyl bromide 등의 훈증제가 살균제로 이용된다. Ethylene oxide는 무기 염화물과 반응하여 chlorohydrin을 생성하는데, 이 chlorohydrin은 동물에 독성을 나타내는 것으로 알려져 있다. 낮은 수준에 오랫동안 노출될 경우의 영향은 아직 평가되어 있지 않으며, 허용치도 설정되어 있지 않다.

Methyl bromide는 황 함유 아미노산과 반응하여 methyl 화합물을 생성한다. 이러한 훈증제의 일부는 처리된 식품에 잔존하는데, 이 잔존 훈증제는 대개 급성 독성을 나타내지는 않는다. 그러나 이들이 장기적으로 미치는 영향 역시 완전히 밝혀져 있지 않다.

② 지방 산화 생성 물질

튀김과 같은 가공 공정 중 지방은 산화, 중합 등의 반응에 의해 지방산 단위체, 중합체들을 형성한다. 오래 사용한 튀김기름을 쥐에 투여하면 성장 억제, 간장 비대 등을 유발하는데 그 작용 메커니즘은 알려져 있지 않다. 이러한 독성은 주로 지방 산화의 2차 생성물에 기인하는 것으로 생각된다.

③ 훈연 식품 중의 발암물질

햄, 소시지 등 훈연 식품에는 식품 및 훈연재에서 생성된 benzo[a]pyrene, benz[a]-anthracene, pyrene과 같은 여러 고리 방향족 탄화수소(polycyclic aromatic hydrocarbon,

Tip

오염 물질의 화학 구조 차이

동물성 오염 물질과 식물성 오염 물질의 화학 구조의 차이를 잘 인식한다. 화학 구조를 보고 이들 물질의 독성 여부를 판단하는 능력을 키우는 것이 바람직하다. 오염 물질을 의도적 또는 비의도적 화합물로 구분해야 하며, 이들의 화학 구조 또한 식품 과학 및 산업에서 매우 중요한 부분을 차지하니 공부해 두어야 한다.

PAH)가 들어 있다(그림 13.8). 이 화합물들은 대부분의 훈연 육제품에 1 kg당 1㎍ 이하의 수준으로 함유되어 있다. Benzo[a]pyrene 자체는 돌연변이나 암을 유발하지 않으나, benzo[a]pyrene diol epoxide와 같은 대사 산물이 동물에 피부암, 폐암, 위암 등을 유발한다고 제안된 바 있다.

④ 여러 고리 방향족 탄화수소 및 헤테로 고리 아민류

숯불로 구운 고기, 생선, 햄버거 등과 같이 370~390°C 이상으로 조리한 식품에는 여러 고리 방향족 탄화수소를 비롯하여 tryptophan과 글루탐산(glutamic acid)의 가열 분해 생

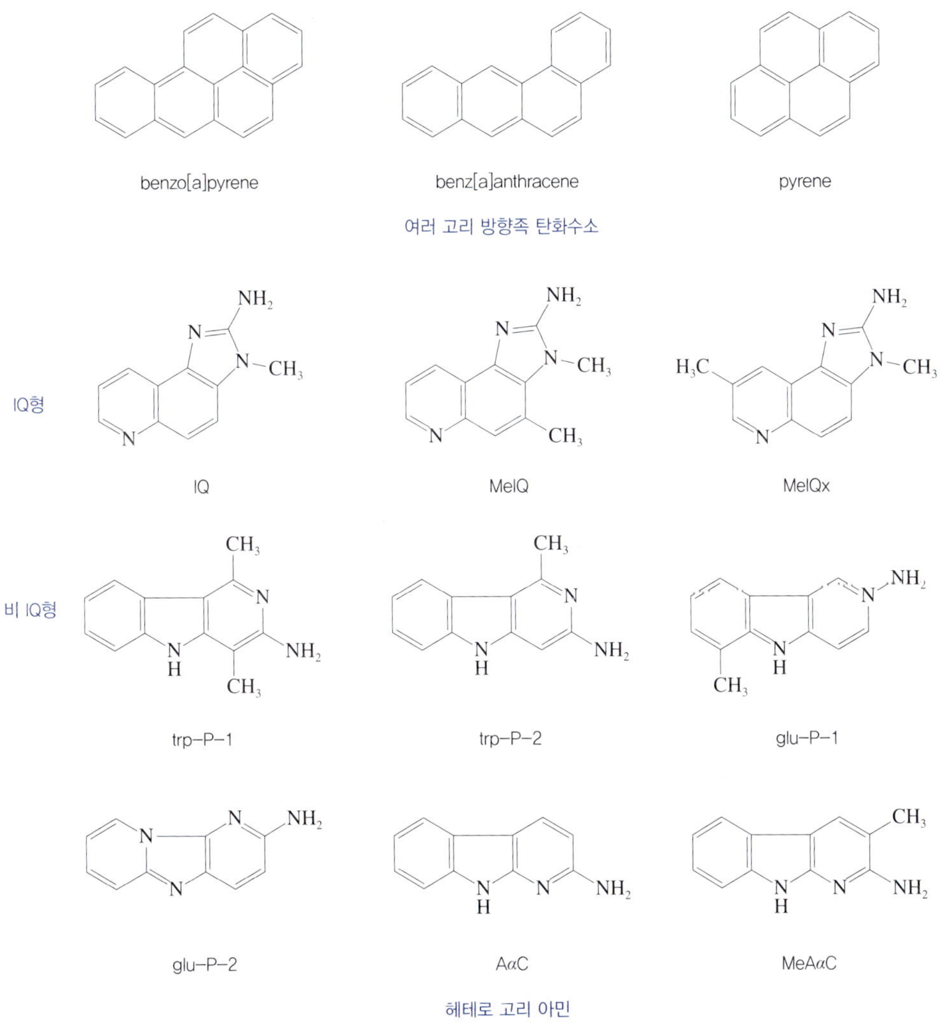

그림 13.8 식품 중의 여러 고리 방향족 탄화수소 및 헤테로 고리 아민

성물인 Trp-P-1, Trp-P-2, Glu-P-1, Glu-P-2와 imidazoquinoline (IQ), methylimidazo quinoxaline (MeIQx) 등 헤테로 고리 아민류가 들어 있다. 또 콩 globulin으로부터는 2-amino-α-carboline (AαC), 3-methyl-2-amino-α-carboline (MeAαC) 등이 생성된다(그림 13.8).

이 화합물들 중에는 돌연변이 유발성이나 발암성을 나타내는 것들이 있는데 인체에 미치는 영향은 정확히 평가되어 있지 않다.

⑤ 나이트로사민

육류의 발색제로 많이 쓰이는 질산염이나 아질산염으로 처리한 식품 중에서 발견되는 나이트로사민(nitrosamine)은 강력한 발암 물질로, 질산염 및 아질산염이 식품 중의 각종 amine, N-치환 amide 등과 반응하여 생성된다.

흔히 검출되는 화합물은 dimethylnitrosamine이라고도 하는 N-nitrosodimethylamine (NDMA)으로 nitrosamine 중 가장 강력한 발암 물질이다. NDMA는 쥐와 생쥐에 각각 130, 20 μg/kg 수준에서 종양을 일으킨다고 알려져 있다. 식품 중 NDMA의 함량은 프랑크푸르트 소시지 0~84, 살라미 10~80, 베이컨 1~60, 치즈 1~4 μg/kg으로 종양을 일으키는 데 필요한 농도와 비슷하다.

그 밖에 nitrosopiperidine, nitrosopyrrolidine 등도 발암성을 나타낸다. Nitrosopyrrolidine은 볶음이나 튀김 공정 중 나이트로소화 반응과 탈탄산반응에 의해 proline으로부터 생성되는데, 육제품 중 함량은 볶음 또는 튀김 공정에서 10배 정도 증가한다. 또한 amine과 질산염(nitrate) 이온은 식품 중에 다량 함유되어 있는데, 질산염은 침에 존재하는 미생물에 의해 아질산염(nitrite)으로 환원된 다음 위액 중에서 나이트로소화 반응을 거치게 된다.

Nitrosamine에 의한 위해는 육가공 제품 중 아질산염과 질산염 사용량을 줄이거나, 아스코브산, tocopherol과 같은 나이트로소화 반응 억제제를 첨가함으로써 감소시킬 수 있다.

⑥ 살충제, 제초제 및 살균제

농작물을 보호하는 데 쓰이는 농약(pesticide)에는 잡초를 제거하는 제초제(herbicide), 곰팡이와 같은 진균류의 생육을 억제하는 살균제(fungicide), 해충으로부터 보호하는 살충제

(insecticide) 등이 있다. 농약은 일반적으로 화학적 성분에 따라 유기인제, 유기 염소제, 카바메이트제, 유기 플루오르제, 유기 수은제, 기타 금속 함유 농약 등으로 나뉜다(표 13-8).

이 농약들은 분말 살포, 훈증, 분무 등 다양한 형태와 방법으로 사용하는데, 사용 방법, 사용량, 사용 시기 등을 준수하여야 식품 중 잔류량을 최소화할 수 있다. 특히 처리한 부위로부터 흡수된 후 식물체 전체에 퍼져 작용하는 schradan, fussol과 같은 침투성 살충제(systemic insecticide)와, benomyl과 같은 침투성 살균제는 잔류 독의 위험성이 크므로 유의하여야 한다. 농약 중 benomyl, captan, chlorothaonil, parathion 등은 종양 유발 가능성이 높으며, DTT (dichlorodiphenyltrichloroethane), 각종 수은제 농약, 2,4-dinitrophenol 등은 암이나 종양을 유발한다. Thiourea, aldrin, dieldrin, DDD (dichlorodiphenyldichloroethane), heptachlor, 셀렌 화합물(selenium compound) 등도 발암

표 13-8 화학 성분에 따른 농약의 분류

구분	주요 종류	특성
유기인제	• parathion, methyl parathion, phosdrin, schradan 〈고독성〉 • malathion, DDVP[1], fenitrothion, dimethoate, diazinon, EPN 〈저독성〉[2]	인산에스터류, 싸이오인산에스터류, 살충제 신경 독성 : cholinesterase 저해, 잔류 기간 짧음, 독성 발현이 신속함
유기염소제	• DDT, BHC[3], drin제, heptachlor, chlordane, methoxychlor(살충제) • procymidon, thalonil(살균제) • PCP[4], 2,4-D[5], 2,4,5-T(제초제)[6]	염화탄화수소류, 신경 독성, 잘 분해되지 않음 DDT, BHC, chlordane, heptachlor : 잔류성이 특히 커서 사용 금지 지용성 : 지방 조직 및 모유 지방에 축적됨, 유기인제에 비해 저독성
Carbamate제	• carbaryl, BPMC[7], CPMC(살충제)[8] • benomyl(살균제) • barban, chloropropham(제초제)	N-methyl 또는 N,N-dimethyl carbamate의 에스터, 저독성, cholinesterase 저해, 대시가 빨리 됨, 비잔류성
유기 플루오르제	• fratol(살서제) • fussol(살충제)	고독성, 침투성, aconitase 저해 : citric acid 축적, 심장 장애, 중추신경 기능 장애
유기수은제	• phenylmercuric acetate, • phenylmercuric iodide(종자소독제)	사용 금지됨, 축적성 : -SH기와 결합, 만성 독성
기타 금속 함유 농약	• 무기비소제 : 비산납, 비산석회(살충제) • 유기비소제 : asozine, neoasozine(살균제) • 구리제 : 석회 Bordeaux액, 황산구리(살균제) • 알루미늄제 : aluminium phosphide(훈증제)	비산납(lead arsenate)은 사용 금지 -SH기와 결합하여 단백질 기능 및 효소 작용 저해

*1. DDVP (2,2-dichlorovinyl dimethyl phosphate, dichlorvos)
2. EPN [O-ethyl O-(4-nitrophenyl) phenyl phosphonothioate]
3. BHC (β-hexachlorocyclohexane)
4. PCP (pentachlorophenol)
5. 2,4-D (2,4-dichlorophenoxyactic acid)
6. 2,3,4-T (2,4,5-trichlorophenoxyacetic acid)
7. BPMC (2-sec-butylphenyl N-methylcarbamate)
8. CPMC (2-chlorophenyl methylcarbamate)

물질로 알려져 있으며 carbaryl, dicofol, dithiocarbamate 등은 기형을 유발한다.

⑦ 항생 물질

가축의 사육이나 수산물 양식에 사용되는 배합사료에 첨가된 항생 물질, 합성 항균제 및 합성 호르몬제는 그 사용량과 사용 방법을 규제하고, 또 식품 중 잔류 허용 기준을 설정하여 관리함으로써 이들 물질의 과용이나 남용을 제한하고 있다. 항생 물질로는 streptomycin과 같은 aminoglycoside계, penicillin계, tetracycline계, erythromycin 등의 macrolide계, bacitracin 등 polypeptide계, monensin을 비롯한 polyether계 등이, 합성 항균제로는 sulfadimethoxine 등이 사용된다. 또 합성 호르몬제로는 Fusarium 독소로 estrogen 작용 물질인 zeranol 등이 가축의 성장 호르몬제로 쓰인다.

(2) 우발적인 오염 물질

① 중금속

중금속은 망간, 철, 코발트, 구리 등 전이금속과 셀레늄, 카드뮴, 주석, 수은, 납 등과 같은 준금속류의 통칭이다. 일부 전이금속은 생물의 생육에 필수적인 원소이지만, 과량으로 흡수되면 독성을 나타낸다. 준금속류는 생물체의 종류에 따라서는 구성 성분이나 대사 물질로서 극미량이 필요하기도 하지만 일반적으로 저농도에서도 생물체에 유해하며 농도가 높은 경우 사망에 이르게도 한다. 중금속은 산업 환경 오염 물질로서 다양한 경로로 식품 중에 유입된다.

- 수은 : 수은은 지각에서 천연적으로 배출되는 것이 주요 오염원이며, 그 독성은 형태에 따라 다른데 dimethyl 수은($CH_3-Hg-CH_3$), methyl 수은염(CH_3-Hg-X; X=염화물 또는 인산염), phenyl 수은염(C_6H_5-Hg-X; X=염화물 또는 아세트산염)과 같은 유기 수은화합물이 무기 수은염보다 독성이 더 크다. 이러한 유기 수은화합물은 지용성으로 동물체에 쉽게 흡수되어 적혈구와 중추신경계에 축적된다. 무기 수은은 주로 신장에 영향을 미쳐 요독증, 무뇨증을 일으킨다. Methyl 수은화합물은 호상이나 하상의 무기 수은염 침전물로 미생물에 합성되기도 하므로 민물고기 중의 함량이 증가될 수 있다. 미국 FDA의 어패류에 대한 최대 허용 수준은 1 ppm으로 설정되어 있으며, WHO에서는 생선류를 제외한 식품 중 허용 수준으로 0.05 ppm을 권장하고 있다.
- 납 : 납에 의한 환경 오염은 주로 휘발유에 산화 촉진제로 첨가한 테트라에틸납 등이

휘발유가 연소할 때 대기 중으로 방출되는 데 기인한다. 무연 휘발유가 많이 사용되면서 그 오염도가 감소하는 추세이다. 납의 섭취원은 식품과 음료수이며, 바다생선 중 납 함량은 0.3 ppb 수준으로 이 수치는 환경 오염의 지표로 사용된다. 일반적으로 납의 방출원 부근에서 재배한 식물은 방출원으로부터 먼 곳에서 재배한 것보다 납 함량이 더 많다. 테트라에틸납과 같은 유기 납은 소장에서 쉽게 흡수되어(>90%) 주로 뼈와 그 밖에 간, 신장, 근육 등에 축적된다. 한편 무기 납은 성인의 경우 잘 흡수되지 않으며(5~10%), 흡수된 양의 90% 이상이 소변과 대변으로 배출되나 유아 및 어린이는 흡수율이 40~50%로 성인에 비해 높다.

납이 들어 있는 조리 기구, 통조림 용기, enamel 등도 산성 식품과 접촉할 경우 오염원이 될 수 있다. 납 중독은 1단계에는 적혈구의 수명 단축과 heme 생성의 감소로 빈혈을 유발하고, 2단계에서는(혈중 농도 > 60 mg/dL) 중추신경계의 이상을 초래하여 활동 항진, 지각 이상 등을 가져온다. 3단계에는(>120 mg/dL) 신장 기능 상실, 경련, 혼수 등을 거쳐 사망에 이르게 된다. 식사를 통한 납의 1일 섭취량은 0.2~0.4 mg으로 추정되는데 가능한 한 납에 대한 노출의 감소를 권장한다.

- 카드뮴 : 카드뮴은 수은이나 납과는 달리 식물체에 쉽게 흡수되어 전 조직에 고루 분포한다. 따라서 도정이나 겉껍질을 제거하는 방법으로는 오염된 카드뮴을 모두 제거할 수 없다. 동물성 식품에서는 주로 간, 신장 등 내장과 젖에서 검출된다. 카드뮴의 식품 중 함량은 대개 0.05 ppm 이하이며 소장에서 5% 정도만 흡수된다. 주로 신장과 간에 축적되어 포도당, 단백질, 아미노산 등의 배출량 증가, 포도당 생합성의 증가에 따른 고혈당증 등을 초래한다. WHO에서 설정한 잠정적인 1일 섭취 허용량은 57~71 μg이다.

② 폴리염화바이페닐

바이페닐(biphenyl)은 염소화 반응에 의해 평균 분자량이 수백 정도이며 염소 함량이 서로 다른 화합물들을 형성한다. 이들의 독성은 실험동물에 따라 다르나 발육 부진, 부종, 탈모, 염소여드름, 간 비대 등을 나타내며, 발암성은 작다.

1,000~2,000 ppm의 폴리염화바이페닐(polychlorinated biphenyl, PCB)에 오염된 미강유를 사용한 사람에서 염소여드름, 피부 색소침착, 허약, 구토, 설사, 체중 감소 등의 증상이 나타난 바 있다. PCB는 트랜스, 콘덴서 등의 절연유, 열교환 매질, 가소제 등으로 널리 이용된다. 표면에의 사용은 금지되었지만 아직 토양, 대기, 물 중에 환경 오염 물질로서 광범

위하게 존재한다. 안정성이 크고 지용성이어서 달걀, 생선, 야생 조류 등에서 잔류물로 검출된다. 미국 FDA에서 설정한 식품 중 잠정 허용량은 생선 및 조개류의 가식부 2 ppm, 우유 지방 및 낙농 제품 1.5 ppm, 가금류 지방 3 ppm, 달걀 0.3 ppm 등이다.

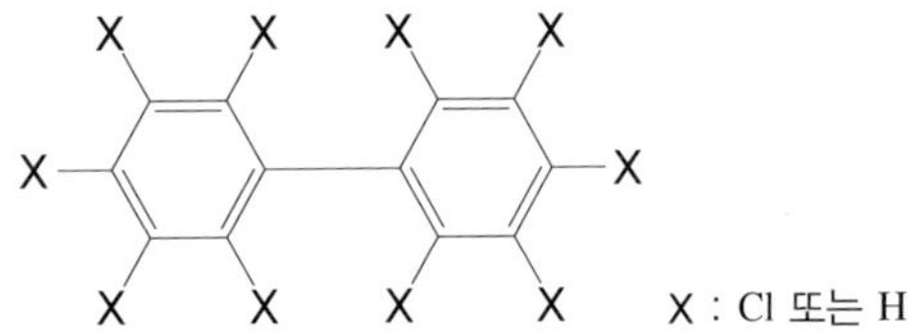

PCB

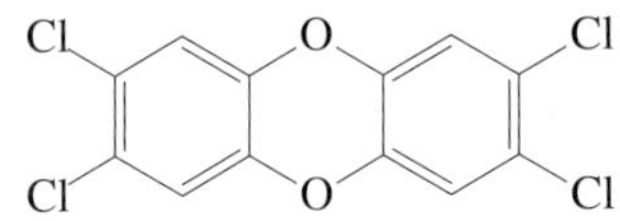

TCDD

③ 다이옥신류

다이옥신(dioxin)은 polychlorinated dibenzo-*p*-dioxins (PCDD)과 polychlorinated dibenzofurans (PCDF)의 총칭으로, 브롬이나 염소를 함유한 화합물의 불순물로 존재한다. 또 염소나 다른 halogen 원소가 있을 때 200~600°C로 가열하면 형성되기도 한다. 따라서 도시 쓰레기 소각로의 연소 과정, 제지산업에서의 표백 과정, 농약 및 염소계 화합물의 제조 공정 중 생성되어 환경에 광범위하게 분포한다. 다수의 이성질체 중 2,3,7,8-tetrachlorodibenzo-*p*-dioxin (TCDD)의 독성이 가장 강하며, 실험동물에 기형 발생, 발암성, 유전 독성을 나타낸다. 인체에 대한 독성은 실험동물에 비해 작으며, 다른 이성질체들의 독성은 TCDD보다 약하다. 선진 공업국에서 dioxin류의 1일 섭취량은 1~2 pg/kg 체중으로 추정된다.

단원 정리

식품에는 일정 농도 이상 섭취하면 인체에 해가 되는 화합물(화학적 위해 요소)이 존재한다. 이러한 화합물은 금속 이온과 같은 간단한 형태에서부터 거대 화학 물질까지 매우 다양하다. 여기에서는 식품의 위해 화학 물질을 이해하기 위하여 분류, 독성 평가, 내인성 독성 물질, 그리고 오염 물질에 대해 학습한다. 최근 식품위생학 과목이 폐지되고 식품 안전성학 또는 식품 독성학 과목에서 이들에 대해 자세히 배울 기회가 있으나 이들도 엄연히 화학적 화합물이라 전체적인 식품화학의 관점에서 개요를 공부할 필요가 있다. 식품의 독성 물질은 존재 원인에 따라 내인성 독성 물질과 오염 물질로 분류한다. 독성 물질의 평가는 미생물을 이용하는 Ames 시험부터 실험동물을 이용하는 평가까지 다양한 방법이 사용되고 있다. 독성 평가의 최근 경향은 실험동물의 희생을 최소화하기 위해 비동물 독성 평가 방법이 권장되고 있다. 내인성 독성 물질은 출처에 따라 식물성과 동물성으로 구분된다. 다양한 식물성 및 동물성 독성 물질에 대하여 그 화학적 구조도 함께 공부한다. 마지막으로 오염 물질에 대해 미생물 독소와 식중독 세균 독소의 화학 구조를 포함해 특성을 학습한다. 곰팡이 독소로 대변되는 미생물 독소는 aflatoxin이 대표적이며, 세균 독소로는 Botulism 독소가 대표적이다. 식품 가공 및 저장 중 생성되는 오염 물질은 식품 가공을 통해 첨가된 화학 물질과 비의도적으로 첨가된 오염 물질로 구분된다.

연습문제

1 다음 중 식품 오염 물질이 아닌 것은?

① 환경에서 식품 원료에 혼입된 위해 요소

② 식품 가공 중 생성된 독성 물질

③ 저장 중 생성된 독성 물질

④ 스트레스를 받은 식품 원료에 생성된 위해 요소

2 다음 중 급성 독성시험의 실험 기간이 아닌 것은?

① 24시간 ② 1주일

③ 2주일 ④ 2개월

3 비발암 물질의 1일 섭취 허용량(ADI)은 NOAEL의 몇 배로 산정하는가?

① 1/10 배 ② 1/100 배

③ 1/1000 배 ④ 1/10000 배

4 돌연변이원을 검출하는 Ames 시험은 어떤 아미노산의 생합성 메커니즘을 이용하는 방법이라고 한다. 이 아미노산의 이름은?

① 히스티딘 ② 글라이신

③ 라이신 ④ 메싸이오닌

5 다음 중 식용 식물의 독성 물질이 아닌 것은?

① Glucosinolate ② Vicine

③ Scombroids ④ Lathyrogen

6 다음 중 생선의 독성 물질이 아닌 것은?

① Saxitoxin ② Tetrodotoxin

③ Ciguatoxin ④ Clupeoid

7 *Fusarium poae*라는 곰팡이가 생성하는 독소는?

① Aflatoxin ② T-2 toxin

③ Patulin ④ Citrinin

*정답은 뒤에 있습니다.

8 다음 중 화학 구조에 따른 곰팡이 독소가 잘못 짝지어진 것은?

① Bisfuran : zaeralenone ② Lactone : patulin

③ Eposide : HT-2 toxin ④ Quinone : emodin

9 다음 중 고리 방향족 탄화수소가 아닌 것은?

① Benzopyrene ② Benzoanthracene

③ Pyrene ④ MeIQx

10 다음 중 유기 염소제 농약은?

① DDT ② Parathion

③ Phosdrin ④ EPN

14 식품첨가물

1. 식품첨가물의 종류와 분류
2. 식품첨가물의 사용 한계량 결정
3. 식품첨가물의 지정과 그 규격 및 기준

식품산업이 발달됨에 따라 식품 본래의 목적을 손상하지 않으면서 인위적으로 첨가되는 여러 가지 식품첨가물들은 식품의 상품 가치를 향상하고 식욕을 증진하며, 식품의 보존 효과와 영양 강화 등 여러 가지 목적을 위해 사용되고 있어 이제 그 사용이 필요 불가결한 상태이다.

식품첨가물(food additives)이란 "식품의 외관, 향미, 조직 또는 저장성을 향상시키기 위한 목적으로 보통 적은 양이 식품에 첨가되는 비영양 물질"이라고 Codex에서 정의하였으며, "식품첨가물이란 생산, 가공, 저장 또는 포장의 여러 국면에서 식품 속에 들어오게 되는 기본적인 식량 이외의 물질 또는 물질들의 혼합물로 여기에는 우발적인 오염물은 포함되지 않는다"라고 정의한다(미국). 우리나라 「식품위생법」에서는 "첨가물이라 함은 식품의 제조, 가공, 조리 또는 보존하는 과정에서 감미, 착색, 표백 또는 산화 방지 등을 목적으로 식품에 사용되는 물질을 말한다"라고 정의하였다. 여러 가지로 정의되고 있는 식품첨가물은 식품과 공존하면서 의의가 있는 비식품이다. 「식품위생법」은 식품첨가물로 규제받는 물질의 범위를 규정하고 있어 어떤 물질을 식품에 사용할 경우 그 물질을 식품첨가물로 취급하느냐 그렇지 않느냐의 여부는 식품첨가물의 정의에 따라 판단할 수 있다. 어떤 물질이 천연물이든 합성물질이든 관계없이 식품에 사용되는 한, 또 최종 식품인 식품에 그 물질이 잔존하는 것과는 상관없이 모두 식품첨가물로 취급된다.

1. 식품첨가물의 종류와 분류

식품첨가물은 화학적으로 합성한 것과 천연물에서 얻는 것이 있는데 동식물, 광물 등의 천연물 또는 그 추출물을 원료로 하여 화학반응을 일으킨 다음 얻는 것도 있다. 식품첨가물을 식품 가공상의 기능에 따라 분류하면 다음과 같다.

- 보존료(preservatives) : 미생물에 의한 부패나 화학적 반응에 의해 품질이 변질되는 것을 억제하는 물질
- 영양강화제(nutrients) : 비타민, 아미노산, 무기염
- 착색료(colorants) : 천연 및 인공 착색료
- 향료(flavoring agents) : 향신료, 약초, 정유 및 식물 추출 성분, 합성 향료
- 식품의 기능적 성질에 영향을 주는 화학 물질 : 안정제, 증점제, 젤 형성제

• 식품 가공에 사용되는 물질 : 유화제, 산화방지제, 거품 제거제(antiforming agents), 녹말의 품질 개량제, 킬레이트제(chelating agents), 효모 영양제, 위생·공중 보건·미관상 사용되는 물질, 불필요한 피막의 제거를 용이하게 해주는 물질
• 수분 조절제 : 왁스류, 고결 방지제(anticaking agents)
• pH 조절제 : 산, 알칼리, 염
• 생리적 기능을 조절함으로써 품질을 개선할 목적으로 사용되는 화학 물질
• 기타 : 효소제, 증점제

이상과 같은 식품첨가물을 그 사용 목적에 따라 분류하면 다음과 같다.

• 감각 기능을 만족시키는 첨가물 : 감미료, 착색료, 향료, 발색제, 표백제 등
• 품질의 변화를 방지하는 첨가물 : 보존료, 살균제, 산화방지제 등
• 식품의 품질 개량 및 품질 유지에 사용되는 첨가물 : 밀가루 개량제, 증점제, 안정제, 유화제, 이형제, 피막제, 추출용제 등
• 식품 제조·가공에 필요한 첨가물 : 식품 제조용 첨가제, 거품 제거제, 고결 방지제 등
• 영양 강화에 사용되는 첨가물 : 영양 강화제
• 기타 목적에 의하여 사용되는 첨가물 : 팽창제, 껌기초제, 효소제 등

식품의약품안전처에서는 그 기능에 따라 식품첨가물을 32개 군으로 분류하고 이들 각 군으로 분류한 식품첨가물과 이들 첨가물의 사용 대상 식품, 사용상의 최대 허용량 등을 규제하고 있다.

Tip

식품첨가물의 분류 변경

한때 우리나라는 식품첨가물을 제조 방법에 따라 화학적합성품과 천연첨가물로 분류한 적이 있었다. 화학적합성품은 분해반응 이외의 화학반응으로 제조한 것을 말한다. 카세인나트륨은 우유 단백질의 카세인을 NaOH로 중화 반응시켜 제조하기 때문에 화학적합성품으로 분류되었으며, L-글루탐산나트륨도 아미노산 글루탐산을 발효에 의해 생산하고 NaOH로 중화 반응시켜 제조하므로 화학적합성품으로 분류하고 화학조미료라고 불렀다. 하지만 이렇게 분류하는 국가는 우리나라밖에 없으며 합성/천연의 분류는 아무런 의미가 없다. 비타민 C를 천연에서 얻든 화학적으로 합성하든 분자 구조와 효능은 동일하다. 이에 우리나라는 2016년 식품첨가물의 분류를 화학적합성품/천연첨가물 구분 없이 식품첨가물로 통합하고 2018년 1월 1일부터 시행하고 있다.

2. 식품첨가물의 사용 한계량 결정

식품첨가물 중에서 독성이 있다고 인정되는 것을 식품에 사용할 때에는 그 한계량을 법으로 정하는데 이러한 한계량은 동물실험을 바탕으로 결정한다.

합성 첨가물의 경우 한계량 결정은 큰 동물에 대한 장기간 만성 독성시험을 실시하여 완전히 무독성이라고 인정되는 최고 섭취량인 최대 안전량(maximum no effect level, MNEL, mg/kg/day)을 정하고 이 수치를 세계보건기구나 국제식량기구가 인정하는 각 식품첨가물에 대한 안전계수(safety factor, S.F. 100~200)로 나누어 그 양을 일일 섭취 허용량(acceptable daily intake, ADI)으로 정한다. 식품첨가물을 각 식품에 사용하는 경우의 한계농도는 그 물질을 식품에 혼합하여 목적하는 효과를 나타내는 최소량을 실험적으로 결정한 다음 이 첨가물이 첨가된 여러 가지 식품의 일일 섭취량을 고려하여 일일 섭취 가능량을 계산한다. 이 수치에 식품기호계수(대개 10 이하)를 곱한 값이 ADI 양에 못 미치는 경우 사용할 수 있는 농도로 정한다.

소브산(sorbic acid)을 예로 들어 보면 다음과 같다.

최대 안전량 : 2,480 mg/kg/day 안전계수 100~200
안전계수가 100일 경우 일일 섭취 허용량 : 2,480 mg/day ÷ 100 = 24.8 mg/day
안전계수가 200일 경우 : 2,480 mg/day ÷ 200 = 12.4 mg/day

따라서 실제 인용되는 각 나라에서의 ADI 값은 12.4~24.8 mg/kg/day이 되고, 국내에서 많이 사용되는 보존료의 최대 안전량과 일일 섭취 허용량은 표 14-1에 나타내었다.

표 14-1 보존료의 최대 안전량과 일일 섭취 허용량

보존료	최대 안전량	일일 섭취 허용량	일일 평균 추정 섭취량
안식향산/그 염	500	5 (100)	0.2
소브산/그 염	2,500	12.5 (200)	9.0
파라옥시안식향산 에스터	1,000	2 (500)	0.1
프로피온산/그 염	2,000	10 (200)	13.4
데하이드로초산/그 염	50~100	0.5~1 (100)	0.8

( ) 안의 값은 안전계수값이다.

식품 안전성은 장기간에 걸쳐서 검토되어야 하나 일반적인 독성 및 안전성에 관련된 실험은 단시간 내에 이루어지므로 제한적 요소가 많다. 어떤 물질이 발암을 일으킨다고 알려졌을 경우 이를 확인하는 데에는 최소 수십 년의 기간이 소요되므로 확인 시험에 따르는 시간적 제한을 받는다. 이러한 문제를 극복하기 위해서는 유해-유익 밸런스(risk-benefit balance) 개념의 도입이 필요하다. 이것은 섭취에 따른 위험 정도를 결정하기 위해 이론적인 방법과 과학적 방법을 모두 이용한다. 만일 이러한 방법에 의해 인간의 안전성에 상당한 위험을 가져오는 성분이라는 것이 확인되면 가공 공정에 첨가하는 것이 꼭 필요하다 하더라도 사용할 수 없다.

많은 사람이 필수 성분으로 활용하고 있는데 발암의 가능성이 있는 경우, 무조건 사용이 금지되는 것이 아니라 제한적 조건에서만 활용하는 것이 허용되면서 한편으로는 안전성 여부에 관련된 과학적 실험과 연구를 토대로 계속해서 사용할 것인지의 여부를 결정하게 된다. 이것이 바로 어떤 물질에 대한 risk-benefit balance 개념이다.

따라서 risk-benefit balance를 판단하기 위해서는 다음과 같은 사항을 검토해야 한다.

① 이를 섭취한 후 소비자들에게 예상되는 위해 정도

② 소비자들이 이를 필요로 하는지, 만일 필요로 한다면 얼마큼 필요한지(양)

③ 이들이 첨가된 식품을 공급해야 하는지 공중 보건 위생 측면에서 살펴본 상호 관계

④ 경제성이 있는 것인지에 대한 문제

⑤ 이를 규제할 만한 구체적이고 체계적인 방법이 확립되어 있는지 하는 사항

식품첨가물을 사용하는 가장 큰 이유는 품질을 향상시키는 것이나 이로 인해 유해한 결과를 초래할 수도 있는 문제라서 risk-benefit balance의 비유에 따라 결정할 수밖에 없으며 상호 균형 있는 결정과 판단이 뒤따라야 하는 문제이다. 그러나 많은 경우 risk가 benefit보다 큰 경우 자연적으로 사용을 제한한다.

Tip

식품 안전의 적은 식품첨가물?

소비자들에게 식품의 안전을 위협하는 요인의 순위를 매기라고 하면 잔류농약과 식품첨가물이 1, 2위를 차지한다. 하지만 식품 안전 전문가들에게 물어 보면 식품첨가물이 가장 안전하다고 대답한다. 식품첨가물에 대한 막연한 불안과 우려는 바람직하지 않으며 과학적 사실에 바탕을 두지 않은 잘못된 정보로 막연한 불안감은 지양되어야 한다.

3. 식품첨가물의 지정과 그 규격 및 기준

식품첨가물은 식품의약품안전처장이 지정한 것이어야 식품첨가물로 사용 및 판매할 수 있으며, 제조자나 사용자가 충분히 과학적이고 객관적인 자료를 갖추어 식품의약품안전처장에게 신청하여 지정받는 절차를 밟아야 한다. 제출된 자료는 식품의약품안전처에서 검토하여 식품첨가물로 사용하여도 무방하다고 판정되면 식품첨가물로 지정한다.

식품첨가물로 지정하기 위해서는 다음과 같은 사항이 충분히 검토되어야 한다.

① 보통의 사용 방법에 의할 때 인체에 대한 충분한 안전성이 확보되어야 함.

② 식품에 사용할 때 충분한 효과가 있어야 함.

③ 화학명과 제조 방법이 확실해야 함.

④ 이화학적 시험(화학적·물리적 성상, 순도시험, 식품 중에 존재할 때 그의 정성 및 정량 시험)이 확립되어 있어야 함.

⑤ 급성 독성시험, 만성 독성시험, 발암성 시험, 생식 및 기형성 시험, 생화학적 시험 등에 관하여 두 개 이상의 권위 있는 시험 연구기관에 의한 자료가 구비되고, 또 시험 결과가 거의 일치하는 것이어야 함.

표 14-2는 식품첨가물에 대한 심의 내용을 나타낸 것이다.

표 14-2 식품 중의 변화와 관련된 주요 분야

심의 과제	내용
명칭	일반명, 화학명
화학 구조	구조가 명확하지 못할 때에는 화학식 또는 화학적 조성
제조 공정	제조 공정상의 안전성
이화학적 성질 및 순도	성상 또는 이화학적 성질 확인 시험, 불순물의 종류 및 그 시험법
식품 중 분석	정량/정성 시험, 식품 중 안전성, 영양 성분에 미치는 영향
효과 검토	동일 목적의 다른 첨가물과의 비교
일일 섭취량	최대, 최소, 평균 섭취량
독성시험	급성 독성실험, 만성 독성실험
기타 생리학적 시험	생체 기능에 미치는 영향에 관한 시험으로 식품첨가물의 생체 내 변화 점검

식품첨가물은 사용 방법이나 사용량 등이 부적당할 경우에는 인체의 건강을 해칠 염려가 있는 첨가물(보존료, 산화방지제, 착색료, 표백제, 강산, 강알칼리, 유화제 등)에 대해서는 사용 기준을 규정하여 사용 대상 식품의 종류, 사용량, 사용법 및 사용 목적 등을 제한함으로써 일정량 이상을 섭취하지 않도록 하고 있다. 이 밖에도 보존 기준이 있고 제조상 문제가 있는 것에는 제조 기준이 규정되어 있다. 식품첨가물의 성분 규격은 그 품질과 순도에 관한 규격으로 한국명, 영어명, 구조식, 분자식과 분자량, 성분 함량, 성상, 확인시험, 순도시험, 건조 감량, 강렬 잔류물, 정량법 등의 항목으로 되어 있다.

사용 기준이 없는 식품첨가물의 경우는 일반 사용 기준에 준하여 사용한다. 즉, 물리적, 영양적, 기타 기술적 효과를 달성하는 데 필요한 최소량으로 제한 사용하여야 한다.

식품첨가물 중 일부 지정된 품목에 대해서는 제품검사를 받아야 한다. 제품검사는 해당 영업자의 신청에 의하여 허가 관청인 식품의약품안전처장, 서울특별시장, 직할시장, 도지사가 시행하며, 소정의 심사에 합격하면 합격증지를 용기나 포장에 표시하고 합격표시가 없는 제품은 사용할 수 없다. 현재 제품검사를 받도록 지정되어 있는 것은 타르색소 제제, 보존료 및 그 제제 등이 있다. 그 밖에 식품의약품안전처장이 규격과 기준을 정하지 않은 효소제 및 천연물과 비타민을 혼합한 제제 등에 대해서는 그 제품을 제조 또는 가공하는 업자가 자가규격을 작성하고, 식품의약품안전처에 제출하여 검토와 정정을 필하면 그 제품을 자가규격으로 인정한다. 또한 수입 첨가물에 대해서도 자가규격을 설정하여야 하며, 통관 시 검역소에 제출하여 검역소로 하여금 수거한 검체를 시, 도 보건연구소에 의뢰하여 검정을 필해야 한다. 그리고 감미료, 보존료, 살균료, 증점제, 표백제, 산화방지제, 발색제 등의 첨가물을 함유하는 식품은 각각 함유된 첨가물의 명칭과 함량을 용기나 포장의 보기 쉬운 곳에 표시하도록 되어 있다.

1) 발색제

발색제(color retention agent)는 자체가 색을 나타내는 착색료와는 달리 식품에 첨가하였을 때 성분과 반응하여 색을 안정화시키는 물질을 말한다. 현재 허가하고 있는 발색제와 그 사용 기준은 표 14-3에 나타내었다. 식육, 어육의 발색제로는 질산염 및 아질산염이 사용되고, 채소나 과일 제품에는 황산제일철이 주로 사용된다.

질산염 및 아질산염이 발색되는 이유는 nitrosomyoglobin 및 nitrosohemoglobin을 형

표 14-3 허용된 발색제 및 그 사용 기준

발색제	대상 식품	사용량
아질산나트륨(Sodium nitrite) 질산나트륨(Sodium nitrate)	식육 가공품, 자연치즈, 가공치즈	0.07 g/kg 이하(아질산으로서) 0.05 g/kg 이하(아질산으로서)
질산칼륨(Potassium nitrate)		
황산제일철(건조) (Ferrous sulfate) 황산제일철(결정) (Ferrous sulfate) 황산알루미늄칼륨(Aluminium potassium sulfate, 소명반)		

성하여 안정한 육류의 색을 나타내기 때문이다. 황산제일철은 식물성 식품의 발색제로 검은콩, 잠두, 다시마 등의 통조림 제조에서 콩의 색을 검게 하기 위해 사용한다.

육제품에 첨가된 아질산염은 myoglobin과 반응하여 육류 본래의 색깔을 유지하는데, 이때 일어나는 반응을 보면 먼저 육류 중의 유기산과 반응하여 아질산을 만든다. 여기서 생성된 아질산은 육류 중의 환원 물질에 의해 분해된다. 분해된 일산화질소가 육류 중의 myoglobin과 결합하여 안정된 고기색으로 고정된다.

$$KNO_2 + RCOOH \longrightarrow HNO_2 + RCOONa$$

$$2HNO_2 \longrightarrow NO_2 + NO + H_2O$$

$$\text{myoglobin} + NO \longrightarrow \text{myoglobin} - NO \text{ (nitrosyl hemochrome)}$$

질산염의 경우는 환원되거나 질소 환원균/아세트산 환원균에 의해 아질산나트륨으로 환원된다. 아질산염의 경우와 마찬가지로 육류 중의 유기산과 반응하여 아질산을 만든다. 생성된 아질산은 육류 중의 환원 물질에 의해 분해된다. 분해된 일산화질소가 육류 중의 myoglobin과 결합하여 안정된 고기색으로 고정된다. 대개 일산화질소(NO)가 육색소인 myoglobin과 결합하는 비율은 1~5% 정도이다.

$$NaNO_3 \xrightarrow{\text{질소 환원균/아세트산 환원균}} NaNO_2 + H_2O$$

$$NaNO_2 + RCOOH \longrightarrow HNO_2 + RCOONa$$

$$2HNO_2 \longrightarrow NO_2 + NO + H_2O$$

$$\text{myoglobin} + NO \longrightarrow \text{myoglobin} - NO \text{ (nitrosyl hemochrome)}$$

아질산염이 amine, 주로 제2급 아민류 또는 제3급 아민류와 반응하여 nitrosamine이라는 발암 물질을 생성하는 것으로 알려져 있다. Nitrosamine 생성은 아스코브산, tocopherol, BHA, BHT 등에 의해 억제된다.

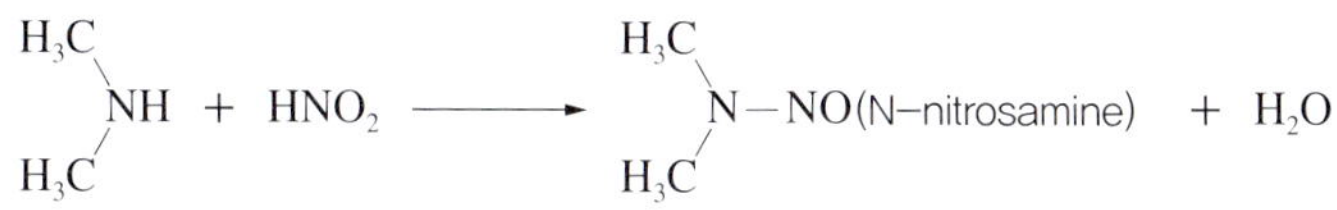

2) 착색료

착색료(colorant)는 그 자체가 색을 나타내는 첨가물이다. 식품의 색깔은 맛과 향기, 상품적 가치를 결정하는 데 중요한 요소이므로 천연색처럼 모방하거나 미화시키기 위하여 인공 착색료를 첨가한다. 비타민 A, 비타민 B_2, carotene과 같이 영양소이면서 착색료인 것이 가장 이상적이나 천연 색소는 열, 광선 또는 화학적 변화에 매우 불안정하여 색을 그대로 보존하기가 어렵다.

인공 색소 중에서 ① 독성이 적거나 없는 것, ② 체내에 축적되지 않는 것, ③ 미량으로 착색 효과가 큰 것, ④ 광선, 열 등 물리화학적 변화에 대하여 색이 안정한 것, ⑤ 값이 싸고 사용하기 간편한 것 등을 고려하여 인공 착색료를 선정하여 법적 규제하에서 그 사용을 허가하고 있으나 국가마다 종류의 차이는 크다. 허가된 타르계 색소의 종류와 성질을 표 14-4에 나타내었다. 타르계 색소는 원래 의약품의 염색 목적으로 허용되었는데, 불순물이 함유될 가능성이 높고 유독하므로 허용된 것이라 하더라도 주의하여야 한다. 식용 타르색소 중에는 식품에 사용할 경우 햇빛, 열, 산, 알칼리, 산화, 환원, 금속 등의 영향을 받아서 변색하거나 퇴색하는 단점이 있어 색소의 성질을 잘 이해하여 효과적으로 사용하여야 한다. 레이크(lake)는 각 염료(dye)의 불용성 형태로 제조된 것이다.

국내에서 허가된 비타르계 착색료는 표 14-5와 같다. 동클로로필린나트륨(sodium copper chlorophyllin)은 암청색의 금속성 광택을 갖는 분말로 아민취를 가지며 물에 잘 녹는다. 그 수용액은 녹색에서 녹청색으로 엽록소 분자 중의 마그네슘을 구리로 바꿔서 안정화시킨 것인데 광선, 열, 수분에 의하여 변성되기 쉽다. 사용량은 구리의 양으로 규제하고 있으며 껌의 착색 이외에는 별로 사용하지 않는다. 철클로로필린나트륨(sodium iron chlorophyllin)은 암록색의 결정성 분말로 냄새가 없거나 약간의 아민취가 있으며 물에 잘

표 14-4 국내에서 허가된 타르계 색소의 종류와 그 성질

착색료의 이름	내열성	내광성	내산성	내알칼리성	사용 제한
녹색 제3호(fast green FCF)	++	+++	++++	++++	면류, 단무지, 특수 용도 식품, 건강기능식품, 두유류, 인삼·홍삼 음료, 발효음료류, 과채류 음료(희석 과채류 음료 제외), 묵류, 젓갈류, 천연 식품(식육, 어패류, 채소류, 과일류 및 그 단순가공품(탈피, 절단 등)), 벌꿀, 장류, 식초, 소스류, 토마토케첩, 잼류, 고춧가루, 실고추, 카레, 식육가공품(소시지 제외), 식용 유지류, 버터, 마가린, 김치류, 다류, 식빵, 유가공품(아이스크림류, 아이스크림 분말류, 아이스크림믹스류 제외)에 사용해서는 안 된다.
녹색 제3호 알루미늄 레이크(fast green FCF aluminum lake)					
적색 제2호(amaranth)	+++	+++	+++	+++	
적색 제2호 알루미늄 레이크(amaranth aluminum lake)					
적색 제3호(erythrosine)	++++	++	++	++	
청색 제1호(brilliant blue FCF)					
청색 제1호 알루미늄레이크(brilliant blue FCF aluminum lake)	++++	++++	+++	+++	
청색 제2호(indigo carmine)	++++	++++	+++	+++	
청색 제2호 알루미늄 레이크(indigo carmine aluminum lake)					
황색 제4호(tartrazine)	++++	++++	++++	++++	
황색 제4호 알루미늄 레이크(tartrazine aluminum lake)					
황색 제5호(sunset yellow FCF)	++++	++++	+++	+++	
황색 제5호 알루미늄 레이크(sunset yellow FCF aluminum lake)					
적색 제40호(allura red)					

++++ : 매우 좋음 +++ : 좋음 ++ : 보통 + : 좋지 않음

녹는다. 사용 제한이 없어서 식품 전반에 사용할 수 있으나 캐러멜, 양갱 등에 사용한다. 산성식품에나 칼슘을 함유하는 식품에 사용하면 침전이 생기고 센물에 의해서도 불용성 염이 석출된다.

β-Carotene은 자연계에 존재하는 색소이나 합성에 의해서도 얻을 수 있으므로 그 합성품을 지정한 것이다. 지용성이므로 유지식품의 착색에 주로 사용하는데 수용화시킨 것도 있어 수용성 식품에도 사용할 수 있다. 산이나 광선 등에 의하여 분해되기 쉽고 산화되기 쉬운 단점이 있다.

파프리카 추출 색소는 고추 열매에 함유된 지용성의 붉은 오렌지색 색소로 capsanthin

표 14-5 국내에서 허가된 비타르계 착색료와 그 사용 기준

품명	사용량	사용
동클로로필린나트륨 (Sodium copper chlorophyllin)	0.1 g/kg 이하 0.15 g/kg 이하 0.05 g/kg 0.000 4g/kg 이하	*채소류, 과일류의 저장품 *다시마 *추잉껌, 캔디류 *완두콩 통조림 중의 한천
철클로로필린나트륨 (Sodium iron chlorophyllin)		
β-Carotene 수용성 안나토(Annato water soluble)		천연 식품(식육류, 어패류, 과실류, 채소류 및 그 단순 가공품(탈피, 절단 등))에 사용하여서는 안 된다. 고춧가루, 실고추, 김치류 및 고추장에 사용해서는 안 된다.
파프리카 추출 색소 β-아포-8'-카로티날(β-Apo-8'-Carotenal)		
삼이산화철(Iron sesquioxide)	식품 중량의 0.1% 이하	바나나(꼭지의 절단면), 곤약 이외의 식품에 사용해서는 안 된다.
이산화티타늄(Titanium dioxide)		
캐러멜 색소(Caramel color)		β-carotene과 같음

* 사용 가능

이 주성분이고 capsorubin도 함께 있다. 이 색소는 pH의 영향을 받지 않으며, 비타민 C 등과 함께 있으면 내광성과 내열성이 우수하다.

삼이산화철(Fe_2O_3)은 적색에서 적갈색 분말로 착색력이 강하고 광선, 열, 산화에 대하여 안정하며 독성이 거의 없어서 철의 영양 강화에 사용될 수도 있다.

이산화티타늄(TiO_2)은 냄새와 맛이 없는 백색 분말로, 화학적으로 대단히 안정하고 독성도 매우 낮다. 분말 청량음료에 다른 타르 색소 등과 혼합하여 사용하면 부드러운 자연색을 띠고, 당으로 표면 처리하거나 또는 초콜릿 당정의 표면 코팅에 이용하면 제품의 색깔이 선명하고 아름답다. 청량음료의 현탁도를 높여 주는 백탁제(clouding agent)로도 이용된다.

캐러멜은 설탕, 포도당, 녹말 등의 당류를 가열하여 얻은 갈색의 착색료로 연고품(액상품)과 분말품이 있으며, 음료용으로는 물에 잘 용해되는 연고품이 많이 사용된다.

3) 감미료

감미료(sweetener)는 인공 감미료를 포함하여 다양한 설탕 대체품이 포함되는데 당질 이외의 감미를 가진 것을 총칭하며, 영양가가 전혀 없고 목적에 따라 특수한 경우 사용하는 것이 원칙이다. 설탕 대용으로 식품에 널리 사용되고 있다. 국내에서 허용되고 있는 감미료

는 다음과 같다.

(1) 사카린 또는 사카린나트륨

사카린(saccharin)은 설탕의 250~500배의 단맛을 가지는 인공 감미료로 물에 잘 녹지 않으나 사카린나트륨(sodium saccharin)은 물에 잘 녹으며 alcohol에도 녹아 소주 등에 감미료로 사용된다. Saccharin의 단맛 정도는 그 농도에 따라 변하며, 맛을 볼 때 뒷맛이 쓰게 느껴지는 것이 결점이나 glycine과 함께 사용하면 쓴 뒷맛이 어느 정도 효과적으로 감추어진다.

Saccharin은 한때 쥐에서 방광암을 유발한다는 연구 보고가 있어 사용하지 않았으나, 그 후 많은 연구가 수행되어 1999년 국제암연구소는 saccharin을 발암 물질 목록에서 삭제하였고, 2010년에는 미국환경보호청의 유해 물질 목록에서도 삭제되어 현재는 안전성 논쟁이 종식되었다.

젓갈류, 절임식품, 조림식품, 김치류, 음료류(발효음료류, 인삼·홍삼 음료 제외), 어육 가공품, 시리얼류, 뻥튀기, 특수의료용도 등의 식품, 체중 조절용 식품, 건강기능식품 영양소 제품, 추잉껌, 잼류, 양조간장, 소스류, 토마토케첩, 조제커피, 탁주, 소주 등에 사용된다.

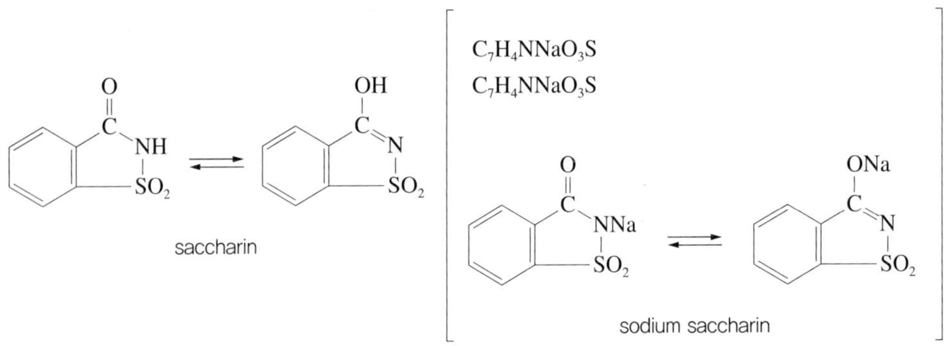

saccharin
sodium saccharin

(2) 글리시리진산이나트륨

글리시리진산이나트륨(disodium glycyrrhizinate)은 콩과 식물인 감초(*Glycyrrhiza glabra* var. *glandulifera*) 뿌리의 추출액에서 얻은 글리시리진산의 나트륨염으로 설탕의 약 200배의 지속성 있는 독특한 단맛을 내며, 약 4,000배의 수용액에서도 단맛을 느낄 수 있다.

국내에서는 간장과 된장 이외의 식품에는 사용할 수 없게 제한되어 있다. 설탕, 포도당,

D-소비톨, 사카린나트륨 등의 감미료와 병용하면 상승 효과가 있으며, 핵산계 조미료와 병용하면 단맛과 감칠맛이 모두 향상된다.

(3) 스테비올 배당체

스테비올 배당체(steviol glycoside)는 칼로리가 없는 감미료로 단맛은 설탕의 150~300배이다. 떫고 감초와 같은 불쾌한 쓴 뒷맛이 나기 때문에 사용에 제약이 있다. 이러한 단점 때문에 스테비올 배당체를 음료에 첨가할 때는 다른 감미료와 함께 사용한다. 스테비올 배당체를 사용하는데 있어 원료인 스테비아(*Stevia rebaudiana*)에 여러 가지 종류의 스테비올 배당체 혼합물이 들어 있는 것이 또 다른 문제점이다. 원인 물질에 따라 각각의 스테비올 배당체 내용물은 매우 다양하여 이를 수치로 표준화하기 어려우며, 이에 따라 맛도 다양하므로 품질 관리가 어렵다. 스테비올 배당체의 주성분은 stevioside와 rebaudioside A이다.

국내에서는 백설탕, 갈색설탕, 포도당, 물엿, 벌꿀에 사용하여서는 안 된다고 규정하고 있다.

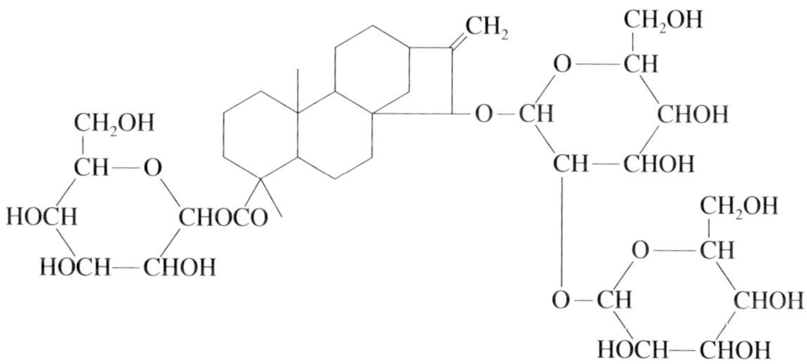

stevioside

(4) 아스파탐

인공감미료인 L-aspartyl-L-phenylalanine methyl ester는 일종의 dipeptide로(그림 14.1), 설탕의 약 200배의 단맛을 가진다. 두 개의 아미노산 사이의 peptide 결합 또는 phenylalanine에 붙은 methyl ester가 가수분해되면 단맛이 없어진다.

아스파탐(aspartame)은 전 세계적으로 식품첨가물로 승인되어 광범위하게 식품에 적용되고 있다. 설탕과 유사한 우수한 감미에도 불구하고 물에 잘 녹지 않고 가수분해 안정성이

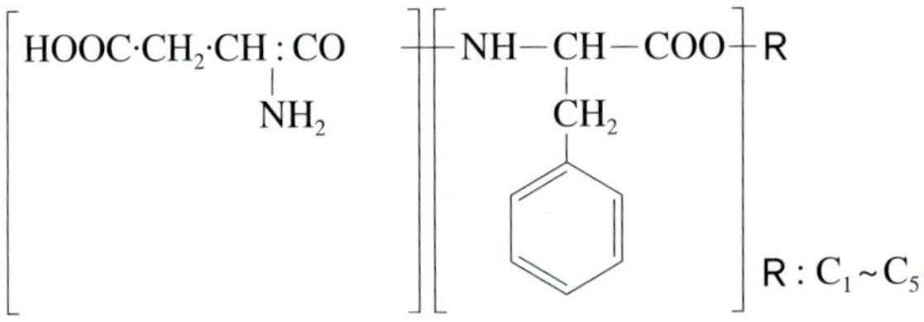

α-L-aspartyl-L-phenylalanine alkyl ester

그림 14.1 아스파탐의 구조식

떨어진다. Aspartame은 온도가 높아짐에 따라 안정성이 감소되므로 제빵, 초고온 살균, 고온 살균과 같은 고온으로 처리하는 제품에는 적합하지 않으며, 고온에서 보존하는 경우 오래 보존할 수 없다.

체내에 들어가 소화되는 과정에서 aspartame은 L-아스파트산과 L-phenylalanine으로 완전히 분해되는데, phenylalanine을 분해하지 못하는 페닐케톤뇨증(phenylketonuria)이 발병할 수도 있다.

사용할 수 있는 대상 식품은 가열 조리를 하지 않는 식사 대용 곡류 가공품(이유식 제외), 청량음료, 껌, 다류(분말 청량음료 포함), 식탁용 감미료, 아이스크림, 빙과(셔벗 포함), 잼, 주류, 분말 수프, 발효유, 특수영양식품(이유식, 노약자 및 임신부용 식품 제외)으로 제한하고 있다.

(5) 아세설팜칼륨

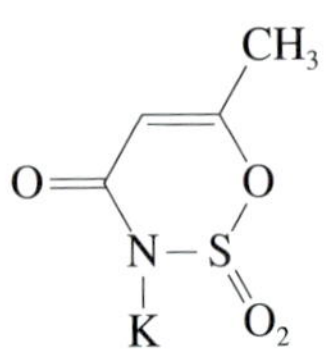

아세설팜칼륨

아세설팜칼륨(acesulfame potassium)은 감미료로 단맛은 설탕의 약 200배이다. 안전성의 문제는 없으나 감미적 특성과 풍미 면에서 약간 떨어진다. 섭취 시 당도를 매우 빨리 느낄 수 있으나 수용액상에서 특유의 쓴 뒷맛이 남는 경향이 있다. 좋은 풍미를 위해서는 sucralose나 aspartame과 함께 섞어서 식품, 음료 제조에 사용하는 것이 바람직하다.

(6) 수크랄로스

Sucralose는 설탕으로 만들어 설탕과 유사한 감미 특성을 가지나 단맛은 설탕의 약 600배이다(그림 14.2). 열에 매우 안정하여 초고온 살균, 저온 살균, 고온 처리 식품의 가공에도 감미가 유지된다. 낮은 pH에서 장기 보관되는 식품에서도 높은 안정성을 보이며 저칼로리로 충치를 발생시키지 않는다. 33개국에서 사용되고 있으며, 감미의 우수한 안정성으로 다른 고감미 감미료와 함께 음료, 유가공품, 주류, 장류뿐만 아니라 제과, 제빵, 건강기능식품,

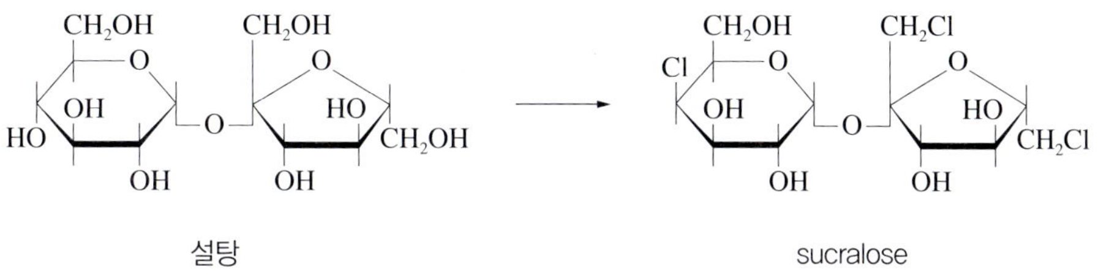

그림 14.2 설탕의 수크랄로스로의 전환

영양강화식품 등에 사용된다.

(7) D-소비톨

D-소비톨(D-sorbitol)은 청량한 단맛과 보습제의 작용이 있으며, 비타민 C에 대한 안정 작용도 가지나 국내에서는 일반 사용기준에 준하여 사용한다. 습윤 조정제 및 단맛의 목적으로 빵, 캐러멜, 젤리, 캔디, 비스킷, 카스텔라, 설탕 절임 과자, 크림, 햄, 소시지 등에 1.3~3.5% 정도, 청주, 아이스크림에 1.5% 정도 사용한다.

(8) 자일리톨

Xylose를 발효시키거나 수소 첨가하여 제조한 자일리톨(xylitol)은 저칼로리 감미료로 설탕의 감미도와 같으며, 최근 이용률이 다양해지고 있다. Xylitol은 상의 변화가 일어날 때 설탕에 비하여 8~9배 정도의 에너지를 주위로부터 빼앗아 청량감을 준다. 몸 안에서는 적은 양(2.4 kcal/g)이 에너지로 변화하기 때문에 저칼로리 식품에 설탕 대용으로 사용되며, 섭취 후 insulin의 급격한 변화가 없으므로 당뇨 환자에 이용될 수 있다. 또한 충치를 유발하는 *Streptococcus mutans*균이 이용하지 못하므로 충치 예방에 효과적이다. 추잉껌, 캔디, 타정 등에 설탕 대용으로 사용된다. Xylitol은 흡습성이 매우 높기 때문에 특수 포장을 하여 사용할 수 있다.

(9) 에리스리톨

에리스리톨(erythritol)은 저칼로리 감미료로 설탕의 70% 정도의 단맛이 난다. 상의 변화가 일어날 때 설탕에 비하여 9~10배 정도의 에너지를 주위로부터 빼앗아 청량감을 준다. 몸 안에서는 거의 0 칼로리를 제공하기 때문에 저칼로리 식품에 사용되며, 당뇨 환자에 이용될 수 있고 충치 예방에 효과적이다. 삼투압이 설탕에 3.2배나 되어 절임식품이나 조미식품 제조 시 절임속도를 단축시킬 수 있다. Erythritol은 흡습성이 낮다.

4) 산미료

신맛은 향기를 동반하는 경우가 많다. 산미료(acidulant)는 식품에 신맛뿐만 아니라 여러 가지 목적과 기능에 사용되며 그 기능은 다음과 같다.

① 맛을 강화해 주거나 이취의 맛을 은폐(masking)시키는 목적으로 사용된다.

② 식품 제조 과정이나 제품의 pH를 조절하기 위한 완충 용액을 구축하는 데 사용된다.

③ 부패균, 식중독 원인균은 pH 4.6에서 발육이 억제되므로 보존료로 사용된다.

④ 유지 산화를 방지시켜 주는 산화방지제나 갈변반응을 억제해 주는 데 상승제(synergist)로서의 역할을 한다.

⑤ 제과·제빵에서 밀가루 반죽의 유동성을 변화시켜 줌으로써 점도 조절제로 사용된다.

⑥ 치즈나 하드캔디 등 원료 반죽의 녹는점 조절 기능이 있다.

⑦ 육제품의 색깔, 향미, 보존 효과를 증진시키기 위해 숙성 첨가제와 함께 육제품의 개량 역할을 한다.

우리나라에서 사용이 허가된 산미료의 종류와 사용법을 표 14-6에 나타내었다.

5) 향미증진제

식품의 가공 및 조리 시에 식품 본래의 맛을 한층 강화하거나 기호에 맞게 조절하여 맛과 풍미를 좋게 하는 첨가물을 향미증진제(flavor enhancer)라고 한다.

현재 허용되고 있는 것은 약 15종으로 화학적으로 분류한 종류를 보면 핵산계의 5′-이노신산이나트륨(disodium 5′-inosinate; 가다랑어의 정미 성분), 5′-구아닐산이나트륨(disodium 5′-guanylate; 표고버섯 성분), 5′-리보뉴클레오타이드이나트륨(disodium 5′-ribonucleotide), 5′-리보뉴클레오타이드칼슘(calcium 5′-ribonucleotide), 아미노산계의 L-글루탐산나트륨(monosodium L-glutamate), DL-alanine, glycine 등이 있다. 효모로부터 추출한 RNA에 5′-phosphodiesterase를 작용시켜 5′-AMP, 5′-CMP, 5′-UMP 등을 얻을 수 있고, 5′-IMP는 5′-AMP에 화학적 처리나 효소를 작용시킴으로써 얻을 수 있다. 그리고 유기산계의 호

표 14-6 우리나라에서 허가된 산미료의 종류와 사용법

이름	구조식	일반적인 사용법
구연산 및 구연산나트륨	CH_2-COOH $HO-C-COOH \cdot H_2O$ CH_2-COOH	산미료로 청량음료, 치즈, 젤리, 잼, 드롭스 등에 사용, 산화방지제의 상승제로도 사용
빙초산, 초산	CH_3COOH	피클, 케첩, 사과시럽, 콘시럽, 치즈, 케이크 등에 0.005~0.033% 사용, 3~5%로 널리 사용
사과산, 사과산나트륨	$HO-CH-COOH$ CH_2COOH	젤리, 과자의 산미료로 적당하며 마가린, 마요네즈에 산미제 및 유화 안정제로 사용
젖산	$CH_3-CH-COOH$ OH	산미료뿐만 아니라 살균력이 있어 식품 공업에서 널리 사용
주석산, 주석산나트륨 (각각 DL-, L-형)	$HO-CH-COOH$ $HO-CH-COOH$	청량음료, 젤리, 잼 등에 구연산, 젖산 등과 함께 사용
푸마르산, 푸마르산일나트륨	$CH-COOH$ $HOOC-CH$	분말주스, 김치, 합성주, 청량음료, 과일통조림 등에 사용 분말 청량음료에 주로 사용
글루코노델타락톤 (Glucono-δ-lactone)	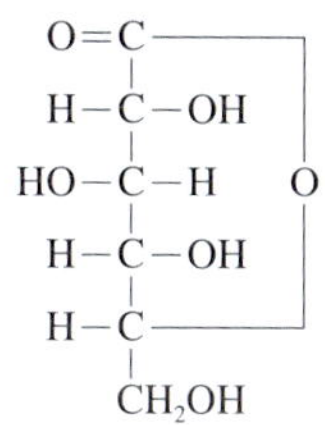	수용액 중에서 일부가 가수분해되어 산을 생성하므로 완화한 산미료로 사용되며, 팽창제의 지효성 산성 물질로도 사용
인산	H_3PO_4	콜라의 산미료로 사용
아디프산(Adipic acid)	CH_2-CH_2-COOH CH_2-CH_2-COOH	청량음료의 산미료, 젤리의 젤화제
이산화탄소(탄산가스)	CO_2	청량음료의 시원한 맛으로

박산나트륨, 호박산 등이 있다. 이상의 향미증진제는 일반 사용 기준에 준하여 사용한다.

6) 향료

향료는 천연 향료와 합성 향료로 크게 나눌 수 있으며, 향료를 사용하는 목적은 향을 강화하는 데 있으나, 이외에도 향을 없애기 위하여 또는 어떤 향을 다른 향으로 바꾸기 위하여 사용된다. 제품은 수용성, 지용성, 유화액, 분말 등의 형태로 된 것이 있다. 천연 향료는 향료 자체는 안전하다고 생각하며 선호도가 높지만 원료가 부족하고 값이 비싸며 안정성

이 떨어져 합성 향료를 많이 이용한다.

이전에는 18개 유별, 72개 개별 품목으로 관리하였으나, 2007년 12월 14일부터 합성 향료 허용 물질 목록(positive list)에 포함된 2,000여 개의 품목만 사용할 수 있다.

7) 표백제

색소와 발색성 물질에 의한 변색을 차단하고 무색의 화합물로 변화시키기 위하여 사용하거나 보존 중에 일어나는 갈변, 착색 등의 변화를 억제하기 위하여 사용하는 첨가물로, 산화제를 사용하는 방법과 환원제를 사용하는 방법이 있다.

아황산계와 아염소산계가 있으며 과산화수소, 차아염소산나트륨, 차아염소산칼륨(고도 표백분) 등은 표백도 수행하지만 살균제로도 사용된다. 환원제로 표백하였을 때는 공기 중 산소에 의하여 산화되며 복색되는 경우가 많고, 식품 중에 아황산이 잔존할 때가 많다. 산화제로 표백하였을 때는 착색 물질이 파괴되어 환원 표백의 경우보다 표백 효과가 강하다. 다시 환원되어 착색되지 않으며, 아황산나트륨, 산성아황산나트륨, 차아황산나트륨, 메타중아황산나트륨, 메타중아황산칼륨, 무수아황산, 차아염소산나트륨, 과산화벤조일(희석), 과황산암모늄, 이산화염소 등이 사용된다.

8) 보존료

식품의 변질 및 부패를 방지하고 식품의 영양가와 신선도를 유지시켜 주는 보존료(preservatives)는 부패 미생물의 발육을 저지하는 정균 작용(bacteriostatic action)과 식품 및 세균이 생산하는 효소의 작용을 불활성화함으로써 보존의 역할을 한다.

허가된 보존료라도 독소를 가지고 있어 그 성분 규격, 사용 기준을 잘 지켜서 사용해야 한다. 보존료로 사용이 허가된 것은 ① 데히드로초산나트륨(sodium dehydroacetate), ② 소브산(sorbic acid) 및 그 염류, ③ 안식향산(benzoic acid)과 그 염류, ④ 파라옥시안식향산 에스테르류, ⑤ 프로피온산(propionic acid) 및 그 염류 등이 있다.

데히드로초산나트륨은 효과적인 항미생물제이다. 다른 산성 보존료들과는 달리 pH 변화에 의하여 작용이 크게 변하지 않으나 산성에서 그 작용이 강하다.

안식향산 및 그 나트륨염은 미생물에 대한 항균 작용과 발육 저지 작용을 가지고 있어 식품 보존료로 사용된다. pH 3에서의 항균력은 pH 7.0 용액의 경우보다 10배나 크다.

보존료가 산인 경우는 식품의 pH에 따라 보존료의 용해도 및 정균 효과에 큰 차이가 있다. 정균 작용은 보존료의 미생물 세포 투과 능력에 따라 좌우되는데 투과 능력을 가지고 있는 부분은 보존료의 비해리 분자기(-COOH)이다. 따라서 비해리 분자기만이 미생물의 세포막과 원형질을 쉽게 투과할 수 있으므로 결과적으로 정균 작용은 비해리 분자의 농도에 의해서 결정된다.

$$pH = pK_a + \log \frac{[R\text{–}COO^-]}{[R\text{–}COOH]}$$

식에서 pK_a값은 일정하므로 pH가 낮아지면 $[RCOO^-]/[RCOOH]$의 비율이 낮아져 결국 [RCOOH] 양이 증가하게 된다. [RCOOH]의 농도가 증가되면 지방질 친화성이 증가하고, 미생물에 대한 흡착력이 커지므로 [RCOOH]의 증가로 정균 작용이 확대된다.

또 어떤 미생물이 분포되었는가에 따라 보존료의 선택이나 양은 달라질 수 있다. 보존료를 첨가한 후 살균하는 경우는 비살균 시에 비하여 효과적이므로 적은 양의 보존료만으로도 살균 효과를 기대할 수 있다. 미생물의 분포 상태, 보존료의 용해성 등에 따라 달라질 수도 있으므로 이런 점을 잘 고려하여 적절한 보존료의 선택이 뒤따라야 한다.

안식향산의 $pK_a = 4.19$이다. 이 경우 어떤 범위에서 보존료로서의 역할을 하는지 상기 관계식에 대입하여 pH에 따라 비해리 정도를 보면 다음과 같다.

pH 4에서

$$4 = 4.19 + \log \frac{[\text{해리된 상태}]}{[\text{해리되지 않은 상태}]}$$

이 식을 풀어 보면 [해리된 상태] = 59.8%, [해리되지 않은 상태] = 40.2%가 된다.

안식향산의 항균 작용은 비해리 분자에 따라 결정된다. 산성에서는 세균에 대해 강력한 항균 효과를 나타내나, 알칼리성에서는 항균 효과가 낮은데 이는 안식향산의 항균 작용이 비해리 분자의 비율과 관계가 있기 때문이다. pH에 따라 항균 효과가 다른 것은 pH 자체보다는 용액상에서 비해리/해리 부분의 상대적 비율이 항균 효과를 결정하기 때문이다. 보존료의 비해리 부분만 세포막을 투과 흡착하게 되는 것으로 소수성 형태인 안식향산의 세포 투과 흡착 능력이 큰 것도 비해리 부분의 비율이 많기 때문이다. pH에 따른 안식향산

표 14-7 각기 다른 pH에서의 안식향산의 비해리 정도

pH	비해리 정도(%)
3	93.5
4	59.8
5	12.8
6	1.44
7	0.144

의 비해리 정도를 표 14-7에 나타내었다.

작용 메커니즘은 안식향산의 미생물 세포막 투과로 세포 내의 기질 이동과 산화적 인산화 기능을 저해하며 미생물의 정상적인 생육을 억제한다. 미생물 생육에 필요한 필수 영양분의 세포막 투과를 저해하기 때문에 고초균(*Bacillus subtilis*)의 경우 안식향산은 아미노산류의 미생물 세포막 통과를 저해함으로써 결국 세포 영양 고갈 상태를 유도하게 되어 미생물의 생육이 저해된다. 항균 작용은 pH에 따라 좌우되는데 비교적 pH가 낮은 식품, 과일주스, 사이다, 청량음료 등이 보존에 적합하다.

소브산과 그 칼륨염은 곰팡이, 효모, 세균들에 대하여 발육 억제 작용을 하나 그다지 강하지 않으며, 다른 산성 보존료와 같이 산성 용액에서만 그 효력을 나타낸다.

파라옥시안식향산류(*p*-Hydroxybenzoic acid의 에스터류)는 여러 가지 미생물에 대한 발육 저지 효과가 있으며, paraben이란 이름으로 알려져 있다. 각종 미생물에 대한 paraben의 발육 저지 농도는 표 14-8에 나타낸 것과 같이 종류에 따라 차이가 있다.

파라옥시안식향산프로필이 생식 독성으로 인해 지정이 취소되었고, 2009년에는 파라옥시안식향산부틸, 파라옥시안식향산이소부틸 및 파라옥시안식향산이소프로필이 지정 취소되었다. 현재 우리나라에서 사용이 허가된 것은 파라옥시안식향산메틸과 파라옥시안식향산에틸 두 종류뿐이다.

프로피온산(propionic acid)의 Na염, Ca염은 곰팡이들에 의한 2차적 발육을 억제하는 데 효과가 커서 오래전부터 보존료로 사용해 왔다. 빵류에는 Ca염을, 양과자류에는 Na염을 주로 사용한다. Na염이 알칼리성이어서 빵효모의 생지(dough) 발효가 늦게 이루어지는 경향이 있으며, Ca염은 과자류에 사용하는 팽창제 중의 중탄산나트륨과 반응하여 불용성 염을 형성하여 이산화탄소의 생성을 억제하기 때문이다.

표 14-8 파라벤의 미생물에 대한 발육 저지 농도

(단위 : %)

미생물	C_2H_5	n-C_3H_7	n-C_7H_9
Asp. niger	0.04	0.20	0.02
Pen. digitatum	0.25	0.006	< 0.003
Rhiz. nigricans	0.025	0.012	0.006
Cht. globsum	0.025	0.006	< 0.003
Tr. mentagrophytes	0.002	0.004	0.002
Tr. rubrum	0.008	0.004	0.002
Cand. albicans	0.1	0.012	0.012
S. cerevisiae	0.05	0.012	0.006
B. subtilis	0.1	0.025	0.012
St. aureus	0.1	0.05	0.12
E. coli	0.1	0.1	0.4
Prot. vulgaris	0.1	0.05	0.05

보존료는 미생물의 종류와 식품의 특성에 따라 선택하는 기준이 각각 다르다. 그러나 보존료로서 갖추어야 할 조건은 미량으로 확실한 보존 효과를 나타내야 하는 것이다. 사용이 간단하면서 용해성이 뛰어나야 하며, 가능한 넓은 범위에서 미생물의 종류에 관계없이

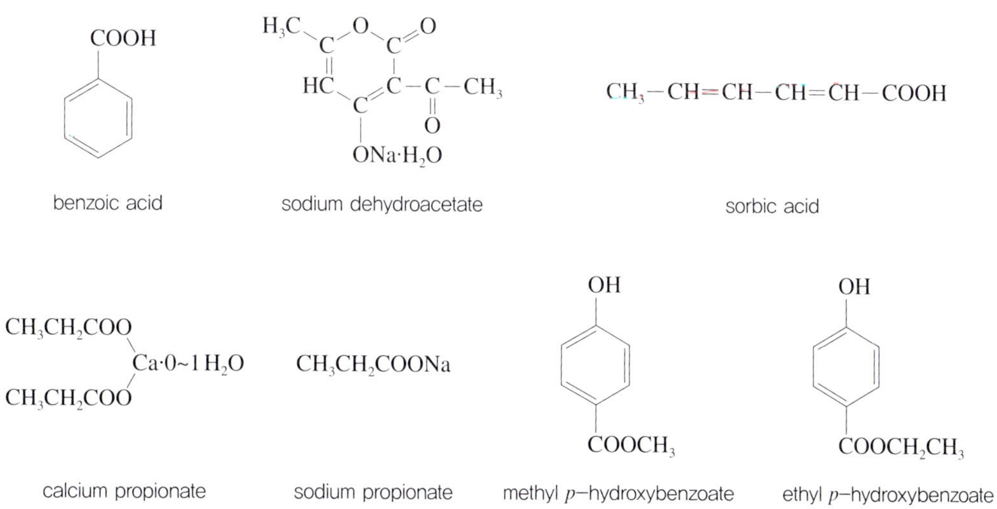

그림 14.3 보존료의 구조식

사용할 수 있어야 하고 가격도 저렴해야 한다. 보존료는 미생물의 세포벽을 파괴하거나 원형질과 반응을 하며 효소를 불활성화시킨다. 단백질의 변성 등 세포 기능을 저하하거나 파괴함으로써 인체에 직간접적으로 영향을 미칠 수 있다. 안전성 측면에서 사람에게 무독해야 하며 정상적인 대사를 거쳐 몸 밖으로 배설되어야 하고 지방 조직에 축적되어서는 안 된다. 보존료는 구조적으로 소수성이 많으므로 인체 내 지방 조직과 결합하여 지방 조직 내에 축적될 가능성이 매우 높다. 보존료의 구조식은 그림 14.3과 같으며, 표 14-9는 허용 보존료의 종류와 사용 기준을 나타낸 것이다.

표 14-9 허용 보존료의 종류와 그 사용 기준

<table>
<tr><th>보존료</th><th>대상 식품</th><th>사용량</th><th>사용 제한</th></tr>
<tr><td>데히드로초산나트륨</td><td>자연치즈, 가공치즈, 버터류, 마가린류</td><td>0.5 g/kg 이하(데히드로초산으로서)</td><td></td></tr>
<tr><td rowspan="4">소브산, 소브산칼륨</td><td>자연치즈, 가공치즈, 식육 가공품, 성게젓, 땅콩버터, 어육 가공품, 모조치즈</td><td rowspan="4">3 g/kg 이하(소브산으로서)
2 g/kg 이하(소브산으로서)
1 g/kg 이하(소브산으로서)
0.5 g/kg 이하(소브산으로서)
0.05 g/kg 이하(소브산으로서)
0.2 g/kg 이하(소브산으로서)</td><td rowspan="4">프로피온산나트륨/프로피온산
칼슘 병용 시 프로피온산 및 소브산의 합계
3 g/kg 이하</td></tr>
<tr><td>염분 8% 이하의 젓갈류, 된장, 고추장, 춘장, 어패 건제품, 식초 절임, 팥 앙금류 및 채소나 채소 된장 절임, 간장 절임, 소금 절임, 알로에즙 및 단무지, 잼, 케첩</td></tr>
<tr><td>발효음료류(살균한 것 제외)</td></tr>
<tr><td>과일주</td></tr>
<tr><td>안식향산, 안식향산나트륨</td><td>과일·채소류 음료(비가열 제품 제외), 탄산음료류(탄산수 제외), 기타 음료, 인삼·홍삼 음료, 간장</td><td>0.6 g/kg 이하(안식향산으로서)</td><td></td></tr>
<tr><td rowspan="5">파라옥시안식향산메틸,
파라옥시안식향산에틸</td><td>간장</td><td rowspan="5">0.25 g/L 이하(파라옥시안식향산으로서)
0.1 g/L 이하(파라옥시안식향산으로서)
0.1 g/kg 이하(파라옥시안식향산으로서)
0.2 g/kg 이하(파라옥시안식향산으로서)
0.012g/kg 이하(파라옥시안식향산으로서)</td><td rowspan="5"></td></tr>
<tr><td>식초</td></tr>
<tr><td>기타 음료, 인삼·홍삼 음료</td></tr>
<tr><td>소스류</td></tr>
<tr><td>과실류(표피 부분에 한함)</td></tr>
<tr><td>프로피온산나트륨,
프로피온산칼륨</td><td>빵류
자연치즈, 가공치즈</td><td>2.5 g/kg 이하(프로피온산으로서)
3 g/kg 이하(프로피온산으로서)</td><td></td></tr>
</table>

9) 살균제

살균제(bacteriocides)는 미생물을 단시간 내에 사멸시키는 작용 및 음료수, 식기류, 손 등의 소독에 사용되며, 과산화수소는 식품첨가물로서 표백제로 분류되기도 하나 살균제로 더 많이 사용되고 있다. 우유 포장 재료로 사용되는 종이 팩 등은 과산화수소로 살균한다.

차아염소산나트륨은 담황록색의 맑은 액체이며 열이나 광선에 의하여 분해되어 살균력의 주체인 유효 염소가 감소되므로 냉암소에 보관하여야 한다. 다음 반응식에서 보는 바와 같이 반응, 분해되어 유효 염소에 의하여 살균·표백 작용을 발휘한다.

$$NaOCl + H^+ \longleftrightarrow HOCl + Na^+$$

$$2HOCl \longrightarrow 2HCl + O_2 \text{ (발생기의 산소)}$$

$$HOCl + HCl \longrightarrow H_2O + Cl_2$$

$$Ca(OCl)Cl + H_2O \longrightarrow Ca(OH)_2 + Cl_2$$

우리나라에서 허용된 살균제와 그 사용 기준을 표 14-10에 나타내었다.

표 14-10 허용 살균제와 그 사용 기준

품명	사용 기준
차아염소산나트륨	과실류, 채소류 등 식품의 살균 목적에 사용
차아염소산수	최종 식품의 완성 전에 제거하여야 함
차아염소산칼슘(고도표백분)	차아염소산나트륨은 참깨에 사용하면 안 됨

10) 산화방지제

식품을 보존할 경우 미생물에 의한 부패 외에도 공기 중의 산소에 의한 산화 변질도 주의해야 하는데 유지가 산패되어 이미, 이취, 변색 및 독성 물질을 생성하는 것이 가장 대표적이다. 이를 방지하기 위해서는 용기 및 포장에 의하여 공기와의 접촉을 막는 방법과 산화방지제(antioxidants)를 식품에 첨가하는 방법이 있다. 유지는 수분, 금속, 열, 광선, 효소 등의 산화촉진제(prooxidants)에 의하여 산화가 촉진되며, 반대로 유지의 산화속도를 억제하여 주는 물질을 산화방지제(항산화제)라고 한다. 이 물질들은 자신이 먼저 산화되고 이어서 지방이 산화(산패)되므로 유지의 산화속도가 억제되면서 산패가 발생되기까지의 유도기간도 연장된다. 따라서 산화방지제란 유도 기간을 연장시키는 물질이다.

이와 같이 자신이 먼저 산화되어 안정된 형태를 유지하기 위해서는 다양한 형태의 공명화된 라디칼의 수가 많아야 하는데, benzene 고리를 가진 것이 구조적으로 좋은 산화방지제이다. 좋은 산화방지제가 가지고 있는 여러 형태의 공명화된 라디칼 구조를 소개하면 그림 14.4와 같다.

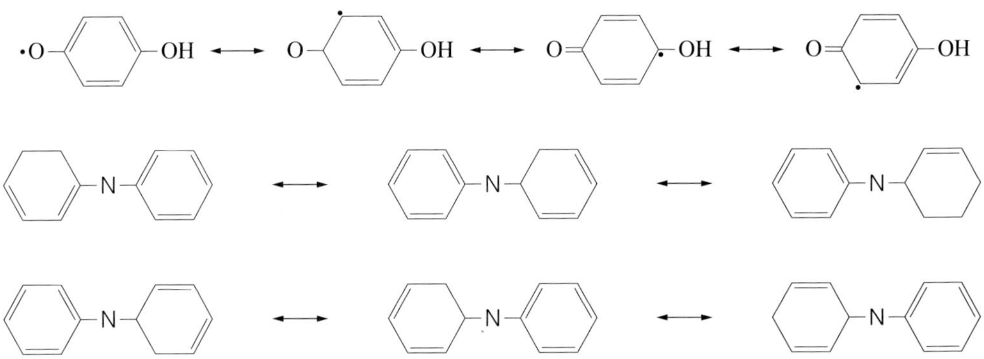

그림 14.4 **공명화에 의해 안정화된 산화방지제 라디칼**(stabilized resonance form of antioxidant radical)

구연산, 주석산, 인산, 피틴산, 아스코브산, 에리토브산 등과 같은 산성 화합물들은 그 자신은 항산화력을 가지고 있지 않으나, 산화방지제와 함께 사용할 때 산화방지 효과를 크게 증진시켜 주는 상승제가 된다. 산화방지제에는 ascorbic acid, erythorbic acid 같은 수용성인 것과 propyl gallate, BHT 등과 같이 소수성인 것이 있다. 전자는 색소의 산화 방지에, 후자는 유지의 산화 방지에 주로 사용된다.

(1) 디부틸히드록시톨루엔

디부틸히드록시톨루엔(butylated hydroxytoluene, BHT)은 무색의 결정, 백색의 결정성 분말 또는 덩어리로 맛과 냄새가 없다. 이는 물, glycerine에는 녹지 않으나 에테르, 석유 에테르, 유지에 잘 녹고 광선이나 열에는 안정하다. BHA나 유기산과 병용하면 산화 방지력이 상승된다. 유지나 버터에는 그대로 첨가하여 균일하게 혼합하며, 버터의 포장지에 도포하여도 유효하다. 이런 경우 산패 억제 효과는 지속성이 높아지고 잔유 BHT의 양도 적어서 식품 안전성 면에서 매우 효과적이다.

(2) 부틸히드록시아니솔

부틸히드록시아니솔(butylated hydroxyanisole, BHA)은 무색, 연한 황갈색의 결정, 또는 백색의 결정성 분말로 석유와 비슷한 냄새가 약간 나고 자극성의 맛이 있다. 물에는 녹지 않으나 propylene glycol과 유지에는 잘 녹는다. BHA는 2-*tert*-butylhydroxyanisole (2-BHA)과 3-*tert*-butyl-4-hydroxyanisole (3-BHA)의 혼합물로, 3-BHA는 2-BHA보다 1.5~2배의 효력이 있으며 BHT와 병용하는 경우가 많다.

(3) 삼차부틸히드로퀴논

삼차부틸히드로퀴논(tertiary butylhydroquinone, TBHQ)은 BHA와 BHT보다 항산화력이 우수하며 좋은 이행성을 가진다. BHA와 BHT는 안전성에 대하여 논란이 있으나, TBHQ는 정상적인 수준으로 사용하면 안전성 염려가 없다.

(4) 몰식자산프로필

몰식자산프로필(propyl gallate, PG)은 백색 또는 담황갈색의 결정성 분말로 냄새는 없으나 약간 쓴맛이 있고, 물에는 녹지 않으나 알코올에 잘 녹는다. 산화 방지력은 강하나 착색되기 쉽고, 유지에 대한 용해도가 낮아 수분을 함유하고 있는 유제품에 사용된다. 다른 산화방지제나 구연산과 병용하면 효과적이다.

(5) 에리토브산과 에리토브산나트륨

에리토브산(erythorbic acid)은 L-ascorbic acid의 입체 이성질체로 D-isoascorbic acid 라고도 한다. 비타민 C로서의 영양적 효과는 없으므로 산화 방지 목적 이외에는 사용할 수 없다. 백색에서 대황백색의 결정성 분말로 약간 짠맛이 있다. 에리토브산나트륨(sodium erythorbate)은 erythorbic acid와 같은 목적으로 사용된다.

(6) 아스코빌팔미테이트

아스코빌팔미테이트(ascorbyl palmitate)는 백색~담황색의 과일 향이 나는 분말로, 물에는 녹지 않으나 알코올에는 잘 녹는다. 비타민 C로서의 효력을 갖는 산화방지제로서 유지나 유지를 함유하는 식품에 널리 이용된다.

(7) 이.디.티.에이.칼슘이나트륨/이.디.티.에이.이나트륨

EDTA칼슘이나트륨(calcium disodium ethylenediaminetetraacetate)과 EDTA이나트륨(disodium ethylenediaminetetraacetate) 두 화합물은 모두 백색 분말로 약간 짠맛이 있고 수용성이다. 이는 각종 금속 이온과 결합하여 chelate 화합물을 형성하는 성질이 있으므로, 유지식품의 변질 원인이 되는 금속 이온을 봉쇄하여 산화 방지 작용을 나타낸다. 마요네즈, 샐러드 드레싱 등에 많이 사용한다.

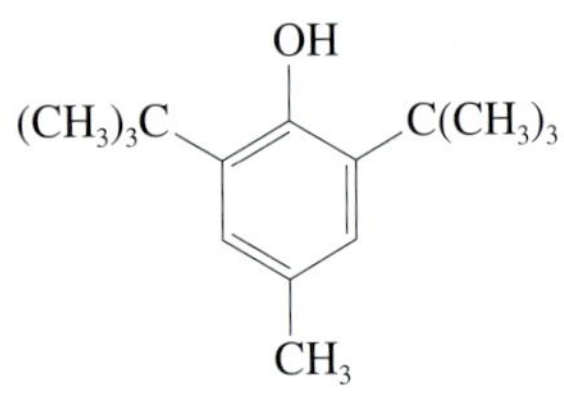

dibutyl hydroxy toluene 또는 butylated hydroxy toluene, BHT

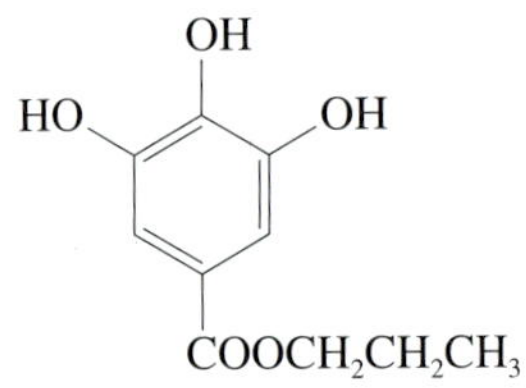

propyl gallate, PG

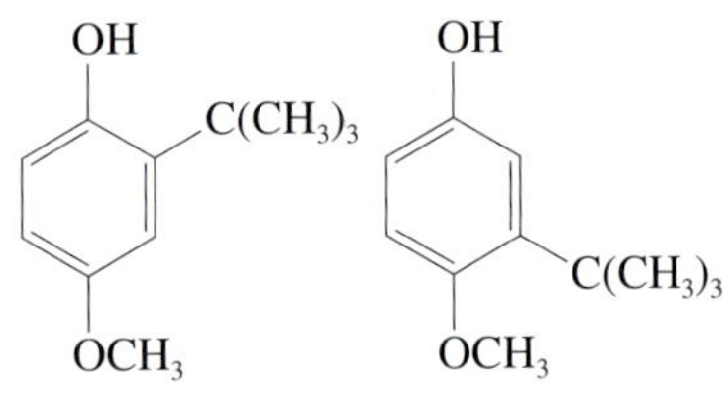

butylated hydroxyanisole, BHA

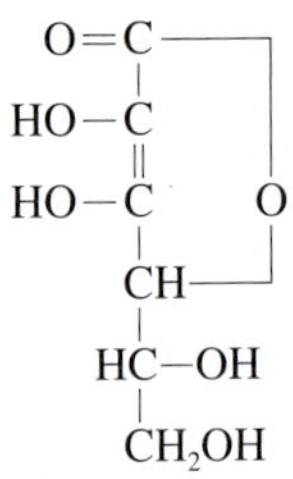

erythorbic acid

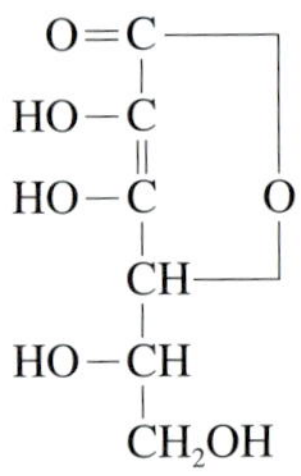

ascorbic acid, vitamin C

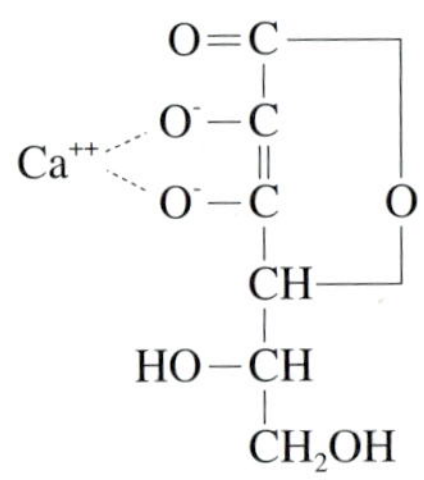

calcium ascorbate

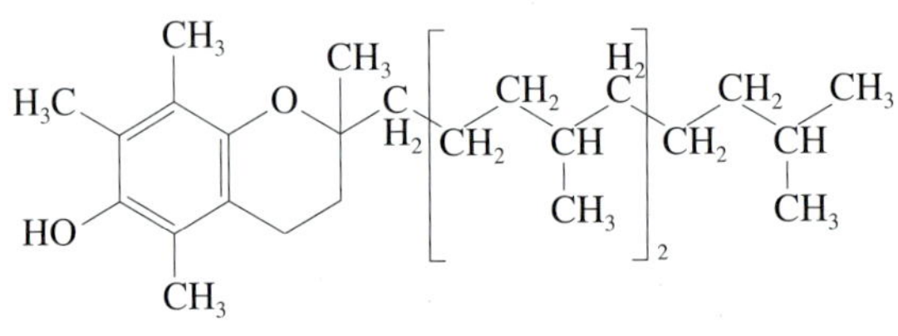

D,L-α tocopherol, vitamin E

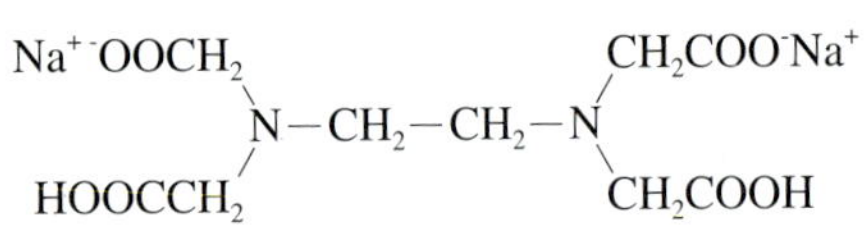

disodium ethylenediamine tetraacetate, EDTA · 2 Na

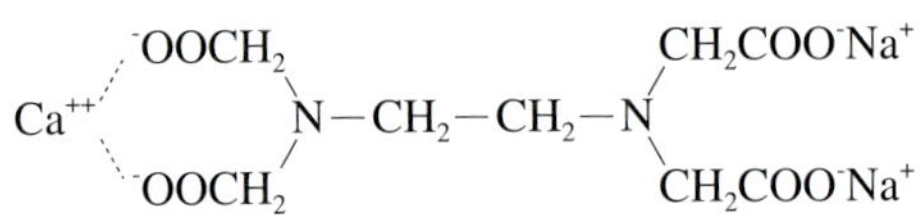

calsium disodium ethylenediamine tetraacetate, EDTA · Ca · 2 Na

그림 14.5 산화방지제

표 4-11 허용 산화방지제와 그 사용 기준

산화방지제	대상식품	사용량	사용 제한
Dibutyl hydroxy toluene (BHT) Butylhydroxy anisole (BHA) *Tert*-butylhydroxyquinone (TBHQ)	어패 건제품, 어패 염장품 버터류, 식용유지류, 식용쇠기름, 식용돼지기름 어패 냉동품 침지액 추잉껌	0.2 g/kg 이하 1 g/kg 이하 0.4 g/kg 이하	
Propyl gallate (PG)	식용유지류, 식용쇠기름, 식용돼지기름, 버터류	0.1 g/kg 이하	
Ascorbyl palmitate	식용유지류, 식용쇠기름, 식용돼지기름	0.5 g/kg 이하	
Erythorbic acid Sodium erythorbate			산화 방지 목적 이외에 사용하여서는 안 됨
Calcium disodium ethylenediamine tetraacetate (EDTA-Ca·Na_2) Disodium ethylenediamine tetraacetate (EDTA-2Na)	마요네즈, 샐러드 드레싱, 소스류 마가린류	0.1 g/kg 이하	

11) 유화제

물과 기름 사이의 표면장력을 감소시켜 혼합시키거나 각종 용액(예 : 지방 입자)을 다른 액체에 분산화하여 혼합 액체의 체계를 안정화하는 기능을 가지고 있는 것을 계면활성제/유화제(emulsifier)라고 한다. 기능에 따라 습윤제, 용해제, 세척제, 분산제, 결정 조절제 등으로 작용한다.

유화제는 분자 내에 친수성 기와 친유성 기(소수성 기)를 가지고 있으므로 이들의 범위(radical range, radical volume) 차에 따라 친유성 유화제와 친수성 유화제로 구분한다. 이것을 편의상 수치로 나타낸 것이 HLB (hydrophilic-lipophilic balance)이다. HLB 0~10인 계면활성제는 친유성이고, HLB 10~18인 계면활성제는 친수성이다. 표 14-12에는 여러 가지 유화제의 HLB값을 나타내었다. HLB 9~12인 계면활성제는 O/W형 emulsion에 대한 계면활성제로 적합하며, HLB 3~6인 계면활성제는 W/O형 emulsion에 대한 유화제로 적합하다. 따라서 유화를 목적으로 하는 용액의 배합 성분 가운데 존재하는 친수성 물질과 친유성 물질의 비에 따라 HLB가 알맞은 유화제를 사용하여야 유화성이 양호하다(표 14-13).

(1) 글리세린지방산에스테르(Glycerin esters of fatty acids)

Monoglyceride가 유화제로 가장 많이 사용된다. Monoglyceride는 지방산과 마찬가지

표 14-12 유화제의 HLB값

유화제	HLB값
Potassium oleate	20.0
Sodium oleate	18.0
Polyoxyethylene sorbitan monooleate	15.0
Polyoxyethylene sorbitan monostearate	14.9
Gum acacia	11.9
Methyl cellulose	10.5
Polyoxyethylene sorbitan tristearate	10.5
Gelatin	9.8
Sorbitan monostearate	4.7
Monoglyceride / diglyceride (61~69%)	3.5
Monoglyceride / diglyceride (48~52%)	2.8
Oleic acid	1.0

표 14-13 유화제의 HLB값과 응용 분야

HLB값	응용 분야	분산 정도
4~6	W/O 유화제	분산되지 않음
7~9	습윤제(wetting agent)	우윳빛 분산액이 됨
8~18	O/W 유화제	투명~반투명 용액이 됨
13~15	세정제(detergent)	
10~18	용해제	

로 동질다형을 나타내어 α, β, β'의 세 가지 형이 존재한다. β형은 물에 분산되기 어려우며 친수성이 없기 때문에 계면활성제로서 가치가 적은 반면에, α형은 친수성을 가지고 물에 잘 분산되어 빵, 케이크, 분말 과즙 등의 유화제로 매우 효과적이다.

Monoglyceride를 구성하는 지방산의 종류에 따라서 유화성의 차이가 있다. 예를 들어 목화씨기름과 물의 계면장력은 monostearin < monopalmitin < monomyristin < monolaurin < monocaprin의 순서로 나타난다. 일반적으로 마가린에는 monoglyceride 0.2~0.5%, lecithin 0.1~0.3%를 사용하고, 캐러멜에는 사용하는 유지 5~10%의 monoglyceride를, 아이스크림에는 원료의 0.3%를 첨가한다.

(2) 소르비탄지방산에스테르

Sorbitol과 지방산을 1:1의 비율로 알칼리 촉매하에서 230~259°C로 가열반응시켜 얻는 에스테르로, sorbitan ester와 sorbite ester가 생성되는데 실제로 소르비탄지방산에스테르(sorbitan fatty acid ester)는 이들의 혼합물이다. Sorbitan ester는 'Span'이란 이름으로 시판되고 있으며, 이 sorbitan ester에 수용성을 증가시키기 위하여 ethylene oxide를 첨가시켜 만든 것은 'Tween'이란 이름으로 시판되고 있다. 독성 때문에 식품 유화제로 사용할 수 없으나 극히 일부 polyoxyethylene sorbitan-20 monolaurate 등이 엄격한 규제하에서 식품에 사용이 허용된다.

소르비탄지방산에스테르는 그 사용 기준은 없으나 빵, 케이크류의 쇼트닝제, 아이스크림과 마요네즈의 유화, 마가린의 비산 방지, 비타민 A와 비타민 D의 강화 시에 유화제로 사용된다.

(3) 자당지방산에스테르

자당지방산에스테르(sucrose esters of fatty acids)는 알칼리를 촉매로 하여 설탕과 지방산의 methyl ester를 감압하에서 alcohol 분해하여 만든 것으로 monoester가 60~65%, diester가 30~35%, 설탕이 약 50% 혼합되어 있다. Ester를 구성하는 지방산의 종류에 따라 성질이 매우 다르다. Monostearate는 물에 전혀 녹지 않으나 caprate, caprylate, laurate, myristate, linoleate, linolenatc 등은 물에 잘 녹는다.

지방산의 종류에 따라 염에 대한 안정성이 다르다. 즉, laurate와 oleate는 5% NaCl 용액을 가하여도 별 변화가 없으나, palmitate는 1% NaCl, stearate는 0.7% NaCl 용액에서 응집이 일어나 백탁이 된다. pH 변화에 따른 안정성도 구성 지방산의 종류에 따라 다르다. 즉, oleate는 pH가 낮은 데서는 안정하다. 내산성과 내염성의 견지에서는 oleate가 가장 좋다.

아이스크림, 케첩, 소스, 버터, 요구르트, 제과 등에 유화, 분산, 습윤 발수제(antispattering agent)로 보통 1% 이하 사용한다. 특히 아이스크림에 대한 효과는 기포성, 안정성을 높이고 얼음 결정의 석출을 방지하며, 유장의 분리를 방지하는 데 효과적이다.

(4) 프로필렌글리콜지방산에스테르

Propylene glycol의 stearic 및 palmitic acid의 mono 또는 diester의 혼합물이다. 프로필렌글리콜지방산에스테르(propylene glycol esters of fatty acid)는 물에는 녹지 않으나 alcohol, ethyl acetate, chloroform 등에는 잘 녹는다.

12) 증점제

증점제(thickening agents)는 고분자의 천연 물질과 이들의 유도체들로 콜로이드 상태의 성질을 갖고 있어 점도를 증가시키거나 콜로이드상의 미각을 향상시키기 위하여 사용된다. 증점제는 유산균 음료, 아이스크림, 마요네즈에는 분산 안정제로, 햄, 소시지에는 결착제로 사용된다. 우리나라에서 허가된 증점제는 다음과 같다.

(1) 폴리아크릴산나트륨

폴리아크릴산나트륨(sodium polyacrylate)은 안정제, 습윤제, 응고제, 유화 분산제로 사용된다. 빵, 케이크, 면류, 마카로니, 스파게티 등에는 노화 방지제로, 소스, 케첩, 마요네즈, 잼, 간장 등에는 안정제로, 주스, 맥주 등에는 분산제로, 아이스크림 등에는 풍미 향상제 등으로 광범위하게 사용되며 그 사용량은 식품의 0.2% 이하로 규정하고 있다.

(2) 메틸셀룰로스

메틸셀룰로스(methyl cellulose)는 cellulose를 알칼리로 처리하여 alkali cellulose를 형성한 다음, 이것을 염화메틸(methyl chloride)로 처리하면 methyl cellulose가 된다. Cellulose의 구조식을 R-OH라고 하면 그 반응식은 다음과 같다.

$$R-OH + NaOH \longrightarrow R-ONa + H_2O$$

$$R-ONa + CH_3Cl \longrightarrow R-OCH_3 + NaCl$$

사용량은 식품의 2% 이하로 규정되어 있다. 샐러드 드레싱의 안정제로 0.75%, 빵류에 수분 유지, 신선도 유지제로 0.2~0.3%, 아이스크림 안정제로 0.05%, 그 밖에 밀감 통조림의 백탁 방지제 및 잼, 간장 절임, 마요네즈 등에 광범위하게 사용된다.

(3) 카복시메틸셀룰로스나트륨

카복시메틸셀룰로스나트륨(sodium carboxymethyl cellulose)은 alkali cellulose에 모노클로로아세트산(monochloroacetic acid)을 작용시켜 carboxymethyl cellulose (CMC)를 만들고, 여기에 NaOH를 작용시켜 제조한다. 사용량은 식품의 2% 이하로 규정되어 있으며, 식품의 안정제, 증점제로 케첩, 아이스크림에 0.5~1% 사용된다. 수용액의 점도는 pH 7~9에서 최고를 나타내며, 용액의 점도에 대한 염류의 영향은 양이온으로는 $Na^+ < K^+ < NH_3^+$의 순으로, 음이온으로는 $Cl^- < Br^- < I^-$의 순으로 점도 저하 작용이 커진다.

(4) 카복시메틸셀룰로스칼슘

카복시메틸셀룰로스칼슘(calcium carboxymethyl cellulose)은 carboxymethyl cellulose와 같이 용해 촉진제, 붕괴제로 광범위하게 이용되며, 사용 기준량은 식품의 2% 이하이다. 분말 커피, 코코아, 분말 주스에 첨가하여 과립의 안정제, 비스킷류의 붕괴제로 사용되며, 체중 조정식에도 이용된다.

(5) 카복시메틸스타치나트륨

냉수에 잘 녹는 중성 또는 알칼리성의 무색 투명한 콜로이드상 액으로, 장기간 저장에 잘 견디고 변질되거나 부패되지 않으며 열이나 광선에도 안정하다. 카복시메틸스타치나트륨(sodium carboxymethylstarch) 액에 구리, 철 등의 중금속 염류를 넣으면 불용성 침전이 생기고 점성이 없어진다. 그러나 칼슘, 마그네슘 염류에 의해서는 침전이 생기지 않으며, 식염에 의해서도 침전이 생기지 않으나 점도는 저하된다. 사용량은 식품의 2% 이하이다.

(6) 알긴산나트륨

알긴산나트륨(sodium alginate)의 사용 기준은 없으나, 일반적으로 아이스크림의 안정제로 0.15~0.14%를 원료에 첨가하고, 제빵용 젤리에 0.1%, 케첩, 마요네즈에 0.1~0.5% 정도 물에 용해하여 사용한다.

(7) 알긴산프로필렌글리콜

알긴산프로필렌글리콜(propylene glycol alginate)의 사용량은 식품의 1% 이하로 규정하고 있다. 아이스크림에는 0.2~0.5% 정도를 원료에 혼합하여 사용하며, 마요네즈에는 0.5~1%

를 물에 용해하여 사용한다. 또 맥주의 거품 안정제로도 사용된다.

(8) 카제인

카제인(casein)의 사용 제한 기준은 없으며 유화제 및 안정제 목적으로 사용된다. 아이스크림에 0.3~0.7%, 마요네즈에는 달걀노른자위에 대하여 0.2~0.5%, 비스킷류에는 밀가루에 대하여 약 5%, 빵류에는 2~5%, 인스턴트 커피, 코코아류, 케첩류는 기본 물질(base)에 대하여 5~10% 사용한다.

(9) 카제인나트륨

카제인나트륨(sodium caseinate)의 사용 제한 기준은 없으며 유화 작용이 강하여 주로 육류, 연제품에 사용된다. 특히 소시지에 0.2~0.5% 사용하여 고기의 결착성을 보강하기도 한다.

(10) 폴리덱스트로스

폴리덱스트로스(polydextrose)는 식이섬유의 생리적 기능을 가지고 있으며 분자량은 일반 섬유질보다 적고 수용성의 난소화성 다당류이다. 낮은 에너지를 가지며 pectin, mannan 등의 수용성 식이섬유와 달리 수용액의 점도는 설탕물과 같이 낮은 것이 특징이다. 음료수에 첨가하여 식이섬유의 기능을 얻을 수 있다.

(11) 젤라틴

젤라틴(gelatin)은 동물의 뼈, 연골, 피부 등의 결합 조직에 함유된 단백질로 collagen을 물과 장시간 가열함으로써 생성되는 유도 단백질이다. 젤리를 주제로 한 과자, 가공식품, 캡슐의 원료로 사용되며 빙과, 아이스크림, 과즙우유의 안정제와 젤리 형성능을 이용한 제품에 사용된다.

(12) 천연 검질

앞에서 열거한 것 외에 pectin, carrageenan, guar gum, tamarind gum, Locust bean gum, Arabic gum, xanthan gum 등의 천연 검질이 허가되어 있다.

13) 밀가루 개량제

밀가루의 표백과 숙성을 위하여 사용하는 첨가물이다. 제분 직후 밀가루에는 카로테노이드계 색소나 단백질 분해효소 등을 함유하고 있기 때문에 2차 가공을 하면 색, 냄새, 맛 등이 부적당하게 변질된다. 밀가루를 저장하며 산소에 의하여 표백과 숙성을 해야 하나 이러한 공정은 2~3개월이 걸린다. 이에 밀가루의 표백과 숙성 기간을 단축함과 동시에 제빵 적성을 개선하고 저해 물질을 파괴하거나 살균시키는 등 복합적인 기능을 부여하기 위해 사용하므로 단순히 표백제라 하지 않고 밀가루 개량제(flour treatment agents)라고 한다. 허가된 밀가루 개량제를 표 14-14에 나타내었다.

표 14-14 허용된 밀가루 개량제와 그 사용 기준

종류	대상 식품	사용량
과산화벤조일(희석)(Benzoyl peroxide (dilute))	밀가루류	0.3 g/kg 이하
과황산암모늄(Ammonium persulfate)	밀가루류	0.3 g/kg 이하
염소(Chloride)	밀가루류	2.5 g/kg 이하
스테아릴젖산칼슘(Calcium stearoyl lactylate)	빵류 및 이의 제조용 믹스, 식물성 크림, 난백, 과자(한과류 제외)	-
스테아릴젖산나트륨(Sodium stearoyl lactylate)	빵류 및 이의 제조용 믹스, 면류, 식물성 크림, 소스류, 자연치즈, 가공치즈, 과자(한과류 제외)	-

14) 품질개량제

식품의 탄력성, 보수성과 팽창성을 증대시켜 식품의 조직감을 개량함으로써 맛과 풍미, 그리고 향미를 향상시키고, 식품의 변질 및 변색을 방지하는 효과를 가진 첨가물이 품질개량제(texturizers)이다. 폴리인산나트륨은 단백질과 작용하여 친수성 극성기를 증가시켜 흡수팽윤과 동시에 보수성을 높여 주며, 수용성 단백질과 지방이 육류 제품 속에 고르고 균일하게 분포하게 하고, 가열에 의한 수분 분리를 억제하므로 햄, 소시지 등의 식육 연제품류에 많이 사용된다. 이것의 결착성을 높이면 씹었을 때의 조직감을 향상시키므로 결착제라고도 한다.

이러한 목적에는 인산염이 사용된다. 이들 인산염은 단독으로 사용하는 것보다 여러 가지를 혼합하여 사용하는 것이 상승 효과를 나타내어 좋은 결과를 얻을 수 있다. 제일인산나트륨(결정), 제일인산나트륨(무수), 제이인산나트륨(결정), 제이인산나트륨(무수), 제삼인산칼륨, 메타인산나트륨, 메타인산칼륨, 폴리인산나트륨, 피로인산나트륨(결정), 피로인산나트륨

(무수), 피로인산칼륨 등이 이에 포함된다.

15) 피막제

과일 및 채소의 신선도를 오랫동안 유지하기 위하여 표면에 피막을 만들어 호흡 작용을 적당히 제한하고, 수분 증발을 방지하여 표피의 위축을 방지할 목적으로 사용되는 피막제(glazing agents)로 국내에서 허가된 것은 몰포린지방산염(morpholine salt of fatty acid)과 초산비닐수지 두 종류가 있다. 전자는 과일과 채소의 표피 피막제로, 후자는 과일과 채소의 표피 피막제와 껌 기초제로 사용된다.

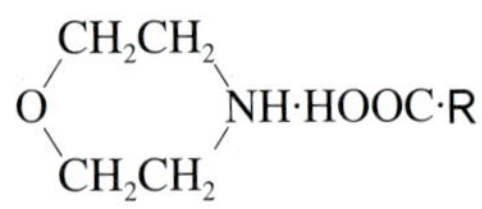

morpholine salt of fatty acid

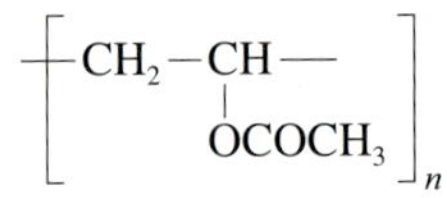

초산비닐수지

16) 팽창제

팽창제(raising agents)란 과자류, 빵류 등의 팽창을 목적으로 일반적으로는 효모를 사용하나 발효가 곤란할 때에는 화학 팽창제를 사용하여 이를 대신한다. 화학 팽창제에는 단제식과 복제식이 있는데 $NaHCO_3$, NH_4HCO_3, $(NH_4)_2CO_3$를 사용하는 단제식과, 알칼리성의 중탄산나트륨에 산성 물질로 유기산류, 산성 인산염, 알루미늄 화합물 등을 가하여 양자에서 발생되는 가스를 이용하는 복제식이 있다.

단제식은 빵이나 과자 제조 중에 적당량을 첨가하여 가열에 의해 화학 팽창제가 분해되면서 발생하는 탄산가스에 의하여 팽창을 유도한다. 단제식은 사용하기는 간편하나 이산화탄소의 발생이 적어서 빵이나 과자류의 풍미에 나쁜 영향을 줄 가능성이 크다는 단점이

$$2NaHCO_3 \xrightarrow{60℃} CO_2\uparrow + H_2O + (NH_4)_2CO_3$$

$$2NH_4HCO_3 \xrightarrow{35\sim60℃} CO_2\uparrow + 2H_2O + 2NH_3$$

$$Na_2CO_3 \xrightarrow{70℃} CO_2\uparrow + H_2O + 2NH_3$$

그림 14.6 화학 팽창제의 이산화탄소 발생

있다.

복제식의 유기산으로는 주석산, 구연산, 푸마르산, 주석산칼륨 등이, 산성 인산염으로는 제일인산암모늄, 제일인산칼슘 등이, 알루미늄염으로는 백반류가 각각 사용된다. 중탄산나트륨에 이상의 유기산 및 인산염을 배합할 때 그 배합비에 따라 일시에 다량의 가스가 발생하는 속효성 배합제와 가스 발생이 늦은 지효성 배합제가 있다. 일부 복제식 팽창제에서 일어나는 화학반응은 다음과 같다.

$$NaAl(SO_4)_2 \longrightarrow Na^+ + 2SO_4 + Al^{3+}$$

$$Al^{+++} + H_2O \longrightarrow H^+ + AlOH^{2+}$$

$$NaHCO_3 + H^+ \longrightarrow Na^+ + H_2O + CO_2\uparrow$$

국내에서 허가된 팽창제의 종류는 다음과 같다.

명반〔alum, $Al_2(SO_4)_3 \cdot K_2SO_4 \cdot 24H_2O$〕, 소명반〔burnt alum, $Al_2(SO_4)_3 \cdot K_2SO_4$〕, 암모늄명반〔ammonium alum, $Al_2(SO_4)_3 \cdot (NH4)_2SO_4 \cdot 24H_2O$〕, 소암모늄명반〔burnt ammonium alum, $Al_2(SO_4)_3 \cdot (NH_4)_2SO_4$〕, 염화암모늄(ammonium chloride, NH_4Cl), L-주석산수소칼륨〔potassium D-bitartrate, $(HO\text{-}CH\text{-}COOK)_2$〕, DL-주석산수소칼륨, 탄산수소나트륨(sodium bicarbonate, $NaHCO_3$), 탄산수소암모늄(ammonium bicarbonate, NH_4HCO_3), 탄산암모늄〔ammonium carbonate, $(NH_4)_2CO_3$〕, 탄산칼륨(potassium carbonate, K_2CO_3), 합성팽창제(baking powder), 효모

17) 영양강화제

식품 중의 영양 성분을 보충(fortification) 및 복구(restoration)한 것을 (영양)강화 식품이라고 하며, 여기에 사용되는 첨가물이 영양강화제(nutrients)이다. 영양강화제로는 비타민류, 무기질, 아미노산 등이 많이 사용되며, 국내에서 허가된 것은 다음과 같다.

(1) 비타민류

비타민A 유(oil), 분말 비타민A, 유성 비타민A 지방산 에스테르(vitamin A fatty acid ester in oil), 비타민B_1나프탈린-1,5-디설폰산염(thiamine naphthalene-1,5-disulfonate), 비타민

B_1나프탈린-2,6-디설폰산염(thiamine naphthalene-2,6-disulfonate), 비타민B_1라우릴황산염(thiamine dilaurylsulfate), 비타민B_1로단산염 또는 티오시안산염(thiamine thiocyanate), 비타민B_1염산염(thiamine hydrochloride), 비타민B_1질산염(thiamine mononitrate), 비타민B_1프탈린염(thiamine phenolphthalinate), 디벤조일티아민(dibenzoyl thiamine), 디벤조일티아민염산염(dibenzoyl thiamine hydrochloride), 비타민B_2, 비타민B_2인산에스테르나트륨(riboflavin phosphate sodium), 비타민B_3염산염(pyridoxine hydrochloride), 엽산, 니코틴산, 니코틴산아미드, 이노시톨, 비타민 B_{12}(cyanocoba lamine), 판토텐산나트륨(sodium pantothenate), 비타민C, L-아스코브산나트륨, ascorbyl palmitate, 비타민D_2, 비타민D_3 또는 cholecalciferol, 비타민E(dl-α-tocopherol), d-토코페롤(혼합형), d-α-토코페롤, 비타민E초산에스테르, 비오틴.

(2) 아미노산류

L-라이신염산염(L-lysine monohydrochloride), L-발린, DL-메티오닌, L-메티오닌, DL-트레오닌, L-트레오닌, L-이소루신, DL-트립토판, L-트립토판, L-페닐알라닌, L-히스티딘염산염(L-histidine monohydrochloride), L-시스테인염산염(L-cysteine monohydrochloride), L-시스틴.

(3) 철분제

구연산철(ferric citrate), 구연산철암모늄(ferric ammonium citrate), 젖산철(ferrous lactate), 인산철(ferric phosphate), 환원철(reduced iron), 전해철(electrolytic iron), 푸마르산제일철(ferrous fumarate).

(4) 칼슘제

구연산칼슘(calcium citrate), 글루콘산칼슘(calcium gluconate), 수산화칼슘(calcium hydroxide), 염화칼슘(calcium chloride), 제일인산칼슘(calcium phosphate monobasic), 제이인산칼슘(calcium phosphate dibasic), 제삼인산칼슘(calcium phosphate tribasic), 탄산칼슘(calcium carbonate), 판토텐산칼슘(calcium pantothenate), 황산칼슘(calcium sulfate).

(5) 기타

산화아연(zinc oxide), 황산아연(zinc sulfate), 요오드칼륨(potassium iodide), 황산동(cupric sulfate), 구연산칼륨(potassium citrate).

18) 가공보조제(Processing aids)

지금까지 설명한 첨가물과 같이 어느 특정한 목적에 사용되는 것이 아니고 식품의 제조, 가공 과정이나 기타의 목적으로 널리 사용되는 것을 일괄하여 정리해 보면 다음과 같다.

(1) 사용 기준이 없는 것

염화마그네슘(magnesium chloride), 염화칼륨(potassium chloride), 초산나트륨(결정 및 무수)〔sodium acetate (crystal, anhydrous)〕, 탄산나트륨(결정 및 무수)〔sodium carbonate (crystal, anhydrous)〕, 제일인산암모늄(ammonium phosphate monobasic), 제일인산칼륨(potassium phosphate monobasic), 제이인산암모늄(ammonium phosphate, dibasic), 제이인산칼륨(potassium phosphate, dibasic), 제삼인산나트륨(결정 및 무수)〔sodium phosphate tribasic (crystal, anhydrous)〕, 황산나트륨(sodium sulfate), 황산마그네슘(magnesium sulfate), 황산암모늄, 탄산칼륨(무수), 활성탄, 인산, 구연산칼륨.

(2) 사용 기준이 있는 것

최종 식품으로 완성되기 전에 제거하여야 하는 것으로는 이온 교환수지, 수산, 수산화나트륨, 염산, 황산 등이 있다. 이러한 첨가물들은 식품의 제조 가공상 필요 불가결한 경우 이외에는 사용하여서는 안 되며, 식품 중의 잔존량은 0.5% 이하이어야 한다.

두 물질을 병용할 때에는 그 합계가 0.5% 이하이어야 하는데, 다만 껌에 탤크만을 사용할 때는 5% 이하여야 한다. 여기에는 폴리비닐폴리피로리돈(polyvinylpolypyrrolidone), 규조토(diatomaceous earth), 벤토나이드(bentonite), 산성백토(acid earth), 퍼라이트(perlite), 탤크(talc), 백도토(kaolin), 염기성 알루미늄탄산나트륨(basic sodium aluminum carbonate) 등이 있다.

피틴산(phytic acid)은 특수용도식품이나 건강기능식품에 사용할 수 없으며, 실리코알루민산나트륨(sodium silicoaluminate)은 식품에 2% 이하로 사용하여야 한다.

19) 기타

추잉껌에는 기초제, 가소제, 감미료, 향료 등이 첨가된다. 국내에서 허가된 껌 기초제로는 ester gum, polybutene, 초산비닐수지(polyvinyl acetate), polyisobutylene, 석유 왁스 등이 있다.

거품제거제(antifoaming agents)는 식품의 제조 공정에서 생기는 거품을 소멸 또는 억제시키는 물질로, 우리나라에서 허가된 것은 규소수지(silicone resin)이다. 이것은 거품 제거의 목적 외에 사용하여서는 안 되며, 사용량의 최대 한도는 0.05 g/kg으로 규정하고 있다.

용제는 식품첨가물을 용해시켜 균일하게 혼합시킬 목적으로 사용하는 것이며, 국내에서 허가된 것은 glycerin과 propylene glycol이다.

추출용제(extraction agent)로 지정되어 있는 것은 헥산뿐인데, 이것은 식용유지를 제조할 때 유지를 추출하는 데 사용하거나, 건강기능식품의 기능성 원료 추출 또는 분리 등을 목적으로 사용하며 잔류량은 0.005 g/kg 이하여야 한다. 그 외의 목적에는 사용하지 못하고, 최종 제품 완성 전에 제거하도록 규정되어 있다.

빵의 제조 과정에서 빵반죽을 분할기에서 분할할 때나 구울 때 달라붙지 않게 하고, 모양을 그대로 유지하기 위하여 사용되는 이형제로는 유동파라핀과 피마자유가 허용되어 있다. 사용 기준은 빵에 대하여 0.15% 이하로 사용하여야 하며, 과실류 및 채소류에는 표피의 피막제로도 사용할 수 있다.

Tip

식품첨가물의 용도

식품첨가물은 한 가지 용도가 아니라 여러 가지 용도로 사용될 수 있다. 예를 들어 아질산염은 주로 발색제 용도로 사용하지만, 보존료 용도로도 사용한다. 아질산염은 육가공 제품에서 강력한 식중독균으로 알려진 *Clostridium botulinum*의 생육을 억제하여 보툴리누스중독증(botulism)에 의한 식중독 위험성을 줄인다. 소비자들이 보존료가 들어간 식품을 기피하여 한때 식품회사들이 육가공 제품에 아질산염을 사용하고도 아질산염이 일반적으로 발색제로 알려져 있기 때문에 "보존료 무첨가"라고 표시한 적이 있었다. 이러한 표기는 소비자가 오인할 수 있는 표현이므로 잘못된 것이다.

단원 정리

식품첨가물은 식품 본래 성분 이외에 식품에 첨가되는 물질로 명백한 사용 목적이 있고 식품과 공존해야만이 의의가 있는 비식품이다. 식품의 상품적 가치를 향상하고, 기호도를 증진시키며, 식품의 보존과 영양 강화 등 여러 가지 목적으로 사용되고 있어서 식품산업에서 없어서는 안 될 필수적인 존재이다.

식품첨가물은 안전성이 가장 중요하며 안전한 식품첨가물 섭취량의 기준으로 일일 섭취 허용량(acceptable daily intake, ADI)이 사용된다. ADI는 동물실험에서 유해한 영향이 관찰되지 않는 양인 최대 무독성량을 구하고 여기에 안전계수(보통 100)로 나누어 계산한 값이다. ADI는 일생 동안 매일 섭취하더라도 유해한 작용을 일으키지 않는 체중 1 kg 당 1일 섭취량(mg/kg 체중/1일)을 말한다.

식품첨가물은 식품의약품안전처장이 지정한 것이어야 사용 및 판매할 수 있으며, 사용 기준을 정하여 일정량 이상을 섭취하지 않도록 하고 있다. 사용 기준이 없는 식품첨가물의 경우는 일반 사용기준에 준하여 사용한다. 즉, 물리적, 영양적, 기타 기술적 효과를 달성하는 데 필요한 최소량을 사용하여야 한다.

식품의약품안전처는 식품첨가물의 용도를 32개로 나누어서 사용 목적을 명확히 하고 있다. 발색제 용도로 사용되는 식품첨가물은 아질산나트륨, 질산나트륨 및 질산칼륨이 있고, 착색료에는 타르계 색소와 비타르계 색소가 있다. 감미료는 사카린나트륨, 아스파탐, 아세설팜칼륨 및 수크랄로스 같은 인공 감미료와 D-소비톨 같은 당알코올과 스테비올 배당체 등이 사용된다. 산미료로는 구연산, 빙초산, 사과산 및 주석산 등이 사용되며, 향미증진제로는 L-글루탐산나트륨, 호박산나트륨, 5′-이노신산이나트륨 및 5′-구아닐산이나트륨 등이 사용된다. 향료는 합성 향료와 천연 향료가 있으며, 합성 향료는 허용물질목록에 있는 2,400여 개의 품목만 사용할 수 있다. 표백제는 아황산나트륨, 차아황산나트륨 및 무수아황산 등이 있으며, 보존료는 데히드로초산나트륨, 안식향산 및 그 염류, 소브산 및 그 염류, 프로피온산 및 그 염류, 파라옥시안식향산메틸과 파라옥시안식향산에틸 등이 있다. 살균제는 차아염소산나트륨, 차아염소산칼슘 및 차아염소산수가 있다. 산화방지제는 BHA, BHT, TBHQ, 몰식자산프로필, 에리토브산, 아스코빌팔미테이트 및 EDTA이나트륨 등이 있다. 유화제는 글리세린지방산에스테르, 소르비탄지방산에스테르, 자당지방산에스테르 및 프로필렌글리콜지방산에스테르 등이 있다. 이외에도 증점제, 밀가루 개량제, 피막제, 팽창제, 영양강화제, 껌기초제 및 거품제거제 등의 용도로 식품첨가물이 사용된다.

연습문제

1 완전히 무독성이라고 인정되는 최대 안전량을 기준으로 한 1일 섭취량은?

① 1배 ② 0.1배 ③ 0.005~0.01배 ④ 0.00001배

2 식품첨가물을 심의하는 과정에서 고려해야 할 사항이 아닌 것은?

① 화학 구조 ② 독성시험 결과

③ 소비자단체의 탄원서 ④ 식품 중 영양 성분에 미치는 영향

3 발색제로 사용할 수 없는 것은?

① 아질산나트륨 ② 질산나트륨 ③ 소명반 ④ 니트로사민

4 다음의 감미료 중 칼로리가 제로(0)인 원료는?

① 에리스리톨 ② 자일리톨 ③ 소비톨 ④ 만니톨

5 다음 중 허용된 산미료가 아닌 것은?

① 구연산나트륨 ② 엽산나트륨 ③ 빙초산 ④ 푸마르산나트륨

6 안식향산의 pK_a 값은 4.19이다. 가장 강한 보존력을 보이는 pH는?

① pH 3 ② pH 4 ③ pH 5 ④ pH 6

7 다음 중 보존제로 적합하지 않은 것은?

① 소브산염 ② 프로피온산염 ③ BHA ④ benzoic acid

8 산화방지제가 아닌 것은?

① BHT ② TBHQ ③ BHA ④ PGB

9 팽창제가 아닌 것은?

① $NaHCO_3$ ② $Al_2(CO_3)_3$ ③ NH_4HCO_3 ④ $(NH_4)_2CO_3$

*정답은 뒤에 있습니다.

연습문제
정답 및 해설

1장

1 ④ **2** ④ **3** ③ **4** ② **5** ① **6** ② **7** 식품 유통관리 중 미생물 관리상의 문제

2장

1 ④ **2** ② **3** ① **4** ④ **5** ② **6** ② **7** $\dfrac{\frac{70}{18}}{\frac{70}{18}+\frac{30}{58}}$ **8** syneresis

3장

1 ① Aldose나 ketose에 반응기인 카보닐기는 수소 첨가에 의한 환원반응을 통해 당알코올을 생성한다.

2 ③ 녹말질 식품 내의 설탕 등 당류 함량이 높을수록 이들 당류의 높은 수화능이 가소성 억제 효과를 나타냄으로써 녹말 분자의 운동성을 감소시켜 노화를 억제한다.

3 ② 카라기난의 구조는 황산기의 위치와 수에 따라 크게 카파(κ)-, ι(아이오타)-, λ(람다)- 등 3가지로 구분하는데, κ-와 ι-는 양이온의 존재하에 겔을 형성하나 λ-카라기난은 겔 형성 능력이 없다.

4 ④ 제조 공정 중 새롭게 생성된 결합 양식에 따라 복잡한 구조를 갖고 있으며, 따라서 소화효소에 의한 분해가 억제된다.

5 ④ 주로 소수성이 강한 향기 성분 및 기능성 소재의 가용화, 안정성 향상을 위해 활용된다.

6 포도당, 맥아당, 갈락토오스, cellobiose, 젖당, maltotriose

4장

1 ② **2** ④ **3** ① **4** ① **5** ② **6** ① **7** ③ **8** ② **9** $100\times150=200\times MW$, $\therefore$ $MW=75$

10 아밀로스와 모노글리세라이드 결합반응 전과 후의 blue value 값을 비교하거나, DSC를 이용하여 아밀로스-모노글리세라이드 결합체에 의해 새로이 나타나는 peak를 확인하는 방법이 있다.

5장

1 ① 펩타이드 결합은 단백질의 1차 구조에 관여하는 결합 양식이다.

2 ④ Lysine의 ε-아미노기, histidine 잔기, cysteine의 thiol기 등 친핵성 기를 갖고 있는 아미노산들은 dehydroalanine의 이중결합이 친핵성 부가반응을 하기 쉽다.

3 ① 밀단백질 중 glutenin은 밀가루 반죽 형성 시 탄성을 부여하는 작용을 한다.

4 ④ 우유-트립신 억제제

5 ④ 음전하와 양전하 모두를 띤다.

6 ④ 심한 가열 등에 의하여 변성이 일어난다.

7 ④ 밀과 곡류의 훈증제로 사용된다.

6장

1④ **2**③ **3**③ **4**① **5**⑤ **6**④ **7**④ **8**②

7장

1 ③

2 ① 전이효소는 특정 작용기를 한 화합물에서 다른 화합물로 전달하는 반응을 촉매한다.

3 ③ Glucose oxidase 효소 작용에 의해 포도당이 글루콘산과 과산화수소를 생성한 후, peroxidase는 상기 효소에 의해 생성된 과산화수소를 기질로 활용하여 반응함으로써 포도당 정량 분석에 이용된다.

4 ② Glucose oxidase 효소반응을 통해 포도당의 산화와 더불어 과산화수소가 생성되고, 이 과산화수소는 catalase 효소반응을 통해 물과 산소로 분해된다. 이를 통해 식품 내에 존재하는 포도당과 산소를 제거할 수 있다.

5 ① 포도당의 이성질화 반응을 통해 과당으로 전환시키는 효소이다.

6 ③ 메틸기는 반응 활성을 갖고 있지 못해 공유결합 형성에 참여하지 못한다.

7 ④ Tannase는 tannic acid 계열의 폴리페놀성 화합물의 중합체인 tannin의 가수분해를 통해 가공 적성을 높여 준다.

8 ① 효소는 기질 특이성이 높지만 무기 촉매는 기질 특이성이 낮다.

② 효소는 일정한 반응을 위한 최적의 pH나 온도가 존재한다.

③ 효소는 단백질로 구성되어 있어 반응온도가 매우 높으며 일반적으로 열변성에 의해 효소의 기능을 상실하지만 무기 촉매의 경우에는 고온, 고압에서도 반응이 일어난다.

④ 효소는 생산과 활성을 조절할 수 있다. 즉, 효소는 유도 및 억제와 같은 메커니즘에 의해서 효소 활성을 조절할 수 있다.

9 기질의 종류, 온도, pH, 저해제, 효소의 농도, 기질의 농도, 반응 생성물의 영향, 용매의 유전상수, 염의 종류 및 이온 세기 등이 효소-기질 반응속도에 영향을 준다. 각각에 대한 기여도는 본문을 참고해 주길 바란다.

10 K_m : 효소-기질 복합체를 형성할 때 효소와 기질의 친화력과 반비례하는 상수.

k_{cat} : 일정한 시간(일반적으로 1초)에 효소 1 M이 작용하여 효소-기질 복합체로부터 생성물을 만들 때 효소 M이 이용하는 기질의 M수.

8장

1 ③ **2** ② **3** ② **4** ① **5** ④ **6** ① **7** ② **8** ②, ④ **9** ③ **10** ④

9장

1 ③ **2** ① **3** ② **4** ④ **5** ①

6 분광도계를 통하여 가시광선의 파장으로 나타내거나 CIE 체제나 Munsell 체제로 나타냄.

10장

1 ④ **2** ④ **3** ② **4** ③ **5** ①

11장

1 ① **2** ② **3** ③ **4** ④ **5** ③ **6** ②

12장

1 ③ **2** ④ **3** ① **4** ④ **5** ② **6** ①, ④ **7** ① **8** ②

13장

1 ④ **2** ④ **3** ② **4** ① **5** ③ **6** ① **7** ② **8** ① **9** ④ **10** ①

14장

1 ③ **2** ③ **3** ④ **4** ① **5** ② **6** ① **7** ③ **8** ④ **9** ②

참고문헌

1장

1. 노봉수. **식품화학연습**. 신광출판사(1996)
2. Eskin, M.N.A. and Robinson, D.S. ***Food Shelf Life Stability***. CRC Press(2001)
3. Deman, J.M. ***Principles of Food Chemistry***. 3rd ed. ASPEN(1999)
4. Belitz, H.-D., Grosch, W. and Schieberle, P. ***Food Chemistry***. 3rd ed. Springer(2004)
5. Akoh, C.C. and Min, D.B. ***Food Lipids***. Marcel Dekker(1998)
6. Taub, I.A. and Singh, R.P. ***Food Storage Stability***. CRC Press(1998)
7. Fennema, O.R. ***Food Chemistry***. 3rd ed. Marcel Dekker(1996)
8. http://khidi.or.kr/banner/Label_Nutrition.htm#1 영양표시제도

2장

1. 홍윤호. **최신식품화학**. 효일문화사(2001)
2. 노봉수. **식품화학연습**. 신광출판사(1996)
3. 김동훈. **식품화학**. 탐구당(1995)
4. Belitz, H.-D., Grosch, W. and Schieberle, P. ***Food Chemistry***. 3rd ed. Springer(2004)
5. Fennema, O.R. ***Food Chemistry***. 3rd ed. Marcel Dekker(1996)
6. Simatos, D. and Multon, J.L. ***Properties of Waters in Foods***. NATO ASI series(1985)

3장

1. Belitz, H.-D., Grosch, W. and Schieberle, P. ***Food Chemistry***. 3rd ed. Springer(2004)
2. BeMiller, J.N. ***Carbohydrate Chemistry for Food Scientists***. 2nd ed. AACC International, Inc.(2007)
3. BeMiller, J.N. and Whistler, R. (Eds.) ***Starch : Chemistry and Technology***. 3rd ed. Academic Press(2009)
4. Cui, S.W. (Ed.) ***Food Carbohydrates : Chemistry, Physical Properties and Applications***. CRC Press(2005)
5. Eliasson, A.-C. (Ed.) ***Carbohydrates in Food***. 2nd ed., CRC(2006)
6. Eliasson, A.-C. (Ed.) ***Starch in Food : Structure, Function and Applications***. CRC Press (2004)
7. Glicksman, M. (Ed.) ***Food Hydrocolloids***. Vol. I~III. CRC Press(1982~1986)
8. Nabors, L.O. (Ed.) ***Alternative Sweeteners***. Marcel Dekker(2001)
9. Robyt, J.F. ***Essentials of Carbohydrate Chemistry***. Springer(1998)

10. Spiller, G.A. (Ed.) *CRC Handbook of Dietary Fiber in Human Nutrition*. 3rd ed. CRC Press(2001)
11. Stephen, A.M., Phillips, G.O. and Williams, P.A. (Eds.) *Food Polysaccharides and Their Applications*. 2nd ed. CRC Press(2006)

4장

1. 최혜미 외 9인. **21세기 영양학원리**. 교문사(1999)
2. 최동성·고하영 공역. **식품기능화학**. 지구문화사(1995)
3. 이서래·신효선. **최신식품화학**. 신광출판사(1994)
4. 김동훈. **식품화학**. 탐구당(1988)
5. Fennema, O.W. (Ed.) *Food Chemistry*. 3rd ed. Marcel Dekker, Inc(1996)
6. Shahidi, F., Janitha, P.K. and Wanasundara, P.D. Phenolic antioxidants. *Crit. Rev. Food Sci. Nutr.* 32, 67~103(1992)
7. Belitz, H.-D., Grosch, W. and Schieberle, P. *Food Chemistry*. 3rd ed. Springer(2004)
8. Eskin, N.A.M. *Biochemistry of Foods*. 2nd ed. Academic Press Inc(1990)
9. Wong, D.W.S. *Mechanism and Theory in Food Chemistry*. Van Nostrand Reinhold(1989)
10. Gunstone, F.D., Harwood, J.L. and Padley, F.B. *The Lipid Handbook*. Chapman and Hall Ltd.(1986)
11. Hamilton, R.J. and Bhati, A. *Recent Advances in Chemistry and Technology of Fats and Oils*. Elsevier Applied Science(1987)
12. List, G.R. Decreasing trans and saturated fatty and content in food oils. *Food Technol.* 58(1) : 23~31(2004)
13. Min, D.B. and Smouse, T.H. *Flavor Chemistry of Fats and Oils*. AOCS(1985)
14. Zapsalis, C. and Beck, R.A. *Food Chemistry and Nutritional Biochemistry*. John Wiley & Sons Inc.(1985)

5장

1. 김광수·김순동·서권일·신승렬·윤광섭·조영수. **식품화학**. 학문사(2000)
2. 이성우·김광수·김순동. **삼고 식품화학**. 수학사(1998)
3. 채수규. **식품화학**. 효일문화사(1996)
4. 한명규. **식품화학**. 형설출판사(1995)
5. 이서래·신효선. **최신식품화학**. 신광출판사(1994)

6. 조재선. **식품화학**. 개문사(1992)
7. 김동훈. **식품화학**. 탐구당(1988)
8. Belitz, H.-D., Grosch, W. and Schieberle, P. *Food Chemistry*. 3rd ed. Springer(2004)
9. Zubay, G. *Biochemistry*. Addison-Wesley Publishing Co. Inc.(1983)
10. Deman, J.M. *Principles of Food Chemistry*. 3rd ed. ASPEN(1999)
11. Fennema, O.R. *Food Chemistry*. 3rd ed. Marcel Dekker, Inc.(1996)

6장

1. 김영옥·최혜정. **임상영양핸드북**. 제3판 라이프사이언스(2002)
2. 농촌진흥청 농촌생활과학연구소. 식품성분표 제5판(2001)
3. 최혜미 외 9인. **21세기 영양학원리**. 교문사(1999)
4. 최동성·고하영 공역. **식품기능화학**. 지구문화사(1995)
5. 양한철. **최신비타민학**. 세문사(1994)
6. 이서래·신효선. **최신식품화학**. 신광출판사(1994)
7. 김숙희·유춘희·김선희 외 5인. **영양학**. 신광출판사(2006)
8. Belitz, H.D. and Grosch, W. *Food Chemistry*. 2nd ed. Springer(1999)
9. Fennema, O.R. *Food Chemistry*. 3rd ed. Marcel Dekker, Inc.(1996)
10. Machlin, L.J., (Ed.) *Handbook of Vitamins*. 2nd ed. Marcel Dekker, Inc.(1991)
11. Eskin, N.A.M. *Biochemistry of Foods*. 2nd ed. Academic Press, Inc.(1990)
12. Davidek, J., Velisek, J. and Pokorny, J. *Vitamins, in Chemical Changes during Food Processing*. Elsevier(1990)
13. Wong, D.W.S. *Mechanism and Theory in Food Chemistry*. Van Nostrand Reinhold(1989)
14. Smith, K.T. *Trace Minerals in foods*. Marcel Dekker, Inc.(1988)
15. Mertz, W. *Trace Elements in Human and Animal Nutrition*. 5th ed. Academic Press(1987)

7장

1. 이서래·신효선. **최신식품화학**. 신광출판사(1994)
2. 채수규. **식품화학**. 효일문화사(1996)
3. 한명규. **식품화학**. 형설출판사(1995)
4. 이성우·김광수·김순동. **삼고 식품화학**. 수학사(1998)
5. 김광수·김순동·서권일·신승렬·윤광섭·조영수. **식품화학**. 학문사(2000)
6. 조재선. **식품화학**. 개문사(1992)

7. 김동훈. **식품화학.** 탐구당(1988)
8. Deman, J.M. ***Principles of Food Chemistry.*** 3rd ed. ASPEN(1999)
9. Fennema, O.R. ***Food Chemistry.*** 3rd ed. Marcel Dekker, Inc.(1996)
10. Fox, P.F. and Condon, J.J. ***Food Proteins.*** Applied Science Publishers(1982)
11. Creightor, W.H. ***Proteins.*** Freeman and Company(1984)
12. Gacesa, P. and Hubble, J. ***Enzyme Technology.*** Taylor & Francis(1987)
13. Wong, D.W.S. Food Enzymes. ***Structure and Mechanism.*** Chapman & Hall(1995)
14. Nagodawithana, T. ***Enzymes in Food Processing.*** Academic Press(1996)

8장

1. 신경은. 식품향료의 소재와 분류. **식품과학과 산업** 30(2) : 36~43(1997)
2. 이형주. 풍미의 인식기작. **식품과학과 산업** 30(2) : 5~9(1997)
3. 이형주. 아미노산과 그 유도체의 맛 특성. **식품과학** 19(4) : 13(1986)
4. Shallenberger, R.S. Sweetness theory and its application in the food industry. ***Food Technol.*** 52(7) : 72(1998)
5. Bell, G.A. Molecular mechanisms of olfactory perception : their potential for future technologies. ***Trends Food Sci. Technol.*** 7 : 425-431(1996)
6. Fisher, C. and Scott, T.R. ***Food Flavors : Biology and Chemistry.*** The Royal Society of Chemistry. Cambridge(1996)
7. Laing, D.G. and Jinks, A. Flavour perception mechanisms. ***Trends Food Sci. Technol.*** 7 : 387-389(1996)
8. Walters, D.E. How are bitter and sweet tastes related? ***Trends Food Sci. Technol.*** 7 : 399-403(1996)
9. Delwiche, J. Are there 'basic' tastes? ***Trends Food Sci. Technol.*** 7 : 411-415(1996)
10. Axel, R. The molecular logic of smell. ***Sci. Am.*** 273 : 154-159(1995)
11. Tinti, J.M. and Nofre, C. Why does a sweetner taste sweet? A new model. in Sweetners : Discovery, Molecular Design and Chemoreception. ACS Symp. Ser. 450. Walters, D.E., Orthoefer, F.T. and Dubois, G.E., (Ed.) ***Amer. Chem. Soc.*** Washington, D.C. pp. 206~213(1991)
12. Grenby, T.H. (Ed.) ***Progress in Sweetners.*** Elsevier. Barking Essex(1989)
13. Kawamura, Y. and Kare, M.R. (Eds.) ***Umami : A Basic Taste.*** Marcel Dekker, New York (1987)

14. Jennings. Human primary odors. ***Perfumers Flavorist*** 9(6) : 46-58(1984)

9장

1. 이형주. 식물성 Bio색소의 생산. **유전공학** 34 : 42(1991)
2. Pszczola, D.E. Natural colors : Pigments of imagination. ***Food Technol.*** 52(6) : 70(1998)
3. Coultate, T.P. ***Food : The Chemistry of Its Components.*** The Royal Society of Chemistry. Cambridge(1996)
4. Arad, S.M. and Yaron, A. Natural pigments from red microalgae for use in foods and cosmetics. ***Trends Food Sci. Technol.*** 3 : 92-97(1992)
5. Francis, F.J. A new group of food colorants. ***Trends Food Sci. Technol.*** 3 : 27-30(1992)
6. Lauro, G.J. A primer on natural colors. ***Cereal Foods World*** 36 : 949(1991)
7. Davidek, J., Velisek, J. and Pokorny, J. (Eds.) ***Chemical Changes During Food Processing.*** Elsevier. Amsterdam(1990)
8. Wong, D.W.S. ***Mechanism and Theory in Food Chemistry.*** VNR/Avi. New York(1989)
9. Belitz, H.-D., Grosch, W. and Schieberle, P. ***Food Chemistry.*** 3rd ed. Springer(2004)
10. Ilker, R. In-vitro pigment production : an alternative to color synthesis. ***Food Technol.*** 41(4) : 70(1987)
11. Gross, J. ***Pigments in Fruits.*** Applied Science. Barking, UK(1987)
12. Zapasalis, C. and Beck, R.A. ***Food Chemistry and Nurtritional Biochemistry.*** Wiley. New York(1985)
13. Fennema, O.R. ***Food Chemistry.*** 3rd ed. Marcel Dekker(1996)
14. Walford, J. (Ed.) Developments in Food Colors-I. ***Applied Science.*** London(1980)
15. Bauernfeind, J.C. (Ed.) ***Carotenoids as Colorants and Vitamin A Precursors.*** Academic Press. New York(1981)

10장

1. Finot, P.A., Aeschbacher, H.U., Hurrell, R.F. and Liardon, R. (Eds.) The Maillard Reaction in Food Processing, ***Human Nutrition and Physiology.*** Birkhäuser(1990)
2. Hodge, J.E. Dehydrated foods : chemistry of browning reactions in model systems. ***J. Agric. Food Chem.*** 1 : 928~943(1953)
3. Ikan, R. (Ed.) ***The Maillard Reaction : Consequences for the Chemical and Life Sciences.*** John Wiley & Sons(1996)

4. Nursten, H. *The Maillard Reaction : Chemistry, Biochemistry and Implications*. Royal Society of Chemistry(2005)

11장

1. 김광수·김순동·서권일·신승렬·윤광섭·조영수. **식품화학**. 학문사(2000)
2. 장현기·민경찬·이성동·최부돌. **식품화학**. 진로연구사(1998)
3. 채수규. **식품화학**. 효일문화사(1996)
4. 한명규. **식품화학**. 형설출판사(1995)
5. 송재철·박현정. **식품물성학**. 울산대학교 출판부(1995)
6. 조재선. **식품화학**. 개문사(1992)
7. 천단정자. **식품물성학**. 건백사(1989)
8. Prentice, J.H. *Measurements in the Rheology of Foodstuffs*. Elsevier Applied Science Publishing Co.(1984)
9. Sherman, P. *Food Texture and Rheology*. Academic Press(1979)
10. Deman, J.M. *Principles of Food Chemistry*. 3rd ed. ASPEN(1999)
11. Deman, J.M. Voisey, P.W., Rasper, V.F. and Stanley, D.W. *Rheology and Texture in Food Quality*. The AUI Publishing Co. Inc(1976)
12. Rao, M.A. and Rizvi, S.S.H. *Engineering Properties of Foods*. Marcel Dekker, Inc.(1986)

12장

1. 노완섭·허석현. **건강보조식품과 기능성식품**. 효일문화사. 서울(1999)
2. 김종국·한명숙·김사열·송방호. Eicosapentaenoic acid(EPA) 및 docosahexaenoic acid (DHA)의 특성, 생리작용 및 그 응용성. **생물직업** 11(4) : 54~65(1998)
3. 이형주. 건강기능성 식품. **국민영양** 119 : 12~16(1998)
4. 이형주. 유제품의 기능성 펩티드. 제46회 유가공심포지움 프로시딩스 pp.22~29. 한국유가공기술과학회(1998)
5. 이형주. 콩 식품의 건강기능성 펩티드. **한국콩연구회지** 15(1) : 16~22(1998)
6. 권미향·성하진. 보체계 활성화 다당에 의한 면역활성 조절. **식품과학과 산업** 30(1) : 30~43 (1997)
7. 손동화. 건강기능성 식품 펩티드 및 그 응용. **식품과학과 산업** 30(1) : 22~29(1997)
8. 신동화. 천연 항산화제의 연구동향과 방향. **식품과학과 산업** 30(1) : 14~21(1997)
9. 신현경. 기능성식품의 개발 및 연구동향. **식품과학과 산업** 30(1) : 2~13(1997)
10. 윤석후·김강성·조상우. 기능성 지질의 생산과 이용 현황. **식품과학과 산업** 30(3) : 65~77(1997)

11. 이형주. 급속히 부상하는 건강기능성 식품. **바이오인더스트리** 15 : 38~41(1997)
12. 홍상필·황재관·김동수. 키틴/키토산의 기능성과 올리고당의 생산기술. **식품과학과 산업** 30(1) : 44~52(1997)
13. Lee, Y.K., Nomoto, K., Salminen, S. and Gorbach, S.H. ***Handbook of Probiotics.*** John Wiley, New York(1999)
14. Becker, C.C. and Kyle, D.J. Developing functional foods containing algal docosa-hexaenoic acid. ***Food Technol.*** 52(7) : 68(1998)
15. Rice-Evans, C.A. and Pecker, L. (Eds.) ***Flavonoids in Health and Disease.*** Marcel Dekker, New York(1998)

13장

1. 박완희. **원색도감 한국의 버섯.** 교학사(1991)
2. Altug, T. ***Introduction to Toxicology and Food.*** C.H.I.P.S.(2003)
3. Hayes, W.A. (Ed.) ***Principles and Methods of Toxicology.*** 4th ed. Taylor & Francis(2001)
4. Helferch, W. and Winter, C.K. (Ed.) ***Food Toxicolgy.*** CRC(2000)
5. Hodgson, E. and Levi, P.E. ***A Textbook of Modern Toxicology.*** 2nd ed. MacGraw-Hill (2000)
6. Watson, D. (Ed.) ***Natural Toxicants in Food.*** C.H.I.P.S.(1998)
7. Shibamoto, T. and Bjeldanes, L.F. ***Introduction to Food Toxicology.*** Academic Press(1993)

14장

1. 문범수. **식품첨가물.** 수학사(2002)
2. 노봉수·김상용. **당알코올의 특성과 응용.** 아세아문화사(2000)
3. 김동훈. **식품화학.** 탐구당(2000)
4. 노회진·김상용·김석신·오덕근·한기영·노봉수. 저열량감미료 Tagatose의 이화학적 특성. **한국식품과학회지** 31(1) 24~29(1999)
5. 이서래·신효선. **최신식품화학.** 신광출판사(1996)
6. 노봉수. **식품화학연습.** 신광출판사(1996)
7. 지성규. **식품첨가물.** 광일문화사(1994)
8. 송재철·양한철. **식품첨가물학.** 세문사(1993)
9. Leatherhead Food RA. ***Ingradient Handbook; Sweeteners.*** 2nd ed(2000)

찾아보기

영문

A

B

C

D

Q

R

S

T

U

V

W

X

저자 소개

감수 **윤석권** 현재 동덕여자대학교 식품영양학과 명예교수
서울대학교, Ph. D.

오훈일 현재 세종대학교 생명과학대학 식품공학과 명예교수
Purdue University, Ph. D.

이형주 현재 서울대학교 농업생명과학대학 식품생명공학전공 명예교수
University of Wisconsin-Madison, Ph. D.

문태화 현재 서울대학교 농업생명과학대학 식품생명공학전공 명예교수
Purdue University, Ph. D.

저자 **노봉수** 현재 서울여자대학교 자연과학대학 식품공학과 교수
University of California, Davis. Ph. D.

장판식 현재 서울대학교 농업생명과학대학 식품생명공학전공 교수
KAIST, Ph. D.

백형희 현재 단국대학교 공학대학 식품공학과 교수
Louisiana State University, Ph. D.

김석중 현재 동덕여자대학교 자연과학대학 식품영양학과 교수
KAIST, Ph. D.

이광근 현재 동국대학교 바이오시스템대학 식품생명공학과 교수
University of California, Davis. Ph. D.

유상호 현재 세종대학교 생명과학대학 식품공학과 교수
Iowa State University, Ph. D.

이재환 현재 성균관대학교 식품생명공학과 교수
Ohio State University 식품공학 박사

이기원 현재 서울대학교 농업생명과학대학 식품생명공학전공 교수
서울대학교, Ph. D.

최승준 현재 서울과학기술대학교 식품공학과 교수
서울대학교, Ph. D.

변상균 현재 연세대학교 생명공학과 교수
서울대학교, Ph. D.